水利水电工程验收报告编写指南与示例

质量监督卷

主　编　洪世兴　范宏忠　张玉飞　拔丽萍
副主编　杨剑波　杨庆生　王　飞　黄红燕

·北京·

内 容 提 要

本书为适应水利水电工程验收的需要，结合评定与验收规程对工程各阶段验收的具体要求，针对质量监督机构，编写了水利水电工程截流阶段验收、下闸蓄水阶段验收、引（调）排水工程通水验收、水电站（泵站）机组启动验收、枢纽工程专项验收、水利水电工程竣工验收等质量监督机构需提交的质量监督报告写作指南与示例。全书共七章，内容包括概述、工程截流验收质量监督报告、工程下闸蓄水验收质量监督报告、水利水电工程引（调）排水工程通水验收质量监督报告、水电站（泵站）机组启动验收质量监督报告、水电站枢纽工程专项验收质量监督报告、水利水电工程竣工验收质量监督报告。

本书可供项目法人、施工企业、监理公司和质量监督部门相关人员学习参考，也可作为培训教材，对有关人员进行培训。

图书在版编目（CIP）数据

水利水电工程验收报告编写指南与示例. 质量监督卷/
洪世兴等主编. -- 北京 : 中国水利水电出版社, 2023.5
ISBN 978-7-5226-1294-2

Ⅰ. ①水… Ⅱ. ①洪… Ⅲ. ①水利水电工程－工程质量－工程验收－质量检验－研究报告－编写 Ⅳ. ①TV512

中国国家版本馆CIP数据核字(2023)第105332号

书　　名	**水利水电工程验收报告编写指南与示例　质量监督卷** SHUILI SHUIDIAN GONGCHENG YANSHOU BAOGAO BIANXIE ZHINAN YU SHILI　ZHILIANG JIANDU JUAN
作　　者	主　编　洪世兴　范宏忠　张玉飞　拔丽萍 副主编　杨剑波　杨庆生　王　飞　黄红燕
出版发行	中国水利水电出版社 （北京市海淀区玉渊潭南路1号D座　100038） 网址：www.waterpub.com.cn E-mail：sales@mwr.gov.cn 电话：(010) 68545888（营销中心）
经　　售	北京科水图书销售有限公司 电话：(010) 68545874、63202643 全国各地新华书店和相关出版物销售网点
排　　版	中国水利水电出版社微机排版中心
印　　刷	天津嘉恒印务有限公司
规　　格	184mm×260mm　16开本　27.75印张　710千字
版　　次	2023年5月第1版　2023年5月第1次印刷
印　　数	0001—3000册
定　　价	**138.00**元

丛书编委会

本卷编委会

主　　编： 洪世兴　范宏忠　张玉飞　拔丽萍

副主编： 杨剑波　杨庆生　王　飞　黄红燕

参　　编： 张兴元　董丞书　杨　程　谢章锐

黄中华　庞合生　和浩军　杨在华

夏　昆　陈　帆　叶建云　何志敏

姚　炜　刘立江　杨继宇　黄　婷

李红艳　尹久辉　王佩铨　李玉敏

杭林林　张玲仙　茹轶伦

序

水利是国民经济发展的命脉，也是重要支撑和基础保障。我国“十四五”水利建设工作任务是以水利工程建设高质量发展为主线，高标准推进水利工程建设，持续规范水利建设市场，大力提升水利工程建设管理水平，切实保障水利工程质量安全。随着国家对基础设施的加大投入，水利工程建设又迎来一个高峰，广大从业人员以只争朝夕的态度，为加快水利基础设施建设作出了积极的贡献。

为加强水利水电建设工程验收管理，使水利水电建设工程验收制度化、规范化，保证工程验收质量，水利部发布了《水利水电建设工程验收规程》（SL 223—2008），规范了阶段验收及竣工验收各参建单位工作报告的编写格式。国家能源局也发布了《水电工程验收规程》（NB/T 35048—2015），明确了水电工程阶段验收时，参建各方应提供相应的工作报告；《水利水电工程验收技术鉴定导则》（SL 670—2015）也列出了工程蓄水安全鉴定及工程竣工验收技术鉴定阶段参建单位自检报告的编写提纲和要求。在实际工作中，水利工程建设第一线的工程技术人员是水利工程建设的主体，其理论基础、技术水平、职业道德和法律意识直接关系到工程建设的实体质量和行为质量。工程验收阶段各参建单位提交的工作报告须客观地反映工程建设管理水平和工程质量状况，为验收委员会或验收工作组提供可靠的验收依据，从而得出客观的验收结论。

为了规范水利水电工程验收工作，本书编委会组织了长期从事水利工程建设的专家编写了《水利水电工程验收报告编写指南与示例》丛书，主要包含质量检测、质量监督、项目法人、验收技术鉴定、施工、监理、建设管理、设计等八个方面。

丛书示例力求反映不同的水利工程类别和类型，既有水库工程又有水电站工程。水库工程大坝既有土石坝又有混凝土坝；水电站大坝同样既有土石坝也有混凝土坝双曲拱坝及碾压混凝土坝。考虑到基层一线工程技术人员的实际需要，工程示例包含大中小型，具有较高的参考价值。

本系列丛书在编写过程中，得到云南云水工程技术检测有限公司、云南华水技术咨询有限公司的大力支持，在此表示诚挚的感谢！

相信丛书的出版发行，对水利工程建设管理以及工程验收报告编写的规范化能够起到积极的作用。

丛书编委会

2022年10月

前言

为了加强水利水电建设工程验收管理，规范水利水电建设工程验收工作，保证建设工程验收质量，水利部发布《水利水电建设工程验收规程》（SL 223—2008）、国家能源局发布《水电工程验收规程》（NB/T 35048—2015），上述验收规程明确了水利水电建设工程阶段和竣工验收时项目法人、监理、设计、施工单位、质量检测及质量监督机构应提供的工作报告。

水利水电工程质量监督报告是依据国家、水利部及省、市有关工程建设的法律、法规、规章，工程勘察、设计文件，工程建设标准强制性条文、工程建设合同等，对工程建设过程中监督人员实施监督所形成的各类监督活动记录、整改通知、检测或测试报告的监督审查等资料、工程交工资料，各方主体参与建设活动时所应具备的资格证明文件，建设、施工或监理单位提供的质量体系文件等进行归纳和综合分析，根据其结果，对所监督的工程质量状况予以客观描述的文件。工程质量监督报告是工程竣工验收资料的一个部分，编写质量监督报告是质量监督工作的一项重要内容。质量监督报告不仅体现质量监督部门对工程项目质量状况进行分析和评价的基本态度和观点，同时也是反映质量监督工作的内容、作用和效果的一个有效途径。通过对一个工程项目开展的质量监督工作进行全面系统总结，既可以总结质量监督工作的经验，也可以发现工作中的缺点和不足，对于问题和不足，有待今后去纠正与完善；对于成绩和经验，有利于今后去发扬和推广。质量监督报告也是充分展示质量监督工作树立质量监督权威的一种有效形式。所以，质量监督部门应对编写质量监督报告引起足够重视。编写质量监督报告虽不是很难的事，但如果没有做比较深入细致的质量监督工作和掌握大量的有关资料，不知道编写的要求和内容，不掌握报告的编写原则和写作技巧，是不能很好地把工程项目的质量监督工作充分地客观地表达出来的。

实际工作中，广大工程技术人员对验收规程及相关文件的理解和掌握程度不同，编写提交的工作报告质量良莠不齐，不能科学、客观地反映工程实际质量状况。为此，编者根据积累多年水利水电工程建设管理实践经验，并邀请业界众多资深专家共同编写了《水利水电工程阶段验收报告编写指南与示例　质量监督卷》，供从事水利水电工程质量监督的工程技术人员参考。

由于本书编写时间仓促，加之编写水平有限，不当之处在所难免，敬请有关单位和工程技术人员在使用过程中提出宝贵意见，以便再版时改进。

本书在编写过程中，得到杨继宇博士对书稿的认真审校，洪宝婧女士为本丛书的资料整编付出了辛勤劳动和极大的贡献，在此致以衷心的谢意！

作者

2022 年 10 月

目录

序

前言

第一章　概述 …… 1

第一节　水利水电工程阶段验收种类 …… 1

第二节　阶段验收、竣工验收质量监督工作内容及报告种类 …… 2

一、阶段验收质量监督工作内容 …… 2

二、竣工验收质量监督工作内容 …… 2

三、阶段验收及竣工验收质量监督报告种类 …… 3

第三节　质量监督报告内容及格式 …… 3

一、工程概况 …… 3

二、质量监督工作 …… 3

三、参建单位质量管理体系 …… 4

四、工程项目划分确认 …… 7

五、工程质量检测 …… 7

六、工程质量核备与核定 …… 10

七、工程质量事故和缺陷处理 …… 10

八、工程质量结论意见 …… 11

九、附件 …… 11

第二章　工程截流验收质量监督报告 …… 12

第一节　工程截流验收条件及质量监督报告编写要点 …… 12

一、《水利水电建设工程验收规程》（SL 223—2008）枢纽工程导截流验收应具备的条件 …… 12

二、《水电工程验收规程》（NB/T 35048—2015）工程截流验收应具备的条件 …… 12

三、水利水电工程导（截）流阶段验收工程质量监督工作报告编写要点 …… 13

第二节　工程导（截）流验收质量监督报告示例 …… 13

××河水电站工程截流前阶段验收质量监督报告 …… 13

一、工程概况 …… 13

二、质量监督工作 …… 15

三、参建单位质量管理体系 …… 16

四、工程项目划分确认 …… 17

五、工程质量检测 …… 18

六、工程质量核备与核定 …… 29
七、工程质量事故和缺陷处理 …… 33
八、工程质量结论意见 …… 33
九、附件 …… 33
第三章　工程下闸蓄水验收质量监督报告 …… 34
第一节　下闸蓄水验收条件及质量监督报告编写要点 …… 34
一、《水利水电建设工程验收规程》(SL 223—2008) 下闸蓄水验收应具备的条件 …… 34
二、《水电工程验收规程》(NB/T 35048—2015) 下闸蓄水验收应具备的条件 …… 34
三、水利水电工程下闸蓄水阶段验收工程质量监督报告编写要点 …… 35
第二节　工程蓄水阶段验收质量监督报告示例 …… 35
××水库工程蓄水阶段验收质量监督报告 …… 35
一、工程概况 …… 35
二、质量监督工作 …… 40
三、参建单位质量管理体系 …… 43
四、工程项目划分确认 …… 48
五、工程质量检测 …… 55
六、工程质量核备与核定 …… 66
七、工程质量事故和缺陷处理 …… 70
八、工程质量结论意见 …… 73
九、附件 …… 74
第四章　水利水电工程引（调）排水工程通水验收质量监督报告 …… 75
第一节　引（调）排水工程通水验收条件及质量监督报告编写要点 …… 75
一、《水利水电建设工程验收规程》(SL 223—2008) 引（调）排水工程通水验收应具备的条件 …… 75
二、《水电工程验收规程》(NB/T 35048—2015) 特殊单项工程验收应具备的条件 …… 75
三、引（调）排水工程通水验收质量监督报告编写要点 …… 76
第二节　引（调）排水工程通水验收质量监督报告示例 …… 76
××湖×××湖出流改道工程通水验收质量监督报告 …… 76
一、工程概况 …… 76
二、质量监督工作 …… 78
三、参建单位质量管理体系 …… 79
四、工程项目划分确认 …… 82
五、工程质量检测 …… 84
六、工程质量核备与核定 …… 94
七、工程质量事故和缺陷处理 …… 100
八、工程质量结论意见 …… 100
九、附件 …… 100

第五章 水电站（泵站）机组启动验收质量监督报告 …… 101
第一节 水电站（泵站）机组启动验收条件及质量监督报告编写要点 …… 101
一、《水利水电建设工程验收规程》（SL 223—2008）机组启动验收应具备的条件 …… 101
二、《水电工程验收规程》（NB/T 35048—2015）机组启动验收应具备的条件 …… 101
三、机组启动阶段验收质量监督报告编写要点 …… 102
第二节 水电站（泵站）机组启动阶段验收质量监督报告示例 …… 102
××江一级水电站工程机组启动阶段验收质量监督报告 …… 102
一、工程概况 …… 102
二、质量监督工作 …… 103
三、参建单位质量管理体系 …… 104
四、工程项目划分确认 …… 105
五、工程质量检测 …… 106
六、工程质量核备与核定 …… 156
七、工程质量事故和缺陷处理 …… 162
八、工程质量结论意见 …… 162
九、附件 …… 162
第六章 水电站枢纽工程专项验收质量监督报告 …… 163
第一节 水电站枢纽工程专项验收条件及质量监督报告编写要点 …… 163
一、枢纽工程专项验收的范围 …… 163
二、枢纽工程专项验收应具备的条件 …… 163
三、枢纽工程专项验收质量监督报告编写要点 …… 163
第二节 水电站枢纽工程专项验收质量监督报告示例 …… 164
××××水电站枢纽工程专项验收质量监督报告 …… 164
一、工程概况 …… 164
二、质量监督工作 …… 168
三、参建单位质量管理体系 …… 169
四、工程项目划分确认 …… 174
五、工程质量检测 …… 176
六、工程质量核备与核定 …… 289
七、工程质量事故和缺陷处理 …… 295
八、工程质量结论意见 …… 300
九、附件 …… 301
第七章 水利水电工程竣工验收质量监督报告 …… 302
第一节 水利水电工程竣工验收条件及质量监督报告编写要点 …… 302
一、《水利水电建设工程验收规程》（SL 223—2008）竣工验收条件 …… 302
二、《水电工程验收规程》（NB/T 35048—2015）竣工验收条件 …… 302
三、竣工验收工程质量监督报告编写要点 …… 302
第二节 水利水电工程竣工验收质量监督报告示例 …… 303

示例一：××水库工程竣工验收质量监督报告 …… 303
一、工程概况 …… 303
二、质量监督工作 …… 308
三、参建单位质量管理体系 …… 313
四、工程项目划分确认 …… 315
五、工程质量检测 …… 316
六、工程安全监测 …… 333
七、工程质量核备与核定 …… 336
八、工程质量事故和缺陷处理 …… 342
九、竣工验收技术鉴定 …… 344
十、工程施工质量结论意见 …… 344
十一、附件 …… 345
示例二：××水电站枢纽工程竣工验收质量监督报告 …… 348
一、工程概况 …… 348
二、质量监督工作 …… 351
三、参建单位质量管理体系 …… 352
四、工程项目划分确认 …… 356
五、工程质量检测 …… 358
六、工程质量核备与核定 …… 425
七、工程质量事故和缺陷处理 …… 429
八、工程质量结论意见 …… 432
九、附件 …… 432

第一章

概　　述

第一节　水利水电工程阶段验收种类

《水利水电建设工程验收规程》（SL 223—2008）明确规定，水利工程建设中应将工程质量作为工程验收的重要内容，严格按照国家有关规定和技术标准开展质量评定和验收工作，工程质量达到规定要求的，方可通过验收；工程质量未达到要求的，应及时采取补救措施，直至符合工程相关质量验收标准后，方可通过验收。

水利水电建设工程验收按验收主持单位可分为法人验收和政府验收。法人验收包括分部工程验收、单位工程验收（包括完工和投入使用）、水电站（泵站）中间机组启动验收、合同工程完工验收等；政府验收应包括阶段验收、专项验收、竣工验收等。

工程验收应在施工质量检验与评定的基础上，对工程质量提出明确结论意见。

项目法人应严格执行水利工程验收的有关规定和技术标准。当工程具备验收条件时，应及时组织验收。未经验收或验收不合格的工程不应交付使用或进行后续工程施工或投入使用。验收资料制备由项目法人统一组织，有关单位按照验收要求及时完成并提交。项目法人对提交的验收资料进行完整性、规范性检查。验收资料分为应提供的资料和需备查的资料。有关单位应保证其提交资料的真实性并承担相应责任。

勘察、设计单位应按照有关规定参加水利工程质量评定和验收。在单位工程验收、阶段验收和竣工验收时，设计单位应对施工质量是否满足设计要求提出评价意见。

监理单位应按照规定组织或参加施工质量评定和工程验收，做好监理资料的收集、整理、归档工作，并对其监理的水利工程提出质量评价意见。

《水利水电建设工程验收规程》（SL 223—2008）有如下明确规定：

（1）分部工程验收：质量监督机构宜派代表列席大型枢纽工程主要建筑物的分部工程验收会议；项目法人应在分部工程验收通过之日10个工作日内，将验收质量结论和相关资料报质量监督机构核备。大型枢纽工程主要建筑物分部工程的验收质量结论由质量监督机构核定；质量监督机构应在收到验收质量结论之日后20个工作日内，将核备（定）意见书面反馈项目法人。

（2）单位工程验收：项目法人组织单位工程验收时，应提前通知质量和安全监督机构，质量和安全监督机构应派员列席验收会议；项目法人应在单位工程验收通过之日10个工作日内，将验收质量结论和相关资料报质量监督机构核定；质量监督机构应在收到验收质量结论之日后20个工作日内，将核定意见反馈项目法人。

（3）阶段验收：包括枢纽工程导（截）流验收、水库下闸蓄水验收、引（调）排水工程通水验收、水电站（泵站）首（末）台机组启动验收、部分工程投入使用验收及竣工验收主持单位根据工程建设需要增加的验收。质量监督机构为阶段验收委员会成员单位，需提交并宣读阶段验收质量监督报告。

(4) 枢纽工程专项验收：《水电工程验收规程》(NB/T 35048—2015) 明确规定，枢纽工程专项验收是水电枢纽工程已按批准的设计规模、设计标准全部建成，并经过规定的期限的初期运行检验后，根据批准的工程任务，对枢纽功能及建筑物安全进行的竣工阶段专项验收。枢纽工程专项验收包括挡水、泄水、输水发电、通航、过鱼建筑物等（全部）工程枢纽建筑物及所属金属结构工程、安全监测工程、机电工程、枢纽建筑物永久边坡工程和近坝库岸边坡处理工程。除可以单独运行和发挥效益的取水、通航等建筑物可按特殊单项工程进行验收外，所有可行性研究报告审批的需要同期建成的工程各有关建筑物、机电设备安装等均应包括在枢纽工程专项验收范围内。枢纽工程专项验收应具备的条件之一是质量监督机构已提交质量监督报告，并有工程质量满足工程竣工验收的结论。

(5) 竣工验收：竣工验收是水电工程已按批准的设计文件全部建成，并完成竣工阶段所有专项验收后，对水电工程的总体验收。竣工验收应具备的条件之一是质量监督机构已提交质量监督报告，并有工程质量达到合格标准的结论意见。

第二节　阶段验收、竣工验收质量监督工作内容及报告种类

工程质量监督是指工程项目法人按照规定与工程质量监督机构办理质量监督手续后，质量监督机构依据国家有关法律、法规、工程建设强制性标准、规程、规范、质量标准、批准的设计文件及合同约定等，对受监工程参建各方的质量行为和工程实体质量进行监督。

一、阶段验收质量监督工作内容

质量监督机构在工程阶段验收期间的工作主要包括以下内容：

(1) 检查单元工程质量评定汇总资料及分部工程施工质量评定资料是否符合有关规定要求。

(2) 检查工程原材料、中间产品、金属结构及启闭机制造、机电产品及工程实体的质量检验资料是否齐全，统计方法是否正确，是否满足规程、规范和设计要求。

(3) 检查被验收工程是否发生过质量缺陷和质量事故，是否进行了处理，处理结果如何，是否按规定验收合格。

(4) 编写工程阶段验收的质量监督报告（或评价意见）。

(5) 参加工程阶段验收委员会的工作，向工程阶段验收委员会提交工程质量监督报告或评价意见。

二、竣工验收质量监督工作内容

质量监督机构在工程项目竣工验收阶段的工作主要包括以下内容：

(1) 堤防工程竣工验收前，项目法人应委托具有相应资质等级的质量检测单位进行检测，工程质量抽检项目、内容和数量由工程质量监督机构确定。其他工程竣工质量抽样检测的项目、内容和数量，经质量监督机构审核后报竣工验收主持单位核定。

（2）检查分部工程施工质量评定资料是否齐全，是否符合有关规定要求。

（3）检查施工过程中是否发生过质量事故和质量缺陷，是否进行了处理，结果如何，是否已经过复查且验收合格。

（4）检查各单位工程验收鉴定书中遗留问题的处理情况。

（5）检查工程施工期及试运行期单位工程观测资料分析结果是否符合国家行业技术标准以及合同约定的标准要求。

（6）根据单位工程质量验收评定统计资料和有关工程质量检验资料，审查、核对工程项目施工质量评定资料。工程项目施工质量评定应经施工单位自评、监理单位复核、项目法人认定的程序。由项目法人将工程项目质量等级评定结果报质量监督机构核备。

（7）列席项目法人组织的竣工验收自查会议。

（8）编写工程质量监督报告。

（9）参加工程项目竣工技术预验收委员会工作，并宣读工程质量监督报告。

（10）参加竣工验收会议。

三、阶段验收及竣工验收质量监督报告种类

根据水利水电建设工程阶段验收需要，质量监督机构需向验收委员会提交质量监督报告作为验收依据文件或资料。综合《水利水电建设工程验收规程》（SL 223—2008）及《水电工程验收规程》（NB/T 35048—2015），水利水电工程阶段验收质量监督报告有如下几种：

（1）工程截流阶段验收前，提交《水利水电工程截流阶段验收质量监督报告》。

（2）下闸蓄水阶段验收前，提交《水利水电工程下闸蓄水阶段验收质量监督报告》。

（3）引（调）排水工程通水验收时，提交《引（调）排水工程通水验收质量监督报告》。

（4）机组启动验收前，提交《水电站（或泵站）工程机组启动验收质量监督报告》。

（5）对于水利工程，进行工程技术预验收时，提交《水利工程技术预验收质量监督报告》。

（6）对于水电站工程，进行枢纽工程专项验收时，提交《水电站枢纽工程专项验收质量监督报告》。

（7）工程竣工验收时，提交《水利水电工程竣工验收质量监督报告》。

因此，质量监督机构编写的工程质量监督报告，应根据其在工程建设过程中获得的各项质量监督抽检数据，认真统计分析，科学、公正、准确、真实地评价工程的质量状况，为工程的验收提供可靠的依据。

第三节 质量监督报告内容及格式

一、工程概况

简述工程名称、工程位置、工程规模、工程等别及建筑物级别、开工日期、参建单位等。

二、质量监督工作

阐述质量监督主要依据、质量监督工作方式、质量监督主要工作、质量监督检查结

果等。

三、参建单位质量管理体系

参建单位主要有项目法人、设计、监理、施工（土建、设备安装）及质量检测单位等。

（一）项目法人质量管理体系

1. 质量管理机构

（1）项目法人组建规范情况。

（2）项目法人质量管理机构设立情况。

（3）项目法人内设质量管理机构人员配备是否满足工程建设需要。

2. 质量监督手续办理情况

是否在工程开工前办理了质量监督手续。

3. 质量管理制度的建立情况

（1）质量管理制度是否建立。

（2）质量管理制度体系是否健全。

（3）质量保障措施是否有针对性。

4. 对参建单位质量行为检查情况

项目法人是否与参建单位签订合同，是否对工程质量以及相应的责任和义务作出明确约定。

（1）项目法人是否督促检查参建单位履行质量义务。

（2）检查发现问题督促整改是否到位。

（3）项目法人委托的检测机构资质、检测人员资格是否符合要求。

（4）项目法人是否开展质量抽检工作，工作开展是否规范。

5. 设计变更

设计变更是否经过审批，是否符合工程设计变更程序。

6. 历次检查、巡查、稽察提出质量问题整改情况

（1）历次稽察、检查、巡查等发现的质量问题整改落实情况。

（2）质量问题整改是否及时到位。

（3）整改方案或建立整改台账是否制定。

（二）勘察设计单位质量保证体系

1. 现场设代机构

（1）设计代表机构设立及设计代表选派情况。

（2）现场设计代表工作履职情况。

2. 设计质量制度

（1）设计质量管理制度是否建立。

（2）质量管理制度体系是否完善。

（3）勘察设计文件审核、签批是否规范。

（4）项目信息和信用信息公示。

3. 现场设计服务

（1）按照合同约定开展现场设计服务情况。

（2）按有关规定提供验收专题报告及参加各类验收情况。

（3）现场服务工作记录是否规范。

（三）监理单位质量控制体系

1. 现场监理机构

（1）现场监理机构建立情况。

（2）现场监理人员配备是否满足工程建设要求。

（3）总监理工程师、主要监理人员驻工地情况。

（4）主要监理人员变更是否经项目法人同意。

（5）是否及时公示项目信息和信用信息。

2. 现场监理质量控制

（1）监理工作制度、监理规划、监理实施细则内容是否结合工程实际，是否完善或具有可操性。

（2）是否按照《水利工程施工监理规范》（SL 288—2014）的规定检查开工条件、施工准备情况，参加或主持设计交底、施工图核查与签发，参与工程质量评定项目划分等施工准备工作。

（3）是否按照《水利工程建设标准强制性条文》（2020年版）、有关技术标准和施工合同对用于工程的原材料、中间产品、工程设备、施工设备、工艺方法进行检查。

（4）监理单位是否按照《水利工程施工监理规范》（SL 288—2014）要求进行旁站、巡视检查，或发现质量问题是否责令施工单位整改。

（5）监理单位是否按照《水利水电工程单元工程施工质量验收评定标准》（SL 631～639）《水利工程施工监理规范》（SL 288—2014）等技术标准和有关文件的要求，及时复核施工单位报送的原材料、中间产品及单元（工序）工程质量检验结果。

（6）监理单位是否开展跟踪检测和平行检测。

（7）跟踪检测和平行检测项目和数量是否符合《水利工程建设标准强制性条文》（2020年版）、《水利水电工程单元工程施工质量验收评定标准》（SL 631～639）、《水利工程施工监理规范》（SL 288—2014）规定。

（8）监理单位委托或内设质量检测机构资质、检测人员资格是否符合要求，或者委托的检测机构与施工单位自设或委托的检测机构是否属于同体。

（9）监理单位检查或检测发现存在工程质量问题，是否及时向项目法人和质量监督机构报告。

3. 审核签发的各类文件、监理日志、监理月报

（1）监理单位是否按有关规定、技术标准和监理合同约定审核签发各类文件、编制监理月报和验收报告、填写监理日志。

（2）审核签发各类文件、编制监理月报是否及时和规范。

（3）监理日志记录是否完整。

（四）施工单位质量保证体系

1. 现场施工管理机构

（1）现场施工管理机构设置情况。

（2）按照投标文件承诺配备项目经理、技术负责人、质量负责人情况。

(3) 变更项目经理、技术负责人、质量负责人是否经项目法人同意，变更后的项目经理、技术负责人、质量负责人是否符合要求。

(4) 是否按照投标文件配备施工员、质量员、安全员、材料员、资料员等，或配备的施工员、质量员、安全员、材料员、资料员是否具备相应资格条件。

(5) 项目经理、技术负责人、质量负责人是否按合同约定及工作需要驻工地。

2. 施工质量管理制度

(1) 施工质量管理制度是否建立。

(2) 质量管理制度体系是否健全。

(3) 质量保障措施是否缺乏针对性。

(4) 项目信息和信用信息是否公示。

3. 施工过程质量控制

(1) 施工单位是否开展施工准备检查和生产工艺性试验，或者施工准备检查和生产工艺性试验是否经项目法人或监理单位确认合格后才进入主体工程施工；施工准备检查和生产工艺试验，以及项目法人、监理单位确认工作是否规范。

(2) 施工单位是否开展工序及单元工程质量检验工作；施工单位开展的工序及单元工程质量检验是否满足《水利水电工程单元工程施工质量验收评定标准》(SL 631～639) 要求。

(3) 施工单位委托或内设质量检测机构资质、检测人员资格是否符合要求。

(4) 施工单位的质量检查、检验原始记录与审核、管理是否规范。

4. 施工材料、设备质量控制

(1) 施工单位是否开展原材料、中间产品质量检验；施工单位是否按照《水利水电工程单元工程施工质量验收评定标准》及有关技术标准对原材料和中间产品质量进行检验并报监理单位复核。

(2) 有关参建单位是否按照采购合同对水工金属结构、启闭机及机电产品进行交货检查和验收。

(3) 是否存在将未报验或检验、核验不合格的原材料、中间产品用于工程，或将无出厂合格证或不符合质量标准的水工金属结构、启闭机及机电产品用于工程的情况。

(4) 用于工程的原材料、中间产品、构配件、设备等存放以及登记管理是否存在不规范的情况。

(五) 检测单位质量保证体系

1. 质量检测单位的资质要求

承担水利工程质量检测的单位应当按照《水利工程质量检测管理规定》取得资质，并在资质等级许可的范围内承担质量检测业务。检测单位资质分为：岩土工程、混凝土工程、金属结构、机械电气和量测共 5 个类别，每个类别分为甲级、乙级 2 个等级。取得甲级资质的检测单位可以承担各等级水利工程的质量检测业务。大型水利工程（含一级堤防）主要建筑物以及水利工程质量与安全事故鉴定的质量检测业务，必须由具有甲级资质的检测单位承担。取得乙级资质的检测单位可以承担除大型水利工程（含一级堤防）主要建筑物以外的其他各等级水利工程的质量检测业务。主要建筑物是指失事以后将造成下游灾害或者严重影响工程功能和效益的建筑物，如堤坝、泄洪建筑物、输水建筑物、电站厂房和泵站等。

2. 质量检测人员的资格要求

从事水利工程质量检测的专业人员，应当具备相应的质量检测知识和能力，并按国家职业资格管理或行业自律管理的规定取得从业资格。

3. 现场试验室及试验设备

按相关规定和要求设立工地现场检测试验室，并配备与所承担的检测任务相适应的仪器设备，质量检测使用的计量器具、试验仪器仪表及设备必须在检定有效期内。

4. 质量保证制度的建立与运行

检测工作制度已建立，设备仪器状态标识应规范，档案管理制度已建立，仪器设备检定校验计划已制定，质量内控制度诸如质量手册、程序文件、作业指导书已制定，内容完善符合工程实际。

四、工程项目划分确认

阐述该工程项目划分的组织形式、项目划分方案、质量监督机构对项目划分方案确认范围及文号等内容。

（1）由项目法人组织监理、设计及施工等单位进行工程项目划分，并确定主要单位工程、主要分部工程、重要隐蔽单元工程和关键部位单元工程。项目法人在主体工程开工前将项目划分方案书面报送相应工程质量监督机构确认。

（2）工程质量监督机构收到项目划分书面报告后，应在14个工作日内对项目划分进行确认并将确认结果书面通知项目法人。

（3）工程实施过程中，如单位工程、主要分部工程、重要隐蔽单元工程和关键部位单元工程发生调整时，项目法人应重新报送工程质量监督机构确认。

经质量监督机构确认的项目划分方案为项目施工质量评定的依据。

五、工程质量检测

主要介绍施工单位的自评情况，建设、监理单位的复核情况，并对其真实性、完整性、及时性和规范程度做出评价。质量监督站对单元工程、分部工程的质量评定结果抽查情况，原材料、中间产品、金属结构及启闭机、机电产品质量情况，对重要隐蔽工程、关键部位单元工程、重要分部工程质量核验情况，外观质量评定情况，质量检测资料核查情况以及质量监督机构进行抽检的，在此应分别阐述。

（一）质量检测有关规定

《水利水电工程施工质量检验与评定规程》（SL 176—2007）对质量检测有如下规定：

（1）承担工程检测业务的检测单位应具有国家相关部门颁发的资质证书，其设备和人员的配备应与所承担的任务相适应，有健全的管理制度。

（2）工程施工质量检验中使用的计量器具、试验仪器仪表及设备应定期进行检定，并具备有效的检定证书。国家规定需强制检定的计量器具应经县以上计量行政部门认定的计量检定机构或其授权设置的计量检定机构进行检定。

（3）检测人员应熟悉检测业务，了解被检测对象性质和所用仪器设备性能，经考试合格后持证上岗。参与中间产品及混凝土（砂浆）试件质量资料复核的人员应具有工程师以上工程系列技术职称，并从事过相关试验工作。

(4) 工程质量检验项目和数量应符合《水利水电工程单元工程施工质量验收评定标准》规定；检验方法应符合《水利水电工程单元工程施工质量验收评定标准》和国家及行业现行技术标准的有关规定。

(5) 工程质量检验数据应真实可靠，检验记录及签证应完整齐全。

(6) 工程项目中如遇到《水利水电工程单元工程施工质量验收评定标准》中尚未涉及的项目质量评定标准时，其质量及评定表格由项目法人组织监理、设计及施工单位按水利部有关规定进行编制和报批。

(7) 工程中永久性房屋、专业公路、专业铁路等项目的施工检验与评定可按相应行业标准执行。

(8) 项目法人、监理、施工和工程质量监督等单位根据工程建设需要，可委托具有相应资质等级的水利工程质量检测单位进行工程质量检测。施工单位自检性质的委托检测项目及数量，按《水利水电工程单元工程施工质量验收评定标准》及施工合同约定执行。对已建工程质量有重大分歧时，应由项目法人委托第三方具有相应资质等级的质量检测单位进行检测，检测数量视需要确定，检测费用由责任方承担。

(9) 堤防工程验收前，项目法人应委托具有相应资质等级的质量检测单位进行抽样检测，工程质量抽检项目和数量由工程质量监督机构确定。

(二) 质量检测和评价主要依据

(1) 国家和行业现行有关法律、法规、规章。

(2) 经批准的设计文件。

(3) 国家标准、水利行业标准、其他行业标准、地方标准和企业标准。

(4) 招标文件、合同文件。

(5) 主要设备、产品技术说明书等。

(三) 质量检测的类型

根据水利水电工程建设质量控制的不同主体，质量检测的类型主要包括施工单位自检、监理单位平行检测和跟踪检测、项目法人委托检测、政府监督抽检等。不同类型的检测工作在建设程序上形成一套相对完整的体系，在工程质量控制上发挥着重要作用。

1. 施工单位自检

施工单位自检是指施工单位依据工程设计要求、施工技术标准和合同约定，结合《水利水电工程单元工程施工质量验收评定标准》规定的项目数量进行的检测。施工单位自检是全过程、全方位的检测，具有明确检测内容和数量规定，是施工质量控制的关键，也是整个检测工作体系的基础。

2. 监理单位跟踪检测、平行检测

监理单位跟踪检测是指在承包人进行试样检测前，监理机构对其检测人员、仪器设备以及拟订的检测程序和方法进行审核；在承包人对试样进行检测时，实施全过程的监督，确认其程序、方法的有效性以及检测结果的可信性，并对该结果确认。

监理单位平行检测是指监理机构在承包人对试样自行检测的同时，根据规范按一定比例对施工质量进行独立抽样检测，以核验施工自检的成果。

根据《水利工程施工监理规范》(SL 288—2014)，跟踪检测数量为：混凝土试样不应少于承包人检测数量的7%；土方试样不应少于承包人检测数量的10%。平行检测数量为：混凝土试样不应少于承包人检测数量的3%，重要部位每种标号的混凝土最少取样1组；土方试样不应少于承包人检测数量的5%；重要部位至少取样3组。

监理单位的跟踪检测和平行检测是在施工单位自检的基础上，按一定比例对施工质量进行的检测，对自检和工程质量具有一定的复验和控制作用。水利水电工程监理跟踪检测和平行检测工作都应由具有水利行业资质的检测机构承担。

3．项目法人委托检测

项目法人委托检测是指项目法人为掌握和控制质量，在施工单位自检、监理单位跟踪检测和平行检测的基础上，委托有相应资质的质量检测单位对工程质量进行的检测。水利工程的项目法人委托检测主要采用验收前抽检的方式开展，即在工程验收之前，由项目法人委托具有水利行业资质的检测机构对工程质量进行抽检。验收检测前，项目法人应在主体工程开工后，编制验收抽检方案，并将委托检测单位和抽检方案报质量监督机构确认后实施。验收抽检是对施工过程中检测（施工单位自检、监理单位跟踪/平行检测）的一个验证和复核，是工程质量评定的重要依据。

4．政府监督抽检

监督机构对工程质量有怀疑的，或发现工程质量不符合工程建设强制性标准，应责成有关单位委托有资质的检测单位进行检测，受委托的水利工程质量检测单位承担以下主要任务：

（1）核查受监督工程参建单位的试验室装备、人员资质、试验方法及成果等。

（2）根据需要对工程质量进行抽样检测，提出检测报告。

（3）参与工程质量事故分析和研究处理方案。

（4）质量监督机构委托的其他任务。

（四）工程质量检测的内容和范围

《水利水电工程质量检测技术规程》（SL 734—2016）有效地规范了水利工程质量管理，并明确了检测范围和检测类别，具体为地基处理与支护工程、土石方工程、金属结构、机械电气及水工建筑尺寸等。

（五）质量监督报告中工程质量检测指标

主要介绍施工单位的自评情况，建设单位、监理单位的复核情况，并对其真实性、完整性、及时性和规范程度做出评价，质量监督站对单元、分部工程的质量评定结果抽查情况，原材料、中间产品、金属结构及启闭机、机电产品质量情况，对重要隐蔽工程、关键部位单元工程、重要分部工程质量核验情况，外观质量评定情况，质量检测资料核查情况以及质量监督机构进行抽检的，在此应分别阐述。

质量监督报告中工程质量检测一章主要编写对项目法人提供的施工质量检验与评定资料核验结果，通过施工单位自检、监理平行检测或跟踪检测、项目法人委托的第三方质量检测单位抽检以及质量监督抽检成果，反映出工程质量状况。

目前我国质量监督工作所需经费由同级财政解决，质量监督抽检因工程概算中无此专项费用，工作开展参差不齐。经济发达地区的质量监督机构年度工作经费中有质量监督抽检专项费用，质量监督抽检工作开展较好；有的地区经济欠发达或其他原因，质量监督机构年度工作经费中无质量监督抽检专项经费，不能开展此项工作。因此，在编写质量监督报告中工程质量检测一章时，尽可能地全面反映参建各方的检测成果。同时，要认真甄别数据的真实性，有问题的数据不能引用，要去伪存真，客观、真实、科学地反映工程质量状况。水利水电工程从以下两方面反映质量检测成果。

1. 原材料、中间产品检测试验成果

(1) 水泥抽检试验报告。

(2) 钢材抽检试验报告。

(3) 水泥外加剂（包括普通减水剂、高效减水剂、引气剂、引气减水剂、缓凝减水剂、早强剂、早强减水剂、防冻剂、膨胀剂等）技术性能指标试验报告。

(4) 粉煤灰技术性能指标试验报告。

(5) 防水材料（包括沥青、防水涂料、防水填料、各类防水卷材等）试验报告。

(6) 止水带技术性能试验报告（包括紫铜片止水、白铁皮止水、铝片止水、塑料止水、橡皮止水）。

(7) 土工布技术性能试验报告（包括土工织物、土工膜等）。

2. 试验及检测成果

(1) 配合比试验（包括混凝土、砂浆、泥浆等）。

(2) 混凝土试验（包括抗压、抗渗、抗冻等）。

(3) 砂浆试验（包括抗压等）。

(4) 土工试验（土料场土料性质、最大干密度、筑坝后的土工试验等）。

(5) 筑坝技术试验（碾压混凝土坝铺混凝土厚度、碾压土石坝等的铺土厚度、振动设备及碾压遍数等）。

(6) 压水试验。

(7) 灌浆试验。

(8) 单桩基群桩的静动载试验。

(9) 管道、容器强度与严密性试验。

(10) 焊接试验（超声探伤、X拍片）。

(11) 电气设备绝缘试验。

(12) 电气性能试验。

(13) 接地电阻性能试验。

(14) 设备操作试验。

(15) 机组试运行试验。

六、工程质量核备与核定

详细描述对单元工程、分部工程、单位工程施工质量评定等级的核备结果；单位工程已全部完工，经施工单位自评、监理单位复核、项目法人认定质量等级的单位工程可进行质量等级核定。

七、工程质量事故和缺陷处理

施工过程中出现质量事故或质量缺陷的，应描述事故发生的时间和过程，事故发生的部位、事故调查、分析情况，事故的处理方案和处理的过程，以及处理后的质量状况及复查验收情况等。

质量缺陷应按有关规定要求进行缺陷登记备案。

备案内容：缺陷产生的部位、原因、对质量缺陷是否处理，如何处理，以及对建筑物的使用寿命的影响等。内容必须真实、全面、完整，参建单位人员必须在质量缺陷备案表上签字，有不同意见应明确记载。

备案表的格式：质量缺陷备案资料必须按竣工验收的标准制备，作为工程竣工验收备查资料存档。质量缺陷备案表由监理单位组织填写。

备查：工程竣工验收时，项目法人必须向验收委员会汇报并提交历次质量缺陷的档案资料。

八、工程质量结论意见

工程质量结论意见只针对工程质量进行评价，不宜涉及其他方面，诸如安全度汛、移民搬迁、建设征地等问题均不宜在本报告中体现。

九、附件

1. 有关该工程项目质量监督人员情况表（略）
2. 工程建设过程中质量监督意见（书面材料）汇总（略）

第二章

工程截流验收质量监督报告

第一节　工程截流验收条件及质量监督报告编写要点

水利水电工程导流设施（导流隧洞或导流明渠）完工，具备通水导流条件后，水库或水电站的大坝工程即具备截流验收条件。根据《水利水电建设工程验收规程》（SL 223—2008），参建各方按照规程要求编写并提交各自的工作报告，项目法人或建设单位向项目主管部门提出截流阶段验收请示。《水电工程验收规程》（NB/T 35048—2015）3.1.8 明确要求：已提交截流阶段质量监督报告，并有工程质量满足截流的结论。

由此可见，水利水电工程截流验收应具备的条件之一就是质量监督机构已编写并提交质量监督报告。

一、《水利水电建设工程验收规程》（SL 223—2008）枢纽工程导截流验收应具备的条件

（1）导流工程已基本完成，具备过流条件，投入使用（包括采取措施后）不影响其他未完工程继续施工。

（2）满足截流要求的水下隐蔽工程已完成。

（3）截流设计已获批准，截流方案已编制完成，并做好各项准备工作。

（4）工程度汛方案已经有管辖权的防汛指挥部门批准，相关措施已落实。

（5）截流后壅高水位以下的移民搬迁安置和库底清理已完成并通过验收。

（6）有航运功能的河道，碍航问题已得到解决。

二、《水电工程验收规程》（NB/T 35048—2015）工程截流验收应具备的条件

（1）与截流有关的导流泄水建筑物工程已按设计要求基本建成，工程质量合格，可以过水，且过水后不会影响未完工程的继续施工。

（2）主体工程中与截流有关的水下隐蔽工程已经完成，质量符合合同文件规定的标准。

（3）截流实施方案及围堰设计、施工方案已经通过项目法人组织的评审，并按审定的截流实施方案做好各项准备工作，包括组织、人员、机械、道路、备料、通信和应急措施等。截流后工程施工进度计划已安排落实，汛前工程形象面貌可满足度汛要求。

（4）截流后的安全度汛方案已经审定，措施基本落实，上游报汛工作已有安排，能满足安全度汛工作。

（5）移民安置规划设计文件确定的截流前建设征地移民安置任务已经完成，工程所在地省级人民政府主管部门已经组织完成阶段性验收、出具验收意见，并有不影响截流的明确

结论。

（6）通航河流的临时通航或交通转运问题已基本解决，或已与有关部门达成协议。

（7）与截流有关的导流过水建筑物，在截流前已完成专项工程安全鉴定；采用河床分期导流的水电工程，临时挡水的部分永久建筑物（含隐蔽工程）在施工基坑进水前已经进行（截流）专项工程安全鉴定，并有可以投入运行的结论意见。

（8）已提交截流阶段质量监督报告，并有工程可以满足截流的结论。

三、水利水电工程导（截）流阶段验收工程质量监督工作报告编写要点

质量监督机构的质量监督人员在认真阅读项目法人、设计、监理、施工、质量检测等单位提交的工作报告的基础上，结合对此项目开展的质量监督工作成果，按照《水利水电建设工程验收规程》（SL 223—2008）O.7 的要求，编写水利水电工程（导）截流阶段验收质量监督工作报告。

第二节　工程导（截）流验收质量监督报告示例

××河水电站工程截流前阶段验收质量监督报告

一、工程概况

（一）工程名称

××河××水电站。

（二）工程位置

××河水电站××位于××市××县××镇，是××江流域“两库四级”开发的第一个梯级，电站距省会××市公路里程720km，距××县城公路里程74km。

（三）工程规模、等别及建筑物级别

××河水电站坝址控制流域面积382.4km^2，多年平均流量为31.3m^3/s，水库正常蓄水位1895.00m，库容2.59亿m^3，死水位1848.00m，死库容0.19亿m^3，调节库容2.40亿m^3，水库具有年调节性能。最大坝高94m，工程为Ⅱ等大（2）型工程，电站装机容量72MW（3×24MW），多年平均发电量3.11亿kW·h。主要建筑物有：混凝土面板堆石坝、右岸溢洪道、左岸泄洪（导流）隧洞、左岸引水隧洞、调压井、压力管道、地面厂房、升压站等，及110kV输电线路。

（四）建筑物的主要特性指标

1. 导流建筑物

导流隧洞布置于左岸，隧洞总长339.00m，隧洞断面形式为方圆形，衬砌后断面净空尺寸为6m×8m。衬砌厚度根据不同围岩类别有所不同，厚度以0.6～0.8m为主，洞身采用C25混凝土衬砌。进口底板高程为1814.00m，出口底板高程为1810.00m，底坡为1.254%（其中前20m渐变段为平坡）。导流隧洞进水塔建基面高程1811.00m，闸室尺寸10m×13m×28m（长×宽×高），进水塔一期混凝土下部采用C30，上部采用C25，二期混

凝土采用C30。

导流隧洞进水塔闸门门槽、门叶、启闭机及其附件安装，共有平面闸门门槽75t，位于导流隧洞进口进水塔内。门叶及锁定梁88t，启闭机及附件25t。

2. 挡水建筑物

挡水建筑物为混凝土面板堆石坝，属1级建筑物，按50年一遇洪水设计，500年一遇洪水校核。校核洪水位1895.37m，设计洪水位1895.01m，正常蓄水位1895.00m，死水位1852.00m。混凝土面板堆石坝坝顶长度321m，坝顶宽度8m，坝顶高程1900.00m，上游设防浪墙，墙顶高程1901.20m，河床范围趾板置于微风化岩层上，两岸趾板低高程部位置于弱风化岩层，高高程部位置于强风化岩层，趾板基础最低高程为1806.00m，最大坝高94m。上游坝坡1∶1.4，下游坝坡高程1870.00m以上1∶1.6，以加强抗震性能，以下为1∶1.4。

3. 泄洪建筑物

泄水建筑物由右岸溢洪道及左岸泄洪放空隧洞组成。

溢洪道由引渠段、闸室段、泄槽段、挑流鼻坎段及出口护坦组成，采用挑流消能。溢洪道水平总长约602m（引渠首端至消力塘末端），宽14m（闸室）。引渠段长约128m，进口底板高程1880.00m。闸室段沿水流向长约38m，总宽14m，设1个8m×10m（宽×高）表孔，设检修门槽和一道弧形工作闸门；溢流堰顶高程为1885.00m，堰高5m，为低堰，堰体上游面坡比3∶1，原点上游为两段圆弧曲线，下游堰面曲线为WES-Ⅰ型；闸体平台高程1900.00m，与坝顶高程一致，闸体上布置启闭机室、工作及交通桥。泄槽及挑流鼻坎段横断面为矩形，底宽8m。挑流鼻坎段长约25m，起挑角30°，挑流鼻坎坎顶高程1821.42m，反弧半径25m。出口消力塘平面及纵剖面均为梯形断面，底板高程1795.00m。

泄洪放空隧洞由进口有压洞段、检修及工作闸门井段、无压洞段、明渠段、挑流鼻坎组成。进口底板高程为1830.00m，引渠段长约50m，底宽由23m渐变至10m，为梯形断面。有压洞段由进口渐变段、直线段和渐变段组成，总长76m，底板纵坡$i=0.05\%$。有压段标准断面为内径5.0m圆形断面。检修及工作闸门前渐变段长14m，由圆形断面渐变为4.5m×5m（宽×高）矩形断面，以便与检修闸门井相接。检修及工作闸门井段布置在渐变段后，闸门底板高程为1829.98m。闸体按一孔布置，设置一扇4.5m×5m（宽×高）的检修平板门和一扇4m×4m（宽×高）的弧形工作门。闸门井顶部平台高程与坝顶高程一致，为1900.00m，闸门井总高70m，竖井顶平台设检修闸门启门排架和启闭机工作室，竖井内布置交通楼梯。事故检修闸门井后接无压洞段，长约198m，底坡采用$i=4\%$。无压段为5m×8m的方圆形断面。无压洞段以后是明渠段，水平长度约149m，断面为5m×8m（宽×高）的矩形断面，底坡4%；出口采用挑流消能，挑流鼻坎段长约17m，挑坎顶高程为1819.50m，挑角30°17′，反弧半径30m。出口护坦长约54m，底板高程1816.00m。

4. 引水建筑物

引水建筑物布置在左岸，包括电站进水口、引水隧洞、调压井、压力管道、地面厂房、升压站等。电站进水口底板高程1841.00m；塔顶高程为1900.00m。引水隧洞为圆形有压洞，内径4m，长度约1.75km。调压井为上室溢流式，上室尺寸49m×17m×4m（长×宽×高）。竖井断面为圆形，内径6m，底板高程1832.504m。压力管道总长度485.115～

501.153m（包括竖井段及岔管长度），主管内径3.7m。地面厂房布置在坝址下游约2.6km处的××江左岸台地上。电站总装机容量72MW（3×24MW），主厂房尺寸约62m×14m×29m（长×宽×高），机组安装高程1712.00m。升压站布置在主厂房上游侧，面积62m×40m（长×宽），平台高程1728.30m。

5. *砂石骨料加工系统*

根据工程区料源分布情况，结合工程枢纽布置和施工场地条件，在大坝下游右岸约1.5km处的×××石料场附近集中设置人工砂石加工系统1座，生产本工程所需的混凝土、喷混凝土骨料以及大坝垫层料。

砂石加工系统设置规模按满足混凝土浇筑和大坝垫层料填筑的叠加强度$2.1\times10^4m^3$/mon设计，系统毛料处理能力为180t/h，成品生产能力为155t/h。

（五）导流隧洞开工及完工日期

导流隧洞于20××年×月××日开工，土建工程于20××年××月××完工，金属结构安装工程于20××年×月××日完工，现导流隧洞具备过水条件。

（六）参建单位及质量监督机构

项目法人：×××××水电开发有限公司。

设计单位：××水电集团××勘测设计研究院。

监理单位：××水利水电建设工程咨询公司。

施工单位：××水利水电工程公司、中国水利水电第×工程局、中国水利水电第×工程局、中国水利水电第××工程局、××路建集团××路桥公司、××建工水利水电建设有限公司、××××建筑工程公司、国家电力公司××勘测设计研究院科学研究所。

质量监督单位：××省水利水电工程质量监督中心站（以下简称“省质监中心站”）。

二、质量监督工作

省质监中心站在本工程项目主要从以下几方面开展质量监督工作。

（一）项目质量监督机构设置和人员

根据《建设工程质量管理条例》（国务院令第279号），××河水电站工程项目法人××水电开发有限公司于工程开工之初与省质监中心站办理了质量监督手续，根据工程实际情况，省质监中心站配置质量监督员3人对该项目开展全过程质量监督工作。

（二）质量监督主要依据

工程质量监督管理的依据是：国家、水利部和××省有关水利水电基本建设工程质量监督管理的相关法律、法规和规定；《水利水电工程单元工程施工质量验收评定标准》（SL 631～639）、《水利水电工程施工质量检验与评定规程》（SL 176—2007）、《水电站基本建设工程验收规程》（DL 5123—2000）等有关规范及技术标准；经批准的设计文件及已签订的合同文件。

（三）质量监督主要范围

依据《××水电站工程质量监督书》，省质监中心站监督内容为工程实体质量和参建各方的行为质量，即对混凝土面板堆石坝、右岸溢洪道、左岸泄洪（导流）隧洞、左岸引水隧洞、调压井、压力管道、地面厂房、升压站等施工质量及参建各方质量行为实施政府监督。

（四）质量监督工作方式

针对××河水电站工程的实际情况，质量监督工作采取随机抽查与重点检查相结合的方式，对工程责任主体及有关单位的质量行为及工程实体质量进行监督。检查中发现的问题以《质量监督检查结果通知书》送达业主要求及时整改，并抄报上级有关部门。

（五）本阶段质量监督主要工作

质量监督员对本工程进行质量监督管理的主要工作内容是：按施工准备、施工过程、竣工验收三个阶段进行全过程监督，本阶段主要对建设单位的质量检查体系、监理单位的质量控制体系、施工单位的质量保证体系、设计单位的现场服务情况进行监督检查。

依照“项目法人负责、监理单位控制、施工单位保证和政府监督相结合”的质量管理体制要求，以法律、法规、工程强制性标准为依据，对本阶段工程所用原材料质量证明、中间产品质量检测报告、工程质检资料进行了检查复核，对参建各方的质量措施、管理制度、安全生产措施进行检查。

经检查，××河水电站工程建设实行业主负责制、建设监理制、招标投标制和合同管理制，设计、监理、施工单位的资质均满足国家有关资质要求。××河水电站工程建立了质量管理体系，各参建单位制定了各项质量管理规章制度及实施细则，质量管理体系运行正常，各项规章制度已得到贯彻和落实，工程质量处于受控状态。

三、参建单位质量管理体系

××河水电站工程建设质量管理体系由业主、设计、监理、施工等各参建单位组成，参建单位根据各自的质量职责和合同约定的质量标准履行相应的义务和责任。项目实施阶段，工程质量由业主总负责，监理、设计、施工、材料和设备的采购、制造等参建单位按照合同及有关法律法规的规定，对各自承担的工作或工程项目的质量进行控制，并承担相应的责任。

工程建设过程中，项目法人能认真贯彻执行国家和上级质量监督管理部门的有关法律、法规和相关文件；严格认真检查、审查各参建单位质量保证体系的建立和管理措施的落实情况，使得电站工程在建设过程中，质量全过程处于受控状态。

项目法人在工程建设过程中主要采取以下质量保证措施：

(1) 按照水利水电工程的基本建设程序进行工程建设，申报办理工程质量监督手续。

(2) 结合工程的实际情况，编写质量管理大纲，建立健全有效、适用的工程质量管理体系。

(3) 对各投标参建单位，进行严格资格与业绩审查。从工程建设的源头开始，对工程建设进行有效控制，在工程招标投标阶段，就十分注意选择有质量保证能力的监理、设计、施工、材料和设备的采购、制造等单位参与工程建设。

(4) 在招标文件等合同文件中，明确工程建设质量标准，以及合同双方各自承担的质量责任与义务，做到有法可依。对于工程使用主要原材料，如水泥、钢筋、掺合料均由业主通过招标选定生产厂家，产品出厂有材质证、合格证，材料进场后，经施工单位检测、监理抽检合格后，方可投入使用。

（5）建立业主中心试验室，对工程建设质量通过抽样的方式，对承包商施工过程的原材料、半成品、成品等进行试验和检验；对某些重要指标，采取施工单位及业主中心实验室进行同步对比试验。

（6）严格实行金属结构与机电设备监造、出厂验收监督制度，对出厂设备进行出厂验收。

（7）加强对监理单位的管理。依据建设工程监理合同要求，督促监理单位配备足够与本工程监理工作相适应的人员和设备；督促检查监理单位是否建立健全适合本工程的工作制度和执行情况。

（8）各标段在项目开工前，由施工单位编写工程施工组织设计和安全质量保证措施，经专业监理工程师审查批准后实施；对重大技术方案和措施，由监理单位牵头组织有关各方进行讨论、补充完善，批准后实施。

（9）重视工程建设安全，确保工程施工质量。在工程施工过程中，组织由业主、设计、监理、施工单位组成的“四位一体”的质量、安全监督体制，加大对工程施工技术措施和安全管理措施的审查控制力度，在大坝基岩面采取预留保护层开挖和采用基底水平造孔的钻爆措施；对隐蔽工程和工程中的关键部位，必须通过四方联合验收以后，方允许进行覆盖和下道工序施工。

（10）在工程实施阶段，坚持按工程质量“三阶段”控制原则，即“事前主动控制、事中过程控制和事后补救控制”进行××河水电站工程质量的监督控制，狠抓施工过程控制，以确保工程质量。在过程控制中，发现不满足工程质量要求的，立即纠正，减少和杜绝工程质量隐患，充分发挥施工队伍基层质量管理的作用，严格执行“三检制”。从开工以来，由于质量保障体系完善，质量监督机制健全，质量管理措施有力。

（11）坚持监理旬例会制度，及时对工程建设施工质量进行总结与评估。从20××年底导流洞工程开始施工以来，建立了由业主、监理、设计代表和各承建单位参加的监理周例会制度，在对工程施工进度进行总结和任务布置的同时，对每旬施工部位的施工质量和施工安全进行总结与评价，及时了解和掌握工程质量信息，对存在的问题进行整理和纠偏，保证工程建设施工质量及工程进度处于受控状态。

（12）重视质量监督工作，加强与项目质量监督机构的联系与往来。自工程建设开工以来，省质监中心站多次对××河水电站工程进行现场质量监督巡查。

（13）强化设计优化。公司积极鼓励开展设计优化工作，多次召开设计优化讨论会，据此项目法人单位提出坝基开挖建基面抬高，设计单位根据开挖揭露的地质情况经计算后坝基础可以抬高1.5m设计优化方案，经过设计优化，节约了工程量，节省了工程投资，减轻了施工强度，加快了工程进度。

四、工程项目划分确认

截至目前，与项目划分有关的设计图纸未出齐，完整的工程项目划分方案待确认。

本阶段仅对导流洞单位工程项目划分方案进行了审核，确认导流洞单位工程划分为：隧洞开挖、进口明渠开挖、出口明渠开挖、洞身喷锚、进口明渠喷锚、出口明渠喷锚、进水塔混凝土、洞身混凝土、进口明渠混凝土、出口明渠混凝土、回填灌浆、固结灌浆、金属结构、排水孔（沟）、进水塔开挖、进水塔喷锚、拦渣坝、围堰、导流洞封堵共19个分部工程，见表2-2-1。

表2-2-1　　导流洞单位工程项目划分表

单位工程		分部工程			
代码	名称	代码	名　称	代码	名　称
1	导流洞	1	隧洞开挖	11	回填灌浆
		2	进口明渠开挖	12	固结灌浆
		3	出口明渠开挖	13	金属结构
		4	洞身喷锚	14	排水孔、沟
		5	进口明渠喷锚	15	进水塔开挖
		6	出口明渠喷锚	16	进水塔喷锚
		7	进水塔混凝土	17	拦渣坝
		8	洞身混凝土	18	围堰
		9	进口明渠混凝土	19	导流洞封堵
		10	出口明渠混凝土		

五、工程质量检测

省质监中心站对施工、监理提供的施工质量检验与评定资料进行了核验，核验结果表明：导流洞单位工程所用粗细骨料、钢筋、混凝土试块检验结果均满足设计及规范要求。

（一）施工单位自检

1.××水利水电工程公司

导流隧洞单位工程由××水利水电工程公司承建。

导流隧洞布置于左岸，隧洞总长339.00m，隧洞断面形式为方圆形，衬砌后断面净空尺寸为6m×8m。衬砌厚度根据不同围岩类别有所不同，厚度以0.6～0.8m为主，洞身采用C25混凝土衬砌。进口底板高程为1814.00m，出口底板高程为1810.00m，底坡为1.254%（其中前20m渐变段为平坡）。导流隧洞进水塔建基面高程1811.00m，闸室尺寸10m×13m×28m（长×宽×高），进水塔一期混凝土下部采用C30，上部采用C20，二期混凝土采用C35。

工程所用原材料主要包括水泥、砂石骨料、钢筋、钢筋焊接接头、锚杆、减水剂、速凝剂、粉煤灰、止水材料等。试验室对工程所用材料通过自检或送检方式进行了检测，具体检测情况分述如下：

（1）原材料质量检测。

1）水泥。导流隧洞所用水泥为×××××水泥有限公司生产的××牌P·O 42.5水泥。截至20××年12月25日，共检测××牌P·O 42.5水泥124组，所检测项目均符合国家标准。

2）砂石骨料。砂石骨料为现场项目部砂石系统生产的人工砂石骨料，截至20××年12月25日，共检测砂31组、小石（5～20mm）19组、中石（20～40mm）19组，所检测项目除砂的石粉含量、部分小石、中石逊径超标外，其余指标均符合国家标准。检测成果统计见表 2-2-2。

表 2-2-2　砂石骨料检测成果统计表

检测项目	小石（5～20mm）				中石（20～40mm）				砂子（≤5mm）			
	超径/%	逊径/%	含泥量/%	针片状/%	超径/%	逊径/%	含泥量/%	针片状/%	细度模数	泥块含量/%	含水率/%	石粉含量/%
组数	19	19	19	19	19	19	19	19	31	31	31	31
最大值	5	34	0.5	4	20	31	0.4	3	3.21	0	5.7	28.5
最小值	0	2	0.1	1	0	1	0.1	1	2.41	0	1.6	8.4
平均值	2	12	0.2	2	8	9	0.2	1	2.77	0	3.6	20.0
规定值	<5	<10	≤1	≤15	<5	<10	≤1	≤15	2.4～2.8	不允许	≤6	6～18

3）钢筋。工程中所用钢筋为××钢铁集团生产的钢筋。共计检测 152 组，所检测项目均符合国家标准。检测成果统计见表 2-2-3。

表 2-2-3　钢筋机械性能检测成果统计表

直径/mm	牌号	检测组数	屈服强度/MPa			抗拉强度/MPa			伸长率平均值/%	冷弯合格率/%
			最大值	最小值	平均值	最大值	最小值	平均值		
6.5	HPB235	13	360	280	310	530	420	485	29.7	100
16	HRB335	32	440	345	388	620	545	569	28.2	100
18	HRB335	9	430	375	410	600	520	5703	28.0	100
20	HRB335	6	415	380	390	605	545	560	25.0	100
22	HRB335	33	405	340	370	615	540	580	26.7	100
25	HRB335	29	425	350	390	650	540	570	25.6	100
28	HRB335	30	405	355	370	595	560	575	25.0	100
国家标准			HPB235：≥235；HRB335：≥335			HPB235：≥370；HRB335：≥455			HPB235：≥25；HRB335：≥17	
备注			所进钢筋经检测其力学性能、弯曲性能均符合国家标准要求							

4）钢筋焊接接头性能检测及锚杆抗拉拔性能检测。

钢筋焊接接头力学性能检测依据《金属材料 室温拉伸试验方法》（GB/T 228—2002）、评定依据《钢筋焊接及验收规程》（JGJ 18—2003）标准进行。

承建方在进口边坡、出口边坡及导流洞洞内施工现场对钢筋焊接接头进行了抗拉强度试验检测。其中在进口边坡施工现场共抽取 Φ22 钢筋焊接接头 32 组；在出口施工现场共抽取 Φ22 钢筋焊接接头 6 组；在导流洞洞内、进出口明渠施工现场共抽取 Φ22 钢筋焊接接头 16 组，Φ25 钢筋焊接接头 16 组，Φ28 钢筋焊接接头 16 组，Φ16 钢筋焊接接头 28 组。经检测接头破坏形式均为母材断裂，抗拉强度均大于母材抗拉强度规定值，根据《钢筋焊接及验收规程》（JGJ 18—2003）标准的规定，所抽取钢筋焊接接头的抗拉强度性能满足规程相关要求。检测成果统计见表 2-2-4。

表 2-2-4 钢筋焊接接头性能检测成果统计表

母材牌号	直径 d /mm	连接方式	取样地点	抽取组数	抗拉强度/MPa		
					最大值	最小值	平均值
HRB335	16	单面搭接	导流洞	14	595	545	569
HRB335	22	单面搭接	进出口边坡	38	600	520	568
HRB335	22	单面搭接	导流洞	16	600	555	570
HRB335	25	单面搭接	导流洞	16	580	550	565
HRB335	28	单面搭接	导流洞	16	580	520	555

锚杆抗拉拔性能检测依据《水电水利工程锚喷支护施工规范》(DL/T 5181—2003)、评定依据设计相关标准进行。

试验室针对进出口边坡、导流隧洞施工的锚杆进行了拉拔试验。其中检测进出口边坡基础锚杆 24 组、导流隧洞支护锚杆 15 组。检测成果表明:所检测的锚杆抗拉拔力满足 80～120kN 的设计要求。检测成果统计见表 2-2-5。

表 2-2-5 锚杆抗拉拔性能检测成果统计表

锚杆直径 /mm	抽取组数	抗拉拔力/kN			设计要求
		最大值	最小值	平均值	
25	39	126.5	100.9	111.8	80～120kN

5) 减水剂。工程中所使用的减水剂为××省××新材料有限公司生产的 JM-Ⅱ型缓凝高效减水剂。该产品于 2012 年 6 月开始投入工程中使用，主要用于导流洞洞内、进出口明渠混凝土。根据《水工混凝土施工规范》(DL/T 5144—2001) 的规定：掺量小于 1%的外加剂以 50t 为一批进行检验。工程中所使用的 JM-Ⅱ型减水剂的掺量为 0.7%，试验室依据上述规定对JM-Ⅱ型缓凝高效减水剂进行了检验。检验方法和评定标准分别依据《混凝土外加剂匀质性试验方法》(GB/T 8077—2000)、《水工混凝土外加剂技术规程》(DL/T 5100—1999) 相关标准进行。检测成果统计见表 2-2-6。

表 2-2-6 JM-Ⅱ缓凝高效减水剂检测成果统计表

检测项目	掺量/%	减水率/%
规定值	—	≥15
检测组数	6	6
最大值	0.80	18.9
最小值	0.70	17.5
平均值	0.76	18.1

(2) 混凝土、砂浆检测。进出口边坡混凝土强度 C20；洞内、进出口明渠混凝土强度 C25，二级配；进水塔混凝土强度 C30；进水塔门槽混凝土强度 C35。

配合比试验所用原材料：

水泥：××××水泥公司生产的××牌 P·O 42.5 水泥。

人工砂：××河水电站人工砂加工系统生产的花岗岩人工砂。

粗骨料：××河水电站碎石加工系统生产的花岗岩人工碎石。

减水剂：××××新材料有限公司生产的JM－Ⅱ型缓凝高效减水剂。

1）混凝土配合比。洞内混凝土浇筑配合比经业主中心试验室28d试验强度最终得出施工配合比，见表2－2－7。

表2－2－7　C20～C35混凝土配合比参数

部　位	类别	强度等级	水胶比 $w/(c+p)$	减水剂/%	砂率/%	每方混凝土材料用量/(kg/m^3)					
						水	水泥	砂	小石	中石	减水剂
进出口边坡	泵送	C20	0.56	0.8	38	260	464	637	520	520	24.75
洞内、进出口明渠	常态	C25	0.53	0.8	38	265	500	621	507	507	26.67
进水塔	常态	C30	0.48	0.8	38	260	542	607	496	496	28.91
进水塔门槽	常态	C35	0.42	0.8	38	260	619	578	472	472	33.01

2）混凝土强度检测。截至20××年12月25日，工程中施工的混凝土品种有喷混凝土、常态混凝土、泵送混凝土。上述混凝土28d抗压强度检测成果统计见表2－2－8。

表2－2－8　混凝土28d抗压强度检测成果统计表

施工部位	类别	强度等级	检测组数	最大值/MPa	最小值/MPa	平均值/MPa	标准差/MPa	离差系数 C_v	保证率/%	合格率/%
出口贴坡混凝土	常态	C20	24	31.2	22.2	26.3	2.769	0.105	98.85	100
进口贴坡混凝土	常态	C20	63	31.6	23.2	27.0	1.643	0.061	99.92	100
洞内底板洞身混凝土	泵送	C25	42	38.9	28.9	32.5	3.252	0.102	99.58	100
进水塔混凝土	泵送	C30	15	46.2	35.8	39.7	3.207	0.096	100.00	100
进水塔门槽混凝土	常态	C35	2	49.2	39.2	45.9	4.454	0.097	100.00	100
进水塔回填混凝土	泵送	C20	6	30.8	23.4	26.5	3.065	0.163	96.4	100
大坝回头挡坎混凝土	泵送	C20	27	33.1	23.2	26.9	2.337	0.087	99.84	100
进出口边坡支护	喷射	C20	87	35.2	20.4	25.8	3.004	0.117	97.25	100

3）砂浆强度检测。截至20××年12月25日，工程中施工的砂浆品种主要有：边坡支护锚杆砂浆M25、洞内基础锚杆砂浆M25、砌筑砂浆M7.5。因砂浆取样频率规范没有作具体规定，砂浆的取样以随机抽样的方式进行，尽可能多地进行抽样试验，以达到严格控制质量的目的。水泥砂浆28d抗压强度检测成果统计见表2－2－9。

表2－2－9　水泥砂浆28d抗压强度检测成果统计表

施工部位	强度等级	检测组数	最大值/MPa	最小值/MPa	平均值/MPa	标准差/MPa	离差系数 C_v	合格率/%
进口边坡支护锚杆	M25	19	38.6	26.7	32.3	3.116	0.096	100
出口边坡支护锚杆	M25	45	38.6	26.0	31.3	3.094	0.099	100
洞内基础锚杆	M25	15	34.5	26.0	30.0	2.551	0.085	100
砂石骨料场砌筑	M7.5	3	12.2	9.5	11.0	1.375	0.125	100
进口上游挡墙砌筑砂浆	M7.5	5	12	10.3	11.3	0.835	0.074	100

续表

施工部位	强度等级	检测组数	最大值/MPa	最小值/MPa	平均值/MPa	标准差/MPa	离差系数 C_v	合格率/%
炸药库挡墙砌筑砂浆	M7.5	2	12.4	11.5	12.0	0.636	0.053	100
营地挡墙砌筑砂浆	M7.5	1	12.0	10.8	11.4	0.849	0.074	100

2. ××水利水电第×工程局有限公司

××水利水电第×工程局有限公司承建××河水电站大坝土建工程，主要建设内容有：上、下游围堰、坝基开挖、大坝灌浆工程、大坝填筑及混凝土、导流洞、清水河石料场开采及支护；钢筋混凝土贴坡、边坡锚喷支护等土建工程；电站进水口高程1840.00m以上的土方开挖、石方开挖、钢筋混凝土贴坡、边坡锚喷支护等土建工程。

按照合同、设计、规范要求的频次，对各种原材料和混凝土、砂浆等进行了检验试验，检验频次和结果满足合同、设计、规范要求。

(1) 原材料质量检测。工程所用水泥均为“××牌”P·O 42.5水泥，系业主指定水泥品牌。水泥进场后承建方质量部门对水泥进行抽样送检，并将检查结果报监理工程师审批。

1) 水泥。本工程水泥共检测7组，检查结果符合《通用硅酸盐水泥》(GB 175—2007)设计要求。水泥取样检查结果见表2-2-10。

表2-2-10　大坝坝肩开挖工程水泥检测结果统计表

水泥品种	统计参数	凝结时间/min		标准稠度/%	安定性	抗折强度/MPa		抗压强度/MPa	
		初凝	终凝			3d	28d	3d	28d
标准要求		≮45min	≯10h	—	必须合格	≮2.5	≮5.5	≮10.0	≮32.5
P·O 42.5	检测组数	7	7	7	7	7	7	7	7
	检测结果	124	181	27.4	合格	5.77	8.25	22.7	51.8

2) 细骨料。本工程所用细骨料均为××江天然河沙，承建方质量部门按每400m^{3}取样1组进行检查。大坝开挖工程河沙检测1组，检查结果满足规范及设计要求。河沙检测结果见表2-2-11。

表2-2-11　大坝坝肩开挖工程天然河沙取样检测结果

检查项目	细度模数	石粉含量/%	表观密度/(kg/m^3)	含泥量/%	颗粒含量<0.08mm/%	云母/%
标准要求	2.2～3.0	8～17	≥2500	≤5	—	≤2
河沙	3.03	7.6	—	—	3.3	—

3) 钢筋检测。本工程使用的钢筋为××钢铁集团生产的钢材原材，按照进场数量和批次，一共取样5组，其中：Φ6.5 1组，用于左右坝肩挂网喷锚；Φ8 1组，用于进水口网格梁混凝土浇筑；Φ20 1组，用于钢筋铅丝石笼防护；Φ25 1组，用于锚杆支护；Φ32 2组，用于锚筋桩支护。以上原材样品已送至中心试验室检测。

(2) 中间产品检测。

1) 砂浆强度检测。右岸上游渣场拦渣坝砌筑砂浆共取样13组，其中M7.5砂浆取样12组，M10砂浆取样1组，检测评定结果合格，详见表2-2-12。

表 2-2-12 大坝坝肩开挖工程砂浆质量检查统计表

设计强度等级	龄期	检测组数	抗压强度/MPa			评定结果
			最小值	最大值	平均值	
M7.5	28	12	12.8	34.1	25.6	合格
M10	28	1	—	—	41.2	合格

2）混凝土强度检测。左坝肩喷 C20 混凝土共取样 2 组，右坝肩喷 C20 混凝土共取样 3 组，检测结果全部合格，检测统计结果见表 2-2-13。

表 2-2-13 大坝坝肩开挖工程喷混凝土强度检测统计表

试件编号	工程部位	设计指标/MPa	龄期/d	抗压强度/MPa	结果
Sc-C4-J-Ph-001	左岸喷混凝土	C20	28	21.6	合格
Sc-C4-J-Ph-002	左岸喷混凝土	C20	28	22.7	合格
Sc-C4-J-Ph-002	右岸喷混凝土	右岸喷混凝土	C20	28.0	合格
Sc-C4-J-Ph-002	右岸喷混凝土	右岸喷混凝土	C20	28.0	合格
Sc-C4-J-Ph-002	右岸喷混凝土	右岸喷混凝土	C20	28.0	合格

（二）监理单位抽检

监理对导流洞工程施工的原材料及混凝土质量控制方式为：取样送业主中心试验室进行检验，由其提交检验试验报告。

1. 原材料检测

监理对导流工程使用的水泥抽检 5 组、天然河沙抽检 5 组、碎石抽检 3 组、钢筋母材抽检 12 组、钢筋焊接接头抽检 25 组，检测结果详见表 2-2-14～表 2-2-18。

表 2-2-14 导流洞水泥（“××牌”P·O 42.5）物理性能检测成果

取样日期/(年-月-日)	细度/%	安定性	凝结时间 h/min		抗压强度/MPa		抗折强度/MPa	
			初凝	终凝	3d	28d	3d	28d
20××-01-19	0.4	合格	126	183	28.2	51.5	5.68	8.16
20××-01-19	0.6	合格	129	185	28.1	51.8	5.45	8.25
20××-03-23	1.2	合格	140	194	29.9	54	6.04	8.73
20××-11-04	0.8	合格	121	163	23.2	—	6.29	—
20××-11-15	0.8	合格	185	217	26.1	—	5.75	—

表 2-2-15 导流洞施工用砂检测成果

取样日期/(年-月-日)	取样地点	砂石种类	细度模数	<0.16mm 含量/%
20××-01-19	导流洞水泥库房	天然砂	3.15	6.3
20××-01-19	导流洞水泥库房	天然砂	3.24	3.7
20××-03-23	导流洞水泥库房	天然砂	2.81	11.9
20××-04-04	导流洞水泥库房	天然砂	2.7	13.6
20××-04-05	导流洞水泥库房	天然砂	2.39	16
20××-11-04	导流洞水泥库房	人工砂	2.71	12.4

表 2-2-16 导流洞人工碎石检测试验成果

取样时间/(年-月-日)	取样地点	超径/%		逊径/%		含粉量/%	
		5～20mm	20～40mm	5～20mm	20～40mm	5～20mm	20～40mm
20××-04-04	导流洞出口拌和站	22.9	—	1	—	—	—
20××-06-07	导流洞出口拌和站	17.5	10.9	1.2	3.9	—	—
20××-11-04	导流洞出口拌和站	9	10	3	9	—	—

表 2-2-17 导流洞钢筋母材检测成果

生产厂家	级别	直径/mm	取样地点	屈服强度/MPa	抗拉强度/MPa	伸长率/%	冷弯180°	使用部位
×钢	HRB 335	25	导流洞库房	400 395	550 550	30 30	合格	导流洞进口边坡
×钢	HRB 235	6.5	导流洞库房	390 345	550 530	45 45	合格	导流洞进口边坡
×钢	HRB 335	25	导流洞库房	395 395	555 560	30 34	合格	导流洞出口边坡
×钢	HRB 235	6.5	导流洞库房	385 385	545 545	32 38	合格	导流洞出口边坡
×钢	HRB 235	6.5	导流洞库房	375 385	550 530	32 35	合格	导流洞出口
×钢	HRB 335	25	导流洞库房	405 405	545 545	30 27	合格	导流洞出口
×钢	HRB 335	28	导流洞库房	410 410	545 555	33 34	合格	导流洞进水塔基础
×钢	HRB 335	25	导流洞库房	410 405	540 530	30 34	合格	导流洞进水塔基础
×钢	HRB 235	12	导流洞库房	420 420	540 560	30 33	合格	导流洞出口
×钢	HRB 335	16	导流洞库房	415 415	550 545	31 33	合格	导流洞出口
×钢	HRB 335	22	导流洞库房	355 365	570 580	31 29	合格	导流洞出口
×钢	HRB 335	25	导流洞库房	360 360	525 520	30 34	合格	导流洞出口

表 2-2-18 导流洞钢筋焊接检测成果

级别	直径/mm	取样日期/(年-月-日)	取样地点	焊接方式	抗拉强度/MPa	试验情况	检测结果
HRB335	22	20××-06-06	导流洞进口贴坡钢筋加工厂	单面搭接焊	575，570	焊缝外延性断裂，焊缝根部延性断裂	合格
					575	焊缝根部延性断裂	
HRB335	28	20××-06-09	导流洞进口进水塔基础	单面搭接焊	580，590	焊缝外延性断裂，焊缝外延性断裂	合格
					575	焊缝外延性断裂	
HRB335	25	20××-06-09	导流洞进口进水塔基础	单面搭接焊	515，560	焊缝外延性断裂，焊缝外延性断裂	合格
					550	焊缝外延性断裂	
HRB335	20	20××-06-15	导流洞进口进水塔基础	单面搭接焊	550，525	焊缝外延性断裂，焊缝外延性断裂	合格
					550	焊缝外延性断裂	
HRB335	22	20××-06-15	导流洞进口进水塔基础	单面搭接焊	565，570	焊缝外延性断裂，焊缝外延性断裂	合格
					575	焊缝外延性断裂	

续表

级别	直径/mm	取样日期/(年-月-日)	取样地点	焊接方式	抗拉强度/MPa	试验情况	检测结果
HRB335	25	20××-06-15	导流洞进口进水塔基础	单面搭接焊	595，595	焊缝根部延性断裂，焊缝外延性断裂	合格
					595	焊缝根部延性断裂	
HRB335	28	20××-06-15	导流洞进口进水塔基础	单面搭接焊	565，565	焊缝外延性断裂，焊缝外延性断裂	合格
					565	焊缝外延性断裂	
HRB335	28	20××-07-01	导流洞渐变段	单面搭接焊	560，575	焊缝外延性断裂，焊缝外延性断裂	合格
					585	焊缝外延性断裂	
HRB335	16	20××-07-17	导流洞进口明渠底板	单面搭接焊	505，515	焊缝根部延性断裂，焊缝外延性断裂	合格
					510	焊缝外延性断裂	
HRB335	22	20××-07-17	导流洞进口明渠底板	单面搭接焊	555，540	焊缝外延性断裂，焊缝根部延性断裂	合格
					555	焊缝根部延性断裂	
HRB335	28	20××-07-17	导流洞进水塔左边墙	单面搭接焊	545，555	焊缝外延性断裂，焊缝根部延性断裂	合格
					535	焊缝外延性断裂	
HRB335	25	20××-07-29	导流洞进水塔左边墙	单面搭接焊	595，590	焊缝根部延性断裂，焊缝外延性断裂	合格
					580	焊缝外延性断裂	
HRB335	16	20××-08-01	导流洞进水塔左边墙	单面搭接焊	515，565	焊缝根部延性断裂，焊缝根部延性断裂	合格
					525	焊缝根部延性断裂	
HRB335	16	20××-08-07	导流洞底板	单面搭接焊	510，575	焊缝根部延性断裂，焊缝根部延性断裂	合格
					520	焊缝外延性断裂	
HRB335	28	20××-08-07	导流洞进水塔左边墙	单面搭接焊	580，595	焊缝外延性断裂，焊缝根部延性断裂	合格
					575	焊缝根部延性断裂	
HRB335	25	20××-08-07	导流洞底板	单面搭接焊	595，600	焊缝外延性断裂，焊缝外延性断裂	合格
					600	焊缝根部延性断裂	
HRB335	25	20××-08-15	导流洞堵头段底板	单面搭接焊	580，565	焊缝外延性断裂，焊缝根部延性断裂	合格
					575	焊缝外延性断裂	
HRB335	16	20××-08-15	导流洞堵头段底板	单面搭接焊	620，620	焊缝外延性断裂，焊缝根部延性断裂	合格
					630	焊缝外延性断裂	
HRB335	16	20××-09-10	导流洞底板	单面搭接焊	570，595	焊缝外延性断裂，焊缝根部延性断裂	合格
					580	焊缝外延性断裂	

续表

级别	直径/mm	取样日期/(年-月-日)	取样地点	焊接方式	抗拉强度/MPa	试验情况	检测结果
HRB335	25	20××-09-10	导流洞底板	单面搭接焊	515，515	焊缝外延性断裂，焊缝根部延性断裂	合格
					535	焊缝外延性断裂	
HRB335	28	20××-09-24	导流洞底板	单面搭接焊	595，605	焊缝外延性断裂，焊缝外延性断裂	合格
					580	焊缝外延性断裂	
HRB335	16	20××-09-24	导流洞底板	单面搭接焊	600，600	焊缝外延性断裂，焊缝外延性断裂	合格
					600	焊缝外延性断裂	
HRB335	25	20××-01-03	导流洞底板	单面搭接焊	510，520	焊缝根部延性断裂，焊缝外延性断裂	合格
					535	焊缝根部延性断裂	
HRB335	16	20××-10-03	导流洞底板	单面搭接焊	610，615	焊缝根部延性断裂，焊缝外延性断裂	合格
					635	焊缝根部延性断裂	
HRB335	22	20××-10-10	导流洞进水塔	单面搭接焊	580，565	焊缝根部延性断裂，焊缝根部延性断裂	合格
					560	焊缝根部延性断裂	
HRB335	16	20××-10-28	0＋183～0＋198 边顶拱	单面搭接焊	560，560	焊缝外延性断裂，焊缝根部延性断裂	合格
					540	焊缝根部延性断裂	
HRB335	25	20××-10-28	0＋183～0＋198 边顶拱	单面搭接焊	515，525	焊缝外延性断裂，焊缝外延性断裂	合格
					530	焊缝外延性断裂	
HRB335	16	20××-11-15	0＋258～0＋273 边顶拱	单面搭接焊	565，580	焊缝外延性断裂，焊缝外延性断裂	合格
					565	焊缝外延性断裂	
HRB335	25	20××-11-15	0＋258～0＋273 边顶拱	单面搭接焊	515，535	焊缝外延性断裂，焊缝外延性断裂	合格
					525	焊缝外延性断裂	
HRB335	25	20××-11-27	0＋143～0＋168 边顶拱	单面搭接焊	515，515	焊缝外延性断裂，焊缝外延性断裂	合格
					525	焊缝外延性断裂	
HRB335	16	20××-11-27	0＋143～0＋168 边顶拱	单面搭接焊	530，530	焊缝外延性断裂，焊缝外延性断裂	合格
					535	焊缝根部延性断裂	
HRB335	28	20××-12-07	0＋314～0＋341 边顶拱	单面搭接焊	540，510	焊缝外延性断裂，焊缝外延性断裂	合格
					515	焊缝外延性断裂	
HRB335	28	20××-12-07	0＋314～0＋361 边顶拱	单面搭接焊	530，530	焊缝外延性断裂，焊缝外延性断裂	合格
					530	焊缝外延性断裂	

2. 中间产品检测结果

监理单位主要对混凝土抗压强度进行抽检，C20 混凝土抽检 6 组、C25 混凝土抽检 26 组、C30 混凝土抽检 8 组、C35 混凝土抽检 1 组。

监理抽检取样的混凝土强度试验结果详见表 2-2-19。

表 2-2-19　　导流洞混凝土取样强度试验结果统计表

序号	强度等级	取样组数	平均强度/MPa	标准差/MPa	最大值/MPa	最小值/MPa	离差系数 C_v	百分率 P_s/%
1	C20	6	32.8	5.86	40	24.8	0.18	100
2	C25	26	32.5	3.16	38	25.4	0.10	100
3	C30	8	35.6	5	42.7	27.9	0.14	87.5
4	C35	1	38.8	—	—	—	—	—

（三）业主中心试验室抽检结果

业主在××河水电站工地建立业主中心试验室，负责对整个××江流域电站所使用的原材料、中间产品进行全面的抽样检测（详见《××水电站工程截流阶段中心试验室试验检测报告》）。中心试验室对导流洞工程和大坝坝肩开挖工程使用原材料、混凝土及砂浆的抽样检测成果进行了分析评定，成果如下。

1. 原材料检测

（1）水泥。业主中心试验室对导流洞工程使用的“××牌”水泥抽检 1 组，所检指标合格，见表 2-2-20。

表 2-2-20　　水泥检测结果统计表

检测次数	水泥商标	品　种	细度/%	初凝时间/min	终凝时间/min	抗压强度/MPa		抗折强度/MPa		安定性
						3d	28d	3d	28d	
1	××牌	P.O 42.5	0.8	157	220	22.4	—	5.2	—	合格
控制指标		P.O 42.5	—	≥45	<600	≥17.0	≥42.5	≥3.5	≥6.5	合格

（2）钢筋。抽检 HRB335 钢筋 Φ12～Φ32 共 13 组，检测指标全部合格。钢筋规格及抽检组数见表 2-2-21。

表 2-2-21　　钢筋母材检测结果统计表

钢筋直径/mm	12	16	20	22	25	28	32	汇总
钢筋牌号	HRB335							
组数	1	3	1	3	3	1	1	13
合格率/%	100							

（3）钢筋接头。HRB335 钢筋接头共抽检 93 组，规格有 Φ18、Φ22、Φ25、Φ28，检测结果全部合格，检测统计结果见表 2-2-22。

（4）细骨料。细骨料有机制砂与河沙，共抽检 5 组，检测指标合格，检测统计结果见表 2-2-23、表 2-2-24。

表 2-2-22　钢筋接头焊接检测成果统计表

钢筋直径/mm	18	22	25	28	汇总
钢筋牌号	HRB335				
组数	8	7	5	5	25
不合格组数	0	0	0	0	0
一次合格率/%	100	100	100	100	100

表 2-2-23　细骨料（机制砂）品质检测结果统计表

细骨料品种	统计项目	细度模数	石粉含量/%	<0.08mm 含量/%	含水率/%
人工砂	检测次数	3	3	3	3
	平均值	2.7	16.6	9.7	0
	最大值	2.8	18.6	10.8	0
	最小值	2.6	15.4	8.6	0
	标准差	—	—	—	—
	离差系数	—	—	—	—
	合格率/%	100	100	—	—
控制指标（DL/T 5144—2001）		2.3～2.8	6～18	—	—

表 2-2-24　细骨料（天然沙）品质检测结果统计表

品种	统 计 项 目	细度模数	<0.16mm 含量/%	含水率/%	含泥量/%
天然沙	检测次数	2	2	2	2
	平均值	2.80	9.6	—	2.4
	最大值	2.92	10.4	—	2.6
	最小值	2.68	8.8	—	2.2
	合格率/%	100	—	—	—
控制指标（DL/T 5144—2001）		2.2～3.0	—	—	≤3，≤5（无抗冻要求或≤C30

（5）人工碎石。中心试验室抽检人工碎石 1 组，中石逊径合格，其余超标，见表 2-2-25。

表 2-2-25　人工碎石检测试验成果统计表

检测次数	超径/%			逊径/%			含泥量/%			检测评定
	小石	中石	大石	小石	中石	大石	小石	中石	大石	
1 组	19	25	—	19	3	—	—	—	—	中石逊径合格，其余超标
控制指标	≤5			≤10			≤1			

2. 中间产品检测

（1）混凝土。导流洞工程混凝土强度等级有 C20、C25、C30、C35 四种，砂浆强度等级为 M7.5，检测结果全部合格，详见表 2-2-26。

表 2-2-26　　混凝土取样强度试验结果统计表

部位	设计等级	混凝土种类	检测单位	组数	28d强度/MPa	平均值/MPa	标准差/MPa	离差系数	达到设计强度的百分率/%	质量评定
导流洞	C20	常态、泵送	业主检测中心	9	23.0～39.4	34.0	6.3	0.19	100	合格
坝肩	C20	喷混凝土		1	20.5	20.5	—	—	100	合格
导流洞	C25	泵送		29	25.8～38.2	32.7	3.3	0.10	100	合格
	C30	泵送		8	29.6～41.9	35.9	5.1	0.14	75	合格
	C35	泵送		1	39.4	39.4	—	—	100	合格
坝肩	M7.5	砂浆		1	12.5	12.5	—	—	100	合格

（2）锚杆。锚杆拉拔试验共做5组，检测结果全部合格，统计结果见表2-2-27。

表 2-2-27　　锚杆拉拔试验检测结果统计表

检测组数	检测部位	设计拉拔力/kN	实测拉拔力/kN	质量评定
5	导流洞	80～120	130～217	合格

试验结果表明：水泥品质、钢筋母材力学性能符合国家标准要求，天然河沙、人工碎石品质可满足本阶段的支护及混凝土浇筑要求，所检测混凝土的强度满足《水工混凝土施工规范》（DL/T 5144—2001）评定标准要求。

（四）工程安全监测单位对导流洞进出口边坡观测结果

导流洞进出口边坡安全监测由××水电××集团××勘测设计研究院科学研究分院承担。根据设计，先后于20××年4月分别在导流洞进口边坡和出口边坡各安装埋设了5个表面变形监测点；20××年3月在泄洪放空隧洞、电站进水口进口边坡安装埋设了9个表面变形监测点，并取得初始值，随后每月定期对表面变形监测点进行了连续监测，导流洞进、出口边坡在导流洞施工过程中经受了20××年及本年度雨季的考验。表面变形观测数据表明导流洞进、出口边坡在开挖、施工及雨季中均处于稳定状态；截至目前泄洪放空隧洞、电站进水口边坡在开挖、施工及雨季中，表面变形观测数据表明边坡处于稳定状态。

（五）工程质量检测评价

承担本工程施工、监理及检测等单位能按照设计及规范要求，对工程所用的原材料、中间产品进行取样检测，检测频率满足规范要求；各类试验结果符合质量标准，工程实体质量处于受控状态。

六、工程质量核备与核定

××水电站工程涉及截流验收的项目为导流隧洞，省质量监督中心站项目依据下述国家及相关行业技术标准、经批准的设计文件以及项目法人提供的施工质量检验与评定资料进行了核备与核定。

（一）工程质量核备与核定依据

（1）国家及相关行业技术标准。

（2）《单元工程质量评定标准》。

（3）经批准的设计文件、施工图纸、金属结构设计图样与技术条件、设计修改通知书、厂家提供的设备安装说明书及有关技术文件。

（4）工程承发包合同中约定的技术标准。

（5）工程施工期及运行期的试验和观测分析成果。

（6）项目法人提供的施工质量检验与评定资料。

（二）施工质量核备与核定结果

截至20××年9月，已完单元工程经施工单位自评、监理单位复核、项目法人认定，省质监中心站核备，质量评定结果如下：

1. 导流洞

（1）隧洞开挖分部工程。隧洞开挖分部工程共划分为17个单元工程，施工质量全部合格，其中优良单元工程15个，单元工程优良率88.2%；施工中未出现过质量事故。由于未进行分部工程验收，根据单元工程评定情况，该分部工程质量等级暂定合格。

（2）进口明渠开挖分部工程。进口明渠开挖分部工程共划分为7个单元工程，施工质量全部优良，单元工程优良率100%；施工中未出现过质量事故。由于未进行分部工程验收，根据单元工程评定情况，该分部工程质量等级暂定合格。

（3）出口明渠开挖分部工程。出口明渠开挖分部工程共划分为5个单元工程，施工质量全部优良，单元工程优良率100%；施工中未出现过质量事故。由于未进行分部工程验收，根据单元工程评定情况，该分部工程质量等级暂定合格。

（4）洞身喷锚分部工程。洞身喷锚分部工程共划分为4个单元工程，施工质量全部优良，单元工程优良率100%；原材料及中间产品质量合格，混凝土试件质量合格；施工中未出现过质量事故。由于未进行分部工程验收，根据单元工程评定情况，该分部工程质量等级暂定合格。

（5）进口明渠喷锚分部工程。进口明渠喷锚分部工程共划分为7个单元工程，施工质量全部合格，其中优良单元工程6个，单元工程优良率85.7%；原材料及中间产品质量合格，混凝土试件质量合格；施工中未出现过质量事故。由于未进行分部工程验收，根据单元工程评定情况，该分部工程质量等级暂定合格。

（6）出口明渠喷锚分部工程。出口明渠喷锚分部工程共划分为4个单元工程，施工质量全部优良，单元工程优良率100%；原材料及中间产品质量合格，混凝土试件质量合格；施工中未出现过质量事故。由于未进行分部工程验收，根据单元工程评定情况，该分部工程质量等级暂定合格。

（7）进水塔混凝土分部工程。进水塔混凝土分部工程共划分为14个单元工程，施工质量全部优良，单元工程优良率100%；原材料及中间产品质量合格，混凝土试件质量合格；施工中未出现过质量事故。由于未进行分部工程验收，根据单元工程评定情况，该分部工程质量等级暂定合格。

（8）洞身混凝土分部工程。洞身混凝土分部工程共划分为49个单元工程，施工质量全部优良，单元工程优良率100%；原材料及中间产品质量合格，混凝土试件质量合格；施工中未出现过质量事故。由于未进行分部工程验收，根据单元工程评定情况，该分部工程质量等级暂定合格。

（9）进口明渠混凝土分部工程。进口明渠混凝土分部工程共划分为77个单元工程，施工质量全部合格，其中优良单元工程74个，单元工程优良率96.1%；原材料及中间产品质量合格，混凝土试件质量合格；施工中未出现过质量事故。由于未进行分部工程验收，根据单元工程评定情况，该分部工程质量等级暂定合格。

（10）出口明渠混凝土分部工程。出口明渠混凝土分部工程共划分为29个单元工程，施工质量全部合格，其中优良单元工程27个，单元工程优良率93.1%；原材料及中间产品质量合格，混凝土试件质量合格；施工中未出现过质量事故。由于未进行分部工程验收，根据单元工程评定情况，该分部工程质量等级暂定合格。

（11）回填灌浆分部工程。回填灌浆分部工程共划分为12个单元工程，施工质量全部优良，单元工程优良率100%；原材料质量合格；施工中未出现过质量事故。由于未进行分部工程验收，根据单元工程评定情况，该分部工程质量等级暂定合格。

（12）固结灌浆分部工程。固结灌浆分部工程共划分为7个单元工程，施工质量全部优良，单元工程优良率100%；原材料质量合格；施工中未出现过质量事故。由于未进行分部工程验收，根据单元工程评定情况，该分部工程质量等级暂定合格。

（13）金属结构分部工程。金属结构分部工程共划分为3个单元工程，施工质量全部优良，单元工程优良率100%；金属结构制造质量合格，启闭机制造质量合格；施工中未出现过质量事故。由于未进行分部工程验收，根据单元工程评定情况，该分部工程质量等级暂定合格。

（14）排水沟、孔分部工程。排水沟、孔分部工程共划分为22个单元工程，施工质量全部优良，其中优良单元工程20个，单元工程优良率90.9%；原材料质量合格；施工中未出现过质量事故。由于未进行分部工程验收，根据单元工程评定情况，该分部工程质量等级暂定合格。

（15）进水塔开挖分部工程。进水塔开挖分部工程共划分为1个单元工程，施工质量全部优良，其中优良单元工程1个，单元工程优良率100%；原材料质量合格；施工中未出现过质量事故。由于未进行分部工程验收，根据单元工程评定情况，该分部工程质量等级暂定合格。

（16）进水塔喷锚分部工程。进水塔喷锚分部工程共划分为1个单元工程，施工质量全部优良，其中优良单元工程1个，单元工程优良率100%；原材料质量合格；施工中未出现过质量事故。由于未进行分部工程验收，根据单元工程评定情况，该分部工程质量等级暂定合格。

（17）拦渣坝分部工程。拦渣坝分部工程共划分为5个单元工程，施工质量全部优良，其中优良单元工程4个，单元工程优良率80%；原材料质量合格；施工中未出现过质量事故。由于未进行分部工程验收，根据单元工程评定情况，该分部工程质量等级暂定合格。

（18）围堰分部工程。围堰分部工程共划分为4个单元工程，施工质量全部优良，其中优良单元工程3个，单元工程优良率75%；原材料质量合格；施工中未出现过质量事故。由于未进行分部工程验收，根据单元工程评定情况，该分部工程质量等级暂定合格。

（19）导流洞封堵分部工程。导流洞未封堵，分部工程待大坝下闸蓄水前封堵。导流洞已完工程质量评定统计结果见表2-2-28。

2. 大坝单位工程已完单元工程质量评定

大坝基础开挖共验收16个单元工程，质量全部合格，其中优良单元工程12个，单元工程优良率75%。

（1）拦渣坝分部工程。拦渣坝分部工程评定6个单元工程，施工质量全部优良，其中优

表 2-2-28　　导流洞已完工程质量评定统计表

单位工程名称	分部工程		已完成工程质量评定结果				分部工程质量等级
	序号	名　称	完成数/个	合格数/个	优良数/个	优良率/%	
导流输水隧洞	1	隧洞开挖	17	17	15	88.2	合格
	2	进口明渠开挖	6	6	6	100	合格
	3	出口明渠开挖	5	5	5	100	合格
	4	洞身喷锚	11	11	10	90.9	合格
	5	进口明渠喷锚	6	6	5	88.3	合格
	6	出口明渠喷锚	4	4	4	100	合格
	7	进水塔混凝土	14	14	14	100	合格
	8	洞身混凝土	49	49	49	100	合格
	9	进口明渠混凝土	77	77	74	96.1	合格
	10	出口明渠混凝土	29	29	27	93.1	合格
	11	回填灌浆	12	12	12	100	合格
	12	固结灌浆	7	7	7	100	合格
	13	金属结构	3	3	3	100	合格
	14	排水沟、孔	22	22	20	90.9	合格
	15	进水塔开挖	1	1	1	100	合格
	16	进水塔喷锚	1	1	1	100	合格
	17	拦渣坝	5	5	4	80	合格
	18	围堰	4	4	3	75	合格
	19	导流洞封堵	—	—	—	—	未实施
	合　计		273	273	260	95.2	

良单元工程 4 个，单元工程优良率 66.7%；原材料质量合格；施工中未出现过质量事故。由于未进行分部工程验收，根据单元工程评定情况，该分部工程质量等级暂定合格。

(2) 左坝肩分部工程。左坝肩分部工程评定 5 个单元工程，施工质量全部优良，其中优良单元工程 4 个，单元工程优良率 80%；原材料质量合格；施工中未出现过质量事故。由于未进行分部工程验收，根据单元工程评定情况，该分部工程质量等级暂定合格。

(3) 右坝肩分部工程。右坝肩分部工程评定 3 个单元工程，施工质量全部优良，其中优良单元工程 2 个，单元工程优良率 66.7%；原材料质量合格；施工中未出现过质量事故。由于未进行分部工程验收，根据单元工程评定情况，该分部工程质量等级暂定合格。

(4) 进水口分部工程。进水口分部工程评定 2 个单元工程，施工质量全部优良，其中优良单元工程 2 个，单元工程优良率 100%；原材料质量合格；施工中未出现过质量事故。由于未进行分部工程验收，根据单元工程评定情况，该分部工程质量等级暂定合格。

大坝已完工程质量评定统计结果见表 2-2-29。

核验结果表明：工程所用原材料合格、中间产品质量合格，施工过程中未发生质量安全事故，工程质量处于受控状态，导流洞满足过流使用条件，可以投入使用。

表 2-2-29　　大坝已完单元工程质量评定统计表

单位工程名称	分部工程		已完成工程质量评定结果				分部工程质量等级
	序号	名　称	完成数/个	合格数/个	优良数/个	优良率/%	
大坝	1	拦渣坝	6	6	4	66.7	合格
	2	左坝肩	5	5	4	80	合格
	3	右坝肩	3	3	2	66.7	合格
	4	进水口	2	2	2	100	合格
	合　计		16	16	12	75	

七、工程质量事故和缺陷处理

由于参建各方较好地执行了规程、规范、质量标准，本工程未发生质量事故。一般质量缺陷主要为混凝土表面蜂窝、麻面、错台等，已按有关规程、规范进行了消缺处理，不影响工程正常运行。

八、工程质量结论意见

××河水电站工程建设按照项目法人负责制、招标投标制和建设监理制及合同管理制组织施工并进行管理。各参建单位资质满足工程等级要求。质量管理体系、控制体系、保证体系健全，工程建设处于受控状态。

根据现场察看及对资料的核验分析，结论如下：

(1) 导流工程已完成，工程质量合格，投入使用后不影响其他未完工程继续施工。

(2) 满足截流要求的水下隐蔽工程已经完成，导流建筑物已具备过水条件。

综上所述，涉及导流的工程施工已完成，工程截流及围堰的各项准备工作基本就绪，满足截流要求，同意××江水电站工程进行截流前阶段验收。

九、附件

略。

第三章

工程下闸蓄水验收质量监督报告

第一节　下闸蓄水验收条件及质量监督报告编写要点

一、《水利水电建设工程验收规程》（SL 223—2008）下闸蓄水验收应具备的条件

（1）挡水建筑物的形象面貌满足蓄水位的要求。

（2）蓄水淹没范围内的移民搬迁安置和库底清理已完成并通过验收。

（3）蓄水后需要投入使用的泄水建筑物已基本完成，具备过流条件。

（4）有关观测仪器、设备已按设计要求安装和调试，并已测得初始值和施工期观测值。

（5）蓄水后未完工程的建设计划和施工措施已落实。

（6）蓄水安全鉴定报告已提交。

（7）蓄水后可能影响工程安全运行的问题已处理，有关重大技术问题已有结论。

（8）蓄水计划、导流洞封堵方案等已编制完成，并做好各项准备工作。

（9）年度度汛方案（包括调度运用方案）已经有管辖权的防汛指挥部门批准，相关措施已落实。

二、《水电工程验收规程》（NB/T 35048—2015）下闸蓄水验收应具备的条件

（1）大坝基础防渗工程、大坝及其他挡水建筑物、坝体接缝灌浆以及库盆防渗工程等形象面貌已能满足工程蓄水（至目标蓄水位）要求，工程质量合格，且水库蓄水后不会影响工程的继续施工及安全度汛。

（2）与蓄水相关的输水建筑物的进、出口闸门及拦污栅已就位，可以挡水。

（3）水库蓄水后需要投入运行的泄水建筑物已基本建成，蓄水、泄水所需的闸门、启闭机已安装完毕，电源可靠，可正常运行。

（4）各建筑物的内外监测仪器、设备已按设计要求埋设和调试，并已测得初始值。

（5）蓄水后影响工程安全运行的不稳定库岸、水库渗漏等已按设计要求进行了处理，水库诱发地震监测设施已按设计要求完成，并取得本底值。

（6）导流泄水建筑物封堵闸门、门槽及其启闭机设备经检查正常完好，可满足下闸封堵要求。

（7）已编制下闸蓄水规划方案及施工组织设计，并通过项目法人组织的评审；已做好下闸蓄水各项准备工作，包括组织、人员、道路、通信、堵漏和应急措施等。

（8）已制定水库运用与电站运行调度规程和蓄水后初期运行防洪度汛方案，并通过项目主管部门审查或审批；水库蓄水期间的通航、下游供水问题已解决；水情测报系统可满足工

程蓄水要求。

（9）受蓄水影响的环境保护及水土保持措施工程已基本完成，蓄水后不影响继续施工。蓄水过程中生态流量泄放方案已确定，措施已基本落实，下游受影响的相关方面已作安排。

（10）运行单位的准备工作已就绪，已配备合格的运行人员，并已制定各项控制设备的操作规程，各项设施已能满足初期运行的要求。

（11）受蓄水影响的相应库区专项工程已基本完成，移民搬迁和库区清理完毕。工程所在地人民政府移民主管部门已组织完成建设征地移民安置阶段性验收、出具验收意见，并有不影响工程蓄水的明确结论。

（12）已提交工程蓄水安全鉴定报告，并有可以实施工程蓄水的明确结论。

（13）已提交蓄水阶段质量监督报告，并有工程质量满足工程蓄水的结论。

三、水利水电工程下闸蓄水阶段验收工程质量监督报告编写要点

质量监督机构的质量监督报告可按照《水利水电建设工程验收规程》（SL 223—2008）附录O.7的内容，结合此阶段的验收范围，分析项目法人、设计、监理、施工、质量检测等各有关单位提交的工作报告，编写下闸蓄水阶段验收工程质量监督报告。

第二节　工程蓄水阶段验收质量监督报告示例

××水库工程蓄水阶段验收质量监督报告

一、工程概况

（一）工程位置

××水库工程位于××省东南部的××州××市境内，水库坝址位于××市××乡××河中下游河段，水库坝址距离××河与××河汇口1.9km，施工进场道路主路线为省会××市→××市→××镇→××镇→××水库。××水库至××镇公路里程为11km，至州府××市里程为31km，至××镇里程为60km，至省会××市里程为317km，交通十分便利。

（二）工程规模、等别及建筑物级别

××水库工程的建设任务是：以城乡生活、工业供水、农业灌溉为主，兼顾发电等综合利用。水库总库容1.13亿m^3，调节库容8975万m^3，设计灌溉面积9.28万亩。多年平均供水量9449万m^3，其中：农业灌溉2980万m^3，城乡生活供水2227万m^3，工业供水4242万m^3。水库建成后将解决22.44万城乡居民的饮水问题，灌溉××镇、××镇片区9.28万亩的耕地，并向××镇特色农产品加工园区和××镇工业园区供水4242万m^3。

××水库由大坝枢纽工程、防渗工程及输水工程组成，其中：大坝枢纽工程由黏土心墙堆石坝、右岸开敞式有闸控制溢洪道、右岸导流泄洪隧洞、右岸引水隧洞及团结大沟输水隧洞组成；防渗工程由坝址区防渗及××河库区防渗工程组成；输水工程由坝后泵站、坝后电站及×～×输水线路组成。

黏土心墙堆石坝最大坝高73.9m，坝顶长181.718m，宽8.0m，坝顶高程1380.900m；

坝址区及库区防渗帷幕线总长4838.0m，帷幕灌浆总进尺约30.42万m，其中坝址区防渗线长2140.0m，帷幕灌浆总进尺约20.22万m；××河库区防渗线长2698.0m，帷幕灌浆总进尺10.2万m；坝后电站装机2.2MW，提水工程×～×泵站及Ⅱ号泵站总装机10.22MW，其中×～×泵站装机8.96MW，Ⅱ号泵站装机1.26MW，×～×泵站含泵房、提水管及出水池，提水管长1409.629m（投影长1321.739m）；×～×输水线路起点为×～×泵站出水池，终点为××××××，总长12531.866m（实际长），其中，有压管道长10702.6m（投影长10582.2m），渠道长1829.266m。

依据《防洪标准》（GB 50201—2014）及《水利水电工程等级划分及洪水标准》（SL 252—2017）的规定，分别按照水库总库容、供水及灌溉功能、电（泵）站装机等对工程等别进行复核，××水库枢纽工程等别确定为Ⅱ等，相应工程规模为大（2）型。

按工程等别为Ⅱ等，确定大坝、溢洪道、泄洪隧洞为2级建筑物；引水隧洞及××大沟输水隧洞承担水库的供水任务，由水库取水，取水口为独立式，建筑物级别确定为3级；临时建筑物围堰、导流隧洞根据规范确定为4级建筑物；坝后电站及提水泵站为3级建筑物；Ⅰ号泵站提水管道为2级建筑物；输水管线工程建筑物级别为3级。

××水库工程大坝、溢洪道、导流泄洪隧洞、引水隧洞、××大沟输水隧洞设计洪水标准为100年（$P=1\%$），校核洪水标准为5000年（$P=0.02\%$）。坝后电站及泵站设计洪水标准为30年（$P=3.33\%$），校核洪水标准为100年（$P=1\%$）。输水建筑物设计洪水标准为30年（$P=3.33\%$），校核洪水标准为50年（$P=2\%$）。

根据《中国地震动参数区划图》（GB 18306—2015）的规定，××水库工程区地震动峰值加速度为0.10g，地震动反应谱特征周期为0.45s，相应的地震基本烈度为Ⅶ度，工程建筑物按7度抗震设防。

（三）主要建筑物

1. 大坝工程

大坝为黏土心墙堆石坝，坝顶高程1380.90m，最大坝高73.9m，坝顶长181.718m，坝顶宽8.0m，上游坝坡坡比1∶1.8，下游坝坡坡比1∶1.8，下游坝坡在1345.00m高程设置一台宽3.0m的马道。坝体防渗采用黏土心墙，下接坝基帷幕灌浆的垂直防渗形式。黏土心墙顶宽4m，上下游坡比1∶0.25，心墙上下游各设2层反滤层，水平宽度3.0m，为便于检修及施工，在坝基心墙底部设置嵌入式灌浆检修廊道（3.0m×3.5m）。大坝上游高程1342.50m，坝顶高程间护坡采用300mm×150mm×120mm（长×宽×厚）的C25 F50混凝土预制块铺垫交错搭接。下游护坡采用C25 F50钢筋混凝土网格梁＋三维网喷播植草的护坡形式，网格梁水平向呈“W”形布置，竖向呈直线形布置。网格梁间框格内采用三维植被网喷播草籽护坡。

2. 溢洪道工程

溢洪道为岸边开敞式有闸控制溢洪道，布置于右岸。在进口引渠段设置转弯段，轴线转弯半径$R=56.0$m，转角$\theta=19.471°$，弧线两端轴线在平面上布置为直线，溢洪道轴线与坝轴线成75°角斜交，轴线方位角N105°E，出口水流经消力池消能后归入下游主河道。溢洪道全长441.63m，由进口引渠段（长66.03m，底坡$i=0$）、控制段（长26.5m，底坡$i=0$）、泄槽段（长300.1m，底坡$i=0.01\sim0.55$）、消力池（长39.0m）及护坦段（长10.0m）组成。设计洪水位1378.10m（$P=1\%$）时溢洪道下泄流量104.0m^3/s，校核洪水位

1380.27m（P=0.02%）时下泄流量 176.0m³/s，消能防冲按 50 年一遇洪水标准设计，下泄流量 104.0m³/s。控制段采用有闸控制无坎宽顶堰型，堰顶高程 1373.00m，堰顶宽 6.0m，设 1 道平板检修闸门及 1 道弧形工作闸门，闸门孔口尺寸为 6.0m×5.0m。

3. 导流泄洪隧洞工程

导流泄洪隧洞布置于右岸，泄洪隧洞立面采用短有压进口接“龙抬头”无压洞身段的布置形式，后段通过“龙抬头”与导流隧洞结合。导流隧洞进口底板高程 1324.00m，专用洞身段长 84.592m，底坡 i=0.016，洞身断面为 3.0m×3.5m 的城门洞型，与泄洪洞结合段长 329.671m。泄洪隧洞进口底板高程 1335.00m，由进水渠段、有压洞身段、闸室段、无压洞Ⅰ段、无压洞Ⅱ段、消力池段及尾渠段组成，全长 439.303m，其中，洞身段长 419.303m；竖井闸室内设置 2.5m×2.3m（宽×高）弧形工作闸门控制泄流量，闸后为 3.5m×4.0m 圆拱直墙形无压洞，最大泄量 Q=138.0m³/s，洞内消力池为 9.0m×11.325m 的城门洞型。

4. 引水隧洞工程

引水隧洞承担了××水库大部分的供水任务，最大设计流量 9.35m³/s。引水隧洞布置于右岸，轴线在平面上采用折线布置，设 1 个平面转弯。引水隧洞全长 347.95m，洞身段长 323.20m，由进口明渠段（长 11.25m，底坡 i=0）、取水塔（长 13.5m，底坡 i=0）及洞身段（长 323.2m，底坡 i=2%）组成，出口接压力钢管。隧洞进口底板高程 1337.20m，洞身断面为 2.2m 的圆形。取水口为岸边塔式进水口，按分层取水设计，在同一立面的不同高程共设 4 道共用门槽的挡水闸门。

5. ××大沟输水隧洞工程

××大沟输水隧洞布置于右岸，进、出口与已建××大沟衔接，承担施工期及运行期（库水位高于 1369.69m）××大沟的供水任务。隧洞平面布置为直线，全长 435.966m，由进水渠（长 6.8m，i=0）、闸室段（长 7.4m，i=0）、无压洞身段（长 409.50m，i=0.0012）、跌水池段（长 10.80m）及出口八字墙连接段（长 1.466m）组成。隧洞进口底板高程 1368.915m，出口底板高程 1368.423m，洞身断面为 1.5m×1.8m 的城门洞型。取水口为岸边塔式进水口，设一道平板检修门及一道平板工作门，孔口尺寸 1.5m×1.5m。

6. 坝址区防渗工程

坝址区防渗包括坝基防渗和大坝两岸防渗，均采用帷幕灌浆防渗。坝址区防渗线路总长约 2140.0m，其中：左岸防渗线长 1196.5m，坝基防渗线长 182.0m，右岸防渗线长 761.5m；防渗线路左岸端点接文麻断裂带，右岸端点接玄武岩地层，帷幕底界以进入强岩溶带下限以下 10.0m 控制；坝址区帷幕灌浆总进尺 20.22 万 m，防渗面积 27.3 万 m²，帷幕平均深度约 127.5m，帷幕最大深度约 187.0m。两岸帷幕灌浆主要在平洞内进行，设置上、下两层灌浆平洞，上层平洞总长 1693.0m，下层平洞总长 2074.7m，利用下层灌浆平洞上游侧布置的水平向搭接帷幕连接上、下两层帷幕。

7. 库区防渗工程

库区防渗线路布置于××河库尾右岸的×××附近，防渗线路沿地形成折线布置，线路总长 2713.0m，帷幕灌浆总进尺 10.2 万 m，防渗面积 20.3 万 m²，帷幕灌浆均在地面进行。帷幕灌浆顶界为正常蓄水位 1377.50m，帷幕底界进入强岩溶带下限以下 10.0m，帷幕平均深度约 75.0m，帷幕最大深度约 171.2m。

8. 坝后泵站及电站工程

坝后泵站及电站集中布置于大坝下游左岸及河床，×～×泵站、Ⅱ号泵站及坝后电站均布置于同一厂房内，主要建筑物有×～×泵站主厂房（含坝后电站）、电气副厂房、Ⅱ号泵站进水池、Ⅱ号泵站主厂房及主变场等。坝后泵站及电站均由引水隧洞取水，×～×泵站由库内直接提水，Ⅱ号泵站由电站尾水取水。

坝后电站装机1600＋600kW，设计发电流量5.68m^3/s，机组安装高程1316.60m，额定水头49.5m，年利用小时2994h，多年平均发电量659万kW·h。

×～×泵站装机（3＋1）×2240kW，安装4台卧式单级、双吸离心泵，设计流量2.9m^3/s，水泵安装高程1317.06m，泵站出水池水面高程1520.484m，提水设计扬程162.2m。Ⅰ号泵站进水管接有压引水隧洞，由库内取水后直接提水，通过长1409.629m（投影长1321.739m）的提水管（内径1.4m）提水至库区××河右岸山顶水池。提水管在里程T0＋939.914～T1＋035.914处需跨越××河库区，采用自承式双联拱管跨越，跨度为96.0m，钢管直径1.0m。

Ⅱ号泵站装机4×315kW，安装4台卧式单级、双吸离心泵，设计流量1.27m^3/s。泵站进水池接坝后电站尾水，水泵安装高程1316.78m，泵站进水池水位1317.80m，出水池设计水位1370.00m，提水设计扬程53.0m。泵站提水管长90.0m，内径0.8m。

9. ×～×输水线路工程

输水线路由主管及干渠组成。采用内径1.4m球墨铸铁管（埋管）与明钢管布置，以球墨铸铁管为主，干渠由明渠、渡槽及隧洞组成。

××泵站由库内直接提水，设计流量2.9m^3/s，经长1409.629m（投影长1321.739m）的提水管跨过××河库区后至××河右岸的山顶高位水池，由山顶水池分水0.4m^3/s供××支渠，分水2.5m^3/s进入××输水管线。×～×输水线路由输水管道及干渠组成，前段为有压管道，后段为无压输水渠道。输水线路总长12531.866m（实际长），其中，有压管道长10702.6m（投影长10582.2m），渠道长1829.266m。管道设计流量2.5～2.3m^3/s，渠道设计流量2.3～2.1m^3/s。

根据受水区及配套支渠布置，××输水线路沿线共设置4个分水口：管道里程G4＋797设置1号支渠分水口，向平坝寨灌片分水0.21m^3/s；渠道里程Q0＋544设置2号支渠分水口，向明湖灌片分水0.17m^3/s；渠道末端接3号支渠及4号支渠分水口，3号支渠分水口向老坞海灌片、红甸灌片分水0.89m^3/s，4号支渠分水口分水1.2m^3/s进入×××水库，向××进行生活和工业供水。

（四）设计变更

截至20××年2月28日止，××水库工程共有以下4项重大设计变更。

1. 大坝基础地质缺陷处理

××水库大坝为黏土心墙堆石坝，坝基地层为石炭系厚层、巨厚层状灰岩，坝基岩溶强烈发育。坝基开挖过程中揭露有溶洞、溶坑、溶槽、溶井、溶蚀倒坡等岩溶现象，河床坝壳料基础砂砾石层局部存在架空、粉细砂层夹黏土等地质缺陷，坝基开挖共揭露溶洞27个，溶坑3个，溶槽4条，溶管1条，溶井1个，岩溶泉15个，对坝基岩溶地质缺陷进行处理是必要的。

2. 上游坝壳料基础处理

对左岸坡脚的溶蚀倒坡进行充填物清挖后回填混凝土补坡至1∶0.3～1∶0.5。靠左岸河床基础分布大块石崩塌堆积体，块石含量约70%，清除松散层及架空层，掏挖软弱充填物，对凸出的大块石进行爆破找平，对岩溶泉点挖坑回填反滤料。靠右岸河床基础存在粉细砂夹黏土软基，清除至密实的砂砾石层。靠右岸坡脚分布充填型溶洞，清挖充填物后回填混凝土处理。河床建基面高程由1315.00m调整为高程1309.00～1311.00m。

3. 下游坝壳料基础处理

对右岸坡脚的溶蚀倒坡进行充填物清挖后回填混凝土补坡至1∶0.5。河床基础存在粉细砂夹黏土、局部为淤泥软基，清除至密实的粗砂含砾石层，填筑0.5m厚的反滤料保护。靠右岸坡脚分布充填型溶洞，清挖充填物后回填混凝土处理。河床建基面高程由1315.00m调整为1311.00m。

4. 心墙基础处理

河床部位心墙基础开挖至原设计高程1309.50m时，河床面大范围出露崩塌堆积的大孤石，未及基岩，根据《碾压式土石坝设计规范》（SL 274—2001）中相关规定及设计开挖原则，心墙基础继续开挖至较完整基岩。受岩溶发育及溶蚀风化影响，河床建基面起伏不平，廊道上游建基面高程一般1307.00m，廊道下游建基面高程一般1304.00～1306.00m，两岸坡脚因溶蚀形成倒悬，右岸坡脚分布有溶蚀深坑，左岸坡脚发育有溶洞群，其中左岸廊道底部发育一较大的垂直向充填型溶洞。对两岸坡脚倒悬体进行了混凝土补坡处理，补坡坡度1∶0.65～1∶1。廊道上游河床基础回填混凝土找平至高程1307.50m，浇筑1.0m厚钢筋混凝土盖板，盖板顶高程由1309.50m调整为1308.50m。廊道下游河床基础回填混凝土找平至高程1306.00m，浇筑1.0m厚钢筋混凝土盖板，盖板顶高程由1309.50m调整为1307.00m。对溶坑、溶槽、溶蚀破碎带进行清挖回填混凝土处理，对较大的RD15垂直溶洞清挖20.0m深度，清除较软弱的充填物至含泥碎块石层后回填混凝土。坝基缺陷处理后，心墙基础盖板顶高程较初步设计降低1.5～3.0m，最大坝高由初步设计的70.9m调整为73.9m。

大坝基础地质缺陷处理后，满足规范要求，最大坝高由初步设计的70.9m调整为73.9m，不涉及工程等别、坝轴线、坝体结构形式的变更。根据水利部《关于印发〈水利工程设计变更管理暂行办法〉的通知》（水规计〔2020〕283号）中相关规定，属于重大设计变更。省设计院已于20××年3月编制了《大坝基础地质缺陷处理设计报告》交建设单位上报，20××年3月省水利厅委托××省水利水电工程技术评审中心对设计报告进行了评审，20××年省水利厅以“××××〔20××〕××号”文对设计变更报告进行了批复。

（五）项目法人、参建单位及质量监督机构

项目法人：××水库建设管理局。

设计单位：××省水利水电勘测设计研究院。

监理单位：××工程监理咨询有限公司。

施工单位：水利部××水利委员会××枢纽工程局、××建投××水利水电建设有限公司、中国水利水电第××工程局有限公司、××××建设集团有限公司、中国水利水电××工程局有限公司。

金属结构制造单位：××水利机械有限责任公司、××××液压启闭机有限公司。

安全监测单位：××××××水利科学研究院。

质量检测单位：××工程质量检测有限公司、××岩土工程质量检测有限公司。

质量监督单位：××省水利水电工程质量监督中心站。

二、质量监督工作

（一）项目监督机构设置和人员配置

1. 签订质量监督书

20××年10月23日，水利部以《水利部关于××省××州××水库工程初步设计报告的批复》（×××〔20××〕×××号）对初步设计报告进行了批复。根据国家有关规定，20××年3月13日，××省水利水电工程质量监督中心站（以下简称“省质监中心站”）与××州××水库建设管理局办理了《水利工程建设质量监督书》。

2. 机构设置及人员配置

20××年3月××日，省质监中心站以“××××〔20××〕××号”文组建了“××水库工程质量与安全监督项目站”（以下简称“项目站”），20××年3月××日，省质监中心站以“××××〔20××〕××号”文印发了正式启用“××水库工程质量与安全监督项目站”印章的通知，项目站配置质量监督员5人，常驻工地现场1～2人，对××水库工程开展质量与安全监督工作，依法履行政府监督职责。

××州××水库工程质量监督项目站人员情况见表3-2-1。

表3-2-1　××州××水库工程质量监督项目站人员情况表

序号	姓　名	职　务	职　称	备　注
1	×××	站长	正高	20××年3月—20××年6月
2	×××	监督员	高级工程师	20××年3月至今
3	×××	监督员	高级工程师	20××年3月至今
4	×××	监督员	工程师	20××年5月—20××年10月
5	×××	监督员	工程师	20××年10月—20××年5月

根据××州××水库工程建设进展情况和质量监督巡查的重点，省质监中心站每年组织专家形成监督巡查组对××水库工程建设开展1～2次质量与安全监督巡查工作。

（二）质量监督工作制度

为规范质量监督工作，保证监督工作质量和效果，项目站设立后立即建立健全了一系列质量监督工作规章制度，主要包括《项目站质量监督职责》《项目站质量监督人员岗位职责》《项目站质量监督检查工作制度》《项目站办公规章制度》《项目站会议制度》《质量监督成果编写规定》等，明确了监督职责和工作任务，实现了项目站工作规范化、标准化，保障了项目站各项监督检查工作规范、有序地开展。

为保证日常监督检查工作质量，项目站根据省质监中心站年度监督工作总体部署，结合工程建设进展情况，编制了年度质量监督工作计划，以正式文件下发建设单位，进一步明确了监督职责和具体监督工作内容。项目站根据年度监督工作计划，有针对性地开展质量监督工作。

（三）质量监督范围

根据××州××水库工程《水利工程建设质量监督书》确定的监督范围，主要对黏土心墙堆石坝填筑、团结大沟输水隧洞、导流泄洪隧洞、引水隧洞开挖、衬砌，×～×输水泵站和输水工程、Ⅱ号泵站和电站建设、坝址区和库区防渗工程等主要建筑物的施工质量实施政府监督。

（四）质量监督主要依据

1. 法律法规和法规性文件

(1)《中华人民共和国建筑法》（主席令第 91 号）。

(2)《建设工程质量管理条例》（国务院令第 279 号）。

(3)《质量发展纲要（2011—2020 年）》（国发〔2012〕9 号）。

(4)《关于贯彻落实〈国务院批转国家计委、财政部、水利部、建设部关于加强公益性水利工程建设管理若干意见的通知〉的实施意见》（水建管〔2001〕74 号）。

(5) 水利部《关于印发贯彻质量发展纲要提升水利工程质量的实施意见的通知》（水建管〔2012〕581 号）。

2. 部门规章和规范性文件

(1)《水利工程质量管理规定》（水利部令第 7 号）。

(2)《水利工程质量监督管理规定》（水建〔1997〕339 号）。

(3)《水利工程质量事故处理暂行规定》（水利部令第 9 号）。

(4)《水利工程建设项目验收管理规定》（水利部令第 30 号）。

(5)《水利部关于废止和修改部分规章的决定》（水利部令第 49 号）。

3. 技术标准

(1)《工程建设标准强制性条文（水利工程部分）》。

(2)《水利水电工程施工质量检验与评定规程》（SL 176—2007）。

(3)《水利水电建设工程验收规程》（SL 223—2008）。

(4)《水利水电工程单元工程施工质量验收评定标准》（SL 631～639）。

(5) 国家及行业其他相关技术标准。

4. 其他

《水利工程建设质量监督书》、经批准的工程设计文件及合同文件等。

（五）监督工作方式

质量监督工作以抽查为主，具体包括项目站日常监督检查、质量监督巡查和质量监督抽检。质量监督不代替建设、设计、监理、施工等参建单位自身对工程应负的质量管理责任。

质量监督检查主要立足于参建各方质量行为和工程实体质量两个方面，检查各参建单位有关建设工程的法律、法规和强制性标准的执行情况，检查各参建单位质量管理建立和运行情况，以及工程关键部位和重要环节施工质量情况。

1. 项目站日常监督检查

项目站常驻工程现场，实行站长负责制，负责组织开展现场日常监督检查工作。

(1) 复核设计、监理、施工、金属结构加工制造等单位的资质等级。

(2) 检查参建单位的质量管理体系情况。开展对建设单位的质量管理体系、监理单位的质量控制体系、施工单位的质量保证体系及设计单位质量服务体系的建立及运行情况进行检查和复查。督促完善参建各方的质量措施、管理制度、安全生产措施。

(3) 对由建设单位组织监理、设计及施工等单位进行的工程项目划分进行了确认。

(4) 对建筑物外观质量评定标准进行确认。

(5) 监督检查了各参建单位对《工程建设标准强制性条文（水利工程部分）》、技术规程、规范、质量标准的贯彻执行情况。

(6) 监督检查施工单位质量管理人员、试验检测人员及特种作业人员持证上岗情况。对监理单位的监理人员持证上岗情况进行了抽查。

(7) 对施工单位的原材料、中间产品的检测资料进行了抽查，对监理单位的跟踪监测、平行检测资料进行了抽查。

(8) 对金属结构、启闭机及水泵机组产品进场后，建设单位、监理单位、施工单位联合检查验收情况进行了抽查。

(9) 分部工程及阶段验收前对单元工程质量评定资料及原材料、中间产品检测情况进行了抽查。

(10) 抽查各种材料出厂合格证以及各种原始记录和检测试验资料。抽查中间设备、关键工序控制质量的试验材料。检查工程使用的设备、检测仪器的率定情况。对施工的各个环节实施监督。

(11) 对工程实体质量进行抽查。

(12) 参加建设单位组织的质量检查活动，参与工程相关的质量会议，了解工程建设情况，宣传贯彻有关法规，将发现的质量问题及时与参建单位沟通，督促参建单位不断完善质量管理。

(13) 定期或不定期编写监督月报、检查结果通知、监督简报，向上级部门及有关参建单位通报工程建设情况及监督工作开展情况。

(14) 列席分部工程验收会议及阶段验收，对阶段验收提出施工质量评价意见。

项目站全面开展日常监督检查，严格监督程序，不断促进施工质量管理水平的提高。监督检查中发现的质量问题，主要以“质量监督检查通知书”的形式通知建设单位，并现场跟踪核实，发现重大质量问题，及时向上级主管部门报告。

2. 质量监督巡查

在开展项目站日常监督检查的基础上，根据工程项目建设进展情况，省质监中心站每年组织专业齐全的巡查组开展1～2次质量监督巡查。

组织开展年度质量监督巡查，突出检查重点，能有效弥补项目站人员数量和专业结构方面的不足，发现特定施工阶段集中存在的突出质量问题。质量监督巡查发现的问题，主要以“质量监督巡查情况通报”的形式通知建设单位，要求建设单位组织相关参建单位采取措施进行整改并负责督促、检查和落实。巡查通报同时上报上级主管部门，为行业建设管理决策提供客观、有效的技术支撑。

3. 质量监督抽检

根据工程建设进展情况，省质监中心站每年委托符合资质要求的试验检测单位对工程关键部位及施工重要环节开展监督检测1～2次，主要包括原材料、中间产品和工程实体质量。

开展质量监督检测，完善监督手段，发现潜在的质量问题，为质量监督结论提供科学、客观、有效的评价数据。质量监督检测的成果或结论主要以“质量监督检测情况通报”的形式通知建设单位，要求建设单位组织有关参建单位进一步复核检测发现的问题，对存在的问题全面复核、按期整改，确保工程施工质量满足设计和规范要求。

（六）监督主要内容

1．对参建各方质量行为的监督检查

（1）有关建设工程的法律、法规、强制性标准的执行情况。

（2）质量管理体系的建立及运行情况。

（3）设计、监理、施工、质量检测、材料设备供应等单位资质和有关人员上岗资格情况。

（4）质量管理机构、人员、设备及其他资源的投入等情况，质量机构职责和人员岗位职责与履行情况，设备检定情况。

（5）有关质量管理制度的建立与执行情况和技术措施的编制与实施情况。

（6）有关过程（工序）控制和检验、验收情况，以及相关原始记录与证明文件和资料（各类施工原始检查、检测记录，监理检查、平行检测和见证取样记录及质量核定记录，质量验收签证等）。

（7）监督检查中发现的质量问题的整改和质量事故处理情况。

2．对工程实体质量的监督检查

（1）抽查施工作业面和其他操作现场的施工质量及操作是否符合规程规范要求。

（2）抽查主要施工过程的质量控制情况。

（3）抽查主要材料和中间产品见证取样检验资料及工程实体检测资料。

（4）抽查主要原材料合格的证明、检测记录（报告）、储存及使用情况等资料，并对供应方资质情况进行检查。

（5）抽查机电产品和金属结构的合格证明、各类试验与检测记录资料。

（6）进行必要的原材料和中间产品抽样检测或试验。

（7）现场抽检工程实体施工质量。

（8）委托检测机构对工程实体质量抽样检测或试验。

三、参建单位质量管理体系

为有效保证工程建设质量，确保工程质量的事前、事中、事后控制，检查分为项目站日常巡视、集中抽查、省质监中心站巡查，并结合工程验收检查等方式进行。从开工至20××年2月××日止，省质监中心站及项目站对××水库工程主要参建单位的质量体系建立及运行情况监督检查共8次，检查中发现的主要问题以“质量监督检查结果通知书”印发建设单位，要求及时组织各参建单位立即整改，并将整改结果报项目站备案。

（一）参建单位检查内容

（1）对建设、勘察、设计、施工、监理、检测单位各方工程质量责任主体的资质、人员资格进行检查。

（2）对参建单位的质量控制体系、质量保证体系进行监督检查。检查各参建单位对工程质量管理体系的建立和实施情况，督促各参建单位建立健全质量保证体系和质量责任制度。同时，到现场了解参建单位的组织和表现，检查各项规章制度、岗位责任制、“三检制”等质量保证体系和质量责任制度落实情况。

(3) 抽查各种原始记录和检测试验资料，对施工的各个环节实施监督。根据需要，到工地随机抽查各种原材料和中间产品是否有合格的检测资料、关键工序控制质量的试验材料、抽查单元工程质量评定表。

(二) 主要参建单位资质复核情况

依据国家有关规定，结合本工程的等级和重要性，承担工程的勘察设计、监理、主体工程施工等单位，应分别具备勘察设计单位甲级、监理单位甲级、质量检测单位甲级和施工单位壹级及以上承包的资质。对设计、监理、施工、检测等单位的企业资质进行了复核，监督检查情况如下：

1. 勘察设计单位

××省水利水电勘测设计研究院：工程设计证书甲级资质；现场设立设计代表组，常驻施工现场，负责现场的设计代表工作；资质符合要求。

2. 监理单位

××××建设监理咨询有限公司：甲级水利监理资质，实行了总监理工程师负责制，资质符合要求。

××××工程建设监理有限责任公司：甲级水利监理资质，实行了总监理工程师负责制，资质符合要求。

3. 施工单位

(1) 水利部××水利委员会××××工程局资质为施工总承包壹级，资质证书编号A×××××××××××××××-6/6，施工资质符合工程等级要求。

(2) ××××第×水利水电建设有限公司资质等级为水利水电总承包壹级，资质证书编号D×××××××××，资质满足工程等别要求。

(3) 中国水利水电第××工程局有限公司资质为施工总承包特级，资质证书编号D×××××××××，资质符合工程等级要求。

(4) 中国水利水电第××工程局有限公司资质为施工总承包壹级，资质证书编号A××××××××××××××/4，资质符合工程等级要求。

(5) ××××建设集团有限公司资质为施工总承包壹级，资质符合工程等级要求。

4. 质量检测单位

(1) ×××××工程质量检测有限公司（岩土甲级、混凝土甲级、金结乙级）承担业主对枢纽工程、输水线路工程及其他工程过程施工质量抽检业务，实行了室主任负责制，试验资质符合要求。

(2) ××××工程技术检测有限公司（岩土工程甲级、混凝土工程甲级、量测工程甲级）承担业主对防渗工程过程施工质量的抽检业务，实行了室主任负责制，试验资质符合要求。

(三) 质量管理体系建立情况

在施工初期对各参建单位质量体系建立情况进行检查，省质监中心站及现场项目站根据国家法律法规、招标投标文件及施工合同的相关规定，采取座谈和抽查质量体系文件进行检查，并填写参建单位质量管理体系建立情况监督检查表，将检查存在的问题及时反馈各参建单位，要求及时整改。

1. 建设单位

(1) 建立情况。20××年6月××日××州机构编制委员会以“××××〔20××〕××号”批复成立项目管理机构为“××州××水库工程建设筹建处”；××州机构编制委员会于20××年2月××日以“××××〔20××〕××号”通知更名为“××州××水库工程建设管理局”，明确××州××水库工程建设管理局为××水库工程建设的项目法人单位，机构为参公管理的正处级事业单位，人员编制××人（行政编制××名，事业编制××名），内设办公室、财务室、建管科、安质科、技术科、移民科6个科室。××州人民政府于20××年10月××日以“×××〔20××〕×××号”批复××州××水库工程建设管理局为××水库工程建设的项目法人单位，明确了项目法人代表及技术负责人。依照国家法律规定，根据工程规模和特点，通过资质审查和公开招投标，选择了资质符合要求的施工队伍和主要原材料、机电设备供应商，制定了工程施工总计划、年度计划，印发了《××水库工程质量管理办法》《××水库工程质量奖惩管理办法》等，组建了质量检测试验室，先后制定了各项管理制度，质量管理体系建立基本完善。

(2) 监督检查发现的主要问题。法人单位的建设管理专业技术人员偏少；工程质量检查制度、管理领导责任制度未建立；工程现场质量管理职责履职不到位，隐蔽工程验收不规范；作业环境和临时工程的施工现场强制性条文执行不力等。

2. 勘测设计单位

(1) 建立情况。设计单位在施工现场设立了设计代表处，配备了相应专业设计代表人员，常驻设计代表人员1～2人（水工、地质）；制订了现场管理制度，落实了质量管理责任，明确了设计代表的职责和工作程序。质量管理体系建立基本完善。

(2) 监督检查发现的主要问题。工地现场设立的设计代表机构不完善；现场服务制度不完善；未建立现场设计技术交底制度；现场管理体系文件中未明确强制性条文的执行、检查环节和要求等。

3. 监理单位

(1) 建立情况。监理单位在现场设立了监理部，采用了不同的组织机构模式，实行了总监理工程师负责制。监理部在整个机构中均设置决策层（总监理工程师、副总监理工程师）、执行层（监理工程师、监理员、辅助人员），部分监理单位设立了专家咨询组，由相关专业专家组成，对各阶段工程情况进行研究，提出相应对策，指导监理工作，配合处理重大问题和技术方案，使现场监理工作更为有效。均编制了监理规划和实施细则，制定了目标控制制度、质量控制制度、安全文明施工制度、环保水保监管制度、进度控制制度、合同费用控制制度、合同管理制度等。平行检测委托建设单位中心试验室或有相应资质的检测单位对工程质量进行抽检。质量管理体系建立基本完善。

(2) 监督检查发现的主要问题。监理规划内容不全面；未根据项目建设内容编制监理实施细则，内容不全，针对性不强；工作制度不健全；持证监理工程师配备及设备配置未履行合同约定等。

4. 质量检测单位

(1) 建立情况。质量检测单位均在现场组建了现场试验室，配备了质量检测人员，制定了现场试验室管理规章制度及检测设备操作规程，编制了作业指导书及检测计划，开展了质量检测工作。质量管理体系建立基本完善。

（2）监督检查发现的主要问题。质量检测合同履职不到位；部分单位未编制《仪器设备的检定、校验计划》；检测结果不合格项目台账统计不全；现场作业指导书不规范等。

5. 施工单位

（1）建立情况。施工单位均在现场组建了项目经理部，设立了办公室、工程部、质量安全部、技术部、合同部、机电物资部、安全环保部和现场试验室等，实行了项目经理负责制。编制了施工组织设计，施工技术专项方案，制定了岗位责任制度、“三检制”、检测制度、消缺制度、验收制度等质量管理制度。对工人进行岗前培训和质量意识教育。质量管理体系建立基本完善。

（2）监督检查发现的主要问题。质量管理体系文件主要内容不全；部分质量管理部配备质检员偏少且无质检员证书；部分单位未按规定制定“三检制”；未设立单独的质检部门；未在管理体系文件中明确设置执行、检查强制性条文的环节和要求；部分现场试验室未建立检测不合格项目台账等。

（四）质量管理体系运行情况

在工程建设期间，省质监中心站及项目站对各参建单位的质量体系运行情况进行定时或不定时的检查，采取全面检查与重点检查相结合，重点检查工程关键部位、易出质量问题的部位和工序，对正在施工的工程检查时，询问施工人员或具体操作者，了解其技术交底和操作规程、规范的掌握执行情况，对已建成的实体建筑物检查有无质量缺陷。

1. 项目法人单位

（1）项目法人单位的质量管理体系运行情况。建设单位依照法律规定，根据工程规模和特点，通过资质审查和公开招投标，选择了资质符合要求的监理单位及施工队伍和主要金属结构及启闭设备、机电设备供应商；积极组织参建单位开展质量安全活动，开展了对施工现场质量和资料抽查、自查、互查活动，对发现的问题以检查通知的方式，要求相关单位进行整改；针对重大技术、质量问题聘请专家进行研讨咨询，指导施工；组织或委托参建各方对重要隐蔽单元工程及关键部位单元工程、分部工程、单位工程进行验收；建设单位重视质量监督检查意见及时组织整改并回复，积极支持配合质量监督工作。质量管理体系运行基本有效。

（2）监督检查发现的主要问题。对参建单位合同执行情况督促检查不够；对监理、施工单位、设计等质量管理体系检查中存在检查不到位、对检查情况未及时要求整改或追踪整改问题出现不及时的情况；分部工程验收不及时、施工质量等级报备不及时；分部工程验收鉴定书未及时上报法人验收监督管理机关备案；法人验收工作计划未报法人验收监督管理机关备案；无工程建设标准强制性条文的检查记录等。

2. 勘测设计单位

（1）勘测设计单位的质量管理体系运行情况。进行了设计技术交底，对施工单位提出的问题以书面形式进行答复；进行地质描述，能够常驻工地及时提供设计服务；能及时参加重要隐蔽单元工程及关键部位单元工程、分部工程、单位工程等验收，并对工程质量是否满足设计要求提出了设计意见。质量管理体系运行基本有效。

（2）监督检查发现的主要问题。部分设计文件及施工图纸提供不及时；设计技术交底无登记记录；设计代表日志记录不完善，现场设计代表有设计代表日志，但无人员签字；设计文件技术交底记录资料不全等。

3. 监理单位

(1) 监理单位的质量管理体系运行情况。监理单位人员配备基本满足工程各专业质量控制的要求；能够执行与工程质量有关的规程、规范、技术标准；坚持周生产例会和监理内部会议制度，印发会议纪要并且督促落实；施工期对现场检查及关键部位旁站基本到位；能够组织重要隐蔽及关键部位单元工程、分部工程施工质量评定验收工作；对工序、单元工程质量进行了复核验收和签证；坚持填写监理日志，定期编写监理月报，反映了工程施工的质量、安全、进度等情况。质量管理体系运行基本有效。

(2) 监督检查发现的主要问题。监理工作不到位；持证监理工程师偏少；部分单元（工序）工程质量验收评定资料复核不及时；部分施工图纸监理单位未加盖审图章及总监理工程师签发；部分混凝土浇筑工序施工旁站缺位或不到位，未能及时发现问题；未认真执行“工程质量报验制度”；未对施工自检、监理平行检测、项目法人抽检三方检测成果进行对比分析，不利于控制施工质量；存在问题整改不彻底等。

4. 质量检测单位

(1) 质量检测单位的质量管理体系运行情况。质量检测单位能按照国家规程规范及试验操作规程开展检测工作，能按月提供施工质量检测报告及检测月报，能真实反映工程质量情况。质量管理体系运行基本有效。

(2) 监督检查发现的主要问题。质量检测合同履职不到位；质量检测工作开展滞后；部分设备仪器未及时检定；试验设备未粘贴检定合格证标识，未见检定合格证书；无仪器设备使用记录；质量检测报告和月报提供不及时；抽检项目、数量不符合合同约定等。

5. 施工单位

(1) 施工单位的质量管理体系运行情况。施工单位均在现场组建了项目经理部，设立了办公室、工程部、质量安全部、技术部、合同部、机电物资部、安全环保部和现场试验室等，实行了项目经理负责制。编制了施工组织设计，施工技术专项方案，制定了岗位责任制度、“三检制”、检测制度、消缺制度、验收制度等质量管理制度。对工人进行岗前培训和质量意识教育。质量管理体系建立基本完善。

(2) 监督检查发现的主要问题。

单元工程施工质量验收评定表表格形式未按照《水利水电工程单元工程施工质量验收评定标准》(SL 631～639) 进行制定；工序质量验收表中检测点数与“三检”记录中的点数不相吻合；单元（工序）工程施工质量验收评定表填写不规范；未报送施工质量月报；未认真执行“三检制”；单元工程施工质量验收评定工作严重滞后；部分混凝土工序的开仓证监理工程师尚未签字，施工单位就已完成混凝土浇筑施工；部分单元工程质量检验数量不足等。

（五）强制性条文监督检查情况

1. 检查情况

根据水利部《水利工程建设标准强制性条文管理办法》（水国科〔2012〕546 号）及《××省水利厅关于进一步贯彻落实工程建设强制性条文的通知》（××××〔20××〕××号）的相关规定，项目站从 20××年开始，要求参建单位每月填写主体工程施工强制性条文执行计划表及作业环境、临时工程施工现场强制性条文执行计划表、主体工程施工强制性条文执行情况检查记录表及作业环境和临时工程施工现场强制性条文执行情况检查记录表，监理单位共报送强制性条文执行检查情况 296 次。监督人员根据参建单位每月报送的强制性条文检查计划表及执行情况表，认真进行检查，发现问题及时通知参建单位，下发质量监督检查结果通知书，要求认真整改。共抽查强制性条文执行情况120余次。

2. 监督检查发现的主要问题

部分中间产品质量检验成果未报监理单位复核；部分单元（工序）工程质量评定表填写滞后，存在未评定就进入下道工序施工；部分分部工程验收滞后等。

（六）问题反馈与整改

针对以上检查发现的各参建单位质量管理体系建立及运行中存在的问题，省质监中心站共印发质量监督巡查情况通报8份，项目站印发质量监督检查结果通知书共9份，及时送达项目法人，明确要求项目法人组织相关参建单位进行全面整改。具体详见附件2。

建设单位对项目站日常监督检查及省质监中心站质量监督巡查提出的问题均以正式文件进行了整改回复。经复查，检查发现体系建立及运行方面问题共计101个，已整改101个，整改率100%。

四、工程项目划分确认

（一）项目划分依据

（1）《水利水电工程施工质量检验与评定规程》（SL 176—2007）。

（2）《水利水电工程单元工程施工质量验收评定标准》（SL 631～637—2012，SL 638～639—2013）。

（3）水利部建设与管理司2016年4月编著《水利水电工程单元工程施工质量验收评定表及填表说明（上、下册）》。

（4）施工设计文件及施工方案。

（二）项目划分程序

依据《水利水电工程施工质量检验与评定规程》（SL 176—2007）的规定和结合工程布置及施工管理特点，由建设单位组织设计、监理、施工等单位共同进行工程项目划分，讨论确定单位、分部、单元工程名称、编码和划分原则，明确主要单位工程、主要分部工程、重要隐蔽单元工程和关键部位单元工程，将最终确定的项目划分及说明书报项目站确认。

（三）项目划分确认

（1）20××年4月××日，××州××水库建设管理局以“×××〔20××〕××、××、××号”文上报了《××州××水库工程导流泄洪隧洞、引水隧洞、××大沟输水隧洞土建工程、灌浆平洞、五通一平及试验性灌浆工程》项目划分方案。省质监中心站以“××××〔20××〕××号”文进行了确认。

（2）20××年6月××日，××州××水库建设管理局以“×××〔20××〕××号”文报送了《××州××水库库区帷幕灌浆工程项目划分方案》，20××年6月××日，省质监中心站以“××××〔20××〕××号”文进行了确认。

（3）20××年8月××日，××州××水库建设管理局以“×××〔20××〕××号”文报送了《××州××水库黏土心墙堆石坝、溢洪道、坝址区防渗工程项目划分方案》，20××年8月××日，项目站以“×××〔20××〕×号”文进行了确认。

（4）20××年11月×日，××州××水库建设管理局以“×××〔20××〕×××号”文报送了《××州××水库输水工程项目划分方案》，20××年11月××日，项目站以“德质安〔20××〕×号”文进行了确认。

(5) 20××年12月7日，××州××水库建设管理局以“×××〔20××〕×××号”报送了《××州××水库观测设施工程项目划分报告》，20××年12月××日，项目站以“×××〔20××〕×号”文进行了确认。

(6) 20××年11月××日，××州××水库建设管理局以“×××〔20××〕×××号”文报送了《××州××水库工程坝后电站工程、××泵站工程、××泵站工程项目划分进行确认的请示》，20××年12月××日，项目站以“×××〔20××〕××号”文进行了确认。

(7) 20××年12月××日，××州××水库建设管理局以“×××〔20××〕××号”报送了《××州××水库建设管理局关于对××州××水库鱼类增殖站、集运鱼系统工程项目划分进行核备的请示》，20××年12月××日，项目站以“×××〔20××〕××号”文进行了备案。

截至20××年2月××日，××州××水库工程共划分17个单位工程、134个分部工程、7133个单元工程。其中：主要单位工程5个（黏土心墙堆石坝SK01，溢洪道SK02，导流泄洪隧洞SK03，坝址区右岸和河床帷幕灌浆SK06，坝址区左岸帷幕灌浆SK07）；主要分部工程18个（防渗心墙填筑SK01-03，控制段SK02-02，闸室竖井段SK03-02，导流洞堵体段SK03-04，进口引渠及进水塔段SK04-01，进水渠及闸室段SK05-01，主机段土建工程SK10-02，水轮发电机组及其附属设备安装SK10-07，水轮发电机组及其附属设备安装SK10-08，主机段土建工程SK11-02，1号水泵机组及其附属设备安装SK11-04，2号水泵机组及其附属设备安装SK11-05，3号水泵机组及其附属设备安装SK11-06，4号水泵机组及其附属设备安装SK11-07，主机段土建工程SK12-03，1号、2号水泵机组及其附属设备安装SK12-05，3号、4号水泵机组及其附属设备安装SK12-06，××泵站提水管道段金结工程SK13-02)；重要隐蔽（关键部位）单元工程61个。鱼类增殖站单位工程及水土保持工程已进行了备案，永久管理用房及供电工程2个单位工程未（备案）确认。单位工程名称及分部工程名称详见表3-2-2、表3-2-3。

表3-2-2　　××州××水库工程项目划分确认表

项目名称	单位工程					
	编码	名称	备注	编码	名称	备注
××州××水库工程	SK01	△黏土心墙堆石坝		SK11	×-×泵站	
	SK02	△溢洪道		SK12	Ⅱ号泵站	
	SK03	△导流泄洪隧洞		SK13	××输水	
	SK04	引水隧洞		SK14	鱼类增殖站	备案
	SK05	××大沟输水隧洞		SK15	观测设施	
	SK06	△坝址区右岸和河床帷幕灌浆		SK16	永久管理用房	未确认
	SK07	△坝址区左岸帷幕灌浆		PD_1	左岸上层灌浆平洞施工一标	
	SK08	库区帷幕灌浆工程（1区）		PD_2	左岸下层灌浆平洞施工二标	
	SK09	库区帷幕灌浆工程（2区）		PD_3	右岸灌浆平洞施工三标	
	SK10	坝后电站		SK17	供电工程	未确认

注　加“△”符号的为主要单位工程。

表 3-2-3　　××州××水库单位工程项目划分确认表

单位工程		分部工程		备注
编码	名称	编码	名称	
SK01	△黏土心墙堆石坝	SK01-01	坝基开挖与处理	含灌浆盖板、心墙基础固结灌浆等
		SK01-02	上游围堰填筑	含黏土料及石渣料等
		SK01-03	△防渗心墙填筑	
		SK01-04	上游Ⅰ反、Ⅱ反填筑	
		SK01-05	下游Ⅰ反、Ⅱ反填筑	
		SK01-06	上游堆石料填筑	
		SK01-07	下游堆石料填筑	含主堆料区、利用料区及碎石反滤等
		SK01-08	上游坝面护坡	含干砌石及碎石垫层等
		SK01-09	下游坝面护坡	含干砌石、碎石垫层、马道、梯步及排水沟等
		SK01-10	坝顶	含防浪墙、栏杆、路面、灯饰等
		SK01-11	护坡及其他	含浆砌石护坡、锚喷支护、截水沟、排水沟及截水墙等
SK02	△溢洪道	SK02-01	进口引渠段	
		SK02-02	△控制段	
		SK02-03	泄槽（Ⅰ）段	
		SK02-04	泄槽（Ⅱ）段	
		SK02-05	泄槽（Ⅲ）段	
		SK02-06	消力池及护坦段	
		SK02-07	护坡及其他	含浆砌石护坡、锚喷支护、预应力锚索、截水沟、排水沟等
		SK02-08	金属结构及启闭机安装	
SK03	△导流泄洪隧洞	SK03-01	进口引渠及有压洞身段	含进口边坡开挖及支护、喇叭段、有压段、渐变段
		SK03-02	△闸室竖井段（土建）	含闸室段、启闭机房及交通桥
		SK03-03	导流隧洞段	不参与主体工程评定
		SK03-04	△导流洞堵体段	
		SK03-05	无压Ⅰ段	
		SK03-06	无压Ⅱ段	
		SK03-07	消力池及出口明渠段	含边坡开挖及支护
		SK03-08	灌浆工程	含回填灌浆及固结灌浆
		SK03-09	金属结构及启闭机安装	
SK04	引水隧洞	SK04-01	△进口引渠及进水塔段（土建）	含边坡开挖及支护、进水塔、工作桥、启闭机房
		SK04-02	隧洞洞身Ⅰ段	
		SK04-03	隧洞洞身Ⅱ段	
		SK04-04	提水泵站进水管段	含边坡开挖及支护
		SK04-05	灌浆工程	含回填灌浆及固结灌浆
		SK04-06	金属结构及启闭机安装	

续表

单位工程		分部工程		备注
编码	名称	编码	名称	
SK05	××大沟输水隧洞	SK05-01	△进水渠及闸室段（土建）	含边坡开挖支护及回填、竖井及启闭机房
		SK05-02	洞身Ⅰ段	
		SK05-03	洞身Ⅱ段	
		SK05-04	跌水池及出口段工程	
		SK05-05	灌浆工程	含回填灌浆及固结灌浆
		SK05-06	金属结构及启闭机安装	
SK06	△坝址区右岸和河床帷幕灌浆	SK06-01	右岸上平洞	含灌浆平洞衬砌、锚喷支护、回填灌浆及固结灌浆等
		SK06-02	右岸下平洞及交通洞	含灌浆平洞、交通洞衬砌、锚喷支护、回填灌浆及固结灌浆等
		SK06-03	主帷幕灌浆（1）	
		SK06-04	主帷幕灌浆（2）	
		SK06-05	主帷幕灌浆（3）	
		SK06-06	水平搭接帷幕灌浆（1）	
		SK06-07	水平搭接帷幕灌浆（2）	
		SK06-08	主帷幕灌浆（4）	
		SK06-09	主帷幕灌浆（5）	
		SK06-10	主帷幕灌浆（6）	
SK07	△坝址区左岸帷幕灌浆	SK07-01	左岸上平洞	含灌浆平洞衬砌、锚喷支护、回填灌浆及固结灌浆等
		SK07-02	左岸下平洞、交通洞及通风检修洞	含灌浆平洞、交通洞及通风检修洞衬砌、锚喷支护、回填灌浆及固结灌浆
		SK07-03	主帷幕灌浆（4）	
		SK07-04	主帷幕灌浆（5）	
		SK07-05	主帷幕灌浆（6）	
		SK07-06	水平搭接帷幕灌浆（7）	
		SK07-07	水平搭接帷幕灌浆（3）	
		SK07-08	水平搭接帷幕灌浆（4）	
		SK07-09	主帷幕灌浆（7）	
		SK07-10	主帷幕灌浆（8）	
		SK07-11	主帷幕灌浆（9）	
SK08	库区帷幕灌浆（1区）	SK08-01	库区帷幕灌浆（1）	包含所有单元工程
		SK08-02	库区帷幕灌浆（2）	
		SK08-03	库区帷幕灌浆（3）	
		SK08-04	库区帷幕灌浆（4）	

续表

单位工程		分部工程		备注
编码	名称	编码	名称	
SK08	库区帷幕灌浆（1区）	SK08－05	库区帷幕灌浆（5）	包含所有单元工程
		SK08－06	库区帷幕灌浆（6）	
		SK08－07	库区帷幕灌浆（7）	
SK09	库区帷幕灌浆（2区）	SK09－01	库区帷幕灌浆（8）	包含所有单元工程
		SK09－02	库区帷幕灌浆（9）	
		SK09－03	库区帷幕灌浆（10）	
		SK09－04	库区帷幕灌浆（11）	
		SK09－05	库区帷幕灌浆（12）	
SK10	坝后电站	SK10－01	基础开挖与处理	含主机段、安装件、尾水段、副厂房、35kV副厂房及进水管段的基础和边坡开挖、边坡支护、基础灌注桩、土石方回填
		SK10－02	△主机段土建工程	含厂区高程以上和以下结构部分、砌筑工程、门窗工程、装饰装修工程等
		SK10－03	安装间	因电站、泵站共用安装间，将安装间划入坝后电站工程。含厂区高程以上和以下结构部分、砌筑工程、门窗工程、装饰装修工程等
		SK10－04	进水管段、尾水段	含尾水闸室、尾水渠及进水管段的包管混凝土
		SK10－05	电站副厂房	因电站、泵站共用副厂房，将8～1/13轴线间的副厂房划入坝后电站工程
		SK10－06	35kV副厂房	含土建和电站及泵站升压、降压及变电系统安装等
		SK10－07	△水轮发电机组及其附属设备安装（大机）	水轮机、发电机、主阀、机组自动化元件等
		SK10－08	△水轮发电机组及其附属设备安装（小机）	水轮机、发电机、主阀、机组自动化元件
		SK10－09	辅助设备安装	起重机、技术供水系统、排水系统、低压压缩空气系统、透平油系统、量测系统
		SK10－10	电气设备安装	电气一次、电气二次
		SK10－11	公用设备及其他	坝区部分电气设备、控制保护、通信、消防系统及其他
		SK10－12	金属结构及启闭机设备安装	含进水管道安装（35号直管段至厂房部分）、下游供水预留管（51号直管段）、尾水闸门和启闭设备安装等
		SK10－13	厂区交通、排水及绿化	含进厂道路、厂区道路、厂区挡墙、场坪绿化、排水沟（渠）等

续表

单位工程		分部工程		备注
编码	名称	编码	名称	
SK11	Ⅰ号泵站	SK11-01	基础开挖与处理	含主机段、副厂房、进水管段、出水管段、出口消能阀室基础和边坡开挖、边坡支护、基础灌注桩、土石方回填
		SK11-02	△主机段土建工程	含厂区高程以上和以下结构部分、砌筑工程、门窗工程、装饰装修工程等
		SK11-03	泵站副厂房	因电站、泵站共用副厂房，将1～7轴线间的副厂房划入德-平泵站工程
		SK11-04	△1号水泵机组及其附属设备安装	含水泵、电动机、电动蝶阀、工作阀、检修阀、液压站、泵组自动化元件等
		SK11-05	△2号水泵机组及其附属设备安装	含水泵、电动机、电动蝶阀、工作阀、检修阀、液压站、泵组自动化元件等
		SK11-06	△3号水泵机组及其附属设备安装	含水泵、电动机、电动蝶阀、工作阀、检修阀、液压站、泵组自动化元件等
		SK11-07	△4号水泵机组及其附属设备安装	含水泵、电动机、电动蝶阀、工作阀、检修阀、液压站、泵组自动化元件等
		SK11-08	辅助设备安装	含通风及空调系统、控制保护系统、水泵充水系统、量测系统、泵站沿线空气阀、各型阀门等
		SK11-09	电气设备安装	电气一次、电气二次
		SK11-10	进水管段、出水管段土建工程	含进水管段（TJ0＋045.845至厂房部分）、出水管段（泵站出水主管至厂房部分）、生态放空管出口的消能阀室
		SK11-11	进水管段、出水管段金结工程	含进水管段（TJ0＋000.000至厂房部分）、出水管段（泵站出水主管至厂房部分）、生态放空管安装
SK12	Ⅱ号泵站	SK12-01	基础开挖与处理	含主机段、进水池、副厂房基础和边坡开挖、边坡支护、基础灌注桩、土石方回填
		SK12-02	进水池	含进水池及进水池下游尾水渠
		SK12-03	△主机段土建工程	含厂区高程以上和以下结构部分、砌筑工程、门窗工程、装饰装修工程等
		SK12-04	泵站副厂房	因电站、泵站共用副厂房，将2/13～21轴线间的副厂房划入Ⅱ号泵站工程
		SK12-05	△1号、2号水泵机组及其附属设备安装	含水泵、电动机、电动蝶阀、工作阀、检修阀、液压站、泵组自动化元件等
		SK12-06	△3号、4号水泵机组及其附属设备安装	含水泵、电动机、电动蝶阀、工作阀、检修阀、液压站、泵组自动化元件等
		SK12-07	辅助设备安装	含通风及空调系统、控制保护系统、水泵充水系统、量测系统、泵站沿线空气阀、各型阀门等
		SK12-08	电气设备安装	电气一次、电气二次
		SK12-09	金属结构安装	含进水管道、输水管道安装
		SK12-10	输水管道段土建工程	含提水管道段、提水管道段末端水池、输水管道段土建工程

续表

单位工程		分部工程		备　　注
编码	名称	编码	名　　称	
SK13	××输水	SK13-01	Ⅰ号泵站提水管道段土建工程	含山顶水池
		SK13-02	△Ⅰ号泵站提水管道段金结工程	含所有金属结构制造及安装
		SK13-03	德平输水管道段土建工程（1）	含所有开挖及衬砌
		SK13-04	德平输水管道段金结工程（1）	含所有金属结构制造及安装
		SK13-05	德平输水管道段土建工程（2）	含所有开挖及衬砌
		SK13-06	德平输水管道段金结工程（2）	含所有金属结构制造及安装
		SK13-07	德平输水管道段土建工程（3）	含所有开挖及衬砌
		SK13-08	德平输水管道段金结工程（3）	含所有金属结构制造及安装
		SK13-09	德平输水管道段土建工程（4）	含所有开挖及衬砌
		SK13-10	德平输水管道段金结工程（4）	含所有金属结构制造及安装
		SK13-11	德平输水管道段土建工程（5）	含所有开挖及衬砌
		SK13-12	德平输水管道段金结工程（5）	含所有金属结构制造及安装
		SK13-13	德平输水渠道工程	含所有开挖及衬砌和出水池、末端水池工程
SK15	观测设施	SK15-01	导流泄洪隧洞监测工程	含钢筋计、渗压计等监测仪器设备及安装
		SK15-02	引水隧洞监测工程	含钢筋计、渗压计、多点位移计等监测仪器设备及安装
		SK15-03	大坝监测工程	含变形监测仪器设备、应力、温度监测仪器设备、渗流监测仪器设备、水位监测、数据采集装置及观测房等
		SK15-04	溢洪道监测工程	含单向测缝计、渗压计等监测仪器设备及安装
		SK15-05	坝后泵站及电站监测工程	含多点位移计、锚索测力计等监测仪器设备及安装
		SK15-06	水情测报系统工程	含建筑工程、水情测报系统设备及安装工程及其他
PD_1	左岸上层灌浆平洞施工一标	PD_1-01	隧洞开挖及初期支护（1-1）	左岸上层灌浆平洞近坝端洞脸及洞室
		PD_1-02	隧洞开挖及初期支护（1-2）	左岸上层灌浆平洞远坝端洞脸及洞室
PD_2	左岸下层灌浆平洞施工二标	PD_2-01	隧洞开挖及初期支护（2-1）	左岸下层灌浆平洞近坝端洞脸及洞室
		PD_2-02	隧洞开挖及初期支护（2-2）	左岸下层灌浆平洞远坝端洞室
		PD_2-03	通风检修洞开挖及初期支护（2-3）	左岸通风检修洞
PD_3	右岸灌浆平洞施工三标	PD_3-01	上层隧洞开挖及初期支护（3-1）	右岸上层灌浆平洞
		PD_3-02	下层隧洞开挖及初期支护（3-2）	右岸下层灌浆平洞
		PD_3-03	右岸交通洞开挖及初期支护（3-3）	右岸交通洞

注　1. 加"△"符号的为主要单位工程或主要分部工程。

2. SK14 鱼类增殖站为非主体工程，不参与主体工程质量评定。

五、工程质量检测

××水库工程自开工至20××年2月××日止，省质量监督中心站与项目站采取定期和不定期对施工质量评定与检验资料进行抽查，对发现的问题以“口头交换意见”及印发“质量监督检查结果通知书”的形式送达项目法人，要求及时组织整改。

（一）参建单位质量检验与评定资料抽查

1. 施工单位

（1）抽检情况。质量监督人员对施工单位所提供的原材料及中间产品检测报告及施工质量评定表进行抽查，认为所提供的原材料及中间产品检测报告能按规程规范及设计要求进行了检测，检测频次满足规范要求；所检指标满足规程规范及设计要求；单元工程施工质量评定表能按照评定标准进行填写并评定工程质量等级。

（2）监督检查存在主要问题。原材料检测报告中，部分粗、细骨料检测项目不全，缺少化学检测指标；喷混凝土试件养护不满足规范要求。部分单元（工序）工程施工质量评定表表格使用错误，填写滞后，评定不及时等。

2. 监理单位

（1）抽查情况。对监理单位所提供的原材料及中间产品检测资料和平行检测资料进行抽查，认为所提供的试验检测资料能按规范要求进行取样检测，检测频次满足规范要求；所检指标满足规程规范及设计要求；能根据平行检测资料对单元工程质量等级进行复核。

（2）监督抽查存在的问题。部分粗、细骨料检测项目不全，缺少化学检测指标；部分混凝土试块龄期超过28d（最长58d）；单元工程施工质量等级签字复核滞后等。

3. 质量检测单位

（1）抽查情况。对质量检测单位提供的检测资料进行抽查，抽查结果表明质量检测单位能按照检测合同及规程规范要求开展检测工作，检测报告质量及结果满足规范要求。

（2）监督抽查存在的主要问题。部分粗、细骨料检测项目不全，缺少化学检测指标；部分细骨料的检测结果判定不够准确；缺少前期开挖支护时的试验项目，如锚杆拉拔试验、喷混凝土试验等。

（二）工程实体质量检查

省质监中心站根据工程实际进展情况，每年组织专家对工程实体质量进行1～2次质量监督巡查。项目站质量监督工作人员常驻工程现场，对工程质量采取随机抽查和重点抽查，随时掌握工程建设质量状况，将质量隐患消灭在萌芽状态。

1. 项目站日常监督抽查

（1）抽查情况。项目站工程实体质量抽查包括施工质量控制性检查和工程实体质量见证检测，检查施工作业面和其他操作现场全过程、系统的质量控制情况及仓号验收情况等是否符合规程、规范及设计技术标准要求。重点检查工序质量及施工现场质量控制情况，确保作业过程整体受控。主要采取调阅相关记录、检测过程跟踪及现场查看工程实体质量等方式进行。针对工程实体质量，项目站对发现的一般质量问题以“现场口头交换意见”的方式告知施工单位，要求立即整改。对严重和较重的质量问题以“质量监督检查结果通知书”的形式印发建设单位，要求及时组织参建单位立即整改，项目站共印发质量监督检查结果通知书9份，发现工程实体质量问题54个，具体详见附件2。

（2）监督抽查发现的主要问题。混凝土养护不及时，不到位；橡胶止水带粘接不牢固，未采用硫化热粘接。混凝土表面出现多条横向贯穿性裂缝；铜止水接头焊接不规范，现场铜止水接头采用单面焊；洞内已安装的大部分钢筋长期暴露，未做保护，表面已锈蚀，部分钢筋混凝土保护层较小；模板安装时，各块模板接缝不密合，漏浆严重；反滤料填筑不规范，施工现场黏土斜墙、反滤料及坝壳料施工作业面混乱，三料相互混杂，层面不清，坝壳料任意抛投在反滤层上方，反滤料厚度难以保证，质量难以控制；黏土斜墙与岸坡岩面结合部位填筑不规范，施工现场黏土斜墙与岩面接触部位岩面清理不干净，未涂刷浓泥浆，边角部位压实不到位；水工金属结构（波纹伸缩节）进场交货检查和验收不规范，无四方交货检查及验收证明材料；球墨铸铁管管基砂碎石垫层及管槽回填未按设计图纸施工；部分压力钢管表面处理除锈不彻底，防腐层喷涂不均匀；坝址区左岸帷幕灌浆下层平洞部分混凝土表面存在渗水现象；混凝土施工缝表面存在大量乳皮未清除，处理不规范等。

2. 质量监督巡查

（1）巡查情况。省质监中心站分别于20××年1月24日、20××年3月19日、20××年7月21日、20××年2月21—28日、20××年7月20—23日、20××年10月31日—11月3日、20××年9月1—5日、20××年5月12—16日组织专家组，分8次对××水库工程进行了质量监督巡查。针对实体质量，下发质量监督巡查通报8份，发现工程实体质量问题97个，项目法人组织参见各方及时进行了整改，目前已全部整改完毕。

（2）监督抽查发现的主要问题。水泥堆放不规范，不同品种水泥混合堆放；进洞钢支撑安装不规范；钢支撑（拱架）施工不规范，空腔部分未紧贴岩面或增加副拱，喷射混凝土厚度不满足设计要求；左岸下层灌浆平洞洞内钢支撑拱顶多处存在脱空现象且未及时进行充填处理；钢筋接头集中分布在同一截面；钢筋焊接不规范，焊缝内气孔、夹渣较多，焊缝高度不够；混凝土施工缝凿毛不规范，还存在大量乳皮及浮渣，未成毛面；部分橡胶止水带已断裂，橡胶止水条安装不规范。不符合设计要求；部分钢筋采用单面搭接焊搭接长度小于10d；河床左岸边坡喷射混凝土喷射手作业不规范；河床灌浆廊道铜止水片安装及焊接不规范；河床部位灌浆压力表已损坏；大坝右岸下层灌浆平洞帷幕灌浆设备未安装压力表等。

（三）质量监督抽检

1. 监督抽检情况

省质监中心站根据年度工作安排，结合××水库建设实际情况，于20××年7月19—26日、20××年12月10—11日、20××年8月10日及20××年1月10日分别委托××××工程技术检测有限公司和建设单位试验室对工程所使用的原材料、中间产品和工程实体质量进行抽检。针对监督抽检成果，印发质量监督检查结果通知书通知送达项目法人，要求对抽检出的实体质量问题及时进行整改，并将整改结果报省质监中心站备案。

2. 监督抽检成果

20××年度抽检2次，主要对导流泄洪隧洞、引水隧洞及团结大沟输水隧洞工程的原材料及中间产品、建筑物尺寸、表面平整度及锚杆等项目进行抽检。

（1）原材料及中间产品。

1）水泥共抽检7组，所检项目试验结果均符合《通用硅酸盐水泥》（GB 175—2007）的指标要求。

2）外加剂共抽检3组，所检项目试验结果均符合《水工混凝土外加剂技术规程》（DL/

T 5100—2014）的指标要求。

3）粗、细骨料共抽检20组，其中样品编号为DH－S－1和DH－S－5的两组人工砂石粉含量超出规定值，所有人工砂样品细度模数偏大，其余所检指标均符合规范要求。粗骨料所检指标均符合《水工混凝土施工规范》（SL 677—2014）的指标要求。

4）钢筋母材抽取8组，所有指标均符合《钢筋混凝土用钢 第2部分：热轧带肋钢筋》（GB 1499.2—2018）的指标要求；1组热轧光圆钢筋母材所检指标均符合《钢筋混凝土用钢 第1部分：热轧光圆钢筋》（GB 1499.1—2017）的指标要求；6组焊接钢筋所检指标均符合GB 1499.2—2007、《钢筋焊接及验收规程》（JGJ 18—2012）规程要求。

5）橡胶止水带抽检2组，所检指标均符合《高分子防水材料 第2部分：止水带》（GB 18173.2—2014）对变形缝止水带的指标要求。

6）××大沟输水隧洞（输0＋000.000～输0＋022.000段）C25混凝土超声回弹综合法检测测区数10个，混凝土换算强度范围值22.3～28.8MPa，换算强度平均值25.0MPa，强度标准差2.30MPa，强度推定值21.2MPa达到设计强度值的84.8%。

7）××大沟输水隧洞（输0＋073.000～输0＋095.000段）C25混凝土超声回弹综合法检测测区数10个，混凝土换算强度范围值23.7～31.2MPa，换算强度平均值26.3MPa，强度标准差2.30MPa，强度推定值22.5MPa达到设计强度值的90.0%。

8）××大沟输水隧洞（输0＋106.000～输0＋150.000段）C25混凝土超声回弹综合法检测测区数10个，混凝土换算强度范围值23.4～35.1MPa，换算强度平均值26.2MPa，强度标准差3.75MPa，强度推定值20.0MPa达到设计强度值的80.0%。

9）××大沟输水隧洞（输0＋181.000～输0＋200.000段）C25混凝土超声回弹综合法检测测区数10个，混凝土换算强度范围值20.4～29.8MPa，换算强度平均值25.3MPa，强度标准差2.73MPa，强度推定值20.8MPa达到设计强度值的83.2%。

10）××大沟输水隧洞（输0＋220.000～输0＋280.000段）C25混凝土超声回弹综合法检测测区数10个，混凝土换算强度范围值25.7～31.0MPa，换算强度平均值28.6MPa，强度标准差2.05MPa，强度推定值25.2MPa满足设计要求。

11）××大沟输水隧洞（输0＋300.000～输0＋340.000段）C25混凝土超声回弹综合法检测测区数10个，混凝土换算强度范围值26.1～37.8MPa，换算强度平均值29.2MPa，强度标准差3.32MPa，强度推定值23.7MPa达到设计强度值的94.8%。

12）××大沟输水隧洞（输0＋000.000～输0＋005.000段）钻取芯样3块，编号为ZX1－1、ZX1－2、ZX1－3，混凝土抗压芯样3个，强度平均值21.6MPa，达到设计强度的86.4%；××大沟输水隧洞（输0＋006.000～输0－000.500段）右侧钻取芯样3块，编号为ZX2－1、ZX2－2、ZX2－3，混凝土抗压芯样3个，强度平均值24.6MPa，达到设计强度的98.4%。

（2）混凝土表面平整度。

1）导流泄洪隧洞（导0＋000.000～导0＋070.000段）共抽检10个测区，最小值1.0mm/2m，最大值9.5mm/2m，所检测50个点平整度均小于10mm/2m。

2）××大沟输水隧洞（输0＋000.000～输0＋380.000段）共抽检30个测区，最小值1.5mm/2m，最大值11.5mm/2m，合格测点数为144个、不合格测点数为6个，合格率为96%。

(3) 钢筋间距和钢筋保护层厚度。

1) 导流泄洪隧洞（导 0+000.000～导 0+070.000 段）随机布置的 20 个测区中，被检的钢筋保护层厚度和钢筋间距合格率均为 100.0%。

2) ××大沟输水隧洞（输 0+000.000～输 0+220.000 段）随机布置的 20 个测区中，被检的钢筋保护层厚度和钢筋间距合格率均为 100.0%。

(4) 几何尺寸量测。

1) 导流泄洪隧洞（导 0+010.000～导 0+070.000 段）共抽检 10 个测区，设计图纸上几何尺寸为 3000mm×3500mm 的城门洞型，被检测 10 个测区均满足规范允许偏差要求 1/200 设计值。

2) ××大沟输水隧洞（输 0+000.000～输 0+342.000 段）共抽检 40 个测区，设计图纸上几何尺寸为 1500mm×1800mm 的城门洞型，被检测 40 个测区均满足规范允许偏差要求 1/200 设计值。

(5) 喷射混凝土厚度。

1) 导流泄洪隧洞（DX0+151.000～DX0+371.800 段）随机布置 45 个测区共 270 个测点，其喷射混凝土厚度钻芯法检测结果为 221 个测点合格、49 个测点不合格，不合格测点厚度均大于 50mm，合格率为 81.9%。

2) 导流泄洪隧洞出口边坡随机布置 5 个测区共 30 个测点，其喷射混凝土厚度钻芯法检测结果为 27 个测点合格、3 个测点不合格，不合格测点厚度均大于 50mm，合格率为 90.0%。

3) 泄洪洞（X0+001.000～X0+010.000 段）随机布置 10 个测区共 60 个测点，其喷射混凝土厚度钻芯法检测结果为 54 个测点合格、6 个测点不合格，不合格测点厚度均大于 50mm，合格率为 90.0%。

(6) 砂浆锚杆。随机抽取的 45 根砂浆锚杆进行注浆饱满度检测试验，其中满足Ⅱ类锚杆的数量为 5 根，占被检锚杆总量的 11%；满足Ⅲ类锚杆的数量为 9 根，占被检锚杆总量的 20%；满足Ⅳ类的锚杆数量为 31 根，占被检锚杆总量的 69%。

(7) 导流工程实体检测。检测单位对导流泄洪隧洞工程采取超声回弹综合法检测，C25 混凝土（D0+000.000～D0+070.700 段）共检测 9 个测区，混凝土换算强度范围值在 25.7～35.3MPa 之间，C30 混凝土（DX0+072.000～DX0+381.00 段）检测 31 个测区，混凝土换算强度范围值在 28.1～38.7MPa 之间，最小值达到设计强度的 93.7%。详见表 3-2-4、表 3-2-5。

表 3-2-4　　导流泄洪隧洞 C25 混凝土强度统计表

编号	检测里程 /m	部位	设计强度	回弹代表值 /MPa	声速代表值 /(km/s)	混凝土换算强度 /MPa
左 1	D0+001.400	左边墙	C25	38.0	4.505	33.1
左 2	D0+018.400	左边墙	C25	42.6	4.249	35.3
左 3	D0+038.800	左边墙	C25	38.2	4.260	30.4
左 4	D0+058.700	左边墙	C25	38.0	4.470	32.7
右 36	D0+068.800	右边墙	C25	40.0	4.275	32.6

续表

编号	检测里程/m	部位	设计强度	回弹代表值/MPa	声速代表值/(km/s)	混凝土换算强度/MPa
右 37	D0+052.400	右边墙	C25	38.4	4.011	27.7
右 38	D0+035.300	右边墙	C25	38.0	3.873	25.7
右 39	D0+022.100	右边墙	C25	43.3	4.164	34.9
右 40	D0+011.300	右边墙	C25	42.9	4.075	33.2

表 3-2-5　　导流泄洪隧洞 C30 混凝土强度统计表

编号	检测里程/m	部位	设计强度	回弹代表值/MPa	声速代表值/(km/s)	混凝土换算强度/MPa
左 5	DX0+099.000	左边墙	C30	36.9	4.364	30.1
左 6	DX0+119.000	左边墙	C30	37.5	4.548	33.0
左 7	DX0+129.000	左边墙	C30	38.7	4.419	32.9
左 8	DX0+149.000	左边墙	C30	39.9	4.419	34.3
左 9	DX0+169.200	左边墙	C30	41.2	4.538	37.5
左 10	DX0+189.400	左边墙	C30	38.4	4.301	31.1
左 11	DX0+209.600	左边墙	C30	40.7	4.412	35.2
左 12	DX0+229.800	左边墙	C30	37.4	4.735	35.1
左 13	DX0+249.900	左边墙	C30	39.3	4.492	34.5
左 14	DX0+270.100	左边墙	C30	39.2	4.384	33.0
左 15	DX0+290.300	左边墙	C30	38.1	4.321	31.0
左 16	DX0+310.400	左边墙	C30	39.6	4.325	32.8
左 17	DX0+330.600	左边墙	C30	41.4	4.605	38.7
左 18	DX0+350.800	左边墙	C30	34.5	4.736	31.4
左 19	DX0+360.900	左边墙	C30	35.3	4.464	29.4
左 20	DX0+380.100	左边墙	C30	33.0	4.599	28.1
右 21	DX0+361.900	右边墙	C30	36.4	4.416	30.1
右 22	DX0+341.500	右边墙	C30	41.3	4.516	37.3
右 23	DX0+321.100	右边墙	C30	40.4	4.421	35.0
右 24	DX0+300.700	右边墙	C30	39.3	4.796	38.5
右 25	DX0+280.300	右边墙	C30	39.5	4.497	34.8
右 26	DX0+259.900	右边墙	C30	38.1	4.729	36.0
右 27	DX0+239.500	右边墙	C30	38.5	4.804	37.5
右 28	DX0+219.100	右边墙	C30	40.1	4.692	38.2
右 29	DX0+198.700	右边墙	C30	39.3	4.757	38.0
右 30	DX0+178.300	右边墙	C30	40.3	4.332	33.7

续表

编号	检测里程 /m	部位	设计强度	回弹代表值 /MPa	声速代表值 /(km/s)	混凝土换算强度 /MPa
右 31	DX0+157.900	右边墙	C30	39.8	4.293	32.6
右 32	DX0+137.500	右边墙	C30	40.4	4.521	36.3
右 33	DX0+117.100	右边墙	C30	40.3	4.396	34.5
右 34	DX0+096.700	右边墙	C30	38.5	4.207	30.1
右 35	DX0+076.300	右边墙	C30	37.9	4.420	31.9

(8) 20××年度监督抽检。20××年度监督抽检 1 次：由××××工程技术检测有限公司对××水库库区帷幕灌浆一标段、库区帷幕灌浆二标段、坝址区左岸灌浆（上、下平洞）、坝址区右岸灌浆（上、下平洞）进行抽检，由×××××岩土工程质量检测有限公司对大坝、坝后电站及泵站、引水隧洞、导流泄洪隧洞及输水工程所使用的原材料及中间产品质量和工程实体质量进行抽检。

1) ××××工程技术检测有限公司检测结果。

a. 原材料及中间产品。

(a) 水泥共抽检 8 组，所检项目试验结果均符合《通用硅酸盐水泥》(GB 175—2007) 的指标要求。

(b) 坝址区左岸下层灌浆平洞 XP0+080 段，取芯样 2 组，ZX1-1、ZX1-2、ZX1-3、ZX2-1、ZX2-2、ZX2-3，强度分别为 26.6MPa、27.8 MPa，强度平均值 27.2MPa。设计强度等级为 25MPa，满足设计要求。

(c) 坝址区左岸上层灌浆平洞 SP0+160 段，取芯样 2 组，ZX3-1、ZX3-2、ZX3-3、ZX4-1、ZX4-2、ZX4-3，强度分别为 34.1MPa、33.3MPa，强度平均值 33.7MPa。设计强度等级为 25MPa，满足设计要求。

(d) 坝址区右岸上层灌浆平洞 SP1+493.0 段，取芯样 2 组，ZX5-1、ZX5-2、ZX1-3、ZX6-1、ZX6-2、ZX6-3，强度分别为 24.6MPa、25.9MPa，强度平均值 25.3MPa。设计强度等级为 20MPa，满足设计要求。

(e) 坝址区右岸下层灌浆平洞 XP0+483.78-493.78 段，取芯样 2 组，ZX7-1、ZX7-2、ZX7-3、ZX8-1、ZX8-2、ZX8-3，强度分别为 27.6MPa、28.1MPa，强度平均值 27.9MPa。设计强度等级为 25MPa，满足设计要求。

b. 混凝土面平整度。

(a) 灌浆左岸下平洞（XP0+040.000～XP0+980.000 段）共抽检 9 个测区，360 个测点，最小值 1.0mm/2m，最大值 9.5mm/2m，所检测 360 个点平整度均小于 10mm/2m，合格率 100%。

(b) 灌浆左岸上平洞（SP0+107.000～SP1+206.522 段）共抽检 7 个测区，280 个测点，最小值 1.0mm/2m，最大值 8.5mm/2m，所检测 280 个点平整度均小于 10mm/2m，合格率 100%。

(c) 灌浆右岸下平洞（XP1+962.000～XP1+366.000 段）共抽检 9 个测区，90 个测点，最小值 1.2mm/2m，最大值 9.5mm/2m，所检测 399 个点平整度均小于 10mm/2m，

合格率100%。

(d) 灌浆右岸上平洞(SP1+468.530~SP1+722.6段)共抽检2个测区,80个测点,最小值1.0mm/2m,最大值8.0mm/2m,所检测80个点平整度均小于10mm/2m,合格率100%。

c. 钢筋间距和钢筋保护层厚度。

(a) 坝址区左岸上层灌浆平洞(SP0+350~SP0+360段、SP0+398~SP0+402段、SP0+258~SP0+278段)随机布置的3个测区中,被检的钢筋保护层厚度合格率为66.7%,钢筋间距合格率为100%。

(b) 坝址区左岸下层灌浆平洞(XP1+054~XP1+010段、XP1+110~XP1+120段、XP0+900~XP0+890段)随机布置的3个测区中,被检的钢筋保护层厚度合格率为33.3%,钢筋间距合格率为100%。

(c) 坝址区右岸上层灌浆平洞[SP1+493.2~SP1+503.2段、SP1+504.3~SP1+513.2段、SP1+504.3~SP1+513.2(圆弧区域)段]随机布置的3个测区中,被检的钢筋保护层厚度合格率为33.3%,钢筋间距合格率为100%。

(d) 坝址区右岸下层灌浆平洞(XP1+367~XP1+377段、XP1+490~XP1+492段、XP1+483.78~XP1+493.78段、XP1+904.7~XP1+908.7段、XP1+861.9~XP1+865.9段、XP1+687.9~XP1+677.9段、XP1+433~XP1+431段)随机布置的7个测区中,被检的钢筋保护层厚度合格率为28.6%,钢筋间距合格率为100%。

d. 几何尺寸量测。

(a) 坝址区左岸上平洞(SP0+164~SP1+065段)共抽检9个测区,设计图纸上几何尺寸为2500mm×3500mm的城门洞型、3000mm×3500mm的城门洞型、2900mm×3450mm的城门洞型,被检测9个测区均满足规范允许偏差要求。

(b) 坝址区左岸下平洞(XP0+550~XP0+900段)共抽检13个测区,设计图纸上几何尺寸为3000mm×3500mm的城门洞型、3000mm×3100mm的城门洞型,被检测13个测区均满足规范允许偏差要求。

(c) 坝址区右岸上平洞(SP1+468.53~SP1+722.60段)共抽检9个测区,设计图纸上几何尺寸为2900mm×3500mm的城门洞型、2900mm×3450mm的城门洞型、2500mm×3500mm的城门洞型、3000mm×3500mm的城门洞型,被检测9个测区均满足规范允许偏差要求。

(d) 坝址区右岸下平洞(XP1+894.0~XP1+334.0段)共抽检8个测区,设计图纸上几何尺寸为3000mm×3500mm的城门洞型,被检测8个测区均满足规范允许偏差要求。

e. 混凝土强度检测(超声回弹综合法)。

(a) 灌浆左岸上平洞C25混凝土超声回弹综合法检测测点数30个,达到设计强度的有30个测区,合格率为100%。

(b) 灌浆左岸下平洞C25混凝土超声回弹综合法检测测点数12个,达到设计值有12个测区,合格率为100%。

(c) 灌浆右岸上平洞C20混凝土超声回弹综合法检测测点数2个,达到设计指标有2个测区,合格率为100%。

(d) 灌浆右岸下平洞C25混凝土超声回弹综合法检测测点数9个,达到设计标准值有9

个，合格率为100%。

2）×××××岩土工程质量检测有限公司检测成果。

a. 大坝工程

(a) 水泥抽检2组，所检水泥的比表面积、凝结时间、安定性及3d和28d抗折强度、抗压强度均符合《通用硅酸盐水泥》(GB 175—2007) 标准对P·O 42.5水泥的要求。

(b) 钢筋母材抽检3组，所检指标均符合《钢筋混凝土用钢 第2部分：热轧带肋钢筋》(GB 1499.2—2007) 的指标要求。

(c) 焊接钢筋抽检2组，所检指标均符合《钢筋混凝土用钢 第2部分：热轧带肋钢筋》(GB 1499.2—2007) 及《钢筋焊接及验收规程》(JGJ 18—2012) 对焊接连接接头要求。

(d) 套筒连接钢筋抽检1组，所检指标均符合《钢筋机械连接技术规程》(JGJ 107—2016) 对套筒连接钢筋的要求。

(e) 粗、细骨料各抽检2组，粗、细骨料所检指标中，除细骨料细度模数不符合《水工混凝土施工规范》(SL 677—2014) 规定人工砂的细度模数宜为2.4～2.8的要求外，其余所检各项指标均符合SL 677—2014的要求。

(f) 橡胶止水带抽检1组，所检指标符合《高分子防水材料 第2部分：止水带》(GB 18173.2—2014) 对各项指标的要求。

(g) 止水铜片抽检1组，所检指标均符合《水工建筑物止水带技术规范》(DL/T 5215—2005) 要求。

(h) QX型引气剂抽检2组，QX型引气剂在掺量为2/万时的所检指标均符合《水工混凝土外加剂技术规程》(DL/T 5100—2014) 对引气剂的指标要求。

(i) QX-A缓凝高效减水剂抽检2组，QX-A缓凝高效减水剂在掺量为1.5%时的凝结时间差较长，导致3天试件不能拆模，故3天抗压强度未进行试验，其余所检指标均符合DL/T 5100—2014规程对缓凝型高效减水剂的指标要求。

(j) 上游围堰堆石料抽检1组，所检指标中，孔隙率符合设计技术要求。

(k) 混凝土钻芯取样1组，该组混凝土芯样抗压强度为20.0MPa，符合设计要求。

(l) 灌浆盖板C20混凝土超声-回弹综合法检测测区总数10个，混凝土强度范围值20.0～25.8MPa，平均值23.0MPa，达到设计强度的测区占100%。

b. 坝后电站及泵站工程。预应力钢绞线试验结果为外委××××检测科技有限公司试验结果，所检测项目均符合《预应力混凝土用钢绞线》(GB/T 5224—2014) 的规定。

c. 引水隧洞工程。

(a) 混凝土钻芯取样1组，该组混凝土芯样抗压强度为25.1MPa，满足设计要求。

(b) 洞身段（里程段桩号：引0+000.00～引0+075.00）C25混凝土超声-回弹综合法检测测区总数15个，混凝土强度范围值25.1～33.6MPa，平均值28.4MPa，达到设计强度的测区占100%。

(c) 取水塔（里程段桩号：引0—008.00～引0—003.00）C25混凝土超声-回弹综合法检测测区总数2个，混凝土强度范围值25.1～26.2MPa，平均值25.7MPa，达到设计强度的测区占100%。

(d) 箱梁C30混凝土超声-回弹综合法检测测区总数3个，混凝土强度范围值35.4～38.8MPa，平均值37.5MPa，达到设计强度的测区占100%。

(e) 几何尺寸(桩号引 0+000.00~引 0+075.00),设计值为 2.20m。共布置 15 个测区,范围值为 2.182~2.230m,平均值为 2.210m。测区合格率为 80%~100%。

(f) 混凝土表面平整度(桩号引 0+000.00~引 0+075.00),共布置 15 个测区,每个测区实测 10 个点,且每个测区实测点数都符合规范要求,合格率除第 7 个测区为 90%外,其余测区均达到 100%。

(g) 钢筋间距及保护层厚度(引 0+000.00~引 0+075.00),共抽检 15 组检测断面,每组检测断面分为 2 个环向测区,2 个纵向测区,共计 60 个测区。钢筋间距共抽检 60 个测区,其中 58 个测区检测结果合格,测区合格率为 96.7%;钢筋保护层厚度共抽检 60 个测区,其中 54 个测区检测结果合格,测区合格率为 90.0%。

d. 导流泄洪隧洞工程。

(a) 闸室排架 C25 混凝土超声-回弹综合法检测测区总数 8 个,混凝土强度范围值 25.3~29.1MPa,平均值 26.8MPa,达到设计强度的测区占 100%。

(b) 桥墩 C30 混凝土超声-回弹综合法检测测区总数 2 个,混凝土强度范围值 34.6~36.2MPa,平均值 35.4MPa,达到设计强度的测区占 100%。

(c) 导流泄洪隧洞箱梁 C30 混凝土超声-回弹综合法检测测区总数 3 个,混凝土强度范围值 30.0~36.5MPa,平均值 32.2MPa,达到设计强度的测区占 100%。

(d) 导流泄洪隧洞桥墩混凝土表面平整度检测共布置 2 个测区,每个测区实测 10 个点,且每个测区实测点数都符合规范要求,合格率均达到 100%。

e. 输水工程。

(a) 压力钢管焊缝探伤抽检 4 条,所检压力钢管环缝均符合《焊缝无损检测超声检测技术、检测等级和评定》(GB/T 11345—2013)标准对Ⅱ级焊缝的要求,并符合《水利工程压力钢管制造安装及验收规范》(SL 432—2008)标准要求。

(b) 压力钢管钢板母材抽检 3 组,所检指标均满足《低合金高强度结构钢》(GB/T 1591—2008)的要求。

(9) 20××年度质量监督抽检。20××年度质量监督抽检由××××工程技术检测有限公司对库区帷幕灌浆二标段、坝址区左岸灌浆、坝址区右岸灌浆及厂房工程,由×××××岩土工程质量检测有限公司对大坝、溢洪道及输水工程所使用的原材料及中间产品、金属结构安装质量和工程实体质量进行抽检。

1) ××××工程技术检测有限公司抽检成果。

a. 原材料。

(a) 水泥共抽检 4 组,所检指标均符合《通用硅酸盐水泥》(GB 175—2007)以及《水工建筑物水泥灌浆施工技术规范》(SL 62—2014)的指标要求。

(b) 钢筋共抽检 2 组,所检指标均符合《钢筋混凝土用钢 第 2 部分:热轧带肋钢筋》(GB/T 1499.2—2018)的指标要求。

(c) 钢筋接头共抽检 2 组,所检指标均符合《钢筋焊接及验收规程》(JGJ 18—2012)的指标要求。

(d) 减水剂抽检 1 组,所检指标均符合《混凝土外加剂》(GB/T 8076—2008)的指标要求。

(e) 引气剂抽检 1 组,所检指标均符合《混凝土外加剂》(GB/T 8076—2008)的指标要求。

b. 中间产品。

(a) 粗骨料共抽检2组，所检指标均符合《水工混凝土施工规范》(SL 677—2014) 的指标要求。

(b) 细骨料抽检1组，所检指标均符合《水工混凝土施工规范》(SL 677—2014) 的指标要求。

2) ×××××岩土工程质量检测有限公司抽检成果。

a. 混凝土强度。

(a) 溢洪道 (0－066.030～0＋000.000) 段C25混凝土超声-回弹综合法检测测区总数2个，混凝土强度范围值34.5～37.7MPa，平均值36.1MPa，强度标准差为2.3，混凝土质量合格。

(b) 溢洪道 (0＋000.000～0＋360.510) 段右边墙C30混凝土超声-回弹综合法检测测区总数15个，混凝土强度范围值33.8～46.4MPa，平均值39.6MPa，强度标准差为3.2，混凝土质量合格。

(c) 溢洪道 (0＋000.000～0＋360.510) 段左边墙C30混凝土超声-回弹综合法检测测区总数14个，混凝土强度范围值30.0～41.7MPa，平均值34.6MPa，强度标准差为3.8，混凝土质量合格。

(d) C25混凝土超声-回弹综合法检测测区总数12个，混凝土强度范围值27.7～34.2MPa，平均值31.1MPa，强度标准差为2.3，混凝土质量合格。

(e) 输水工程13号镇墩C25混凝土超声-回弹综合法检测测区总数7个，混凝土强度范围值31.9～37.3MPa，平均值34.5MPa，强度标准差为2.3，混凝土质量合格。

b. 土工试验。

(a) Ⅰ反滤料干密度为1.98g/cm³，符合反滤料干密度≥1.90g/cm³的设计要求，干密度质量合格。

(b) Ⅱ反滤料干密度为1.94g/cm³，符合反滤料干密度≥1.90g/cm³的设计要求，干密度质量合格。

(c) 黏土料压实度在100%～101.6%之间，符合黏土料压实度≥98%的设计要求，压实度质量合格。

(d) 石渣料孔隙率分别为19.5%和19.7%，符合石渣料孔隙率≤22%的设计要求，孔隙率质量合格。

c. 焊缝超声波探伤。输水工程压力钢管 (Q345R、ϕ1400×10mm) 超声波焊缝检测4条，检测总长度为17600mm，存在缺陷长度为410mm，其中编号为T－T7T8－T19－H3、T－T7T8－T20－H1、T－T7T8－T20－H2三条焊缝均未发现焊缝内部缺陷，符合焊缝BⅠ类的设计要求，编号为T－T7T8－T20－H3的焊缝内部存在明显缺陷，缺陷位置在＋460～＋870处，缺陷深度为7.8mm，缺陷长度为410mm，不符合焊缝BⅠ类的设计要求。

d. 焊缝射线检测。输水工程压力钢管 (Q345R、ϕ1400×18mm) 射线检测4条焊缝共计19处射线检测中共有9处焊缝位置出现超标缺陷；压力钢管编号为1的1－H1－T1环缝和1－H1－2环缝焊缝位置内部质量不合格，压力钢管编号为2的2－H1－T1环缝和2－H2－T1环缝焊缝位置内部质量不合格，压力钢管编号为3的3－H1－T1环缝和3－H2－T1环缝焊缝位置内部质量不合格，压力钢管编号为4的4-H1-T1环缝和4-H1-2环缝及4-H2-T1环缝焊缝位置内部质量不合格，其余10处焊缝位置内部质量符合《水利工程压力钢管制造安装及验收规范》（SL 432—2008）和《承压设备无损检测 第2部分：射线检测》（NB/T 47013.2—2015）标准要求。

3. 监督抽检存在的主要问题

抽检的细骨料中，部分石粉含量超标、细度模数超标；部分部位混凝土强度（超声回弹）值偏低，部分部位混凝土强度（钻芯）值偏低；部分部位混凝土表面平整度超标；部分部位钢筋混凝土钢筋间距及保护层值超标；部分部位隧洞喷混凝土厚度不足；部分压力钢管焊缝探伤及射线检测不合格等。

（四）安全监测

截至20××年2月28日，引水隧洞监测工程共完成钢筋计安装16支，渗压计安装10支；厂区边坡监测工程共完成锚索测力计安装7支，锚杆应力计安装6套12支，多点位移计安装5套；大坝主体监测工程共完成渗压计安装12支，位错计安装4支，土压力计安装7组，界面式土压力计安装4组，测缝计安装4支，测压管钻孔安装44支，后坝坡3座观测房建设，水管式沉降仪安装7套，水平位移计安装7套；溢洪道监测工程单向测缝计安装4支，渗压计安装6支；提水管线监测工程钢板计安装22支，钢筋计安装8支；水情测报工程自动雨量监测站安装7座，水库水位雨量站1座，河道水位流量监测站3座。××水库工程共安装埋设安全监测仪器设备226支（套），占设计量的81.0%，监测设备完好率达94.8%。

根据有关安全监测资料抽查情况分析，部分仪器安装完成后仅取得初始值，需尽快完成未实施项目并取得初始值，对已实施监测工程需按照规范和设计要求开展观测和资料分析工作。针对监测数据变化明显、测点损失较大、测值偏大等问题，建议加强观测分析，评价监测资料的可靠性，有条件时更换已损坏的观测仪器，确保运行安全。

建议在下闸蓄水前应严格按照设计要求，按计划完成未完项目，以便在蓄水前取得初始资料，进行蓄水前后对比分析，为判断大坝运行性态提供可靠依据；对于已经安装埋设的监测仪器设备，应按照规范和设计要求开展施工期和蓄水期的观测、监测资料整编和分析评价工作；加强汛期和下闸蓄水后巡视检查工作。

（五）问题反馈与整改

1. 日常检查与巡查

针对以上项目站日常监督检查及监督巡查发现的施工现场工程实体质量存在的问题，质量监督机构以“质量监督检查结果通知书”“工程质量监督巡查情况的通报”等形式及时印发建设单位，明确要求建设单位组织相关单位进行全面整改。省质监中心站印发工程质量监督巡查情况的通报共8份，项目站印发质量监督检查结果通知书共9份。

建设单位对项目站日常监督检查、质量监督巡查提出的问题均以正式文件进行了整改回复。经复查，项目站日常监督检查发现施工现场实体质量问题共计151个，已整改151个，整改率100%。

2. 质量监督抽查

针对××水库工程所使用的原材料、中间产品、金属结构安装质量和工程实体质量开展了4次质量监督抽检，并将监督抽检成果以文件形式印发建设单位，要求对抽检存在实体问题的部分进行整改，并将整改结果报省质监中心站备案。

建设单位对质量监督抽检提出的问题均以正式文件进行了整改回复。经复查，质量监督抽检发现施工现场实体质量问题共计6类，已整改5类，整改率83.3%。针对整改不到位的质量问题，要求建设单位组织相关参建单位提出明确的质量结论。

六、工程质量核备与核定

（一）单元工程施工质量评定资料抽查

1. 评定程序

单元工程质量在施工单位自评合格后，报监理单位复核，由监理工程师复核施工质量等级并签字认可。重要隐蔽（关键部位）单元工程质量经施工单位自评合格、监理单位抽检后，由项目法人（或委托监理）、监理、设计、施工等单位组成联合小组，共同检查核定其质量等级并填写签证表，报工程质量监督机构核备。

2. 监督检查内容

抽查单元工程及工序验评资料是否齐备，表格填写是否规范，质量评定表、原始记录填写是否及时、完整、真实、准确及符合相关要求，质量等级评定结果是否符合规程要求。

3. 监督检查结果

本工程共划分单元工程7161个，已完成单元工程6553个，已评定6553个，质量全部合格，其中优良4754个，优良率为72.5%。项目站对单元工程验评资料及相关资料进行抽查，共抽查1658份单元工程评定资料，抽查率为25.3%。针对抽查发现的问题，项目站以“质量监督检查结果通知书”形式印发建设单位，明确要求建设单位组织相关单位对通报中提出的问题及时进行整改。单元工程施工质量等级统计详见表3-2-6。

表3-2-6　　××州××水库单元工程施工质量评定结果汇总表

序号	单位工程名称	单元工程/个	施工单位自评结果			监理单位复核结果		
			评定数/个	合格数/个	优良数/个	评定数/个	合格数/个	优良数/个
1	△黏土心墙堆石坝	1654	1589	1589	1276	1589	1589	1276
2	△溢洪道	425	424	424	310	424	424	310
3	△导流泄洪隧洞	262	258	258	182	258	258	182
4	引水隧洞	201	201	201	145	201	201	145
5	××大沟输水隧洞	172	172	172	129	172	172	129
6	△坝址区右岸和河床帷幕灌浆	443	443	443	323	443	443	323
7	△坝址区左岸帷幕灌浆	674	674	674	536	674	674	536
8	库区帷幕灌浆工程（SK08）	91	91	91	65	91	91	65
9	库区帷幕灌浆工程（SK09）	61	61	61	43	61	61	43
10	坝后电站工程	381	182	182	140	182	182	140
11	Ⅰ号泵站工程	226	173	173	134	173	173	134
12	Ⅱ号泵站工程	263	142	142	107	142	142	107
13	德平输水工程	1609	1609	1609	1201	1609	1609	1201

续表

序号	单位工程名称	单元工程/个	施工单位自评结果			监理单位复核结果		
			评定数/个	合格数/个	优良数/个	评定数/个	合格数/个	优良数/个
14	观测设施	279	114	114	0	114	114	0
15	左岸上层灌浆平洞施工一标	112	112	112	39	112	112	39
16	左岸下层灌浆平洞施工二标	170	170	170	32	170	170	32
17	右岸灌浆平洞施工三标	138	138	138	92	138	138	47
合 计		7161	6553	6553	4754	6553	6553	4709

注 带“△”符号者为主要分部工程；项目站共核备重要隐蔽（关键部位）单元工程61个。

（二）分部工程施工质量核备

1. 评定程序

分部工程施工质量，在施工单位自评合格后，由监理单位复核，项目法人认定，质量结论由项目法人报工程质量监督机构核备。

2. 监督检查内容

（1）抽查单元（工序）工程评定表填写是否符合规定，单元工程数量、重要隐蔽单元工程、关键部位单元工程是否与项目划分相符。

（2）抽查原材料、中间产品及机电产品出厂资料是否符合要求。

（3）抽查原材料及工程实体检测资料是否满足设计和规范要求。

（4）检查所有单元工程是否全部完成，质量评定是否全部合格。

（5）检查分部工程施工质量评定表填写内容是否符合要求，签章是否齐全，施工质量等级评定是否符合评定规程要求。

（6）检查质量缺陷是否按规定程序进行了处理，永久性质量缺陷是否已经备案（如有）。

（7）现场检查工程完成情况和工程实体质量。

3. 核备结果

本工程共划分为134个分部工程，已完成分部工程77个，评定77个，分部工程质量经施工单位自评、监理单位复核、项目法人认定，质量全部合格，其中优良52个，优良率为67.5%。

项目站通过抽查相关质量评定与检验资料，并结合现场施工检查和监督检测，对各分部工程施工质量等级进行了核备，印发分部工程施工质量等级核备文件共10份。截至目前，已验收77个分部工程，核备分部工程施工质量等级68个，质量全部合格，其中优良25个，优良率为36.8%；主要分部工程4个，质量全部合格，其中优良4个，优良率为100%。分部工程施工质量等级核备统计详见表3-2-7。

（三）单位工程外观质量评定标准确认和结论核备

1. 工程外观质量评定标准确认

依据《水利水电工程施工质量检验与评定规程》（SL 176—2007）的有关规定并参考其他工程的经验，由项目法人组织监理、设计、施工等单位对工程建筑物外观质量评定标准进行研究确定后，××州××水库建设管理局于20××年3月7日以“×××〔20××〕××号”文报送了《××州××水库工程外观质量评定管理办法及标准》。项目站于20××年3月8日以“×××〔20××〕××号”文进行了确认。

表3-2-7　　××水库分部工程施工质量等级核备情况统计表

序号	单位工程名称	分部工程			优良率/%	质量等级	备　注
		总数/个	已验收/个	优良数/个			
1	△黏土心墙堆石坝工程	11	7	6	85.7	优良	
2	△溢洪道工程	8	6	—	—	合格	未核备
3	△导流泄洪隧洞工程	9	8	3	42.9	合格	已核7个
4	引水隧洞工程	6	5	2	50.0	合格	已核4个
5	××大沟输水隧洞工程	6	6	2	40.0	合格	已核5个
6	△坝址区右岸和河床帷幕灌浆工程	10	7	0	0	合格	暂定合格
7	△坝址区左岸帷幕灌浆工程	11	11	2	18.2	合格	暂定合格
8	库区帷幕灌浆工程（SK08）	7	7	5	71.4	优良	
9	库区帷幕灌浆工程（SK09）	5	5	0	0	合格	暂定合格
10	坝后电站工程	13	—	—	—	—	
11	×～×泵站工程	11	—	—	—	—	
12	Ⅱ号泵站工程	10	—	—	—	—	
13	×～×输水工程	13	7	5	71.4	优良	
14	观测设施	6	0	—	—	—	
15	左岸上层灌浆平洞施工一标	2	2	0	0	合格	
16	左岸下层灌浆平洞施工二标	3	3	0	0	合格	
17	右岸灌浆平洞施工三标	3	3	0	0	合格	
合　计		134	77	25	36.8		

注　带“△”符号者为主要分部工程。

2. 评定程序

单位工程完工后，项目法人组织监理、设计、施工等单位组成工程外观质量评定组，现场进行工程外观质量检验评定，并将评定结论报质量监督机构核备。

3. 核备结果

截至目前，××水库共完成3个单位工程验收工作，均为坝区灌浆平洞开挖，经参建各方研究后，一致同意不作外观质量评定。

（四）单位工程施工质量核备

1. 评定程序

单位工程质量，在施工单位自评合格后，由监理单位复核，项目法人认定，质量结论由项目法人报质量监督机构核备。

2. 监督检查内容

（1）抽查分部工程评定资料，核查分部工程及主要分部工程与工程项目划分是否相符。

（2）检查单位工程质量等级评定表的制定与填写是否规范，签字人员是否符合要求，公章是否盖全，质量等级评定优良率计算是否正确。

（3）检查所有分部工程是否已按设计要求完建并验收合格。

（4）检查分部工程验收遗留问题是否已处理完毕并通过验收，未处理的遗留问题是否不影响单位工程验收并有处理意见。

（5）抽查建筑物外观质量评定资料。

（6）检查是否填写《单位工程施工质量检验与评定资料核查表》。

3. 核备结果

根据建设单位报送的施工质量评定资料，单位工程经施工单位自评、监理单位复核、项目法人认定，共验收单位工程3个，施工质量全部合格，无优良单位工程。

项目站通过抽查相关质量评定与检验资料，并结合现场施工检查和监督检测，对3个单位工程施工质量等级进行了核备，印发单位工程施工质量等级核备文件共1份。截至目前，共核备单位工程质量等级3个，施工质量全部合格，无优良单位工程。单位工程施工质量评定等级核备情况详见表3-2-8。

表3-2-8　××水库单位工程施工质量评定等级核备情况统计表

序号	单位工程名称	编码	分部工程优良率/%	外观质量得分率/%	质量等级
1	△黏土心墙堆石坝	SK01	—	—	—
2	△溢洪道	SK02	—	—	—
3	△导流泄洪隧洞	SK03	—	—	—
4	引水隧洞	SK04	—	—	—
5	××大沟输水隧洞	SK05	—	—	—
6	△坝址区右岸和河床帷幕灌浆	SK06	—	—	—
7	△坝址区左岸帷幕灌浆	SK07	—	—	—
8	库区帷幕灌浆	SK08	—	—	—
9	库区帷幕灌浆	SK09	—	—	—
10	坝后电站	SK10	—	—	—
11	×～×泵站	SK11	—	—	—
12	Ⅱ号泵站	SK12	—	—	—
13	××输水	SK13	—	—	—
14	观测设施	SK15	—	—	—
15	左岸上层灌浆平洞施工一标	PD_1	0	—	合格
16	左岸下层灌浆平洞施工二标	PD_2	0	—	合格
17	右岸灌浆平洞施工三标	PD_3	0	—	合格

注　带“△”符号者为主要分部工程。

（五）参加质量会议和工程验收

1. 质量会议

项目站有选择性地参加与质量有关的会议60余次，及时了解工程建设质量动态，宣传贯彻有关法律、法规，将发现的质量问题及时与相关单位进行沟通，督促相关单位不断完善质量管理体系。具体会议包括监理例会、质量座谈会、质量专题会及其他会议等。

2. 工程验收

项目站根据国家相关规定，列席分部工程、单位工程、合同完工验收会议，参加阶段（截流、下闸蓄水、机组启动、技术预验收、竣工验收）验收会议。

（1）法人验收。截至20××年2月底，共验收了3个单位工程，77个分部工程。项目站共列席了3个单位工程和67个分部工程验收会议。

（2）阶段验收。

1）20××年12月19—20日，项目站派员参加了××水库工程截流阶段验收，并出具了质量监督报告。

2）20××年2月28日，项目站派员参加了××水库工程度汛坝体基础开挖验收。

3）20××年3月24日，项目站派员参加了大坝基础开挖验收。

七、工程质量事故和缺陷处理

（一）质量事故

本工程未发生过质量事故。

（二）施工质量缺陷处理情况

1. 大坝工程

（1）大坝灌浆廊道下游结构缝橡胶止水带位置偏移。大坝灌浆廊道下游23号灌浆盖板与第5段灌浆廊道下游结构缝（坝0＋134.60～坝0＋138.00段），在灌浆盖板混凝土浇筑过程中，铜止水与橡胶止水间混凝土振捣不密实，橡胶止水带位置发生偏移，缺陷长度范围34cm，表观深度3cm，质量不满足设计技术要求。

主要原因：混凝土浇筑过程中，橡胶止水带发生移位。

处理方案：凿除橡胶止水带与铜止水间不密实混凝土，重新粘接安装止水带，采用C25微膨胀细石混凝土进行修补。质量缺陷已按建设、设计、监理单位审批的专项方案处理完成，施工质量满足设计要求。

（2）防渗心墙填筑出现压实度检测不合格。在廊道上游第2层（部位：高程1309.50m、坝横0＋113.422～坝横0＋118.287、坝纵0－020.945～坝纵0－017.033）、第34层（部位：高程1315.49m、坝横0＋135.692～坝横0＋138.066、坝纵0－006.814～坝纵0－003.965）、第94层（部位：高程1330.52m、坝横0＋134.376～坝横0＋140.532、坝纵0＋008.686～坝纵0＋010.963）、第121层（部位：高程1337.26m、坝横0＋131.564～坝横0＋133.298、坝纵0＋007.531～坝纵0＋009.765）、第171层（部位：高程1349.74m、坝横0＋135.571～坝横0＋138.648、坝纵0－011.289～坝纵0－008.762）、第188层（部位：高程1354.00m、坝横0＋084.369～坝横0＋087.934、坝纵0－011.173～坝纵0－008.321）、第193层（部位：高程1355.24m、坝横0＋095.130～坝横0＋098.628、坝纵0＋003.192～坝纵0＋006.768）处出现压实度检测不合格，现场经施工单位进行适当洒水、增加碾压遍数碾压后，在项目法人、监理单位、设计单位及检测单位见证试验合格后，进行下一层填筑。

（3）上游Ⅱ反滤料填筑＜0.075mm含量超标。在上游第89层（部位：高程1357.930m、坝横0＋100.325～坝横0＋112.624、坝纵0－015.027～坝纵0－013.821）处，＜0.075mm含量超标，现场经施工单位清除换填后，在项目法人、监理单位、设计单位及检测单位见证试验合格后，进行下一层填筑。

（4）下游Ⅰ反滤料填筑<0.075mm含量超标。在下游第58层（部位：高程1338.927m、坝横0+152.457～坝横0+164.531、坝纵0+010.609～坝纵0+011.873）处，<0.075mm含量超标，现场经施工单位清除换填后，在项目法人、监理单位、设计单位及检测单位见证试验合格后，进行下一层填筑。

（5）下游堆石料填筑孔隙率不合格。在下游堆石料第21层（部位：高程1327.550m、坝横0+131.349～坝横0+138.591、坝纵0+055.632～坝纵0+063.275）处，压实后孔隙率为23.3%，现场经施工单位清除换填后，在项目法人、监理单位、设计单位及检测单位见证试验合格后，进行下一层填筑。

2. 坝址区右岸和河床帷幕灌浆工程

（1）右岸上、下层灌浆平洞混凝土边顶拱混凝土拌制质量差。右岸下平洞XP1+992～XP1+982段边顶拱混凝土拌制质量不满足设计技术及有关规范要求，进行拆除返工处理。

主要原因：此段混凝土在雨季浇筑，且在夜间施工，已检测合格的混凝土骨料在往混凝土拌和站转运时被污染带入泥团，导致部分混凝土拌合物质量不满足要求。

处理方案：拆除返工处理。处理后混凝土施工质量满足设计要求。

（2）右岸下平洞存在顶拱混凝土有脱空现象。右岸下平洞XP1+852.90～XP1+862.90衬砌段内，里程XP1+852.60处顶拱混凝土拆模后存在脱空现象，孔洞尺寸为50cm×26cm（长×宽），深度为45cm；里程XP1+862.50处顶拱混凝土拆模后存在脱空现象，孔洞尺寸为60cm×45cm（长×宽），深度为43cm。右岸下平洞XP1+602.90～XP1+612.90衬砌段内，里程XP1+601.70处顶拱混凝土拆模后存在脱空现象，孔洞尺寸为85cm×60cm（长×宽），深度为46cm；里程XP1+612.40处顶拱混凝土拆模后存在脱空现象，孔洞尺寸为75cm×68cm（长×宽），深度为42cm。右岸下平洞XP1+582.90～XP1+592.90衬砌段内，里程XP1+592.10处顶拱混凝土拆模后存在脱空现象，孔洞尺寸为73cm×85cm（长×宽），深度为41cm。质量不满足设计要求。

主要原因：混凝土浇筑时未设置排气孔，振捣不及时、不到位所致。

处理方案：凿除上述部位孔洞周边较薄的混凝土后，立模重新补浇混凝土，并预埋回填灌浆管进行回填灌浆处理。处理后施工质量满足设计要求。

（3）帷幕灌浆工程出现部分检查孔的部分压水试段不合格。右岸下层灌浆平洞YXQ296～XP306、YXQ332～XP340（两段，设计为单排孔，孔距2m）对应揭露较大溶洞（RDYX05、RDYX04），区段内出现部分检查孔的部分压水试段不合格。检查孔不合格的区段经参建各方对检查孔两侧灌浆孔的实施过程进行系统分析后认为：主要原因为该区段揭示的地质条件较为复杂，岩溶发育较强烈，多个孔段不同程度遇到溶洞、溶管、溶隙等不良地质缺陷（造孔过程中出现掉钻、塌孔、落水及孔口返水异常等），大部分特殊孔段均需采用多次灌注膏浆或砂浆处理后才能用纯水泥浆灌注结束。从钻孔揭示的地质情况、灌前压水、复灌次数、耗灰量及检查孔取芯和压水检查情况等综合分析，总体属于地质原因引起。设计单位已下发设计通知对检查孔不合格的区段进行补强灌浆处理，现已按设计要求处理完成，并通过验收。

3. 坝址区左岸帷幕灌浆工程

左岸下层灌浆平洞洞身混凝土出现3条裂缝，为了确保隧洞的结构耐久性和安全运行，经建设、监理、设计、施工4方研讨，决定对裂缝部位采用化学灌浆封闭处理，处理工艺如下：

（1）裂缝凿槽处理：骑缝凿V形槽，槽宽5cm、槽深5cm，要求切V形槽须跨缝准确。

（2）用清水冲洗凿槽直到裂缝清晰。

（3）根据裂缝描述进行孔位的布置。规则裂缝按间距50～70cm埋设注浆嘴，不规则裂缝的交叉点及端部均埋设注浆嘴。

（4）封缝：用一段长50～100cm、直径1～2cm的胶管压入V形槽内，再将快干水泥压入已埋胶管的部位，将V形槽封闭、抹平，然后待有一定强度后缓慢抽出胶管直至剩余5cm左右接头，依照上述方法直至将整条缝槽封闭完成。

（5）通风检查：待封槽材料有一定的强度后，在缝槽面和管口处涂少量肥皂水，采用0.2MPa的风压进行通风检查，缝槽面和管口处无水泡视为封闭合格，对于被堵塞的注浆嘴应重新埋设。

（6）灌浆：采用水溶性聚氨酯化学灌浆材料，多点同步灌注方式，从下至上，从宽至窄；灌浆前打开所有灌浆孔（嘴），灌浆开始后使浆液自里向外、自一端流向另一端，在此过程中相邻孔（嘴）出一个关一个直至最后一个孔（嘴）出浆后，将其关闭。灌浆压力采用0.2～0.4MPa，根据进浆速度逐级缓慢提升，在屏浆时根据实际情况可以适当提高压力，以保证浆材更好地渗透到细微裂缝，当进行最后的灌浆嘴进浆时，注浆设备的显示器停止进浆或在稳定压力下15min内连续吸浆率小于10mL/min，且压力不下降，即可结束灌浆。

（7）注浆嘴清除和封孔：灌浆结束48h后铲除注浆嘴，并用快干水泥将拆除注浆嘴的孔洞封闭、抹平。

（8）质量检查：灌后质量在灌浆结束7d后进行表观检查，要求缝面光滑、无渗水、无新增裂纹。

同时，对裂缝区域已加强了回填、固结灌浆处理。

4. 导流隧洞工程

导流洞质量缺陷主要为表面缺陷，主要表现在外露拉杆头和管件、混凝土表面不平整、错台、挂帘及表面细微裂缝等，经各参建单位认真分析研究，做出处理方案，并严格按照已确定的方案处理完毕，并通过监理工程师验收合格。

5. 溢洪道工程

质量缺陷产生的部位：溢洪道闸室段、泄槽段左右边墙横向施工缝位置偏差明显，缝的表面处理不符合要求。

质量缺陷产生的主要原因：分缝模板安装未加固牢固，模板变形；分缝沥青砧板没有安装固定好，浇筑出现变形；混凝土浇筑出现涨模，为及时进行加固；技术交底不全面，现场技术人员、作业人员对伸缩缝的重要性认识不足；混凝土浇筑完成后，施工人员私自进行割缝，缝内填沥青砂浆。

对工程的安全性、使用功能和运用影响分析：出现的质量缺陷不影响结构的安全性。

处理方案及不处理原因分析：出现的质量缺陷不影响结构的安全性；分缝内按设计要求已贴沥青砧板，未安装固定好，浇筑出现变形，但不影响其使用功能。

6．坝后泵站及电站工程

质量缺陷产生的部位：坝后泵站及电站基础部分灌注桩桩顶预留钢筋长度不满足设计要求，桩顶预留主筋部分螺旋箍筋受损。质量不满足设计技术要求。

质量缺陷产生的主要原因：厂房二期开挖过程中未及时采取保护措施，施工机械对灌注桩顶部预留钢筋造成损坏；破桩头施工人员未认真按设计要求预留灌注桩桩顶钢筋长度；技术交底不全面，现场技术人员、作业人员对灌注桩预留钢筋的重要性认识不足；灌注桩螺旋箍筋与底板钢筋交叉，底板钢筋安装完成后未恢复螺旋箍筋。

对工程的安全性、使用功能和运用影响分析：出现的质量缺陷可能影响结构的安全性。

处理方案：先划定需要处理的范围，再用手风钻对桩顶预留钢筋周围混凝土进行凿除，并清洗干净；部分灌注桩桩顶钢筋预留长度超过20cm的桩，采用错缝焊接，焊接长度20cm（10d），如果相邻两根钢筋无法错缝焊接，采取帮条焊接，焊接长度20cm（10d），使得钢筋预留长度超过底板垫层以上60cm；部分灌注桩桩顶钢筋预留长度小于20cm的桩，采用风镐凿除桩顶钢筋周围混凝土，保证钢筋焊接长度，采用错缝焊接，焊接长度20cm（10d），如果相邻两根钢筋无法错缝焊接，采取帮条焊接，焊接长度20cm（10d），使得钢筋预留长度超过底板垫层以上60cm，桩顶凿除的混凝土采用底板同标号混凝土进行回填，并振捣密实；灌注桩桩顶主筋焊接接长后，在底板下层钢筋绑扎完成后，再绑扎桩顶预留主筋的螺旋箍筋；灌注桩桩顶预留钢筋长度不满足设计要求，等质量缺陷处理结束经建设、设计、监理单位验收合格后方可进行后续施工。

上述质量缺陷，已按设计要求或批复的质量缺陷处理方案进行了处理，经设计复核、项目法人及监理单位确认，能基本满足安全和使用功能要求，并按规定进行了质量缺陷备案。

项目站于20××年3月27日、20××年6月15日以“×××〔20××〕×号”“×××〔20××〕××号”对5个单位工程的10处质量缺陷进行了备案。

八、工程质量结论意见

××州××水库工程建设按照项目法人负责制、招标投标制和建设监理制及合同管理制组织施工并进行管理。在工程建设过程中，建设、设计、监理、施工等参建单位建立健全了质量管理体系，质量行为基本符合要求，质量管理体系运行基本有效，施工过程中认真执行“三检制”，工程施工质量总体处于受控状态。

参建单位对施工过程中所用的原材料、中间产品按相关要求进行了检验。金属结构及启闭机、机电产品进场后进行了联合验收。施工过程质量记录、检验与评定资料齐全。单元工程、分部工程、单位工程质量结论，履行了施工单位自评、监理单位复核、建设单位认定的程序，重要隐蔽及关键部位单元工程、分部工程、单位工程验收手续完备，符合质量评定验收相关规定。有关质量缺陷按要求进行了处理并备案，施工中未发生质量事故。

通过对工程施工现场监督检查和施工质量检验与评定资料的核验和分析，认为涉及下闸蓄水阶段验收的工程已按设计的建设内容基本建成，施工质量检验与评定资料基本齐全，施工质量合格，监督机构通过抽查相关质量资料，并结合现场监督检查和监督检测，对已完工程施工质量等级进行了核备。

依据《水利水电建设工程验收规程》（SL 223—2008）的规定，与下闸蓄水阶段验收相关的工程形象面貌和施工质量满足设计及规范要求，工程施工质量合格；挡水建筑物已具备挡水条件，泄水建筑物已具备过流条件；大坝下闸蓄水安全鉴定报告已提交；导流洞已于20××年5月25日封堵；工程下闸蓄水各项准备工作已就绪，具备下闸蓄水阶段验收条件，请验收委员会鉴定。

九、附件

1. ××州××水库工程质量监督人员情况表（略）
2. 质量监督检查意见、文件汇编摘要（略）

第四章

水利水电工程引（调）排水工程通水验收质量监督报告

第一节　引（调）排水工程通水验收条件及质量监督报告编写要点

《水利水电建设工程验收规程》（SL 223—2008）中引（调）排水工程可视为《水电工程验收规程》（NB/T 35048—2015）中特殊单项工程，引（调）排水工程通水前，应进行通水验收。

一、《水利水电建设工程验收规程》（SL 223—2008）引（调）排水工程通水验收应具备的条件

（1）引（调）排水建筑物的形象面貌满足通水的要求。

（2）通水后未完工程的建设计划和施工措施已落实。

（3）引（调）排水位以下的移民搬迁安置和障碍物清理已完成并通过验收。

（4）引（调）排水的调度运用方案已编制完成；度汛方案已得到有管辖权的防汛指挥部门批准，相关措施已落实。

二、《水电工程验收规程》（NB/T 35048—2015）特殊单项工程验收应具备的条件

工程中的取水、通航等特殊单项工程，具有独立的功能，能够单独发挥效益作用，因提前或推后投入运行，需要单独进行验收的，竣工验收主持单位应分别组织特殊单项工程验收。

特殊单项工程验收应具备的条件如下：

（1）特殊单项工程已按合同文件、设计图纸的要求基本完成，工程质量合格，施工现场已清理。

（2）特殊单项工程已经试运行，满足审定的功能要求。

（3）设备的制作与安装经调试、试运行检验，安全可靠，达到合同文件和设计要求。

（4）观测仪器、设备已按设计要求埋设，并已测得初始值，有完善的初期运行检测和资料整编管理制度，并有完备的初期运行监测资料及分析报告。

（5）工程质量事故已妥善处理，缺陷处理也已基本完成，能保证工程安全运行；剩余尾工和权限处理工作已明确由施工单位在质量保证期内完成。

（6）运行单位已做好接受、运行准备工作。

（7）已提交特殊单项工程竣工安全鉴定报告，并有可以安全运行的结论意见。

（8）已提交特殊单项工程验收阶段质量监督报告，并有工程质量满足特殊单项工程验收的结论意见。

三、引（调）排水工程通水验收质量监督报告编写要点

水利水电工程引（调）排水工程通水验收质量监督机构的质量监督报告可按照《水利水电建设工程验收规程》（SL 223—2008）附录 O.7 的相关章节，结合工程的实际情况，在分析项目法人、设计、监理、施工、质量检测等各有关单位提交的工作报告的基础上，按照章节顺序进行编写。

第二节　引（调）排水工程通水验收质量监督报告示例

××湖×××湖出流改道工程通水验收质量监督报告

一、工程概况

（一）工程位置

××湖×××湖是××××高原湖泊中的两个姊妹湖，属××流域××江水系，东邻××江峡谷，南接××湖径流区，西望××流域××径流区，北缘×××径流区，地处××省中部，居××湖盆中心，跨××、××、××三县，西北距省会××市69km。××市××湖×××湖出流改道工程位于××县和××区境内。

（二）工程建设任务和规模

1. 工程建设任务

本工程的建设任务是：保护×××湖；有条件地逐步改善××湖水质；合理配置和补充××市××区水资源。

××湖×××湖出流改道工程完工以后，××湖仅在湖水位超过限制高水位后才向×××湖泄水，因而大大减少××湖向×××湖的水量，从而减少了对×××湖的污染；××湖在改道工程以后，使×××湖水流入××湖，增大了水环境容量，对××湖起到了稀释净化作用，加速了××湖的生态恢复；出流改道湖水经过除藻和湿地净化处理后达Ⅱ类水标准进入××水库，从而增加××市主城区以及××区的水资源量，为××市中长期社会、经济发展提供后备水源。

2. 工程规模及标准

工程等别为Ⅲ等中型引水工程，引水规模为 9.2m^3/s。主要建筑物为 3 级，次要建筑物为 4 级。建筑物防洪标准为 20 年一遇（$P=5\%$），Ⅷ度设防。出流改道工程由挺水植物带、进口闸室段、暗埋段、顶管段、隧洞段、出口明渠及闸室段、人工湿地、××河整治、××湖沿岸抽水站改造及旁通泄水道工程等部分组成。

3. 工程标段划分

出流改道工程水利工程部分共分 11 个标段，各标段划分见表 4-2-1。

表 4-2-1 ××市××湖×××湖出流改道工程各标分界桩号表

标 段	主要施工内容	桩 号	长度/m
引水三标	进口段、闸室及暗埋段	0－205～0＋790	995
引水四标	顶管	0＋790～4＋509	3719
引水一标	竖井、斜井、隧洞	4＋509～5＋800	1291
引水二标	斜井、隧洞、出口明渠、闸室	5＋800～11＋867.8	6067.8
旁通五标	明渠及倒虹吸	P0＋000～P1＋140	1140
旁通六标	明渠及倒虹吸	P1＋140～P2＋456.45	1316.45
旁通一标	隧洞及连接段	P2＋456.45～P4＋242.245	1785.795
旁通二标	隧洞及连接段	P4＋242.245～P5＋976.945	1734.7
旁通三标	隧洞及连接段	P5＋976.945～P8＋354.945	2378
旁通四标	隧洞及连接段	P8＋354.945～P9＋456.245	1101.3
旁通七标	明渠及闸室	P9＋575.808～P10＋771.861	1196.053

4. 参建单位

建设单位：××市××湖×××湖出流改道工程建设管理局。

设计单位：××省水利水电勘测设计研究院。

监理单位：××××工程建设监理有限公司。

施工单位：

(1) 引水三标段 0－205～0＋790，××市水利水电开发有限责任公司。

(2) 引水四标段 0＋790～4＋509，××集团第×航务工程局。

(3) 引水一标段 4＋509～5＋800，××省水利电力工程局。

(4) 引水二标段 5＋800～7＋960，××集团第五工程局有限公司。

(5) 引水二标段 7＋960～10＋366.6，中国航空港××建筑工程局。

(6) 引水二标段 10＋366.6～11＋867.8，××集团第五工程局有限公司。

(7) 旁通五标段 P0＋000～P1＋140，××水电集团有限公司。

(8) 旁通六标段 P1＋140～P2＋456.45，××省××水电建筑工程公司。

(9) 旁通一标段 P2＋456.45～P4＋242.245，××航空港××建筑工程局。

(10) 旁通二标段 P4＋242.245～P5＋976.945，××水电集团有限公司。

(11) 旁通三标段 P5＋976.945～P8＋354.945，××十三局集团第×工程有限公司。

(12) 旁通四标段 P8＋354.945～P9＋456.245，××省建筑机械化施工公司。

(13) 旁通七标段 P9＋575.808～P10＋771.861，××市水利水电开发有限责任公司。

(14) 引水二标冷冻处理，××特殊凿井集团有限公司。

（三）工程布置及结构形式

主体工程布置：自××湖西岸向××河方向开挖引水隧洞，改变××湖水的出流方向，部分出流湖水经过挺水植物带和人工湿地净化后，流经××河引入××水库，超出人工湿地设计处理能力的出流湖水经旁通泄水道工程引入××大河，经××大河、××大河，××、××河段在××县××镇汇入××江。改变××湖水的出流方向后，两湖成为有控制的、相对独立的连接湖泊，利用隔河（连接××湖与×××湖之间的河道）的水闸调节×××湖和××湖的水位。整个出流改道工程从进水口至人工湿地出水口共12.7km，旁通泄水道工程10.67km。

附属工程布局：附属工程包括××河的整治及××湖边抽水站的改建，河道整治总计800m，抽水站改建共32座。

二、质量监督工作

（一）项目质量监督机构设置和人员

根据《建设工程质量管理条例》（国务院令第279号），本工程项目法人××市××湖、×××湖出流改道工程建设管理局于工程开工之初20××年10月与××省水利水电工程质量监督中心站（以下简称“省质监中心站”）办理了质量监督手续，根据工程实际情况，省质监中心站采取与××市水利水电工程质量监督站联合监督的方式，共配置质量监督员5人对该项目进行质量监督。

（二）质量监督主要依据

工程质量监督管理的依据是国家、水利部和××省有关水利水电基本建设工程质量监督管理的相关法律、法规和规定；《水利水电工程单元工程施工质量验收评定标准》（SL 631～639）、《水利水电工程施工质量检验与评定规程》（SL 176—2007）等有关规范及技术标准；经批准的设计文件及已签订的合同文件。

（三）质量监督主要范围

依据《××市××湖×××湖出流改道工程质量监督书》中的约定，对主体工程实体质量及参建各方行为质量实施政府监督。

（四）质量监督工作方式

针对××市××湖×××湖出流改道工程的实际情况，质量监督工作采取随机抽查与重点检查相结合的方式，对工程责任主体及有关单位的质量行为及工程实体质量进行监督。检查中发现的问题以《质量监督检查结果通知书》送达业主要求及时整改，并抄报项目主管部门。

（五）质量监督主要工作

质量监督员对本工程进行质量监督管理的主要工作内容是：按施工准备、施工过程、竣工验收3个阶段进行全过程监督，主要对建设单位的质量检查体系、监理单位的质量控制体系、施工单位的质量保证体系、设计单位的现场服务情况进行监督检查。

依照“项目法人负责、监理单位控制、施工单位保证和政府监督相结合”的质量管理体制要求，以法律、法规、工程强制性标准为依据，对本阶段工程所用原材料质量证明、中间产品质量检测报告、工程质检资料进行了检查复核，对参建各方的质量措施、管理制度、安全生产措施进行检查。

经检查，××市××湖×××湖出流改道工程建设实行业主负责制、建设监理制、招标投标制和合同管理制，设计、监理、施工单位的资质均满足国家有关资质要求。××湖×××湖出流改道工程建立了质量管理体系，各参建单位制定了各项质量管理规章制度及实施细则，质量管理体系运行正常，各项规章制度已得到贯彻和落实，工程质量处于受控状态。

三、参建单位质量管理体系

为把握工程真实的施工质量，保证对工程质量的事前、事中、事后控制，监督过程中重点从以下几个方面进行检查。

（一）参建各单位资质检查结果

对建设单位、勘察单位、设计单位、施工单位、监理单位各方工程质量责任主体的资质、人员资格进行检查，符合有关规定。

（二）质量管理体系主要评价

1. 监督检查主要内容

质量管理体系的监督检查主要涉及质量管理体系建立与运行、贯彻执行国家法律法规和强制性标准情况等内容。项目站主要采取日常监督检查和水利部建管总站年度质量监督巡查两种方式进行，重点对参建各方质量管理体系的建立和运行情况进行全面检查。主要检查内容如下：

（1）对建设单位、设计单位、施工单位采用和制定的有关工程质量管理办法、质量标准和技术要求与现行法律、法规、强制性标准、规程规范等的符合性和执行情况进行检查。

（2）参建各方（设计、监理、施工、质量检测、材料设备供应等单位）资质和主要责任人员执业资格情况。

（3）建设单位质量管理体系建立和运行情况。包括质量管理责任制的建立和运行情况，管理制度的建立情况，各级岗位责任到位情况；质量管理办法和专项施工管理办法是否符合规程、规范和强制性标准；对参建单位的监督检查情况。

（4）设计单位质量管理体系建立和运行情况。包括现场设计代表的建立和组成情况；质量管理规章制度的建立和运行情况；各级岗位责任到位情况；施工现场服务质量。

（5）监理单位质量管理体系建立和运行情况。包括现场管理机构建立和人员组成情况、人员执业资格和工作制度等；监理规划和实施细则的制订情况；监理对施工过程的质量控制和资料情况，包括监理日志及监理原始记录资料，旁站记录、抽样检测、验收与评定情况，对原材料、中间产品的质量控制记录等。

（6）施工单位质量管理体系建立和运行情况。包括岗位责任制到位情况、工作制度的建立情况等；质量管理机构建立和人员组成情况，包括组织机构、项目质检机构、人员执业资格等；施工质量控制和资料情况，包括施工日志及施工原始记录资料、验收与质量等级自评等情况。

（7）建设单位、监理单位和施工单位的试验检测机构的质量管理体系建立和运行情况，检测情况。

（8）对监督检查中发现的质量问题和质量事故的处理情况。

2. 质量管理体系建立与运行情况

（1）建设单位。为确保工程建设“安全第一、质量第一、工期第一”目标的实现，××市委、市政府成立了出流改道工程建设指挥部，指挥长由×××副市长担任。

由于工程实施涉及××县、××区，为理顺工作关系，便于协调管理，20××年1月，按基建程序的要求，××市政府以“×××〔20××〕9号”文成立了××市××湖×××湖出流改道工程建设管理局，由市水利局副局长×××任局长，下设一室五科，人员××人，从××县水利部门、市水利直属单位、××区水利局及相关部门抽调技术骨干，组建了精干、高效的管理队伍。内设机构适应工程需要，建立完善了23项规章制度，严格按照相关法律、法规、规范、规程及设计图纸、文件和技术标准进行建设管理。

工程管理局的主要工作内容包括以下方面：建设项目立项决策阶段的管理、资金筹措和管理、监理业务的管理、设计管理、招标与合同管理、施工管理、竣工验收阶段的管理，文档管理、财务、税收管理、安全和其他管理如组织、信息、统计等，为保证管理目标的实现，管理局履行以下职能：

1）决策职能。对项目在实施过程中发生的重大变更、重大技术难点，组织专家、学者和参建各方进行充分论证后进行决策。

2）计划职能。围绕项目的全过程、总目标，将实际施工过程的全部活动都纳入计划轨道，用动态的计划系统协调整个项目，保证建设活动协调有序地实现预期目标。

3）组织职能。内部建立项目管理的组织机构，又包括在外部选择可靠的承包单位，实施建设项目不同阶段、不同内容的建设任务。

4）协调职能。建设项目实施的各阶段在相关的层次、相关的部门之间，存在大量结合部，构成了复杂的关系和矛盾，管理局通过协调进行沟通，排除不必要的干扰，确保系统的正常运行。

5）控制职能。以控制职能为手段，不断地通过决策、计划、协调、信息反馈等手段，采用科学的管理方法确保目标的实现。主要任务是对投资、进度和质量进行控制。

（2）设计单位。××湖×××湖出流改道工程项目，通过招标，具有甲级水利水电工程设计资质的××省水利电力建筑勘察设计研究院进行了实施方案设计、招标设计、技施设计。由水文、地质、水工组成了设计代表组，按照国家有关设计规程、规范，按时保质完成了设计项目。设计单位配备了相应的水工、施工等专业的设计代表人员；制订了较为完善的现场管理制度，明确了设计代表的职责和工作程序；能够结合工程情况及时研究、处理施工过程中发现的问题，进行设计修改；能够参与必需的验收工作。设计现场服务机构完善，现场服务能够满足工程建设需要。设计代表组在出流改道工程施工过程中做了如下工作：

1）根据工程施工进度适时提供各阶段施工图。

2）根据施工企业开挖情况，及时进行地质素描。

3）针对工程发生变化，及时进行设计变更。

4）按时完成各项会签工作。

（3）监理单位。监理单位为具有甲级监理资质的××××建设监理有限责任公司，工程监理实行总监理工程师负责制。现场监理部配备了具有高级技术职称和中级技术职称的注册监理工程师，专业有水工、施工、测量、地质等，配合总监理工程师完成各专业范围内的监理工作。监理单位建立了以总监理工程师总负责的质量责任制，制定了有关管理制度和监理实施细则；形成了以总监理工程师为第一责任人，各项目监理站分级负责，现场监理具体负责，综合站对各项目监理组定期监督检查的机制。总监理工程师、副总监理工程师不定期对各工作面进行巡查。监理工程师能及时审查签发施工图纸和设计文件，总体上能对施工质量实施有效控制。

监理单位按照业主的统一安排，与现场各方密切配合，严格按照招投标文件，设计和有关规程、规范，水利行业和国家现行标准的技术质量要求，认真履行监理职责，严格按照“四控制、两管理、一协调”的7大监理任务，对施工合同实行严格管理，对关键部位和重要工序施工实行全过程旁站监理。并在施工单位自检的基础上，实行不定期抽检，确保了工程质量。现场监理部在出流改道工程施工过程中做了如下工作：

1）审查施工企业的施工组织设计、施工技术方案和施工计划。

2）审查施工企业的施工机械、工字钢、管棚、BWⅡ止水条、651型止水带等设备或材料清单及所列的规格和质量要求。

3）对工程使用的水泥、钢筋、砂、碎石的质量进行抽检。

4）检查施工企业的安全防护设施。

5）核查施工图纸，组织图纸会审。

6）检查工程进度和施工质量，验收单元工程，签署工程付款凭证。

7）按时完成各项会签和各种批复工作。

8）整理承包商合同文件和技术档案资料；收集、整理、传递、存储各类信息。

（4）施工单位。各施工单位均通过了质量管理体系认证，成立了质量管理组织机构；制订了质量方针和质量目标，并对下属部门提出了明确的质量管理分工和职责；明确了项目经理为工程质量第一责任者，确定分管质量的项目副经理或总工程师，对工程的最终产品质量负终身责任；制订了质量考核评比及奖罚细则等质量管理制度；主要质检人员均已到位，并能常驻工地；全员质量意识不断提高，对技术工人培训力度不断加大，特殊作业人员能持证上岗。

从已完建的工程来看，质量管理办法和控制措施在施工过程中基本得到落实，施工质量总体处于受控状态。

3. 质量管理体系运行评价

质量监督工作人员不定期对参建单位的质量控制体系、质量保证体系进行监督检查。检查各参建单位对工程质量管理体系的建立和实施情况，督促各参建单位建立健全质量保证体系和质量责任制度。同时，到现场了解参建单位的组织和表现，检查各项规章制度、岗位责任制、“三检制”等质量保证体系和质量责任制度落实情况。通过督促检查，促使参建单位建立了相对健全的质量保证体系，运行正常有效。

（三）施工质量检验资料核验结果

抽查各种原始记录和检测试验资料，对施工的重要环节实施监督。根据需要，到工地随机抽查各种原材料和中间产品是否有合格的检测资料、关键工序及单元工程质量评定表。检查结果表明，已完成的项目做到了从原材料进场到成品完成，均符合规范标准和设计要求。

（四）参建各方质量行为检查结果

××湖×××湖出流改道工程建设实行业主负责制、建设监理制、招标投标制和合同管理制，设计、监理、施工单位的资质均满足国家有关资质要求。××湖×××湖出流改道工程建立了质量管理体系，各参建单位制定了各项质量管理规章制度及实施细则，质量管理体系运行正常，各项规章制度已得到贯彻和落实，工程质量处于受控状态。

（五）监督检查发现的问题

省质监中心站质量监督工作人员在质量管理体系监督检查发现的问题，已经及时向建设、设计、监理、施工、检测等有关单位进行了通报，并要求参建各方进一步完善质量管理体系，加强质量管理。

1. 建设单位

建设单位应进一步完善质量管理体系，明确统一质量管理目标，进一步完善专项验收等有关管理办法。加强对各参建单位质量管理体系运行情况的检查和考核力度，对存在的质量问题及时组织有关单位采取措施并落实整改。

2. 设计单位

设计单位需进一步完善质量管理有关制度，规范设计文件，对缺漏或内容简略的管理和设计文件进一步补充和细化，根据新颁布的设计变更管理暂行办法要求尽快完善设计变更手续。

3. 监理单位

监理单位应按监理投标文件承诺及工程建设进展要求，配齐相应岗位的监理人员。进一步补充完善监理规划和实施细则，严格执行监理有关规定。加强对监理人员的培训，提高监理工程师的专业素质和现场履责能力。规范和加强质量评定工作，亟须加强监理平行检测，确保工程施工质量处于受控状态。

4. 施工单位

施工单位应进一步建立完善质量保证体系，切实贯彻执行每道工序质量，严格执行“三检制”，重视并加强质量评定工作。落实技术交底等技术管理制度，加强对工程原始资料的管理。对存在的施工质量缺陷及时总结分析原因并采取有效整改措施，保证工程质量满足设计和规程规范要求。

四、工程项目划分确认

（一）工程项目划分的依据

（1）《水利水电工程施工质量检验与评定规程》（SL 176—2007）。

（2）《水利水电工程施工质量评定表填表说明与示例（试行）》（办建管〔2002〕182 号）。

（3）施工设计文件及施工方案。

（二）工程项目划分的程序

依据有关规定，结合××湖×××湖出流改道工程布置及施工特点，由建设单位组织各参建单位研究讨论，统一了单位工程、分部工程、单元工程名称、编码和划分原则。同时确定主要分部工程，并由建设单位报省质监中心站进行了确认。

（三）工程项目划分方案

××湖×××湖出流改道工程建设管理局组织设计、监理及施工单位对××湖×××湖出流改道工程进行了项目划分，于20××年5月××日报送了《××市××湖×××湖出流改道工程施工项目划分方案的报告》（×××〔20××〕××号），××省质监中心站以《××市××湖×××湖出流改道工程项目划分确认书》（××××〔20××〕××号）进行了确认，确认××湖×××湖出流改道工程共划分为11个单位工程、51个分部工程，其中主要分部工程13个，见表4-2-2。

表 4-2-2　××市××湖×××湖出流改道工程项目划分确认表

单位工程		分部工程		备注
代码	名称	代码	名称	
SⅠ	引水一标工程（K4＋509～K5＋800）	SⅠ-1	0号竖井工程	
		SⅠ-2	隧洞开挖	
		SⅠ-3	△隧洞衬砌	
		SⅠ-4	隧洞回填、固结灌浆	
		SⅠ-5	0号斜井工程	
SⅡ	引水二标工程（K5＋800～K7＋960）	SⅡ-1	1号斜井工程	
		SⅡ-2	隧洞开挖	
		SⅡ-3	△隧洞衬砌（5＋800～6＋400、7＋684～7＋960）	
		SⅡ-4	△隧洞衬砌（6＋400～7＋684）	
		SⅡ-5	隧洞回填、固结灌浆	
SⅢ	引水二标工程（K7＋960～K10＋366.6）	SⅢ-1	3号斜井工程	
		SⅢ-2	隧洞开挖	
		SⅢ-3	△隧洞衬砌	
		SⅢ-4	隧洞回填、固结灌浆	
SⅣ	引水二标工程（K10＋366.6～K11＋867.8）	Ⅳ-1	2号斜井工程	
		Ⅳ-2	隧洞开挖	
		Ⅳ-3	△隧洞衬砌（10＋366.6～10＋999.2）	
		Ⅳ-4	△冷冻段工程	
		Ⅳ-5	△隧洞衬砌（10＋126～11＋831）	
		Ⅳ-6	隧洞回填、固结灌浆（10＋366.6～11＋000）	
		Ⅳ-7	隧洞回填、固结灌浆（11＋150～11＋831）	
		Ⅳ-8	明渠及闸门控制段	
		Ⅳ-9	冻结处理工程	
SⅤ	引水三标工程（K0-205～K0＋790）	Ⅴ-1	△进口明渠及闸室段	
		Ⅴ-2	暗渠开挖工程	
		Ⅴ-3	混凝土预制管安装	
		Ⅴ-4	混凝土质土料回填	
SⅥ	引水四标工程（K0＋790～K4＋509）	Ⅵ-1	沉井工程	
		Ⅵ-2	△顶管段（0＋790～1＋610）	
		Ⅵ-3	顶管段（1＋610～2＋410）	
		Ⅵ-4	顶管段（2＋410～3＋100）	
		Ⅵ-5	顶管段（3＋100～4＋093.1）	
		Ⅵ-6	顶管段（4＋093.1～4＋509）	

续表

单位工程		分部工程		备注
代码	名　称	代码	名　称	
Ⅶ	旁通一标（P2＋456.45～P4＋242.245）	Ⅶ-1	隧洞开挖	
		Ⅶ-2	△隧洞衬砌	
		Ⅶ-3	隧洞回填、固结灌浆	
Ⅷ	旁通二标（P4＋242.245～P5＋976.945）	Ⅷ-1	隧洞开挖	
		Ⅷ-2	△隧洞衬砌	
		Ⅷ-3	隧洞回填、固结灌浆	
Ⅸ	旁通三标（P5＋976.945～P8＋354.945）	Ⅸ-1	隧洞开挖	
		Ⅸ-2	△隧洞衬砌	
		Ⅸ-3	隧洞回填、固结灌浆	
Ⅹ	旁通四标（P8＋354.945～P9＋456.245）	Ⅹ-1	隧洞开挖	
		Ⅹ-2	△隧洞衬砌	
		Ⅹ-3	隧洞回填、固结灌浆	
Ⅺ	旁通泄水明渠工程（旁通五标～旁通七标）	Ⅺ-1	明渠（P0＋000～P0＋690.719）	旁通五标
		Ⅺ-2	明渠（P0＋690.719～P1＋140）	
		Ⅺ-3	旁五标倒虹吸	
		Ⅺ-4	明渠（P1＋140～P2＋456.450）	旁通六标
		Ⅺ-5	旁六标倒虹吸	
		Ⅺ-6	泄水道及闸室（P9＋575～P10＋771.861）	旁通七标

注　带“△”符号者为主要分部工程。

要求工程建设管理局在实施过程中，如单位工程、主要分部工程、重要隐蔽单元工程和关键部位单元工程发生调整时，报送工程质量监督机构备案。

经质量监督机构确认的项目划分方案为项目施工质量评定的依据。

五、工程质量检测

本工程施工期为20××年12月—20××年2月，工程质量控制标准为此期间有效国家标准或行业标准，主要有：

（1）粗骨料：《建筑用卵石、碎石》(GB/T 14685—2001)。

（2）细骨料：《建筑用砂》(GB/T 14684—2001)。

（3）水泥：《通用硅酸盐水泥》(GB 175—1999)。

（4）钢筋：《钢筋混凝土用热轧带肋钢筋》(GB 1499—98)、《低碳钢热轧圆盘条》(GB 701—1997) 及《钢筋焊接及验收规程》(JGJ 18—2003)。

（5）C20混凝土：《水工混凝土施工规范》(SDJ 207—82)。

（6）底板C15混凝土垫层：《水闸施工规范》(SL 27—91)。

（7）止水条、止水带：《橡胶密封件 给、排水管及污水管道用接口密封圈 材料规范》(HG/T 3091—2000)。

（一）原材料及中间产品检验情况

原材料及中间产品的检测检验有施工单位自检与监理（法人）抽检两种，检测结果分别汇总如下。

1. 细骨料

混凝土细骨料为河沙，施工单位共自检 292 组，监理单位共抽检 92 组。检测结果表明：细度模数、含泥量有超标现象，检测结果见表 4-2-3。

表 4-2-3　　细骨料河沙物理性能抽样检测成果汇总表

单位工程	设计标准及检测性质	检测组数	表观密度/(t/m³)	细度模数	含泥量/%	坚固性/%	云母含量/%	有机物含量
	设计标准	—	>2.55	—	<3.0	<10	≤2.0	浅于标准色
SⅠ	施工单位自检	26	2.56～2.87	1.2～3.73	0.99～4.3		0～0.2	浅于标准色
	监理单位抽检	6	2.66～2.84	1.91～3.8	0.8～1.15	0.5～3.2	0	浅于标准色
SⅡ	施工单位自检	21	2.60～2.84	0.86～3.79	0～4.1	0.8～1.4	0～1.1	浅于标准色
	监理单位抽检	16	2.60～2.84	0.86～3.5	0～2.6	0.5～3.2	0	浅于标准色
SⅢ	施工单位自检	12	2.67～2.81	1.27～3.7	1.6～3.9			浅于标准色
	监理单位抽检	6	2.60～2.81	1.27～3.4	1.6～3.5	0.8～1.7	0	浅于标准色
SⅣ	施工单位自检	37	2.60～2.81	1.12～3.8	1.1～5.7		0～1.2	浅于标准色
	监理单位抽检	22	2.65～2.84	1.91～3.5	0.65～2.6	0.5～3.2	0	浅于标准色
SⅤ	施工单位自检	24	2.64～2.94	2.6～3.2	2.2～4.2		0～1.2	浅于标准色
	监理单位抽检	5	2.62～2.93	2.5～3.0	2.1～3.2	0.8～2.2	0～1.1	浅于标准色
SⅥ	施工单位自检	36	2.56～2.80	2.33～3.0	1.3～2.8	3～8	0.6～1.2	浅于标准色
	监理单位抽检	8	2.64～2.70	0.87～3.5	1.4～4.4	0.6～1.5	0	浅于标准色
PⅠ	施工单位自检	14	2.65～2.80	0.91～3.56	2.2～3.9	0.7～2.0	0～1.2	浅于标准色
	监理单位抽检	4	2.53～2.87	0.8～3.6	2.1～3.6	0.52～3.6	0～1.0	浅于标准色
PⅡ	施工单位自检	11	2.59～2.87	1.7～3.4	0.56～1.6	0.5～0.6	0	浅于标准色
	监理单位抽检	5	2.78～2.87	2.55～3.44	2.3～3.3	1.0	0	浅于标准色
PⅢ	施工单位自检	69	2.575～2.86	1.61～3.61	0.4～0.48		0	浅于标准色
	监理单位抽检	6	2.66～2.86	1.64～3.74	2.2～3.1	0.9～1.1	0	浅于标准色
PⅣ	施工单位自检	16	2.70～2.94	2.04～3.4	2.3～3.0	7.2		浅于标准色
	监理单位抽检	3	2.81～2.87	3.2～3.56				浅于标准色
PⅤ	施工单位自检	26	2.63～2.86	1.73～3.69	3.1～4.2			浅于标准色
	监理单位抽检	11	2.66～2.77	1.82～2.88	2.25～4.78			浅于标准色

2. 粗骨料（碎石）

混凝土粗骨料为机制碎石，施工单位共自检 135 组，监理单位共抽检 56 组。检测结果表明：含泥量、压碎指标有超标现象，检测结果见表 4-2-4。

表 4-2-4　　混凝土粗骨料（碎石）物理性能抽样检测成果表

单位工程	设计标准及检测	检测组数	表观密度/(t/m³)	含泥量/%	泥块含量/%	针片状颗粒含量/%	压碎指标/%	有机物含量
	设计标准	—	＞2.55	＜1.0	无泥团	≤15	≤12	浅于标准色
SⅠ	施工单位自检	6	2.75～2.79	0.20～0.5	无泥团	5.0～8.0	6.8～9.5	
	监理单位抽检	3	2.72～2.75	0～1.15	无泥团	1.31	81～9.6	浅于标准色
SⅡ	施工单位自检	6	2.70～2.79	0～0.8	无泥团	0～9	7.7～10.5	浅于标准色
	监理单位抽检	7	2.70～2.78	0～1.19	无泥团	1.31～14.2	9.6～10.5	浅于标准色
SⅢ	施工单位自检	5	2.72～2.75	0～0.50	无泥团	0～8.0	9.0～10.5	浅于标准色
	监理单位抽检	3	2.70～2.75	0～0.39	无泥团	0～6.8	8.6～10.5	浅于标准色
SⅣ	施工单位自检	23	2.69～2.79	0.1～1.4	无泥团	4～13.7	7.8～13.4	浅于标准色
	监理单位抽检	16	2.70～2.74	0～1.19	无泥团	1.31～10.8	7.7～11.8	浅于标准色
SⅤ	施工单位自检	12	2.68～2.80	0.1～0.6	无泥团	2～11.2	9.1～10.6	浅于标准色
	监理单位抽检	2	2.70～2.74	0.4～0.8	无泥团	8.0～10.6	8.2～9.8	浅于标准色
SⅥ	施工单位自检	24	2.56～2.69	0.3～1.0	无泥团	8.5～13	7.4～14.7	浅于标准色
	监理单位抽检	9	2.57～2.73	0.0～1.0	无泥团	1.0～11	9.6～13.3	浅于标准色
PⅠ	施工单位自检	6	2.73～2.77	0.1～0.6	无泥团	4～10.8	9.2～11.3	浅于标准色
	监理单位抽检	2	2.66～2.81	0.59～1.3	无泥团	5.9～9.8	7.6～11.2	浅于标准色
PⅡ	施工单位自检	5	2.67～2.70	0～0.94	无泥团	5.0～8.0	8.2～15.1	浅于标准色
	监理单位抽检	3	2.70～2.87	0.38～1.2	无泥团	2.0～6.9	7.3～11.6	浅于标准色
PⅢ	施工单位自检	25	2.69～2.74	0～0.59	无泥团	5.9～9.8	6.6～11.3	浅于标准色
	监理单位抽检	2	2.70～2.72	0～0.58	无泥团	0～3.8	7.9～10.8	浅于标准色
PⅣ	施工单位自检	11	2.69～2.70	0.2～0.98	无泥团	4.0～8.9	8.1～11.9	浅于标准色
	监理单位抽检	2	2.70	0.8～0.98	无泥团	5.5～9.6	6.8～9.9	浅于标准色
PⅤ	施工单位自检	12	2.70～2.80	0.1～0.8	无泥团	4.0～7.0	9.1～10.3	浅于标准色
	监理单位抽检	7	2.70～2.74	0.4～0.5	无泥团	5.0～8.8	7.6～10.9	浅于标准色

3. 水泥

施工单位自检××牌 P·O32.5 水泥 153 组，监理单位抽检 32 组，质量合格，检测成果见表 4-2-5。

表 4-2-5　　P·O32.5 水泥质量抽样检测成果统计表

单位工程	质量标准及检测性质	检测组数	细度/%	凝结时间/min		安定性	抗折强度	抗压强度
				初凝	终凝		28d/MPa	28d/MPa
	质量标准	—	≤10	≥45	≤600	合格	≥5.5	≥32.5
SⅠ	施工单位自检	19	3.7～6.1	110～249	175～293	合格	6.0～8.8	34.0～50.1
	监理单位抽检	3	1.96～5.9	135～313	196～361	合格	6.0～6.4	35.0～37.7
SⅡ	施工单位自检	26	—	125～240	180～320	合格	5.9～8.9	32.5～47.0
	监理单位抽检	3	1.96	125～313	150～361	合格	5.68～7.0	35.9～37.6

续表

单位工程	质量标准及检测性质	检测组数	细度/%	凝结时间/min		安定性	抗折强度	抗压强度
				初凝	终凝		28d/MPa	28d/MPa
	质量标准	—	≤10	≥45	≤600	合格	≥5.5	≥32.5
SⅢ	施工单位自检	7	4.8～5.6	145～205	195～275	合格	6.0～7.3	34.0～44.1
	监理单位抽检	3	—	140～165	192～259	合格	6.6～7.7	36.9～42.0
SⅣ	施工单位自检	42	4.5～5.2	105～230	168～287	合格	5.7～9.1	35.0～44.1
	监理单位抽检	7	—	108～313	178～361	合格	5.6～6.8	32.6～38.1
SⅤ	施工单位自检	6	3.8～7.1	145～165	190～235	合格	6.7～10.8	38.1～45.4
	监理单位抽检	1	—	108	178	合格	5.6	32.6
SⅥ	施工单位自检	9	1.4～1.6	110～160	150～230	合格	6.9～8.7	38.6～44.1
	监理单位抽检	2	—	121～150	189～230	合格	7.2～8.3	32.7～41.7
PⅠ	施工单位自检	6	4.5～6.2	175～255	260～285	合格	6.7～7.1	39.8～42.1
	监理单位抽检	2	—	108～230	178～266	合格	5.6～6.9	32.6～42.5
PⅡ	施工单位自检	2	—	110～235	265～295	合格	5.7	33.0
	监理单位抽检	3	—	108～230	178～266	合格	5.6～6.9	32.6～42.5
PⅢ	施工单位自检	23	—	145～209	202～280	合格	6.1～7.9	36.8～42.5
	监理单位抽检	3	—	135～225	235～280	合格	5.7～6.9	32.9～42.5
PⅣ	施工单位自检	2	5.3	185～209	255～310	合格	6.0～7.3	34.9～39.2
	监理单位抽检	2	—	230～238	266～291	合格	6.2～6.9	34.3～42.5
PⅤ	施工单位自检	11	4.6～6.4	145～235	210～310	合格	6.1～7.1	37.2～41.1
	监理单位抽检	3	5.1～6.6	116～195	260～315	合格	6.6～7.8	28.2～36.8

××牌P·O 42.5水泥施工单位自检19组，监理单位抽检4组，质量合格，检测成果见表4-2-6。

表4-2-6　　P·O 42.5水泥质量抽样检测成果统计表

单位工程	质量标准及检测性质	检测组数	细度/%	凝结时间/min		安定性	抗折强度	抗压强度
				初凝	终凝		28d/MPa	28d/MPa
	质量标准	—	≤10	≥45	≤600	合格	≥5.5	≥32.5
SⅥ	施工单位自检	19	2.1～2.8	130～175	185～230	合格	8.1～9.8	46.8～52.7
	监理单位抽检	4	2.1～2.9	140～175	195～220	合格	8.2～10.8	47.7～51.8

4. 钢筋

钢筋品种有Ⅰ级钢筋、Ⅱ级钢筋及Ⅲ级钢筋，取样检测内容有母材物理力学性质、钢筋焊接头力学性能等。钢筋母材共检测471组，其中施工单位自检316组，监理单位抽检155组；钢筋焊接头共检测159组，其中施工单位自检133组，监理单位抽检26组。检测结果表明，钢筋母材质量全部合格，钢筋焊接头有不合格现象，经核实已及时返工达到合格标准。检测统计结果见表4-2-7。

表 4-2-7　　钢筋质量抽样检测成果表

单位工程	质量标准及检测性质	检测组数	屈服强度/MPa	极限强度/MPa	伸长率/%	冷弯
SⅠ	Ⅰ级标准	—	>235	>410	>23	合格
	施工单位自检	8	285～380	440～565	20.0～35.0	合格
	监理单位抽检	4	235～430	410～645	25.0～31.0	合格
	Ⅱ级标准	—	>335	>490	>16	合格
	施工单位自检	20	335～435	490～590	26.0～35.0	合格
	监理单位抽检	14	350～420	535～570	21.0～29.0	合格
	焊接标准	—	—	>490	—	—
	施工单位自检	9	—	540～580	—	—
	监理单位抽检	15	—	530～585	—	—
SⅡ	Ⅰ级标准	—	>235	>410	>23	合格
	施工单位自检	13	255～350	415～500	24.5～38.0	合格
	监理单位抽检	9	265～340	420～505	25.0～32.0	合格
	Ⅱ级标准	—	>335	>490	>16	合格
	施工单位自检	50	365～435	515～645	19.0～32.0	合格
	监理单位抽检	12	360～435	520～635	18.0～31.0	合格
	焊接标准	—	—	>490	—	—
	施工单位自检	40	—	460～600	—	—
	监理单位抽检	3	—	555～575	—	—
SⅢ	Ⅰ级标准	—	>235	>410	>23	合格
	施工单位自检	8	>275	>445	>26	合格
	监理单位抽检	3	255～310	415～440	26.0～30.0	合格
	Ⅱ级标准	—	>335	>490	>16	合格
	施工单位自检	29	>350	>530	>20	合格
	监理单位抽检	11	350～450	535～575	20.0～28.0	合格
	焊接标准	—	—	>490	—	—
	施工单位自检	17	—	>505	—	—
	监理单位抽检	7	—	525～565	—	—
SⅣ	Ⅰ级标准	—	>235	>410	>23	合格
	施工单位自检	20	285～345	435～500	25.0～38.0	合格
	监理单位抽检	21	275～335	420～540	24.0～30.0	合格
	Ⅱ级标准	—	>335	>490	>16	合格
	施工单位自检	51	340～435	495～645	21.0～46.1	合格
	监理单位抽检	22	355～490	545～700	24.0～30.0	合格
	焊接标准	—	—	>490	—	—
	施工单位自检	40	—	485～610	—	—
	监理单位抽检	1	—	575	—	—

续表

单位工程	质量标准及检测性质	检测组数	屈服强度/MPa	极限强度/MPa	伸长率/%	冷弯
SⅤ	Ⅰ级标准	—	>235	>410	>23	合格
	施工单位自检	2	295～345	450～475	32.5～33.0	合格
	监理单位抽检	—	—	—	—	—
	Ⅱ级标准	—	>335	>490	>16	合格
	施工单位自检	8	365～400	520～630	28.0～35.0	合格
	监理单位抽检	—	—	—	—	—
	焊接标准	—	—	>490	—	—
	施工单位自检	5	—	535～635	—	—
	监理单位抽检	—	—	—	—	—
SⅥ	Ⅰ级标准	—	>235	>410	>23	合格
	施工单位自检	1	330	460	27	合格
	监理单位抽检	1	305	450	30	合格
	Ⅱ级标准	—	>335	>490	>16	合格
	施工单位自检	21	360～465	520～635	17.0～37.5	合格
	监理单位抽检	10	420～470	560～610	16.0～31.0	合格
	Ⅲ级标准	—	>400	>570	>14	合格
	施工单位自检	8	420～505	575～655	15.0～30.0	合格
	监理单位抽检	5	420～475	575～635	15.0～20.0	合格
	焊接标准	—	—	>490	—	—
	施工单位自检	6	—	545～585	—	—
	监理单位抽检	—	—	—	—	—
PⅠ	Ⅰ级标准	—	>235	>410	>23	合格
	施工单位自检	3	285～310	435～465	25.0～31.0	合格
	监理单位抽检	2	290～305	430～450	28.0～30.0	合格
	Ⅱ级标准	—	>335	>490	>16	合格
	施工单位自检	7	355～405	530～600	21.5～29.0	合格
	监理单位抽检	4	355～395	575～615	24.0～26.0	合格
	焊接标准	—	—	>490	—	—
	施工单位自检	1	—	570	—	—
	监理单位抽检	—	—	—	—	—
PⅡ	Ⅰ级标准	—	>235	>410	>23	合格
	施工单位自检	5	285～345	420～525	25.0～30.0	合格
	监理单位抽检	5	285～380	425～540	26.0～31.0	合格
	Ⅱ级标准	—	>335	>490	>16	合格
	施工单位自检	11	365～435	540～600	20.0～30.0	合格

续表

单位工程	质量标准及检测性质	检测组数	屈服强度/MPa	极限强度/MPa	伸长率/%	冷弯
PⅡ	监理单位抽检	2	375～450	560～620	24.0～28.0	合格
	焊接标准	—	—	＞490	—	—
	施工单位自检	10	—	515～595	—	—
	监理单位抽检	—	—	—	—	—
PⅢ	Ⅰ级标准	—	＞235	＞410	＞23	合格
	施工单位自检	3	270～330	435～480	28.0～29.0	合格
	监理单位抽检	4	295～385	445～635	26.0～34.0	合格
	Ⅱ级标准	—	＞335	＞490	＞16	合格
	施工单位自检	15	355～625	540～950	22.0～30.0	合格
	监理单位抽检	5	355～420	540～575	26.0～32.0	合格
	焊接标准	—	—	＞490	—	—
	施工单位自检	1	—	535	—	—
	监理单位抽检	1	—	535	—	—
PⅣ	Ⅰ级标准	—	＞235	＞410	＞23	合格
	施工单位自检	3	275～325	415～475	26.0～30.0	合格
	监理单位抽检	4	255～340	415～510	25.0～30.0	合格
	Ⅱ级标准	—	＞335	＞490	＞16	合格
	施工单位自检	7	400～420	505～570	21.0～27.0	合格
	监理单位抽检	6	375～425	505～570	22.0～30.0	合格
	焊接标准	—	—	＞490	—	—
	施工单位自检	—	—	—	—	—
	监理单位抽检	—	—	—	—	—
PV	Ⅰ级标准	—	＞235	＞410	＞23	合格
	施工单位自检	11	280～335	420～495	26.0～31.0	合格
	监理单位抽检	7	260～330	420～485	28.0～32.0	合格
	Ⅱ级标准	—	＞335	＞490	＞16	合格
	施工单位自检	12	365～405	570～610	20.0～29.0	合格
	监理单位抽检	9	360～405	575～615	23.0～28.0	合格
	焊接标准	—	—	＞490	—	—
	施工单位自检	4	—	520～595	—	—
	监理单位抽检	—	—	—	—	—

5. 混凝土

××湖×××湖出流改道工程设计混凝土强度有C15、C20、C25、C50四个等级，共检测501组，其中施工单位自检327组，监理单位抽检174组。各单位工程取样检测统计结果见表4-2-8～表4-2-10。

表 4-2-8　　　　　　　　混凝土强度检测结果统计汇总表（一）

单位工程名称	检测性质	取样部位	强度等级	检测组数	平均强度/MPa	标准差/MPa	$R_n-0.7S_n$	设计强度/MPa	$R_n-1.6S_n$	$0.83R_{标}$ ($R_{标}\geqslant 20$)	$0.80R_{标}$ ($R_{标}\leqslant 21$)
SⅠ	施工单位自检	SⅠ-01	C20	7	22.4	0.62	21.0	20.0	19.2	16.6	—
	施工单位自检	SⅠ-01	C20	15	26.0	2.70	24.1	20.0	21.7	16.6	—
	施工单位自检	SⅠ-02	C25	17	28.5	1.64	27.1	25.0	25.3	20.8	—
	施工单位自检	SⅠ-05	C20	13	22.1	2.00	20.7	20.0	18.9	16.6	—
SⅡ	施工单位自检	SⅡ-01	C20	28	28.0	4.20	25.1	20.0	21.3	16.6	—
	施工单位自检	SⅡ-01	C20	5	25.1	2.16	23.6	20.0	21.6	16.6	—
	施工单位自检	SⅡ-03	C20	23	26.9	2.73	25.0	20.0	22.5	16.6	—
	监理单位抽检	SⅡ-03	C20	7	29.8	4.48	26.7	20.0	22.6	16.6	—
	监理单位抽检	SⅡ-04	C20	11	37.4	7.31	32.4	20.0	26.0	16.6	—
	施工单位自检	SⅡ-03	C15	10	19.6	1.44	18.6	15.0	17.2	—	12.0
SⅢ	监理单位抽检	SⅢ-03	C20	22	35.7	4.32	32.6	20.0	28.7	16.6	—
SⅣ	施工单位自检	SⅣ-01	C20	7	26.7	1.22	25.3	20.0	23.5	16.6	—
	监理单位抽检	SⅣ-03	C20	7	28.1	5.39	24.3	20.0	19.5	16.6	—
	监理单位抽检	SⅣ-05	C20	7	26.8	4.35	23.8	20.0	19.8	16.6	—
	施工单位自检	SⅣ-05	C20	24	30.7	1.73	29.3	20.0	27.5	16.6	—
	施工单位自检	SⅣ-05	C20	7	29.7	2.02	28.3	20.0	26.5	16.6	—
SⅤ	施工单位自检	SⅤ-01	C15	9	29.1	6.25	24.5	15.0	18.6	—	12.0
	施工单位自检	SⅤ-01	C20	8	29.4	2.73	27.4	20.0	25.0	16.6	—
SⅥ	施工单位自检	SⅤ-02	C20	5	28.6	0.82	27.2	20.0	25.4	16.6	—
	监理单位抽检	SⅣ-06	C25	5	34.9	5.35	31.1	25.0	26.3	20.8	—
PⅠ	监理单位抽检	PⅠ-2	C20	23	36.6	8.79	30.4	20.0	22.5	16.6	—
PⅡ	监理单位抽检	PⅡ-2	C20	10	30.9	7.43	25.7	20.0	19.1	16.6	—
PⅢ	监理单位抽检	PⅢ-2	C20	14	26.2	4.22	23.3	20.0	19.5	16.6	—
PⅣ	监理单位抽检	PⅣ-2	C20	10	29.9	5.11	26.3	20.0	21.7	16.6	—
PⅤ	施工单位自检	PV-1	C15	22	18.3	1.92	17.0	15.0	15.2	—	12
	监理单位抽检	PV-1	C15	7	38.0	7.78	32.5	15.0	25.5	—	12
	施工单位自检	PV-1	C20	9	23.5	2.00	22.1	20.0	20.3	16.6	—
	施工单位自检	PV-1	C25	5	31.6	4.94	28.1	25.0	23.7	20.8	—
	施工单位自检	PV-2	C15	15	18.1	1.50	17.1	15.0	15.7	—	12
	施工单位自检	PV-2	C20	10	22.8	2.00	21.4	20.0	19.6	16.6	—
	施工单位自检	PV-3	C20	6	22.4	2.00	21.0	20.0	19.2	16.6	—
	施工单位自检	PV-4	C20	24	27.1	2.62	25.2	20.0	22.9	16.6	—
	监理单位抽检	PV-4	C15	6	20.5	3.37	18.2	15.0	15.2	—	12
	施工单位自检	PV-5	C20	15	26.8	2.08	25.3	20.0	23.5	16.6	—
	施工单位自检	PV-5	C15	5	20.0	1.85	18.7	15.0	17.1	—	12

续表

单位工程名称	检测性质	取样部位	强度等级	检测组数	平均强度/MPa	标准差/MPa	$R_n-0.7S_n$	设计强度/MPa	$R_n-1.6S_n$	$0.83R_{标}$ ($R_{标}\geq20$)	$0.80R_{标}$ ($R_{标}\leq21$)
PV	施工单位自检	PV-6	C15	16	28.1	4.60	24.9	15.0	20.7	—	12
	施工单位自检	PV-6	C20	23	34.6	7.50	29.4	20.0	22.6	16.6	—
	监理单位抽检	PV-6	C20	16	36.6	8.89	30.1	20.0	22.1	16.6	—

表 4-2-9　　混凝土强度检测结果统计汇总表（二）

单位工程名称	检测性质	取样部位	强度等级	检测组数	最大值/MPa	最小值/MPa	平均值/MPa	$1.15R_{标}$	$0.95R_{标}$
SⅠ	监理单位抽检	SⅠ-01	C20	4	34.1	27.3	31.6	23.0	19.0
	监理单位抽检	SⅠ-03	C20	2	46.6	42.1	44.4	23.0	19.0
SⅡ	监理单位抽检	SⅡ-01	C20	4	42.2	26.50	34.6	23.0	19.0
SⅣ	施工单位自检	SⅣ-08	C15	3	30.0	26.7	28.6	17.25	14.25
	监理单位抽检	SⅣ-01	C20	2	27.6	25.80	26.7	23.0	19.0
	施工单位自检	SⅣ-08	C20	1	—	—	31.0	23.0	—
	监理单位抽检	SⅣ-04	C25	2	37.0	36.20	36.6	28.8	23.4
SV	施工单位自检	SV-01	C30	2	37.6	34.00	35.8	34.5	28.5
	施工单位自检	SV-03	C20	1	—	—	36.2	23.0	—
	监理单位抽检	SV	C20	1	—	—	30.3	23.0	—
	监理单位抽检	SV	C15	4	37.6	24.6	28.5	17.25	14.25
PV	监理单位抽检		C20	2	45.5	38.40	42	23.0	19.0
	监理单位抽检	PV-4	C20	2	19.9	19.10	19.5	23.0	19.0
	监理单位抽检	PV-5	C20	1	20.6	20.60	20.6	23.0	19.0
	施工单位自检	PV-6	C25	2	45.4	40.80	43.1	28.75	23.75
	监理单位抽检	PV-6	C15	3	34.2	23.10	28	17.3	14.3
	监理单位抽检	PV-6	C25	2	39.4	28.10	33.8	28.8	23.8

表 4-2-10　　混凝土试块抗压强度试验数据统计表

单位工程名称	检测性质	取样部位	强度等级	检测组数	平均强度/MPa	标准差/MPa	离差系数	抗压强度/MPa		强度保证率/%	合格率/%
								最大值	最小值		
SⅠ	施工单位自检	SⅠ-03	C20	120	27.9	2.44	0.09	33.3	22.3	99.9	100
SⅡ	施工单位自检	SⅡ-03	C20	102	29.6	2.42	0.08	34.3	23.2	99.9	100
	施工单位自检	SⅡ-04	C20	127	25.4	2.94	0.12	33.2	19.6	96.6	100
SⅢ	施工单位自检	SⅢ-01	C20	31	26.8	2.97	0.11	34.5	21.2	98.9	100
	施工单位自检	SⅢ-03	C20	402	26.1	3.13	0.12	37.2	19.4	97.2	100
SⅣ	施工单位自检	SⅣ-01	C20	32	25.7	2.78	0.11	36.9	22.4	98.0	100
	施工单位自检	SⅣ-03	C20	97	27.6	4.20	0.15	35.9	17.1	97.0	100
	施工单位自检	SⅣ-04	C25	44	32.9	3.39	0.10	41.7	28.4	98.9	100

续表

单位工程名称	检测性质	取样部位	强度等级	检测组数	平均强度/MPa	标准差/MPa	离差系数	抗压强度/MPa		强度保证率/%	合格率/%
								最大值	最小值		
SⅣ	施工单位自检	SⅣ-05	C20	78	25.5	3.60	0.14	37.1	18.9	93.7	100
	施工单位自检	SⅣ-05	C20	41	27.3	3.78	0.14	39.5	22.6	97.2	100
SⅤ	施工单位自检	SⅤ-03	C15	48	27.0	3.03	0.11	38.0	20.6	99.9	100
SⅥ	施工单位自检	SⅥ-01	C25	47	38.2	3.77	0.10	44.7	29.5	99.9	100
	施工单位自检	SⅥ-02	C50	272	62.1	2.29	0.04	66.6	57.1	99.9	100
	施工单位自检	SⅥ-03	C50	265	61.7	2.70	0.04	65.1	59.0	99.9	100
	施工单位自检	SⅥ-04	C50	228	61.0	2.72	0.05	64.6	58.6	99.9	100
	施工单位自检	SⅥ-05	C50	329	61.5	2.81	0.05	65.6	57.8	99.9	100
	施工单位自检	SⅥ-06	C50	137	61.1	1.36	0.02	63.5	58.6	99.9	100
	监理单位抽检	SⅥ	C50	89	62.0	1.28	0.02	65.0	59.6	99.9	100
PⅠ	施工单位自检	PⅠ-2	C20	180	31.1	3.1	0.10	37.4	23.8	99.9	100
PⅡ	施工单位自检	PⅡ-2	C20	167	30.3	5.77	0.19	44.5	17	96.2	100
PⅢ	施工单位自检	PⅢ-2	C20	218	27.4	4.03	0.15	41.8	20.1	96.7	100
PⅣ	施工单位自检	PⅣ-2	C20	100	26.3	4.58	0.17	37.1	19.7	91.6	100
PⅤ	施工单位自检	PⅤ-4	C15	85	19.7	2.97	0.15	27.6	14.7	94.3	100

砂浆设计强度等级为M7.5、M5.0，施工期间共取样检测10组，检测结果见表4-2-11。

表4-2-11　　砂浆强度检测结果统计汇总表

单位工程名称	检测单位	取样部位	强度等级	检测组数	最大值/MPa	最小值/MPa	平均值/MPa	设计值/MPa	$0.85R_{标}$
SⅤ	施工单位自检	SⅤ-01	M7.5	8	13.4	7.8	9.9	7.50	6.40
	施工单位自检	SⅤ-01	M5.0	2	9.2	8	8.6	5.0	4.25

（二）外观质量检测与评定

工程外观质量评定按照《水利水电工程施工质量检验与评定规程》(SL 176—1996)，由项目法人工程建设管理局组织，省质监中心站主持，设计、监理、施工及运行管理单位派员组成外观质量检验评定组，对各单位工程外观质量进行检测评定，评定结果全部达到合格以上标准，详见表4-2-12。

表4-2-12　　××湖×××湖出流改道工程外观质量检测评定表

标段代号	标段名称	起止桩号	评定情况	评定结果
SⅠ	引水一标	K4+509～K5+800	应得65分，实得56.5分，得分率86.9%	优良
SⅡ	引水二标	K5+800～K7+960	应得65分，实得52.1分，得分率80.2%	合格
SⅢ	引水二标	K7+960～K10+366.6	应得65分，实得54.1分，得分率83.2%	合格
SⅣ	引水二标	K10+366.6～K11+867.8	应得65分，实得54.5分，得分率83.8%	合格
SⅤ	引水三标	K0-205～K0+790	应得65分，实得57.5分，得分率88.5%	优良
SⅥ	引水四标	K0+790～K4+509	应得65分，实得57.8分，得分率88.9%	优良

续表

标段代号	标段名称	起 止 桩 号	评 定 情 况	评定结果
PⅠ	旁通一标	P2+456.450～P4+242.245	应得 65 分，实得 59.5 分，得分率 91.5%	优良
PⅡ	旁通二标	P4+242.245～P5+976.945	应得 65 分，实得 54.5 分，得分率 83.8%	合格
PⅢ	旁通三标	P5+976.945～P8+354.945	应得 65 分，实得 52.5 分，得分率 80.8%	合格
PⅣ	旁通四标	P8+354.945～P9+456.245	应得 65 分，实得 53.9 分，得分率 82.9%	合格
PⅤ	旁通明渠	旁通五、六、七标	应得 65 分，实得 52.1 分，得分率 80.2%	合格

六、工程质量核备与核定

（一）工程质量评定与核验依据

（1）国家及相关行业技术标准。

（2）《单元工程质量评定标准》。

（3）经批准的设计文件、施工图纸、金属结构设计图样与技术条件、设计修改通知书、厂家提供的设备安装说明书及有关技术文件。

（4）《水利水电工程施工质量检验与评定规程》（SL 176—2007）。

（5）工程承发包合同中约定的技术标准。

（6）工程施工期及运行期的试验和观测分析成果。

（7）项目法人提供的施工质量检验与评定资料。

（二）施工质量核验与核备结果

××湖×××出流改道工程划分共为 11 个单位工程，现已全部施工完毕。已完工程经施工单位自评、监理单位复核、项目法人认定，省质量监督中心站核备，质量等级全部达到合格及以上。各单位工程质量等级核备结果、工程项目质量等级核定结果分叙如下。

1. 引水一标（K4+509～K5+800）单位工程

（1）分部工程质量核备。引水一标（K4+509～K5+800）单位工程共划分为 5 个分部工程，施工质量等级核备结果见表 4-2-13。

表 4-2-13　　引水一标（SⅠ）各分部工程质量核备结果汇总表

单位工程		分部工程			单元工程质量评定情况			
代码	名称	代码	名称	质量等级	完成数/个	合格数/个	优良数/个	优良率/%
SⅠ	引水一标（K4+509～K5+800）	SⅠ-1	0 号竖井	合格	14	14	3	21.4
		SⅠ-2	隧洞开挖	合格	26	26	5	19.2
		SⅠ-3	隧洞混凝土	合格	111	111	47	42.3
		SⅠ-4	回填灌浆	合格	32	32	25	78.1
		SⅠ-5	0 号斜井	合格	15	15	7	46.7
外观质量：应得 65 分，实得 56.5 分，得分率 86.9%，达到优良标准								

（2）单位工程施工质量核备结果。引水一标（K4+509～K5+800）单位工程共划分为 5 个分部工程，施工质量全部合格；施工中未出现过质量事故；单位工程外观质量达到优良标准；施工质量检验与评定资料齐全；工程施工期及试运行期单位工程观测资料分析结果符

合国家和行业技术标准以及合同约定的标准要求。

根据《水利水电工程施工质量检验与评定规程》（SL 176—2007）进行核备，同意引水一标（K4＋509～K5＋800）单位工程施工质量评定为合格等级。

2. 引水二标（K5＋800～K7＋960）单位工程

（1）分部工程质量核备。引水二标（K5＋800～K7＋960）单位工程共划分为5个分部工程，施工质量等级核备结果见表4-2-14。

表4-2-14　引水二标（SⅡ）各分部工程质量核备结果汇总表

单位工程		分部工程			单元工程质量评定情况			
代码	名　称	代码	名称	质量等级	完成数/个	合格数/个	优良数/个	优良率/%
SⅡ	引水二标（K5＋800～K7＋960）	SⅡ-1	1号斜井	合格	27	27	8	29.6
		SⅡ-2	隧洞开挖	合格	43	43	26	60.5
		SⅡ-3	隧洞混凝土	合格	73	73	1	1.4
		SⅡ-4	隧洞混凝土	合格	109	109	33	30.3
		SⅡ-5	回填灌浆	合格	52	52	36	69.2
外观质量：应得65分，实得52.1分，得分率80.2%，达到合格标准								

（2）单位工程施工质量核备结果。引水二标（K5＋800～K7＋960）单位工程共划分为5个分部工程，施工质量全部合格；施工中未出现过质量事故；单位工程外观质量达到合格标准；施工质量检验与评定资料齐全；工程施工期及试运行期单位工程观测资料分析结果符合国家和行业技术标准以及合同约定的标准要求。

根据《水利水电工程施工质量检验与评定规程》（SL 176—2007）进行核备，同意引水二标（K5＋800～K7＋960）单位工程施工质量评定为合格等级。

3. 引水二标（K7＋960～K10＋366.6）单位工程

（1）分部工程质量核备。引水二标（K7＋960～K10＋366.6）单位工程共划分为4个分部工程，施工质量等级核备结果见表4-2-15。

表4-2-15　引水二标（SⅢ）各分部工程质量核备结果汇总表

单位工程		分部工程			单元工程质量评定情况			
代码	名　称	代码	名称	质量等级	完成数/个	合格数/个	优良数/个	优良率/%
SⅢ	引水二标（K7＋960～K10＋366.6）	SⅢ-1	3号斜井	合格	30	30	12	40
		SⅢ-2	隧洞开挖	合格	32	32	14	43.8
		SⅢ-3	隧洞混凝土	优良	201	201	144	71.6
		SⅢ-4	回填灌浆	合格	52	52	38	73.1
外观质量：应得65分，实得54.1分，得分率83.2%，达到合格标准								

（2）单位工程施工质量核备结果。引水二标（K7＋960～K10＋366.6）单位工程共划分为4个分部工程，施工质量全部合格，其中优良分部工程1个，分部工程优良率25.0%；施工中未出现过质量事故；单位工程外观质量达到合格标准；施工质量检验与评定资料齐全；工程施工期及试运行期单位工程观测资料分析结果符合国家和行业技术标准以及合同约

定的标准要求。

根据《水利水电工程施工质量检验与评定规程》(SL 176—2007) 进行核备，同意引水二标（K7＋960～K10＋366.6）单位工程施工质量评定为合格等级。

4. 引水二标（K10＋366.6～K11＋867.8）单位工程

(1) 分部工程质量核备。引水二标（K10＋366.6～K11＋867.8）单位工程共划分为 9 个分部工程，施工质量等级核备结果见表 4-2-16。

表 4-2-16　　引水二标（SⅣ）各分部工程质量核备结果汇总表

单位工程		分部工程			单元工程质量评定情况			
代码	名　称	代码	名称	质量等级	完成数/个	合格数/个	优良数/个	优良率/%
SⅣ	引水二标（K10＋366.6～K11＋867.8）	SⅣ-1	2号斜井	合格	25	25	13	52
		SⅣ-2	隧洞开挖	合格	27	27	6	22.2
		SⅣ-3	隧洞混凝土	合格	53	53	4	7.5
		SⅣ-4	冷冻段	合格	28	28	0	0
		SⅣ-5	隧洞混凝土	合格	63	63	3	4.8
		SⅣ-6	灌浆	合格	13	13	6	4.8
		SⅣ-7	灌浆	合格	14	14	9	64.3
		SⅣ-8	明渠闸段	合格	14	14	7	50
		SⅣ-9	冻结处理	优良	43	43	33	76.6
外观质量：应得 65 分，实得 54.5 分，得分率 83.8%，达到合格标准								

(2) 单位工程施工质量核备结果。引水二标（K10＋366.6～K11＋867.8）单位工程共划分为 9 个分部工程，施工质量全部合格，其中优良分部工程 1 个，分部工程优良率 11.1%；施工中未出现过质量事故；单位工程外观质量达到合格标准；施工质量检验与评定资料齐全；工程施工期及试运行期单位工程观测资料分析结果符合国家和行业技术标准以及合同约定的标准要求。

根据《水利水电工程施工质量检验与评定规程》(SL 176—2007) 进行核备，同意引水二标（K10＋366.6～K11＋867.8）单位工程施工质量评定为合格等级。

5. 引水三标（K0—205～K0＋790）单位工程

(1) 分部工程质量核备。引水三标（K0—205～K0＋790）单位工程共划分为 4 个分部工程，施工质量等级核备结果见表 4-2-17。

(2) 单位工程施工质量核备结果。引水三标（K0—205～K0＋790）单位工程共划分为 4 个分部工程，施工质量全部合格，其中优良分部工程 2 个，分部工程优良率 50.0%；施工中未出现过质量事故；单位工程外观质量达到优良标准；施工质量检验与评定资料齐全；工程施工期及试运行期单位工程观测资料分析结果符合国家和行业技术标准以及合同约定的标准要求。

根据《水利水电工程施工质量检验与评定规程》(SL 176—2007) 进行核备，同意引水三标（K0－205～K0＋790）单位工程施工质量评定为合格等级。

表 4-2-17　　引水三标（SⅤ）各分部工程质量核备结果汇总表

单位工程		分部工程			单元工程质量评定情况			
代码	名　称	代码	名　称	质量等级	完成数/个	合格数/个	优良数/个	优良率/%
SⅤ	引水三标（K0—205～K0+790）	SⅤ-1	进口明渠及闸室段	优良	37	37	30	81.1
		SⅤ-2	暗渠开挖	合格	18	18	10	55.6
		SⅤ-3	混凝土预制管安装	优良	30	30	21	70
		SⅤ-4	土料回填	合格	18	18	9	50
外观质量：应得 65 分，实得 57.5 分，得分率 88.5%，达到优良标准								

6. 引水四标（K0+790～K4+509）单位工程

（1）分部工程质量核备。引水四标（K0+790～K4+509）单位工程共划分为 6 个分部工程，施工质量等级核备结果见表 4-2-18。

表 4-2-18　　引水四标（SⅥ）各分部工程质量核备结果汇总表

单位工程		分部工程			单元工程质量评定情况			
代码	名　称	代码	名称	质量等级	完成数/个	合格数/个	优良数/个	优良率/%
SⅥ	引水六标（K0+790～K4+509）	SⅥ-1	沉井工程	优良	42	42	30	71.4
		SⅥ-2	顶管工程	合格	91	91	55	60.4
		SⅥ-3	顶管工程	合格	88	88	44	50
		SⅥ-4	顶管工程	合格	76	76	42	55.3
		SⅥ-5	顶管工程	合格	110	110	45	40.9
		SⅥ-6	顶管工程	合格	46	46	31	67.4
外观质量：应得 65 分，实得 57.8 分，得分率 88.9%，达到优良标准								

（2）单位工程施工质量核备结果。引水六标（K0+790～K4+509）单位工程共划分为 6 个分部工程，施工质量全部合格，其中优良分部工程 1 个，分部工程优良率 16.7%；施工中未出现过质量事故；单位工程外观质量达到优良标准；施工质量检验与评定资料齐全；工程施工期及试运行期单位工程观测资料分析结果符合国家和行业技术标准以及合同约定的标准要求。

根据《水利水电工程施工质量检验与评定规程》（SL 176—2007）进行核备，同意引水四标（K0+790～K4+509）单位工程施工质量评定为合格等级。

7. 旁通一标（P2+456.450～P4+242.245）单位工程

（1）分部工程质量核备。旁通一标（P2+456.450～P4+242.245）单位工程共划分为 3 个分部工程，施工质量等级核备结果见表 4-2-19。

（2）单位工程施工质量核备结果。旁通一标（P2+456.450～P4+242.245）单位工程共划分为 3 个分部工程，施工质量全部合格；施工中未出现过质量事故；单位工程外观质量达到优良标准；施工质量检验与评定资料齐全；工程施工期及试运行期单位工程观测资料分析结果符合国家和行业技术标准以及合同约定的标准要求。

根据《水利水电工程施工质量检验与评定规程》（SL 176—2007）进行核备，同意旁通一标（P2+456.450～P4+242.245）单位工程施工质量评定为合格等级。

表 4-2-19　　旁通一标（PⅠ）各分部工程质量核备结果汇总表

单位工程		分部工程			单元工程质量评定情况			
代码	名　称	代码	名　称	质量等级	完成数/个	合格数/个	优良数/个	优良率/%
PⅠ	旁通一标（P2+456.450～P4+242.245）	PⅠ-1	隧洞开挖	合格	35	35	0	0
		PⅠ-2	隧洞混凝土	合格	150	150	55	36.7
		PⅠ-3	灌浆	合格	49	49	0	0
外观质量：应得 65 分，实得 59.5 分，得分率 91.5%，达到优良标准								

8. 旁通二标（P4+242.245～P5+976.945）单位工程

（1）分部工程质量核备。旁通二标（P4+242.245～P5+976.945）单位工程共划分为 3 个分部工程，施工质量等级核备结果见表 4-2-20。

表 4-2-20　　旁通二标（PⅡ）各分部工程质量核备结果汇总表

单位工程		分部工程			单元工程质量评定情况			
代码	名　称	代码	名　称	质量等级	完成数/个	合格数/个	优良数/个	优良率/%
PⅡ	旁通二标（P4+242.245～P5+976.945）	PⅡ-1	隧洞开挖	合格	35	35	0	0
		PⅡ-2	隧洞混凝土	合格	145	145	77	53.1
		PⅡ-3	灌浆	合格	48	48	26	54.2
外观质量：应得 65 分，实得 54.5 分，得分率 83.8%，达到合格标准								

（2）单位工程施工质量核备结果。旁通二标（P4+242.245～P5+976.945）单位工程共划分为 3 个分部工程，施工质量全部合格；施工中未出现过质量事故；单位工程外观质量达到合格标准；施工质量检验与评定资料齐全；工程施工期及试运行期单位工程观测资料分析结果符合国家和行业技术标准以及合同约定的标准要求。

根据《水利水电工程施工质量检验与评定规程》（SL 176—2007）进行核备，同意旁通二标（P4+242.245～P5+976.945）单位工程施工质量评定为合格等级。

9. 旁通三标（P5+976.945～P8+354.945）单位工程

（1）分部工程质量核备。旁通三标（P5+976.945～P8+354.945）单位工程共划分为 3 个分部工程，施工质量等级核备结果见表 4-2-21。

表 4-2-21　　旁通三标（PⅢ）各分部工程质量核备结果汇总表

单位工程		分部工程			单元工程质量评定情况			
代码	名　称	代码	名　称	质量等级	完成数/个	合格数/个	优良数/个	优良率/%
PⅢ	旁通三标（P5+976.945～P8+354.945）	PⅢ-1	隧洞开挖	合格	48	48	0	0
		PⅢ-2	隧洞混凝土	合格	195	195	81	41.5
		PⅢ-3	灌浆	优良	73	73	58	79.5
外观质量：应得 65 分，实得 52.5 分，得分率 80.8%，达到合格标准								

（2）单位工程施工质量核备结果。旁通三标（P5＋976.945～P8＋354.945）单位工程共划分为3个分部工程，施工质量全部合格，其中优良分部工程1个，分部工程优良率33.3%；施工中未出现过质量事故；单位工程外观质量达到合格标准；施工质量检验与评定资料齐全；工程施工期及试运行期单位工程观测资料分析结果符合国家和行业技术标准以及合同约定的标准要求。

根据《水利水电工程施工质量检验与评定规程》（SL 176—2007）进行核备，同意旁通三标（P5＋976.945～P8＋354.945）单位工程施工质量评定为合格等级。

10. 旁通四标（P8＋354.945～P9＋456.245）单位工程

（1）分部工程质量核备。旁通四标（P8＋354.945～P9＋456.245）单位工程共划分为3个分部工程，施工质量等级核备结果见表4-2-22。

表4-2-22　旁通四标（PⅣ）各分部工程质量核备结果汇总表

单位工程		分部工程			单元工程质量评定情况			
代码	名称	代码	名称	质量等级	完成数/个	合格数/个	优良数/个	优良率/%
PⅣ	旁通四标（P8＋354.945～P9＋456.245）	PⅣ-1	隧洞开挖	合格	22	22	0	0
		PⅣ-2	隧洞混凝土	合格	92	92	25	27.2
		PⅣ-3	灌浆	合格	94	94	4	11.8
外观质量：应得65分，实得53.9分，得分率82.9%，达到合格标准								

（2）单位工程施工质量核备结果。旁通四标（P8＋354.945～P9＋456.245）单位工程共划分为3个分部工程，施工质量全部合格；施工中未出现过质量事故；单位工程外观质量达到合格标准；施工质量检验与评定资料齐全；工程施工期及试运行期单位工程观测资料分析结果符合国家和行业技术标准以及合同约定的标准要求。

根据《水利水电工程施工质量检验与评定规程》（SL 176—2007）进行核备，同意旁通四标（P8＋354.945～P9＋456.245）单位工程施工质量评定为合格等级。

11. 旁通明渠（旁通五～七标）单位工程

（1）分部工程质量核备。旁通明渠（旁通五～七标）单位工程共划分为6个分部工程，施工质量等级核备结果见表4-2-23。

表4-2-23　旁通明渠（PⅤ）各分部工程质量核备结果汇总表

单位工程		分部工程			单元工程质量评定情况			
代码	名称	代码	名称	质量等级	完成数/个	合格数/个	优良数/个	优良率/%
PⅤ	旁通泄水道（旁通五～七标）	PⅤ-1	明渠	合格	37	37	16	43.2
		PⅤ-2	明渠	合格	25	25	10	40
		PⅤ-3	倒虹吸	合格	7	7	3	42.9
		PⅤ-4	明渠	合格	57	57	29	50.9
		PⅤ-5	倒虹吸	优良	9	9	7	77.8
		PⅤ-6	泄水道及闸室	合格	39	39	18	46.2
外观质量：应得65分，实得52.1分，得分率80.2%，达到合格标准								

（2）单位工程施工质量核备结果。旁通明渠（旁通五～七标）单位工程共划分为6个分部工程，施工质量全部合格，其中优良分部工程1个，分部工程优良率16.7%；施工中未出现过质量事故；单位工程外观质量达到合格标准；施工质量检验与评定资料齐全；工程施工期及试运行期单位工程观测资料分析结果符合国家和行业技术标准以及合同约定的标准要求。

根据《水利水电工程施工质量检验与评定规程》（SL 176—2007）进行核备，同意旁通明渠（旁通五～七标）单位工程施工质量评定为合格等级。

（三）工程项目施工质量等级核定结果

××湖×××湖出流改道工程项目共划分为11个单位工程，已按设计标准及项目主管部门核准的内容全部建成。工程项目施工质量经施工单位自评、监理单位复核、项目法人认定、省质量监督中心站核定，工程项目施工质量达到合格等级。

七、工程质量事故和缺陷处理

由于工程参建各方较好地执行了规程规范及质量标准，工程未发生质量事故。

质量缺陷均为混凝土外观表面质量缺陷，如蜂窝、麻面、错台、裙边等，已在施工过程中及时进行了处理，并按有关规定要求进行缺陷登记备案。

八、工程质量结论意见

××湖×××湖出流改道工程按照项目法人负责制、招标投标制、建设监理制及合同管理制组织施工并进行管理，各参建单位资质满足工程等级要求。质量管理体系、控制体系、保证体系健全，工程建设质量处于受控状态。

通过对××湖×××湖出流改道工程现场检查和对施工质量检验与评定资料的核验，涉及通水验收的各单位工程已按核准的建设内容全部建成，施工质量等级达到合格，工程项目质量等级核定为合格。工程已投入试运行×年，运行情况正常。

综上所述，××湖×××湖出流改道工程与通水验收相关项目的形象面貌和施工质量满足设计及规范要求，工程质量合格，同意进行通水验收。

九、附件

1. 有关该工程项目质量监督人员情况表（略）
2. 工程建设过程中质量监督意见（书面材料）汇总（略）

第五章

水电站（泵站）机组启动验收质量监督报告

第一节　水电站（泵站）机组启动验收条件及质量监督报告编写要点

水电站发电机组（或泵站泵组）启动验收是水轮发电机组（或泵组）及相关机电设备安装完工，并检验合格后，在投入初期商业运行前，对相应输水系统和水轮发电机组（泵组）及其附属设备的制造、安装等方面进行的初步考核及全面质量评价。每一台初次投产机组均应进行启动试运行试验及机组启动验收，以保证机组能安全、可靠、完整地投入生产，发挥工程效益。试验合格及交接验收后方可投入系统并网运行。

一、《水利水电建设工程验收规程》（SL 223—2008）机组启动验收应具备的条件

首（末）台机组启动验收前，验收主持单位应组织进行技术预验收，技术预验收应在机组启动试运行完成后进行。机组启动技术预验收应具备以下条件：

（1）与机组启动运行有关的建筑物基本完成，满足机组启动运行要求。

（2）与机组启动运行有关的金属结构及启闭设备安装完成，并经过调试合格，可满足机组启动运行要求。

（3）过水建筑物已具备过水条件，满足机组启动运行要求。

（4）压力容器、压力管道以及消防系统等已通过有关主管部门的检测或验收。

（5）机组、附属设备以及油、水、气等辅助设备安装完成，经调试合格并经分部试运转，满足机组启动运行要求。

（6）必要的输配电设备安装调试完成，并通过电力部门组织的安全性评价或验收，送（供）电准备工作已就绪，通信系统满足机组启动运行要求。

（7）机组启动运行的测量、监测、控制和保护等电气设备已安装完成并调试合格。

（8）有关机组启动运行的安全防护措施已落实，并准备就绪。

（9）按设计要求配备的仪器、仪表、工具及其他机电设备已能满足机组启动运行的需要。

（10）机组启动运行操作规程已编制，并得到批准。

（11）水库水位控制与发电水位调度计划已编制完成，并得到相关部门的批准。

（12）运行管理人员的配备可满足机组启动运行的要求。

（13）水位和引水量满足机组启动运行最低要求。

（14）机组按要求完成带负荷连续运行。

二、《水电工程验收规程》（NB/T 35048—2015）机组启动验收应具备的条件

（1）枢纽工程已通过蓄水验收，工程形象面貌已能满足初期发电的要求；相应输水系统

已按设计文件建成，工程质量合格；库水位已蓄至最低发电水位以上；尾水出口已按设计要求清理干净；已提交输水系统专项安全鉴定报告，并有满足充水试运行条件的结论。

（2）待验机组输水系统进、出水口闸门及启闭设备已安装完毕，经调试可满足启闭要求；其他未安装机组的输水系统进、出水口已可靠封闭。

（3）厂房内土建工程已按合同文件、设计图纸要求基本建成，待验机组段已经做好围栏隔离，各层交通通道和厂内照明已经形成，能满足在建工程的安全施工和待验机组的安全试运行；场内排水系统已安装完毕，经调试，可安全运行。厂区防洪排水设施已作安排，能保证汛期运行安全。

（4）待验机组及相应附属设备，包括油、气、水系统已全部安装完毕，并经调试和分部试运转，质量符合合同文件规定标准；全厂公用系统和自动化系统已经投入，能满足待验机组试运行的需要。

（5）待验机组相应的电气一次、二次设备经检查试验合格，动作准确、可靠，能满足升压、变电、送电和测量、控制、保护等要求；全厂接地系统接地电阻符合设计规定；计算及监控系统已安装调试合格。

（6）系统通信、厂内通信系统和对外通信已按设计建成，安装调试合格。

（7）升压站、开关站、出线场等部位的土建工程已按设计要求建成，防直击雷系统已形成，能满足高压电气设备的安全送电；对外必需的输电线路已经架设完成，线路继电保护设备安装完成，并经系统调试合格。

（8）消防设施满足防火要求。

（9）负责安装调试的单位配备的仪器、设备能满足机组试运行的需要。负责电站运行的生产单位已组织就绪，生产运行人员的配备能满足其商业运行的需要，运行操作规程已制定，配备的有关仪器、设备能满足机组初期商业运行的需要。

（10）已提交机组启动验收阶段质量监督报告，并有工程质量满足机组启动验收的结论。

三、机组启动阶段验收质量监督报告编写要点

质量监督机构的机组启动阶段验收质量监督报告可按照《水利水电建设工程验收规程》（SL 223—2008）附录 O.7 的内容，结合此阶段的验收范围和内容，在分析项目法人、设计、监理、施工、质量检测等各有关单位提交的工作报告基础上进行编写。

第二节　水电站（泵站）机组启动阶段验收质量监督报告示例

××江一级水电站工程机组启动阶段验收质量监督报告

一、工程概况

（一）工程位置

××江一级电站位于××省××市××县与××县两县界河×江干流下游。

（二）工程规模、等别及建筑物级别

电站采用坝后式开发方案，以单一发电为目标，其水库总库容 4372.9 万 m^3，电站装机

容量95.01MW（3×31.67MW），保证出力13.9MW，多年平均发电量40596.5万kW·h，年利用小时4273h，水轮机最大引用流量263m³/s。工程等别为Ⅲ等，工程规模为中型。主要建筑物有：混凝土重力坝、泄洪消能建筑物、发电引水建筑物、厂房及升压站，均为3级建筑物。

（三）主要建筑物及设计指标

1. 拦河大坝

拦河大坝为混凝土重力坝，最大坝高65.7m，河床坝段建基面高程1138.00m，坝顶高程1203.70m，坝顶宽度10m，坝顶长184.29m，采用常态混凝土浇筑。大坝共10个坝段，由左岸非溢流坝段、泄洪表孔坝段、泄洪冲沙底孔坝段、发电取水坝段、右岸非溢流坝段组成。

2. 电站厂房

电站厂房紧靠大坝坝脚，布置在×江右岸，为坝后地面式厂房。

电站厂区主要建筑物有：主厂房、中控室副厂房、高压室及室内GIS室副厂房、尾水道、对外交通、厂区挡墙。

主厂房由主机段和安装间组成，全长75.11m，宽20.9m，最大高度38.18m，采用钢筋混凝土框架结构。主厂房内主要布置3台立轴混流式水轮发电机组及相关配套机电设备，每台容量为31.67MW。

3. 导流隧洞

导流隧洞布置在大坝左岸，进口高程为1153.50m，出口高程为1151.485m。

导流隧洞由进口明渠段、封堵闸室段、洞身段、出口明渠段组成，隧洞全长496.265m，洞身段长403.00m。进口明渠段长10.83m，渠宽11～12m，明渠底板高程为1153.50m，底坡$i=0$。闸室段长10m，底宽11.2m，底板高程为1153.50m，底坡$i=0$，闸孔尺寸为6m×8m（宽×高）矩形断面。洞身前段10.00m为闸后渐变段，该段底坡$i=1/200$，过水断面由6m×8m（宽×高）的矩形断面渐变为6m×8m（宽×高）的圆拱直墙式断面。洞身后段393.00m，底坡$i=1/200$，为6m×8m（宽×高）的圆拱直墙式断面。

导流隧洞出口明渠长72.435m，渠道底坡为1/100，采用整体式C25钢筋混凝土结构，底板厚度为1.5m，槽内宽为6～9.5m，渠深为8.515～7.2m。

4. 工程开工日期及首台机组发电日期

本工程开工日期为20××年1月1日，首台1号水轮发电机组发电日期为20××年3月××日。

5. 参建单位及质量监督机构

项目法人：××市××江水电开发有限公司。

设计单位：××省水利水电勘测设计研究院。

监理单位：××××建设监理咨询有限公司。

施工单位：××水利水电第××工程局。

质量监督单位：××省水利水电工程质量监督中心站（以下称“省质监中心站”）。

二、质量监督工作

（一）项目质量监督机构设置和人员

根据《建设工程质量管理条例》（国务院令第279号），××江一级电站工程项目法人××市××江水电开发有限公司于工程开工之初与省质监中心站办理了质量监督手续，根据工程实际情况，省质监中心站配置质量监督员3人对该项目进行质量监督。

（二）质量监督主要依据

工程质量监督管理的依据是：国家、水利部和××省有关水利水电基本建设工程质量监督管理的相关法律、法规和规定；《水利水电工程单元工程施工质量验收评定标准》（SL 631～639）、《水利水电工程施工质量检验与评定规程》（SL 176—2007）、《水利水电建设工程验收规程》（SL 223—2008）、《水电工程验收规程》（NB/T 35048—2015）等有关规范及技术标准；经批准的设计文件及已签订的合同文件。

（三）质量监督主要范围

依据《××江一级水电站工程质量监督书》中确定的监督内容，对混凝土重力坝、电站厂房等主体工程实体质量及参建各方行为质量实施政府监督。

（四）质量监督工作方式

针对××江一级水电站工程的实际情况，质量监督工作采取巡查为主，随机抽查与重点检查相结合的方式，对工程责任主体及有关单位的质量行为及工程实体质量进行监督。检查中发现的问题以《质量监督检查结果通知书》送达业主要求及时整改，并抄报项目主管部门。

（五）质量监督主要工作

质量监督员对本工程进行质量监督管理的主要工作内容是：按施工准备、施工过程、竣工验收三个阶段进行全过程监督，主要对建设单位的质量检查体系、监理单位的质量控制体系、施工单位的质量保证体系、设计单位的现场服务情况进行监督检查。

依照"项目法人负责、监理单位控制、施工单位保证和政府监督相结合"的质量管理体制要求，以法律、法规、工程强制性标准为依据，对本阶段工程所用原材料质量证明、中间产品质量检测报告、工程质检资料进行了检查复核，对参建各方的质量措施、管理制度、安全生产措施进行检查。

经本阶段验收前的检查，××江一级水电站工程建设实行业主负责制、建设监理制、招标投标制和合同管理制，设计、监理、施工单位的资质均满足国家有关资质要求。××江一级水电站工程建立了质量管理体系，各参建单位制定了各项质量管理规章制度及实施细则，质量管理体系运行正常，各项规章制度已得到贯彻和落实，工程质量处于受控状态。

三、参建单位质量管理体系

为把握工程真实的施工质量，保证对工程质量的事前、事中、事后控制，监督过程中重点从以下几个方面进行检查。

（一）参建各单位资质检查结果

对建设单位、勘察单位、设计单位、施工单位、监理单位各方工程质量责任主体的资质、人员资格进行检查，符合有关规定。

（二）质量管理体系检查结果

对参建单位的质量控制体系、质量保证体系进行监督检查。检查各参建单位对工程质量管理体系的建立和实施情况，督促各参建单位建立健全质量保证体系和质量责任制度。同时，到现场了解参建单位的组织和表现，检查各项规章制度、岗位责任制、“三检制”等质量保证体系和质量责任制度落实情况。通过督促检查，促使参建单位建立了相对健全的质量保证体系，运行正常有效。

（三）施工质量检验资料核验结果

抽查各种原始记录和检测试验资料，对施工的重要环节实施监督。根据需要，到工地随机抽查各种原材料和中间产品是否有合格的检测资料、关键工序及单元工程质量评定表。检查结果表明，已完成的项目做到了从原材料进场到成品完成，均符合规范标准和设计要求。

（四）参建各方质量行为检查结果

××江一级水电站工程建设实行业主负责制、建设监理制、招标投标制和合同管理制，设计、监理、施工单位的资质均满足国家有关资质要求。××江一级水电站工程建立了质量管理体系，各参建单位制定了各项质量管理规章制度及实施细则，质量管理体系运行正常，各项规章制度已得到贯彻和落实，工程质量处于受控状态。

四、工程项目划分确认

20××年7月××日，省质监中心站对业主报送的《××市××江水电开发有限公司关于××江一级水电站工程项目划分的请示》（××××〔20××〕××号）组织有关人员进行了认真研究，根据工程实际情况，以“××××〔20××〕××号”文确认如下：

(1) 同意××江一级水电站工程划分为导流隧洞、左右岸边坡开挖及支护、大坝、发电厂房、升压变电站、跨江大桥、弃渣场修护、弃渣场“×.××”水毁专项治理8个单位工程，共计43个分部工程，其中主要分部工程6个。

(2) 跨江大桥、弃渣场修护、弃渣场“×.××”水毁专项治理、××坝至×××坝农田水利机耕路4个单位工程系辅助工程，不参与电站主体工程的质量等级评定。

(3) 工程在实施过程中，可根据工程的具体情况对单元工程进行调整，并报省质监中心站备案。

(4) 施工单位要认真做好施工质量评定工作，并按照《水利水电工程单元工程施工质量验收评定标准》（SL 631～639）进行单元工程质量评定，监理单位要认真做好单元工程质量评定复核工作，严格控制工程质量。《水利水电工程施工质量评定表》中所缺的表格，可在实施过程中参照其他行业或根据具体情况自制，报省质监中心站批准后实施。

××市××江一级水电站工程项目划分确认方案见表5-2-1。

表5-2-1　××市××江一级水电站工程项目划分确认表

<table>
<tr><th colspan="2">单位工程</th><th colspan="2">分部工程</th><th colspan="2">单位工程</th><th colspan="2">分部工程</th></tr>
<tr><th>编码</th><th>名称</th><th>编码</th><th>名称</th><th>编码</th><th>名称</th><th>编码</th><th>名称</th></tr>
<tr><td rowspan="5">01</td><td rowspan="5">导流隧洞</td><td>01-01</td><td>进口边坡及明渠工程</td><td rowspan="5">02</td><td rowspan="5">左右岸边坡开挖及支护</td><td rowspan="2">02-01</td><td rowspan="2">左岸边坡开挖、支护工程（1161.00m以上）</td></tr>
<tr><td>01-02</td><td>进口闸室工程</td></tr>
<tr><td>01-03</td><td>洞身工程</td><td rowspan="2">02-02</td><td rowspan="2">右岸边坡开挖、支护工程（1163.30m以上）</td></tr>
<tr><td>01-04</td><td>出口边坡及明渠工程</td></tr>
<tr><td>01-05</td><td>闸门及启闭机安装工程</td><td>02-03</td><td>观测设施</td></tr>
</table>

续表

单位工程		分部工程	
编码	名称	编码	名称
03	大坝	03-01	坝基开挖支护工程
		03-02	△基础处理工程
		03-03	非溢流坝段
		03-04	△溢流坝段、底孔坝段及消力池工程
		03-05	取水发电坝段
		03-06	下游河道护岸工程
		03-07	观测设施
		03-08	金属结构及启闭机安装工程
		03-09	导流洞堵体段
04	发电厂房	04-01	主厂房
		04-02	副厂房
		04-03	尾水建筑物
		04-04	压力钢管制作及安装
		04-05	观测设施
		04-06	辅助设备安装
		04-07	金属结构及起重设备安装
		04-08	电气一次
		04-09	电气二次
04	发电厂房	04-10	Δ1号水轮发电机组安装
		04-11	Δ2号水轮发电机组安装
		04-12	Δ3号水轮发电机组安装
		04-13	通信系统
05	升压变电站	05-01	升压变电站土建
		05-02	Δ主变压器安装
		05-03	其他电器设备安装
06	跨江大桥	06-01	基础及下部构造
		06-02	上部构造预制及安装
		06-03	上部构造现场浇筑
		06-04	总体、桥面系及附属工程
		06-05	防护工程
		06-06	引道工程
07	弃渣场修护	07-01	1号弃渣场
		07-02	2号弃渣场
08	弃渣场“×.××”水毁专项治理	08-01	1号弃渣场
		08-02	2号弃渣场

注　加“△”符号者为主要分部工程。

五、工程质量检测

根据项目法人提供的施工质量检验与评定资料，省质监中心站对与首台3号机组启动相关的导流隧洞、左右岸边坡开挖及支护、大坝与发电厂房、升压站等单位工程的原材料、中间产品、灌浆工程、机电设备安装等有关资料进行了核验，核验结果如下。

（一）导流隧洞工程质量检测

导流隧洞布置在左岸，为施工期专用导流洞。导流隧洞由进口明渠段、封堵闸室段、洞身段、出口明渠段组成，隧洞全长485.435m，洞身段长为403.00m。

1. 施工单位自检结果

施工单位为××水利水电第××工程局有限公司，于20××年7月××日实体工程全部施工完成，于20××年10月××日通过单位工程验收。施工期间施工单位按照规范要求对导流隧洞所用原材料、中间产品等进行了自检，检测结果如下。

(1) 原材料质量检测及评价。导流隧洞施工过程中，施工单位对工程所使用的水泥、钢筋、钢筋焊接接头、粗细骨料、C15混凝土、C20喷射混凝土、C20贴坡混凝土、C30混凝土、C40混凝土、锚杆拉拔、固结灌浆等质量指标进行了检测，检测结果表明，除细骨料细度模数超标外，其余检测指标均满足规范和设计要求，见表5-2-2。

表5-2-2　施工单位自检结果统计表

取样部位	材料名称	检测组数	检测结果	结论
进口边坡及明渠	P·O 42.5水泥	4	P·O 42.5水泥用量595t，检测频次满足要求。检测结果如下：初凝时间172～192min，终凝时间195～258min；安定性合格；3d抗折强度4.8～5.2MPa，28d抗折强度6.8～7.2MPa；3d抗压强度24.9～26.0MPa，28d抗压强度45.6～46.2MPa。检测结果符合《通用硅酸盐水泥》（GB 175—2007）标准要求	合格
	钢筋	3	用量22t，检测频次满足要求。检测结果如下：屈服强338～456MPa；极限抗拉强度477～589MPa；钢筋伸长率27.7%～36.7%（允许范围≥17.0%）；检测结果符合《钢筋混凝土用钢 第1部分：热轧光圆钢筋》（GB 1499.1—2008）和《钢筋混凝土用钢 第2部分：热轧带肋钢筋》（GB 1499.2—2007）的要求	合格
	钢筋焊接接头	4	Φ18钢筋抗拉强度：最大值599MPa，最小值584MPa，平均值591MPa；所检测钢筋焊接接头指标均满足设计和相关规范要求	合格
	细骨料	4	用量1930t，检测频次满足要求。检测结果如下：表观密度2620～2690kg/m^3（允许范围≥2500kg/m^3），含泥量为0（允许范围≤5），泥块含量为0，细度模数1.88～3.47，堆积密度1540～1570kg/m^3，空隙率40.9%～41.6%，其他参数检测结果满足《建筑用砂》（GB/T 14684—2011）的要求	细度模数超标
	粗骨料	4	用量3027t，检测频次满足要求。检测结果如下：压碎指标值8.9%～9.4%，含泥量为0，泥块含量为0，表观密度2690～2790kg/m^3，吸水率1.4%～1.7%，针片状颗粒含量8.6%～9.3%，其他参数检测结果满足《建筑用卵石、碎石》（GB/T 14685—2011）的要求	合格
	进口围堰C15混凝土	44	抗压强度值16.5～21.2MPa，平均值R_n=19.1MPa，标准差S_n=1.214MPa，离差系数C_v=0.063，强度保证率P为99.9%，C25混凝土试块质量达到优良等级	优良
	C20喷射混凝土	8	抗压强度值21.9～24.3MPa，平均值f'_{ck}=23.0MPa，设计值f_c=20.0MPa，最小值$f'_{ck,\min}$=21.9MPa，$f'_{ck}>f_c$，$f'_{ck,\min}>0.85f_c$，混凝土28d龄期抗压强度试块质量合格，混凝土喷射厚度检测满足设计及规范要求	合格
	进口贴坡C20混凝土	4	抗压强度值23.7～28.6MPa，平均值R_n=25.3MPa，设计值$R_{标}$=20MPa，混凝土试块质量合格	合格
进口闸室	P·O 42.5水泥	13	P·O 42.5水泥用量960t，检测频次满足要求。初凝时间159～159min，终凝时间351～351min；安定性合格；3d抗折强度5.4～6.2MPa，28d抗折强度7.7～8.5MPa；3d抗压强度23.6～25.1MPa，28d抗压强度47.8～49.0MPa。检测结果符合《通用硅酸盐水泥》（GB 175—2007）标准要求	合格
	钢筋	8	用量65t，检测频次满足要求。检测结果如下：屈服强424～493MPa；极限抗拉强度602～652MPa；钢筋伸长率23.0%～27.0%；检测结果符合《钢筋混凝土用钢 第1部分：热轧光圆钢筋》（GB 1499.1—2008）和《钢筋混凝土用钢 第2部分：热轧带肋钢筋》（GB 1499.2—2007）的要求	合格

续表

取样部位	材料名称	检测组数	检测结果	结论
进口闸室	钢筋焊接接头	10	Φ22 钢筋抗拉强度：最大值 600MPa，最小值 589MPa，平均值 595MPa。Φ25 钢筋抗拉强度：最大值 603MPa，最小值 592MPa，平均值 598MPa。所检测钢筋焊接接头指标均满足规范要求	合格
	细骨料	10	用量 3861t，检测频次满足要求。压碎指标值 7.5%～9.5%，含泥量为 0，泥块含量为 0，表观密度 2710～2770kg/m^3，吸水率 1.0%～2.0%，针片状颗粒含量 8.3%～9.5%，满足《建筑用卵石、碎石》（GB/T 14685—2011）的要求	合格
	粗骨料	10	用量 3861t，检测频次满足要求。压碎指标值 7.5%～9.5%，含泥量为 0，泥块含量为 0，表观密度 2710～2770kg/m^3，吸水率 1.0%～2.0%，针片状颗粒含量 8.3%～9.5%，满足《建筑用卵石、碎石》（GB/T 14685—2011）的要求	合格
	C25 混凝土	11	抗压强度值 25.6～30.7MPa，平均值 $R_n=27.7$MPa，标准差 $S_n=1.55$MPa，离差系数 $C_v=0.056$，强度保证率 $P=95.0\%$，C25 混凝土试块质量达到优良等级	优良
	C30 二期混凝土	6	抗压强度为 31.9～33.4MPa，$R_n=32.5$MPa，设计值 $R_{标}=30$MPa，混凝土拌合物质量优良，检测全部合格	合格
洞身	水泥	22	P·O 42.5 水泥用量 4547t，检测频次满足要求。检测结果如下：初凝时间 132～168min，终凝时间 215～358min；安定性合格；3d 抗折强度 4.7～6.3MPa，28d 抗折强度 7.5～9.6MPa；3d 抗压强度 23.5～26.5MPa，28d 抗压强度 47.0～49.2MPa。检测结果符合《通用硅酸盐水泥》（GB 175—2007）标准要求	合格
	钢筋	20	用量 615.409t，检测 20 组，检测频次满足要求。检测结果如下：屈服强 435～517MPa；极限抗拉强度 565～658MPa；钢筋伸长率 22.7%～26.7%；检测结果符合《钢筋混凝土用钢 第 1 部分：热轧光圆钢筋》（GB 1499.1—2008）和《钢筋混凝土用钢 第 2 部分：热轧带肋钢筋》（GB 1499.2—2007）的要求	合格
	钢筋焊接接头	83	Φ12 钢筋抗拉强度：最大值 609MPa，最小值 586MPa，平均值 597MPa。Φ28 钢筋抗拉强度：最大值 609MPa，最小值 587MPa，平均值 598MPa。检测结果满足规范要求	合格
	细骨料	14	用量 7032t，检测频次满足要求。检测结果如下：表观密度 2640～2720kg/m^3（允许范围≥2500kg/m^3），含泥量为 0，泥块含量为 0，细度模数 2.48～3.52，堆积密度 1530～1590kg/m^3，空隙率 40.2%～43.0%，检测结果满足《建筑用砂》（GB/T 14684—2011）的要求	细度模数超标
	粗骨料	32	用量 11238t，检测频次满足要求。检测结果如下：压碎指标值 5.6%～9.8%，含泥量为 0，泥块含量为 0，表观密度 2710～2790kg/m^3，吸水率 0.51%～1.7%，针片状颗粒含量 8.3%～14.5%，检测结果满足《建筑用卵石、碎石》（GB/T 14685—2011）的要求	合格
	C20 喷射混凝土	20	抗压强度检测值为 20.6～23.8MPa，平均值 $f'_{ck}=22.1$MPa，设计值 $f_c=20.0$MPa，最小值 $f'_{ck,\min}=20.6$MPa，$f'_{ck}>f_c$，$f'_{ck,\min}>0.85f_c$，混凝土 28d 龄期抗压强度试块质量合格。混凝土喷射厚度检测满足设计及规范要求	合格

续表

取样部位	材料名称	检测组数	检测结果	结论
洞身	C25 混凝土	89	抗压强度为 25.2～31.2MPa，平均值 R_n=27.9MPa，标准差 S_n=1.178MPa，离差系数 C_v=0.042，设计值 $R_{标}$=25MPa，混凝土强度保证率 P 为 97.7%，C25 混凝土试块质量达到优良等级	合格
	锚杆固力拉拔检测	60	锚杆设计抗拉拔力为 90kN，检测值最小抗拉拔力 96kN，最大抗拉拔力 140.8kN，平均抗拉拔力 110.5kN，检测任意一根锚杆抗拉拔力均大于设计值 90kN 的 90%，检测数据合格，满足《水利水电工程锚喷支护施工规范》(DL/T 5181—2003) 要求	合格
	回填灌浆检查孔	11 孔	灌浆情况：总耗灰量 326.05t，平均单耗 85.51t。单孔耗量：最大耗量 117260kg，最小耗量 124.86kg。压水检查情况：最大值 9.7L/10min，最小值为 0，平均值 3.7L/10min	合格
出口边坡及明渠	水泥 P·O 42.5	5	水泥用量 930t，检测频次满足要求。初凝时间 132～192min，终凝时间 195～358min；安定性合格；3d 抗折强度 4.7～6.3MPa，28d 抗折强度 6.7～9.6MPa；3d 抗压强度 23.5～26.5MPa，28d 抗压强度 44.5～49.2MPa。检测结果符合《通用硅酸盐水泥》(GB 175—2007) 标准要求	合格
	钢筋	5	用量 150t，检测频次满足要求。屈服强度 393～517MPa；极限抗拉强度 503～658MPa；钢筋伸长率 22.0%～28.3%；检测结果符合《钢筋混凝土用钢 第 1 部分：热轧光圆钢筋》(GB 1499.1—2017) 和《钢筋混凝土用钢 第 2 部分：热轧带肋钢筋》(GB 1499.2—2007) 的要求	合格
	钢筋焊接接头	21	Φ12 钢筋抗拉强度：最大值 597MPa，最小值 582MPa，平均值 590MPa。Φ25 钢筋抗拉强度：最大值 599MPa，最小值 581MPa，平均值 592MPa。Φ28 钢筋抗拉强度：最大值 599MPa，最小值 584MPa，平均值 590MPa。所检钢筋焊接接头指标均满足设计和规范要求	合格
	细骨料	6	用量 1950t，检测频次满足要求。表观密度 2624～2680kg/m³，含泥量为 0，泥块含量为 0，细度模数 1.81～2.84，堆积密度 1376～1590kg/m³，空隙率 40.7%～43.9%，其他参数检测结果满足《建筑用砂》(GB/T 14684—2011) 的要求	合格
	粗骨料	6	用量 6075t，检测频次满足要求。压碎指标值 7.8%～9.4%，含泥量为 0，泥块含量为 0，表观密度 2710～2790kg/m³，吸水率 0.9%～1.4%，针片状颗粒含量 6.8%～9.8%，其他参数检测结果满足《建筑用卵石、碎石》(GB/T 14685—2011) 的要求	合格
	C20 喷射混凝土	16	抗压强度为 21.9～24.9MPa，平均值 f'_{ck}=23.4MPa，设计值 f_c=20.0MPa，最小值 $f'_{ck,\min}$=21.9MPa，$f'_{ck}>f_c$，$f'_{ck,\min}>0.85f_c$，混凝土 28d 龄期抗压强度试块质量合格。混凝土喷射厚度检测满足设计及规范要求	合格
	C25 混凝土	30	C25 混凝土试块共取样 30 组，抗压强度为 26.1～30.7MPa，平均值 R_n=28.3MPa，标准差 S_n=1.103MPa，离差系数 C_v=0.039，设计值 $R_{标}$=25MPa，混凝土强度保证率 P=97.7%，C25 混凝土试块质量合格	合格
	交通桥 C40 混凝土	1	最大抗压强度 51.2MPa，最小抗压强度 50.4MPa，平均抗压强度 50.9MPa，试块质量合格	合格
	交通桥 C30 混凝土	1	最大抗压强度 38.3MPa，最小抗压强度 37.6MPa，平均抗压强度 37.9MPa，试块质量合格	合格

（2）隧洞回填灌浆检测成果分析及评价。

1）回填灌浆成果分析。导流洞回填灌浆工程量为3813m²，平均注灰量为85.51kg/m²，回填灌浆成果详见表5-2-3。

表5-2-3　导流洞回填灌浆工程质量控制情况表

工程量/m²	已验收单元工程/个	灌浆情况/(kg/m²)		单孔耗量/kg		压水（浆）检查情况/(L/10min)			
		总耗灰量/t	平均单耗	最大耗量	最小耗量	检测孔数/个	最大值	最小值	平均值
3813	11	326.05	85.51	117260	124.86	11	9.7	0	3.70

2）质量检查。平洞衬砌回填灌浆质量检查采用钻孔注浆法，即向孔内注入水灰比2：1的浆液，在规定压力下，初始10min内注入量不超过10L，即为合格。

平洞衬砌回填灌共计3813m²，共11个单元，检查孔注浆量最大值9.7L，最小值0L，质量合格。

2. 质量检测单位抽检结果

××江一级水电站工程，建设单位委托×××××岩土工程质量检测有限公司承担复检试验任务。工程所用原材料包括：钢筋、水泥、人工砂、碎石等。检测结果见表5-2-4。

表5-2-4　主要原材料和钢筋接头检测成果统计表

序号	名　称	组数	试验结果	序号	名　称	组数	试验结果
1	钢筋原材	44	合格	4	砂	31	合格
2	钢筋焊接接头	211	合格	5	小石	33	合格
3	水泥	34	合格	6	中石	33	合格

（1）水泥。按照《通用硅酸盐水泥》（GB 175—2007），共抽检P·O 42.5水泥34组，检测结果全部合格，见表5-2-5。

表5-2-5　水泥物理性能检测成果统计表

水泥标号	抽检次数	统计项目	检　测　项　目							
			细度/(kg/m²)	安定性	抗折强度/MPa		抗压强度/MPa		凝结时间/min	
					3d	28d	3d	28d	初凝	终凝
P·O 42.5（袋装）	34	最大	—	合格	7.2	9.6	33.9	49.2	192	358
		最小	—	合格	4.7	6.7	22.7	44.5	132	152
		平均	—	合格	5.7	8.2	25.2	47.9	164	319
		标准	≥300	合格	≥3.5	≥6.5	≥17	≥42.5	≥45	≤600
合格率/%			100	合格	100	100	100	100	100	100
备注			经检验水泥所检指标均能满足国家标准GB 175—2007要求							

（2）钢筋母材、接头。对ϕ8、Φ12、Φ18、Φ22、Φ25、Φ28钢筋、钢筋焊接头共抽检44组，母材检测结果符合《钢筋混凝土用钢　第2部分：热轧带肋钢筋》（GB 1499.2—2018）的要求；焊接头检测指标满足《钢筋焊接及验收规程》（JGJ 18—2012）要求，检测结果见表5-2-6、表5-2-7。

表 5-2-6　　钢筋母材检测成果统计表

钢筋直径/mm	钢筋牌号	取样组数	屈服强度/MPa			抗拉强度/MPa			伸长率平均值/%	合格率/%
			最大值	最小值	平均值	最大值	最小值	平均值		
评定标准 GB 1499.1—2017			≥235			≥370			≥25	合格
8	HPB 235	6	340	310	325	490	460	475	32	100
评定标准 GB 1499.2—2018			≥335			≥455			≥17	合格
12	HPB 335	7	505	425	455	645	620	630	22	100
评定标准 GB 1499.2—2018			≥400			≥540			≥16	合格
18	HPB 400	1	470	440	460	635	610	620	29	100
22	HPB 400	11	470	450	460	665	610	645	24	100
25	HPB 400	4	490	450	470	650	600	625	21	100
28	HPB 400	15	450	435	440	620	600	610	24	100

表 5-2-7　　钢筋焊接头检测成果统计表

钢筋直径/mm	钢筋级别	取样组数	抗拉强度/MPa			合格率/%
			最大值	最小值	平均值	
评定标准 JGJ 18—2012			≥540			
12	HPB 335	90	610	582	594	100
18	HPB 400	4	599	584	591	100
22	HPB 400	10	604	587	595	100
25	HPB 400	17	608	581	595	100
28	HPB 400	90	610	581	594	100

（3）粗、细骨料检测结果。粗骨料碎石共抽检 64 组，分别对表观密度、堆积密度、压碎指标、含泥量、吸水率、针片状、超逊径等指标进行检测，检测结果满足规范要求，见表 5-2-8。细骨料河沙共检测 33 组，分别对细度模数、吸水率、石粉含量、堆积密度、表观密度、泥块含量等指标进行检测，检测结果满足规范要求，见表 5-2-9。

表 5-2-8　　碎石检测成果统计表

项　目	5～20mm 机制碎石							
	表观密度/(kg/m³)	堆积密度/(kg/m³)	压碎指标/%	含泥量/%	吸水率/%	针片状/%	超径/%	逊径/%
规定值	≥2550		6～18	≤1	≤2.5	<15	<5	<10
组数	33	33	33	33	33	33	33	33
最小值	2690	1480	5.6	—	0.86	6.8	—	—
最大值	2780	1620	9.4	—	2	14.5	—	—
平均值	2736	1569	7.8	—	1.4	8.6	—	—

续表

项目	20～40mm机制碎石						
	表观密度/(kg/m³)	堆积密度/(kg/m³)	含泥量/%	吸水率/%	针片状/%	压碎值	逊径/%
规定值	≥2550		≤1	≤2.5	<15	6～18	<10
组数	31	31	31	31	31	31	31
最小值	2710	1500	—	0.51	8.3	7.6	—
最大值	2790	1630	—	1.7	17	9.8	—
平均值	2742	1576	—	1.3	9.3	7.9	—
备注	××村碎石场						

表5-2-9 ××江河沙检测成果统计表

项　目	河　砂					
	细度模数	吸水率/%	石粉含量/%	堆积密度/(kg/m³)	表观密度/(kg/m³)	泥块含量/%
规定值	2.2～3.0	—	6～18	≥1350	≥2500	≤2
组数	33	33	33	33	33	33
最小值	1.81	0.4	5.6	1370	2620	0
最大值	3.52	1.9	8.3	1590	2720	0
平均值	3	1.0	7.2	1545	2664	0
备注	××江河沙					

（二）左右岸边坡开挖及支护工程质量检测

左岸坝肩最高开挖高程为1269.00m，最低开挖高程为1161.00m（水面以上部分），开挖高度108m。左岸边坡分设8级马道，马道宽2～6.5m，设置高程依次为1260.00m、1252.00m、1244.00m、1236.00m、1228.00m、1220.00m、1212.00、1203.70m。一、二级马道间高度9m，七、八级马道间高度8.3m，其余马道间高度8m，坝肩边坡坡比1：0.7～1：0.5。

右岸坝肩最高开挖高程为1283.00m，最低开挖高程为1163.00m（水面以上部分），开挖高度120m。右岸边坡分设6级马道，马道宽2～10m，设置高程依次为1274.00m、1263.00m、1248.00m、1233.00m、1218.00m、1203.70m。一、二级马道间高度11m，五、六级马道间高度14.3m，其余马道间高度15m，坝肩边坡坡比1：0.52～1：0.3。

坝肩开挖面积约56000m²，开挖区顺水流方向长约170m。

左右岸边坡开挖及支护工程施工单位为××水利水电第××工程局有限公司，工程于20××年3月×日开工、20××年10月×日完工。

(1) 原材料质量检测及评价。施工期间施工单位按照规范要求对左右岸边坡开挖及支护工程所用原材料、中间产品等进行了自检，检测结果表明，除细骨料细度模数超标外，其余检测指标均满足规范和设计要求，自检结果见表5-2-10。

表 5-2-10　　施工单位自检成果统计表

取样部位	材料名称	检测组数	检测结果	结论
进口边坡及明渠	P.O 42.5 水泥	27	在施工期间水泥共取样检测 27 组，检测项目有：标准稠度用水量、安定性、细度、凝结时间、抗折强度、抗压强度。其中，细度 2.1%～9.2%、平均值 5.0%。所检测项目全部合格，满足国家标准《通用硅酸盐水泥》（GB 175—2007）要求	合格
	细骨料	31	采用机制砂，检测项目细度模数 2.81～3.46，石粉含量 7.2%～9.2%，含泥量 0.6%～1%，吸水率 0.8%～1.12%。表观密度 2630～2730kg/m³，松散堆积密度 1520～1560kg/m³，空隙率 41.4%～43.7%，所检项目全部合格，满足《建筑用砂》（GB/T 14684—2011）要求	合格
	粗骨料	31	检测项目包括表观密度、饱和面干密度、松散堆积密度、紧密堆积密度、压碎指标、针片状含量、含泥量、吸水率、超径、逊径及空隙率。所检项目全部合格，满足《建筑用卵石、碎石》（GB/T 14685—2011）要求	合格
	钢筋	18	钢筋原材料试验检测 18 组，直径分为 6.5mm、8mm、14mm、18mm、20mm、22mm、25mm、28mm、32mm，所检项目全部合格，满足国家标准《钢筋混凝土用钢 第 1 部分：热轧光圆钢筋》（GB 1499.1—2008）和《钢筋混凝土用钢 第 2 部分：热轧带肋钢筋》（GB 1499.2—2007）要求	合格

（2）锚喷支护检测成果分析及评价。

1）锚杆砂浆抗压强度检测。××江一级水电站左岸边坡开挖及支护的锚杆砂浆，注浆期间试验人员及时对左岸边坡锚杆砂浆进行取样抽查，并且做好记录。取样频率以同一个注浆仓面每 100m³ 或一个施工班次取样一组，不足 100m³ 的每仓取样一组，现场取样。边坡锚杆砂浆 28d 抗压强度取样共 65 组，全部合格，检测结果见表 5-2-11。

表 5-2-11　　锚杆砂浆强度检测成果统计表

工程部位	检测组数	设计等级	实测值/MPa			标准差/MPa	保证率/%	合格率/%
			最大值	最小值	平均值			
左岸边坡锚杆砂浆	34	M20	24	21	22.5	0.963	99.53	100
右岸边坡锚杆砂浆	31	M20	24.2	20.6	22.1	0.897	99.04	100

2）锚杆现场拉拔试验。边坡锚杆现场拉拔试验检测 71 组，直径分为 20mm、25mm、32mm，抽检全部合格，检测结果详见表 5-2-12。

表 5-2-12　　锚杆现场拉拔试验检测成果统计表

工程部位	锚杆型号/(mm×m)	检测组数	设计等级	实测值/MPa			合格率/%
				最大值	最小值	平均值	
左岸边坡	Φ 25×9（HRB400E）	5	220	225.7	220.4	221.2	100
左岸边坡	Φ 32×9（HRB400E）	3	220	222.4	220.3	220.9	100
左岸边坡	Φ 32×12（HRB400E）	1	320	320.8	320.3	320.5	100
左岸边坡	Φ 32×15（HRB400E）	4	420	421.5	420.4	420.8	100

续表

工程部位	锚杆型号/(mm×m)	检测组数	设计等级	实测值/MPa			合格率/%
				最大值	最小值	平均值	
左岸边坡	Φ25×6（自进式锚杆）	19	90	92.8	90.1	90.9	100
右岸边坡	Φ20×4.5（HRB400E）	27	75	80.8	75.2	77.2	100
右岸边坡	Φ25×4.5（自进式锚杆）	12	75	80.0	76.2	77.4	100

3）喷混凝土施工质量检测成果。在施工期间试验人员及时对左岸边坡喷混凝土进行取样抽查，并且做好记录。取样频率以每喷 50m² 混凝土或一个施工班次取样一组，现场取样。喷混凝土 28d 抗压强度取样共 85 组，强度合格，满足设计及规范要求，检测结果详见表 5-2-13。

表 5-2-13　　喷混凝土强度检测成果统计表

工程部位	检测组数	设计等级	实测值/MPa			标准差/MPa	保证率/%	合格率/%
			最大值	最小值	平均值			
左岸边坡喷混凝土	44	C20	24.3	20.7	22.6	0.905	99.79	100
右岸边坡喷混凝土	41	C20	24.5	20.9	22.4	1.04	98.96	100

4）喷混凝土厚度检测成果。喷混凝土厚度设计值 5～16cm，共检测 1048 组，厚度 7～17cm，全部合格，满足设计要求，检测结果见表 5-2-14。

表 5-2-14　　喷锚支护厚度检测成果统计表

工程部位	支护面积/m²	检测组数	设计值/cm	实测值/cm			合格率/%
				最大值	最小值	平均值	
左岸边坡喷混凝土	17463.79	367	10	20	7	11.80	100
左岸坝基范围喷混凝土	871.130	40	5	11.8	5	9.03	100
左岸边坡截水沟喷混凝土	723.67	66	16	26	15	20.7	100
右岸边坡喷混凝土	20791.81	453	10	33	7	13.59	100
右岸坝基范围喷混凝土	125.107	5	8	11	8	9.2	100
右岸坝肩范围喷混凝土	1182.84	43	5	12	3	6.45	100
右岸边坡截水沟喷混凝土	821.06	74	16	35	17	23.7	100
设计要求	5～16cm						

（3）混凝土工程。

1）常态混凝土现场取样成果。左右岸坝肩护坡 C20 混凝土，马道 C20 混凝土，排水沟 C20 素混凝土，左岸平硐回填 C15 混凝土，右岸矿洞回填 C15 混凝土。

在浇筑期间试验人员及时对左岸边坡常态混凝土进行取样抽查，并且做好记录。取样频率以同一个浇筑仓面混凝土每 100m³ 或一个施工班次取样一组，不足 100m³ 的每仓取样一组。取样地点为拌合楼出机口及现场取样。左右岸贴坡混凝土 28d 抗压强度取样共 202 组，强度合格，满足设计要求，检测结果见表 5-2-15。

表 5-2-15 贴坡混凝土强度检测成果统计表

工程部位	检测组数	设计等级	实测值/MPa			标准差/MPa	保证率/%	合格率/%
			最大值	最小值	平均值			
左岸边坡贴坡混凝土	184	C20	25.9	20.1	22.1	1.174	96.33	100
左岸平硐回填混凝土	1	C15	17.6	17.6	17.6	—	—	100
右岸边坡贴坡混凝土	14	C20	25.0	23.0	23.63	0.681	99.99	100
右岸矿洞回填混凝土	3	C15	18.1	17.6	17.9	0.252	99.99	100

2）钢筋连接取样成果。左岸边坡钢筋连接取样 183 组，实测抗拉强度均满足相关设计及规范要求，检测结果见表 5-2-16。

表 5-2-16 钢筋连接检测成果统计表

接头型式	直径	检测组数	最大值/MPa	最小值/MPa	平均值/MPa	备注
双面搭接焊	18	174	630	579	600	HRB400E
单面搭接焊	18	9	600	579	587.4	HRB400E
JGJ 107—2016 标准		≥500				

（4）排水孔施工质量检测。边坡排水孔质量检测 711 个，其中孔深等于设计孔深 6.0m、7.0m，合格率 100%；孔位偏差合格率 100%；孔径均为 50mm，合格率 100%；孔斜（孔轴偏差）合格率 100%，满足规范和设计要求，检测结果见表 5-2-17。

表 5-2-17 边坡排水孔检测成果统计表

部位	设计孔深/m	数量	孔深		孔位偏差		孔径		孔斜	
			平均值/m	合格率/%	平均值/cm	合格率/%	平均值/cm	合格率/%	平均值/%	合格率/%
左岸边坡	6.0	506	6.0	100	1.99	100	50	100	1.7	100
右岸边坡	6.0、7.0	205	6.0、7.0	100	2.03	100	50	100	1.6	100
设计要求	6.0、7.0	711	孔深误差不大于 1%		≤10cm		50		终孔孔轴偏差不大于 2%	

（5）预应力锚索。

1）应力锚索钢绞线力学性能检验。预应力锚索施工过程中，对钢绞线进行了力学性能检验，检测结果见表 5-2-18。

表 5-2-18 左右岸边坡预应力钢绞线检测成果统计表

项目		抗拉强度/MPa			伸长率/%			检测结果
规定值		≥1860			≥3.5			
名称及规格	检测组数	最大值	最小值	平均值	最大值	最小值	平均值	
无粘结钢绞线	1	1960	1950	1957	5.8	5.3	5.6	合格

2）锚索水泥净浆强度检测。锚索注浆期间试验人员及时对左岸锚索水泥净浆进行取样抽查，取样频率以同一个注浆仓面每 100m 或一个施工班次取样一组，不足 100m 的每仓取

样一组，现场取样。左岸锚固段 7d 和 28d 抗压强度各取样 162 组，左岸自由段 7d 和 28d 抗压强度各取样 162 组，强度合格，满足设计要求，检测结果见表 5－2－19。

表 5－2－19　　锚索水泥净浆强度检测成果统计

工程部位	检测组数	设计值/MPa	7d 实测值/MPa			28d 实测值/MPa			标准差/MPa	保证率/%	合格率/%
			最大值	最小值	平均值	最大值	最小值	平均值			
左岸锚固段	68	M35	30.6	26.8	28.6	42	35.5	38.5	1.907	96.71	100
左岸自由段	68	M35	29.7	27.1	28.0	42.2	35.4	38.1	1.497	98.08	100
右岸锚固段	94	M35	29.0	27.1	27.9	41.2	35.6	38.4	1.207	99.76	100
右岸自由段	94	M35	29.2	27.0	28.2	40.3	35.2	38.1	1.303	99.13	100

3）锚索混凝土强度检测结果。锚墩、锚拉板浇筑期间试验人员及时对左岸锚索混凝土进行取样抽查，并且做好记录。取样频率以同一个浇筑仓面混凝土每 100m³ 或一个施工班次取样一组，不足 100m³ 的每仓取样一组。取样地点为拌合楼出机口及现场取样。左岸锚拉板 7d 和 28d 抗压强度各取样 162 组，左岸锚墩 7d 和 28d 抗压强度各取样 162 组，强度合格，满足设计要求，检测结果详见表 5－2－20。

表 5－2－20　　锚索混凝土强度检测成果统计表

工程部位	检测组数	设计值/MPa	7d 实测值/MPa			28d 实测值/MPa			标准差/MPa	保证率/%	合格率/%
			最大值	最小值	平均值	最大值	最小值	平均值			
左岸锚拉板	68	$C_7$25	28.9	25.7	27.2	35.2	30.3	32	0.965	99.99	100
左岸锚墩	68	$C_7$25	28.5	25.5	26.6	33.8	30.0	31.3	0.887	99.99	100
左岸锚拉板	94	$C_7$25	27.6	25.2	26.2	32.4	29.1	30.8	0.587	99.99	100
左岸锚墩	94	$C_7$25	27.3	25.5	26.3	32.4	29.3	31.0	0.270	99.99	100

4）边坡锚索造孔及张拉成果质量检测。锚索张拉千斤顶、压力表在张拉前均进行了标定，并报经监理机构审批后投入使用。张拉过程中，张拉力严格按设计要求控制，实际张拉过程中，是按照设计超张拉吨位进行超张拉作业的，并通过监测锚索适时监控。张拉油压换算出力与测力计频率换算力值虽存在一定差异，但相差不大，锚索在超张拉完成锁定时力值损失不大，仍大于设计规定的锁定力值要求。锚索按照 1000kN 进行张拉，超张拉按照 115%P 控制，张、拉伸长值偏差范围全部满足在－5%～10%的范围以内，实际灌浆量不小于理论灌浆量。锚索施工质量满足设计与合同技术条款要求，检测结果详见表 5－2－21～表 5－2－23。

表 5－2－21　　边坡锚索造孔及张拉成果质量检测成果统计表

检测部位	设计孔深/m	数量/根	孔深		孔位偏差		孔径		孔斜偏差		张拉伸长值
			测值/cm	合格率/%	平均值/cm	合格率/%	平均值/mm	合格率/%	平均值/cm	合格率/%	偏差范围/%
边坡	35、40	162	35.2～40.2	100	3～7	100	168	100	1.23～2.78	100	－4.5～9.3
设计要求			大于设计孔深20cm		≤10cm		不小于设计孔径10mm		孔轴偏差不大于3%孔深		偏差率－5%～10%

表 5-2-22　　边坡锚索注浆检测成果统计表

工程部位	设计吨位/kN	孔深/m	工程量/束	锚索注浆情况/t			单耗/(kg/m)			理论灌浆量/(kg/m)
				最大值	最小值	平均值	最大值	最小值	平均值	
边坡	100	35.2～40.2	162	12.058	0.402	1.386	300	10	36.4	18.9

表 5-2-23　　监测锚索张拉测试成果和锁定后 3d 应力损失统计表

部　位	测点编号	锚索设计吨位/kN	超张拉力			锁定荷载/kN	锁定荷载损失/%	锁定 72h 后观测成果	
			千斤顶出力/MPa	计算荷载/kN	偏差/%			观测荷载/kN	荷载损失/%
右岸高程 1270.00 坝纵 0－0.05	10001508	1000	38.13	1150	15	1141	－0.76	1060	－7.11
右岸高程 1265.00 坝纵 0－8.83	10001510	1000	38.13	1150	15	1144	－0.56	1074	－6.08
右岸高程 1265.00 坝纵 0＋13.67	10001507	1000	38.13	1150	15	1151	0.09	1107	－3.85
右岸高程 1256.00 坝纵 0－4.69	10001512	1000	38.13	1150	15	1141	－0.74	1038	－9.07
右岸高程 1256.00 坝纵 0＋15.31	10001521	1000	38.13	1150	15	1141	－0.79	1046	－8.36
右岸高程 1251.00 坝纵 0＋34.26	10001513	1000	38.13	1150	15	1147	－0.30	1059	－7.61
右岸高程 1251.00 坝纵 0－5.74	10001514	1000	38.13	1150	15	1181	2.66	1080	－8.55
右岸高程 1191.50 坝纵 0＋16.50	10001524	1000	38.13	1150	15	1093	－4.92	920	－15.84
右岸高程 1196.20 坝纵 0＋19.60	10001523	1000	38.13	1150	15	1179	2.55	991	－15.94
右岸高程 1196.20 坝纵 0＋47.10	10001528	1000	38.13	1150	15	1084	－5.71	919	－15.28
右岸高程 1100.50 坝纵 0＋23.70	10001522	1000	38.13	1150	15	1169	1.65	1005	－14.02
右岸高程 1200.50 坝纵 0＋59.50	10001525	1000	38.13	1150	15	1094	－4.88	968	－11.48
右岸高程 1192.50 坝纵 0＋64.30	10001531	1000	38.13	1150	15	1002	－12.89	869	－13.27
右岸高程 1196.20 坝纵 0＋71.10	10001533	1000	38.13	1150	15	1092	－5.02	906	－17.01
右岸高程 1194.00 坝纵 0－33.87	10001534	1000	38.13	1150	15	1141	－0.78	938	－17.75
右岸高程 1198.50 坝纵 0－22.42	10001536	1000	38.13	1150	15	1044	－9.25	916	－12.25

续表

部　位	测点编号	锚索设计吨位/kN	超张拉力			锁定荷载/kN	锁定荷载损失/%	锁定72h后观测成果	
			千斤顶出力/MPa	计算荷载/kN	偏差/%			观测荷载/kN	荷载损失/%
右岸高程1194.00 坝纵0－13.87	10001535	1000	38.13	1150	15	1029	－10.56	871	－15.33
左岸高程1248.00 坝纵0＋15.15	10001511	1000	38.13	1150	15	1145	－0.43	1108	－3.27
左岸高程1248.00 坝纵0＋35.15	10001509	1000	38.13	1150	15	1142	－0.71	1075	－5.88
左岸高程1210.50 坝纵0－0.63	10001516	1000	38.13	1150	15	1124	－2.26	946	－15.81
左岸高程1210.50 坝纵0＋18.56	10001517	1000	38.13	1150	15	1040	－9.55	938	－9.86
左岸高程1210.50 坝纵0＋58.56	10001515	1000	38.13	1150	15	1165	1.27	1020	－12.39
左岸高程1206.00 坝纵0＋25.44	10001520	1000	38.13	1150	15	1096	－4.69	907	－17.25
左岸高程1206.00 坝纵0＋40.44	10001518	1000	38.13	1150	15	1174	2.05	988	－15.79
左岸高程1206.00 坝纵0＋60.44	10001519	1000	38.13	1150	15	1015	－11.72	925	－8.89
左岸高程1182.50 坝纵0＋111.70	10001529	1000	38.13	1150	15	1086	－5.61	954	－12.15
左岸高程1182.50 坝纵0＋81.70	10001530	1000	38.13	1150	15	1085	－5.62	986	－9.14
左岸高程1165.00 坝纵0＋69.90	10001526	1000	38.13	1150	15	1043	－9.34	942	－9.67
左岸高程1165.00 坝纵0＋94.90	10001527	1000	38.13	1150	15	1195	3.94	1020	－14.70

（三）大坝及发电厂房质量检测

1. 施工单位自检

(1) 原材料质量检测及评价。

1) 水泥。项目部试验室对现场临时拌和站生产的支护、衬砌混凝土所使用水泥检测274组，试验室对水泥的物理性能和化学性能进行检测，其中××牌P·O 42.5水泥物理性能检测37组；××牌P·O 42.5R水泥物理性能检测237组。P·O 42.5水泥28d抗压强度波动范围为46.8～51.6MPa，合格率100%，其余检测结果均满足规范要求。检测结果详见表5-2-24。

表 5-2-24　　**大坝及发电厂房水泥检测成果统计表**

厂家：××市×××水泥有限责任公司　　××牌 P·O 42.5 水泥（散装）

项　目	抗折强度/MPa		抗压强度/MPa		标准稠度/%	比表面积/(m^2/kg)	凝结时间/min		安定性/mm
	3d	28d	3d	28d			初凝	终凝	
检测组数	27	27	27	27	27	27	27	27	27
合格组数	27	27	27	27	—	27	27	27	27
最大值	6.7	8.9	29.1	51.6	26.1	351	153	211	合格
最小值	4.5	6.8	19.3	48.1	25.3	311	101	183	
平均值	5.4	7.8	26.4	49.4	25.7	328	118	203	
合格率/%	100	100	100	100	—	100	100	100	100
GB 175—2007	≥3.5	≥6.5	≥17.0	≥42.5	—	≥300	≥45	≤600	合格

厂家：××市×××水泥有限责任公司　　××牌 P·O 42.5 水泥（袋装）

项　目	抗折强度/MPa		抗压强度/MPa		标准稠度/%	比表面积/(m^2/kg)	凝结时间/min		安定性/mm
	3d	28d	3d	28d			初凝	终凝	
检测组数	10	10	10	10	10	10	10	10	10
合格组数	10	10	10	10	—	10	10	10	10
最大值	6.2	8.9	29.2	49.9	26.2	374	196	259	合格
最小值	5.3	8.1	25.9	48.2	25.8	339	165	213	
平均值	5.8	8.4	27.4	49.1	26.0	360	174	235	
合格率/%	100	100	100	100	—	100	100	100	100
GB 175—2007	≥3.5	≥6.5	≥17.0	≥42.5	—	≥300	≥45	≤600	合格

厂家：××市××县××水泥有限公司　　××牌 P·O 42.5 水泥（散装）

项　目	抗折强度/MPa		抗压强度/MPa		标准稠度/%	比表面积/(m^2/kg)	凝结时间/min		安定性/mm
	3d	28d	3d	28d			初凝	终凝	
检测组数	220	220	220	220	220	220	220	220	220
合格组数	220	220	220	220	—	220	220	220	220
最大值	6.8	9.3	30.0	50.6	26.4	412	200	271	合格
最小值	4.8	7.4	25.0	46.8	25.3	359	130	164	
平均值	5.8	8.4	27.9	49.1	26.0	384	165	247	
合格率/%	100	100	100	100	—	100	100	100	100
GB 175—2007	≥3.5	≥6.5	≥17.0	≥42.5	—	≥300	≥45	≤600	合格

厂家：××市××县××水泥有限公司　　××牌 P·O 42.5 水泥（散装）

项　目	抗折强度/MPa		抗压强度/MPa		标准稠度/%	比表面积/(m^2/kg)	凝结时间/min		安定性/mm
	3d	28d	3d	28d			初凝	终凝	
检测组数	17	17	17	17	17	17	17	17	17
合格组数	17	17	17	17	—	17	17	17	17
最大值	5.8	8.1	26.1	49.5	26.2	393	143	254	合格
最小值	5.7	7.7	25.3	48.4	25.9	381	142	241	
平均值	5.8	7.9	25.7	49.0	26.1	387	143	248	
合格率/%	100	100	100	100	—	100	100	100	100
GB 175—2007	≥3.5	≥6.5	≥17.0	≥42.5	—	≥300	≥45	≤600	合格

2）钢筋及钢筋连接。××江一级水电站工程使用的钢筋为××集团××钢铁股份有限公司生产的HPB235、HPB300、HRB400钢筋，直径分别为6.5mm、8mm、10mm、12mm、14mm、16mm、18mm、20mm、22mm、25mm、28mm、32mm。施工单位对工程所使用的钢筋主要力学性能检测结果269组，钢筋连接检测结果721组，检测结果见表5-2-25～表5-2-27。

表5-2-25　　热轧光圆钢筋（HPB235）试验检测成果统计表

检测项目	公称直径/mm	检测组数	钢筋混凝土用热轧光圆钢筋（HPB235）								
			屈服强度/MPa			抗拉强度/MPa			断后伸长率/%		
规定值			≥235			≥370			≥25.0		
生产厂家			最大值	最小值	平均值	最大值	最小值	平均值	最大值	最小值	平均值
××钢铁股份有限公司	14	1	330	325	330	485	480	485	32.0	31.5	32.0

HPB235级钢筋屈服强度波动范围为325～330MPa，合格率为100%，抗拉强度波动范围为480～485MPa，合格率为100%，断后伸长率波动范围为31.5%～32.0%，合格率为100%。

表5-2-26　　热轧光圆钢筋（HPB300）试验检测成果统计表

检测项目	公称直径/mm	检测组数	钢筋混凝土用热轧光圆钢筋（HPB300）								
			屈服强度/MPa			抗拉强度/MPa			断后伸长率/%		
规定值			≥300			≥420			≥25.0		
生产厂家			最大值	最小值	平均值	最大值	最小值	平均值	最大值	最小值	平均值
××钢铁股份有限公司	6.5/10/12	4	380	320	350	535	480	500	33.5	31.5	32.5

HPB300级钢筋屈服强度波动范围为320～380MPa，合格率为100%，抗拉强度波动范围为480～535MPa，合格率为100%，断后伸长率波动范围为31.5%～33.5%，合格率为100%。

表5-2-27　　热轧光圆钢筋（HPB400）试验检测成果统计表

检测项目	公称直径/mm	检测组数	钢筋混凝土用热轧带肋钢筋（HRB400）								
			屈服强度/MPa			抗拉强度/MPa			断后伸长率/%		
规定值			≥400			≥540			≥16		
生产厂家			最大值	最小值	平均值	最大值	最小值	平均值	最大值	最小值	平均值
××钢铁股份有限公司	8/10/12/14/16/18/20/22/25/28/32	269	495	405	447	665	540	590	28.0	17.5	23.0

HRB400级钢筋屈服强度波动范围为405～495MPa，合格率为100%，抗拉强度波动范围为540～665MPa，合格率为100%，断后伸长率波动范围为17.5%～28.0%，合格率为100%。

钢筋接头抗拉强度检测波动范围为570～625MPa，合格率为100%。

3）细骨料。施工单位对××江一级水电站工程使用的细骨料（人工砂、河砂）取样检测156组，细度模数波动范围为2.39～3.71，石粉含量波动范围为6.9%～16.7%，含泥量波动范围为2.1%～8.4%。细骨料部分批次细度模数超标在施工中已及时对配合比进行相应调整，含泥量超标的细骨料未进入骨料仓或进行了清仓处理。检测结果见表5-2-28。

表5-2-28　细骨料（人工砂、河砂）品质检测成果统计表

产地	统计值	细度模数	石粉含量/%	含泥量/%	饱干吸水率/%	表观密度/(kg/m³)	堆积密度/(kg/m³)	坚固性/%
×××砂石系统	检测次数	156	80	91	156	156	—	—
	合格次数	—	80	83	156	156	—	—
	最大值	3.71	16.7	8.4	1.75	2722	—	—
	最小值	2.39	6.9	2.1	1.29	2660	—	—
	平均值	2.97	11.71	3.8	1.54	2699.7	—	—
	检验标准 DL/T 5151—2014	人工砂：2.4～2.8 河砂：2.2～3.0	6～18	≤3.0	—	≥2500	—	—

4）粗骨料。××江一级水电站工程使用的粗骨料共检测433组，小石超径含量波动范围为0～11.3%，合格率为82.9%，逊径含量波动范围为0～10.8%，合格率为75.0%，含泥量波动范围为0～4.8%，合格率为93.5%，针片状颗粒含量、表观密度、饱干吸水率、压碎指数等检测合格率均为100%；中石超径含量波动范围为0～16.4%，合格率为90.9%，逊径含量波动范围为0～33.1%，合格率为80.6%，含泥量波动范围为0～3.6%，合格率为94.2%，针片状颗粒含量、表观密度、饱干吸水率等检测合格率均为100%；大石超径含量波动范围为0～7.4%，合格率为73.2%，逊径含量波动范围为0～11.8%，合格率为70.7%，含泥量波动范围为0～2.4%，合格率为93.5%，针片状颗粒含量、表观密度、饱干吸水率等检测合格率均为100%。超径逊径不满足规范的，项目部在施工中由试验人员及时对配合比进行相应调整，含泥量超标的骨料未进入骨料仓或进行了清仓处理。检测结果见表5-2-29。

表5-2-29　粗骨料品质检测成果统计表

产地	骨料粒径	项目	超径/%	逊径/%	含泥量/%	针片状/%	饱干吸水率/%	表观密度/(kg/m³)
技术标准		控制指标	<0	<2	≤1.0	≤15	≤2.5	≥2550
××砂石骨料系统	小石(5～20mm)	抽检组数	155	155	155	155	155	155
		合格组数	129	117	145	155	155	155
		最大值	11.3	10.8	4.8	7.9	0.8	2749
		最小值	0	0	0	1.8	0.3	2695
		平均值	2.5	1.91	0.8	4.6	0.6	2724
		合格率/%	83.2	75.4	93.5	100	100	100
	中石(20～40mm)	抽检组数	155	155	155	155	155	155
		合格组数	141	125	146	155	155	155
		最大值	16.4	33.1	1.9	7.1	0.8	2753
		最小值	0	0	0	1.5	0.4	2685
		平均值	3.3	2.1	0.7	4.8	0.5	2725.5
		合格率/%	90.9	80.6	94.2	100	100	100

续表

产地	骨料粒径	项目	超径/%	逊径/%	含泥量/%	针片状/%	饱干吸水率/%	表观密度/(kg/m³)
技术标准		控制指标	<0	<2	≤1.0	≤15	≤2.5	≥2550
××砂石骨料系统	大石(40～80mm)	抽检组数	123	123	123	123	123	123
		合格组数	90	87	115	123	123	123
		最大值	7.4	11.8	2.4	7.8	0.9	2749
		最小值	0	0	0	3.0	0.4	2680
		平均值	1.0	2.2	0.51	5.5	0.6	2727
		合格率/%	73.2	70.7	93.5	100	100	100

5）外加剂。××江水电站工程使用的外加剂为××省×××JM－Ⅱ萘系减水剂、GYQ－Ⅰ引气剂，××省××KLN－3萘系减水剂、KLAE引气剂。业主试验室进行对物理性能和化学性能检测，其中××省×××JM－Ⅱ萘系减水剂物理性能检测4组，××省×××GYQ－Ⅰ引气剂物理性能检测3组；××省××KLN－3萘系减水剂物理性能检测20组，××省××KLAE引气剂物理性能检测4组。

检测结果见表5－2－30～表5－2－33。

萘系减水剂减水率波动范围为17.9%～19.8%，合格率为100%；含气量波动范围为2.1%～2.5%，合格率为100%；3d抗压强度比波动范围为135.0%～154.0%，合格率为100%；28d抗压强度比波动范围为132.0%～143.0%，合格率为100%。

表5－2－30　　减水剂检测成果统计表（一）

减水剂品种：JM－Ⅱ萘系缓凝高效减水剂　　厂家：×××××新材料有限公司

生产厂家	统计值	减水率/%	泌水率比/%	含气量/%	凝结时间差/min		抗压强度比/%		
					初凝	终凝	3d	—	28d
DL/T 5100—2014		≥15	≤100	<3.0	120～240	120～240	≥130	—	≥120
江苏苏博特(JM－Ⅱ)	检测组数	4	4	4	4	4	4	—	4
	合格组数	4	4	4	4	4	4	—	4
	最大值	19.8	68.4	2.3	321	375	138	—	135
	最小值	19.1	55.8	2.1	300	349	136	—	132
	平均值	19.4	60.2	2.2	311	361	137	—	133
	合格率/%	100	100	100	100	100	100	—	100

表5－2－31　　减水剂检测成果统计表（二）

减水剂品种：KLN－3萘系缓凝高效减水剂　　厂家：××××建材有限公司

生产厂家	统计值	减水率/%	泌水率比/%	含气量/%	凝结时间差/min		抗压强度比/%		
					初凝	终凝	3d	—	28d
DL/T 5100—2014		≥15	≤100	<3.0	120～240	120～240	≥125	—	—
山西康力(KLN－3)	检测组数	20	20	20	20	20	20	—	20
	合格组数	20	20	20	20	20	20	—	20
	最大值	18.8	78.9	2.5	153	192	154	—	143
	最小值	17.9	57.2	2.1	101	153	135	—	132
	平均值	18.2	67.9	2.3	127	180	142	—	136
	合格率/%	100	100	100	100	100	100	—	100

表 5-2-32　　　　引气剂检测成果统计表（一）

统计值	品种：GYQ-I			厂家：×××××新材料有限公司				
	减水率/%	泌水率比/%	含气量/%	凝结时间差/min		抗压强度比/%		
				初凝	终凝	3d	—	28d
检测组数	3	3	3	3	3	3	—	3
合格组数	3	3	3	3	3	3	—	3
最大值	7.3	54.2	5.0	91	113	101	—	95
最小值	7.0	52.3	4.5	88	109	98	—	93
平均值	7.1	53.2	4.8	90	111	100	—	94
合格率/%	100	100	100	100	100	100	—	100
技术标准	≥6	≤70	4.5～5.5	−90～120	−90～120	≥90	—	≥85

表 5-2-33　　　　引气剂检测成果统计表（二）

统计值	品种：KLAE			厂家：××××建材有限公司				
	减水率/%	泌水率比/%	含气量/%	凝结时间差/min		抗压强度比/%		
				初凝	终凝	3d	—	28d
检测组数	4	4	4	4	4	4	—	4
合格组数	4	4	4	4	4	4	—	4
最大值	6.9	61.1	5.1	96	108	96	—	91
最小值	6.7	53.2	4.9	88	97	93	—	88
平均值	6.8	58.5	5.0	91	102	95	—	90
合格率/%	100	100	100	100	100	100	—	100
技术标准	≥6	≤70	4.5～5.5	−90～120	−90～120	≥90	—	≥85

引气剂减水率波动范围为7.3%～7.6%，合格率为100%；含气量波动范围为4.5%～5.1%，合格率为100%；3d抗压强度比波动范围为93.0%～101.0%，合格率为100%；28d抗压强度比波动范围为88.0%～95.0%，合格率为100%。萘系减水剂、引气剂其余检测结果均满足规范要求。

6）掺合料。××江一级水电站工程使用的掺合料为××县××火山灰开发有限责任公司生产的火山灰微粉及××××硅业有限公司生产的微硅粉，项目部试验室进行对物理性能和化学性能检测，其中××县××火山灰开发有限责任公司生产的火山灰物理性能检测84组，××××硅业有限公司生产的硅粉物理性能检测12组。检测结果见表5-2-34、表5-2-35。

表 5-2-34　　　　火山灰检测成果统计表

检测项目	含水率/%	细度/%	烧失量/%	强度比/%
标准值	≤1	≤20	≤8	≥65
检测次数	84	84	84	84
合格次数	84	84	84	84
最大值	0.7	19.2	6.2	71.3

续表

检测项目	含水率/%	细度/%	烧失量/%	强度比/%
最小值	0.2	8.2	3.5	67.2
平均值	0.5	13.6	4.8	69.6
合格率/%	100	100	100	100

表 5-2-35　　硅粉检测成果统计表

检测项目	含水率/%	细度/%	烧失量/%	强度比/%
标准值	≤3	≤10	≤6	≥105
检测次数	12	12	12	12
合格次数	12	12	12	12
最大值	2.4	5.6	5.1	117
最小值	1.3	3.1	3.8	110
平均值	1.9	4.5	4.5	113
合格率/%	100	100	100	100

(2) 混凝土配合比。大坝和发电厂房混凝土拌合物从20××年1月××日开始由××水利水电第××工程局××江一级水电站项目部左岸120拌合系统拌制。

××江一级水电站工程混凝土配合比设计试验工作于20××年10月××日开始，试验采用××牌P.O 42.5、×××牌P.O 42.5水泥针对性的对砂浆及混凝土配合比进行了一系列配合比试验，提出推荐配合比，提交了阶段性试验报告并经监理部审核同意后使用于工程。××江一级水电站工程混凝土施工配合比见表5-2-36。

表 5-2-36　　××江一级水电站工程混凝土施工配合比统计表

配合比编号	设计强度	水灰比	级配	减水剂掺量/%	引气剂掺量/%	火山灰掺量/%	砂率/%	每方材料用量/(kg/m³)										坍落度/cm	备注
								水	胶材	水泥	火山灰	减水剂	引气剂	砂	小石	中石	大石		
×××CTH28-01	C_{28}20W6F50	0.53	二	0.80	0.004	15	41	160	300	255	45	2.402	0.0120	804	578	578	—	14~18	泵送
×××CTH28-02	C_{28}25W6F100	0.49	二	0.80	0.004	15	40	160	327	278	49	2.612	0.0131	773	580	580	—	14~18	泵送
×××CTH28-03	C_{28}30W6F100	0.43	二	0.80	0.004	15	40	160	372	316	56	2.977	0.0149	755	566	566	—	14~18	泵送
×××CTH28-04	C_{28}20W6F50	0.56	二	0.80	0.004	20	35	145	259	207	52	2.071	0.0104	706	590	721	—	10~12	溜槽
×××CTH28-05	C_{28}25W6F100	0.50	二	0.80	0.004	20	35	145	290	232	58	2.320	0.0116	695	581	710	—	10~12	溜槽
×××CTH28-06	C_{28}30W6F100	0.44	二	0.80	0.004	20	34	145	330	264	66	2.636	0.0132	661	578	706	—	10~12	溜槽
×××CTH28-07	C_{28}15W4F50	0.60	三	0.80	0.006	25	36	135	225	169	56	1.800	0.0135	752	401	535	401	3~5	自卸车
×××CTH28-08	C_{28}20W6F50	0.54	三	0.80	0.006	25	35	135	250	188	63	2.000	0.0150	723	403	537	403	3~5	自卸车
×××CTH90-09	C_{90}10W4	0.65	三	0.80	0.006	30	36	120	185	129	55	1.477	0.011	772	412	549	412	3~5	自卸车
×××CTH90-10	C_{90}15W4F50	0.60	三	0.80	0.006	30	36	120	200	140	60	1.600	0.012	767	409	545	409	3~5	自卸车
×××CTH90-11	C_{90}20W6F50	0.50	三	0.80	0.006	30	35	120	240	168	72	1.920	0.014	732	408	543	408	3~5	自卸车
×××CTH90-12	C_{90}10W4	0.65	三	0.75	0.004	20	37	140	215	172	43	1.615	0.009	775	396	528	396	10~12	溜槽
×××CTH90-13	C_{90}15W4F50	0.59	三	0.75	0.004	20	36	140	237	190	47	1.780	0.009	746	398	531	398	10~12	溜槽

续表

配合比编号	设计强度	水灰比	级配	减水剂掺量/%	引气剂掺量/%	火山灰掺量/%	砂率/%	每方材料用量/(kg/m³)										坍落度/cm	备注
								水	胶材	水泥	火山灰	减水剂	引气剂	砂	小石	中石	大石		
×××CTH90-14	C_{90}20W6F50	0.50	三	0.75	0.004	20	36	140	280	224	56	2.100	0.011	731	390	520	390	10～12	溜槽
×××CTH90-15	C_{90}10W4	0.65	三	0.80	0.006	30	36	120	185	129	55	1.477	0.011	772	412	549	412	3～5	自卸车
×××CTH90-16	C_{90}15W4F50	0.57	三	0.80	0.006	30	36	120	211	147	63	1.684	0.013	763	407	543	407	3～5	自卸车
×××CTH90-17	C_{90}20W6F50	0.48	三	0.80	0.006	30	35	120	250	175	75	2.000	0.015	728	406	541	406	3～5	自卸车
×××CTH90-18	C_{90}10W4	0.65	三	0.75	0.004	20	37	140	215	172	43	1.615	0.009	775	396	528	396	10～12	溜槽
×××CTH90-19	C_{90}15W4F50	0.57	三	0.75	0.004	20	36	140	246	196	49	1.842	0.010	743	396	528	396	10～12	溜槽
×××CTH90-20	C_{90}20W6F50	0.48	三	0.75	0.004	20	36	140	292	233	58	2.188	0.012	727	388	517	388	10～12	溜槽
×××CTH90-21	C_{90}20W6F50	0.54	二	0.80	0.004	15	42	160	296	252	44	2.370	0.018	837	578	578	—	14～18	泵送
×××CTH90-22	C_{90}25W6F100	0.48	二	0.80	0.004	15	41	160	333	283	50	2.667	0.020	802	577	577	—	14～18	泵送
×××CTH90-23	C_{90}30W6F100	0.42	二	0.80	0.004	15	41	160	381	324	57	3.048	0.023	783	563	563	—	14～18	泵送
×××CTH90-24	C_{90}15W4F50	0.60	二	0.80	0.004	20	36	145	242	193	48	1.933	0.015	743	594	726	—	10～12	溜槽
×××CTH90-25	C_{90}20W6F50	0.55	二	0.80	0.004	20	35	145	264	211	53	2.109	0.011	714	597	730	—	10～12	溜槽
×××CTH90-26	C_{90}25W6F100	0.49	二	0.80	0.004	20	35	145	296	237	59	2.367	0.012	703	588	718	—	10～12	溜槽
TLQCTH90-27	C_{90}30W6F100	0.50	二	1.00	0.004	8(硅)	41	165	330	304	26	3.300	0.013	802	577	577	—	14～18	冲磨混凝土

注　1. TLQ为电站代号、CTH28为常态混凝土28d龄期；CTH90为常态混凝土90d龄期。
2. 配合比编号：×××CTH28-01—×××CTH28-08采用机制砂、人工碎石。
3. 配合比编号：×××CTH90-09—×××CTH90-14采用机制砂、人工碎石。配合比编号：×××CTH90-15—×××CTH90-20采用河沙、河滩料。
4. 配合比编号：×××CTH90-21—×××CTH90-27采用机制砂、人工碎石。
5. 减水剂采用×××××SBT-JM-Ⅱ，引气剂采用×××××GYQ（Ⅰ）高效引气剂。

（3）坍落度。左岸120×2拌合系统混凝土现场取样坍落度检测1179组，合格率98.0%，检测结果见表5-2-37。

表5-2-37　左岸120拌合系统混凝土现场坍落度检测成果统计表

设计要求/mm	检测次数	最大值/mm	最小值/mm	平均值/mm	合格率/%
30～50	123	56	29	43	95.1
100～120	527	125	90	109	98.1
140～180	529	185	140	165	99.8

注　坍落度合格率按《水工混凝土施工规范》（DL/T 5144—2015）控制标准评定。

（4）含气量。左岸120×2拌合系统混凝土现场取样含气量检测639组，合格率100%，检测结果见表5-2-38。

表5-2-38　左岸120拌合系统混凝土现场含气量检测成果统计表

设计要求/%	检测次数	最大值/%	最小值/%	平均值/%	合格率/%
3.0～5.0	639	4.4	3.2	3.9	100

注　含气量合格率按《水工混凝土施工规范》（DL/T 5144—2015）控制标准评定。

(5) 混凝土硬化性能检测成果分析及评价。混凝土拌合物20××年1月××日开始由××工程局××江一级水电站项目部左岸120拌和系统拌制。根据《水工混凝土试验规程》(DL/T 5150—2014)、《水工混凝土施工规范》(DL/T 5144—2015)，施工单位项目部对左岸120拌合系统混凝土共取样检测1670组，抽样试件强度指标均满足标准要求，混凝土拌合物质量合格；抗冻共检测17组、混凝土抗渗共检测90组、极限拉伸共检测20组，检测结果见表5-2-39～表5-2-43。

表5-2-39　左岸120拌合系统混凝土强度检测成果统计表

工程部位	检测组数	设计值	实测值/MPa			标准差/MPa	保证率/%	合格率/%
			最大值	最小值	平均值			
1号坝段	5	C20W6F50	25.6	23.2	24.0	—	—	100
	18	C_{90}20W6F50	25.1	21.6	24.0	—	—	100
2号坝段	14	C20W6F50	23.8	21.0	22.2	—	—	100
	1	C25	—	—	27.9	—	—	100
	2	C25W6	26.0	25.6	25.8	—	—	100
	3	C25W6F50	29.1	26.0	27.1	—	—	100
	19	C_{90}20W6F50	25.7	22.2	24.3	—	—	100
3号坝段	3	C15	20.3	18.3	19.6	—	—	100
	1	C20	—	—	24.5	—	—	100
	4	C20W4F50	25.5	23.3	24.4	—	—	100
	6	C20W6F50	26.4	23.7	25.0	—	—	100
	10	C25W6	30.0	26.1	27.5	—	—	100
	5	C25W6F50	27.1	25.5	26.1	—	—	100
	16	C_{90}10W4	18.2	14.2	16.6	—	—	100
	2	C_{90}15W4F50	19.3	18.7	19.0	—	—	100
	4	C_{90}20W4F50	26.5	21.6	24.0	—	—	100
	42	C_{90}20W6F50	27.1	20.7	23.9	1.36	99.5	100
4号坝段	4	C20W6F50	24.8	24.3	24.5	—	—	100
	1	C25	—	—	26.3	—	—	100
	11	C25W6	31.4	25.9	28.3	—	—	100
	1	C25W6F100	—	—	27.7	—	—	100
	2	C25W6F50	26.6	26.3	26.5	—	—	100
	1	C30W6F50	—	—	36.4	—	—	100
	3	C30	31.8	31.2	31.5	—	—	100
	26	C_{90}10W4	19.0	10.4	15.6	—	—	100
	2	C_{90}20W4F50	25.0	23.4	24.2	—	—	100
	24	C_{90}20W6F50	25.6	20.5	23.6	—	—	100
	32	C_{90}30W6F100	39.5	32.2	36.4	2.15	99.3	100

续表

工程部位	检测组数	设计值	实测值/MPa			标准差/MPa	保证率/%	合格率/%
			最大值	最小值	平均值			
5号坝段	4	C20W6F50	25.9	24.3	25.0	—	—	100
	4	C25W6	28.1	25.9	26.9	—	—	100
	7	C25W6F100	31.3	28.6	29.5	—	—	100
	1	C30W6F100	—	—	34.6	—	—	100
	2	C30	31.5	31.0	31.3	—	—	100
	31	C_{90}10W4	19.2	13.8	16.7	1.82	99.8	100
	1	C_{90}15W4F50	—	—	21.4	—	—	100
	4	C_{90}20W4F50	24.2	22.4	23.3	—	—	100
	27	C_{90}20W6F50	26.5	20.4	23.5	—	—	100
	33	C_{90}30W6F100	39.2	31.3	35.4	2.16	98.9	100
6号坝段	5	C20W6F50	24.8	24.3	24.7	—	—	100
	8	C25	27.3	25.8	26.7	—	—	100
	4	C25W6	31.0	28.1	29.5	—	—	100
	6	C25W6F100	29.1	28.2	28.5	—	—	100
	4	C25W6F50	28.5	25.9	27.2	—	—	100
	4	C30	33.3	32.8	33.1	—	—	100
	8	C30W6F100	36.7	31.8	34.3	—	—	100
	1	C35W6F50	—	—	37.1	—	—	100
	27	C_{90}10W4	19.6	12.8	17.3	—	—	100
	28	C_{90}20W4F50	28.0	20.4	24.6	—	—	100
	18	C_{90}20W6F50	27.0	21.6	24.2	—	—	100
	27	C_{90}30W6F100	41.2	35.3	38.5	—	—	100
7号坝段	5	C20W6F50	25.7	24.3	24.7	—	—	100
	2	C25	26.0	25.5	25.8	—	—	100
	5	C25W6F50	30.7	25.5	28.4	—	—	100
	8	C25W6	30.9	25.7	28.8	—	—	100
	4	C25W6F100	28.8	25.9	26.8	—	—	100
	1	C30	—	—	34.3	—	—	100
	22	C_{90}10W4	18.7	13.0	16.0	—	—	100
	41	C_{90}20W4F50	27.1	20.9	24.1	1.27	99.9	100
	32	C_{90}20W6F50	26.9	22.8	24.7	1.11	99.9	100
	10	C_{90}30W6F100	39.8	36.0	38.3	—	—	100
8号坝段	5	C20W6F50	27.0	24.3	26.0	—	—	100
	7	C25W6F50	29.7	25.1	27.2	—	—	100
	12	C25W6	31.9	25.6	28.2	—	—	100

续表

工程部位	检测组数	设计值	实测值/MPa			标准差/MPa	保证率/%	合格率/%
			最大值	最小值	平均值			
8号坝段	13	C_{90}10W4	17.7	14.4	15.7	—	—	100
	43	C_{90}20W4F50	27.2	21.3	24.4	1.45	99.5	100
	37	C_{90}20W6F50	27.8	21.9	24.1	1.24	99.9	100
	10	C_{90}30W6F100	41.5	31.8	38.0	—	—	100
9号坝段	8	C20W6F50	25.3	21.5	23.2	—	—	100
	7	C25W4F50	30.4	26.0	28.8	—	—	100
	3	C25W6	27.0	25.9	26.5	—	—	100
	12	C25W6F50	28.6	25.5	26.8	—	—	100
	42	C_{90}20W4F50	26.8	21.9	24.6	1.02	99.5	100
	22	C_{90}20W6F50	26.8	21.6	24.2	—	—	100
10号坝段	5	C_{90}20W4F50	25.2	24.6	25.0	—	—	100
	24	C_{90}20W6F50	25.0	21.8	23.9	—	—	100
厂房	9	C15	20.5	17.6	18.9	—	—	100
	3	C20	22.5	21.1	21.7	—	—	100
	1	C20W6F50	—	—	21.3	—	—	100
	65	C25	29.9	25.4	27.1	1.14	97.5	100
	27	C25W6F50	33.3	25.7	28.4	—	—	100
	71	C25F50	31.0	25.4	27.0	1.09	97.0	100
	4	C25W4F50	29.2	26.6	27.5	—	—	100
	8	C25W6	29.0	25.7	26.7	—	—	100
	89	C25W6F50	31.1	25.4	27.3	1.42	95.5	100
	4	C30	33.6	30.7	32.0	—	—	100
	8	C30W6F50	39.2	32.5	35.2	—	—	100
消力池	9	C15	20.5	17.6	18.9	—	—	100
	3	C20	22.5	21.1	21.7	—	—	100
	1	C20W6F50	—	—	21.3	—	—	100
	65	C25	29.9	25.4	27.1	1.14	97.5	100
	27	C25W6F50	33.3	25.7	28.4	—	—	100
	71	C25F50	31.0	25.4	27.0	1.09	97.0	100
	4	C25W4F50	29.2	26.6	27.5	—	—	100
	8	C25W6	29.0	25.7	26.7	—	—	100
	89	C25W6F50	31.1	25.4	27.3	1.42	95.5	100
	4	C30	33.6	30.7	32.0	—	—	100
	8	C30W6F50	39.2	32.5	35.2	—	—	100

续表

工程部位	检测组数	设计值	实测值/MPa			标准差/MPa	保证率/%	合格率/%
			最大值	最小值	平均值			
左右岸护岸墙	107	C15	21.6	16.1	18.7	1.00	99.8	100
	35	C25	31.2	25.4	27.3	1.19	97.8	100
灌浆平洞	13	C20	25.6	23.2	24.1	—	—	100
	5	C20	26.3	20.2	22.9	—	—	100
左右岸边坡、护坡	4	C15	20.5	18.9	19.7	—	—	100
	13	C20	25.4	20.7	23.4	—	—	100
	9	C25	29.9	26.2	28.0	—	—	100
	1	C30	—	—	34.2	—	—	100
导流洞堵头	9	C20	22.3	20.6	21.6	—	—	100

表 5-2-40　　左岸120拌合系统混凝土抗冻检测成果统计

工程部位	检测次数	设计抗渗值	合格率/%
××江一级水电站	10	F50	100
	7	F100	100

表 5-2-41　　左岸120拌合系统混凝土抗渗检测成果统计

工程部位	检测次数	设计抗渗值	合格率/%
大坝	25	W4	100
	39	W6	100
厂房	1	W4	100
	12	W6	100
消力池	8	W4	100
	5	W6	100

表 5-2-42　　左岸120拌合系统混凝土极限拉伸检测成果统计

工程部位	检测次数	设计极限拉伸值	最大值	最小值	平均值	合格率/%
××江一级水电站工程	3	$\geqslant 0.66\times10^{-4}$	0.74×10^{-4}	0.71×10^{-4}	0.72×10^{-4}	100
	2	$\geqslant 0.75\times10^{-4}$	0.77×10^{-4}	0.77×10^{-4}	0.77×10^{-4}	100
	6	$\geqslant 0.80\times10^{-4}$	0.95×10^{-4}	0.88×10^{-4}	0.92×10^{-4}	100
	6	$\geqslant 0.81\times10^{-4}$	1.00×10^{-4}	0.86×10^{-4}	0.93×10^{-4}	100
	3	$\geqslant 0.91\times10^{-4}$	1.06×10^{-4}	1.02×10^{-4}	1.04×10^{-4}	100

表 5-2-43　　左岸120拌合系统混凝土抗冻检测成果统计

工程部位	检测次数	设计抗冻值	合格率/%
××江一级水电站工程	10	F50	100
	7	F100	100

（6）钢筋连接取样成果。左岸边坡钢筋连接取样721组，钢筋接头抗拉强度检测波动范围为570～625MPa，合格率为100%。实测抗拉强度均满足相关设计及规范要求，检测结果详见表5-2-44。

表5-2-44 钢筋连接检测成果统计表

连接方式	牌号	外形	直径/mm	统计值	接头抗拉强度/MPa	接头破坏形态
焊接接头	HRB335	螺纹	20/22	合计检测次数	181	181
				最大值	625	延性断裂
				最小值	570	
				平均值	600	
				合格率/%	100	100
				标准要求	≥540	延性断裂
机械连接	HRB335	螺纹	25/28/32	合计检测次数	540	540
				最大值	625	钢筋拉断
				最小值	570	
				平均值	590	
				合格率/%	100	100
				标准要求	≥540	延性断裂

（7）温控成果。大坝初期通水190组，平均通水流量17.4L/min，平均进水温度18.51℃，平均出水温度22.4℃，进出水平均温差3.89℃，实测温度均满足设计及规范温控要求，见表5-2-45。

表5-2-45 ××江一级水电站大坝初期通水冷却统计表

通水组数	进水温度/℃				出水温度/℃				平均温差/℃	流量/(L/min)				通水历时/d
	测次	最大	最小	平均	测次	最大	最小	平均		测次	最大	最小	平均	
190	8760	22.7	12	18.51	8760	43.8	17.3	22.4	3.89	8760	25	16.7	17.4	15

（8）预应力锚索。左岸消力池边坡设计新增预应力锚索施工过程中，对钢绞线进行了力学性能检验，检测结果见表5-2-46。

表5-2-46 左岸消力池边坡预应力钢绞线检测成果统计表

项　目		抗拉强度/MPa			伸长率/%			检测结果
规定值		≥1860			≥3.5			
名称及规格	检测组数	最大值	最小值	平均值	最大值	最小值	平均值	
无粘结钢绞线	1	1960	1950	1957	5.8	5.3	5.6	合格

（9）固结灌浆压水试验结果。大坝固结灌浆孔共计完成682个，根据规范要求及施工情况，由监理工程师现场确定检查孔位置，共布置质量检查孔45个。固结灌浆质量检查孔透水率：最大值为7.07Lu，最小值为2.1Lu，经过固结灌浆后岩石透水率明显减少，固结灌浆效果明显，透水率均小于10Lu，符合设计要求。压水试验统计分析结果见表5-2-47。

表 5-2-47　　质量检查孔压水试验分析成果统计表

单元号	孔数	钻孔长度/m	压水长度/m	平均透水率/Lu	封孔单位水泥量/kg
1 单元	2	22.4	18	3.64	4.22
2 单元	3	49.1	24	2.1	4.69
3 单元	5	57.3	41	4.52	4.62
4 单元	6	62.4	48	7.07	4.12
5 单元	5	50.6	40	4.42	4.61
6 单元	5	51.7	40	6.72	5.19
7 单元	6	61.9	48	5.02	4.43
8 单元	5	56.2	40	3.38	4.63
9 单元	6	69.6	48	2.91	4.31
10 单元	2	22.0	16	3.44	5.24
合计	45	507.5	345	4.83	4.58

（10）帷幕灌浆压水试验结果。大坝帷幕灌浆工程灌浆孔共计完成 307 个，根据规范要求及施工情况，由监理工程师现场确定检查孔位置，共布置质量检查孔 30 个。帷幕灌浆质量检查孔透水率平均值为 1.97Lu，由此可见，经过帷幕灌浆后岩石透水率明显减少，帷幕灌浆效果明显，透水率均小于 5Lu，符合设计要求。压水试验统计分析结果见表 5-2-48。

表 5-2-48　　帷幕灌浆检查孔完成情况统计表

单元工程编号	孔号	钻孔长度/m	压水长度/m	平均透水率/Lu	最大透水率/Lu	最小透水率/Lu	灌浆单位水泥量/kg	封孔单位水泥量/kg
大坝 1 单元	W1-J-1	43.99	40.29	2.711	4.613	0.365	1.187	6.152
	W1-J-2	45.28	35.28	2.394	4.287	1.471	0.740	5.845
大坝 2 单元	W2-J-1	53.85	17.35	1.086	1.439	0.477	0.366	6.213
大坝 3 单元	W3-J-1	19.1	16.1	0.538	0.652	0.387	—	6.500
	W3-J-2	21.62	16.5	0.382	0.892	0.000	—	5.700
	W3-J-3	23.02	17.52	2.230	2.971	1.523	0.082	5.702
大坝 4 单元	W4-J-1	24.83	15.43	1.158	1.684	0.840	—	6.200
	W4-J-2	20.72	17.72	1.448	4.462	0.283	—	6.200
大坝 5 单元	WS-J-1	22.5	19.5	1.553	2.659	0.311	—	6.300
大坝 6 单元	W6-J-1	22.6	19.6	1.358	2.813	0.815	—	6.800
大坝 7 单元	W7-J-1	26	20.9	0.526	1.831	0.000	—	6.700
	W7-J-2	25.13	21.43	1.456	3.376	0.000	0.628	6.219
大坝 8 单元	W8-J-1	26.06	19.55	2.704	3.948	1.472	—	7.000
	W8-J-2	24.83	21.25	3.072	4.581	1.798	—	6.000
大坝 9 单元	W9-J-1	26.59	20.81	2.321	3.325	0.195	—	8.400
	W9-J-2	23.67	19	0.665	1.828	0.000	—	6.200

续表

单元工程编号	孔号	钻孔长度/m	压水长度/m	平均透水率/Lu	最大透水率/Lu	最小透水率/Lu	灌浆单位水泥量/kg	封孔单位水泥量/kg
大坝10单元	W10-J-1	53.51	28.51	3.156	3.857	1.112	1.000	6.642
	W10-J-2	46.14	42.44	2.248	3.749	0.000	1.540	6.526
左岸试验区	WS-J-1	30.11	27	0.631	1.249	0.201	0.315	5.880
左岸1单元	W1-J-1	14.5	11.18	0.636	1.271	0.000	0.000	6.754
	W1-J-2	17.91	14.62	0.169	1.036	0.548	0.041	7.718
左岸2单元	W2-J-1	21.11	17.91	0.637	1.190	0.177	0.561	5.642
左岸3单元	W3-J-1	37.02	34	2.725	4.057	0.765	0.775	6.064
右岸试验区	WS-J-1	26.64	22.05	5.712	8.394	2.555	4.944	5.896
	WS-J-2	25.13	20.53	4.635	6.596	3.133	30.031	0.461
	WS-J-3	27.7	23.85	1.562	2.963	0.347	0.656	5.918
右岸1单元	W1-J-1	21.11	16.44	2.403	5.240	0.345	4.046	5.699
右岸2单元	W2-J-1	17.09	12.36	1.779	1.959	1.535	—	6.815
右岸3单元	W3-J-1	46.44	42	3.419	4.614	1.792	1.675	6.298
	W3-J-2	31.66	27.15	3.688	4.408	2.478	2.193	6.438
合计	30孔	865.86	678.27	1.967	3.198	0.831	2.821	6.163

(11) 压力钢管对接焊缝超声波检测。1号压力钢管制作对接焊缝超声波检测88组，其中88组合格，合格率100%；2号压力钢管制作对接焊缝超声波检测88组，其中88组合格，合格率100%；3号压力钢管制作对接焊缝超声波检测88组，其中88组合格，合格率100%；1号压力钢管安装对接焊缝超声波检测32组，其中32组合格，合格率100%；2号压力钢管安装对接焊缝超声波检测32组，其中32组合格，合格率100%；3号压力钢管安装对接焊缝超声波检测32组，合格率100%，满足规范和设计要求。

2. 监理单位抽检

(1) 水泥。××江一级水电站大坝及厂房土建工程使用的水泥为××县××水泥有限责任公司及××县××水泥有限公司生产的普通硅酸盐水泥，强度等级为P·O 42.5R，监理共取样检测水泥26组，其中××县××水泥有限责任公司生产的P·O 42.5普通硅酸盐取样检测水泥5组，××县××水泥有限公司生产的P·O 42.5普通硅酸盐水泥取样检测21组，检测合格率为100%，质量符合《通用硅酸盐水泥》(GB 175—2007) 标准要求。

××牌P·O 42.5散装水泥检测结果见表5-2-49。

表5-2-49　监理单位抽检××牌P·O 42.5散装水泥检测成果统计表

厂家：××市××县××水泥有限责任公司　　××牌P·O 42.5水泥（散装）

项　目	抗折强度/MPa		抗压强度/MPa		标准稠度/%	比表面积/(m^2/kg)	凝结时间/min		安定性/mm
	3d	28d	3d	28d			初凝	终凝	
检测组数	4	4	4	4	4	4	4	4	4
合格组数	4	4	4	4	—	4	4	4	4

续表

厂家：××市××县××水泥有限责任公司							××牌P·O 42.5水泥（散装）		
项目	抗折强度/MPa		抗压强度/MPa		标准稠度/%	比表面积/(m^2/kg)	凝结时间/min		安定性/mm
	3d	28d	3d	28d			初凝	终凝	
最大值	5.7	9	32	52.5	26.3	360	198	265	合格
最小值	4.7	7.2	25.1	49.4	25.8	313	116	198	
平均值	5.3	7.8	28.4	50.7	25.7	332	157	231	
合格率/%	100	100	100	100	—	100	100	100	100
GB 175—2007	≥3.5	≥6.5	≥17.0	≥42.5	—	≥300	≥45	≤600	合格

××牌P·O 42.5袋装水泥检测结果见表5-2-50。

表5-2-50 监理单位抽检××牌P·O 42.5袋装水泥检测成果统计表

厂家：××市××县××水泥有限责任公司							××牌P·O 42.5水泥（袋装）		
项目	抗折强度/MPa		抗压强度/MPa		标准稠度/%	比表面积/(m^2/kg)	凝结时间/min		安定性/mm
	3d	28d	3d	28d			初凝	终凝	
检测组数	1	1	1	1	1	1	1	1	1
合格组数	1	1	1	1	—	1	1	1	1
最大值	6.7	8	27.2	46.3	26.2	348	175	245	合格
最小值									
平均值									
合格率/%	100	100	100	100	—	100	100	100	100
GB 175—2007	≥3.5	≥6.5	≥17.0	≥42.5	—	≥300	≥45	≤600	合格

××牌P·O 42.5散装水泥检测结果见表5-2-51。

表5-2-51 监理单位抽检××牌P·O 42.5散装水泥检测成果统计表

厂家：××市××县××水泥有限公司							××牌P·O 42.5水泥（散装）		
项目	抗折强度/MPa		抗压强度/MPa		标准稠度/%	比表面积/(m^2/kg)	凝结时间/min		安定性/mm
	3d	28d	3d	28d			初凝	终凝	
检测组数	19	19	19	19	19	19	19	19	19
合格组数	19	19	19	19	—	19	19	19	19
最大值	6.3	8.9	30.0	51.4	26.3	395	197	273	合格
最小值	5.5	7.8	25.9	47.1	25.6	340	172	236	
平均值	5.9	8.2	27.6	49.5	25.9	377.9	168.2	243.1	
合格率/%	100	100	100	100	—	100	100	100	100
GB 175—2007	≥3.5	≥6.5	≥17.0	≥42.5	—	≥300	≥45	≤600	合格

××牌P·O 42.5袋装水泥检测结果见表5-2-52。

（2）细骨料。细骨料共抽检取样检测20组，取样位置为施工现场拌合楼储料库。试验结果表明：细骨料取样检测组，细度模数波动范围为2.38～3.76，石粉含量波动范围为3.2%～17.3%，平均粒径范围为值0.372～0.619，所检人工砂均属于中粗砂，施工中已及时对配合比进行相应调整，其余各项试验指标均满足《水工混凝土施工规范》（DL/T 5144—2015）对人工砂的质量指标要求。检测结果详见表5-2-53。

表 5-2-52　　　　监理单位抽检××牌 P·O 42.5 袋装水泥检测成果统计表

厂家：××市××县××水泥有限公司　　　　××牌 P·O 42.5 水泥（袋装）

项　目	抗折强度/MPa		抗压强度/MPa		标准稠度/%	比表面积/(m²/kg)	凝结时间/min		安定性/mm
	3d	28d	3d	28d			初凝	终凝	
检测组数	2	2	2	2	2	2	2	2	2
合格组数	2	2	2	2	—	2	2	2	2
最大值	5.9	8.7	27.1	49.6	26	386	178	253	合格
最小值	5.9	8.3	27.8	49.6	25.9	354	159	218	
平均值	5.9	8.5	27.5	49.6	25.9	370	168	235	
合格率/%	100	100	100	100	—	100	100	100	100
检验标准 GB 175—2007	≥3.5	≥6.5	≥17.0	≥42.5	—	≥300	≥45	≤600	合格

表 5-2-53　　　　监理单位抽检细骨料检测成果统计表

统计值	细度模数	石粉含量/%	吸水率/%	有机质含量	泥块含量/%	表观密度/(kg/m³)	
						饱和面干	干燥
检测次数	20	20	20	20	20	20	20
最大值	3.51	17.3	2.4	浅于标准色	无	2660	2720
最小值	2.56	3.2	1.2			2550	2640
平均值	2.90	9.8	1.6			2600	2650
检验标准 DL/T 5144—2015	人工砂：2.4～2.8；河砂：2.2～3.0	6～18	—	不允许	不允许	≥2500	≥2500

（3）粗骨料。粗骨料共抽检取样检测 40 组，试验结果表明：所检粗骨料部分批次超径含量超过《水工混凝土施工规范》（DL/T 5144—2015）规范规定以超逊径筛检验，超径为 0 的要求；逊径含量超过规范规定以超逊径筛检验，逊径小于 2% 的要求；但是，最大骨料粒径没超过钢筋净间距的 2/3 及构件断面最小边长的 1/4。所检指标除试验编号为 CGL-10/15/19/22/25/26/37/38 的含泥量指标超过《水工混凝土施工规范》（DL/T 5144—2015）（5～40mm 为小于等于 1，大于 40mm 为小于等于 0.5）标准外，但是含泥量超标骨料已督促施工单位采取清场处理措施。其余所检各项试验指标均满足《水工混凝土施工规范》（DL/T 5144—2015）对粗骨料的质量指标要求。检测结果详见表 5-2-54。

表 5-2-54　　　　监理单位抽检粗骨料品质检测成果统计表

骨料粒径	项　目	超径/%	逊径/%	含泥量/%	针片状/%	饱干吸水率/%	表观密度/(kg/m³)	泥块含量/%	压碎指标/%
技术标准	控制指标	<0	<2	≤1.0	≤15	≤2.5	≥2550	不允许	≤16
小石（5～20mm）	抽检组数	15	15	15	15	15	15	15	15
	合格组数	10	7	15	15	15	15	15	15
	最大值	33.6	22.7	0.9	6.7	1.6	2900		14.5
	最小值	0	0.6	0	1.2	0.37	2700		6.4
	平均值	3.2	1.5	0.7	3.6	0.9	2740		8.2
	合格率/%	67	54	100	100	100	100	100	100

续表

骨料粒径	项目	超径/%	逊径/%	含泥量/%	针片状/%	饱干吸水率/%	表观密度/(kg/m³)	泥块含量/%	压碎指标/%
中石 （20～40mm）	抽检组数	15	15	15	15	15	15		—
	合格组数	9	10	15	15	15	15		—
	最大值	8.2	9.4	0.9	8.5	1.5	2860		—
	最小值	0	0.8	0.4	3.2	0.39	2730		—
中石 （20～40mm）	平均值	2.5	2.7	0.6	5.9	0.89	2725		—
	合格率/%	60	67	100	100	100	100	100	—
大石 （40～80mm）	抽检组数	10	10	10	10	2	10		—
	合格组数	9	5	10	10	2	10		—
	最大值	0	14.9	0.5	9.8	0.7	2740		—
	最小值	0	0	0.2	4.5	0.4	2670		—
	平均值	0	2.8	0.36	5.2	0.55	2710		—
	合格率/%	100	50	100	100	100	100	100	—

（4）火山灰。大坝及厂房土建工程使用的火山灰生产厂家为××县××火山灰开发有限责任公司，20××年3月××日—20××年7月××日期间，监理对火山灰微粉取样检测7组，检测合格率100%，各项试验指标均满足《水工混凝土施工规范》（DL/T 5144—2015）规范质量指标要求，检测结果详见表5-2-55。

表5-2-55　　监理单位抽检火山灰检测成果统计表

试验编号	检测结果/标准要求							
	细度/%	需水量比/%	烧失量/%	含水量/%	SO_3 含量/%	安定性（沸煮法）	28d活性指数/%	火山灰活性
	45μm方孔筛筛余小于等于25.0	≤115.0	≤10.0	≤1.0	≤4.0	合格	≥60	合格
TLQ-HSH-001	22.6	112.4	4.0	0.4	0.3	合格	65.5	合格
TLQ-HSH-011	18.3	108.5	6.0	0.6			70.5	
TLQ-HSH-013	15.1	108.5	5.2	0.6			67.7	
TLQ-HSH-020	18.2	101.6	5.6	0.6			73.2	
TLQ-HSH-023	13.3	113.7	6.2	0.4			65.9	
TLQ-HSH-026	16.5	109.9	5.7	0.6			76.1	
TLQ-HSH-030	15.3	109.0	5.5	0.6			66.3	

（5）硅粉。大坝土建及厂房工程施工用掺合料硅粉生产厂家为××××硅业有限公司生产的微硅粉。20××年3月××日，监理取样检测1组，所检测的各项试验指标均符合《水工混凝土硅粉品质标准暂行规定》对硅粉的指标要求，检测结果详见表5-2-56。

表 5-2-56　　　　监理单位抽检硅粉检测成果统计表

试验编号	品种等级	检测结果/标准要求				
		密度/(g/cm³)	需水量比/%	烧失量/%	含水率/%	活性指数/%
		—	—	≤6.0	≤3.0	≥90
TLQ-GF-01	硅粉（袋装）	2.18	114.6	2.04	0.3	121.8

(6) 钢筋母材及钢筋连接。大坝土建及厂房工程使用的钢筋母材生产厂家为××集团××钢铁股份有限公司，取样检测 34 组，取样地点为工地钢筋储料库，检测合格率 100%，所检各项指标均符合《钢筋混凝土用钢 第 2 部分：热轧带肋钢筋》(GB 1499.2—2007) 的要求，检测结果详见表 5-2-57。

表 5-2-57　　　　监理单位抽检热轧带肋钢筋检测成果统计表

检测项目	公称直径/mm	检测组数	钢筋混凝土用热轧带肋钢筋（HRB400）								
规定值			屈服强度/MPa			抗拉强度/MPa			断后伸长率/%		
			≥400			≥540			≥16		
生产厂家			最大值	最小值	平均值	最大值	最小值	平均值	最大值	最小值	平均值
××钢铁股份有限公司	10/12/14/16/18/20/22/25/28/32	34	562	404	462	695	550	596	43	21	26.2

大坝及厂房土建工程钢筋采用焊接和直螺丝套筒连接，取样检测 27 组，试验结果表明：26 组月牙肋钢筋接头抗拉强度检测波动范围为 550～670MPa，所检焊接钢筋及直螺纹套筒连接钢筋各项指标均符合《钢筋焊接接头试验方法标准》(JGJ/T 27—2014)、《钢筋焊接及验收规程》(JGJ 18—2012)、《水工混凝土钢筋施工规范》(DL/T 5169—2013) 对钢筋的机械性能指标要求。

(7) 外加剂。大坝及厂房土建工程使用×××××JM-Ⅱ萘系减水剂、××××KLN-3 萘系减水剂，分别于 20××年 2 月××日、8 月××日共取样检测 2 组，取样地点为外加剂储料库，试验结果符合《水工混凝土外加剂技术规程》(DL/T 5100—2014) 对减水剂的技术指标要求，检测结果见表 5-2-58。

表 5-2-58　　　　监理单位抽检减水剂检测成果统计表

试验编号	品种等级	检测结果（掺量 0.8%）/标准要求								
		减水率/%	泌水率比/%	含气量/%	凝结时间差/min		抗压强度比/%			收缩率比/%
					初凝	终凝	3d	7d	28d	28d
		≥15	≤100	<3.0	≥+120		≥125	≥125	≥120	≤125
TLQ-JSJ-001	JM-Ⅱ型	18.4	68	2.4	236	221	160.7	157.3	144.6	107.0
TLQ-JSJ-004	KLN-3	18.1	64.7	2.2	131	162	147		135	98.4

大坝及厂房土建工程使用×××××GYQ-Ⅰ引气剂、××××KLAE 引气剂，分别于 20××年 4 月××日、8 月××日共取样检测 2 组，取样地点为外加剂储料库，试验结果符合《水工混凝土外加剂技术规程》(DL/T 5100—2014) 对引气剂的技术指标要求，检测结果见表 5-2-59。

表 5-2-59　　监理单位抽检引气剂检测成果统计表

试验编号	品种等级	检测结果/标准要求							
		减水率/%	泌水率比/%	含气量/%	凝结时间差/min		抗压强度比/%		
					初凝	终凝	3d	7d	28d
		≥6	≤70	4.5～5.5	(−90～120)		≥90	≥90	≥85
TLQ-YQJ-003	CYQ-I	7.2	54.6	4.7	93	109	99	—	93
TLQ-YQJ-005	KLAE	6.7	53.4	4.9	96	103	95	—	91

(8) 橡胶止水带。大坝及厂房土建工程使用的橡胶止水带生产厂家为××省××工程橡塑有限公司，规格型号为 300×8 (mm)、B 型止水带，取样地点为施工现场取样。20××年 2 月××日，取样橡胶止水带检测 1 组，试验结果符合《水工建筑物止水带技术规范》(DL/T 5215—2005) 中对 B 型（适用于变形缝）橡胶止水带的技术指标要求，检测结果见表 5-2-60。

表 5-2-60　　监理单位抽检橡胶止水带检测成果统计表

试验编号	生产批号	检测结果/标准要求				
		硬度（邵尔 A）/度	断裂拉伸强度/MPa	扯断伸长率/%	压缩永久变形/%	撕裂强度/(kN/m)
		60±5	≥15	≥380	23°C×168h≤25	≥30
TLQ-ZSD-001	151210	63.5	16.4	571	12.7	37.2

(9) 铜止水。大坝及厂房土建工程使用的铜止水生产厂家为××县华铜铜材有限公司，规格型号为 1.5×600 (mm)、1.0×600 (mm)，取样地点为施工现场取样，取样检测 2 组，试验结果符合《水工建筑物止水带技术规范》(DL/T 5215—2005) 对铜止水材料的技术指标要求，检测结果详见表 5-2-61。

表 5-2-61　　监理单位抽检止水铜片检测成果统计表

试验编号	取样日期	生产牌号	试验种类	厚度/mm	检测结果/标要求	
					抗拉强度/MPa	伸长率/%
					≥205	≥20
TLQ-ZSTP-001	20××-2-××	T2	母材	1.5	249	32.2
TLQ-ZSTP-002	20××-2-××	T2	母材	1.0	245	32.5

(10) 钢板。压力钢管钢板母材生产厂家为××钢铁股份有限公司，钢板母材取样 1 组，取样地点为施工现场钢管加工厂。试验结果符合《低合金高强度结构钢》(GB/T 1591—2008) 对 Q345C 钢材的力学性能指标要求，检测结果详见表 5-2-62。

表 5-2-62　　监理单位抽检钢板母材检测成果统计表

试验编号	TLQ-GB-1	牌号/板度	Q345C、16/mm
样品名称	钢板母材	取样部位	钢板母材加工场
生产厂家	××钢铁股份有限公司	批号	Z6-12539
使用部位	大坝取水压力钢管	炉号	J68-03682A

续表

取样日期		20××年7月××日	试验日期	20××年7月××日
检测结果				
试验项目		标准规定值	实测值	
拉伸试验	厚度/mm	—	16	
	试件尺寸/mm	—	δ16×40×500	
	公称横截面面积/mm^2	—	640	
	原始标距/mm	—	143	
	屈服强度 R_{eL}/MPa	≥345	401	
			399	
	抗拉强度 R_m/MPa	≥470～630	538	
			541	
	断后伸长率 A/%	≥21	23.0	
			25.0	
冷弯试验	弯心直径/mm	≤16，$d=2a$	32	
	弯曲角度/(°)	180	180	
	试验结果	弯后试件表面无裂纹	无裂纹	

（11）中间产品检测成果。

1）混凝土抗压强度试验。常态混凝土抗压强度试验按照《水工混凝土试验规程》（DL/T 5150—2001）进行；混凝土抗压强度统计见表5-2-63、表5-2-64。抽检结果表明：大坝及厂房工程混凝土设计龄期抗压强度抽检结果满足《水工混凝土施工规范》（DL/T 5144—2015）要求，监理单位抽检的40组，混凝土抗压强度全部满足要求。

表5-2-63　监理单位抽检大坝混凝土抗压强度检测成果统计表

编号	取样位置	组数	强度等级	抗压强度/MPa		平均值/MPa
				最大值	最小值	
TLQ-DB-194	1号坝段（高程1180.00～1182.00）	1	C_{90}20W6F50/Ⅲ	25.8	25.1	25.5
TLQ-DB-231	1号坝段（高程1199.50～1201.70）	1	C_{28}20W6F50/Ⅱ	26.9	23.2	25.3
TLQ-DB-123	2号坝段（高程1160.00～1163.60）	1	C_{90}20W6F50/Ⅲ	27.2	26.6	26.9
TLQ-DB-178	2号坝段（高程1172.00～1174.00）	1	C_{28}20W6F50/Ⅱ	25.9	24.0	24.7
TLQ-DB-207	2号坝段（高程1181.50～1183.80）	1	C_{28}25W6/Ⅱ	28.0	27.3	27.7
TLQ-DB-9	3号坝段（高程1138.00～1140.00）	1	C20/Ⅲ	24.2	23.3	23.7
TLQ-DB-148	3号坝段（高程1156.50～1160.10）	1	C_{90}15W4/Ⅱ	24.8	24.0	24.3
TLQ-DB-174	4号坝段（高程1164.50～1166.50）	1	C_{28}25W6F50/Ⅱ	29.3	27.5	28.5
TLQ-DB-15	4号坝段（高程1140.00～1141.80）	1	C_{90}20W6F50/Ⅲ	30.2	27.7	29.3
TLQ-DB-273	4号坝段（高程1150.60～1153.60）	1	C_{90}10W4/Ⅲ	17.8	16.4	17.0
TLQ-DB-472	4号坝段（高程1183.80～1188.00）	1	C_{90}30W6F100/Ⅱ	36.9	35.5	36.3

续表

编　号	取　样　位　置	组数	强度等级	抗压强度/MPa		平均值/MPa
				最大值	最小值	
TLQ-DB-70	5号坝段（高程1147.20～1150.80）	1	C_{90}20W6F50/Ⅲ	26.7	26.2	26.4
TLQ-DB-275	5号坝段（高程1147.20～1150.80）	1	C_{90}10W4/Ⅲ	15.3	14.1	14.7
TLQ-DB-276	5号坝段（高程1150.80～1154.30）	1	C_{90}15W4F50/Ⅲ	19.0	16.9	18.0
TLQ-DB-338	5号坝段（高程1147.00～1150.90）	1	C_{90}30W6F100/Ⅱ	43.8	40.3	42.0
TLQ-DB-112	6号坝段（高程1155.60～1159.10）	1	C_{90}30W6F100/Ⅱ	42.4	42.1	42.2
TLQ-DB-339	6号坝段（高程1173.30～1176.30）	1	C_{90}20W4F50/Ⅲ	25.1	24.3	24.8
TLQ-DB-342	6号坝段（高程1170.30～1171.00）	1	C_{28}25W6F50/Ⅱ	29.3	27.5	28.3
TLQ-DB-448	冲沙底孔工作闸门槽底坎二期	1	C30	42.6	40.7	41.7
TLQ-DB-61	7号坝段（高程1145.40～1148.90）	1	C25	27.0	26.1	26.5
TLQ-DB-407-1	7号坝段（高程1145.40～1148.90）	1	C_{90}20W4F50/Ⅲ	28.5	27.9	27.6
TLQ-DB-490	7号坝段（拦污栅门槽底坎二期）	1	C25	32.5	31.5	31.9
TLQ-DB-28-1	7号坝段（高程1141.80～1143.60）	1	C20W6F50/Ⅲ	24.5	23.0	24.5
TLQ-DB-271	8号坝段（高程1170.50～1172.00）	1	C_{90}20W6F50/Ⅱ	25.9	24.8	25.4
TLQ-DB-40	9号坝段（高程1147.00～1148.90）	1	C_{28}20W6F50/Ⅱ	30.8	30.2	30.6
TLQ-DB-170	9号坝段（高程1155.50～1158.30）	1	C_{28}25W6F50/Ⅱ	27.2	25.8	26.6
TLQ-DB-219	10号坝段（高程1172.60～1175.00）	1	C_{90}20W6F50/Ⅲ	28.2	27.1	27.7
TLQ-DB-80	底孔消力池	1	C_{28}25W4F50/Ⅱ	29.4	27.7	28.6
TLQ-DB-78	底孔消力池	1	C_{90}30W6F100/Ⅱ	36.1	34.1	35.2
TLQ-DB-410	消力池	1	C_{90}30W6F100/Ⅱ	40.1	38.5	39.3
TLQ-DB-443-1	消力池连接段	1	C25/Ⅱ	33.3	31.4	32.2

表5-2-64　　监理单位抽检厂房混凝土抗压强度检测成果统计表

编　号	取样位置	组数	强度等级	抗压强度/MPa		平均值/MPa
				最大值	最小值	
TLQ-CF-HKY005	2号、3号水轮发电机组	1	C25W6F50/Ⅱ	28.5	26.3	27.4
TLQ-CF-HKY056	厂房尾水渠底板	1	C_{28}25F50/Ⅱ	27.3	25.6	26.4
TLQ-CF-HKY002	厂房检修集水井	1	C25W6/Ⅱ	27.6	24.4	26.0
TLQ-CF-HKY013	主厂房安装间	1	C_{28}15/Ⅱ	27.2	25.4	26.4
TLQ-CF-HKY017	1号水轮发电机组	1	C_{28}25W6F50/Ⅱ	28.9	28.6	28.8
TLQ-CF-HKY036	安装间（柱子）	1	C25/Ⅱ	29.5	26	27.8
TLQ-CF-HKY142	GIS楼（边墙柱子板）	1	C25/Ⅱ	39.5	37.3	38.4
TLQ-CF-HKY123	2号、3号水轮发电机组（吊车梁轨道二期）	1	C30/Ⅰ	39.5	37.6	38.5

2）混凝土抗渗等级试验。试验按照《水工混凝土试验规程》（DL/T 5150—2001），检测结果见表5-2-65。抽检的混凝土抗渗等级试验结果全部达到设计要求，合格率100%。

表5-2-65　　监理单位抽检大坝混凝土抗渗等级检测成果统计表

取样情况					试验检测结果		
编号	浇筑部位	设计强度/级配	抗渗等级	成型日期/(年.月.日)	龄期/d	试验日期/(年.月.日)	试验结果
TLQ-DB-HKS035	底孔消力池	C_{28}25/Ⅱ	W6	20××.03.××	28	20××.04.××—20××.04.××	>W6
TLQ-CF-HKS060	2号、3号水轮发电机组	C_{28}25/Ⅱ	W6	20××.03.××	28	20××.04.××—20××.04.××	>W6

3）混凝土抗冻等级试验。试验按照《水工混凝土试验规程》（DL/T 5150—2001）、《水工碾压混凝土施工规范》（DL/T 5112—2009）进行，检测结果见表5-2-66。抽检结果显示，混凝土抗冻等级试验结果全部达到设计要求。

表5-2-66　　混凝土抗冻等级检测成果统计表

编号	取样位置	强度等级	抗冻试验结果								抗冻等级
			相对动弹模/%				质量损失/%				
			25	50	75	100	25	50	75	100	
TLQ-DB-261	6号坝段	C_{90}30W6、F100/Ⅱ	98.5	93.2	90.4	84.7	0.49	0.58	1.07	1.36	≥100

（12）固结灌浆及帷幕灌浆检查孔试验。

1）固结灌浆。大坝固结灌浆孔共计完成682个，根据规范要求及施工情况，共布置质量检查孔45个。固结灌浆质量检查孔透水率最大值为7.07Lu，最小值为2.1Lu，坝基经固结灌浆后岩石透水率明显减少，固结灌浆效果明显，均小于透水率10Lu，符合设计要求，检测结果详见表5-2-67。

表5-2-67　　固结灌浆压水检测成果统计表

单元工程编号	孔数	钻孔长度/m	压水长度/m	平均透水率/Lu
1单元	2			
2单元	3	49.1	24	2.1
3单元	5	57.3	41	4.52
4单元	6	62.4	48	7.07
5单元	5	50.6	40	4.42
6单元	5	51.7	40	6.72
7单元	6	61.9	48	5.02
8单元	5	56.2	40	3.38
9单元	6	69.6	48	2.91
10单元	2	22.0	16	3.44
合计	45	507.5	345	4.83

2）帷幕灌浆。帷幕灌浆工程灌浆孔共计完成 307 个，根据规范要求及施工情况，现场确定检查孔位置，共布置质量检查孔 30 个。帷幕灌浆质量检查孔透水率平均值为 1.97Lu，经过帷幕灌浆后岩石透水率明显减少，帷幕灌浆效果明显，均小于透水率 5Lu，符合设计要求，检测结果详见表 5-2-68。

表 5-2-68　帷幕灌浆压水检测成果统计表

单　元　号	孔　号	钻孔长度/m	压水长度/m	平均透水率/Lu	最大透水率/Lu	最小透水率/Lu
大坝 1 单元	W1-J-1	43.99	40.29	2.711	4.613	0.365
	W1-J-2	45.28	35.28	2.394	4.287	1.471
大坝 2 单元	W2-J-1	53.85	17.35	1.086	1.439	0.477
大坝 3 单元	W3-J-1	19.1	16.1	0.538	0.652	0.387
	W3-J-2	21.62	16.5	0.382	0.892	0.000
	W3-J-3	23.02	17.52	2.230	2.971	1.523
大坝 4 单元	W4-J-1	24.83	15.43	1.158	1.684	0.840
	W4-J-2	20.72	17.72	1.448	4.462	0.283
大坝 5 单元	WS-J-1	22.5	19.5	1.553	2.659	0.311
大坝 6 单元	W6-J-1	22.6	19.6	1.358	2.813	0.815
大坝 7 单元	W7-J-1	26	20.9	0.526	1.831	0.000
	W7-J-2	25.13	21.43	1.456	3.376	0.000
大坝 8 单元	W8-J-1	26.06	19.55	2.704	3.948	1.472
	W8-J-2	24.83	21.25	3.072	4.581	1.798
大坝 9 单元	W9-J-1	26.59	20.81	2.321	3.325	0.195
	W9-J-2	23.67	19	0.665	1.828	0.000
大坝 10 单元	W10-J-1	53.51	28.51	3.156	3.857	1.112
	W10-J-2	46.14	42.44	2.248	3.749	0.000
左岸试验区	WS-J-1	30.11	27	0.631	1.249	0.201
左岸 1 单元	W1-J-1	14.5	11.18	0.636	1.271	0.000
	W1-J-2	17.91	14.62	0.169	1.036	0.548
左岸 2 单元	W2-J-1	21.11	17.91	0.637	1.190	0.177
左岸 3 单元	W3-J-1	37.02	34	2.725	4.057	0.765
右岸试验区	WS-J-1	26.64	22.05	5.712	8.394	2.555
	WS-J-2	25.13	20.53	4.635	6.596	3.133
	WS-J-3	27.7	23.85	1.562	2.963	0.347
右岸 1 单元	W1-J-1	21.11	16.44	2.403	5.240	0.345
右岸 2 单元	W2-J-1	17.09	12.36	1.779	1.959	1.535
右岸 3 单元	W3-J-1	46.44	42	3.419	4.614	1.792
	W3-J-2	31.66	27.15	3.688	4.408	2.478
合计	30 孔	865.86	678.27	1.967	3.198	0.831

3. 质量检测单位抽检

质量检测单位×××××岩土工程质量检测有限公司在工程施工过程中，严格按照《××市××江一级水电站工程质量检测规划方案》《水工混凝土施工规范》（DL/T 5144—2015）、《水工混凝土钢筋施工规范》（DL/T 5169—2013）、《××江一级水电站大坝施工技术要求》等规程、规范、相关标准及设计文件要求进行抽样检测，现场不能检测项目，及时送回公司××总部进行检测。20××年1月—20××年1月××日，相关检测工作及完成情况检测工作情况见表5-2-69。

表5-2-69　　质量检测单位试验检测工作量统计表

编号	种类	试　验　项　目	检测组数
1	水泥	比表面积、细度、凝结试件、安定性、强度	94
2	火山灰	细度、需水量比、SO_3含量、烧失量、含水率、活性指数	33
3	硅粉	需水量比、活性指数	1
4	外加剂	减水率、泌水率比、含气量、凝结试件差、抗压强度比、收缩率比、对钢筋腐蚀作用	10
5	钢筋母材	屈服强度、抗拉强度、断后伸长率、冷弯	114
6	焊接钢筋	最大拉伸强度、断口判断	79
7	细骨料	颗粒分析、常规质量指标检验	82
8	粗骨料	超逊径、含泥量、泥块含量、常规质量指标检验	208
9	橡胶止水带	硬度、断裂拉伸强度、扯断伸长率、压缩永久变形、撕裂强度	4
10	止水铜片	拉伸强度、伸长率	5
11	混凝土	大坝标准试件抗压强度试验	757
12		厂房标准试件抗压强度试验	257
13		抗渗等级试验	50
14		抗冻等级试验	30
15		极限拉伸及抗拉强度	42
16		抗冲耐磨（水下钢球法）试验	16
17		静力抗压弹性模量试验	4
18	碱活性试验	砂浆棒快速法（砂、小石、中石、大石各一组）	4
19	取水压力钢管	钢板母材（屈服强度、抗拉强度、断后伸长率、冷弯）	4
20		探伤	168条
21		涂层厚度（15个构件）	30个测区

注　混凝土抗压强度仅提供设计龄期工作量，非设计龄期混凝土检测工作量不在统计范围。

（1）原材料检测及质量分析。

1）水泥检测及质量分析结果。大坝土建及厂房工程施工用水泥共取样检测94组，生产厂家为××县××水泥有限责任公司生产的××牌P·O 42.5普通硅酸盐水泥及××县××水泥有限公司生产的××牌P·O 42.5普通硅酸盐水泥，进行常规、物理力学检验。

检测结果表明：P·O 42.5水泥28d抗压强度波动范围为45.3～52.7MPa，其余检测的各项试验指标均满足国家标准《通用硅酸盐水泥》（GB 175—2007）对普通硅酸盐 P·O 42.5 水泥的质量指标要求。

2）火山灰检测及质量分析结果。大坝土建及厂房工程施工用掺合料火山灰检测21组，生产厂家为××县××牌火山灰开发有限责任公司生产的火山灰微粉，进行常规、物理力学检验。

检测结果表明：21组火山灰28d抗压强度比波动范围为65.5%～79.1%，其余检测的各项试验指标均满足《水工混凝土施工规范》（DL/T 5144—2015）质量指标要求。

3）火山灰检测及质量分析结果。大坝土建及厂房工程施工用掺合料硅粉检测1组，生产厂家为××石晶硅业有限公司生产的微硅粉，进行常规、物理力学检验。

检测结果表明：此组硅粉含水率为0.3%，密度为2.18g/cm³，烧失量为2.04%，28d抗压强度比为121.8%，所检测的各项试验指标均符合《水工混凝土硅粉品质标准暂行规定》对硅粉的指标要求。

4）钢筋母材质量检测及质量分析结果。大坝土建及厂房工程取不同规格钢筋母材114组进行常规试验检测，取样地点为工地钢筋储料库，钢筋母材生产厂家为××集团××钢铁股份有限公司。

检测结果表明：114组月牙肋钢筋屈服强度波动范围为405～620MPa，抗拉强度波动范围为540～760MPa，断后伸长率波动范围为17.0%～43.0%，所检各项指标均符合《钢筋混凝土用钢 第2部分：热轧带肋钢筋》（GB 1499.2—2007）对HRB400E钢筋的机械性能要求。

5）焊接钢筋质量检测及质量分析结果。大坝土建及厂房工程取样检测焊接钢筋及直螺纹套筒连接钢筋79组，生产厂家为××集团××钢铁股份有限公司，进行常规试验检测。

检测结果表明：79组月牙肋钢筋接头抗拉强度检测波动范围为550～670MPa，所检焊接钢筋及直螺纹套筒连接钢筋各项指标均符合《钢筋焊接接头试验方法标准》（JGJ/T 27—2014）、《钢筋焊接及验收规程》（JGJ 18—2012）、《水工混凝土钢筋施工规范》（DL/T 5169—2013）对钢筋的机械性能指标要求。

6）外加剂检测及质量分析结果。大坝土建及厂房工程用×××××JM-Ⅱ萘系减水剂、××××KLN-3萘系减水剂取样检测6组，×××××GYQ-Ⅰ引气剂、××××KLAE引气剂取样检测4组，外加剂共检测10组，取样地点为外加剂储料库，进行物理性能和化学性能检测。

检测结果表明：6组减水剂萘系减水剂减水率波动范围为17.8%～18.6%，含气量波动范围为1.8%～2.4%，28d抗压强度比波动范围为131%～144.6%；4组引气剂减水率波动范围为6.4%～7.2%，含气量波动范围为4.7%～5.1%，28d抗压强度比波动范围为89.0%～93.0%；检测结果均符合《水工混凝土外加剂技术规程》（DL/T 5100—2014）对减水剂的技术指标要求。

7）橡胶止水带检测及质量分析结果。大坝土建及厂房工程取样橡胶止水带检测4组，生产厂家为××省××工程橡塑有限公司，规格型号为300mm×8mm（宽×厚）、B型止水带，取样地点为施工现场取样。

检测结果表明：4组B型300mm×8mm橡胶止水带所检各项指标均符合《水工建筑物止水带技术规范》（DL/T 5215—2005）中对B型（适用于变形缝）橡胶止水带的技术指标

要求。

8）止水铜片检测及质量分析结果。大坝土建及厂房工程取样止水铜片检测5组，生产厂家为××县××铜材有限公司，规格型号为1.5mm×600mm（厚×宽）、1.0mm×600mm（厚×宽），取样地点为施工现场取样。

检测结果表明：5组止水铜片所检各项指标均符合《水工建筑物止水带技术规范》（DL/T 5215—2005）对铜止水材料的技术指标要求。

9）钢板力学性能质量检测及质量分析结果。大坝取水压力钢管钢板母材取样4组，取样地点为钢板母材加工厂，钢板母材生产厂家为××钢铁股份有限公司，进行常规试验检测。

检测结果表明：4组取水压力钢管钢板母材屈服强度为391～411MPa，抗拉强度为525～541MPa，断后伸长率为21.5%～26.0%，所检各项指标均符合《低合金高强度结构钢》（GB/T 1591—2008）对Q345C钢材的力学性能指标要求。

10）钢管探伤质量检测及质量分析。1号、2号、3号取水压力钢管加工现场环缝δ16×DN4700mm钢管，分别进行了钢管安装环缝50%的超声波探伤检测、检测56条钢管环缝。取水压力钢管共计检测168条钢管环缝。

试验结果表明：取水压力钢管共计检测168条钢管焊缝均未发现超标缺陷存在，检测焊缝内部质量符合《钢焊缝手工超声波探伤方法和探伤结果分级》（GB 11345—2013）对Ⅱ级焊缝的要求，并符合《水利工程压力钢管制造安装及验收规范》（SL 432—2008）及设计要求，所抽检的焊缝全部合格。

11）钢管涂层厚度质量检测及质量分析。1号、2号、3号取水压力钢管分别抽检5个构件现场防腐涂层厚度，共10个测区。取水压力钢管共计抽检15个构件现场防腐涂层厚度，共30个测区。

检测结果表明：1号取水压力钢管10个测区涂层厚度实测平均范围值为519～631μm，2号取水压力钢管10个测区涂层厚度实测平均范围值为544～555μm，3号取水压力钢管10个测区涂层厚度实测平均范围值为540～565μm，取水压力钢管共计抽检检测30个测区涂层厚度实测平均范围值为519～631μm，所检各构件均符合《水工金属结构防腐蚀规范》（SL 105—2007）规范及设计大于或等于500μm的要求。

（2）砂石骨料检测分析结果。

1）骨料碱活性试验检测。大坝左岸下游××河滩骨料场取样进行碱活性试验4组，其中编号：TLQ-XGL-JHX-1（人工砂）1组、TLQ-CGL-JHX-1-1（5～20mm小石）1组、TLQ-CGL-JHX-1-2（20～40mm中石）1组、TLQ-CGL-JHX-1-3（40～80mm大石）1组。

试验结果表明：4组骨料成型的砂浆棒试件14d膨胀率均小于0.1%，判定为非活性骨料。

2）细骨料试验检测。细骨料共抽检取样检测82组，取样位置为施工现场拌合楼储料库。进行颗粒分析、常规质量指标检验。

试验结果表明：细度模数波动范围为2.38～3.76，石粉含量为3.2%～17.3%，平均粒径范围值为0.372～0.619mm，所检人工砂均属于中粗砂，细骨料部分批次细度模数超标，承包商土建项目部在施工中已由试验人员及时对配合比进行相应调整，其余各项试验指标均满足《水工混凝土施工规范》(DL/T 5144—2015) 对人工砂的质量指标要求。

3）粗骨料试验检测。粗骨料共抽检取样检测208组（大、中、小石），取样位置为施工现场拌合楼储料库。进行颗粒分析、常规质量指标检验。

试验结果表明：所检粗骨料部分批次超径含量超过《水工混凝土施工规范》(DL/T 5144—2015) 规范规定以超逊径筛检验，超径为0的要求；逊径含量超过DL/T 5144—2015规范规定以超逊径筛检验，逊径小于2%的要求；但是，最大骨料粒径没超过钢筋净间距的2/3及构件断面最小边长的1/4。所检指标除试验编号为CGL-10/15/19/22/25/26/37/38的含泥量指标超过DL/T 5144—2015（5～40mm为小于等于1，大于40mm为小于等于0.5）标准外，含泥量超标骨料已全部采取清场处理措施。其余所检各项试验指标均满足《水工混凝土施工规范》(DL/T 5144—2015) 对粗骨料的质量指标要求。

（3）混凝土试验结果与质量评定。

1）混凝土抗渗等级试验检测结果。大坝工程及厂房工程混凝土抗渗试件试验检测共50组。试验按照《水工混凝土试验规程》(DL/T 5150—2001) 规程进行。

试验结果表明：试验结果均大于设计要求，满足设计要求。

2）混凝土抗冻性试验检测结果。大坝及厂房工程混凝土抗冻性试件试验检测共30组。试验按照《水工混凝土试验规程》(DL/T 5150—2001) 规程进行。

检测结果表明：试验结果均大于设计要求，质量合格。

3）混凝土极限拉伸及抗拉强度试验检测。大坝及厂房工程混凝土极限拉伸及抗拉强度试件试验检测共42组。试验按照《水工混凝土试验规程》(DL/T 5150—2001) 规程进行。

检测结果表明：试验结果满足设计要求，质量合格。

4）混凝土抗冲磨（水下钢球法）试验检测结果。大坝及厂房工程混凝土抗冲磨（水下钢球法）试件试验强度等级C_{90}30W6F100/Ⅱ，检测共16组。试验按照《水工混凝土试验规程》(DL/T 5150—2001) 规程进行，28d抗冲磨强度f_a值4.86～5.95h/(kg/m^2)，28d磨损率L值4.48%～5.91%，满足设计要求。

5）混凝土静力抗压弹性模量试验检测。大坝及厂房工程混凝土静力抗压弹性模量试件强度等级有C_{90}20W6F50/Ⅲ（2组）、C_{28}25W6F50/Ⅱ、C_{90}30W6F100/Ⅱ试验检测共4组。试验按照《水工混凝土试验规程》(DL/T 5150—2001) 规程进行，试验值1.68×10^4～2.62×10^4MPa，满足设计要求。

6）混凝土抗压强度试验检测。

a. 大坝工程混凝土抗压强度试验结果与质量评定。大坝工程混凝土标准抗压试件取样成型共757组，混凝土抗压强度试验结果及质量评定见表5-2-70、表5-2-71，大坝混凝土各项检测指标均满足设计要求。

通过对表5-2-70、表5-2-71分析结果表明：大坝工程全部混凝土设计龄期抗压强度结果统计的平均值和最小值同时满足《水工混凝土施工规范》(DL/T 5144—2015) 对混凝土强度检验与评定的2个合格条件。

按照《水工混凝土施工规范》(DL/T 5144—2015) 中表11.6.2衡量混凝土生产质量水平的要求，设计龄期抗压强度标准差C_{90}20～C_{90}35（$\sigma<3.5$为优秀，$3.5<\sigma<4.0$为良好），强度不低于设计强度标准值的百分率$P_s=100\%$，大坝工程混凝土总体生产质量等级可评定为良好。

表 5-2-70 大坝工程全部混凝土抗压强度检测成果统计表（一）

指标 \ 混凝土种类	$C_{90}10$ W4/Ⅲ	$C_{28}15$ W4/Ⅲ	$C_{90}15$ W4F50/Ⅲ	$C_{28}20$ W4F50/Ⅱ	$C_{90}20$ W6F50/Ⅲ	$C_{28}25$ W4F50/Ⅱ
组数 n	67	17	3	42	300	146
平均值 m_{fcu}/MPa	17.7	21.4	23.3	25.7	27.1	29.1
强度标准差 σ_0/MPa	2.742	2.428	0.979	3.248	2.748	2.287
概率度系数 t	2.808	2.636	8.478	1.755	2.584	1.793
最小值 $f_{cu,min}$/MPa	12.5	19.4	22.3	20.0	20.5	25.3
$0.85f_{cu,k}$（$\leqslant C_{90}20$）$0.90f_{cu,k}$（$>C_{90}20$）	8.5	12.8	12.8	17.0	17.0	22.5
$f_{cu,k}+Kt\sigma_0$	11.5	16.5	19.8	21.1	21.4	25.8
$m_{fcu}\geqslant f_{cu,k}+Kt\sigma_0$	满足	满足	满足	满足	满足	满足
$f_{cu,min}\geqslant 0.85\ (0.90)\ f_{cu,k}$	满足	满足	满足	满足	满足	满足
结构混凝土强度保证率 $P\geqslant 90\%$	98.8%（满足）	98.5%（满足）	>99.9%（满足）	95.3%（满足）	98.5%（满足）	96.1%（满足）

表 5-2-71 大坝工程全部混凝土抗压强度检测成果统计表（二）

指标 \ 混凝土种类	$C_{28}25$/I	$C_{28}30$/I	$C_{28}30$/Ⅱ	$C_{90}30$ W6F100/Ⅱ	$C_{28}35$/I
组数 n	22	9	3	146	2
平均值 m_{fcu}/MPa	35.7	39.0	35.7	40.2	45.2
强度标准差 σ_0/MPa	4.253	3.725	1.462	3.443	0.707
概率度系数 t	2.516	2.416	3.899	2.963	14.4
最小值 $f_{cu,min}$/MPa	28.3	34.7	34.5	31.2	44.7
$0.85f_{cu,k}$（$\leqslant C_{90}20$）$0.90f_{cu,k}$（$>C_{90}20$）	22.5	27.0	27.0	27.0	31.5
$f_{cu,k}+Kt\sigma_0$	27.5	33.2	33.3	32.0	42.2
$m_{fcu}\geqslant f_{cu,k}+Kt\sigma_0$	满足	满足	满足	满足	满足
$f_{cu,min}\geqslant 0.85\ (0.90)\ f_{cu,k}$	满足	满足	满足	满足	满足
结构混凝土强度保证率 $P\geqslant 90\%$	98.4%（满足）	98.2%（满足）	>99.9%（满足）	99.0%（满足）	>99.9%（满足）

b. 厂房工程总体混凝土抗压强度试验结果与质量评定。厂房工程全部混凝土标准抗压试件取样成型共 257 组，7d 非设计龄期取样 49 组，混凝土抗压强度试验结果见表 5-2-72。

表 5-2-72 厂房工程全部混凝土抗压强度检测成果统计表

指标 \ 混凝土种类	$C_{28}15$/Ⅱ	$C_{28}20$/Ⅱ	$C_{28}25$/I	$C_{28}25$ W6F50/Ⅱ	$C_{28}30$/I	$C_{28}30$ W4F50/Ⅱ
组数 n	5	4	21	167	6	5
平均值 m_{fcu}/MPa	21.6	25.9	32.9	29.3	42.6	33.9
强度标准差 σ_0/MPa	4.281	2.085	2.892	2.584	4.099	1.981
概率度系数 t	1.542	2.830	2.732	1.664	3.074	1.969
最小值 $f_{cu,min}$/MPa	17.3	23.9	28.4	24.7	37.4	31.6

续表

指标 \ 混凝土种类	C_{28}15/Ⅱ	C_{28}20/Ⅱ	C_{28}25/I	C_{28}25 W6F50/Ⅱ	C_{28}30/I	C_{28}30 W4F50/Ⅱ
$0.85f_{cu,k}$（≤C_{90}20）$0.90f_{cu,k}$（>C_{90}20）	12.8	17.0	22.5	22.5	27.0	27.0
$f_{cu,k}+Kt\sigma_0$	18.0	23.0	26.8	25.9	34.5	31.8
$m_{fcu}\geqslant f_{cu,k}+Kt\sigma_0$	满足	满足	满足	满足	满足	满足
$f_{cu,min}\geqslant 0.85$（0.90）$f_{cu,k}$	满足	满足	满足	满足	满足	满足
结构混凝土强度保证率 $P\geqslant 90\%$	93.8%（满足）	98.8%（满足）	98.7%（满足）	95.1%（满足）	>99.9%（满足）	97.5%（满足）

通过对表5-2-72分析结果表明：厂房工程全部混凝土设计龄期抗压强度结果统计的平均值和最小值同时满足《水工混凝土施工规范》（DL/T 5144—2015）对混凝土强度的检验与评定的2个合格条件。

按照《水工混凝土施工规范》（DL/T 5144—2015）表11.6.2衡量混凝土生产质量水平的要求，设计龄期抗压强度标准差 C_{90}20～C_{90}35（$\sigma<3.5$ 为优秀，$3.5<\sigma<4.0$ 为良好），强度不低于设计强度标准值的百分率 $P_s=100\%$，厂房工程混凝土总体生产质量等级可评定为良好。

（四）闸门及启闭机安装与试运行

电站金属结构及启闭设备已安装完成。坝顶双向门机、尾水门机、主厂房桥机、冲沙廊道液压启闭机、冲沙底孔液压启闭机、事故门液压启闭机运行正常，满足1号机组启动试运行条件。

1. 厂房尾水和取水口坝段金属结构安装

（1）门槽安装。对尾水闸检修闸门、取水口事故闸门和检修闸门门槽安装的底槛、主轨、反轨、门楣、侧止水座板、各埋件距离等的检测结果分析表明，各项指标均达到合格标准，门槽安装质量合格。

（2）门叶安装。取水口事故门及检修门、厂房尾水闸门和取水口坝段闸门均为平面闸门，门体安装检测结果表明，各项检测指标均达到合格标准，门叶安装质量合格。

2. 冲沙闸埋件及门体安装

（1）门槽安装。对冲沙闸门槽安装的底槛、主轨、反轨、门楣、侧止水座板、各埋件距离等的检测结果分析表明，各项指标均达到合格标准，门槽安装质量合格。

（2）门叶安装。冲沙底孔、廊道弧形闸门门叶安装质量严格按照监理实施细则和设计要求进行控制，门叶与支臂拼装及门叶弧度与中心位置正确，支臂和节间焊缝经过超声波探伤检查符合设计及规范要求。

弧形闸门安装完成后，监理人会同承包人进行了以下试验和检查：①无水情况下全行程启闭试验，检查支铰的转动情况，启闭过程平稳无卡阻、水封橡皮无磨损；②在闸门全关位置，水封橡皮无损失，作渗漏水检查合格，止水严密；③动水试验按设计要求在液压启闭机厂家的指导下进行，进一步检查了支铰转动、水封密封情况。通过以上试验和检查结果表明：弧形闸门的安装满足设计和规范要求。

（3）固定液压式启闭机安装。冲沙底孔工作闸门QHSY-1600/400-10.4固定液压式启闭机、冲沙廊道工作闸门QHSY-630/250-4.576固定液压式启闭机、取水口快速事故门 QPKY1250/630－6.8 固定液压式启闭机、溢流表孔弧形工作门 QHLY2×1250－7.1 固定液压式启闭机的安装在厂家驻场代表的指导下进行，各安装工序评定满足规范和设计要求，电气控制设备经现场手动控制实验，动作正确可靠。

3. 金属结构设备安装质量控制、安全运行可靠性评价

金属结构及设备安装满足设计及有关规范要求，门槽埋件二期混凝土浇筑后未发现质量缺陷和隐患。金属结构安装项目，其施工过程和结果均符合设计图纸和有关国家规范要求，资料齐全、完整；金属结构安装项目评定 95 个单元工程，合格率达 100%，优良率为 96.8%；满足 1 号水轮发电机组启动试运行要求。

（五）水轮发电机组安装检测

××江一级水电站水轮发电机组主要技术参数见表 5－2－73。

表 5－2－73　　水轮发电机组主要设备技术特性表

序号	部件名称	项目名称	技术参数
1	水轮机	型式	立轴混流式
		型号	HLA551E－LJ－320
		转轮公称直径	3.2m
		额定水头	42.5m
		额定出力	32.48MW
		额定流量	$83.8m^3/s$
		额定效率	95.03%
		额定转速	166.7rpm
		吸出高度	≥－1.0m
2	发电机	型式	立轴悬式、三相、密闭自循环空冷
		型号	竖轴悬式三相
		额定容量/功率	SF31.67－36/6500
		额定电压	10.5kV
		额定功率因数	0.85（滞后）
2	发电机	额定频率	50Hz
		额定转速	166.7r/min
3	厂房桥式起重机	型号	150t/50t/10t 变频桥式起重机
		数量	1 台
		额定起重量	主钩 150t
			副钩 50t
		跨度	17m
		起升高度	主钩 22m
		轨道型号	QU100
		轨道总长	约 150m
4	主母线		绝缘母线
5	主变压器		110kV 变压器
6	高压开关方式		126kV SF_6 全封闭组合配电装置
7	运行方式		工程以发电为主

1. 水轮机安装

水轮机安装内容有尾水管里衬安装、座环及蜗壳安装、机坑里衬和接力器里衬安装、导水机构安装、转动部件安装、水导轴瓦及主轴密封安装。对安装质量检查记录及相关资料核验，安装质量合格，检测结果详见表 5－2－74～表 5－2－78。

（1）1 号水轮发电机尾水管安装。1 号水轮发电机尾水管安装质量指标检测结果见表 5－2－74。

（2）1 号水轮发电机蜗壳及座环安装。1 号水轮发电机蜗壳及座环安装质量指标检测结果见表 5－2－75。

1）座环中心及方位：Y 偏左 2mm，X 偏上 0mm。

2）座环中心高程：1109.50m（座环中心设计高程 1109.50m）。

表 5-2-74 1号水轮发电机尾水管安装质量指标检测成果统计表

检测部位	检测项目	允许偏差/mm	实测值/mm
肘管上管口	中心及方位	±5	4～5
	高程	±8	0～8
锥管上管口	直径	±3	0～3
锥管相邻管口	内壁周长差	≤4	≤3

表 5-2-75 1号水轮发电机蜗壳、座环安装质量指标检测成果统计表

检测部位	检测项目	允许偏差/mm	实测值/mm
顶盖与座环法兰	水平度	0.05	0.02～0.03
底环与座环法兰	水平度	0.05	0.01～0.02

(3) 1号水轮发电机机坑里衬安装。1号水轮发电机机坑里衬安装满足质量标准，检查结果详见表5-2-76。

表 5-2-76 1号水轮发电机机坑里衬安装质量检查数据统计表

检测部位	检测项目	允许偏差/mm	实测值/mm
机坑里衬	上口直径	±5	-3～+5
	中心	10	8
	接力器基础高程	±1	+1

(4) 1号水轮发电机顶盖、底环安装。1号水轮发电机顶盖、底环安装满足质量标准，检查结果详见表5-2-77。

表 5-2-77 1号水轮发电机顶盖、底环安装质量检查数据统计表

检测部位	检测项目	允许偏差/mm	实测值/mm
顶盖	水平	0.05	0.05
上止漏环	中心		0.03～0.05
底环	水平	0.05	0.05
下止漏环	中心		0.03～0.05

(5) 1号水轮发电机导叶安装。1号水轮发电机导叶安装满足质量标准，检查数据详见表5-2-78。

表 5-2-78 1号水轮发电机导叶安装质量检查数据统计表

检测部位	检测项目	允许偏差/mm	实测值/mm
导叶	端面间隙	0～1	0.20～0.48
	立面间隙	0～0.10	0～0.05

(6) 1号水轮发电机接力器安装。

1) 左接力器活塞杆水平度0.02mm/m，右接力器活塞杆水平度0.02mm/m。接力器活塞杆处于中间位置。

2) 左接力器设计工作行程153mm，实际行程153mm。1号机接力器设计工作行程

153mm，实际行程153mm。

3）接力器支架与基础组合面间隙用0.03mm塞尺不能通过。

4）左接力器中心距 X 轴1mm，右接力器中心距 X 轴0.5mm。

(7) 1号水轮发电机转轮装配。大轴与转轮连接法兰组合缝间隙用0.02mm塞尺不能通过。转轮联轴螺栓设计拉伸值0.36～0.37mm。

(8) 其他。1号水轮发电机主轴密封安装、水导轴承安装、水轮机附件安装、调速器柜安装均符合要求。

2. 发电机安装

发电机型号为SF－J24－12/3770，发电机安装内容有发电机定子组装、发电机转子组装、上机架安装、下机架安装、机组轴线调整及机组全面回装，安装技术指标见表5－2－79～表5－2－81。

(1) 下机架安装。1号水轮发电机下机架安装质量检查结果见表5－2－79。

表5－2－79　　1号水轮发电机下机架安装质量检查数据统计表

检测部位	检测项目	允许偏差/mm	实测值/mm
下机架	中心	0～0.25	0.05～0.14
	水平	0～0.05	0.03

(2) 上机架安装。1号水轮发电机上机架安装质量检查结果见表5－2－80。

表5－2－80　　1号水轮发电机上机架安装质量检查数据统计表

检测部位	检测项目	允许偏差/mm	实测值/mm
上机架	中心	0～0.25	0.02～0.12
	水平	0～0.05	0.02

(3) 1号水轮发电机安装。定子基础、定子安装、转子安装均符合要求，连轴螺栓伸长量和盘车结果见表5－2－81。

表5－2－81　　1号发电机轴与水轮机轴联轴盘车记录表　　单位：0.01mm

+Y 方向盘车记录									
部位	测点	1	2	3	4	5	6	7	8
上导	+Y	0	0	0	0	0	0	0	0
下导	+Y	0	1	−6	−5	−7	−4	−4	2
水导	+Y	0	3	−8	3	−2	2	−2	8
+X 方向盘车记录									
部位	测点	1	2	3	4	5	6	7	8
上导	+X	0	0	0	0	0	0.5	0	0
下导	+X	2	2	−3	−6	−5	−2	0	1
水导	+X	−2	−1	−5	−11	−5	2	0	−2

（六）水轮发电机电气试验

1. 1号水轮发电机转子电气试验

(1) 挂装前磁极直流电阻测试。转子挂装前磁极直流电阻测试结果见表5－2－82。

表 5-2-82　　1 号水轮发电机转子挂装前磁极直流电阻测试成果统计表

转子磁极直流电阻	＞5MΩ
测试温度	湿度：65%RH　　测试日期：20××年 12 月××日
结　论	磁极相互间电阻值的误差小于 2%，合格

（2）挂装前磁极交流阻抗测试。转子挂装前磁极交流阻抗测试结果见表 5-2-83。

表 5-2-83　　1 号水轮发电机转子挂装前磁极交流阻抗测试成果统计表

转子磁极交流阻抗	3Ω＞r＞1Ω
测试温度	10℃　　湿度：65%RH　　测试日期：20××年 12 月××日
结　论	磁极相互间交流阻抗值的误差小于 5%，合格

（3）挂装前磁极绝缘电阻测试。挂装前磁极绝缘电阻测试结果见表 5-2-84。

表 5-2-84　　1 号水轮发电机转子磁极挂装前绝缘电阻测试成果统计表

项　　目	绝缘电阻对地/MΩ	温度/℃	湿度/%RH	试验日期	结论
磁极挂装前最低值	167	10	65	20××年 12 月××日	合格

（4）磁极挂装前交流耐压试验。磁极挂装前交流耐压试验结果见表 5-2-85。

表 5-2-85　　1 号水轮发电机转子磁极挂装前交流耐压试验成果统计表

项目	试验电压/V	试验时间/min	结果	试验日期	结论
磁极挂装前	4320	1	通过	20××年 12 月××日	合格
湿度：10℃　　湿度：65%RH					

（5）磁极挂装后直流电阻测试。磁极挂装后直流电阻测试结果见表 5-2-86。

表 5-2-86　　1 号水轮发电机转子磁极挂装后直流电阻测试成果统计表

转子磁极直流阻抗	＞5Ω
测试温度	18℃　　湿度：62%RH　　测试日期：20××年 01 月××日
结　论	磁极的直流电阻相互间误差小于 2%，合格

（6）磁极挂装后交流阻抗测试。磁极挂装后交流阻抗测试结果见表 5-2-87。

表 5-2-87　　1 号水轮发电机转子磁极挂装后交流阻抗测试成果统计表

转子磁极交流阻抗	3Ω＞r＞1Ω
测试温度	18℃　　湿度：62%RH　　测试日期：20××年 01 月××日
结　论	磁极的交流阻抗相互间误差小于 5%，合格

（7）磁极挂装后转子绝缘电阻测试。磁极挂装后转子绝缘电阻测试结果见表 5-2-88。

表 5-2-88　　1 号水轮发电机转子磁极挂装后转子绝缘电阻测试成果统计表

项　　目	绝缘电阻/MΩ	温度/℃	湿度/%RH	试验日期	结论
磁极挂装后最低值	109	18	62	20××年 01 月××日	合格

（8）磁极挂装后交流耐压试验。磁极挂装后转子绝缘电阻测试结果见表5-2-89。

表5-2-89　1号水轮发电机转子磁极挂装后转子绝缘电阻测试成果统计表

项　目	试验电压/V	试验时间/min	结果	试验日期	结论
磁极挂装后	3820	1	通过	20××年01月××日	合格

注　温度18℃、湿度62%RH。

2. 1号水轮发电机定子电气试验

（1）定子直流电阻。定子直流电阻测试结果见表5-2-90。

表5-2-90　1号水轮发电机转子磁极挂装后转子绝缘电阻测试成果统计表

项　目	试验电压/V	试验时间/min	结果/mΩ			试验日期	结论
			A	B	C		
直流电阻	DC2500	1	10.76	10.76	10.77	20××年01月××日	合格

注　温度13℃、湿度66%RH。

（2）定子绝缘电阻及吸收比测试。定子绝缘电阻及吸收比测试结果见表5-2-91。

表5-2-91　1号水轮发电机定子绝缘电阻及吸收比测试成果统计表

项　目	试验电压/V	试验时间/min	结果/mΩ			试验日期	结论
			A	B	C		
绝缘电阻	DC2500	1	1720	1560	1530	20××年01月××日	合格
吸收比			4.5	4.56	4.48		

注　温度13℃、湿度66%RH。

（3）直流耐压及泄漏电流测试。直流耐压及泄漏电流测试结果见表5-2-92。

表5-2-92　1号水轮发电机定子直流耐压及泄漏电流测试成果统计表

阶段数	试验电压/kV	*UI*/μA	*VI*/μA	*WI*/μA
		60s	60s	60s
1	12	7	5	8
2	18	14	9	12
3	24	28	15	19
4	31.5	35	27	39
1号水轮发电机组直流耐压试验均符合规范要求，试验合格				

注　温度13℃、湿度66%RH。

（4）工频耐压试验。工频耐压试验结果见表5-2-93。

表5-2-93　1号水轮发电机定子工频耐压试验成果统计表

相　别	U	V	W
试验电压/kV	24	24	24
耐压时间/min	1	1	1

续表

相　　别	U	V	W
结果	通过	通过	通过
起晕电压/kV	16	16	16
电容电流/A	2.6	2.6	2.6
1号水轮发电机组交流耐压试验均符合规范要求，试验合格			

注　温度13℃、湿度66%RH。

（七）水力机械辅助设备安装

（1）油系统：1号水轮发电机组各油槽、油压装置已注好油，工作正常。

（2）技术供水系统和排水系统：1号水轮发电机组部分已调试完成，正常投入使用。

（3）气系统：已调试完成，正常投入使用。

（八）厂内起重设备安装

安装调试完成，经有关部门验收，并已经投入使用。

（九）电气一次设备安装

电气一次安装包括：发电机电压设备安装工程；主变压器安装工程；110kV架空线安装工程；主变出线设备及110kV GIS封闭式组合配电装置安装工程；高、低压厂用电系统安装工程；接地安装工程；照明安装工程；电缆敷设工程。

目前1号水轮发电机组、厂内公用部分各设备和连接安装已经完成，并通过直、交流耐压及相关试验，可以投入使用。

（十）电气二次设备安装

电气二次设备安装完成情况如下：计算机监控系统及同期设备（正在进行调试）；励磁系统设备；调速器电气柜（承包单位负责安装及配线，并安装、调试完成）；保护系统及安全自动装置、故障录波装置设备（安装完成，调试完成）；电能量计费厂站系统；辅机及公用控制系统设备（安装、调试完成）；直流系统设备（安装、调试完成）；水位测量系统（承包单位负责安装及配线，并配合安装完成）；400V备自投装置（安装、调试完成）。现1号发电机组厂内公用部分各设备和连接线安装已经完成，并通过相应状态、保护、信号调试试验，可以投入使用。

（十一）机电安装工程结论

在机电安装工程项目部分，1号水轮发电机组及其附属设备全部安装完成，包括相应的保护、测量、励磁、调速、监视及控制系统经调试合格；机组公用系统和自动化系统已安装调试完成，满足机组运转需要；与1号水轮发电机组发电有关的所有电气设备，包括1号水轮发电机封闭母线，1号水轮发电机出口断路器，3号、2号、1号主变压器，110kV封闭式组合开关系统安装工程已安装调试完成。

机组运转时的测量、监视、控制及保护已调试完成；与1号水轮发电机组发电有关的汽、水、电、油等附属设备系统安装完成，并经调试合格，满足机组运行要求；厂用变压器、蓄电池组及直流系统按设计要求安装调试完成；厂用电系统中10kV及400V设备及相应的保护、测量、监视和控制设备已安装调试完成；全厂计算机监控系统安装调试完成；全厂接地系统1号机部分安装完成，接地电阻满足设计要求。××江一级水电站1号水轮发电机具备机组启动试运行条件。

（十二）工程安全监测

××江一级水电站安全监测项目，由××××集团公司承担，目前已完成绝大部分监测设备的安装与埋设，尚未完成自动水位计（暂不具备条件）等安装工作、监测设备的自动化引线及调试工作。所完成的项目均已按时报验，质量评定结果均为合格。

1. 大坝

（1）温度检测。监测成果显示：永久温度计监测到的整个坝体最高温度为66.6℃，位于7号坝段1164.00m高程，施工过程中施工单位加强了温控措施，目前该点温度30℃左右。6号坝段增加了31支临时温度计，用于混凝土温控测量。施工期临时温度计为混凝土施工起到了积极作用。从温度变化过程线来看，混凝土温度变化规律正常，基本满足设计温控要求，局部混凝土最高温度略高于设计控制温度，混凝土施工内外温差和温降速率满足设计要求。

（2）坝体接缝、裂缝监测。大坝坝体各监测点的测缝计观测成果表明，各施工缝监测点未见开合度异常，各监测部位施工缝结合良好，施工缝处于闭合状态或向闭合状态发展。

（3）坝体钢筋监测。坝体钢筋计监测总体未见异常情况，整体上看，整个坝体的钢筋计变化幅度值比较小，波动变化在正常范围之内。

（4）坝体基岩监测。坝体基岩变形计监测成果显示：坝体基岩开合度较小，并且变化比较平稳，目前开合度都为负值，且数值大小相差不大，开合度数值在－0.82mm左右波动，基础混凝土和基岩处于压合状态。

（5）坝体混凝土应力应变监测。从应变计观测数据、过程线及特征值可以看出：目前混凝土应变主要受温度影响，与温度变化呈负相关性。从观测数据可以看出，最大压应力总应变S5-2（位于4号坝段1165.00m高程下游侧）测值为－1062.41$\mu\varepsilon$，最大拉应力总应力应变S4-4（位于4号坝段1165.00m高程上游侧左右岸方向）测值为865.42$\mu\varepsilon$。对于左右岸方向出现如此大的拉应力，其可能性不大，可能是仪器异常仅供参考。位于4号坝段1146.00m高程下游侧的S10-3（方向上下游）测值为560.52$\mu\varepsilon$，其应力状态显现异常，有待考证。近期的测值表中发现，有5个部位垂直方向发生拉应力现象（表中每组应变计1号方向），需要进行研究分析，查明具体原因。从施工期温度观测来看，混凝土内部最高温度有55～66℃，后期温度一般为20～30℃，前后温差还是较大的，可能造成混凝土应变过大的情况。

总体分析来看，多数部位出现拉应力可能与施工期温度有关，混凝土内部产生温度裂缝的可能性较大。一般情况下，混凝土拉应力超过500$\mu\varepsilon$就产生了混凝土裂缝。

初步统计，大应变计30多只处于拉应力状态，占所有测点的60%～70%。埋设的10组无应力计中有1组损坏，其他9组中有4组温度应变为正值，最大的WS-9测值为430.28$\mu\varepsilon$。

（6）大坝渗流、扬压监测。坝基排水孔及坝体排水孔渗流量基本稳定在4.5L/s左右，目前渗流量较为稳定，没有继续增大的不良趋势。绕坝渗流孔水位的监测与量水堰的监测数据相互印证，右岸局部存在渗漏通道，从蓄水及右岸坝后边坡面排水孔渗漏量分析，渗漏量较小。

从坝基扬压力渗压计的测值来看：渗压计安装前后其测值有所变化，大坝蓄水后测值绝大部分在增大，这也符合蓄水后的压力实际变化情况，各渗压计目前的测值已经基本稳定，无较大波动现象的发生。扬压力最大值为P09号点，测值为-161.99kPa，其余还有P02、P11号点的测值超过100kPa。其他8支渗压计的测值均较小，测值集中在50kPa左右。近期各个仪器测值较为稳定，测值变化较小，扬压力无明显继续增大的趋势。

2. 引水钢管应力应变监测

监测成果表明：钢板的受力应变变化情况与温度相关联系很大，呈负相关性。目前来看钢板以受到压缩变形为主，应变数值较小，8支钢板计受到压缩变形数值在-400～$-150\mu\varepsilon$之间变化。总体来看，钢板计所测到的形变量较小，未见异常测值出现，引水钢管处于正常工作状态。

3. 消力池

消力池安全监测主要是钢筋的受力监测，监测成果表明：消力池底板锚筋桩上钢筋、消力池左右边墙钢筋、消力池边坡角钢筋、消力池拉梁中部钢筋受力值均较小，受力过程曲线变化平稳，未见异常。

4. 厂房

（1）厂房基岩温度监测。监测成果表明：主厂房基岩温度计测值较为平稳，温度测值长期保持在20～24℃之间波动。

（2）厂房应变计监测。监测成果表明：混凝土应变受温度影响很大，与温度呈现负相关。目前S3有3支应变计处于受压状态，另外1支（4号左右岸水平方向）测值为正，混凝土拉应变量$90\mu\varepsilon$左右。厂房其他应变计测值正常，测值变化符合混凝土应变的一般规律。

（3）厂房基岩监测。厂房基岩变形计监测成果表明：测值过程线趋于直线，变化幅度不是很大，测值基本趋于稳定，开合度的变化受温度的影响较小。目前M1开合度测值为负值，开合度为-0.57mm左右，并且变化非常平稳，表示此测点处基岩位移变形量很小，基岩稳定。

（4）坝体钢筋监测。厂房钢筋计监测成果表明：厂房钢筋受力值较小，变化较为稳定，过程线变化曲线平滑，钢筋受力状态正常，未见异常。

（5）厂房基岩渗流监测。厂房渗压计监测成果表明：渗透压力过程变化曲线较为稳定，过渡平稳，厂房基础渗流较小，目前渗透压力稳定在90～120kPa之间，没有较大的渗流量出现。

（6）厂房裂缝监测。厂房裂缝监测资料表明：厂房混凝土施工缝结合情况好，接缝处于闭合状态。

5. 左右岸边坡

左右岸边坡锚索测值稳定，损失量或增量较小，锚杆测值近期稳定，变化平稳，未见异常。左右岸边坡外观监测数据表明：各观测点测值在一定范围内跳动，沉降和河床向位移测值未见趋势性变化，边坡稳定状态良好。左岸边坡施工期局部失稳部位加固后，目前基本稳定，位移量基本收敛。

综合分析表明：左右岸边坡、厂房、大坝运行稳定，处于正常工作状态，现场巡视未见异常情况，建议发电运行期间加强重点部位的变形观测。

6. 坝顶位移监测

在坝顶位移观测点建好后，由于坝顶位移观测时更换了观测用的全站仪，之前使用的为徕卡TCA2003，目前使用的全站仪为南方测绘的NTS-330R，造成两台全站仪测值相差较大的情况产生，在后期的观测中将以 2018 年 6 月 25 日的观测值作为初始值进行比较。观测数据分析结果表明：历次观测值相差比较小，坝顶未发生较大的位移，未见异常现象。

7. 施工期监测评价

安全监测仪器埋设质量合格，并进行了施工期的同步观测，监测资料齐全、完整、数据准确，运行可靠。

总体评价，目前安全监测各项工作基本完成，满足 1 号水轮发电机组启动试运行条件。

（十三）工程质量检测总体评价

工程所用原材料的取样程序、检验方法符合规范要求，原材料质量所检指标合格；中间产品的取样程序、检测方法符合规范要求，检验指标均满足设计和相关技术规范要求，所有中间产品质量检验指标全部合格。

机电安装工程：全部机电设备安装工作的检查、安装、调试、试验、验收基本能够按照设备制造厂家的图纸、技术文件、安装说明书、厂家指明的技术标准、国家颁发现行的技术规范、规程、标准执行，各项指标满足设计及规范要求。

六、工程质量核备与核定

（一）工程质量核备与核定依据

（1）国家及相关行业技术标准。

（2）《水利水电工程单元工程施工质量验收评定标准》。

（3）经批准的设计文件、施工图纸、金属结构设计图样与技术条件、设计修改通知书、厂家提供的设备安装说明书及有关技术文件。

（4）工程承发包合同中约定的技术标准。

（5）工程施工期及运行期的试验和观测分析成果。

（6）项目法人提供的施工质量检验与评定资料。

（二）施工质量核备与核定结果

1. 导流隧洞单位工程

（1）分部工程质量评定与核备结果。

1）进口边坡及明渠分部工程（01－01）。进口边坡及明渠分部工程共划分为 76 个单元工程，施工质量全部合格，其中优良单元工程 66 个，单元工程优良率 86.8%；原材料、中间产品及混凝土试件质量合格，施工中未出现过质量事故。同意该分部工程质量等级评定为合格。

2）进口闸室分部工程（01－02）。进口闸室分部工程共划分为 18 个单元工程，施工质量全部合格，其中优良单元工程 17 个，单元工程优良率 94.4%；原材料、中间产品及混凝土试件质量合格，施工中未出现过质量事故。同意该分部工程质量等级评定为优良。

3）洞身段分部工程（01－03）。洞身段分部工程共划分为 173 个单元工程，施工质量全部合格，其中优良单元工程 155 个，单元工程优良率 89.6%；原材料、中间产品及混凝土试件质量合格，施工中未出现过质量事故。同意该分部工程质量等级评定为优良。

4）出口边坡及明渠分部工程（01－04）。出口边坡及明渠分部工程共划分为 52 个单元工程，施工质量全部合格，其中优良单元工程 50 个，单元工程优良率 96.2%；原材料、中间产品及混凝土试件质量合格，施工中未出现过质量事故。同意该分部工程质量等级评定为优良。

5）导流隧洞金属结构分部工程（01－05）。导流隧洞金属结构分部工程共划分为3个单元工程，施工质量全部合格，其中优良单元工程3个，单元工程优良率100%；金属结构制造质量合格，机电产品质量合格，施工中未出现过质量事故。同意该分部工程质量等级评定为合格。

导流隧洞各分部工程施工质量等级核备统计结果见表5－2－94。

表5－2－94　导流隧洞各分部工程施工质量等级核备统计表

单位工程名称	分部工程			单元工程质量评定结果			
	编码	名　称	质量等级	完成数/个	合格数/个	优良数/个	优良率/%
导流隧洞	01－01	进口边坡及明渠	合格	76	76	66	86.8
	01－02	进口闸室	优良	18	18	17	94.4
	01－03	洞身段	优良	173	173	155	89.6
	01－04	出口边坡及明渠	优良	52	52	50	96.2
	01－05	导流隧洞金属结构	优良	3	3	3	100
	合　计			322	322	291	90.4

（2）导流隧洞单位工程质量等级。导流隧洞单位工程共划分为5个分部工程，施工质量全部合格，其中优良分部工程4个，分部工程优良率80%；施工中未出现过质量事故；原材料、中间产品质量合格，金属结构制造质量合格，机电产品质量合格；外观质量达到优良标准，施工质量检验与评定资料齐全；工程施工期及试运行期，工程观测资料分析结果符合国家和行业技术标准以及合同约定的标准要求，同意导流隧洞单位工程施工质量等级评定为优良。

2．左右岸边坡开挖及支护单位工程

（1）分部工程质量评定。

1）左岸边坡开挖支护分部工程（02－01）。左岸边坡开挖支护分部工程共划分为279个单元工程，施工质量全部合格，其中优良单元工程267个，单元工程优良率95.7%；原材料、中间产品及混凝土试件质量合格，施工中未出现过质量事故。同意该分部工程质量等级评定为优良。

2）右岸边坡开挖支护分部工程（02－02）。右岸边坡开挖支护分部工程共划分为139个单元工程，施工质量全部合格，其中优良单元工程137个，单元工程优良率98.6%；原材料、中间产品及混凝土试件质量合格，施工中未出现过质量事故。同意该分部工程质量等级评定为优良。

3）观测设施分部工程（02－03）。观测设施分部工程共划分为69个单元工程，施工质量全部合格；原材料、中间产品质量合格，施工中未出现过质量事故。同意该分部工程质量等级评定为合格。

左右岸边坡开挖及支护各分部工程施工质量等级核备统计结果见表5－2－95。

（2）左右岸边坡开挖及支护单位工程质量等级。左右岸边坡开挖及支护单位工程共划分为3个分部工程，施工质量全部合格；其中优良分部工程2个，分部工程优良率66.7%；施工中未出现过质量事故；原材料、中间产品质量合格，外观质量达到优良标准，施工质量检验与评定资料齐全；工程施工期及试运行期，工程观测资料分析结果符合国家和行业技术标准以及合同约定的标准要求。

表 5-2-95　　左右岸边坡开挖及支护各分部工程施工质量等级核备统计表

单位工程名称	分部工程			单元工程质量评定结果			
	编码	名　称	质量等级	完成数/个	合格数/个	优良数/个	优良率/%
左右岸边坡开挖及支护	02-01	左岸边坡开挖支护	优良	279	279	267	95.7
	02-02	右岸边坡开挖支护	优良	139	139	137	98.6
	02-03	观测设施	合格	69	69	0	0
	合　计			506	506	419	82.8

根据《水利水电工程施工质量检验与评定规程》(SL 176—2007) 的规定，同意左右岸边坡开挖及支护单位工程施工质量等级评定为合格。

3. 大坝

(1) 分部工程质量评定。

1) 坝基开挖支护分部工程 (03-01)。坝基开挖支护分部工程共划分为 88 个单元工程，施工质量全部合格，其中优良单元工程 78 个，单元工程优良率 88.6%；原材料、中间产品质量合格，施工中未出现过质量事故。同意该分部工程质量等级评定为合格。

2) 基础处理分部工程 (03-02)。基础处理为主要分部工程，共划分为 67 个单元工程，施工质量全部合格，其中优良单元工程 59 个，单元工程优良率 88.1%；原材料、中间产品质量合格，施工中未出现过质量事故。同意该分部工程质量等级评定为优良。

3) 非溢流坝段分部工程 (03-03)。非溢流坝段分部工程共划分为 81 个单元工程，施工质量全部合格，其中优良单元工程 71 个，单元工程优良率 87.7%；原材料、中间产品及混凝土试件质量合格，施工中未出现过质量事故。同意该分部工程质量等级评定为优良。

4) 溢流坝段、底孔坝段及消力池分部工程 (03-04)。溢流坝段、底孔坝段及消力池为主要分部工程，共划分为 314 个单元工程，施工质量全部合格，其中优良单元工程 252 个，单元工程优良率 80.3%；原材料、中间产品及混凝土试件质量合格，施工中未出现过质量事故。同意该分部工程质量等级评定为优良。

5) 取水发电坝段分部工程 (03-05)。取水发电坝段分部工程共划分为 142 个单元工程，施工质量全部合格，其中优良单元工程 120 个，单元工程优良率 84.5%；原材料、中间产品及混凝土试件质量合格，施工中未出现过质量事故。同意该分部工程质量等级评定为优良。

6) 下游河道护岸分部工程 (03-06)。下游河道护岸分部工程共划分为 192 个单元工程，施工质量全部合格，其中优良单元工程 179 个，单元工程优良率 93.2%；原材料、中间产品及混凝土试件质量合格，施工中未出现过质量事故。同意该分部工程质量等级评定为合格。

7) 观测设施分部工程 (03-07)。观测设施分部工程共划分为 318 个单元工程，施工质量全部合格；观测设施产品质量合格，施工中未出现过质量事故。同意该分部工程质量等级评定为合格。

8) 金属结构及启闭机安装分部工程 (03-08)。金属结构及启闭机安装分部工程共划分为 51 个单元工程，质量全部合格，其中优良单元工程 49 个，单元工程优良率 96.1%；原材料、中间产品质量合格，施工中未出现过质量事故。同意该分部工程质量等级评定为优良。

9）导流洞堵体段分部工程（03－09）。导流洞堵体段分部工程共划分为11个单元工程，质量全部合格，其中优良单元工程10个，单元工程优良率90.9%；原材料、中间产品及混凝土试件质量合格，施工中未出现过质量事故。同意该分部工程质量等级评定为优良。

（2）大坝单位工程质量等级核定。大坝单位工程共划分为9个分部工程，施工质量全部合格；其中优良分部工程7个，分部工程优良率77.8%；原材料、中间产品质量合格，施工中未出现过质量事故；单位工程外观质量达到优良标准，施工质量检验与评定资料齐全。工程施工期单位工程观测资料分析结果符合国家和行业技术标准及合同约定的标准要求。

根据《水利水电工程施工质量检验与评定规程》（SL 176—2007）的规定，同意大坝单位工程施工质量等级评定为优良。

大坝各分部工程施工质量等级核备统计结果见表5－2－96。

表5－2－96　　大坝各分部工程施工质量等级核备统计表

单位工程名称	分部工程			单元工程质量评定结果			
	编码	名称	质量等级	完成数/个	合格数/个	优良数/个	优良率/%
大坝	03－01	坝基开挖支护	合格	88	88	78	88.6
	03－02	△基础处理	优良	67	67	59	88.1
	03－03	非溢流坝段	优良	81	81	71	87.7
	03－04	△溢流坝段、底孔坝段及消力池	优良	314	314	252	80.3
	03－05	取水发电坝段	优良	142	142	120	84.5
	03－06	下游河道护岸	优良	192	192	179	93.2
	03－07	观测设施	合格	318	318	0	0
	03－08	金属结构及启闭机安装	优良	51	51	49	96.1
	03－09	导流洞堵体段	优良	11	11	10	90.9
	合计			1264	1264	818	64.7

注　加"△"符号者为主要分部工程。

4．发电厂房

（1）分部工程质量评定。

1）主厂房分部工程（04－01）。主厂房分部工程共划分为124个单元工程，质量全部合格，其中优良单元工程108个，单元工程优良率87.1%；原材料、中间产品质量合格，混凝土试块质量合格，施工中未出现过质量事故。同意该分部工程质量等级评定为优良。

2）副厂房分部工程（04－02）。副厂房分部工程共划分为30个单元工程，质量全部合格，其中优良单元工程27个，单元工程优良率90.0%；原材料、中间产品质量合格，混凝土试块质量合格，施工中未出现过质量事故。同意该分部工程质量等级评定为优良。

3）尾水建筑物分部工程（04－03）。尾水建筑物分部工程共划分为59个单元工程，施工质量全部合格，其中优良单元工程58个，单元工程优良率98.3%；原材料、中间产品及混凝土试件质量合格，施工中未出现过质量事故。同意该分部工程质量等级评定为优良。

4）压力钢管制作及安装分部工程（04-04）。压力钢管制作及安装分部工程共划分为36个单元工程，施工质量全部优良，单元工程优良率100%；原材料质量合格、钢管制作质量合格，施工中未出现过质量事故。同意该分部工程质量等级评定为优良。

5）观测设施分部工程（04-05）。观测设施分部工程共划分为75个单元工程，施工质量全部合格，原材料及中间产品质量合格，施工中未出现过质量事故。同意该分部工程质量等级评定为合格。

6）辅助设备安装。辅助设备安装分部工程共划分为17个单元工程，质量全部合格，其中优良单元工程15个，单元工程优良率88.2%；机电产品质量合格，施工中未出现过质量事故。同意该分部工程质量等级评定为优良。

7）金属结构及启闭（起重）设备安装分部工程（04-07）。金属结构及启闭（起重）设备安装分部工程共划分为18个单元工程，质量全部优良，单元工程优良率100%；原材料质量合格、钢管制作质量合格，施工中未出现过质量事故。同意该分部工程质量等级评定为优良。

8）电气一次分部工程（04-08）。电气一次分部工程共划分为22个单元工程，质量全部合格，其中优良单元工程20个，单元工程优良率为90.9%；电气设备质量合格，施工中未发生过质量事故。同意该分部工程质量等级评定为优良。

9）电气二次分部工程（04-09）。电气二次分部工程共划分为10个单元工程，质量全部合格，其中优良单元工程8个，单元工程优良率为80%；机电产品质量合格，未发生过质量事故。同意该分部工程质量等级评定为优良。

10）1号水轮发电机组安装分部工程（04-10）。1号水轮发电机组安装为主要分部工程，共划分为25个单元工程，质量全部优良，单元工程优良率为100%；机电产品质量合格，未发生过质量事故。同意该分部工程质量等级评定为优良。

11）2号水轮发电机组安装分部工程（04-11）。2号水轮发电机组安装为主要分部工程，共划分为28个单元工程，质量全部优良，单元工程优良率为100%；机电产品质量合格，未发生过质量事故。同意该分部工程质量等级评定为优良。

12）3号水轮发电机组安装分部工程（04-12）。3号水轮发电机组安装为主要分部工程，共划分为28个单元工程，质量全部优良，单元工程优良率为100%；机电产品质量合格，未发生过质量事故。同意该分部工程质量等级评定为优良。

13）通信系统分部工程（04-13）。通信系统分部工程目前完成1个单元工程，施工质量全部合格，通信设备质量合格，施工中未出现过质量事故，满足设计要求。同意该分部工程质量等级评定为合格。

发电厂房各分部工程施工质量等级核定统计结果见表5-2-97。

（2）发电厂房单位工程质量核定。厂房单位工程共划分为13个分部工程，质量全部合格，其中优良分部工程11个，分部工程优良率84.6%；施工中未发生过质量事故，单位工程外观质量达到优良标准，单位工程施工质量检验与评定资料基本齐全。工程施工期单位工程观测资料分析结果符合国家和行业技术标准及合同约定的标准要求。

根据《水利水电工程施工质量检验与评定规程》（SL 176—2007）的规定，同意厂房单位工程施工质量等级评定为优良。

表 5-2-97 发电厂房各分部工程质量等级核定统计表

单位工程名称	分部工程			单元工程质量评定结果			
	编码	名称	质量等级	完成数/个	合格数/个	优良数/个	优良率/%
发电厂房	04-01	主厂房	优良	124	124	108	87.1
	04-02	副厂房	优良	30	30	21	90.0
	04-03	尾水建筑物	优良	59	59	58	98.3
	04-04	压力钢管制作及安装	优良	36	36	36	100
	04-05	观测设施	合格	75	75	0	0
	04-06	辅助设备安装	优良	17	17	15	88.2
	04-07	金属结构及启闭（起重）设备安装	优良	18	18	18	100
	04-08	电气一次	优良	22	22	20	90.9
	04-09	电气二次	优良	10	10	8	80.0
	04-10	△1号水轮发电机组安装	优良	25	25	25	100
	04-11	△2号水轮发电机组安装	优良	28	28	28	100
	04-12	△3号水轮发电机组安装	优良	28	28	28	100
	04-13	通信系统	合格	1	1	1	100
	合计			473	473	370	78.2

注 加“△”符号者为主要分部工程。

5. 升压变电站

(1) 分部工程质量评定。

1) 升压变电站土建分部工程（05-01）。该分部工程已经设计变更。升压站布置在GIS楼屋顶，土建项目为固定出线架的3个矩形混凝土块，总计混凝土量8.93m^3，根据施工情况，不宜作为一个分部，将其作为一个单元并入副厂房分部工程。

2) 主变压器安装分部工程（05-02）。主变压器安装为主要分部工程，共划分为3个单元工程，质量全部达到优良，单元工程优良率为100%；机电产品质量合格，未发生过质量事故。同意该分部工程质量等级评定为优良。

3) 其他电气设备安装分部工程（05-03）。其他电气设备安装分部工程共划分为6个单元工程，质量全部达到优良，单元工程优良率为100%；机电产品质量合格，未发生过质量事故。同意该分部工程质量等级评定为优良。

(2) 升压站单位工程质量评价。升压站单位工程共划分为3个分部工程，其中土建分部工程作为1个单元工程调整至副厂房分部工程。其余两个分部工程质量全部优良，分部工程优良率为100%；施工中未发生过质量事故，单位工程外观质量达到优良标准，单位工程施工质量检验与评定资料齐全。工程施工期单位工程观测资料分析结果符合国家和行业技术标准及合同约定的标准要求。

根据《水利水电工程施工质量检验与评定规程》（SL 176—2007）的规定，同意升压站单位工程施工质量等级评定为优良。

升压站各分部工程施工质量等级核备统计结果见表5-2-98。

表 5-2-98　　升压站各分部工程质量等级核备统计表

<table>
<tr><td rowspan="2">单位工程名称</td><td colspan="3">分部工程</td><td colspan="4">单元工程质量评定结果</td></tr>
<tr><td>编码</td><td>名称</td><td>质量等级</td><td>完成数/个</td><td>合格数/个</td><td>优良数/个</td><td>优良率/%</td></tr>
<tr><td rowspan="4">升压站</td><td>05-01</td><td>升压变电站土建</td><td></td><td colspan="4">仅1个单元工程，已调至副厂房</td></tr>
<tr><td>05-02</td><td>△主变压器安装</td><td>待评</td><td></td><td></td><td></td><td></td></tr>
<tr><td>05-03</td><td>其他电器设备安装</td><td>待评</td><td></td><td></td><td></td><td></td></tr>
<tr><td colspan="3">合计</td><td></td><td></td><td></td><td></td></tr>
</table>

注　加“△”符号者为主要分部工程。

七、工程质量事故和缺陷处理

由于参建各方较好地执行了规程、规范、质量标准，本工程未发生质量事故。一般质量缺陷已按有关规程、规范进行了消缺处理，不影响工程正常运行。

八、工程质量结论意见

××江一级水电站工程建设按照项目法人负责制、招标投标制、建设监理制及合同管理制组织施工并进行管理。各参建单位资质满足工程等级要求。质量管理体系、控制体系、保证体系健全，工程建设处于受控状态。

通过对××江一级水电站工程现场检查以及施工质量检验资料的核验，涉及1号水轮发电机组启动运行的挡水建筑物、泄水建筑物、发电厂房土建、发电机组、电气设备、辅助设备及升压变电站等已按设计的建设内容建成，施工质量合格。

综上所述，××江一级水电站工程与1号水轮发电机组启动验收相关项目的形象面貌和施工质量满足设计及规范要求，工程质量合格，机组启动准备工作已基本就绪，具备机组启动验收条件，同意进行××江一级水电站工程1号水轮发电机组启动验收。

九、附件

1. 有关该工程项目质量监督人员情况表（略）
2. 工程建设过程中质量及监督意见汇总（略）

第六章

水电站枢纽工程专项验收质量监督报告

第一节　水电站枢纽工程专项验收条件及质量监督报告编写要点

《水电工程验收规程》(NB/T 35048—2015) 规定：枢纽工程专项验收是水电枢纽工程已按批准的设计规模、设计标准全部建成，并经过规定期限的初期运行检验后，根据批准的工程任务，对枢纽功能及建筑物安全进行的竣工阶段的专项验收。

一、枢纽工程专项验收的范围

枢纽工程专项验收阶段，工程的挡水、泄水、输水发电、通航、过鱼建筑物等（全部）工程枢纽建筑物及所属金属结构工程、安全监测工程、机电工程，以及枢纽建筑物永久边坡工程和近坝库岸边坡处理工程应已施工完毕，质量合格并已通过验收。除可以单独运行和发挥效益的取水、通航等建筑物可按特殊单项工程进行验收外，所有可行性研究报告审批的需同期建成的工程各有关建筑物、机电设备安装等均应包括在枢纽工程专项验收范围内。

二、枢纽工程专项验收应具备的条件

(1) 枢纽工程已按批准的设计规模、设计标准全部建成，工程质量合格。

(2) 工程重大设计变更已完成变更确认手续。

(3) 已完成剩余尾工和质量缺陷处理工作。

(4) 工程初期运行已经过至少一个洪水期的考验，多年调节水库需经过两个洪水期考验，最高库水位已经或基本达到正常蓄水位。

(5) 全部机组已能按额定出力正常运行，每台机组至少正常运行 2000h（抽水蓄能电站含备用）。

(6) 除特殊单项工程外，各单项工程运行正常，满足相应设计功能要求。

(7) 工程安全鉴定单位已提出工程竣工安全鉴定报告，并有可以安全运行的结论意见。

(8) 已提交竣工阶段质量监督报告，并有工程质量满足工程竣工验收的结论。

三、枢纽工程专项验收质量监督报告编写要点

《水电工程验收规程》(NB/T 35048—2015) 中的枢纽工程专项验收类似于《水利水电建设工程验收规程》(SL 223—2008) 竣工技术预验收，枢纽工程专项验收质量监督机构的工程质量监督报告可按照《水利水电建设工程验收规程》(SL 223—2008) 附录 O.7 的内容，结合此阶段的验收范围和内容，在分析项目法人、设计、监理、施工、质量检测等单位

提交的工作报告基础上，结合开展的质量监督工作情况进行编写。具体编写内容为工程概况、质量监督工作、参建单位质量管理体系、工程项目划分确认、工程质量检测、工程质量核备与核定、工程质量事故和缺陷处理、工程质量结论意见、附件等。

第二节　水电站枢纽工程专项验收质量监督报告示例

××××水电站枢纽工程专项验收质量监督报告

一、工程概况

××××水电站位于××省××市××县境内的××江中游干流上，为××江××至××河口梯级规划的第三个梯级，是××江干流中游河段梯级电站开发中容量最大的一级电站。电站首部位于×××交汇口下游约 410m 处，厂区枢纽位于××河口上游约 0.5km；电站首部距省会××市公路里程约 730km，距××市公路里程 220km，距××县城公路里程约 80km。

（一）工程规模、等别及建筑物级别

××××水电站工程可研阶段最大坝高 137.30m；技施设计阶段由于下游坝脚利用了部分河床冲积层作为基础，建基面最低点高程有所抬高，坝高调整为 131.49m，右岸因溢洪道闸室略向山里偏移，坝顶长度由可行性研究阶段的 423.999m 调整为 443.917m；水库正常蓄水位 1590.00m；校核洪水位 1590.44m；总库容 $2.25\times10^8m^3$；总装机容量 240MW。

根据 2014《水电枢纽工程等级划分及设计安全标准》（DL 5180—2003）及《防洪标准》（GB 50201—2014），××××水电站工程等别为Ⅱ等工程，工程规模为大（2）型，由于推荐方案混凝土面板堆石坝最大坝高 131.49m；根据《水电枢纽工程等级划分及设计安全标准》（DL 5180—2003）第 5.0.5 条规定，大坝、溢洪道、泄洪放空洞等为 1 级，引水发电建筑物为 2 级，次要建筑物为 3 级。

（二）主要建筑物

1. 混凝土面板堆石坝

混凝土面板堆石坝坝顶长度 443.917m，混凝土面板堆石坝坝顶连接左右岸交通，具有交通要求，故按可行性研究阶段坝顶宽度 10m 设计，坝顶高程 1595.00m，坝顶上游设防浪墙，墙顶高程 1596.20m。趾板基础最低高程为 1465.00m，建基面最低高程 1463.50m；最大坝高为 131.49m。上游坝坡 1∶1.4，下游坝坡设“之”字形马道，马道宽 9.0m，综合坡比 1∶1.675。坝体总填筑方量约 $651\times10^4m^3$（包括坝前盖重料 $43.4\times10^4m^3$），面板混凝土量 $2.84\times10^4m^3$，趾板混凝土量 $0.57\times10^4m^3$。

2. 溢洪道

溢洪道位于右岸坝肩，布置为开敞式，由引渠段、闸室段、缓流转弯段、泄槽段和挑流鼻坎段组成，其中引渠段轴线长度约 53m、闸室段长度约 42m、缓流段长度约 204m、泄槽段长度约 161m，鼻坎段长度约 50m。设计洪水位 1590.00m 时泄量为 $1477.67m^3/s$，校核洪水位 1590.44m 时泄量为 $1535.37m^3/s$。引渠宽度取 17.5～13.5m，渠底高程 1572.50m；为便于堰体与堰后缓流段连接，堰体采用宽顶堰，闸孔尺寸由过流能力确定为 1－13.5m×

17m，堰顶高程取1573.00m，闸墩顶部高程与坝顶相同，并在顶部设置交通桥。结构形式均采用钢筋混凝土结构，最大边坡开挖高度137.5m。

3. 放空洞

泄洪放空洞布置于左岸，全长871.916m，由进口段、事故闸门井段、有压洞段、工作闸室段、无压洞段、明渠段及挑流鼻坎等组成。轴线方位角SW237°0′58″。

泄洪放空洞功能为汛期参与泄洪、检修面板及库岸期间放空水库、必要时兼顾冲沙等。

泄洪放空洞进口为喇叭形，引渠底板高程1524.00m。进口边坡高程1539.00m以下开挖后设置贴坡混凝土。洞脸边坡大部分为全风化层，由于边坡高度不大，边坡坡比采用1：1.2。

进口至工作闸室为有压洞段，总长452.687m，洞径6.6m，纵坡$i=0\%$，全钢筋混凝土衬砌。放0+033.625处设置事故闸门井。

在放0+442.687～放0+462.955处布置工作闸室，设置5m×6m（宽×高）的工作弧门一扇。操作平台高程为1545.00m，为地下钢筋混凝土结构，并设置交通通风洞用于运行维护通道。

事故闸门井出露高程1555.00m，以下为地下井筒段，围岩主要为全风化岩体，无大的断层构造发育，井壁稳定性较差，故采用圆形断面，开挖直径为10.6m。高程1555.00m平台以上形成高约40m的全风化边坡，坡比1：1.2，采用贴坡混凝土支护。闸门井顶部高程1595.00m，设交通桥与岸边连接。检修闸门段设6.6m×6.6m（宽×高）事故检修闸门一扇。

工作闸室后接无压隧洞，有压流和无压流过渡采用渐变布置型式。无压段水平长290.632m，隧洞断面宽6m、高9m，为城门洞型。无压段为龙落尾布置，上弯段采用射流曲线，下弯段采用圆弧。结合试验成果，在上弯段、斜直段和下弯段各设掺气坎一个，以利掺气减蚀。

出口明渠及挑流鼻坎段总长95.505m，宽6m，挑坎顶高程为1473.95m。

4. 导流洞

导流洞布置于坝址左岸，由进口明渠段、进水塔、压力洞段、出口明渠段组成。进口位于熊脚沟口，出口位于5号冲沟上游约240m，底板高程1464.50m。隧洞断面形状为方圆形，全断面衬砌过水断面尺寸8m×11m（宽×高），顶拱中心角120°，隧洞全长647.167m，底坡$i=2.132\%$，进口底板高程1478.00m，出口底板高程1464.50m。进水塔高30m，设有一道平面滑动钢闸门，闸门尺寸8m×11.5m（宽×高）。

5. 引水系统

(1) 电站进水口。根据枢纽区地形地质条件，结合枢纽总体布置，引水系统布置于左岸山体内，由进水口、引水隧洞、调压井、地下钢管组成。引水系统布置于××江左岸，其中有压隧洞长度约5.523km，洞径6.5m，引用流量118m^3/s；调压井为地下双室式；钢管道采用全埋管方式布置，主管长度约608m，内径4.8～5.0m，剖面上采用三平两斜布置，为一管三机供水。

电站进水口位于大坝上游左岸，距坝轴线上游约250m。引渠位于××沟左岸一冲沟之中，其前沿底部为泄洪放空洞引渠，由于泄洪放空洞引渠较隧洞进水口引渠位置低，因此隧洞进水口引渠的尺寸受控于泄洪放空洞引渠的边坡坡度。进水塔采用岸塔式钢筋混凝土结构，底板高程为1546.85m，塔顶高程为1595.00m，塔高48.15m，顺水流向长约34m。进水口设一道斜拦污栅，一扇事故检修闸门。拦污栅分2孔布置，孔口尺寸5.5m×

13.15m（宽×高），事故闸门孔口尺寸为6.3m×6.3m，通气孔孔口尺寸为0.9m×6.3m。

进水口对外交通通过筒支梁桥与左岸坝顶公路连接，可满足施工期及运行期交通要求。

（2）引水隧洞。引水隧洞布置于左岸，由引水隧洞、调压井和压力管道组成。

引水隧洞进口底板高程1546.85m，隧洞为圆形有压洞，内径6.5m，长度5523.61m。

调压井为地下双室式，下室断面为城门洞形、上室断面采用平置圆台管。

压力管道采用一管三机供水方式，在剖面上采用“三平两斜”布置方式，以利于施工布置。

钢管道主管采用不同的管径，即中平段及以上直径为5m，下斜段和下平段直径4.8m，长度488.64m（包括岔管）。

6. 厂区枢纽

厂区枢纽布置于××河与××江交汇口上游495m，由主厂房、下游副厂房、上游副厂房、安装场、主变室、主变运输道、GIS楼、屋顶出线架及尾水闸门启闭机室等组成，主厂房尺寸73.48m×21.3m×42m（长×宽×高），机组安装高程1233.50m。

7. 金属结构

××××水电站首部枢纽和引水系统金属结构分为泄洪、冲沙系统和引水发电系统两大部分，共包括2扇闸门（溢洪道闸门）、6孔门（栅）槽，2扇拦污栅，8台套各种启闭设备，金属结构设备总工程量约为800t。

（三）主要设计变更

1. 混凝土面板堆石坝

（1）两岸趾板基础一期开挖虽已开挖至设计高程，基础除左坝肩高程1570.00m以上外，均可置于强-弱风化岩层上，但由于本工程坝基地质条件复杂，球状风化深，在趾板混凝土浇筑前趾板需要二期开挖进行局部处理，即按齿墙或掏槽方式处理，处理时应根据趾板地质描述，明确具体处理范围，原则上需清理至弱风化岩体以下1m。

（2）根据左右两岸（含河床）趾板基础开挖的地质条件，为延长渗径，在趾板下游堆石区基础大约20m范围内进行封闭处理，喷厚20cm的C20混凝土，并挂钢筋网，钢筋网为ϕ6.5@20cm×20cm。挂网锚杆间距4m×4m，ϕ18，长度2m。

（3）右岸趾板基础靠近溢洪道部位，留有部分全风化层作为趾板基础，其下设置防渗墙；技施阶段考虑到该部位全风化层厚度不大，因此将全风化层予以全部挖除。

（4）坝基岸坡及河床趾板全风化部分的基础采用垫层料和过渡料保护，根据工程经验，由原来厚2m的反滤料Ⅰ及厚2m的反滤料Ⅱ分别改用1m的ⅡA垫层料及2m的ⅢA过渡料代替，范围改为趾板区下游-坝轴线上游的两岸及河床部位的坝基。

（5）坝轴线下游纵下0－127.648～纵下0－183.116、横左0－9.431～横左0－52.922范围碾压试验区，设计要求建基面高程为1465.94m，根据现场开挖实际揭露的地质情况，坝基抬至高程1467.00。

2. 溢洪道

施工图阶段对可行性研究阶段作的主要修改有以下几点：

（1）泄槽及挑流鼻坎过流面混凝土强度等级由C25提高到$C28_{45}$抗冲耐磨混凝土，即泄槽底板及其以上4m高边墙采用50cm厚抗冲耐磨混凝土，鼻坎及其以上4m高边墙采用80cm厚抗冲耐磨混凝土，提高了泄槽的抗磨能力，增加了溢洪道的安全性和耐久性。

（2）根据水工模型试验成果，将掺气槽改为掺气坎，位置采用模型试验推荐成果，两组掺气坎位置分别在桩号溢0＋279.79和溢0＋332.137。

（3）根据水工模型试验成果，将出口挑流鼻坎取消右边墙半径$R=2000$的圆弧，改为不向右扩散的直边墙；挑流鼻坎从左端鼻坎末桩号溢0＋441.06连至右端鼻坎末桩号溢0＋449.471，形成斜鼻坎，有利于水流归槽和消能。

3．放空隧洞

施工图阶段对可行性研究阶段作的主要修改有以下几点：

（1）取消喇叭进口前的检修门槽。可研阶段在喇叭口前设置检修门槽（当需要时再制作简易闸门），以便需要时对事故闸门井以前洞段实施检修。施工阶段将事故闸门井向上游移动约24m，取消喇叭口前的检修门槽。

（2）事故闸门井断面由矩形调整为圆形。事故闸门井地下井段，围岩为全风化岩体，井壁稳定性差，故在施工阶段将矩形断面调整为圆形断面。

（3）有压段和无压段过渡由突扩调整为渐变。根据水工模型试验结果，出洞水流在工作闸门槽内受突扩突跌影响，两边侧产生水翅，水翅交汇冲击城门洞段顶拱，从放空洞有压洞段出口到城门洞段水流紊乱。改突扩突跌为渐扩后，城门洞段水流流态明显改善，无水翅冲击洞顶现象，整个城门洞段洞高满足规范要求。

（4）无压段掺气坎由2个增加为3个。根据水工模型试验结果，可行性研究阶段设置的上掺气坎及下掺气坎掺气均不明显。整个城门洞段掺气坎由2个增为3个，目的是使整个城门洞段置于掺气保护长度范围内。

（5）挑流鼻坎调整为扩散型。可研方案出口挑流鼻坎边墙无扩散，经水工模型试验验证认为不理想，将挑流鼻坎修改为半径为40m的舌形鼻坎，挑坎右边墙以半径为50m的圆弧扩散，水舌入水点已远离放空洞出口下游河床左岸坡，整个水舌往放空洞出口右侧偏转，水舌扩散充分。后将挑坎右边墙调整为以10°折线扩散。

4．电站进水口

由于电站运行期间闸门检修时间充裕，因此施工图阶段主要将可行性研究阶段进水塔长度和宽度缩小，将检修闸门和事故闸门合并为一道事故检修闸门。

（四）项目法人、参建单位及质量监督机构

项目法人：××江水电开发有限公司。

设计单位：××水电集团××勘测设计研究院。

监理单位：××水利水电建设工程咨询××公司。

质量检测单位：××水电××集团××勘测设计研究院科学研究分院。

安全监测单位：××水电××集团××勘测设计研究院科学研究分院。

工程安全鉴定单位：××电力××委员会大坝安全监察中心。

施工单位：××水利水电工程公司、××水利水电××工程局、××水利水电×××工程局、中铁××局××工程有限责任公司、××水利水电××工程局、××水利水电××工程局、××建筑有限公司、××公路管理×××机械公司、×××××工程经贸有限公司、×××集团××路桥工程有限公司。

质量监督机构：××省水利水电工程质量监督中心站（以下简称“省质监中心站”）。

二、质量监督工作

（一）项目质量监督机构设置和人员

根据《建设工程质量管理条例》（国务院令第279号），××省××市××江水电开发有限公司于20××年1月××日与省质监中心站办理了质量监督手续。省质监中心站共配置质量监督员5人，对××××水电站工程进行质量监督。监督人员情况见表6-2-1。

表6-2-1　××××水电站工程质量监督人员情况表

姓　名	单　　位	职务或职称	专业	本项目任职
×××	××省水利水电工程质量监督中心站	正高	水工	项目组长
×××	××省水利水电工程质量监督中心站	高级工程师	机电	监督员
×××	××省水利水电工程质量监督中心站	高级工程师	岩土	监督员
×××	××省水利水电工程质量监督中心站	工程师	水工	监督员
×××	××省水利水电工程质量监督中心站	工程师	检测	监督员

（二）质量监督主要依据

依据下述所列法规及文件对××××水电站枢纽工程进行质量监督：

（1）《建设工程质量管理条例》（国务院令第279号）。

（2）《水利工程质量管理规定》（水利部令第7号）。

（3）《水利工程质量监督管理规定》（水建〔1997〕339号文）。

（4）《水利工程质量事故处理暂行规定》（水利部令第9号）。

（5）《水利水电建设工程验收规程》（SL 223—2008）。

（6）《水利水电工程施工质量检验与评定规程》（SL 176—2007）。

（7）《水利水电工程施工质量评定表填表说明与示例（试行）》（办建管〔2002〕182号）。

（8）水利水电建设工程质量监督有关的政策、法规和行业规程、规范、质量标准及工程建设强制性标准等。

（9）经批准的设计文件及已签订的合同文件。

（三）质量监督的主要范围

依据《××××水电站工程质量监督书》中的确定的监督范围，省质监中心站主要对混凝土面板堆石坝、溢洪道、泄洪隧洞（放空洞）、引水隧洞、压力管道、厂房土建、机电安装工程、房屋建筑工程、导流隧洞工程建设全过程质量管理实施政府质量监督。

（四）质量监督工作方式

针对××××水电站工程的实际情况，省质监中心站质量监督工作采取随机抽查与重点抽查相结合的方式，对××××水电站工程责任主体的质量行为及工程实体质量进行监督。监督检查中发现的问题以《质量监督检查结果通知书》送达业主，要求组织相关单位及时整改，并抄报项目主管部门。

（五）质量监督的主要工作

（1）进场伊始即对参建各方进行了质量与安全方面的专题讲座。

（2）根据工程施工进度安排，省质监中心站编制了《××××水电站工程质量监督计划》，对现场监督活动、工程实体质量抽检、工程质量评定的核备与核定工作内容作出了安排，确保质量监督工作到位。

(3) 对参建各方工程质量责任主体的资质、人员资格以及施工单位质量保证体系、监理单位控制体系、设计单位现场服务体系、建设单位质量管理体系进行监督检查。督促完善参建各方的质量措施、管理制度、安全生产措施。

(4) 根据《水利水电工程施工质量检验与评定规程》(SL 176—2007) 的规定，对××××水电站工程项目划分以“××质监〔20××〕××号”文进行了确认。

(5) 监督检查各参建单位技术规程、规范、质量标准和强制性标准的贯彻执行情况。

(6) 抽查各种材料出厂合格证以及各种原始记录和检测试验资料。检查工程使用的设备、检测仪器的率定情况。对施工的重点环节实施监督。

(7) 抽查单元工程、工序质量评定情况，核定主体建筑物的分部工程施工质量等级。

(8) 参加建设单位组织的质量检查活动，参与工程相关的质量会议，了解工程建设情况，宣传贯彻有关法律法规，将发现的质量问题及时与参建单位沟通，督促参建单位不断完善质量管理。

(9) 参加隐蔽工程验收及阶段验收，为阶段验收提交质量评价意见或质量监督报告。

三、参建单位质量管理体系

(一) 对参建单位的资质复核

依据国家有关规定，结合本工程的等级和重要性，承担工程的勘察设计、监理、主体工程施工等单位，应分别具备甲级勘察设计、甲级监理和壹级承包的资质。对设计、监理、施工、检测等单位的企业资质进行了复核，监督检查情况如下：

1. 勘察设计单位

××水电××集团××勘测设计研究院：工程设计证书甲级资质；现场设立有各专业设计代表组，常驻施工现场，负责现场的设计代表工作，资质符合要求。

2. 监理单位

××水利水电建设工程咨询××公司：甲级水利监理资质，实行了总监理工程师负责制，资质符合要求。

3. 施工单位

(1) ××水利水电工程公司：水利水电工程施工总承包壹级企业资质，项目经理的法人委托书、营业执照、资质材料及生产许可证齐全，承建过许多大型水利水电工程任务，施工资质符合要求。

(2) ××水利水电第××工程局：水利水电工程施工总承包壹级企业资质，项目经理的法人委托书、营业执照、资质材料及生产许可证齐全，承建过许多大型水利水电工程任务，施工资质符合要求。

(3) ××水利水电第××工程局：水利水电工程施工总承包壹级企业资质，项目经理的法人委托书、营业执照、资质材料及生产许可证齐全，承建过许多大型水利水电工程任务，施工资质符合要求。

(4) 中铁××局第××工程有限公司：水利水电工程施工总承包特级企业资质，项目经理的法人委托书、营业执照、资质材料及生产许可证齐全，承建过许多大型水利水电工程任务，施工资质符合要求。

(5) 中国水利水电第××工程局：水利水电工程施工总承包特级企业资质，项目经理的法人委托书、营业执照、资质材料及生产许可证齐全，承建过许多大型水利水电工程任务，施工资质符合要求。

(6) 中国水利水电第××工程局：水利水电工程施工总承包壹级企业资质，项目经理的法人委托书、营业执照、资质材料及生产许可证齐全，承建过许多大型水利水电工程任务，施工资质符合要求。

4. 质量检测单位

××水电××集团××勘测设计研究院科学研究分院（国家级试验室）受业主委托，在工地现场建立了“××省××市××江梯级水电站中心试验室”，试验室实行了室主任负责制，并配置了相关专业的检测工程师，检测资质符合要求。

(二) 质量管理体系建立与运行情况

1. 项目法人

项目法人××江水电开发有限公司于20××年5月××日由××省××电力股份有限公司、××电力发展股份有限公司、××电力公司××勘测设计研究院联合组建。在工地现场设置了五部：工程技术部、计划合同部、机电部、经理工作部、财务部。

××××水电站工程项目管理实行业主负责制、招投标制、工程监理制和合同管理制。项目法人根据《中华人民共和国招标投标法》，委托招标代理机构××招标股份有限公司，对工程监理、施工以及设备采购面向全国公开招标，本着“公开、公平、公正”的原则，择优选择了下述工程的监理、施工和设备厂家。

监理单位：××水利水电建设工程咨询××公司。

设计单位：××水电××集团××勘测设计研究院。

施工单位：××水利水电工程公司、中国水利水电××工程局、中国水利水电××工程局、中国水利水电××工程局、中国水利水电××工程局、中铁××集团公司。

主机设备供货单位：××电气××水电设备公司。

其他主要设备供货单位：×××××高压开关有限公司、××电工××变压器有限公司、××××机电设备有限公司、××重工股份有限公司、××液压成套设备厂有限公司、××电气集团有限公司、××××电力控制系统工程有限公司。

各部门都制定了工作内容和职责：

(1) 严格遵守公司的各项规章制度。

(2) 领会所负责标段的招投标文件、合同文件以及设计文件。

(3) 每旬简要写出所负责标段的工程形象、面貌、质量、进度及完成情况。

(4) 标段负责人会同监理、设计、承包商一道确认土石比例及超挖、超填工程量，参加工序间的验收。

(5) 跟踪重要部位的工序施工过程。协调督促所负责标段的工程质量、进度。

(6) 抽查工程质量及完成情况。

(7) 掌握并控制所负责标段新增工程及过程，复核月工程报量。

(8) 整理所辖标段开工以来的工程资料，形成电子文档资料。

(9) 开展创造性的工作意识，如：根据具体情况，编制详细的施工进度计划，判断工程施工过程中可能会出现的有利和不利因素，提出有利于工程建设方面的意见。

(10) 配合协助监理、设计、承包商做好各项工作，协调督促各方的关系、工作。

(11) 部门全体成员保持团结、友爱、互助，共同提高业务素质的氛围，不断学习提高的作风，保持积极主动和高度负责的工作态度。

按照质量目标要求，项目法人××江水电开发有限公司专门成立了业主中心试验室，购置了国际先进的试验设备，委托设计单位科学研究分院管理运作，试验室技术员定期或不定期检查进场原材料及成品料，制定并不断完善质量管理体系。各个标段均有公司工程部技术负责人巡视工地，随时抽查工程质量，自开工以来，总体运行良好，工程质量处于受控状态。

2. 勘察设计单位

××水电××集团××勘测设计研究院在保证设计图纸供应的同时，于工程开工建设初期派驻现场设计代表组，为电站建设提供及时服务。

设计代表组是设计单位在××××水电站工程施工期间驻现场的派出机构。在工地代表设计院负责处理与设计有关的一切业务工作。技术业务接受设计总工程师、专业设计副总工程师以及各分院技术总工的双重领导。

设计代表组组长由工程项目负责人担任，现场设计代表人员在设计代表组长的统一领导下开展工作。

设计代表组的主要职责和任务：

(1) 核对和研究设计文件（工程技术报告、图纸等），负责向监理和施工单位进行技术交底，解释设计意图，介绍设计图纸和施工质量要求，解答监理和施工单位提出的有关专业技术问题。

(2) 当施工图不够详尽，或有错误，或因原材料、地质等情况与设计不符，或因工程建设需要时，及时根据实际情况对设计图纸进行必要的修改和补充。

(3) 深入施工现场，及时了解工程质量和进展情况，认真做好工程施工情况记录，定期向院报告工程进展情况；针对工程施工需要，及时提出对各专业的要求；若遇工程重大问题，及时向院报告。

(4) 设计代表组长或指定代表，代表设计院参加现场各有关综合性会议，并将有关重要情况及时报院。

(5) 与监理密切配合，参加基础开挖、隐蔽工程的验收，发现不符合设计要求或质量不符合标准时，设计代表组长及时向监理单位或有关部门提出意见，必要时提出书面报告，重大问题及时报院。

(6) 参加施工单位质量事故的调查研究和事故处理的讨论，积极提出有关设计方面的专业技术问题的处理意见。

(7) 随时收集施工中的重要资料，为工程竣工验收、设计总结和资料归档做好准备，并参加工程试运行和工程验收工作。

(8) 按时编写设计代表日志，定期编写设计代表简报。

3. 监理单位

××××水电站工程监理单位××水利水电建设工程咨询××公司按照《质量管理体系要求》(GB/T 19001—ISO 9001) 建立起了质量管理体系文件，已形成了一整套完整的监理业务管理制度。在贯彻标准以后的历次监督审核中，质量认证中心的质量管理专家，对该公司的质量管理体系及执行效果给予了较高的评价。

根据本工程的监理特点，针对承担本工程监理工作的人员、资金、设施、设备、技术和方法等资源，按照《质量管理体系要求》（GB/T 19001—ISO 9001）进行控制管理，确保本工程建设监理工作的服务质量。

监理单位根据××××水电站工程特点，按照规范要求编制了监理大纲，根据工程建设内容和各专业特点编制了监理实施细则，并在管理中建立了以下管理制度。

（1）设计文件的审查制度。

（2）设计交底及施工图会审制度。

（3）设计变更审查制度。

（4）开工审批制度。

（5）材料、构配件检验及复查制度。

（6）工程质量监督及检验制度。

（7）旁站制度。

（8）工程质量处理制度。

（9）监理报告制度。

（10）监理会议制度。

（11）现场协调会议制度。

（12）对检验和试验设备的检查制度。

（13）对不合格产品的控制制度。

（14）纠正和预防措施。

4. 质量检测单位

受业主委托，××水电××集团××勘测设计研究院科学研究分院试验室（国家级试验室）受业主委托，在工地现场建立了“××江梯级水电站中心试验室”，试验室实行了室主任负责制，并配置了相关专业的检测工程师。

（1）单位资质符合有关规定要求，质量体系健全，制定了检测质量保证措施，档案管理制度，原始资料填写、保管与检查制度，试验检测报告整理、审核和审批制度。

（2）检测试验人员均持证上岗。

（3）取得了省级以上计量认证，检测报告具有有效的“CMA 标识与编号”章。

5. 工地试验室

（1）业主中心试验室。××江梯级水电站中心试验室由××江水电开发公司提供设备和场地，以技术服务方式委托具有国家级试验室资质的××水电××集团××勘测设计研究院科学研究分院进行试验和运行管理。

××江梯级水电站中心试验室受××江水电开发公司工程部领导，是受法人代表全权委托的××江水电开发工程建设试验检测的质量机构。

中心试验室具有完备的质量管理体系，执行设计单位的《质量手册》及《质量管理程序文件》与及国家相关的政策和标准、规程、规范。

中心试验室主任具有水利工程质量检测员（混凝土类 A 级）资质。

中心试验室于20××年11月在××××水电站工地建成投入使用，负责对整个××江梯级电站在建工程使用的原材料、混凝土及大坝填筑堆石料进行抽样检测及质量监控。主要试验项目有水泥物理性能指标检验，钢筋抗拉、抗弯检验，骨料品质（物理）的常规检验，混凝土的抗压、劈裂抗拉，静压弹性模量、抗渗，锚杆拉拔检测，土工的有击实、液塑限、原位密度（灌水法）、原位渗透、坝料颗粒级配检测。

（2）中国水利水电××工程局工地试验室。中国水利水电××工程局工地试验室于20××年3月建成投入使用，能满足其承建工程的施工常规物理力学性能试验检测需要。

（3）××水利水电工程公司工地试验室。××水利水电工程公司工地试验室于20××年6月建成投入使用，能满足其承建工程的施工常规物理力学性能试验、锚杆拉拔检测及原位密度（灌水法）、原位渗透、坝料颗粒级配试验检测需要。

（4）中铁××工程局集团工地试验室。中铁××工程局集团工地试验室于20××年10月建成投入使用，能满足其承建工程的施工常规物理力学性能试验检测需要。

6. 土建施工单位

本工程项目主要施工单位有：中国水利水电××工程局（大坝工程）、中国水利水电××工程局（厂房及引水系统工程）、××××建设有限公司（机电及金结安装工程）、中国水利水电××工程局（砂石系统建设及运行管理工程）。

施工单位具有水利水电工程施工总承包特级企业资质或水利水电工程施工总承包壹级企业资质，均承建过许多大型水利水电工程任务，建立了较为完善的质量管理体系，质量保证体系及各项质量管理规章制度健全，运行情况良好。各施工单位在本工程施工现场均建立了项目经理部，在项目经理的领导下，项目总工程师负责日常的施工质量管理工作，各职能部门各司其职，保证质量管理工作正常开展。

（1）施工单位质量管理体系建立情况。施工单位通过了质量管理体系认证，成立了质量管理组织机构；制订了质量方针和质量目标，并对下属部门提出了明确的质量管理分工和职责；明确了项目经理为工程质量第一责任人，确定总工程师分管质量工作；制订了质量考核评比及奖罚细则等质量管理制度；主要质检人员均已到位，并能常驻工地；全员质量意识不断提高，对技术工人培训力度不断加大，特殊作业人员能持证上岗。

（2）施工单位质量管理体系运行情况。施工单位质量管理体系建立和运行情况包括岗位责任制到位情况，工作制度的建立情况等；质量管理机构建立和人员组成情况，包括组织机构、项目质检机构、人员执业资格等；施工质量控制和资料情况，包括施工日志及施工原始记录资料，验收与质量等级自评等情况。各施工单位质量管理办法和控制措施在施工过程中基本得到落实，质量管理体系运行基本有效。

7. 机电设备安装单位

中国水利水电××工程局有限公司项目部为确保××××水电站机电安装工程在施工过程中质量及安全，严格按照《水轮发电机组安装技术规范》（GB/T 8564—2003）及设计技术要求对施工质量进行严格地控制，消除不合格工程产生的原因，防止不合格工程的发生，最终实现中国水利水电××工程局机电安装制造分局××××水电站项目的质量目标。

（1）专业技术人员编写相关的施工方案及技术措施，总工程师审核，经项目经理批准后，报送监理工程师，经监理工程师审批同意后，则严格按其施工工序、技术要求及施工工艺施工。

（2）在工程施工前，对施工人员进行技术及质量控制内容的交底。其内容包括：工作内容、工作量、技术要求、工艺要求、施工方法、工序、质量标准、安全要求，各工序工种穿插交接时可能发生的技术问题，特殊情况下操作方法与注意事项，关键部位及特殊过程的技术问题及现场的桩号及标高。

（3）工程施工时，严格按照“三检制”进行，首先由施工人员对完成的工序进行自检，后由技术负责人及作业层质检员巡回检查，同时项目部专职质检员不定时的抽查，发现问题及时提出并整改，对上道工序未经检验合格，不得进入下道工序。需监理工程师检查验收的工程（如隐蔽工程等），应在每道工序完成后按规范要求检查合格后由监理工程师检验，检验合格并经监理工程师书面确认后，方可进行下道工序。

（4）工程完工后，项目部专职质检员会同施工负责人、施工技术负责人、作业层质检员对此项目内的所有工作内容进行全面检查，发现问题后及时处理直到检查合格，再申报监理工程师验收。

（5）为能有效地对工程进行全面管理及质量控制，项目部组织如下组织机构及质量检验体系，严格执行工程质量管理“三检制”。

项目部严格按行业标准及其规范要求，按上述质量检验体系严格检查，认真贯彻公司“产品质量优良，使顾客满意，让用户放心；机电设备安装，合格率100%，优良率92%；追求零质量缺陷，杜绝各类质量事故”的质量目标，把质量保证措施放到首位，严把质量关，确保在整个电站的机电安装过程无任何质量安全事故发生，验收合格率达到100%。

四、工程项目划分确认

20××年9月××日，省质监中心站针对项目法人报送的《××××水电站工程项目划分方案》，依据有关规定，结合××××水电站工程的布置及施工特点，组织了有关人员进行了认真研究，以“××质监〔20××〕××号”文进行了确认，确认本工程项目共划分为11个单位工程，共计104个分部工程，其中主要分部工程18个，详见表6-2-2。

表6-2-2　　××××水电站工程项目划分表

单位工程		分部工程		单位工程		分部工程	
序号	名称	序号	名称	序号	单位工程名称	序号	分部工程名称
一	混凝土面板堆石坝	1	坝基、趾板开挖与处理	一	混凝土面板堆石坝	10	大坝填筑Ⅲ
		2	△左岸坝基开挖及支护			11	大坝填筑Ⅳ
		3	△右岸坝基开挖及支护			12	大坝填筑Ⅴ
		4	左岸灌浆洞			13	观测设施（含原型观测）
		5	右岸灌浆洞			14	防浪墙及公路
		6	△趾板及地基防渗			15	*上游围堰
		7	△混凝土面板及接缝止水			16	*下游围堰
		8	大坝填筑Ⅰ			17	坝前铺盖
		9	大坝填筑Ⅱ				

续表

单位工程		分部工程		单位工程		分部工程	
序号	名称	序号	名称	序号	单位工程名称	序号	分部工程名称
二	溢洪道	1	*场内临时交通	四	引水隧洞及压力管道	19	调压室
		2	△地基防渗及排水			20	△压力钢管安装
		3	溢洪道边坡开挖及支护（上）			21	原型观测
		4	溢洪道边坡开挖及支护（下）	五	厂房土建	1	高程1249.11m以上开挖及支护
		5	溢洪道引渠段			2	高程1249.11m以下开挖及支护
		6	△溢洪道闸室段			3	围堰
		7	溢洪道缓流段			4	△主厂房
		8	溢洪道泄槽段			5	上游副厂房
		9	闸门及启闭机械安装			6	安装间
三	泄洪隧洞（放空洞）	1	△通风洞及工作闸室			7	下游副厂房
		2	进口边坡			8	尾水段
		3	出口边坡			9	尾水渠
		4	△事故闸门井（包括交通桥）			10	闸门及启闭机械安装
		5	有压段			11	给排水工程
		6	无压段			12	厂区地坪
		7	闸门及启闭机安装			13	屋面工程
四	引水隧洞及压力管道	1	进水口边坡			14	冲沟治理
		2	△进水塔（包括交通桥）			15	原型观测
		3	引水隧洞Ⅰ	六	机电安装	1	△1F水轮发电机组安装
		4	引水隧洞Ⅱ			2	△2F水轮发电机组安装
		5	引水隧洞Ⅲ			3	△3F水轮发电机组安装
		6	引水隧洞Ⅳ			4	水力机械辅助设备安装
		7	引水隧洞Ⅴ			5	起重设备安装
		8	*1号支洞开挖及封堵			6	发电电气设备安装
		9	*2号支洞开挖及封堵			7	△主变压器安装
		10	*3号支洞开挖及封堵			8	GIS及附属设备
		11	*4号支洞开挖及封堵			9	通信设备安装
		12	*5号支洞开挖及封堵			10	消防设施及技术供水
		13	*6号支洞开挖及封堵	七	房屋建筑	1	办公楼
		14	*7号支洞开挖及封堵			2	职工宿舍
		15	闸门及启闭机械安装Ⅰ			3	食堂
		16	闸门及启闭机械安装Ⅱ			4	室外附属工程绿化
		17	△钢管道平段及斜井	八	交通工程	1	CR1标
		18	排水孔			2	CR2标

续表

单位工程		分部工程	
序号	名称	序号	名称
八	交通工程	3	CR3 标
九	环保水保	1	渣场治理
		2	边坡治理
		3	绿化工程
十	导流隧洞	1	* 上游围堰
		2	* 下游围堰
		3	* 1 号施工支洞
		4	* 2 号施工支洞
		5	进口明渠
		6	△进水塔
		7	导流隧洞
		8	△导流洞堵体段
		9	出口明渠
		10	闸门及启闭机械安装
十一	*××××料场剥离	1	* 施工道路
		2	10 号弃渣场拦水坝
		3	10 号弃渣场拦渣坝
		4	10 号弃渣场排水渠
		5	料场剥离开挖

注　1. 加“Δ”符号者为主要分部工程。
2. 加“*”符号者为规程没有要求或是总价工程，根据工程需要而划分，可以不参加质量评定的分部工程。

五、工程质量检测

××××水电站土建工程所用原材料主要包括：水泥、砂石骨料、钢筋、钢筋焊接接头、锚杆拉拔、减水剂、速凝剂、粉煤灰、止水材料等。

（一）原材料质量控制标准

××××水电站工程建设期间，土建工程各标段所用原材料及中间产品检测执行标准见表 6-2-3。

表 6-2-3　原材料、中间产品及大坝检测主要依据以下国家标准及行业规程规范

检验项目	试验检验技术标准和规范	代　号
水泥及砂石骨料	通用硅酸盐水泥	GB 175—2007
	水泥胶砂强度检验方法（ISO 法）	GB/T 17671—1999
	水泥细度检验方法（80μm 筛筛析法）	GB 1345—91
	水泥标准稠度用水量、凝结时间、安定性检验方法	GB/T 1346—2001
	水泥胶砂流动度测定方法	GB/T 2419—94
	水工混凝土砂石骨料试验规程	DL/T 5151—2001
混凝土	水工混凝土配合比设计规程	DL/T 5330—2005
	混凝土质量控制标准	GB 50164—92
	水工混凝土试验规程	DL/T 5150—2001
	水工混凝土施工规范	DL/T 5144—2001
金属材料	钢筋焊接接头试验方法标准	JGJ/T 27—2001
	钢筋焊接及验收规程	JGJ/T 18—2003
	钢筋混凝土用钢 第 2 部分：热轧带肋钢筋	GB 1499.2—2007

续表

检验项目	试验检验技术标准和规范	代　号
金属材料	钢筋混凝土用钢 第1部分：热轧光圆钢筋	GB 1499.1—2008
	金属材料　室温拉伸试验方法	GB/T 228—2002
	金属材料　弯曲试验方法	GB/T 232—1999
添加剂以及掺和料	混凝土外加剂	GB/T 8076—1997
	水工混凝土外加剂技术规程	DL/T 5100—1999
	混凝土外加剂匀质性试验方法	GB/T 8077—2000
	水工混凝土掺用粉煤灰技术规范	DL/T 5055—2007
其他	土工试验规程	SL 237—1999
	碾压土石坝施工技术规范	DL/T 5129—2001
	混凝土面板堆石坝施工规范	DL/T 5128—2001
	混凝土面板堆石坝接缝止水技术规范	DL/T 5115—2000

（二）混凝土面板堆石坝施工单位自检结果

施工单位：××水利水电工程公司。

1. 水泥

混凝土面板堆石坝所用水泥为××水泥股份有限公司生产的××牌P·O 42.5水泥、××科技实业股份有限公司生产的×××牌P·O 32.5水泥、××水泥有限公司生产的××牌P·O 42.5水泥。

截至20××年12月××日，共检测××牌P·O 42.5水泥76组、×××牌P·O 32.5水泥7组、××牌P·O 32.5水泥13组、××牌P·O 42.5水泥46组，所检测项目均符合国家标准。

2. 砂石骨料

砂石骨料为中国水利水电××工程局砂石系统生产的人工砂石骨料，截至20××年12月××日，共检测人工砂49组、小石（5～20mm）46组、中石（20～40mm）46组，所检测项目均符合国家标准。检测成果见表6-2-4。

表6-2-4　砂石骨料检测成果统计表

检测项目	小石（5～20mm）				中石（20～40mm）				砂子（<5mm）			
	超径/%	逊径/%	含泥量/%	针片状/%	超径/%	逊径/%	含泥量/%	针片状/%	细度模数	泥块含量/%	含水率/%	石粉含量/%
组数	46	46	46	46	46	46	46	46	49	49	49	49
最大值	5	34	0.5	4	20	31	0.4	3	3.21	0	5.7	28.5
最小值	0	2	0.1	1	0	1	0.1	1	2.41	0	1.6	8.4
平均值	2	12	0.2	2	8	9	0.2	1	2.77	0	3.6	20.0
规定值	<5	<10	≤1	≤15	<5	<10	≤1	≤15	2.4～2.8	不允许	≤6	6～18

3. 钢筋机械性能检测

工程中所用钢筋为××钢铁集团、×××钢铁集团生产的钢筋。共计检测127组，所检测项目均符合国家标准。检测结果见表6-2-5。

表6-2-5　钢筋机械性能检测成果统计表

直径/mm	牌号	检测组数	屈服强度/MPa			抗拉强度/MPa			伸长率/%	冷弯合格率/%
			最大值	最小值	平均值	最大值	最小值	平均值	平均值	
6.5	HPB235	3	360	285	325	525	420	485	32.2	100
10	HRB335	4	395	355	371	590	530	564	28.0	100
16	HRB335	17	440	350	391	620	540	571	28.3	100
18	HRB335	19	440	375	413	600	525	570	28.2	100
20	HRB335	32	440	365	395	610	530	565	25.7	100
22	HRB335	19	405	340	373	615	545	586	25.1	100
25	HRB335	8	425	350	380	650	545	583	24.1	100
28	HRB335	25	380	355	366	595	565	578	24.5	100
国家标准			HPB235：≥235 HRB335：≥335			HPB235：≥370 HRB335：≥455			HPB235：≥25 HRB335：≥17	
备注			所进钢筋经检测其力学性能、弯曲性能均符合国家标准要求							

4. 钢筋焊接接头性能检测及锚杆抗拉拔性能检测

钢筋焊接接头力学性能检测依据《金属材料室温拉伸试验方法》(GB/T 228—2002)、评定依据《钢筋焊接及验收规程》(JGJ 18—2012) 标准进行。施工方在大坝趾板及大坝面板施工现场对钢筋焊接接头进行了抗拉强度试验检测。其中在趾板施工现场共抽取Φ20钢筋焊接接头15组、Φ22钢筋焊接接头26组；在面板施工现场共抽取Φ16钢筋焊接接头33组、Φ18钢筋焊接接头25组、Φ20钢筋焊接接头15组。经检测接头破坏形式均为母材断裂，抗拉强度均大于母材抗拉强度规定值，根据《钢筋焊接及验收规程》(JGJ 18—2012) 标准的规定，所抽取钢筋焊接接头的抗拉强度性能满足规程相关要求。检测结果见表6-2-6。

表6-2-6　钢筋焊接接头性能检测成果统计表

母材牌号	直径 d/mm	连接方式	取样地点	抽取组数	抗拉强度/MPa		
					最大值	最小值	平均值
HRB335	16	单面搭接	面板	33	610	520	567
HRB335	18	单面搭接	面板	25	595	550	568
HRB335	20	单面搭接	面板	15	590	545	560
HRB335	20	单面搭接	趾板	15	575	510	540
HRB335	22	双面焊接	趾板	26	645	550	580

锚杆抗拉拔性能检测依据《水电水利工程锚喷支护施工规范》(DL/T 5181—2003)、评定依据设计相关标准进行。

试验室针对大坝趾板基础、趾板内外坡支护及料场边坡支护施工的锚杆进行了拉拔试验。其中检测大坝趾板基础锚杆32组、趾板内外坡支护锚杆25组，料场边坡支护锚杆5组。检测成果表明：所检测的锚杆抗拉拔力满足80～120kN的设计要求。检测结果见表6-2-7。

表 6-2-7 锚杆抗拉拔性能检测成果统计表

锚杆直径/mm	抽取组数	抗拉拔力/kN			设计要求
		最大值	最小值	平均值	
28	32	126.5	100.9	111.8	80～120kN
18	13	111.0	99.6	105.5	
25	17	124.3	95.6	109.5	

5. 减水剂

工程中所使用的减水剂为××××新材料有限公司生产的JM-Ⅱ型缓凝高效减水剂。该产品于20××年4月底开始投入工程中使用，主要用于趾板及面板混凝土。根据《水工混凝土施工规范》(DL/T 5144—2001) 的规定：掺量小于1%的外加剂以50t为一批进行检验。工程中所使用的JM-Ⅱ型减水剂的掺量为0.7%，试验室依据上述规定对JM-Ⅱ型缓凝高效减水剂进行了检验。检验方法和评定标准分别依据《混凝土外加剂匀质性试验方法》(GB/T 8077—2000)、《水工混凝土外加剂技术规程》(DL/T 5100—1999) 相关标准进行。检测结果见表6-2-8。

表 6-2-8 JM-Ⅱ型缓凝高效减水剂检测成果统计表

检测项目	掺量/%	减水率/%	检测项目	掺量/%	减水率/%
规定值	—	≥15	最小值	0.7	17.5
检测组数	8	8	平均值	0.7	18.1
最大值	0.7	18.9			

6. 速凝剂

工程中所使用的速凝剂为××××混凝土外加剂有限公司生产的STS-××壹型速凝剂。该产品于20××年4月开始投入工程中使用，主要用于挤压边墙混凝土与喷混凝土中。根据《水工混凝土施工规范》(DL/T 5144—2001) 的规定：掺量大于或等于1%的外加剂以100t为一批进行检验。工程中所使用的STS-××壹型速凝剂的掺量为4%，试验室依据上述规定对STS-××壹型速凝剂进行了检验。检验方法和评定标准依据《喷射混凝土用速凝剂》(JC 477—92) 相关标准进行。检测结果见表6-2-9。

表 6-2-9 STS-××壹型速凝剂检测成果统计表

检测项目		净浆凝结时间/min		细度/%	1d抗压强度/MPa	28d抗压强度比/%
		初凝时间	终凝时间			
检测组数		2	2	2	2	2
最大值		4min27s	9min39s	12.8	8.6	81
最小值		4min03s	9min18s	10.6	8.4	80
平均值		4min15s	9min29s	11.7	8.5	80.5
相关标准	一等品	≤3	≤10	≤15	≥8	≥75
	合格品	≤5	≤10	≤15	≥7	≥70

7. 粉煤灰

工程中所使用的粉煤灰为××省××发电粉煤灰开发有限责任公司生产的Ⅰ级粉煤灰。

试验室依据上述规定对××Ⅰ级粉煤灰进行了检验，共检测19组，检测结果见表6-2-10。

表6-2-10　　Ⅰ粉粉煤灰性能检测成果统计表

检测项目	细度/%	需水量比/%	检测项目	细度/%	需水量比/%
检测组数	19	19	平均值	9.1	92
最大值	9.8	94	控制指标	≤12	≤95
最小值	8.1	90			

8. 止水材料

工程中使用的止水材料主要用于大坝趾板及面板结构混凝土。止水材料主要包括：××××铜业有限公司生产的T2/M/1mm型止水铜片、××省××市××塑胶有限责任公司生产的ϕ15型、ϕ40型、ϕ60型PVC棒、SR塑性填料、××乙丙SR防渗盖片等。上述材料均有产品出厂检验合格证，现场检验由于试验室不具备检测上述材料的条件，因此施工单位委托地方检测机构对上述材料进行了质量检测，经检测质量合格，可以用于工程中使用。

铜止水接头采用搭接连接，双面焊接，经检测接头拉伸强度均满足设计要求，同时每个接头全部采用煤油进行现场检测，没有发现渗漏，均满足设计要求。

9. 聚丙烯微纤维

面板工程中使用的微纤维是由××××工程纤维有限公司生产的聚丙烯微纤维，委托××省纤维检验所检测，其抗拉强度、断裂伸长率、弹性模量指标均符合设计要求，检测结果见表6-2-11。

表6-2-11　　聚丙烯微纤维性能检测成果统计表

检测项目	断裂伸长率/%	弹性模量/MPa	抗拉强度/MPa
检测结果	36.82	8908	554.5
控制指标	≥20	≥3500	≥500

10. 混凝土强度检测

截止至20××年12月××日，工程中施工的混凝土品种有喷混凝土、常态混凝土、泵送混凝土、挤压边墙混凝土。

混凝土28d抗压强度检测结果见表6-2-12。

表6-2-12　　混凝土28d抗压强度检测成果统计表

施工部位	设计标号	检测组数	最大值/MPa	最小值/MPa	平均值/MPa	标准差/MPa	离差系数C_v	保证率/%	合格率/%
趾板后坡处理混凝土	C20（常态）	11	28.1	20.2	23.6	2.572	0.109	92.13	100
趾板地质回填混凝土	C20（常态）	18	35.0	22.7	28.0	3.379	0.121	99.10	100
趾板基础回填混凝土	C25（泵送）	11	41.5	29.3	34.9	4.547	0.130	98.53	100
趾板外贴坡混凝土	C25（泵送）	12	37.6	26.4	29.4	3.252	0.111	91.20	100
趾板混凝土	C25（泵送）	98	46.2	26.9	34.7	4.307	0.124	98.78	100
面板混凝土	C25（常态）	120	56.7	36.3	46.0	4.454	0.097	100.00	100

续表

施工部位	设计标号	检测组数	最大值 /MPa	最小值 /MPa	平均值 /MPa	标准差 /MPa	离差系数 C_v	保证率 /%	合格率 /%
趾板内外坡支护	C20（喷混凝土）	49	35.2	20.4	27.1	3.891	0.144	96.60	100
趾板倒悬体回填	C15混凝土	109	32.2	15.4	22.1	4.065	0.184	95.96	100
挤压边墙混凝土	<5MPa	102	4.2	1.9	2.9	0.521	0.180	—	100
大坝回头挡坎混凝土	C20	27	33.1	23.2	26.9	2.337	0.087	99.84	100
料场边坡支护	C20（喷混凝土）	19	30.7	20.7	24.7	3.221	0.130	92.77	100

挤压边墙混凝土静力弹性模量检测结果见表6-2-13。

表6-2-13　挤压边墙混凝土静力弹性模量检测成果统计表

施工部位	设计指标 /MPa	检测组数	最大值 /MPa	最小值 /MPa	平均值 /MPa	标准差 /MPa	离差系数 C_v	合格率 /%
大坝挤压边墙	3000～8000	49	7300	3400	5704	—	0.132	100

11. 混凝土抗渗、抗冻检测

趾板混凝土抗渗试验共检测9组，检测结果均大于W12，满足设计要求，检测结果见表6-2-14。

表6-2-14　趾板混凝土抗渗试验检测成果统计表

序号	检测部位		取样日期 /（年-月-日）	试验日期 /（年-月-日）	检测结果
1	水平段混凝土	ZP30+063～ZP30+048 高程1465.00～1466.52	20××-5-24	20××-6-21	>W12
2	水平段混凝土	ZP30+003～ZP30+018 高程1465.00～1466.52	20××-6-19	20××-7-17	>W12
3	左岸斜坡段混凝土	ZP20+055～ZP20+070 高程1480.00～1488.26	20××-12-22	20××-1-19	>W12
4	左岸斜坡段混凝土	ZP20+025～ZP20+010 高程1498.00～1506.00	20××-5-6	20××-6-3	>W12
5	右岸斜坡段混凝土	ZP50+012～ZP50+027 高程1508.00～1519.00	20××-6-2	20××-6-30	>W12
6	左岸斜坡段混凝土	ZP20+03～ZP10+56.216 高程1537.66～1542.74	20××-10-6	20××-11-3	>W12
7	右岸斜坡段混凝土	ZP70+18～ZP70+03 高程1551.52～1560.57	20××-12-15	20××-1-12	>W12
8	左岸斜坡段混凝土	ZP10+3～ZP10+11.216 高程1567.00～1570.05	20××-3-20	20××-4-17	>W12
9	左岸斜坡段混凝土	ZP00+21～ZP00+06 高程1577.41～1588.36	20××-7-26	20××-8-23	>W12

趾板混凝土抗冻试验共检测4组，检测结果均大于F100，满足设计要求，检测结果见表6-2-15。

表 6-2-15　　趾板混凝土抗冻试验检测成果统计表

序号	检测部位		取样日期/(年-月-日)	试验日期/(年-月-日)	检测结果
1	左岸斜坡段混凝土	ZP20+055～ZP20+070 高程 1480.00～1488.26	20××-12-21	20××-01-18	>F100
2	右岸斜坡段混凝土	ZP4～ZP50+060～0+045 高程 1490.30～1501.50	20××-02-24	20××-03-23	>F100
3	左岸斜坡段混凝土	ZP20+30～ZP20+45 高程 1520.00～1527.20	20××-06-22	20××-07-20	>F100
4	右岸斜坡段混凝土	ZP60+27～ZP60+12 高程 1531.35～1537.57	20××-09-24	20××-10-22	>F100

面板混凝土抗渗试验共检测 17 组，检测结果均大于 W12，满足设计要求，检测结果见表 6-2-16。

表 6-2-16　　面板混凝土抗渗试验检测成果统计表

抗　渗　W12 (28d)				
序号	检测部位	取样日期/(年-月-日)	试验日期/(年-月-日)	检测结果
1	一期面板 FR1	20××-10-18	20××-11-15	>W12
2	一期面板 FL3	20××-10-23	20××-11-20	>W12
3	一期面板 FR3	20××-10-27	20××-11-24	>W12
4	一期面板 FR5	20××-10-31	20××-11-28	>W12
5	一期面板 FL5	20××-11-03	20××-12-01	>W12
6	一期面板 FL1	20××-11-06	20××-12-04	>W12
7	一期面板 FR7	20××-11-13	20××-12-11	>W12
8	一期面板 FR2	20××-11-16	20××-12-14	>W12
9	一期面板 FR9	20××-11-19	20××-12-17	>W12
10	一期面板 FL4	20××-11-22	20××-12-20	>W12
11	一期面板 FR4	20××-11-25	20××-12-23	>W12
12	一期面板 FL2	20××-11-28	20××-12-26	>W12
13	一期面板 FR6	20××-12-01	20××-12-29	>W12
14	一期面板 FL6	20××-12-03	20××-12-31	>W12
15	一期面板 FR8	20××-12-05	20××-01-02	>W12
16	一期面板 FL8	20××-12-10	20××-01-07	>W12
17	一期面板 FL12	20××-12-14	20××-01-11	>W12

面板混凝土抗冻试验共检测 8 组，检测结果均大于 F100，满足设计要求，检测结果见表 6-2-17。

表 6-2-17　　面板混凝土抗冻试验检测成果统计表

抗　冻　F100（28d）				
序号	检测部位	取样日期/(年-月-日)	试验日期/(年-月-日)	检测结果
1	一期面板 FR1	20××-10-18	20××-11-15	>F100
2	一期面板 FL3	20××-10-23	20××-11-20	>F100
3	一期面板 FL1	20××-11-06	20××-12-04	>F100
4	一期面板 FR7	20××-11-13	20××-12-11	>F100
5	一期面板 FR9	20××-11-19	20××-12-17	>F100
6	一期面板 FL2	20××-11-28	20××-12-26	>F100
7	一期面板 FR4	20××-11-28	20××-12-26	>F100
8	一期面板 FL6	20××-12-03	20××-12-31	>F100

12. 混凝土坍落度、含气量检测

面板混凝土坍落度 32 个仓号现场检测 1805 组，最大值 190mm，最小值 2mm，平均值 29.1mm。检测结果见表 6-2-18。

表 6-2-18　　面板混凝土坍落度现场检测成果统计表

序号	仓号	检测组数	最大值/mm	最小值/mm	平均值/mm
1	FR1	163	190.0	5.0	44.0
2	FR2	74	40.0	10.0	25.4
3	FR3	150	70.0	5.0	27.0
4	FR4	52	54.0	7.0	24.8
5	FR5	123	54.0	2.0	24.9
6	FR6	41	42.0	16.0	27.3
7	FR7	53	58.0	8.0	23.5
8	FR8	37	46.0	21.0	33.3
9	FR9	29	40.0	11.0	24.3
10	FR10	27	38.0	21.0	29.4
11	FR11	22	26.0	10.0	17.7
12	FR12	18	38.0	21.0	30.7
13	FR13	5	35.0	17.0	24.8
14	FR14	7	37.0	26.0	30.1
15	FR15	6	39.0	28.0	33.0
16	FR16	4	34.0	25.0	29.8
17	FL1	92	45.0	3.0	24.6
18	FL2	70	56.0	17.0	30.8
19	FL3	201	89.0	2.0	35.5
20	FL4	110	52.0	12.0	31.1

续表

序号	仓号	检测组数	最大值/mm	最小值/mm	平均值/mm
21	FL5	123	76.0	9.0	33.3
22	FL6	31	46.0	11.0	30.4
23	FL7	93	72.0	10.0	32.6
24	FL8	37	47.0	22.0	32.0
25	FL9	75	70.0	5.0	32.5
26	FL10	25	63.0	8.0	33.6
27	FL11	57	46.0	12.0	29.2
28	FL12	17	38.0	19.0	28.0
29	FL13	35	42.0	12.0	28.5
30	FL14	9	37.0	18.0	26.1
31	FL15	16	42.0	15.0	25.1
32	FL16	3	30.0	25.0	27.7
总　计		1805	190.0	2.0	29.1

面板混凝土含气量32个仓号现场检测658组，最大值5.9%，最小值0.9%，平均值3.0%。检测结果见表6-2-19。

表6-2-19　　面板混凝土含气量现场检测成果统计表

序号	仓号	检测组数	最大值/%	最小值/%	平均值/%
1	FR1	114	5.9	1.8	3.0
2	FR2	32	3.8	1.6	2.8
3	FR3	64	5.8	0.9	2.9
4	FR4	20	4.0	2.0	2.7
5	FR5	51	3.4	1.9	2.8
6	FR6	17	3.9	2.4	2.9
7	FR7	23	3.9	2.2	2.9
8	FR8	13	3.9	2.3	3.1
9	FR9	14	3.8	2.1	2.8
10	FR10	8	3.7	2.4	2.9
11	FR11	9	2.4	1.5	2.1
12	FR12	5	3.4	2.5	2.9
13	FR13	1	2.8	2.8	2.8
14	FR14	3	3.0	2.3	2.6
15	FR15	2	2.9	2.7	2.8
16	FR16	1	3.4	3.4	3.4
17	FL1	38	4.2	2.2	2.9
18	FL2	25	4.3	2.2	3.1

续表

序号	仓号	检测组数	最大值/%	最小值/%	平均值/%
19	FL3	55	4.8	1.8	3.1
20	FL4	25	4.1	2.1	2.9
21	FL5	31	3.8	2.0	3.1
22	FL6	18	4.4	2.5	3.2
23	FL7	18	4.5	2.6	3.2
24	FL8	11	3.8	2.1	3.1
25	FL9	11	3.9	2.5	3.0
26	FL10	10	4.2	2.6	3.3
27	FL11	9	3.9	2.0	3.0
28	FL12	7	3.9	2.8	3.3
29	FL13	6	3.5	2.1	2.9
30	FL14	6	3.7	2.9	3.2
31	FL15	8	4.9	2.3	3.3
32	FL16	3	2.8	2.4	2.6
总　计		658	5.9	0.9	3.0

趾板混凝土坍落度41个仓号现场检测207组，最大值22.2mm，最小值6.5mm，平均值15mm。检测结果见表6-2-20。

表6-2-20　　趾板混凝土坍落度现场检测成果统计表

序号	浇筑部位	检测组数	最大值/mm	最小值/mm	平均值/mm
1	水平段ZP30+063～ZP30+048 高程1465.00～1466.52	7	16.0	11.5	13.8
2	水平段ZP30+033～ZP30+048 高程1465.00～1466.52	4	16.0	12.6	14.1
3	水平段ZP30+033～ZP30+018 高程1465.00～1466.52	3	16.0	12.1	13.8
4	水平段ZP30+063～ZP30+077 高程1465.00～1466.52	3	15.8	11.8	14.0
5	水平段ZP30+077～ZP30+92.206 高程1465.00～1466.52	3	13.9	12.5	13.2
6	水平段ZP30+003～ZP30+018 高程1465.00～1466.52	5	22.2	6.7	15.8
7	水平段ZP30+003～ZP20+100.091 高程1466.52～1468.14	4	19.2	12.7	16.3
8	水平段ZP30+92.206～ZP4+003 高程1466.00～1468.00	3	13.8	6.5	10.9

续表

序号	浇筑部位	检测组数	最大值/mm	最小值/mm	平均值/mm
9	左岸 ZP20＋100.091～ZP20＋085 高程 1465.30～1474.87	1	11.8	11.8	11.8
10	左岸 ZP20＋070～ZP20＋085 高程 1474.06～1480.75	3	16.9	13.9	15.0
11	右岸 ZP40＋003～ZP40＋018 高程 1465.00～1477.08	7	15.5	13.5	14.6
12	左岸 ZP20＋055～ZP20＋070 高程 1480.00～1488.26	5	16.0	12.7	14.4
13	右岸 ZP40＋030～ZP40＋015 高程 1471.30～1481.50	7	17.0	12.1	14.3
14	左岸 ZP20＋040～ZP20＋050 高程 1487.70～1495.50	4	21.8	12.7	18.4
15	右岸 ZP4～ZP50＋030～0＋045 高程 1481.88～1492.27	6	16.4	12.4	14.6
16	右岸 ZP4～ZP50＋060～0＋045 高程 1490.30～1501.50	6	18.7	12.1	16.1
17	左岸 ZP20＋025～ZP20＋040 高程 1494.22～1498.52	6	20.0	14.5	17.0
18	右岸 ZP4－ZP50＋060～ZP5－ZP60＋012 高程 1496.00～1508.30	6	20.5	10.7	16.1
19	左岸 ZP20＋025～ZP20＋010 高程 1498.00～1506.00	5	16.6	11.0	14.0
20	左岸 ZP2－30＋010～ZP2－20＋057.751 高程 1506.50～1514.88	4	18.6	15.5	17.2
21	右岸 ZP50＋012～ZP50＋027 高程 1508.00～1519.00	14	18.0	9.7	13.9
22	左岸 ZP20＋045～ZP20＋57.751 高程 1513.23～1520.52	2	17.1	13.7	15.4
23	左岸 ZP20＋30～ZP20＋45 高程 1520.00～1527.20	2	16.3	12.8	14.6
24	右岸 ZP50＋027～ZP50＋043 高程 1519.00～1527.70	12	18.6	11.1	16.7
25	左岸 ZP20＋030～ZP20＋015 高程 1533.30～1527.20	5	16.1	9.2	13.8
26	左岸 ZP20＋003～ZP20＋015 高程 1539.30～1533.30	6	18.0	14.0	16.6
27	右岸 ZP50＋40.034～ZP60＋12 高程 1525.04～1532.83	5	16.7	12.9	14.6

续表

序号	浇　筑　部　位	检测组数	最大值 /mm	最小值 /mm	平均值 /mm
28	右岸 ZP60＋27～ZP60＋12 高程 1531.35～1537.57	3	15.6	12.7	13.9
29	左岸 ZP20＋03～ZP10＋56.216 高程 1537.66～1542.74	6	19.0	9.6	16.0
30	右岸 ZP60＋27～ZP60＋42 高程 1536.17～1542.46	10	18.4	8.8	13.4
31	右岸 ZP60＋57～ZP60＋42 高程 1540.99～1547.28	8	18.3	7.5	14.4
32	左岸 ZP10＋56.216～ZP10＋41.216 高程 1544.46～1552.68	5	17.8	11.6	15.6
33	右岸 ZP60＋57～ZP70＋03 高程 1547.28～1552.00	6	19.0	16.5	18.1
34	右岸 ZP70＋18～ZP70＋03 高程 1551.52～1560.57	3	13.8	12.5	13.2
35	右岸 ZP70＋18～ZP70＋27.669 高程 1559.11～1565.46	6	21.2	11.2	16.1
36	左岸 ZP10＋26.216～ZP10＋41.216 高程 1551.27～1559.50	6	17.0	15.4	16.5
37	左岸 ZP10＋26.216～ZP10＋11.216 高程 1567.00～1559.50	6	14.2	10.1	12.1
38	左岸 ZP10＋3～ZP10＋11.216 高程 1567.00～1570.05	6	14.5	11.8	12.8
39	左岸 ZP10＋03～ZP00＋21 高程 1568.64～1579.01	5	17.3	12.9	15.4
40	左岸 ZP00＋21～ZP00＋06 高程 1577.41～1588.36	3	16.2	13.8	14.6
41	左岸 ZP00＋06～ZP00＋00 高程 1586.76～1592.10	1	13，8	13.8	3.6
总　计		207	22.2	6.5	15

趾板混凝土含气量 32 个仓号现场检测 207 组，最大值 6.0%，最小值 2.6%，平均值 4.1%。检测结果见表 6-2-21。

表 6-2-21　　　趾板混凝土含气量现场检测成果统计表

序号	浇　筑　部　位	检测组数	最大值 /%	最小值 /%	平均值 /%
1	水平段 ZP30＋063～ZP30＋048 高程 1465.00～1466.52	7	5.8	3.8	4.4
2	水平段 ZP30＋033～ZP30＋048 高程 1465.00～1466.52	4	5.4	4.4	4.8

续表

序号	浇　筑　部　位	检测组数	最大值/%	最小值/%	平均值/%
3	水平段 ZP30＋033～ZP30＋018 高程 1465.00～1466.52	3	4.2	2.7	3.3
4	水平段 ZP30＋063～ZP30＋077 高程 1465.00～1466.52	3	5.1	3.4	4.1
5	水平段 ZP30＋077～ZP30＋92.206 高程 1465.00～1466.52	3	4.7	3.5	4.1
6	水平段 ZP30＋003～ZP30＋018 高程 1465.00～1466.52	5	3.9	2.9	3.5
7	水平段 ZP30＋003～ZP20＋100.091 高程 1466.52～1468.14	4	4.7	3.2	3.9
8	水平段 ZP30＋92.206～ZP4＋003 高程 1466.00～1468.00	3	4	3.7	3.9
9	左岸 ZP20＋100.091～ZP20＋085 高程 1465.31～1474.87	1	3.1	3.1	3.1
10	左岸 ZP20＋070～ZP20＋085 高程 1474.06～1480.75	3	3.5	2.9	3.1
11	右岸 ZP40＋003～ZP40＋018 高程 1465.00～1477.08	7	4.8	4	4.2
12	左岸 ZP20＋055～ZP20＋070 高程 1480.00～1488.26	5	4.8	3.2	3.9
13	右岸 ZP40＋030～ZP40＋015 高程 1471.30～1481.50	7	4.4	3.4	3.8
14	左岸 ZP20＋040～ZP20＋050 高程 1487.70～1495.50	4	4.5	4	4.3
15	右岸 ZP4～ZP50＋030～0＋045 高程 1481.88～1492.27	6	4.5	3	3.9
16	右岸 ZP4～ZP50＋060～0＋045 高程 1490.30～1501.50	6	5.4	3.3	4.3
17	左岸 ZP20＋025～ZP20＋040 高程 1494.22～1498.52	6	4.9	3.5	4.1
18	右岸 ZP4－ZP50＋060～ZP5－ZP60＋012 高程 1496.00～1508.30	6	4.9	3	3.8
19	左岸 ZP20＋025～ZP20＋010 高程 1498.00～1506.00	5	4.7	2.7	3.8
20	左岸 ZP2－30＋010～ZP2－20＋057.751 高程 1506.54～1514.88	4	4.5	3.7	4.1
21	右岸 ZP50＋012～ZP50＋027 高程 1508.00～1519.00	14	6	3.8	4.8
22	左岸 ZP20＋045～ZP20＋57.751 高程 1513.23～1520.52	2	5.4	4.2	4.8

续表

序号	浇　筑　部　位	检测组数	最大值/%	最小值/%	平均值/%
23	左岸 ZP20＋30～ZP20＋45 高程 1520.00～1527.20	2	4.5	4.2	4.4（%）
24	右岸 ZP50＋027～ZP50＋043 高程 1519.00～1527.70	12	5.2	3.1	4.3
25	左岸 ZP20＋030～ZP20＋015 高程 1533.30～1527.20	5	4.7	3.7	4.1
26	左岸 ZP20＋003～ZP20＋015 高程 1539.30～1533.30	6	5.2	3.9	4.6
27	右岸 ZP50＋40.034～ZP60＋12 高程 1525.04～1532.83	5	5.1	3.7	4.5
28	右岸 ZP60＋27～ZP60＋12 高程 1531.35～1537.57	3	4.2	3.7	3.9
29	左岸 ZP20＋03～ZP10＋56.216 高程 1537.66～1542.74	6	5.9	3.8	5.2
30	右岸 ZP60＋27～ZP60＋42 高程 1536.17～1542.46	10	4.8	3.5	4.1
31	右岸 ZP60＋57～ZP60＋42 高程 1540.99～1547.28	8	5.5	3.3	4.2
32	左岸 ZP10＋56.216～ZP10＋41.216 高程 1544.46～1552.68	5	5.3	3.5	4.3
33	右岸 ZP60＋57～ZP70＋03 高程 1547.28～1552.00	6	4.7	2.8	3.9
34	右岸 ZP70＋18～ZP70＋03 高程 1551.52～1560.57	3	4.6	3.9	4.2
35	右岸 ZP70＋18～ZP70＋27.669 高程 1559.11～1565.46	6	5.5	3.9	4.6
36	左岸 ZP10＋26.216～ZP10＋41.216 高程 1551.27～1559.50	6	4.3	3.1	3.7
37	左岸 ZP10＋26.216～ZP10＋11.216 高程 1567.00～1559.50	6	4.5	3.5	4.0
38	左岸 ZP10＋3～ZP10＋11.216 高程 1567.00～1570.05	6	3.9	2.6	3.3
39	左岸 ZP10＋03～ZP00＋21 高程 1568.64～1579.01	5	4.3	3.7	4.0
40	左岸 ZP00＋21～ZP00＋06 高程 1577.41～1588.36	1	3.8	3.8	3.8
41	左岸 ZP00＋06～ZP00＋00 高程 1586.76～1592.10	1	4.2	4.2	4.2
总　计		207	6.0	2.6	4.1

13. 边坡锚喷厚度检测

边坡锚喷厚度检测部位有坝前边坡喷锚支护、趾板内坡，检测结果见表6-2-22。

表6-2-22 边坡喷锚厚度检测成果统计表

单元工程部位	检测组数	最大值/cm	最小值/cm	平均值/cm	喷层厚度合格率/%	设计值/cm
坝前边坡喷锚支护 高程1480.00以下边坡	25	28.0	13.5	20.5	85.3	15
坝前边坡喷锚支护 高程1480.00～1495.00（左）	30	23.0	12	18.5	75	15
坝前边坡喷锚支护 高程1480.00～1495.00（右）	30	25.0	12	20.0	80	15
坝前边坡喷锚支护 高程1495.00～高程1510.00（左）	30	25.5	13.5	19.5	78	15
坝前边坡喷锚支护 高程1495.00～1510.00（右）	30	22.5	14	20.5	86	15
坝前边坡喷锚支护 高程1510.00～1525.00	30	22	13.5	15.5	70.5	15
趾板内坡20m（左） 高程1465.00～1480.00	15	28	18.5	22.5	75	20
趾板内坡20m（左） 高程1480.00～1490.00	10	28.5	18	22.5	74.6	20
趾板内坡20m（左） 高程1490.00～1516.00	20	26	18	21	72.3	20
趾板内坡20m（左） 高程1516.00～1530.00	15	26	18.5	21.5	71	20
趾板内坡20m（左） 高程1530.00～1540.00	10	30	18	24	76	20
趾板内坡20m（左） 高程1540.00～1560.00	15	29	18	23.5	72.5	20
趾板内坡20m（左） 高程1560.00～1590.50	20	32	19	24	80.3	20
趾板内坡20m（右） 高程1465.00～1480.00	15	29	19.5	24.5	82	20
趾板内坡20m（右） 高程1480.00～1490.00	10	26	18	20	70.6	20
趾板内坡20m（右） 高程1490.00～1500.80	10	28.5	19	24.5	73	20
趾板内坡20m（右） 高程1500.80～1516.00	15	32	18.5	26	74.6	20
趾板内坡20m（右） 高程1516.00～1530.00	15	30	19	27	72.5	20

续表

单元工程部位	检测组数	最大值/cm	最小值/cm	平均值/cm	喷层厚度合格率/%	设计值/cm
趾板内坡 20m（右）高程 1530.00～1540.00	10	28.5	19.5	24.5	76	20
趾板内坡 20m（右）高程 1540.00～1564.00	20	29	18.5	23	72.5	20

14. *砂浆强度检测*

截至20××年12月8日，工程中施工的砂浆品种主要有边坡支护锚杆砂浆M25、趾板基础锚杆砂浆M25、砌筑砂浆M7.5。因砂浆取样频率规范未做具体规定，砂浆的取样以随机抽样的方式进行，尽可能多的进行抽样试验，以达到严格控制质量的目的。砂浆28d抗压强度检测结果见表6-2-23。

表6-2-23　砂浆28d抗压强度检测成果统计表

施工部位	强度等级	检测组数	最大值/MPa	最小值/MPa	平均值/MPa	标准差/MPa	离差系数 C_v	合格率/%
趾板基础垫层	M25	2	25.5	25.4	25.5	—	—	100
趾板基础锚杆	M25	45	38.6	26.0	31.3	3.094	0.099	100
大坝边坡支护锚杆	M25	29	38.7	26.2	31.9	3.752	0.118	100
大坝勘探平硐砌石	M7.5	5	12.0	8.8	10.9	—	—	100
料场边坡支护锚杆	M25	7	33.5	26.7	30.1	—	—	100
拦渣坝砌筑	M7.5	2	11.7	9.7	10.7	—	—	100
料场挡墙砌筑	M7.5	4	12.2	9.5	10.6	—	—	100
营地挡墙砌筑砂浆	M7.5	1	11.8	11.8	11.8	—	—	100

15. *大坝填筑现场碾压试验*

大坝填筑现场碾压试验于20××年4—5月进行，现场试验时在填筑料经过一定遍数碾压后，对其沉降量、干密度、孔隙率、渗透系数等进行检测试验，然后根据检测结果，确定了垫层料（ⅡA）、过渡料（ⅢA）、主堆石料（ⅢB）、次堆石料（ⅢC）的碾压机械、铺料厚度、加水量及合理的碾压遍数，并最终形成大坝碾压试验报告报监理审批。最终确定的碾压参数具体见表6-2-24。

表6-2-24　大坝填筑施工碾压参数表

填筑料	设计干密度/(g/cm³)	碾压机械重量/t	铺料厚度/cm	加水量/%	碾压遍数	实测干密度/(g/cm³)
垫层料（ⅡA）	2.22	25	42	5	6	2.299
	2.22	20	42	5	6	2.270
过渡料（ⅢA）	2.17	25	43	15	6	2.225
	2.17	20	43	15	8	2.222

续表

填筑料	设计干密度 /(g/cm³)	碾压机械重量 /t	铺料厚度 /cm	加水量 /%	碾压遍数	实测干密度 /(g/cm³)
主堆石料（ⅢB）	2.14	25	89	20	6	2.163
	2.14	20	89	20	8	2.178
次堆石料（ⅢC）	2.10	25	89	20	6	2.163
	2.10	20	89	20	6	2.156

16. 大坝填筑质量检测

大坝自20××年4月在试验区开始填筑，填筑过程中试验室主要对大坝填筑的特殊垫层料（ⅡB）、垫层料（ⅡA）、过渡料（ⅢA）、堆石料进行了干密度、孔隙率、级配及渗透试验的检测，其具体检测情况如下：

(1) 特殊垫层料（ⅡB）的检测。截至20××年12月××日，共检测特殊垫层料干密度221组、级配试验223组、渗透试验11组。

特殊垫层料干密度检测结果见表6-2-25。

表6-2-25　特殊垫层料干密度检测成果统计表

检测项目	湿密度 /(g/cm³)	含水量 /%	干密度 /(g/cm³)	孔隙率 /%	含泥量 /%	<5mm 含量 /%
检测组数	221	221	221	221	221	221
最大值	2.421	6.00	2.346	17.19	9.13	64.88
最小值	2.294	1.89	2.236	13.12	2.85	27.63
平均值	2.348	3.17	2.276	15.71	7.13	55.04
标准差	—	—	0.018	—	—	—
设计指标	—	—	2.22	≤17	—	—

渗透试验11组，检测结果见表6-2-26。

表6-2-26　特殊垫层料渗透试验检测成果统计表

检测项目	渗透系数 k_T /(×10⁻³cm/s)	平均水温 /℃	校正系数 η_T/η_{20}	水温20℃渗透系数 k_{20} /(×10⁻³cm/s)
检测组数	11	11	11	11
最大值	5.854	26.0	1.025	5.854
最小值	2.001	19.0	0.870	2.017
平均值	3.024	21.1	0.976	2.959
渗透系数设计指标/(cm/s)	$i\times10^{-4}\sim i\times10^{-3}$			

(2) 垫层料（ⅡA）的检测。截至20××年12月××日，共检测垫层料干密度293组、级配试验301组、渗透试验10组。

干密度检测结果见表6-2-27。

表 6-2-27　　垫层料干密度检测成果统计表

检测项目	湿密度 /(g/cm³)	含水量 /%	干密度 /(g/cm³)	孔隙率 /%	含泥量 /%	<5mm 含量/%
检测组数	293	293	293	293	293	293
最大值	2.571	7.39	2.394	17.78	11.50	58.99
最小值	2.282	1.38	2.220	11.34	0.54	22.10
平均值	2.355	3.14	2.283	15.45	7.00	45.90
标准差	—	—	0.026	—	—	—
设计指标	—	—	2.22	≤17	≤8	—

垫层料渗透试验检测结果见表 6-2-28。

表 6-2-28　　垫层料渗透试验检测成果统计表

检测项目	渗透系数 k_T /(cm/s)	平均水温 /℃	校正系数 η_T/η_{20}	水温 20℃渗透系数 k_{20} /(cm/s)
检测组数	10	10	10	10
最大值	3.575×10^{-3}	25.0	1.038	3.665×10^{-3}
最小值	4.921×10^{-4}	18.5	0.890	4.463×10^{-4}
平均值	1.648×10^{-3}	20.6	0.988	1.658×10^{-3}
渗透系数设计指标/(cm/s)		$i\times10^{-4}\sim i\times10^{-3}$		

(3) 过渡料（ⅢA）的检测。截至 20××年 12 月××日，共检测过渡料干密度 274 组、级配试验 274 组、渗透试验 10 组。

过渡料（ⅢA）干密度检测结果见表 6-2-29。

表 6-2-29　　过渡料（ⅢA）干密度检测成果统计表

检测项目	湿密度 /(g/cm³)	含水量 /%	干密度 /(g/cm³)	孔隙率 /%	含泥量 /%	<5mm 含量 /%
检测组数	274	274	274	274	274	274
最大值	2.457	2.95	2.426	19.47	5.93	34.62
最小值	2.203	0.38	2.174	10.16	0.22	6.90
平均值	2.302	1.25	2.274	15.78	2.29	15.79
标准差	—	—	0.046	—	—	—
设计指标	—	—	2.17	≤19	—	—

过渡料（ⅢA）渗透试验检测结果见表 6-2-30。

表 6-2-30　　过渡料（ⅢA）渗透试验检测成果统计表

检测项目	渗透系数 k_T /(cm/s)	平均水温 /℃	校正系数 η_T/η_{20}	水温 20℃渗透系数 k_{20} /(cm/s)
检测组数	10	10	10	10
最大值	2.093×10^{-2}	23.0	1.038	1.995×10^{-2}

续表

检测项目	渗透系数 k_T /(cm/s)	平均水温 /℃	校正系数 η_T/η_{20}	水温20℃渗透系数 k_{20} /(cm/s)
最小值	1.039×10^{-2}	18.5	0.932	1.026×10^{-2}
平均值	1.337×10^{-2}	20.5	0.990	1.322×10^{-2}
渗透系数设计指标/(cm/s)		$i\times10^{-2}\sim i\times10^{-1}$		

(4) 堆石料的检测。截至20××年4月×日，共检测主堆石料干密度191组、级配试验192组；次堆石料41组、级配试验41组。

主堆石料干密度检测结果见表6-2-31。

表6-2-31　　主堆石料干密度检测成果统计表

检测项目	湿密度 /(g/cm³)	含水量 /%	干密度 /(g/cm³)	孔隙率 /%	含泥量 /%	<5mm含量 /%
检测组数	191	191	191	191	191	191
最大值	2.335	2.02	2.316	19.97	4.01	19.78
最小值	2.178	0.36	2.161	14.22	0.14	4.95
平均值	2.249	0.74	2.233	17.31	1.88	10.69
标准差	—	—	0.036	—	—	—
设计指标	—	—	2.14	≤20	≤5	≤15

次堆石料干密度检测结果见表6-2-32。

表6-2-32　　次堆石料干密度检测成果统计表

检测项目	湿密度 /(g/cm³)	含水量 /%	干密度 /(g/cm³)	孔隙率 /%	含泥量 /%	<5mm含量 /%
检测组数	41	41	41	41	41	41
最大值	2.318	1.22	2.297	19.33	3.54	17.40
最小值	2.187	0.39	2.178	14.93	1.05	6.74
平均值	2.254	0.72	2.238	17.11	2.03	11.90
标准差	—	—	0.033	—	—	—
设计指标	—	—	2.10	≤20	≤5	≤15

17. 大坝基础处理工程检测成果

趾板灌浆工程于20××年3月×日开始施工，目前施工已全部完成，灌浆检测结果见表6-2-33～表6-2-35。

表6-2-33　　大坝基础水平段注入率/透水率检测成果统计表

单元工程	固结/帷幕	最大单位注入量 /(kg/m)	最小单位注入量 /(kg/m)	平均单位注入量 /(kg/m)	最大透水率 /Lu	最小透水率 /Lu	平均透水率 /Lu
1	固结	173.93	50.50	79.31	36.70	5.13	17.85
	帷幕	217.66	85.52	135.99	36.88	2.01	8.43

续表

单元工程	固结/帷幕	最大单位注入量/(kg/m)	最小单位注入量/(kg/m)	平均单位注入量/(kg/m)	最大透水率/Lu	最小透水率/Lu	平均透水率/Lu
2	固结	209.53	37.90	84.59	47.02	6.26	21.84
	帷幕	227.78	81.38	141.40	38.17	2.03	8.68
3	固结	200.27	51.55	89.01	49.12	5.95	23.73
	帷幕	228.68	88.03	145.43	43.59	2.03	9.67
4	固结	197.43	32.83	77.49	50.22	4.58	23.12
	帷幕	231.61	45.68	132.60	64.25	0.91	8.90
5	固结	250.24	28.03	82.70	53.24	5.25	24.76
	帷幕	249.31	28.15	131.81	87.25	1.27	10.39
6	固结	265.89	23.36	84.16	53.10	4.17	21.83
	帷幕	215.08	87.71	137.78	40.00	1.51	9.31

表 6-2-34　　左岸斜坡段注入率/透水率检测成果统计表

单元工程	固结/帷幕	最大单位注入量/(kg/m)	最小单位注入量/(kg/m)	平均单位注入量/(kg/m)	最大透水率/Lu	最小透水率/Lu	平均透水率/Lu
1	固结	173.29	61.23	107.05	32.32	8.54	16.04
	帷幕	265.66	42.20	131.21	45.86	1.33	10.92
2	固结	171.65	64.45	102.10	35.61	7.10	17.37
	帷幕	257.18	40.94	135.98	42.05	1.52	10.56
3	固结	138.15	58.85	96.21	35.65	6.74	16.76
	帷幕	295.82	32.93	135.87	42.75	1.54	10.67
4	固结	374.69	55.26	106.12	39.14	6.51	18.03
	帷幕	269.11	42.45	136.39	44.79	1.95	10.75
5	固结	164.92	50.04	93.23	35.13	6.71	17.45
	帷幕	274.69	39.51	139.75	41.98	1.82	10.57
6	固结	224.44	80.32	111.33	50.42	6.85	26.12
	帷幕	298.60	67.84	149.69	56.81	2.11	11.94
7	固结	189.48	85.61	116.10	46.57	7.01	24.20
	帷幕	291.88	67.23	151.66	51.40	2.01	11.40
8	固结	192.30	85.55	121.28	45.40	7.67	24.48
	帷幕	287.78	66.57	151.36	49.83	2.02	11.43
9	固结	178.16	85.35	120.75	50.42	7.55	27.57
	帷幕	348.52	69.17	149.04	50.37	2.06	10.46
10	固结	187.57	63.57	105.8	48.71	8.06	25.45
	帷幕	326.37	66.19	145.49	58.22	2.03	11.52
11	固结	203.56	91.43	122.73	47.73	5.11	24.82
	帷幕	313.83	65.55	120.79	41.42	2.03	10.85

表 6-2-35　　右岸斜坡段注入率/透水率检测成果统计表

单元工程	固结/帷幕	最大单位注入量/(kg/m)	最小单位注入量/(kg/m)	平均单位注入量/(kg/m)	最大透水率/Lu	最小透水率/Lu	平均透水率/Lu
1	固结	168.60	59.20	102.07	33.98	7.38	16.91
	帷幕	269.10	43.26	134.65	42.51	1.60	10.70
2	固结	181.45	52.56	93.99	39.18	6.91	18.19
	帷幕	262.22	29.90	141.24	44.74	1.88	10.69
3	固结	185.30	53.29	96.99	38.25	6.10	17.68
	帷幕	255.20	48.72	139.61	38.00	1.89	10.89
4	固结	147.05	52.37	97.93	34.00	7.02	16.06
	帷幕	252.50	60.31	140.92	42.05	2.04	10.78
5	固结	187.06	80.70	114.60	44.58	7.57	24.41
	帷幕	293.69	60.65	145.10	53.77	2.06	11.26
6	固结	202.42	87.24	128.09	44.38	9.65	26.48
	帷幕	305.82	59.02	146.30	53.08	2.01	10.83
7	固结	306.34	82.20	120.03	52.10	6.58	25.56
	帷幕	293.07	60.48	151.38	49.15	2.03	11.04
8	固结	187.27	85.80	124.81	46.57	7.11	23.65
	帷幕	280.98	59.30	152.93	45.97	1.95	11.23
9	固结	209.86	91.43	134.16	55.07	9.28	26.34
	帷幕	296.22	77.01	151.78	47.93	2.06	11.32

(1) 检查孔检测情况。

1) 固结检查孔。按设计要求，每个单元按孔数的5%布置检查孔。根据压水试验数据统计，透水率在4.79～1.23Lu之间，平均透水率为3.01Lu，小于防渗标准值5Lu，说明灌浆的质量完全达到防渗标准。

2) 帷幕检查孔。按设计要求，每个单元按孔数的10%布置检查孔。根据压水试验数据统计，透水率在2.56～0.68Lu之间，平均透水率为1.62Lu，小于防渗标准值3Lu，说明灌浆的质量完全达到防渗标准。

(2) 结论。从以上检测情况看，趾板固结及帷幕灌浆满足设计及施工规范要求。水平段地质情况相对良好，随着左右斜坡段走向越往上，地质情况越复杂，岩石裂隙发育，破碎带比较多，各单元工程随高程的增加，耗灰量有所增加，单元平均注入量相应越往上越大，总体上，各单元单位注入量超过设计耗灰量。通过各单元压水试验检查孔的检测，灌浆的质量完全达到防渗标准。

18. 趾板基础超欠挖检测结果

依据设计要求，趾板基础开挖挖至基岩面，满足趾板基础防渗要求。现将趾板基础超欠检测情况统计如下：左岸趾板无欠挖，超挖值范围为10～1050cm；水平趾板无欠挖，超挖值范围为22～300cm；右岸趾板无欠挖，超挖值范围为26～322cm；从统计结果看，趾板基础开挖无欠挖，全部超挖。

（三）溢洪道施工单位自检结果

施工单位：中国水利水电××工程局。

1. 边坡支护质量检测

溢洪道边坡支护质量检测内容有混凝土强度、喷射混凝土厚度、锚杆拉拔等项目。

边坡支护C20喷射混凝土强度共检测20组，检测结果见表6-2-36。

表6-2-36　边坡支护喷射混凝土强度检测成果统计表

工程部位	设计强度等级	抽检数量/组	最大值/MPa	最小值/MPa	平均值/MPa	检测结果
边坡支护	C20	20	29.7	20.8	24.6	合格

边坡支护喷射混凝土厚度检查结果见表6-2-37。

表6-2-37　边坡支护喷射混凝土厚度检测成果统计表

分部工程	设计厚度/cm	检查/组	测点数	平均厚度/cm	最小值/cm	合格率/%
左坝肩边坡支护	20	1	20	21.36	12.5	75
右坝肩边坡支护	20	3	90	20.014	15.6	80
溢洪道边坡支护	15	12	120	15.244	8.5	80

边坡支护锚杆拉拔检测结果见表6-2-38。

表6-2-38　边坡支护锚杆拉拔检测成果统计表

分部工程	设计拉拔力	拉拔检测/组	相应锚杆数量	最大拉拔力/kN	最小拉拔力/kN	平均拉拔力/kN	检测结果
左坝肩边坡支护	80～120kN	29	6988	124.4	93.8	108.2	合格
右坝肩边坡支护	80～120kN	50	13162	120.6	93.8	108	合格
溢洪道边坡支护	80～120kN	35	9135	124.4	93.8	107.9	合格

2. 灌浆工程质量评价

（1）固结灌浆。固结灌浆试验质量检查以钻孔压水试验检查成果为主。通过分析压水试验成果，对照《水工建筑物水泥灌浆施工技术规范》（DL/T 5148—2001）要求，结合施工记录、成果资料，评价固结灌浆孔排数、孔距的适宜性以及固结灌浆质量。压水试验结果表明，固结灌浆各检查孔透水率值均小于5Lu，满足设计要求，检查孔统计见表6-2-39。

表6-2-39　溢洪道基础固结灌浆检查孔统计表

施工部位	施工孔数	单元工程数	检查孔数	检查孔透水率/Lu		
				最大值	最小值	平均值
引渠段	55	3	4	3.439	1.772	2.435
闸室段	260	2	16	2.717	0.705	1.916
挑流鼻坎	243	2	12	4.43	0.22	2.66

（2）帷幕灌浆。溢洪道段帷幕灌浆质量主要由检查孔压水试验透水率来评定，设计要求检查孔透水率小于或等于3Lu。压水试验结果表明，各检查孔压水试验透水率最大值2.365Lu，最小值0.187Lu，均小于3Lu，满足设计要求，检查孔统计见表6-2-40。

表 6-2-40　溢洪道基础帷幕灌浆检查孔统计表

施工部位	施工孔数	单元工程数	检查孔数	检查孔透水率/Lu		
				最大值	最小值	平均值
引渠段	55	3	6	1.695	1.526	1.623
闸室段	37	2	4	2.365	1.94	2.178
左岸灌浆洞	60	3	6	1.43	0.187	0.737
右岸灌浆洞	51	3	6	1.479	0.55	0.890

3. 混凝土质量控制检测

(1) 细骨料。混凝土常规抽检细骨料223组，试验结果表明，砂的各项指标均在规范要求范围内；但由于中国水利水电第××工程局生产的人工砂较粗，细度模数波动较大，在混凝土生产质量控制时，当砂子细度模数检测结果变化较大时，根据规范砂子细度模数每±0.2，混凝土砂率调整±1%的原则，在计算配料单时进行了调整。检测结果见表6-2-41。

表 6-2-41　混凝土细骨料品质检测结果统计表

统计 \ 项目	细度模数	石粉含量/%	砂表面含水率/%	表观密度/(kg/m³)	堆积密度/(kg/m³)	吸水率/%
检测组数	223	172	36	42	42	42
最大值	2.83	22.1	7.6	2780	1840	2.8
最小值	2.28	1.2	0.3	2520	1270	0.5
平均值	2.70	13.1	2.7	2660	1510	1.9

(2) 粗骨料。混凝土用粗骨料小石和中石的超、逊径各抽检123组。小石、中石含泥抽检84组，性能检测37组。检测结果表明：除超、逊径略有超标外，其余指标全部合格，超、逊径已在计算配料单时进行调整，保证了混凝土生产质量。检测结果见表6-2-42、表6-2-43。

表 6-2-42　混凝土粗骨料品质检测成果统计表（一）

统计 \ 项目	吸水率/%			表观密度/(kg/m³)			超径/%			逊径/%		
	5～20	20～40	40～80	5～20	20～40	40～80	5～20	20～40	40～80	5～20	20～40	40～80
检测组数	43	43	5	43	43	5	247	247	20	247	247	20
最大值	2.0	1.8	1.2	2750	2670	2670	8.8	6.0	4.9	10.0	10.1	9.2
最小值	0.2	0.2	0.3	2570	2590	2630	0.4	0.5	1.5	1.3	1.4	1.4
平均值	1.0	0.7	0.6	2610	2620	2650	3.6	3.8	2.9	6.4	6.7	5.4

表 6-2-43　混凝土粗骨料品质检测成果统计表（二）

统计 \ 项目	含泥量/%			针片状/%			压碎指标	堆积密度/(kg/m³)			空隙率/%		
	5～20	20～40	40～80	5～20	20～40	40～80		5～20	20～40	40～80	5～20	20～40	40～80
检测组数	150	150	36	141	141	33	36	43	43	5	43	43	5
最大值	3.0	1.3	0.9	6.8	6.9	7.4	17.9	1550	1510	1480	48.0	49.6	45

续表

项目 统计	含泥量/%			针片状/%			压碎指标	堆积密度/(kg/m³)			空隙率/%		
	5～20	20～40	40～80	5～20	20～40	40～80		5～20	20～40	40～80	5～20	20～40	40～80
最小值	0.1	0.1	0.2	0.0	0.0	0.0	5.3	1340	1320	1470	41.0	43.0	44
平均值	0.7	0.5	0.4	1.5	1.0	1.8	12.9	1460	1460	1480	44.1	44.5	44.2

(3) 水泥品质检测。××××水电站溢洪道工程使用的水泥，质量符合有关标准要求，检测合格率为100%。工程主要使用××××科技实业股份有限公司生产的×××牌P·O 32.5水泥、P·O 42.5水泥和×××××××××水泥厂生产的××牌P·O 32.5水泥、P·O 42.5水泥。本标段工程水泥依据《水工混凝土施工规范》(DL/T 5144—2015)要求对×××牌P·O 32.5水泥抽检12次，P·O 42.5水泥抽检6次；××牌P·O 32.5水泥抽检2次，P·O 42.5水泥抽检81次，抽检频率满足规范要求，抽检结果见表6-2-44。

表6-2-44　水泥物理指标检测成果统计表

水泥品种	生产厂家	统计值	细度/%	安定性	标准稠度/%	凝结时间/(h：m)		抗压强度/MPa		抗折强度/MPa	
						初凝	终凝	3d	28d	3d	28d
P·O 42.5			≤10	合格	—	≥0：45	≤10：00	≥16.0	≥42.5	≥3.5	≥6.5
P·O 32.5			≤10	合格	—	≥0：45	≤10：00	≥11.0	≥32.5	≥2.5	≥5.5
×××牌P·O 32.5	××××科技实业股份有限公司	检测组数	12	12	12	12	12	12	12	12	12
		最大值	5.2	—	29.2	3：01	4：03	25.6	46.7	5.6	8.0
		最小值	2.8	—	25.4	2：06	3：18	21.3	35.0	3.1	5.7
		平均值	3.4	合格	26.3	2：33	3：43	23.9	40.9	5.0	7.3
		合格率/%	100	100	100	100	100	100	100	100	100
×××牌P·O 42.5		检测组数	6	6	6	6	6	6	6	6	6
		最大值	4.6	—	28.4	2：33	3：41	33.1	49.7	5.9	8.8
		最小值	1.6	—	26.4	1：49	3：04	20.0	45.7	4.0	7.4
		平均值	3.0	合格	27.1	2：10	3：26	26.7	47.1	5.4	8.2
		合格率/%	100	100	100	100	100	100	100	100	100
××牌P·O 32.5	××××××水泥建材有限公司	检测组数	2	2	2	2	2	2	2	2	2
		最大值	3.2	—	29.2	2：17	3：42	23.7	42.5	5.5	8.3
		最小值	1.8	—	28.8	2：11	3：36	20.4	35.6	4.5	5.9
		平均值	2.5	合格	29.0	2：14	3：39	22.0	39.0	5.0	7.1
		合格率/%	100	100	100	100	100	100	100	100	100
××牌P·O 42.5		检测组数	81	81	81	81	81	81	81	81	81
		最大值	3.4	—	29.0	2：49	3：57	33.6	50.0	7.2	9.3
		最小值	0.8	—	26.4	1：49	2：46	20.9	42.5	4.4	7.2
		平均值	2.0	合格	27.4	2：21	3：27	25.3	46.0	5.5	8.4
		合格率/%	100	100	100	100	100	100	100	100	100

(4) 外加剂质量检测。抽检外加剂11组，其中减水剂8组，引气剂3组，检测结果表明，溢洪道混凝土所用外加剂各项指标满足规范要求，质量合格。抽检结果见表6-2-45。

表6-2-45 外加剂质量检测成果统计表

外加剂品种	统计参数	减水率/%	含气量/%	泌水率比	初凝时间差/min	终凝时间差/min	抗压强度比/%			检测结果
							3d	7d	28d	
引气剂JM-2000	检测组数	4	4	4	4	4	4	4	4	合格
	平均值	8.4	5.0	49	21	31	98	99	98	
	最大值	11.4	5.2	58	48	79	101	101	100	
	最小值	7.0	4.7	41	-33	-41	93	97	96	
减水剂JM-Ⅱ	检测组数	11	11	11	11	11	11	11	11	合格
	平均值	18.7	1.9	78	157	169	135	129	124	
	最大值	26.5	2.2	87	174	187	144	132	127	
	最小值	15.9	1.7	63	136	154	128	125	120	

(5) 钢筋力学性能检测。溢洪道工程施工单位自检钢筋43组，其中光圆钢筋3组，带肋钢筋40组。检测试验结果表明，钢筋力学指标均满足规范要求，检测结果见表6-2-46。

表6-2-46 溢洪道钢筋力学性能检测成果统计表

表面形状	直径/mm	试验组数	屈服强度/MPa		极限强度/MPa		伸长率/%		冷弯试验
			最大值	最小值	最大值	最小值	最大值	最小值	
光圆HPB235	12	2	460	380	565	400	27	26	完好
	16	1	455	450	510	500	26	25	完好
月牙肋HRB335	20	1	435	430	485	480	26	25	完好
	10	1	385	385	510	485	21	21	完好
	12	4	460	370	575	425	26	20	完好
	14	5	475	395	580	500	24	20	完好
	25	21	450	415	585	505	23	20	完好
	28	5	470	400	590	520	22	18	完好
	32	3	465	395	550	500	20	19	完好

(6) 喷混凝土。溢洪道工程喷混凝土设计强度等级为C20。施工中自检喷混凝土抗压强度20组，平均值为24.6MPa，最大值29.7MPa，最小值为20.8MPa，按照规范进行评定，质量合格。

(7) 混凝土及砂浆抗压强度检测。溢洪道主体工程混凝土强度等级有C20、C25W6F50和C30，设计强度等级和使用部位见表6-2-47。

表6-2-47 溢洪道主体工程混凝土设计强度表

序号	使用部位	设计强度等级	级配
1	溢洪道引渠段混凝土	C20	Ⅱ
2	溢洪道缓流段、陡槽过流边界以外	C25W6F50	Ⅱ
3	溢洪道闸室段牛腿、二期混凝土	C30	Ⅱ

混凝土抗压强度共取样检测 601 组，检测结果表明，溢洪道混凝土及砂浆抗压强度均满足设计要求。检测结果见表 6-2-48。

表 6-2-48 溢洪道主体工程混凝土、砂浆抗压强度试验检测成果统计表

强度等级	检测组数	最大值 /MPa	最小值 /MPa	平均值 /MPa	标准差 /MPa	离差系数 C_v	强度保证率 /%	设计龄期 /d
C25W6F50 混凝土	376	41.0	26.0	33.4	3.9	0.12	98.0	28
C15 混凝土	4	26.6	17.0	21.4	—	—	—	28
C20 混凝土	218	34.9	20.3	25.9	3.3	0.13	96.0	28
C30 混凝土	3	41.3	38.3	39.2	—	—	—	28
M7.5 砂浆	11	9.1	7.6	8.3	—	—	—	28

(8) 混凝土耐久性能检测。依据××××水电站溢洪道工程混凝土强度设计指标对混凝土耐久性能进行检测，抗渗试验采用逐级加压法进行，抗冻试验委托进行，混凝土强度等级 C25，抗渗指标大于 W6，抗渗试验共计取样 7 组，其抗渗指标均大于 W6，全部合格。

抗冻试验委托进行，抗冻试验 C25 取样 5 组，抗冻要求为 F50，经检验全部合格。

(9) 混凝土出机口温度、坍落度、含气量检测。检测混凝土出机口温度 927 组，合格率 100%；抽检混凝土含气量 433 组，合格率 100%；抽检混凝土坍落度 1043 组，合格率 100%。混凝土出机口温度符合设计要求的频率大于或等于 80%为优良，大于或等于 70%为合格，经检测混凝土出机口温度达到优良标准。检测结果见表 6-2-49。

表 6-2-49 混凝土性能检测成果统计表

项目 \ 统计值	控制标准	检测频率	最大值	最小值	平均值
坍落度/mm	90～110	84	132	86	99
	110～130	150	135	95	117
	140～160	486	176	98	147
	120～140	54	140	118	130
	160～180	24	182	144	166
	70～90	245	100	46	77
含气量/%	3.0～5.0	433	4.7	3.0	3.6
温度/℃	—	927	30.0	8.0	17.1
混凝土温度/℃	—	927	28.0	76.0	16.8

(四) 泄洪（放空）洞土及进口明渠施工单位自检结果

施工单位：中国水利水电××工程局。

1. 边坡支护工程

边坡支护锚杆拉拔检测 21 组，检测结果满足设计要求，见表 6-2-50。

进口边坡支护喷射混凝土厚度检测 4 组，测点数 90 点，平均厚度 15.2cm，最小值 7.7cm，合格率 71.1%；出口边坡支护喷射混凝土厚度检测 1 组，测点数 80 点，平均厚度 15.4cm，最小值 8.0cm，合格率 80.0%。检测统计结果见表 6-2-51。

表 6-2-50　　边坡支护锚杆拉拔检测成果统计表

分部工程	设计拉拔力/kN	拉拔检测/组	相应锚杆数量	检测结果
进口边坡	80～120	1	104	合格
出口边坡	80～120	20	6128	合格

表 6-2-51　　边坡支护喷射混凝土厚度检测成果统计表

分部工程	设计厚度/cm	检查/组	测点数	平均厚度/cm	最小值/cm	合格率/%
进口边坡	15	4	90	15.244	7.7	71.1
出口边坡	15	1	80	15.42	8.0	80.0

2. 隧洞工程

隧洞工程主要进行了锚杆拉拔检测试验和喷射混凝土厚度的现场检测，检测结果满足设计要求。

锚杆拉拔检测试验结果见表 6-2-52。

表 6-2-52　　隧洞工程锚杆拉拔检测成果统计表

分部工程	设计拉拔力/kN	拉拔检测/组	相应锚杆数量	最大拉拔力/kN	最小拉拔力/kN	平均拉拔力/kN	检测结果
事故闸门井	80～120	2	411	105.2	97.6	101.4	合格
有压段	80～120	25	8080	120.6	93.8	112.9	合格
交通洞及工作闸室	80～120	31	9386	164.8	81.2	97.6	合格
无压段	80～120	16	4272	143.7	115.4	121.6	合格

喷射混凝土厚度检测结果见表 6-2-53。

表 6-2-53　　隧洞工程喷射混凝土厚度检测成果统计表

分部工程	设计厚度/cm	检查/组	测点数	平均厚度/cm	最小值/cm	合格率/%
事故闸门井	15	4	140	26	6.3	74.3
有压段	20	5	25	22.676	11.2	84
	15	1	5	15.04	7.8	80
交通洞及工作闸室	20	3	15	29.68	16.5	93.3
	15	1	10	15.07	7.9	70
无压段	20	5	35	26.73	14.5	85
	15	1	7	16.2	12.3	85.71

3. 混凝土工程

(1) 细骨料。常规抽检细骨料 145 组，试验结果表明砂各项指标均在规范要求范围内；但由于中国水利水电××工程局生产人工砂较粗，细度模数波动较大，在混凝土生产质量控制时，当砂子细度模数检测结果变化较大时，根据规范砂子细度模数每±0.2，混凝土砂率调整±1%的原则，在计算配料单时已加以调整。检测结果见表 6-2-54。

表 6-2-54　　细骨料人工砂品质检测成果统计表

统计值＼项目	细度模数	石粉含量/%	砂表面含水率/%	表观密度/(kg/m³)	堆积密度/(kg/m³)	吸水率/%
组数	145	36	29	44	44	44
最大值	4.11	6.8	5.9	2900	1740	2.7
最小值	2.22	0.4	1.4	2530	1160	0.4
平均值	2.83	1.8	3.0	2650	1470	1.8

(2) 粗骨料。混凝土用粗骨料小石和中石的超、逊径各抽检103组，小石、中石含泥抽检68组，检测结果表明：除超径严重，逊径略有超标外，其余指标全部合格，超、逊径已在计算配料单时予以调整，保证了混凝土生产质量。检测结果见表6-2-55、表6-2-56。

表 6-2-55　　粗骨料品质检测成果统计表（一）

统计＼项目	吸水率/%			表观密度/(kg/m³)			超径/%			逊径/%		
	5～20	20～40	40～80	5～20	20～40	40～80	5～20	20～40	40～80	5～20	20～40	40～80
个数	40	40	4	40	40	4	120	120	13	120	120	13
最大值	2.1	1.7	2.3	2640	2670	2860	5.5	7.2	8.6	10.6	10.0	9.3
最小值	0.2	0.2	0.5	2490	2510	2650	0.9	0.9	2.6	1.3	0.0	0.3
平均值	1.1	0.7	1.2	2610	2630	2740	3.7	3.8	4.2	6.5	5.6	6.2

表 6-2-56　　粗骨料品质检测成果统计表（二）

统计＼项目	含泥/%			针片状/%			压碎指标	堆积密度/(kg/m³)			空隙率/%		
	5～20	20～40	40～80	5～20	20～40	40～80		5～20	20～40	40～80	5～20	20～40	40～80
个数	74	74	12	68	68	11	30	38	38	3	34	34	3
最大	5.8	2.1	0.4	7.0	4.0	1.4	16.7	1560	1560	1480	48	49.0	48
最小	0.1	0.1	0.2	0.0	0.0	0.0	5.2	1360	1350	1480	38	39.0	44
平均	1.1	0.5	0.3	1.3	0.4	0.6	13.1	1470	1460	1480	43.4	44.2	45.7

(3) 水泥。××××水电站进口明渠工程主要使用××××科技实业股份有限公司生产的×××牌P·O 32.5水泥、P·O 42.5水泥和××××××水泥厂生产的××牌P·O 32.5水泥、P·O 42.5水泥。本标段水泥依据《水工混凝土施工规范》(DL/T 5144—2001) 要求对×××牌P·O 32.5水泥抽检7次，P·O 42.5水泥抽检1次；××牌P·O 32.5水泥抽检5次，P·O 42.5水泥抽检42次，抽检频率满足规范要求。

检测结果表明，水泥物理指标满足规范要求，合格率为100%。检测结果见表6-2-57。

(4) 外加剂。抽检外加剂15组，其中减水剂10组，引气剂5组，检测结果表明，外加剂各项指标符合产品质量要求，满足规范要求。检测结果见表6-2-58。

(5) 钢筋力学性能检测。抽检直径12～32mm月牙肋钢筋共61组，检测结果表明各项指标均满足规范要求。检测结果见表6-2-59。

表 6-2-57 **水泥物理指标检测成果统计表**

水泥品种	生产厂家	统计值	细度/%	安定性	标准稠度/%	凝结时间/(h：m)		抗压强度/MPa		抗折强度/MPa	
						初凝	终凝	3d	28d	3d	28d
P·O 42.5			≤10	合格	—	≥0：45	≤10：00	≥16.0	≥42.5	≥3.5	≥6.5
P·O 32.5			≤10	合格	—	≥0：45	≤10：00	≥11.0	≥32.5	≥2.5	≥5.5
×××牌 P·O 32.5	××××科技实业股份有限公司	检测频率	5	7	7	7	7	7	7	7	7
		最大值	3.2	—	26.4	2：39	4：00	25.8	44.9	5.8	7.8
		最小值	2.4	—	25.2	2：22	3：32	18.1	39.7	3.6	6.3
		平均值	2.7	合格	25.7	2：33	3：45	23.5	42.5	5.1	7.4
		合格率/%	100	100	100	100	100	100	100	100	100
×××牌 P·O 42.5		检测频率	1	1	1	1	1	1	1	1	1
		最大值	—	—	—	—	—	—	—	—	—
		最小值	—	—	—	—	—	—	—	—	—
		平均值	1.6	合格	26.2	2：32	3：44	25.3	47.8	5.0	8.2
		合格率/%	100	100	100	100	100	100	100	100	100
××牌 P·O 32.5	××××××水泥建材有限公司	检测频率	5	5	5	5	5	5	5	5	5
		最大	3.2	—	28.8	2：34	3：41	24.3	47.1	5.1	8.4
		最小	1.6	—	28.0	2：06	3：22	17.9	33.2	4.6	6.2
		平均	2.0	合格	28.3	2：19	3：34	21.7	42.2	4.8	7.6
		合格率/%	100	100	100	100	100	100	100	100	100
××牌 P·O 42.5		检测频率	49	49	50	50	50	50	50	50	50
		最大	3.8	—	29.0	2：50	4：21	34.7	50.8	8.1	9.1
		最小	1.2	—	25.0	1：42	2：27	21.6	42.7	4.4	6.7
		平均	2.1	合格	27.4	20	3：23	24.9	46.5	5.6	8.1
		合格率/%	100	100	100	100	100	100	96.3	100	100

表 6-2-58 **外加剂质量检测成果统计表**

外加剂品种	统计参数	减水率/%	含气量/%	泌水率比	初凝时间差/min	终凝时间差/min	抗压强度比/%			检测结果
							3d	7d	28d	
引气剂 JM-2000	组数	5	5	5	5	5	5	5	5	合格
	平均值	10.6	5.1	45.2	−1	8	102	100	99	
	最大值	11.4	5.3	60	12	36	117	104	101	
	最小值	7.0	4.7	36	−20	−18	93	97	96	
减水剂 JM-Ⅱ	组 数	10	10	10	10	10	10	10	10	合格
	平均值	20.0	1.9	91.8	138	153	134	130	125	
	最大值	26.5	2.3	94	181	190	144	132	127	
	最小值	15.9	1.5	69	95	122	128	125	120	

表 6-2-59　　钢筋力学性能检测成果统计表

表面形状	直径/mm	试验组数	屈服强度/MPa		极限强度/MPa		伸长率/%		冷弯试验
			最大值	最小值	最大值	最小值	最大值	最小值	
月牙肋 HRB335	12	1	415	400	520	520	21	20	完好
	14	3	450	435	585	485	22	20	完好
	16	8	465	390	595	475	24	20	完好
	18	1	450	450	555	555	21	20	完好
	20	12	470	405	600	470	24	20	完好
	22	2	460	455	550	500	20	20	完好
	25	20	470	420	570	510	23	20	完好
	28	10	460	370	545	510	24	20	完好
	32	4	420	415	555	545	22	20	完好

(6) 钢筋接头检测。钢筋焊接接头检测 24 组，质量全部合格。

(7) C20 喷混凝土。喷混凝土强度等级为 C20，抽检喷混凝土抗压强度 36 组，平均值为 24.4MPa，最大值 25.7MPa，最小值为 21.7MPa，按照规范进行评定，喷混凝土质量合格。

(8) 砂浆。M10 砂浆取样 3 组，抗压强度平均值 17.8MPa，最大值 22.6MPa，最小值 11.3MPa，按照规范进行评定，M10 砂浆质量合格。

M20 砂浆取样 14 组，抗压强度平均值 24.4MPa，最大值 34.4MPa，最小值 21.7MPa，M20 砂浆质量合格。

M7.5 砂浆取样 7 组，抗压强度平均值 8.8MPa，最大值 9.9MPa，最小值 8.1MPa，质量合格。

(9) 混凝土试块。混凝土抗压强度抽检 341 组，检测结果表明各强度等级混凝土均满足设计要求。检测结果见表 6-2-60。

表 6-2-60　　主体工程混凝土抗压强度试验检测成果统计表

取样部位	强度等级	设计龄期/d	检测组数	最大值/MPa	最小值/MPa	平均值/MPa	标准差/MPa	离差系数 C_v	强度保证率/%
网格梁护坡	C20	28	41	36.8	20.6	24.2	4.2	0.14	85.0
进水口、放空洞	C25W6F50	28	185	39.5	25.1	31.9	3.5	0.11	97.5
进水口放空洞	C30F50	28	115	47.0	30.3	37.3	3.9	0.10	96.4

(10) 混凝土耐久性检测。依据××××水电站工程混凝土强度设计指标对混凝土耐久性能进行检测。

抗渗试验采用逐级加压法进行，混凝土强度等级 C25，抗渗指标大于 W6，抗渗试验共计取样 5 组，其抗渗指标均大于 W6 检验合格。

抗冻试验委托进行，抗冻试验 C25 取样 3 组、C30 取样 3 组，抗冻指标为 F50，经检验全部合格。

(11) 混凝土温度、坍落度、含气量检测。检测混凝土出机口温度 867 组，合格率 100%；抽检混凝土坍落度 867 组，合格率 100%；抽检混凝土含气量 654 组，合格率

100%。检测结果见表6-2-61。

表6-2-61 混凝土性能检测成果统计表

项目＼统计值	控制标准	检测组数	最大值	最小值	平均值
坍落度/mm	140～160	867	167	97	151
含气量/%	3.0～5.0	654	4.9	3.1	3.4
温度/℃	—	867	34.4	16.0	18.5
混凝土温度/℃	—	867	30.0	7.0	17.0

(12) 固结灌浆。固结灌浆已完工单元工程检查孔13个，压水试验透水率最小值1.94Lu，最大值3.88Lu，满足设计要求。

(五) 引水系统施工单位自检结果

施工单位：中国水利水电第××工程局有限公司。

1. 进水口边坡喷锚支护

进水口边坡支护的锚杆直径均为25mm，因大部分处于全风化土上，无拉拔要求；喷锚采用C20喷射混凝土。原材料的检测成果见表6-2-62；锚杆砂浆抗压强度试验做了3组试件，其结果见表6-2-63；试块抗压强度试验共做了3组，其结果见表6-2-64。从表中资料分析，各项指标均满足设计要求。

表6-2-62 进水口边坡喷锚支护原材料检测成果统计表

项目	水泥	钢材	砂
	普硅32.5	ϕ6.5	
抽检次数	2	1	2
合格率/%	100	100	100

表6-2-63 进水口边坡锚杆砂浆抗压强度试验检测成果统计表

设计指标 $R_{标}$	试件组数	实测抗压强度/MPa		
		平均值 R_n	最大值 R_{max}	最小值 R_{min}
M20	3	43.1	54.3	25.7
控制标准		$R_n \geqslant R_{标}$；$R_i \geqslant 0.80R_{标}$		

表6-2-64 进水口边坡喷射混凝土抗压强度试验检测成果统计表

设计指标 f_c	试件组数	抗压强度值/MPa		
		平均值 f'_{ck}	最大值 $f'_{ck,max}$	最小值 $f'_{ck,min}$
C20	3	30.8	34.3	24.3
控制标准		$f'_{ck} \geqslant 1.15f_c$；$f'_{ck,min} \geqslant 0.95f_c$		

2. 引水系统进水口边坡混凝土检测

高程1564.00m以上为C20混凝土（除D区位于原定交通桥下部的贴坡混凝土），1564.00m以下包括原定交通桥下部的D区两块贴坡混凝土为C25混凝土，1595.00m公路为C30混凝土。

检测结果表明，进口边坡混凝土原材料各项检测指标及混凝土抗压强度均满足设计要求。

原材料质量检测情况见表6-2-65。

表6-2-65　进水口边坡混凝土工程原材料检测成果统计表

项　目	水泥	钢材		砂	骨料
	普硅32.5	ϕ14	ϕ16		
抽检次数	4	2	1	2	5
合格率/%	100	100	100	100	100

进水口边坡贴坡混凝土抗压强度试验检测结果见表6-2-66。

表6-2-66　进水口边坡贴坡混凝土抗压强度试验检测成果统计表

设计指标	检测组数	平均值/MPa	最大值/MPa	最小值/MPa	标准差/MPa	强度保证率/%
C20	15	28.9	41.1	22	6.3	91.95
C25	8	36.8	42.1	26	5.1	98.38
C30	2	41.4	46.1	36.7	6.64	95.54

进水口边坡贴坡混凝土钢筋接头试验检测结果见表6-2-67。

表6-2-67　进水口边坡贴坡混凝土钢筋接头强度检测成果统计表

组数	规格/mm	焊接方式	抗拉强度/kN		破坏荷载/MPa		结论
			平均值	波动范围	平均值	波动范围	
4	ϕ16	单面搭接焊	120.41	114.6～123.6	598.92	570～615	合格
控制标准				>490	焊缝外延性断裂		
				≥540	焊缝或热影响区脆性断裂		

3. 引水系统进水口浆砌石水泥砂浆

浆砌石砌筑采用M7.5水泥砂浆，局部采用M10水泥砂浆抹面。水泥检测1组，砂检测1组，全部合格。M7.5水泥砂浆共检测3组，M10水泥砂浆共检测4组。检测结果表明，水泥砂浆试块质量合格，检测结果见表6-2-68。

表6-2-68　引水系统进水口浆砌石水泥砂浆强度检测成果统计表

设计指标 $R_{标}$	试件组数	实测抗压强度/MPa		
		平均值	最大值	最小值
M7.5	3	24.9	26	23.3
M10	4	23.1	23.7	22.4
控制标准		$R_n \geq R_{标}$；$R_i \geq 0.80R_{标}$		

4. 进水塔（含交通桥）混凝土检测

进水塔（包括交通桥）施工期间对水泥、钢材、钢筋焊接头、混凝土进行取样检测，检测结果表明，各项指标均达到合格标准。

进水塔（含交通桥）原材料检测结果见表6-2-69。

表 6-2-69　　进水塔（含交通桥）原材料检测成果统计表

项目	水　泥		钢　　材						砂	骨料
	P·O 32.5	P·O 42.5	ϕ10	ϕ16	ϕ22	ϕ25	ϕ28	ϕ32		
抽检次数	1	6	2	2	2	5	5	3	11	6
合格率/%	100	100	100	100	100	100	100	100	100	100

进水塔（包括交通桥）钢筋接头强度检测结果见表 6-2-70。

表 6-2-70　　进水塔（交通桥）钢筋接头强度检测成果统计表

检测组数	规格/mm	焊接方式	抗拉强度/kN		破坏荷载/MPa		结论
			平均值	波动范围	平均值	波动范围	
1	16	单面搭接焊	111.07	110.2～112.8	553.33	550～560	合格
31	20	单面搭接焊	171.31	160.2～204.6	545.32	510～590	合格
39	25	单面搭接焊	272.42	248～291.4	552.14	505～590	合格
3	28	单/双面搭接焊	318.14	309.2～343.9	516.67	500～560	合格
8	32	熔槽焊/熔槽帮条焊	451.05	426.2～476.4	561.25	530～590	合格
控制标准					>490	焊缝外延性断裂	
					≥540	焊缝或热影响区脆性断裂	

进水塔（包括交通桥）混凝土试块抗压检测结果见表 6-2-71。

表 6-2-71　　进水塔（交通桥）混凝土抗压强度试验检测成果统计表

设计指标 $R_{标}$	试件组数	平均值/Pa	最大值/MPa	最小值/MPa	标准差 S_n/MPa	离差系数 C_v	强度保证率/%	结论
C15	35	26.9	33.2	23	2.8	0.104	100	合格
C25	62	36.8	48.7	28.1	4.6	0.125	98.95	合格
C30	11	40.1	48.0	32.8	5.62	—	96.16	合格
C35	5	39	43.1	37.0	2.86	—	91.8	合格

5. 引水隧洞Ⅰ（引 0+000～引 0+800）锚杆拉拔试验

引水隧洞Ⅰ段锚杆拉拔试验 21 组，检测数据表明，引水隧洞Ⅰ喷锚支护满足设计要求，检测结果详见表 6-2-72。

表 6-2-72　引水隧洞Ⅰ（引 0+000～引 0+800）锚杆拉拔试验检测成果统计表

拉拔试验龄期/d	拉拔试验组数	设计指标/kN	拉拔试验实测值/kN		
			平均值	最大值	最小值
28	21	80～120	108.1	120	97.3

6. 引水隧洞Ⅰ（引 0+000～引 0+800）混凝土检测

引水隧洞Ⅰ段混凝土质量检测内容有水泥、钢筋、粗细骨料等。

原材料共检测 19 组，质量全部合格，具体检测结果见表 6-2-73。

表 6-2-73　　引水隧洞Ⅰ（引 0+000～引 0+800）原材料检测成果统计表

项　目	水泥	钢　材					砂	骨料
	普硅 42.5	ϕ14	ϕ16	ϕ22	ϕ25	ϕ28		
抽检次数	7	1	2	2	1	1	4	1
合格率/%	100	100	100	100	100	100	100	100

钢筋接头取样 26 组，质量合格，检测结果见表 6-2-74。

表 6-2-74　引水隧洞Ⅰ（引 0+000～引 0+800）钢筋接头试验检测成果统计表

组数	规格/mm	焊接方式	抗拉强度/kN		破坏荷载/MPa		评定
			平均值	波动范围	平均值	波动范围	
1	14	单面搭接焊	89.77	89.2～90.3	583.3	580～585	合格
15	22	单面搭接焊	209.31	189.1～222.3	550.67	500～585	合格
9	25	单面搭接焊	263.86	223～290.6	552.41	500～590	合格
1	28	单面搭接焊	329.53	326.5～333.5	535	530～540	合格
控制标准					>490	焊缝外延性断裂	
					≥540	焊缝或热影响区脆性断裂	

普通混凝土共取样 59 组，质量合格，试块抗压检测结果见表 6-2-75。

表 6-2-75　　普通混凝土试块抗压试验检测成果统计表

设计指标	检测组数	平均值/MPa	最大值/MPa	最小值/MPa	标准差/MPa	离差系数 C_v	强度保证率/%
C20	14	36.4	45.5	29.7	4.99	—	100
C25	45	33.6	42.8	26.2	4.28	0.127	97.7
控制标准		$R_n-0.7S_n>R_{标}$；$R_n-1.60S_n>0.83R_{标}$（$30>n\geqslant5$）					

微纤维喷锚混凝土取样 18 组，质量合格，试块抗压试验检测结果见表 6-2-76。

表 6-2-76　　微纤维喷锚混凝土试块抗压试验检测成果统计表

设计指标 f_c	检测组数	平均值/MPa	最大值/MPa	最小值/MPa	标准差/MPa	强度保证率/%
C25 微喷	18	33.5	46.6	25.4	4.38	97.2
控制标准		$f'_{ck}-K_1S_n\geqslant0.9f_c$			$K_1=1.65$	
		$f'_{ck,min}\geqslant K_2f_c$			$K_2=0.85$	

7. 引水隧洞Ⅱ（引 0+800～引 1+600）锚杆拉拔试验

引水隧洞Ⅱ开挖时根据岩层类别不同，采用随机锚杆、系统锚杆、挂网喷锚以及钢支撑等支护方式。检测数据表明，引水隧洞Ⅱ喷锚支护满足设计要求。锚杆拉拔试验检测结果见表 6-2-77。

表 6-2-77　引水隧洞Ⅱ（引 0+800～引 1+600）锚杆拉拔试验检测成果统计表

拉拔试验龄期/d	拉拔试验组数	设计指标/kN	拉拔试验实测值/kN		
			平均值	最大值	最小值
28	9	80～120	108.67	119.1	96.7

8. 引水隧洞Ⅱ（引 0+800～引 1+600）混凝土检测

引水隧洞Ⅱ（引 0+800～引 1+600）混凝土分为衬砌混凝土和微纤维喷锚混凝土两种类型，原材料、中间产品检测结果如下。

原材料水泥、钢筋、砂石骨料检测结果见表 6-2-78

表 6-2-78　引水隧洞Ⅱ（引 0+800～引 1+600）混凝土原材料检测成果统计表

项　目	水　泥	钢　材					砂	骨料
	普硅 42.5	ϕ14	ϕ16	ϕ22	ϕ25	ϕ32		
抽检次数	4	1	2	2	2	1	4	1
合格率/%	100	100	100	100	100	100	100	100

钢筋接头试验检测结果见表 6-2-79。

表 6-2-79　引水隧洞Ⅱ（引 0+800～引 1+600）钢筋接头试验检测成果统计表

组数	规格/mm	焊接方式	抗拉强度/kN		破坏荷载/MPa		评定
			平均值	波动范围	平均值	波动范围	
1	25	单面搭接焊	276.3	275.9～277	563.33	560～565	合格
2	32	熔槽焊、单面搭接焊	451.9	439.4～479.5	561.67	545～595	合格
控制标准					>490	焊缝外延性断裂	
					≥540	焊缝或热影响区脆性断裂	

普通混凝土试块抗压试验检测结果见表 6-2-80。

表 6-2-80　普通混凝土试块抗压试验检测成果统计表

设计指标 $R_{标}$	检测组数	平均值 $R_{标}$/MPa	最大值 R_{max}/MPa	最小值 R_{min}/MPa	标准差 S_n/MPa	强度保证率/%
C20	10	32.8	40.9	26.9	4.67	99.33
C25	21	38.6	47.5	30.2	4.70	99.66
控制标准		$R_n-0.7S_n>R_{标}$；$R_n-1.60S_n>0.83R_{标}$（$30>n\geqslant5$）				

微纤维喷锚混凝土试块抗压试验检测结果见表 6-2-81。

表 6-2-81　微纤维喷锚混凝土试块抗压试验检测成果统计表

设计指标 f_c	检测组数	平均值 f'_{ck}/MPa	最大值 $f'_{ck,max}$/MPa	最小值 $f'_{ck,min}$/MPa	标准差 S_n/MPa	强度保证率/%
C25 微喷	10	33.3	42.3	26.1	4.72	95.85
控制标准	$f'_{ck}-K_1S_n\geqslant0.9f_c$				$K_1=1.70$	
	$f'_{ck,min}\geqslant K_2f_c$				$K_2=0.90$	

9. 进水塔基础固结灌浆检查孔压水试验

进水塔基础固结灌浆检查孔共布置11个，检测结果见表6-2-82。

表6-2-82　　进水塔基础固结灌浆检查孔压水试验检测成果统计表

工程部位	单元	检查孔数	透水率（Lu）频率分布				设计防渗标准/Lu
			<1	1～3	3～5	>5	
进水塔基础	1	4	1	3	—	—	≤5
	2	7	—	—	—	—	≤5
合　计	2	11	1	10	—	—	

10. 引水隧洞（引0+000～引1+600）固结灌浆检查孔压水试验

引水隧洞（引0+000～引1+600）固结灌浆压水试验共布置检查孔46个，压水试验检测结果见表6-2-83。压水试验分析表明，固结灌浆满足设计要求。

表6-2-83　　引水隧洞（引0+000～引1+600）固结灌浆检查孔压水试验检测成果统计表

工程部位	分　段	单元	检查孔数	透水率（Lu）频率分布				设计防渗标准/Lu
				<1	1～3	3～5	>5	
引水隧洞Ⅰ	引0+000～引0+040	1	6	1	2	3	—	≤5
	引0+040～引0+085	2	5	1	4	—	—	≤5
	引0+085～引0+130	3	5	1	2	2	—	≤5
	引0+130～引0+175	4	4	1	2	1	—	≤5
	引0+175～引0+202	5	2	—	2	—	—	≤5
	引0+228～引0+254	6	2	—	2	—	—	≤5
	引0+468～引0+487	7	3	—	2	1	—	≤5
	引0+753～引0+797	8	4	—	3	1	—	≤5
合　计		8	31	4	19	8	—	—
引水隧洞Ⅱ	引0+926～引0+992	1	6	1	4	—	—	≤5
	引1+440～引1+489	2	7	—	5	2	—	≤5
	引1+558～引1+600	3	2	1	1	—	—	≤5
合　计		3	15	2	10	3	—	—

（六）调压井、压力管道土建

施工单位：中国水利水电××工程局有限公司。

该合同标段为调压井、压力管道土建工程。具体工作内容为引水隧洞5+474.319以后、调压井及压力管道：土石方开挖、石方洞（井）挖、喷锚支护、钢筋制作安装、混凝土浇筑、回填灌浆及固结灌浆等土建工程施工。

1. 水泥

本工程使用的水泥主要为×××××××××水泥建材生产的×××牌P·O 32.5、××牌P·O 42.5普通硅酸盐水泥，检测结果见表6-2-84。

表 6-2-84　　　**水泥物理力学性能检测成果统计表**

品种标号	检测项目	安定性	密度/(kg/m³)	细度/%	标准稠度/%	凝结时间		强度/MPa			
						初凝/(h: min)	终凝/(h: min)	抗折		抗压	
								3d	28d	3d	28d
×××牌 P·O 32.5	标准	合格	—	<10	—	≥0：45	≤10：00	≥2.5	≥5.5	≥11	≥32.5
	n	21	—	21	13	21	21	21	21	21	21
	最大值		—	7	27.4	3：10	4：42	5.4	7.9	27	49.2
	最小值		—	2.4	26.6	1：42	2：01	3.1	6.2	18.3	36.7
	$X_{平均}$	合格	—	4.8	27.1	2：26	3：30	4.3	7.2	22.1	42.5
	$P_{合}$/%	100	—	100	100	100	100	100	100	100	100
××牌 P·O 42.5	标准	合格	—	<10	—	≥0：45	≤10：00	≥3.5	≥6.5	≥17	≥42.5
	n	93	—	93	89	93	93	93	93	93	93
	最大值		—	4	27.9	3：02	5：10	9	9.8	36.6	59.3
	最小值		—	0.44	26.9	1：51	2：46	4.2	6.9	20.6	47.8
	$X_{平均}$	合格	—	1.3	27.4	2：29	4：04	5.5	8.3	26.9	52.7
	$P_{合}$/%	100	—	100	100	100	100	100	100	100	100
××牌 P·O 32.5	标准	合格	—	<10	—	≥0：45	≤10：00	≥2.5	≥5.5	≥11	≥32.5
	n	1	—	1	—	1	1	1	1	1	1
	最大值		—	5	—	2：14	3：23	4.5	7.1	23.3	45.5
	最小值		—	—	—	—	—	—	—	—	—
	$X_{平均}$	合格	—	—	—	—	—	—	—	—	—
	$P_{合}$/%	100	—	100	100	100	100	100	100	100	100
依据	GB/T 17671—1999、GB/T 1346—2001、GB 175—2007										

2. 骨料

调压井、压力管道土建工程混凝土为人工骨料，经灰岩破碎获得，由砂石标提供，包括人工砂，小石、中石 3 种。

工程目前共用砂 21563.4t、小石 26607.68t、中石 22496.6t，骨料质量检测结果见表 6-2-85、表 6-2-86。检测项目包括、细度模数、超逊径、含泥量、表观密度、堆积密度、空隙率、吸水率、压碎指标、针片状含量、石粉含量、云母含量等，检测频次满足规范要求。

表 6-2-85　　　**调压井、压力管道土建砂石骨料品质检测成果统计表**

序号	试验项目	试验结果			
		砂	5～20mm	20～40mm	40～80mm
1	堆积密度/(kg/m³)	1512	1612	1548	—
2	表观密度/(kg/m³)	2661	2630	2648	—
3	空隙率/%	43	38	42	—
4	吸水率/%	2.5	0.9	0.8	—

续表

序号	试验项目	试验结果			
		砂	5～20mm	20～40mm	40～80mm
5	含泥量/%	—	—	—	—
6	硫化物/%	无			
7	有机质含量	浅于标准色			
8	云母含量	无			
9	压碎指标/%	—	4.5		
10	超径/%	8.8	3.9	4.1	—
11	逊径/%	—	6.2	7.1	—
12	针片状/%	—	1.0	0.9	—
13	软弱颗粒/%	—	无	无	—

表6-2-86　　调压井、压力管道土建砂石料质量检测成果统计表

统计内容	砂子				超径/%			逊径/%			含泥量/%		
	F·M	石粉/%	>5mm	<0.08mm	5～20mm	20～40mm	40～80mm	5～20mm	20～40mm	40～80mm	5～20mm	20～40mm	40～80mm
n	48	51	—	35	58	55	—	58	146	—	27	27	—
最大值	3.3	28	—	12.2	6.2	5.0	—	8.4	9.1	—	0.7	0.4	—
最小值	2.34	13	—	5.3	1.7	0	—	3.2	1.7	—	0	0	—
$X_{平均}$	2.80	20	—	8.5	3.5	6.32	—	6.3	6.4	—	0.3	0.15	—
检测依据	DL/T 5151—2001												
取样地点	××砂石料场												

3. 外加剂

本工程使用××××SFG型缓凝高效减水剂，掺量0.6%，到目前共用512t，检测15组，检测结果见表6-2-87。

表6-2-87　　外加剂品质检测成果统计表

品种	技术标准 检测项目	减水率/%	泌水率比/%	凝结时间差/min		抗压强度比/%		
				初凝	终凝	3d	7d	28d
		≥15	≤100	120～240	120～240	≥125	≥125	≥120
SFG型缓凝高效减水剂	n	8	8	7	7	—	5	5
	最大值	22	100	130	220	—	134	136
	最小值	18.1	68.3	120	125	—	126	122
	$X_{平均}$	19.2	87.2	124	176	—	127	126
	P 合格率/%	100	100	100	100	—	100	100
检测依据	DL/T 5100—1999							

4. 钢筋

本工程使用的钢筋由业主提供，生产厂家主要为××钢铁集团、×××钢铁集团。

钢筋使用了1168.82t，抽样41次，抽检频率为28.5t/次，检验结果合格，见表6-2-88。

表 6-2-88 调压井、压力管道土建钢筋性能检测成果统计表

规格	直径/mm	试件组数	平均值/MPa	最大值/MPa	最小值/MPa	合格率/%
HRB335	16	13	565	590	555	100
	22	4	550	560	545	100
	25	22	560	580	535	100
	28	1	575	575	575	100
	32	1	570	570	570	100

5. 钢筋焊接接头质量检验

调压井、压力管道土建工程采取的钢筋接头方式为单面搭接焊，采取现场取样检测，共取样 150 次，全部样品均合格，检测结果见表 6-2-89。

表 6-2-89 调压井、压力管道土建工程钢筋焊接接头检测成果统计表

规格	直径/mm	试件组数	平均值/MPa	最大值/MPa	最小值/MPa	合格率/%
HRB335	12	1	520	520	520	100
	14	1	555	555	555	100
	16	63	555	575	530	100
	22	9	565	580	540	100
	25	73	560	590	530	100
	28	2	580	580	580	100
	32	1	575	575	575	100

6. 混凝土拌合物质量检测

本工程混凝土主要由两个 S750 集中拌制：C20 混凝土 19846.15m^3，检测 58 次；C25 混凝土 19064.508m^3，检测 115 次。检测结果见表 6-2-90。

表 6-2-90 混凝土拌合物质量检测成果统计表

类别	统计内容	机口气温/℃	混凝土出机温度/℃	混凝土坍落度/cm	混凝土含气量/%	拌和时间/s
C20 混凝土	检测组数	52	44	82	29	1243
	最大值	27	25.0	17.8	3.2	150
	最小值	14	15.5	12.9	2.1	90
	平均值	19.3	20.5	15.6	2.5	120
	结论			合格	合格	合格
C25 混凝土	检测组数	103	96	199	46	1254
	最大值	26.5	27.5	17.8	3.4	150
	最小值	9.5	14.0	12.2	2.6	120
	平均值	18.5	20.5	15.5	2.8	120
	结 论			合格	合格	合格

7. 混凝土强度检测

混凝土共取样检测210组，其中C15混凝土取样1组、C20混凝土取样90组、C25混凝土取样119组，检测结果详见表6-2-91。

表6-2-91　混凝土抗压强度检测成果统计表

强度等级	检测组数	平均值/MPa	最大值/MPa	最小值/MPa	标准差/MPa	离差系数 C_v	合格率/%
C15	1	21.5	—	—	—	—	100
C20	90	29.6	31.5	21.5	1.41	0.05	100
C25	119	34.6	41.2	25.1	3.15	0.09	100

（七）压力管道制作安装

施工单位：中国水利水电××工程局有限公司（标段：SJHK/C5B）。

该合同标段为压力钢管制作与安装。

压力管道采用一管三机供水方式，在剖面上采用"三平两斜"布置方式，以利于施工布置，长度为583.430m（包括2个岔管），共计重3707.320t。

1. 压力钢管设计参数

（1）压力钢管的主要参数。压力钢管的主要参数见表6-2-92。

表6-2-92　压力钢管的主要参数统计表

部位	钢管				加劲环		
	内径 D/mm	壁厚 δ/mm	中心长度/m	材质	高度 H/mm	厚度 δ/mm	材质
上平段	5000	25	18	16MnR	140	25	16MnR
1号弯管	5000	25	25.133	16MnR	140	25	16MnR
上斜段	5000	25～32	167.799	16MnR	140	25	16MnR
2号弯管	5000	34	25.133	16MnR	140	25	16MnR
续中平段	5000	30	38.167	WDB620	140	25	16MnR
3号弯管	5000	30	25.133	WDB620	140	25	16MnR
渐变段	4800～5000	30	6	WDB620	140	25	16MnR
下斜段	4800	30～42	153.169	WDB620	100	25	16MnR
4号弯管	4800	44	25.133	WDB620	100	25	16MnR
下平段	4800	44～62	112.687	WDB620	100	25	16MnR
5号弯管	4800	44	3.901	WDB620	100	25	16MnR
6号弯管	4000	60	5.76	WDB620	100	25	16MnR
7号弯管	2800	44	11.519	WDB620	100	25	16MnR
1号支管	1800～2800	34～40	56.268	WDB620	100	25	16MnR
2号支管	1800～2800	34～52	65.411	WDB620	100	25	16MnR
3号支管	1800～2800	34～62	69.535	WDB620	100	25	16MnR

（2）压力钢管的岔管主要参数。压力钢管的岔管主要参数见表6-2-93。

表6-2-93　压力钢管岔管主要参数汇总表

部位	进水口内径/mm	出水口内径/mm		材质	板厚δ/mm	肋板厚度/mm	设计工作压力/MPa
主岔管	4800	4000	2800	WDB620	66	44+100+44	4.48
支岔管	4000	2800	2800	WDB620	56	100	4.48

2. 压力钢管制作

经核验，所生产压力钢管各项指标如下：

（1）钢管弧度。在自由状态下用样板检查弧度，所有钢管样板与瓦片间隙在0.5～2mm之间，最大不超过2mm。符合《水电水利工程压力钢管制造安装及验收规范》（DL/T 5017—93）要求，见表6-2-94。

表6-2-94　压力钢管弧度技术要求统计表

序号	钢管内径 D/m	样板弦长/m	样板与瓦片的极限间隙/mm
1	$D\leqslant2$	0.5D（且不小于500mm）	1.5
2	$2<D\leqslant5$	1.0	2.0
3	$D>5$	1.5	2.5

纵缝焊接后，用弦长0.5m的样板检查，样板与瓦片间隙在2～4mm之间，符合《水电水利工程压力钢管制造安装及验收规范》（DL/T 5017—93）要求，技术要求见表6-2-95。

表6-2-95　压力钢管纵缝焊接技术要求统计表

钢管内径 D/m	样板弦长/mm	样板与纵缝的极限间隙/mm
$D\leqslant5$	500	4
$5<D\leqslant8$	D/10	4
$D>8$	1200	6

（2）管口平面度及周长。经检查，管口最大平面度偏差均小于2mm。符合《水电水利工程压力钢管制造安装及验收规范》（DL/T 5017—93）相关要求，技术要求见表6-2-96。

表6-2-96　压力钢管管口平面度技术要求统计表

序号	钢管内径 D/m	极限偏差/mm
1	$D\leqslant5$	2
2	$D>5$	3

检查结果表明，压力钢管管口实际周长与设计周长差符合《水电水利工程压力钢管制造安装及验收规范》（DL/T 5017—93）相关要求，技术要求见表6-2-97。

（3）焊缝质量。焊缝表面质量按《水电水利工程压力钢管制造安装及验收规范》（DL/T 5017—2007）相关要求进行控制，经检验，焊缝表面无裂纹、夹渣，各项均满足规范要求，技术要求见表6-2-98。

表 6-2-97　　压力钢管管口周长技术要求统计表　　单位：mm

项　　目	板厚 δ	极限偏差
实测周长与设计周长差		$\pm 3D/1000$，且不大于±24
相邻管节周长差	$\delta<10$	6
	$\delta\geqslant 10$	10

表 6-2-98　　压力钢管焊缝质量技术要求统计表　　单位：mm

序号	项　目		焊缝类别		
			一	二	三
			允许缺陷尺寸		
1	裂纹		不允许		
2	表面夹渣		不允许		深度不大于 0.1δ，长度不大于 0.3δ 且不大于 10
3	咬边		深度不超过 0.5，连续长度不超过 100，两侧咬边累计长度不大于 10%全长焊缝		深度不大于 1，长度不限
4	未焊满		不允许		不超过 $0.2+0.02\delta$ 且不超过 1，每 100 焊缝内缺欠总长不大于 25
5	表面气孔		不允许		每 50 长的焊缝内允许有直径为 0.3δ，且不大于 2 的气孔 2 个，孔间距不小于 6 倍孔径
6	焊缝余高 Δh	手工焊	$12<\delta<25$　$\Delta h=0\sim2.5$ $25<\delta\leqslant50$　$\Delta h=0\sim3$		—
		埋弧焊	0～4		—
7	对接接头焊缝宽度	手工焊	盖过每边坡口宽度 2～4，且平缓过渡		
		埋弧焊	盖过每边坡口宽度 2～7，且平缓过渡		
8	飞溅		清除干净		
9	焊瘤		不允许		
10	角焊缝厚度不足（按设计焊缝厚度计）		不允许	不超过 $0.3+0.05\delta$ 且不超过 1，每 100 焊缝长度内缺欠总长度不大于 25	不超过 $0.3+0.05\delta$ 且不超过 2，每 100 焊缝长度内缺欠总长度不大于 25
11	角焊缝焊脚 K	手工焊	$K<12^{+3}$　$K>12^{+4}$		
		埋弧焊	$K<12^{+4}$　$K>12^{+5}$		

所有管节的纵缝均进行了 100%超声波检测，并进行射线复检，材质为 16MnR 的管节复检比例为 5%，材质为 WDB620 高强钢的复检比例为 10%，一次合格率均达到 95%以上。

（4）防腐质量控制。内壁除锈等级均达到 Sa2.5 级，表面粗糙度为 40～70μm，外壁壁除锈等级达到 Sa1 级。漆膜厚度采用漆膜测厚仪进行检测，均达到设计要求（直段 400μm，弯段 500μm）以上，漆膜附着力达到设计规范要求。安装焊缝两侧 200mm 范围在制作厂内只刷可焊漆，安装焊接完毕后用钢丝砂轮除锈后进行补漆。钢管内壁采用环氧煤沥青玻璃鳞片防锈漆涂料，外壁涂苛性钠水泥浆。

3. 压力钢管安装

（1）安装尺寸控制。××××水电站压力钢管安装先由测量按照设计图纸测放控制点，由此来控制钢管管口里程坐标，以保证各个工作面钢管能够顺利连接。

管口中心控制按《水电水利工程压力钢管制造安装及验收规范》（DL/T 5017—93）质量要求来控制，见表 6-2-99。经检测，管口中心极限偏差均符合规范要求，始装节管口中心极限偏差控制在 3mm 以内，岔管管口中心控制在 5mm 以内。始装节的里程偏差不超过±3mm，弯管起点的里程偏差不超过±5mm，始装节两端管口垂直度偏差不超过±2mm。安装后，钢管圆度不大于 $4D/1000$，均在规范控制值范围之内。

表 6-2-99　　埋管安装中心的极限偏差统计表

钢管内径 D/m	始装节管口中心的极限偏差/mm	与蜗壳、伸缩节、蝴蝶阀、球阀、岔管连接的管节及弯管起点的管口中心极限偏差/mm	其他部位管节的管口中心极限间隙/mm
$D \leqslant 2$		6	15
$2 < D \leqslant 5$	5	10	20
$D > 5$		12	25

（2）焊缝质量控制。焊缝表面质量按《水电水利工程压力钢管制造安装及验收规范》（DL/T 5017—93）进行控制，通过检验，焊缝表面无裂纹、夹渣，其余各项均满足规范要求。所有安装焊缝均进行了无损检测，所有管节（除岔管外）一类焊缝均进行 100%超声波检测，并进行 10%的射线复检，二类焊缝进行 50%的超声波检测。射线探伤一次合格率 100%，超声波探伤一次合格率均在 70%以上。

4. 岔管制作安装及水压试验

××××水电站压力钢管有两个岔管，最大管口直径 4.8m，最小端管口直径 2.8m，岔管瓦片制作完成后在制作车间进行预拼，按照《水电水利工程压力钢管制造安装及验收规范》（DL/T 5017—93）进行控制与检查验收，见表 6-2-100。主支管中心高差分别为 4mm、5mm，纵缝对口错边量小于或等于 2mm，环缝对口错边量小于或等于 3mm，主支管周长差与设计值差值在 6～10mm 之间，各项数值均符合设计要求。

表 6-2-100　　肋梁系岔管组装或组焊后的极限偏差统计表　　单位：mm

序号	项目名称	尺寸和板厚 δ	极限偏差	简　图
1	管长 L_1、L_2		±5	
2	主、支管圆度（D 为主、支管内径）		$3D/1000$ 且不大于 30	L_1 L_2 S_2
3	主、支管管口实测周长与设计周长差		$3D/1000$ 且不大于±24，相邻管节周长差≤10	
4	支管中心距 S_1		±5	
5	主、支管中心高差	$D \leqslant 2$m $2 < D \leqslant 5$m $D > 5$m	±4 ±6 ±8	
6	主、支管管口垂直度	$D \leqslant 5$m $D > 5$m	2 3	

续表

序号	项目名称	尺寸和板厚δ	极限偏差	简　图
7	纵缝对口错边量	任意厚度	10% δ且不大于2	
8	环缝对口错边量	δ≤30 δ>30 δ≥60	15%δ，且不大于310% δ≤6	

岔管的整体组装及焊接在6号施工支洞与主洞交叉口位置的拼装平台上进行，焊接结束24h后进行无损检测。所有焊缝均进行100%超声波探伤，主岔管一次合格率为79.5%，支岔管一次合格率为71%；超声波检测结束后进行10%射线复检抽查，射线复检一次合格率均为100%。所有有缺陷的焊缝均一次处理合格。

无损检测完毕后进行水压试验。岔管3个口用封堵闷头进行封堵，然后充满水，用电动打压泵对岔管进行充水加压，经过1.0MPa、2.0MPa、3.0MPa、4.0MPa、4.48MPa逐级升压至试验压力5.6MPa，每一级保压30min，至5.6MPa时保压5min后逐级卸压。整个过程中无渗水及其他异常情况，水压试验合格。

（八）厂房、GIS楼土建及尾水闸门安装工程施工单位自检结果

施工单位：中国水利水电××工程局

该合同标段为厂房围堰工程、厂房土建工程、尾水闸门及启闭机安装、厂房冲沟排水工程、厂房公路桥、右岸河道扩挖、厂房后边坡支护、厂房后边坡网格梁护坡及厂房尾水渠。

1. 边坡开挖及支护

（1）C20喷混凝土强度检测。抽检喷混凝土抗压强度6组，平均值为24.8MPa，最大值29.7MPa，最小值为21.2MPa，合格率为100%。

（2）边坡支护喷射混凝土厚度检测。边坡支护喷射混凝土厚度共检测10组，检测结果见表6-2-101。

表6-2-101　　边坡支护喷射混凝土厚度检测成果统计表

分部工程	设计厚度/cm	检查/组	测点数	平均厚度/cm	最小值/cm	合格率/%
1249.11m以上边坡支护	10	5	15	21.36	12.5	75
1249.11m以下边坡支护	15	1	3	20.014	15.6	80
	12	1	3	14.1	12.3	83
	10	3	9	12.4	10.7	86

（3）边坡支护锚杆拉拔检测。边坡支护锚杆拉拔检测9组，检测结果见表6-2-102。

表6-2-102　　边坡支护锚杆拉拔检测成果统计表

分部工程	设计拉拔力/kN	拉拔检测/组	相应锚杆数量/根	检测结果/kN		
				最大值	最小值	平均值
1249.11m以下边坡支护	80～120	9	2599	152	82	115

2. 基础固结灌浆

厂房基础开挖后根据基岩出露情况按照设计要求进行了固结灌浆，固结灌浆试验质量检查以钻孔压水试验检查成果为主，检测结果见表6-2-103。

表 6-2-103　　厂房基础固结灌浆检测成果统计表

施工部位	灌浆孔数	检查孔数	设计要求/Lu	检查结果/Lu		
				最大值	最小值	平均值
1单元	113	6	≤5	3.27	1.96	2.7
2单元	66	3	≤5	3.57	2.13	2.77
3单元	44	4	≤5	3.81	1.74	2.765
4单元	42	2	≤5	2.85	2.08	2.465

3. 细骨料品质检测

常规抽检细骨料411组，试验结果表明，砂各项指标均在规范要求范围内；但由于中水九局生产人工砂较粗，细度模数波动较大，在混凝土生产质量控制时，当砂子细度模数检测结果变化较大时，根据规范砂子细度模数每±0.2，混凝土砂率调整±1%的原则，在计算配料单时加以调整。检测结果见表6-2-104。

表 6-2-104　　细骨料品质检测成果统计表

项目 统计值	细度模数	石粉含量/%	砂表面含水率/%	表观密度/(kg/m³)	堆积密度/(kg/m³)	吸水率/%
检测组数	411	358	375	109	129	109
最大值	3.84	30.1	9.6	2780	1840	2.8
最小值	2.34	6.0	0.3	2520	1270	0.5
平均值	2.81	15.6	4.1	2680	1510	1.8

4. 粗骨料品质检测

施工单位对粗骨料吸水率、表观密度、超径、逊径、含泥量、针片状、堆积密度、空隙率等指标进行了检测，检测结果见表6-2-105、表6-2-106。

表 6-2-105　　粗骨料品质检测成果统计表

项目 统计	吸水率/%			表观密度/(kg/m³)			超径/%			逊径/%		
	5～20	20～40	40～80	5～20	20～40	40～80	5～20	20～40	40～80	5～20	20～40	40～80
检测组数	49	49	8	49	49	8	110	110	18	110	110	18
最大值	4.2	1.8	0.8	2750	2670	2680	4.6	4.3	3.6	8.8	7.8	0.8
最小值	0.2	0.2	0.1	2570	2590	2600	0.0	1.6	0.8	1.3	1.4	0.0
平均值	1.1	0.7	0.5	2610	2620	2630	3.7	2.9	2.7	7.2	7.5	0.3

表 6-2-106　　粗骨料品质检测成果统计表

项目 统计	含泥量/%			针片状/%			压碎指标	堆积密度/(kg/m³)			空隙率/%		
	5～20	20～40	40～80	5～20	20～40	40～80		5～20	20～40	40～80	5～20	20～40	40～80
检测组数	84	84	—	76	76	—	32	37	37	—	34	34	—
最大值	4.8	13.4	—	4.8	2.0	—	17.9	1550	1510	—	48.0	49.6	—
最小值	0.2	0.1	—	0.1	0.0	—	5.3	1340	1320	—	41.0	43.0	—
平均值	1.0	0.7	—	1.4	0.5	—	13.0	1460	1460	—	44.1	44.5	—

检测结果表明，除超、逊径略有超标外，其余指标全部合格。超、逊径在计算配料单时已进行调整，从而保证了混凝土生产质量。

5. 水泥品质检测

发电厂房土建工程使用的水泥，质量符合有关标准要求，检测合格率为100%。工程主要使用××××科技实业股份有限公司生产的×××牌P·O 32.5水泥、P·O 42.5水泥和×××××水泥厂生产的××牌P·O 32.5水泥、P·O 42.5水泥。本标段使用水泥依据《水工混凝土施工规范》（DL/T 5144—2015）对×××牌P·O 32.5水泥抽检11次，P·O 42.5水泥抽检6次；××牌P·O 32.5水泥抽检2次，P·O 42.5水泥抽检69次，抽检频率及各项指标满足规范要求。检测结果见表6-2-107。

表6-2-107　　水泥物理指标检测成果统计表

水泥品种	生产厂家	统计值	细度/%	安定性	标准稠度/%	凝结时间/(h：m)		抗压强度/MPa		抗折强度/MPa	
						初凝	终凝	3d	28d	3d	28d
P·O 42.5			≤10	合格	—	≥0：45	≤10：00	≥16.0	≥42.5	≥3.5	≥6.5
P·O 32.5			≤10	合格	—	≥0：45	≤10：00	≥11.0	≥32.5	≥2.5	≥5.5
××牌P·O 32.5	××××科技实业股份有限公司	检测组数	8	8	11	11	11	11	11	11	11
		最大值	5.2	—	29.2	3：01	4：03	25.6	46.7	5.6	8.0
		最小值	2.8	—	25.4	2：06	3：18	21.3	35.0	3.1	5.7
		平均值	3.4	合格	26.3	2：33	3：43	23.9	40.9	5.0	7.3
		合格率/%	100	100	100	100	100	100	100	100	100
××牌P·O 42.5		检测组数	6	6	6	6	6	6	6	6	6
		最大值	4.6	—	28.4	2：33	3：41	33.1	49.7	5.9	8.8
		最小值	1.6	—	26.4	1：49	3：04	20.0	45.7	4.0	7.4
		平均值	3.0	合格	27.1	2：10	3：26	26.7	47.1	5.4	8.2
		合格率/%	100	100	100	100	100	100	100	100	100
××牌P·O 42.5	×××××水泥厂	检测组数	69	69	69	69	69	69	69	69	69
		最大值	3.4	—	29.0	2：49	3：57	33.6	50.0	7.2	9.3
		最小值	0.8	—	26.4	1：49	2：46	20.9	42.5	4.4	7.2
		平均值	2.0	合格	27.4	2：21	3：27	25.3	46.0	5.5	8.4
		合格率/%	100	100	100	100	100	100	100	100	100

6. 外加剂质量检测

抽检外加剂11组，检测结果表明，外加剂质量均满足规范要求。检测结果详见表6-2-108。

7. 钢筋力学性能检测

抽检钢筋89组，其中光圆钢筋12组，带肋钢筋77组。检测结果表明，钢筋力学指标均满足规范要求，检测结果见表6-2-109。

8. 喷混凝土

喷混凝土强度等级为C20，锚杆砂浆强度等级为M20。

表 6-2-108　外加剂质量检测成果统计表

外加剂品种	统计参数	减水率/%	含气量/%	泌水率比	初凝时间差/min	终凝时间差/min	抗压强度比/%			检测结果
							3d	7d	28d	
引气剂 JM-2000	组数	3	3	3	3	3	3	3	3	合格
	平均值	8.4	5.0	49	+21	+31	98	99	98	
	最大值	11.4	5.2	58	+48	+79	101	101	100	
	最小值	7.0	4.7	41	-33	-41	93	97	96	
减水剂 JM-Ⅱ	组数	8	8	8	8	8	8	8	8	合格
	平均值	18.7	1.9	78	157	169	135	129	124	
	最大值	26.5	2.2	87	174	187	144	132	127	
	最小值	15.9	1.7	63	136	154	128	125	120	

表 6-2-109　钢筋力学性能检测成果统计表

表面形状	直径/mm	试验组数	屈服强度/MPa		极限强度/MPa		伸长率/%		冷弯试验
			最大值	最小值	最大值	最小值	最大值	最小值	
光圆 Q235 光圆 HPB235	10	2	380	280	510	470	28	27	完好
	12	2	355	300	475	450	28	26	完好
	10	1	410	380	495	445	26	25	完好
	12	2	460	380	565	400	27	26	完好
	16	1	455	450	510	500	26	25	完好
	20	1	435	430	485	480	26	25	完好
月牙肋 HRB335	10	1	385	385	510	485	21	21	完好
	12	4	460	370	575	425	26	20	完好
	14	5	475	395	580	500	24	20	完好
	16	13	455	350	585	470	26	19	完好
	18	3	455	450	570	505	20	19	完好
	20	19	485	405	600	510	26	20	完好
	22	3	460	440	595	505	25	20	完好
	25	21	450	415	585	505	23	20	完好
	28	5	470	400	590	520	22	18	完好
	32	3	465	395	550	500	20	19	完好

抽检喷混凝土抗压强度 20 组，平均值为 24.6MPa，最大值 29.7MPa，最小值为 20.8MPa，合格率为 100%。

抽检结果表明，喷混凝土抗压强度满足设计要求。

9. 混凝土抗压强度检测

发电厂房设计混凝土强度等级有 C20、C25、C30，均为Ⅱ级配，具体部位见表 6-2-110。

表 6-2-110　　发电厂房混凝土强度分区及设计指标统计表

序号	使用部位	设计强度等级	级配
1	厂房边坡支护	C20	Ⅱ
2	厂房边墙梁板柱、尾水管及锚索板	C_{28}25W8F50	Ⅱ
3	吊车梁、交通桥面系及门槽二期混凝土	C_{28}30F50	Ⅱ

发电厂房主体工程混凝土抗压强度抽检 601 组，检测结果详见表 6-2-111。

表 6-2-111　　发电厂房主体工程混凝土抗压强度试验检测成果统计表

强度等级	组数	最大值 /MPa	最小值 /MPa	平均值 /MPa	标准偏差 /MPa	离差系数 C_v	强度保证率 /%	设计龄期 /d
C25W6F50	376	41.0	26.0	33.4	3.9	0.12	98.0	28
C15	4	26.6	17.0	21.4	—	—	—	28
C20	218	34.9	20.3	25.9	3.3	0.13	96.0	28
C30	3	41.3	38.3	39.2	—	—	—	28
M7.5	11	9.1	7.6	8.3	—	—	—	28

检测结果表明，各强度等级混凝土均满足设计和规范要求。

10. **混凝土耐久性能检测**

依据××××水电站发电厂房、GIS 楼土建及尾水闸门混凝土强度设计指标对混凝土耐久性能进行检测，抗渗试验采用逐级加压法进行，抗冻试验采用委托进行，混凝土强度等级 C25，抗渗指标大于 W6，抗渗试验共计取样 7 组，其抗渗指标均大于 W6，全部合格。

抗冻试验 C25 取样 5 组，抗冻指标为 F50，经检验全部合格。

11. **混凝土温度、坍落度、含气量检测**

检测混凝土出机口温度 927 组，合格率 100%，抽检混凝土含气量 433 组，合格率 100%，抽检混凝土坍落度 1043 组，合格率 100%，检测结果见表 6-2-112。

表 6-2-112　　发电厂房、GIS 楼土建及尾水闸门混凝土性能检测成果统计表

项目 \ 统计值	控制标准	检测频率	最大值	最小值	平均值
坍落度 /mm	90～110	84	132	86	99
	110～130	150	135	95	117
	140～160	486	176	98	147
	120～140	54	140	118	130
	160～180	24	182	144	166
	70～90	245	100	46	77
含气量/%	3.0～5.0	433	4.7	3.0	3.6
温度/℃	—	927	30.0	8.0	17.1
混凝土温度/℃	—	927	28.0	76.0	16.8

（九）机电安装工程

施工单位：中国水利水电××工程局集团公司。

该合同标段为水轮发电机组及其附属设备、厂内起重设备（包括轨道及附件）、辅助设备及管路系统、电气一次设备、电气二次设备（不含照明）、通信设备、通风空调设备、工业电视设备等。

电站装设3台立轴混流式水轮发电机组。引水方式为一管三机，设有调压井。每台机组设置进水主阀，进水主阀采用液压操作球阀。机组调速系统选用具有PID调节规律的微机电液调速器。

总装机容量3×105MW，送出电压等级为220kV，两回220kV线路输出，其中一回备用。发电机、变压器采用单独单元接线，发电机装设出口断路器；220kV送出侧采用单母线接线。220kV高压配电装置采用GIS。

1. 水轮机安装

（1）水轮机安装质量控制主要包括：中心、高程、水平、装配质量、关键部位的加固质量等。

（2）蜗壳焊接质量，水压试验及浇筑混凝土时的质量控制。

（3）各配合部件同心度、同轴度及各部件配合间隙的质量控制。

水轮机于20××年1月开始安装，1号水轮机于20××年11月××日启动运行，2号水轮机于20××年4月××日启动运行，3号水轮机于20××年6月××日启动运行。安装期间实施全过程质量控制，在施工单位安装质量“三检”（班组、项目部、分局质检部门）合格的基础上，监理实施终检。

安装质量全部满足设计规范要求、成果（实测值为3台机的最大值和最小值）允许偏差如下：

1）肘管安装。水轮机肘管安装实测偏差值见表6-2-113。

表6-2-113　　1～3号水轮机肘管安装实测偏差值统计表

序号	项　目	允许偏差值/mm	实测值/mm	说 明
1	肘管断面尺寸	±0.0015D	2134	设计2133.2mm
2	肘管下管口	与混凝土管口平滑过渡	平滑过渡	三台机
3	肘管上管口中心及方位	2	−1～1	三台机
4	肘管上管口高程	±3	0～2	三台机
5	肘管上管子口水平度	0.25mm/m	0～0.14	径向

2）上、下尾水锥管安装。水轮机上、下尾水锥管安装实测偏差值见表6-2-114。

表6-2-114　　1～3号水轮机上、下尾水锥管安装实测偏差值统计表

序号	项　目	允许偏差/mm	实测值/mm
1	尾水锥管上管口中心	2	0～2
2	尾水锥管上管口法兰盘高程	±3	−1～2
3	上管口法兰盘水平度	0.10mm/m	0.04～0.07

3）座环安装。水轮机座环安装实测偏差值见表 6－2－115。

表 6－2－115　　1～3 号水轮机座环安装实测偏差值统计表

序号	项　　目		允许偏差/mm	实测值/mm
1	中心及方位		2	1～2
2	变 程		±3	0～0.03
3	安装顶盖和底环的法兰盘水平度	径向、周向	0.05mm/m，最大不超 0.6	径向最大 0.46，周向最大 0.51
4	座环圆度		1.0	0.4

4）蜗壳安装。水轮机蜗壳安装实测偏差值见表 6－2－116。

表 6－2－116　　水轮机蜗壳安装实测偏差值统计表

序号	项　　目	允许偏差/mm	实测值/mm
1	直管段中心到机组 Y 轴线距离	±5.2	3.2
2	直管段中心变程	±5	2

注　蜗壳在制造厂内已装配焊接，为便于运输在大、小头侧各切下一块在工地组装焊接，故蜗壳安装只测了两段数据。

5）蜗壳焊接。水轮机蜗壳焊缝外观检查结果见表 6－2－117。

表 6－2－117　　水轮机蜗壳焊缝外观检查成果汇总表

序号	项　　目		允许缺陷尺寸/mm
1	裂纹		无裂缝
2	表面夹渣		无
3	咬边		深度小于 0.5 内，连续长度 50
4	未焊满		无
5	焊缝余高 $4h$	手工焊	$25\leqslant\delta\leqslant80$，$\Delta h=2\sim4$
6	对接焊缝宽度	手工焊	盖过每边坡口宽度 2～4 且平滑过渡
7	飞溅		清除干净
8	焊瘤		无
9	表面气孔		无

焊缝超声波 100%探伤；焊缝质量达到 B_1 级要求。

蜗壳水压试验：试验压力 6.9MPa。

试验步骤：

a. 蜗壳充水。

b. 蜗壳升压（以每分钟 1.0MPa 速度升压）。

2.7MPa　　保持 30min　　最大变形量 0.80mm

3.5MPa　　保持 30min　　最大变形量 1.02mm

4.6MPa　　保持 30min　　最大变形量 1.37mm

6.9MPa　　保持 30min　　最大变形量 2.03mm

c. 降压（以每分钟 1.0MPa 速度降压）。

4.6MPa　保持 10min　最大变形量 1.42mm

3.5MPa　保持 10min　最大变形量 1.11mm

2.7MPa　保持 10min　最大变形量 0.89mm

0 MPa　保持 10min　最大变形量 0.11mm

d. 保压浇筑混凝土（保压值 2.7 MPa）。混凝土浇筑 14d 后撤压，撤压压力 2.7MPa。

6）机坑里衬安装。水轮机机坑里衬安装实测偏差值见表 6-2-118。

表 6-2-118　水轮机机坑里衬安装偏差值实测结果统计表

序号	项　目	允许偏差/mm	实测值/mm
1	中心	5	0～4
2	上口直径	±5	2～4
3	上口高程	±3	1～2
4	上口水平	6	3～5

7）接力器基础安装

接力器基础安装实测偏差值见表 6-2-119。

表 6-2-119　接力器基础安装偏差值实测结果统计表

序号	项　目	允许偏差/mm	实测值/mm
1	垂直度/(mm/m)	0.3	0.01～0.09
2	中心及高程	±1.0	0.5～0.6
3	至机组坐标基准线平行度	1.0	0.0～0.5
4	至机组坐标基准线距离	±3.0	0～1

8）转轮装配。

a. 主轴与转轮连接法兰组合面用 0.02mm 塞尺检查，不能塞入。

b. 联轴螺栓伸长值：设计要求 0.86～0.95mm，实测值 0.86～0.92mm。

c. 转轮上冠，下环外缘与顶盖，底环相对同轴度及圆度：设计允许偏差为±0.10mm，实测值为±0.10mm。

d. 转轮与顶盖，底环上、下止漏环相对处的同轴度及圆度：设计允许偏差为±0.10mm，实测值为 0.01～0.04mm。

9）导水机构预装。

a. 导叶转动灵活（24 个导叶）。

b. 导叶上、下端面间隙（总间隙不超过 0.15mm）。

上端面间隙：设计值 0.05～0.12mm，实测值 0.06～0.12mm。

下端面间隙：设计值 0.02～0.07mm，实测值 0.02～0.07mm。

10）转动部件安装。

a. 水轮机与发电机联轴螺栓伸长值：设计值 0.92～1.0mm，实测值 0.96mm。

b. 两法兰组合缝：0.02mm 塞尺检查，不能塞入。

c. 转轮最终安装高程及各部件间隙见表 6-2-120。

表 6-2-120　　转轮最终安装高程及各部件间隙实测值统计表　　单位：mm

序号	项　　目	允许偏差	实测值	说明
1	高 程	0～1.0	-1.0	
2	底环与转轮下环间隙	±10%	-0.1～+0.1	设计 2.5
3	上梳齿止漏环间隙	±10%	-0.03～+0.04	设计 0.65
4	下止漏环间隙	±10%	-0.03～+0.04	设计 0.65

11）导叶及接力器安装。

a. 导叶端面间隙与预装时一致。

b. 导叶立面间隙用 0.05mm 塞尺检查通不过。

c. 导叶最大开度位置时，导叶与挡块之间距离：设计值 2mm，实测安装值 2mm。

d. 接力器耐压试验：试验压力 8MPa，保压 30min 无渗漏。

e. 接力器平稳灵活，工作行程 306.5mm，两活塞行程相差 0.5mm。

f. 接力器安装水平偏差，设计值：活塞处于中间位置时，活塞杆水平不应大于 0.10mm/m。实际安装实测值：0.02～0.05mm/m。

g. 接力器压紧行程设计值 3～4mm。

12）主轴密封安装及导轴承安装

a. 主轴密封及导轴承瓦安装在盘车合格，轴线就位并固定可靠后进行。

b. 检修密封空气围带（围带为心形实心围带，不作通气试验）与主轴密封轴安装间隙设计值偏差不应超过设计间隙值的±20%（±0.4 mm），实际安装实测值偏差不超过±0.1mm。

c. 转动油盆煤油渗漏试验无渗漏。

d. 轴承冷却器耐压试验，试验压力 0.5MPa，保压 30min 无渗漏。

e. 导轴瓦设计单边间隙 0.2mm，考虑盘车的摆度方向及大小后间隙调整见表 6-2-121。

表 6-2-121　　导轴瓦间隙调整后实测结果统计表

编号	1 号机组				2 号机组				3 号机组			
方位	$+x$	$-x$	$+y$	$-y$	$+x$	$-x$	$+y$	$-y$	$+x$	$-x$	$+y$	$-y$
实测值/mm	20	20	22	18	28	15	20	20	22	20	20	20

f. 毕托管进油口外侧与转动油盆内壁距离，设计值 2mm，实际安装值 2mm。

13）附件安装。

a. 盘形阀接力器严密性耐压试验，试验压力 5.0MPa，保压 30min 无渗漏。

b. 盘形阀阀座安装水平，设计值不大于 0.20mm/m，实测值最大 0.10mm/m。

c. 盘形阀阀组动作灵活，阀杆密封可靠。

2. 发电机安装

发电机于 20××年 10 月 29 日开始安装，1 号机于 20××年 11 月 20 日具备启动运行条件，2 号机于 20××年 4 月 20 日具备启动运行条件，3 号机于 20××年 6 月 20 日具备启动运行条件。发电机安装依据工程质量监控技术文件，实施全过程质量控制，安装质量全部满足设计及规范要求，成果（实测值数值为3台机的最大和最小允许偏差值）如下。

（1）机架组合及安装。机架组合及安装质量控制包括：机架组合质量的控制；焊接质量的控制及安装质量的控制；安装质量符合设计及规范要求。机架按制造厂定位装置组合，所以无检查尺寸；成果（实测值为3台机中最大与最小值）见表6-2-122～表6-2-124。

1）焊缝外观检查。

发电机机架外观检查结果见表6-2-122。

表6-2-122　　发电机机架外观检查成果汇总表

序号	项　目	允许缺陷尺寸/mm	实际尺寸/mm
1	裂 纹	不允许	无
2	表面夹渣	不允许	无
3	咬 边	深度不超过0.5，连续长度不超过100，两侧咬边累计长度不大于10%全长焊缝	无
4	未焊满	不允许	无
5	表面气孔	不允许	无
6	焊缝余高　手工焊	25<£<80　Δh=0～5　£钢板厚	2～4
7	对接焊缝宽度　手工焊	盖过每边坡口宽度2～4且平滑过渡	2～4且平滑过渡
8	飞 溅	清除干净	清除干净
9	焊 瘤	不允许	无

2）超声波100%、探伤100%合格。

3）机架安装。上机架安装实测偏差值见表6-2-123。

表6-2-123　　上机架安装实测偏差值统计表

序号	项　目	允许偏差/mm	实测值/mm	说　明	
1	各组合缝间隙	符合GB/T 8564—2003 9.1.1要求	0.05塞尺检查塞不进	驱动键上下间隙	
2	机架中心	1.0	0～0.11		
3	机架水平	0.02/m	0.01～0.02	多弹簧支撑结构	
4	机架高程	±1.5	0.15～0.25		
5	机架与基础板组合缝	设计值13	9～13	驱动键结构13mm为设计值	
6	径向支撑间隙	内9～12	内10～11	驱动键结构	内9～12
		外10～13	外11～13		外10～13

下机架安装实测偏差值见表6-2-124。

表6-2-124　　下机架安装实测偏差值统计表

序号	项　目	允许偏差/mm	实测值/mm	说　明
1	各组合缝间隙	符合GB/T 8564—2003 9.1.1要求	0.05塞尺检查不能通过	
2	机架中心	1.0	0.01～0.19	

续表

序号	项　　目	允许偏差/mm	实测值/mm	说　　明
3	机架水平	0.04/m	0.03～0.04	
4	机架高程	±1.5	0.02～0.95	
5	机架与基础板组合缝	0.05mm 塞尺检查通不过	通不过	检查键上下平面

（2）定子装配及安装。定子装配质量控制主要包括：冲片质量检查；测圆架安装质量控制；定位筋径向和周向直线度的检查调整；定子机座组合质量；定位筋安装及焊接的质量控制；下齿下板安装质量；铁心叠片的质量控制；铁心压紧的质量控制。

定子线圈嵌装工作，在定子吊入机坑安装就位后进行，质量控制主要包括：支持环安装质量控制；单个线圈的质量检查；线圈嵌装质量控制；槽楔安装质量控制；线圈接头焊接质量控制；线圈接头处理质量控制；汇流母线安装质量控制；（电气试验见水轮发电机电气试验）定子安装质量控制；定子装配及安装质量均符合设计及规范要求，成果如下：

1）冲片检查、清洁、无损、平整、漆膜完好。

2）测圆架中心柱安装垂直度 0.02mm/m，测量范围内最大倾斜度不超过 0.05mm。

3）定位筋直线度检查，径向和周向均小于 0.1mm，最大值为 0.08mm。

4）定子组装及安装质量控制结果见表 6-2-125。

表 6-2-125　　定子组装及安装质量控制成果统计表

序号	项　　目	允许偏差/mm	实测值/mm	说　明
1	定子机座组合缝间隙	局部 0.10 螺栓销子周围不超过 0.05	通不过	
2	机座与基础板组合缝	0.05 塞尺检查通不过	通不过	检查缝上下平面
3	定子中心	±4%设计空气间隙	-0.44～0.19	定子安装中心
4	定子平均中心高程	±15%铁心有效长度最大不超过±4	1.2～3.5	核对后定子安装高程
5	5.1 各环板内圆半径	-1.0～2	-1.0～2	
	5.2 定位筋半径与设计半径之差	±2%设计空气间隙最大不超过±0.5	-0.12～0.2	
	5.3 定位筋弦距	±0.3	-0.1～0.2	
	5.4 铁心圆度各半径与设计半径之差	±4%设计空气间隙	-0.04～0.26	
	5.5 铁心高度	-2～6	1.5～3	
	5.6 铁心波浪度	±9	1～2	

（3）转子装配。转子装配质量控制主要包括：转子中心体各部尺寸的检查；中心体水平调整；磁轮冲片清洁、质量分组、厚度测量的监控；磁轮下压板制动环板安装质量的控制；磁轮叠装质量的控制；磁轮驱动键安装的质量控制；磁极挂装的质量控制（电气试验见水轮发电机电气试验）；磁极接头连接和磁极引线安装的质量控制；阻尼环接头安装质量控制。转子装配质量均符合设计及规范要求。

1）转子装配质量检测结果见表 6-2-126。

表 6-2-126 转子装配质量检测成果汇总表

序号	项 目	允许偏差/mm	实测值/mm
1	各组合缝间隙	局部不超过 0.10，螺栓周围不超过 0.05	组合面光洁无毛刺，合缝用 0.05mm 塞尺检查，不能通过
2	轮臂下端各挂钩调平	1.0	0.36～1.0
3	轮臂各键槽弦长	符合设计要求	973.4～973.6
4	轮臂键槽径向倾斜度	0.30/m	0.05mm/m
5	闸板径向水平	0.5	—
6	闸板周向波浪度	2.0	—
7	磁轮叠压系数	不小于 0.99	0.993～0.996
8	磁轭平均高度	0～+10	0.5～6.5
9	磁轭周向高度偏差	8	外 5.5～7.5；内 2.0～4.0
10	磁轮在同一截面内外高度差	不大于 5.0	2～3
11	磁轮与磁极接触面	平直	平直
12	磁轭圆度	-4%空气间隙	-0.14～0.32
13	磁极挂装不平衡重量/kg	5	4
14	对称方向磁极高度差	1.5	最大 1.0
15	磁极中心高程	±2.0	-1.5～0
16	转子圆度	±5%空气间隙	0.25～0.32

2）磁轭、磁极键接触面积设计值大于或等于 75%，实际大于 75%。

3）转子整体偏心值，允许偏差 0.15mm，最大不大于设计空气间隙的 1.5%，实测值 0.12mm。

4）磁极接头连接、引线连接、接头错位不超过接头宽度 10%，0.05mm 塞尺检查通不过。绝缘包扎，对导体距离均符合设计要求。

5）阻尼环接头接触面用 0.05mm 塞尺检查通不过。

6）所有紧固螺栓扭矩符合设计要求。

（4）发电机总体安装。发电机总体安装质量控制成果如下：

1）机架安装。1～3 号发电机的上、下机架组装及安装完成后，经过对下机架中心、高程及水平、上机架中心、高程及水平的检查，其偏差均在允许偏差范围内。上、下机架支臂与中心体焊接后按Ⅰ类焊缝探伤检查合格。安装质量合格，满足设计和规范要求。

2）制动器安装。

a. 制动器耐压试验、油压试验、试验压力 12.5MPa，保压 30min 压力下降 0.2MPa，无渗漏；气压试验，试验压力 0.7MPa，活塞升至最高点，保持 2min，气压下降 0.04MPa。

b. 制动器安装高程，允许偏差±1.0mm，实测值 0.002～0.01mm，制动与环板之间的间隙偏差±2mm（设计间隙 10mm）；实测偏差 1.5mm。

c. 系统油管路耐压试验，试验压力 11.5MPa，保压 30min 无渗漏，气管路耐压试验，试验压力 0.8MPa，无渗漏。

d. 制动气通气起落试验（气压 0.65MPa），动作灵活，行程设计值 40mm，实测值最大 42mm。

3）转子安装。转子安装质量检测结果见表 6-2-127。

表 6-2-127　　转子安装质量检测成果统计表

序号	项　目	允许偏差	实测值
1	转子磁极下沉与恢复值	符合设计要求	下沉 0.4mm
2	镜板水平度	0.02mm/m	0.02mm/m
3	推力头卡环轴向间隙	小于 0.03mm	0.02mm 塞尺检查通不过
4	空气间隙	±10%平均间隙	0.5～1.5mm

4）机组轴线调整。机组轴线调整结果见表 6-2-128。

表 6-2-128　　机组轴线调整后实测值统计表　　转速：300r/min≤n<500r/min

轴 名	测量部位	摆度类别	允许摆度值/mm	盘车摆度值/mm
发电机轴	上、下轴承处轴颈及法兰	相对摆度/(mm/m)	0.02	0.013～0.018； 0.010～0.016
水轮机轴	水导轴承处轴颈	相对摆度/(mm/m)	0.04	0.008～0.016
发电机轴	集电环	绝对摆度/mm	0.30	—

5）推力轴承及轴承安装。推力轴承及轴承安装实测偏差值见表 6-2-129。

表 6-2-129　　推力轴承及轴承安装实测偏差值统计表

序号	项　目	允许偏差	实测值
1	导轴瓦研刮	$1cm^2$ 内有 1～3 个接触点	1～2 点/cm^2
2	导瓦间局部不接触面积	每处不大于 5%总面积和不大于 15%总面积	局部不大于 2%总面积不大于 10%
3	轴承油槽渗漏试验	煤油渗漏试验	不渗漏
4	油槽冷却器耐压试验	符合设计及 GB/T 8564—2003 要求	安装前耐压试验压力 1.2MPa 保持 30min 不渗漏，安装后试验压力 1.0MPa 保持 30min 不渗漏
5	转动部分与固定部分轴向径向间隙	符合设计要求	0.25～0.35mm
6	导轴瓦间隙（0.20mm）	±0.02mm	0.19～0.21mm
7	轴承油质	符合《L-TSA 汽轮机油》（GB 11120—89）的规定	符合国家标准要求
8	轴承油位	±5.0mm	+3.0mm

6）空气冷却器水压试验，试验压力 1.2MPa，保压 30min，无渗漏。

（5）励磁系统安装。励磁系统由 NES-5100 发电机励磁调节器、FLZ 可控硅整流装置、FLM 发电机灭磁装置等机柜组成，设备由××××科技股份有限公司提供。

励磁调节器为微机双通道励磁调节器；A、B 通道互为备用。

调节器中的系统电源和脉冲放大环节电源完全独立，交直流双路供电，可实现电源的无扰动自动切换，每套调节器组件完全独立，互不干扰，保证一套调节器故障时不影响其他调节器正常工作。

调节器 A、B 通道具备人工双向切换和自动切换并保证平稳无扰动切换。

系统设置内嵌式数字电力系统稳定器（PSS），PSS 模型采用 IEEE－PSS－2B。

励磁系统安装质量控制主要包括：机柜安装质量的控制；电气试验和励磁系统试验。

1）机柜安装。机柜安装与机旁控制盘柜一起安装，安装质量：垂直度 0.6mm/m，水平 1.25mm，盘柜间缝隙 1.6mm。

2）励磁变压器与功率柜间连接电缆等长。

3）电气试验，见厂家试验报告。

4）装置充电前检查。

a. 内部检查，结构、插件、元件、紧固件完好，紧固无异常。

b. 系统外接线检查，回路接线正确。

5）装置通电及通电后检查。

a. 通电正常。

b. 电压在设计要求范围之内。

6）小电流试验。

a. 可控硅功率桥能可靠触发。

b. 可控硅输出波形触发一致性较好。

c. 可控硅输出波形与调节器输出控制角一致。

7）模拟量校验。

a. 当加入定子电压、定子电流为二次额定值，电压、电流相位角为 0，励磁调节器检测机端电压（UF_1、UF_2）为 100%，定子电流为 100%，有功为额定视在值。无功为 0。

b. 当加入转子电流为二次额定值（模拟可控硅交流三相副边 CT 二次侧输出），励磁调节器检测转子电流为 100%。

c. 通过工控机监控界面观测定子三相电压测量值，定子三相电流测量值及发电机转子测量值，显示正确。

8）开关量校验。模拟现场开关量输入，通过工控机观测开关量输入显示正确；模拟调节器开关量输出，观测控制室信号接收正确。

9）调节器功能模拟试验。

a. 调节器根据电压给定值，电流给定值与观测值能够实现闭环调节。

b. 分别在电压闭环和电流闭环下，进行 A、B 套主备切换，触发角度和直流输出电压无明显波动；分别对 A、B 套进行电压闭环、电流闭环切换（模拟定子电压和转子电流）触发角度和直流输出电压无明显波动。

c. PT 断线模拟试验。模拟调节器 A 套断线，调节器切换 B 套为主，并发出“PT 断线”信号；模拟调节器 B 套断线，调节器切换 A 套为主，并发出“PT 断线”信号。

d. 起磁异常封脉冲试验。输入异常的定子电压、定子电流和转子电流值，调节器软件自动封脉冲可控硅自然关断。

e. 逆变停机模拟试验。按“就地逆变按钮”，调节器输出角为逆变角度，可控硅直流输出波形为逆变波形。

f. 限制模拟试验。模拟各种工况，且满足限制条件，限制动作正确。

g. 给定值、角度上、下限检查。模拟空负载状态，分别在电压闭环和电流闭环控制下，增减磁电压给定值，电流给定值，角度的上下限与设定值相符。

h. 跳灭磁开关封胶冲模拟试验。模拟开机状态下跳灭磁开关，封脉冲功能正确。

10）其他试验。

a. 风机回路操作正常，风机运行无异常。

b. 整流柜快熔熔断模拟正常。

c. 灭磁开关操作正常。

d. 初励动作正常。

（6）管道及附件安装。管道及附件安装质量控制主要包括：管件制安的质量控制、焊接质量控制、耐压试验、管道内壁外观。

管件制安严格按照设计及规范要求验收，制安质量标准符合设计及规范要求，焊缝质量外观检查满足规范设计要求，管路强度及严密封耐压试验均合格，管内壁按设计要求冲洗。

油、水、气系统管道管件充油、通水、通气试验无渗漏现象。

3. 调速系统及油压装置安装与调节

调速系统包括：调速器机械柜、电器柜、反馈装置、回复机构、油压装置及控制柜等。调速器型号为 SAFR－2000H 水轮机调速器，操作油压 6.3MPa。油压装置为 HYZ－1.6－6.3 由南京××集团公司供货。

调速器及油压装置于20××年6月开始安装，1号机调速器及油压装置于11月开始静态调试，12月5日1号机组试运行，调速器进行动态调试。2号机调速器及油压装置于次年5月1日开始静态调试，5月6日进行动态调试。3号机调速器及油压装置于次年6月18日开始静态调试，19日进行动态调试。

调速系统安装的质量控制主要包括：调速器机械柜、电气柜、安装的中心高程、水平及垂直度的质量控制；电气部分各回路接线、绝缘电阻测定和耐电压试验；电气部分各单元回路的特性及参数调整；检测开度给定、频率给定、功率给定的调节范围；调速系统充油调速试验；调速系统模拟试验。

油压装置的安装与调试质量控制主要包括：回油箱、压力油罐安装的中心高程、水平及垂直度的质量控制；严密性耐压试验；油泵、电机试运行；油压装置各部件的调整。质量控制成果如下。

（1）调速器安装及调试。调速器安装及调试结果如下：

1）机械柜、电气柜安装实测偏差值见表6－2－130。

表6－2－130　机械柜、电气柜安装实测偏差值统计表

序号	项　目	允许偏差/mm	实测值/mm	说　明
1	中心	5	0	与机组 X、Y 基准线距离
2	高程	±5	0～3	
3	机械柜水平	0.15	0.06～0.09	测量电液转换器底座
4	电气柜垂直度	1	X：0.5；Y：0.5	X、Y 方向

2）电气部分各系统回路接线正确，各回路绝缘电阻最小1000MΩ。

3）稳压电源装置输出电压220V，电压不超过设计值的±1%。

4）永态转差系数 b_p 调节范围0～10，比例增益 k_p 调节范围0.5～20，积分增益 K 调节范围0～20，微分增益 k_d 调节范围0～20。

5）开度整定范围0～100％，频率整定范围45～55Hz，功率整定范围0～100％。

（2）调速系统油调整试验。

1）电液转换装置的振荡值。

2）输入频率与电-液转换装置输出位移关系静态性曲线，其死区放大系数符合设计及GB/T 8564的要求。

3）测定反馈传感器输出电流与接力器关系曲线呈线性，特性符合设计要求。

4）首次充油压力3.15MPa接力器动作无异常。手、自动切换动作正常，接力器无明显摆动；管路系统无渗漏。

5）手动操作开启限制，指示值与接力器行程一致。

6）导叶紧急关闭时间2s，实测关闭时间2s，导叶开启时间26s。

7）永态转差系统b_p＝6％时静态特性曲线近似为直线，转速死区最大0.007％。

8）导叶最低操作油压最大0.8MPa。

（3）调速系统模拟试验。

1）模拟调速器A套、B套轻故障、严重故障，调速器电气柜、机械柜、220V交直流电源失电，调速器主配拒动，调速器事故紧急停机动作，保护装置动作可靠，报警信号正确。

2）以手动、自动方式进行机组开机，停机和紧急停机模拟试验，调速器系统动作正常，报警信号正确。

（4）油压装置安装。

1）油压装置。油压装置安装质量检测结果见表6-2-131。

表6-2-131　　油压装置安装质量检测成果统计表

序号	项　目	允许偏差/mm	实测值/mm	说　明
1	中心	5	X：2；Y：1	与机组X、Y基准线距离
2	高程	±5	2～4	
3	水平度	1	0.5	测量回油箱回角高程
4	压力油罐垂直度	1	X：0.5；Y：0.5	X、Y方向挂线测量
5	压力油罐油管路严密性试验	不渗漏	不渗漏	试验压力，压力油罐7.9MPa、油管路9.45MPa
6	油泵试运转	符合GB/T 8564-2-3第8.1.6条	符合规范要求	
7	压力油罐严密性	在工作压力下保持8h油压下降，不超过工作压力4％ 0.25MPa	8h油压下降0.2MPa	
8	油　质	符合GB 11120—2011《涡轮机油》规定	符合规定	

2）压力整定值。压力整定值统计结果见表6-2-132。

表6-2-132　　压力整定值统计成果汇总表

单位：MPa

额定油压6.3MPa	整　定　值						
	安　气　阀			工作油泵		备用油泵	
	开始排油压力	全部开放压力	全部关闭压力	启动压力	复归压力	启动压力	复归压力
	6.45	7	6.3	6.0	6.3	5.85	6.3

4. 进水阀装置及操作系统安装

进水阀装置及操作系统包括：进水球阀、伸缩节、上游直管段、旁通阀、空气阀、液压站及控制柜等。球阀型号为 ZGQ－50DN18000 液控重锤球阀、卧轴、操作油压为 16MPa。

球阀及操作系统于 20××年 6 月开始安装，于 20××年 7 月全部安装结束，并于 20××年 11 月开始无水调试。1 号机球阀于 20××年 12 月×日进行静水调试；2 号机球阀于 20××年 5 月×日进行静水调试；3 号机球阀于 20××年 6 月××日开始静水调试。

球阀及操作系统安装质量控制主要包括：球阀安装位置的质量控制，工作密封及检修密封严密性检查，密封环行程检查，球阀动作灵活性检查。

伸缩节安装质量控制主要包括内、外套伸缩距离检查、盘柜槽宽度检查；附件及操作机构安装质量控制主要包括严密性试验、动作试验。

球阀装置及操作系统安装质量控制成果如下：

(1) 球阀安装。球阀安装实测偏差值统计结果见表 6－2－133。

表 6－2－133　球阀安装实测偏差值统计表

序号	项　目	允许偏差	实测偏差
1	阀座与基础板组合缝	符合 GB/T 8564—2003 第 4.7 条规定	0.05mm 塞尺检查通不过
2	阀体中心	不大于 3mm	纵向 1～2mm；横向 2～4mm
3	阀体横向中心	不大于 10mm	横向 3～5mm
4	阀体各组合缝	符合规范 4.7 条规定	0.05mm 塞尺检查通不过
5	阀体水平度及垂直度	1mm/m	0.04～0.2mm
6	工作及检修密封间隙	不超过 0.05mm	0.02mm 塞尺检查通不过
7	静水严密性试验	最高静水头保持 30min 漏小量不超过设计值	不漏水

(2) 伸缩节安装。伸缩节安装实测偏差值统计结果见表 6－2－134。

表 6－2－134　伸缩节安装实测偏差值统计表

序号	项　目	允许偏差/mm	实测值/mm
1	内外套伸缩距离	不超过设计值 30%	14～16
2	盘根槽宽度	2	24～26

(3) 附件及操作机构安装。附件及操作机构安装实测偏差值统计结果见表 6－2－135。

表 6－2－135　附件及操作机构安装实测偏差值统计表

序号	项　目	允许偏差	实测值	说明
1	液压阀、旁通阀、空气阀，接力器严密性试验	工作压力 1.25 倍，煤油渗漏试验	不渗漏	液压、旁通阀试验压力 4.3MPa 接力器试验压力 20MPa 空气阀煤油渗漏试验
2	动作试验	动作平稳活门在全开位置，开度偏差不超过＋1°	90°	

5. 水轮发电机组电气试验

水轮发电机组电气试验主要控制试验项目标准符合规范要求。试验项目标准成果如下：

(1) 嵌装前单根线圈电气试验。嵌装前单根线圈电气试验结果见表 6-2-136。

表 6-2-136 嵌装前单根线圈电气试验成果统计表 单位：kV

线圈形式	试验项目	试验标准	结论	说明
条式	绝缘电阻试验	不应低于 5000MΩ	≥5000MΩ	2500V 兆欧表
	单根电棒起晕试验	超晕电压不低于 1.5U_n	24kV	交流耐压设备
	嵌装前交流耐压试验	2.75U_n+2.5	合格	交流耐压设备
	下层线圈嵌装后交流耐压试验	2.5U_n+2.0	合格	交流耐压设备
	上层嵌装后（打完槽楔）交流耐压电试验	2.5U_n+1.0	合格	交流耐压设备

(2) 定子试验项目及标准。定子试验项目及标准见表 6-2-137。

表 6-2-137 定子试验项目及标准汇总表

序号	项目	标准	结论	说明
1	单个定子线圈交流耐电压	符合规范表 37 要求	合格	见试验报告
2	测量定子绕组的绝缘电阻和吸收比或极化指数	1. 符合 GB/T 8564—2003 9.3.1 规定； 2. 各相绝缘电阻不平衡系统不应大于 2	2～2.04	
3	测量定子绕组的直流电阻	相互间差别不应大于最小值的 2%	6.009～6.122mΩ	
4	定子绕组直流耐压试验并测量泄漏电流	1. 试验电压为 3.0 倍额定线电压； 2. 泄漏电流不随时间延长而增大； 3. 规定试验电压下，各泄漏电流差别不大于最小值 50%	合格	见试验报告
5	定子绕组交流耐压试验	1. 试验电压：2 倍额定线电压加 3kV； 2. 整机起晕电压不应小于 1 倍额定线电压	合格	见试验报告
6	定子铁心磁化试验	磁感应强度按 1T 折算，持续时间 90min。 1. 最高温升不超过 25℃，相互最大温差不超过 15℃； 2. 铁心与机座温差符合制造厂规定； 3. 单位铁损符合制造厂规定； 4. 定子铁心无异常情况	合格	见试验报告

(3) 单个磁极、集电环、引线、刷架交流耐电压标准及绝缘要求。单个磁极、集电环、引线、刷架交流耐电压标准及绝缘要求见表 6-2-138。

表 6-2-138 单个磁极、集电环、引线、刷架交流耐电压标准及绝缘要求统计表

各部件名称		耐电压标准/V	绝缘电阻/MΩ	结论
单个磁极	挂装前	10U_f+1500、但不得低于 3000	≥5	400 MΩ
	挂装后	10U_f+1000、但不得低于 2500	≥5	400MΩ
集电环引线刷架		10U_f+1000、但不得低于 3000	≥5	400 MΩ

(4) 转子绕组试验。转子绕组试验结果符合要求，试验结果见表6-2-139。

表6-2-139　　转子绕组试验成果汇总表

序号	项　目	标　准	结　论	说　明
1	测量转子绕组绝缘电阻	不小于0.5MΩ	26MΩ	500V兆欧表
2	测量单个磁极直流电阻	相互比较，差别不超过2%	合格	见试验报告
3	测量转子绕组直流电阻	测值与出厂计算值换算至同温度下的数值比较	符合要求	
4	测量单个磁极线圈交流阻抗	相互比较不应有显著差别	合格	见试验报告
5	转子绕组交流耐压试验	10 U_f 不低于1500V	3000V	U_f 为额定励磁电压

6. 水轮发电机组试运行

(1) 机组试运行前的准备及检查。

1) 试运行前依据《水轮发电机组启动试验规程》(DL/T 507—2002) 结合××江一级水电站实际编制机组试运行大纲，成立水轮发电机组启动委员会及相关小组，负责对相关部门、部位各相关工作的组织、领导、检查，确保机组试运行工作顺利进行。

2) 机组及有关辅助设备已安装完毕，质量合格并已验收，各系统已具备启动条件，可以随时启动。

3) 保护、监控、测量仪表及相关电气设备已试验合格，照明、通信安全措施已准备就绪，满足机组启动试验要求。

(2) 机组充水试验。

1) 尾水管充水试验，无异常、无渗漏。

2) 蜗壳充水试验，额定水头321.00m时检查无异常、无渗漏。

3) 球阀静水、手动、自动启闭试验程序正确、启闭正常、指示准确，开启时间1号机10s、2号机10s、3号机10s，关闭时间1号机8s、2号机8s、3号机8s。

4) 厂房内渗漏水情况正常，渗漏排水系统工作正常。

5) 技术供水系统工作正常，各部水压、流量正常。

(3) 机组空载试验

1) 首次手动启动试验。

a. 启动过程中监视各部位无异常情况。

b. 机组空载开度。

c. 机组轴承温度。水轮发电机组各部轴承温度及油温见表6-2-140。

表6-2-140　　水轮发电机组各部轴承温度及油温统计表

序号	名　称	设计温度	稳定温度	序号	名　称	设计温度	稳定温度
1	上导瓦温	70℃	55.75℃	5	下导油温	50℃	39.4℃
2	推力瓦温	55℃	42℃	6	水导瓦温	65℃	52.8℃
3	推力油槽油温	50℃	31.3℃	7	水导油温	55℃	43.6℃
4	下导瓦温	70℃	54.8℃				

注　表中稳定温度为3台机运行中最高温度。

d. 机组运行摆度。水轮发电机组运行摆度实测值见表6-2-141。

表6-2-141 水轮发电机组运行摆度实测值统计表

名称	允 许 值	实测值/mm	轴承总间隙/mm
上导轴承	不大于75%轴承总间隙	0.134	0.40
下导轴承	不大于75%轴承总间隙	0.079	0.40
水导轴承	不大于75%轴承总间隙	0.034	0.40

注 表中实测值为3台机运行中的最大值。

e. 机组振动（动平衡合格后）。机组振动实测值见表6-2-142。

表6-2-142 水轮发电机组振动实测值统计表

项 目		允 许 值/mm	实 测 值/mm
水轮机	顶盖水平振动	0.03	0.019
	顶盖垂直振动	0.03	0.020
水轮发电机	上机架水平	0.05	0.024
	上机架垂直	0.04	0.033
	下机架水平	0.05	0.034
	下机架垂直	—	—
	定子机座水平	0.02	0.006
	定子机座垂直	—	0.018

注 表中实测振动值为3台机运行中的最大值。

f. 测量发电机残压及相序，相序正确；残压1号机89V、2号机102V、3号机96V。

2）调速器调整试验。

a. 电液转换器振动正常。

b. 3min内转速摆动值：±0.07Hz。

c. 手动、自动切换试验，动作正常，接力器无明显摆动。

d. 停机后检查。

e. 各部螺栓、销钉、锁片及键无松动及脱落。

f. 转动部分焊缝无开裂现象。

g. 上、下挡风板没有松动。

h. 风闸动作灵活，摩擦情况良好。

i. 整定空载开度触点。

j. 整定各油位继电器位置触点。

3）过速试验及检查

a. 各部运行摆度及振动实测值见表6-2-143。

b. 各部轴承温度见表6-2-144。

表 6-2-143 各部运行摆度及振动实测值统计表

名 称	项 目	实测值/mm
上导轴承	摆度	0.095
下导轴承	摆度	0.182
水导轴承	摆度	0.169
顶盖	水平振动	0..034
	垂直振动	0.012
上机架	水平振动	0.039
	垂直振动	0.035
下机架	水平振动	0.065
	垂直振动	—
定子机座	水平振动	0.010
	垂直振动	0.053

注 表中实测值为3台机组中的最大值。

表 6-2-144 各部轴承温度实测值统计表

名 称	过速前温度/℃	过速中温度/℃	名 称	过速前温度/℃	过速中温度/℃
推力瓦	31.4	34	下导瓦	37.5	41.9
上导瓦	32.7	33.7	水导瓦	37.5	41.9

注 温度为过速时3台机中的最高温度。

c. 油槽无甩油现象，各部运行正常，转速升至额定转速115%时，测速装置触点动作正常。

d. 过速保护装置动作值达145%额定转速时，过速保护装置动作正常。

e. 停机后检查：①检查发动机转动部分磁轭键、磁极键、阻尼环、磁极引线、磁轭压紧螺栓无松动移位，焊缝完好；②定子基础及上机架驱动键无松动，焊缝完好；③各部螺栓、销钉、锁片无松动脱落；④焊缝无开裂现象；⑤上、下挡风板没有松动。

4）无励磁自动开、停机试验。

a. 机组自动起动（分别在机旁、中控室进行）：①机组自动开机程序正确，技术供水等级辅助设备投入运行正常；②调速器动作正常；③自发出开机脉冲至机组开始转动的时间120s；④自发出开机脉冲至机组达到额定转速的时间150s；⑤测速装置的转速触点动作正确。

b. 机组自动停机（分别在机旁、中控室进行）：①机组自动停机正确，各自动化元件动作正确可靠；②自发出停机脉冲至机组转速降至制动转速时间600s；③机械自动装置自动投入正确，加闸至全停时间60s；④测速装置转速触点动作正确；⑤调速器及自动化元件动作正确；

c. 模拟各种机械与电气事故，事故停机回路与流程正确可靠。

d. 分别在现地、机旁、中控室检查紧急事故停机按钮，动作可靠。

5）发电机升流试验。

a. 升流至25%定子额定电流，检查发电机电流回路，各电流回路正确对称。

b. 检查各继电保护电流回路极性，相位正确，测量表计及指示正确。

c. 发电机额定电流下，机组振动与摆度、碳刷、集电环工作情况良好，无火花。

d. 机组额定电流下，各部振动和摆度实测值见表 6－2－145。

表 6－2－145　　机组额定电流下各部振动和摆度实测值统计表

名　称	项　目	实测值/mm	名　称	项　目	实测值/mm
上导轴承	摆度	0.103	上机架	水平振动	0.020
下导轴承	摆度	0.127		垂直振动	0.014
导轴承	摆度	0.036	下机架	水平振动	0.031
水轮机顶盖	水平振动	0.035		垂直振动	—
	垂直振动	0.009	定子机座	水平振动	0.012
				垂直振动	0.006

e. 发电机三相短路特性曲线。

6）发电机升压试验。

a. 手动升压至25%额定电压，检查下列各项：①发电机及引出母线、发电机断路器带电正常；②各部振动及摆度正常；③电压回路二次侧相序、相位和电压值正确。

b. 升至发电机额定电压后的检查与测量：①带电范围内一次设备运行正常；②二次电压的相序与相位正确；③机组振动和摆度实测值见表 6－2－146。④测量发电机轴电压 10V；⑤轴电流保护装置正常。

表 6－2－146　　机组振动和摆度实测值统计表

名　称	项　目	实测值/mm	名　称	项　目	实测值/mm
上导轴承	摆度	0.103	上机架	水平振动	0.020
下导轴承	摆度	0.127		垂直振动	0.014
水导轴承	摆度	0.036	下机架	水平振动	0.031
水轮机顶盖	水平振动	0.035	定子机座	水平振动	0.012
	垂直振动	0.009		垂直振动	0.006

c. 发电机额定电压下跳灭磁开关，灭磁正常。

7）发电机空载下励磁调节器的调整和试验。

a. 手动控制单元调节范围下限 10.01%，上限 120%。

b. 自动起励试验正常。

c. 励磁调节系统的电压调整范围，能在发电机空载额定电压的 70%～110%范围内进行稳定平滑调节。

d. 励磁调节器投入、手动和自动切换，通道切换，带励磁调节器开停机，调节稳定，起调量 20%。

e. ±5%阶跃量干扰试验，超调量 4.85%，超调次数 2 次，调节时间 10s。

f. 欠励、过励、电压互感器断线，均流试验等保护的调整及模拟动作试验，动作正确。

g. 逆变灭磁试验，符合设计要求。

8）发电机组对主变压器与高压配电装置短路升流试验。

a. 手动递升电流，电流回路通流正常，表计指示正确；主变、母线和线路保护的电流极性和相位正确。

b. 分别升流至50%、75%、100%发电机额定电流，主变与高压配电装置工作正常。

c. 模拟主变保护动作，跳闸回路动作正确，发电机出口断路器主变高压侧断路器可靠动作。

9）主变压器及高压配电装置单相接地试验。单相接地试验，保护回路动作正确可靠，动作值与整定值一致。

a. 手动递升加压，分别在额定电压值25%、50%、75%、100%时检查主变与高压配电设备工作正常。

b. 二次电压回路、同期回路的电压相序和相位正确。

10）GIS母线受电试验。利用系统电源对GIS母线冲击无异常，一次受电成功。

（4）电力系统对主变压器冲击合闸试验。

1）冲击合闸共进行5次，主变运行正常。

2）差动保护，瓦斯保持工作正常。

7. 水轮发电机组并列及负荷试验

（1）水轮发电机并列试验。

1）根据电网要求，同期分别为发电机出口断路器和主变高压侧断路器。

2）手动、自动模拟并列试验，同期装置工作正确。

3）进行机组手动、自动准同期并列试验，并列正常。

4）进行主变高压侧断路器手动和自动准同期并列试验，并列正常。

（2）水轮发电机组带负荷试验。

1）负荷在45%～100%额定负荷区域内运行稳定。

2）各仪表指示正确，补气正常。

3）励磁试验。

a. P、Q测量校验。PQ采样值与实际值相符；P测量正常、Q测量正常。

b. 负载通道相切换试验。A、B套互切，电压、无功无波动；调节器由电压闭环切换至电流闭环控制，试电压、无功无波动；在电流闭环方式控制下增磁、减磁、无功平滑变化，无摆动；在电流闭环下做A、B套互切，电压、无功无波动。

4）过磁、欠磁试验动作正确。

5）均流试验。

6）PSS试验。

a. 采用试验的PSS定值，补偿后的相位在系统所要求范围之内。

b. 投入PSS之后的机组振荡频率和阻尼比能满足系统规定。

c. 发电机反调过程中发电机端电压和无功波动在系统规定的范围之内。

d. PSS在0.2～2.0Hz工作频率范围内满足补偿要求。PPS在采用试验的PPS定值情况下具备投运条件，可以投入运行。

（3）机组甩负荷试验。

1）机组甩25%额定负荷，接力器不动时间0.179s。

2）机组甩负荷全过程中，轴承温度没有变化。

3）发电机甩100%额定负荷，自动励磁调节器调节平稳，电压超调量为额定电压2%，振荡次数1次；调节时间3s。

4）调速器动态品质。

a. 甩100%额定负荷，超过稳定转速3%以上波峰1次。

b. 甩100%额定负荷，从接力器第一次向关闭方向移动起到机组转速相对摆度不超过±0.5%的调节时间38s。说明：转速波峰次数，调节时间为3台机中的最大值。

5）甩100%额定负荷蜗壳水压上升率21.6%，机组转速上升率26.3%（蜗壳水压上升率、机组转速上升率为3台机中的最大值）。

(4) 机组72h带负荷运行（负荷105MW）。机组72h满负荷运行，运行正常无中断，各项运行指标与试验阶段没有变化。

8. 水力机械辅助设备安装

水力机械辅助设备安装包括：技术供水系统、中低压气系统、排水系统、透平油系统、水力监视测量系统、通风系统。

(1) 技术供水系统。技术供水系统采用水泵单元供水方式为主备用供水方式，顶盖取水作为辅助备用供水，供水对象包括发电机空冷器、导轴承冷却器和主变冷却器。每台机组用水量为485m³/h，发电机组供水泵型号为omeδav200－320A，流量为560m³/h，扬程32m，每机2台，变压器供水泵型号为omeδav80－210B，流量为120m³/h，扬程为32m，每机1台，1台总备用。设备由上海××水泵有限公司提供。

技术供水系统于20××年4月开始管路安装，于20××年11月系统全部安装结束，1号机于20××年11月调试投运，2号机于20××年5月调试投运，3号机于20××年6月调试投运。

1）系统管路安装的质量控制。系统管路安装的质量控制主要包括：明管平面位置、高程、垂直度、平面度、出口位置、焊管质量外观检查及水压试验。检测结果见表6－2－147。

表6－2－147　系统管路安装的质量检测成果统计表

检查项目	允许偏差及质量标准	实测值/mm
明管平面位置（每10m内）	±10mm，全长不大于20mm	－2～2，全长9
明管高程	±5mm	－1～＋2
立管垂直度	2mm/m全长不大于15mm	0.98，全长6
排管平面度	不超过5mm	最大2
与设备连接的埋管出口位置	±10mm	－5～8
焊缝外观检查	符合GB/T 8564—2003第12.2.5条	符合规范要求
系统管道强度试验	1.5P，10min	无渗漏
系统管道严密性试验	1.25P，10min	无渗漏

注　P—额定工作压力。

2）技术供水离心水泵安装质量控制。水泵安装质量控制主要包括：平面位置、高程、水平、水泵试运行。安装质量检测成果见表6－2－148。

表 6-2-148　　技术供水离心水泵安装质量控制检测成果统计表

检查项目	允许偏差	实测值
平面位置	±10mm	3～8m
高程	20～10mm	±5mm
水平（纵、横向）	0.10mm/m	0.08mm/m
主动轴、从动轴中心	0.10mm	0.06mm
主动轴、从动轴倾斜	0.20mm/m	0.12mm/m
填料检查	压盖松紧适当，只有滴状泄漏	有滴状渗漏
转动部分检查	无异常振动响声连接部分无松动和渗漏	正常
轴承温度	不超过 75℃	66℃
电动机电流	不超过额定值	120A
水泵压力和流量	$Q_1=560$	0.32MPa，560m³/h
水泵止水机构	动作灵活可靠	动作灵活，可靠
水泵轴的径向振动	双振幅≤0.08mm	0.08mm

3）系统试运行。系统控制回路动作可靠，表计指示正确，流量、压力满足设计要求，滤水器自动排污可靠，四通阀切换正常，系统运行正常。

4）自检结论。技术供水系统能满足电站安全可靠运行。

（2）中、低压气系统。中压气系统主要用于调速器油压装置用气，系统共设计有2台1STZXB20/70-FF空气压缩机（××××系列产品）和一个2.0m³中压储气罐，额定压力为7.0MPa，系统配置有除油、除尘过滤器和冷干机。

低压气系统主要用于机组正常停机制动和检修维护用气；系统共设计有2台UPS-22-8空气压缩机，排气量3.5m³/min，排气压力0.85MPa（××××系列产品）和2个5.0m³、1.0MPa立式储气罐，其中一个供制动用气，一个供检修维护用气，两者之间相互连通，互为备用。系统同时配置空气过滤器和冷干机。

中低压气系统于20××年开始安装，于20××年正式投入运行。

1）系统管路安装质量控制。系统管路安装质量控制结果见表6-2-149。

表 6-2-149　　系统管路安装质量控制成果汇总表

检查项目	质量标准及允许偏差	实测值
明管平面位置	±10mm，全长不大于 20mm	−2～2mm
管路高程	±5	−1～2mm
立管垂直度	2mm/m，全长不大于 15mm	0.98mm/m，全长 6mm
排管平面度	不超过 5mm	最大 2.0mm
与设备连接的埋管出口位置	±10	3～8mm
焊缝外观检查	符合 GB 8564—2003 表 5 规定	符合设计要求
系统管道强度试验	1.5p，5min	无渗漏
系统管道严密性试验	1.25p，10min	无渗漏

注　p—额定工作压力。

2）空气压缩机安装质量控制。空气压缩机安装质量控制主要包括：空压机安装相关尺寸控制，空压机无负载试验及负载试验。质量控制结果见表6-2-150。

表6-2-150　　空气压缩机安装质量控制汇总表

检查项目	质量标准及允许偏差	实测值
设备平面位置	±10mm	2～4mm
高程	20mm，−10mm	8mm
机身水平度（纵、横向）	0.10mm/m	0.08～0.02mm/m
皮带轮端面垂直度	0.50mm/m	0.24mm/m
两皮带轮端面在同一平面内	0.50	0.16mm/m
润滑油压	不低于0.1MPa	0.14MPa
油温	不超过60℃	49℃
运动部件振动	无较大振动	轻微振动
运动部件声音	声音正常	声音正常
各连接部件	无松动	无松动
渗油	无	无
漏气	无	无
排气温度	不超过60℃	52℃
排气压力	0.85MPa	0.85MPa
安全阀	压力正确，动作灵敏	压力正确，动作灵敏
各自动控制装置	灵敏可靠	灵敏可靠

3）系统试运行。系统自动控制装置动作灵敏可靠，排气量、排气压力符合设计要求，安全阀动作正确，储气罐工作正常，压力下降值符合规范要求，系统管路无漏气，系统运行正常。

4）自检结论。中、低压气系统能满足电站安全可靠运行。

（3）排水系统。排水系统包括：厂房检修排水系统和厂房渗漏排水系统，厂房检修排水主要是机组及隧洞检修时排水，系统设2台深井泵，型号16DMC/2，流量550m³/h，扬程38m；厂房渗漏排水主要用于水轮机主轴密封、导叶轴承密封、主阀伸缩节及水工建筑物渗漏水的排水，系统共设有2台深井泵型号为16DMC/2，流量550m³/h，扬程38m。

检修排水及渗漏排水系统各自安装1台360m³/h、扬程40m的射流泵作为备用。

排水系统于2007年开始安装，于2010年正式投入运行。

1）系统管路安装的质量控制。系统管路安装质量控制结果见表6-2-151。

表6-2-151　　系统管路安装质量控制成果汇总表

检查项目	质量标准及允许偏差	实测值/mm
明管平面位置	±10mm，全长不大于20mm	−2～2，全长9
管路高程	±5	−1～2
立管垂直度	2mm/m，全长不大于15mm	0.98，全长6
排管平面度	不超过5mm	最大2

续表

检 查 项 目	质量标准及允许偏差	实 测 值/mm
与设备连接的埋管出口位置		−5～8
焊缝外观检查	符合 GB 8564—2003 表 5 规定	符合规范要求
系统管道强度试验	1.5p，5min	无渗漏
系统管道严密性试验	1.25p，10min	无渗漏

注 p—额定工作压力。

2）深井泵安装质量控制。深井泵安装质量控制结果见表 6-2-152。

表 6-2-152　　深井泵安装质量控制成果汇总表

检 查 项 目	质量标准及允许偏差	实 测 值
设备平面位置	±10mm	3～8mm
高程	+20mm，−10mm	0.8mm
泵轴提升量	符合设计规定（1～2mm）	1.8mm
泵轴与电动机轴线偏心	0.15mm	0.09mm
泵轴与电动机轴线倾斜	0.50mm	0.16mm/m
泵座水平度	0.10mm/m	0.08mm/m
填料检查	压盖松紧适当，只有滴状泄露	无泄漏
转动部分检查	运转中无异常振动和响声，各部分不应松动和渗漏	无异常振动和响声，各连接部分无松动和渗漏
轴承温度	不超过 75℃	65℃
电动机电流	不超过额定值	137A
水泵压力和流量	符合设计规定	$Q=550m^3/h$，$P=0.38MPa$，射流泵 $Q=360m^3/h$
水泵止退机构	动作灵活可靠	动作灵活可靠
水泵轴的径向振动	≤0.08mm	0.07mm/m

3）系统试运行。系统自动控制回路动作正确，灵敏可靠，深井泵流量、压力符合设计要求，射流泵流量符合设计要求；系统管路无漏水，系统试运行正常，厂房渗漏排水系统投入运行后，运行正常可靠。

4）自检结论。厂房检修及渗漏排水系统能满足电站安全可靠运行。

（4）透平油系统。透平油系统主要提供机组轴承、调速器系统和球阀系统用油的供排油，净油贮备、油质净化等。

系统设计有 2 个 $10m^3$ 立式油罐，一个贮备净油，一个供油净化处理；同时设有 1 台 LY-100 压力滤油机，1 台 ZJCQ-6A 真空滤油机，1 台 2CY-5/3.3-1 齿轮油泵，中间油箱 1 套；系统于 2010 年开始安装，于 2011 年正式投入运行。

1）系统管路及油罐安装质量控制。

a. 系统管路安装质量控制结果见表 6-2-153。

表 6-2-153　　系统管路安装质量控制成果汇总表

检查项目	质量标准及允许偏差	实测值
明管平面位置	±10mm，全长不大于 20mm	−2～2mm，全长 9mm
管路高程	±5mm	−1～2mm
立管垂直度	2mm/m，全长不大于 15mm	最大 0.98mm/m，全长 6mm
排管平面度	不超过 5mm	2.0mm
与设备连接的埋管出口位置	±10mm	±5mm
焊缝外观检查	符合 GB 8564—2003 表 5 规定	符合设计要求
系统管道强度耐压试验	0.4MPa	无渗漏
系统管道严密性耐压试验	0.4MPa	无渗漏

b. 油罐安装质量控制结果见表 6-2-154。

表 6-2-154　　油罐安装质量控制成果汇总表　　单位：mm

检查项目	允许偏差	实测值
油罐垂直度	不大于 H/1000 且不超过 10	3.5
底面高程	±10	0.01
中心线位置	10	2～5

2）中间油箱齿轮泵安装质量控制。齿轮泵安装质量控制结果见表 6-2-155。

表 6-2-155　　齿轮泵安装质量控制成果汇总表

检查项目	允许偏差	实测值
设备平面位置	±10mm	横 6mm、−4mm，纵 8mm
高程	+20mm，−10mm	±8mm
泵体水平	0.20mm/m	横 0.06mm/m，纵 0.08mm/m
主从动轴中心	0.10mm	0.06mm
运动部件振动	过程中无异常振动	无异常振动
运动部件声音	无异常声音	无异常响声
各连接部件检查	无松动及渗油	无松动及渗油
温度	轴承外壳温度不超过 60℃	49℃
油泵压力波动	小于设计值±10%	小于 0.04MPa
油泵输油量	不小于设计值	150L/min
油泵电动机电流	不超过额定值	6.6A
油泵停止观察	符合规定	停泵检查正常

3）系统试运行。压力滤油机、真空滤油机运行正常，中间油箱自动排油控制回路动作正确，起泵油位符合设计要求，系统能正常供排油。

4）自检结论。系统能正常运行，能满足透平油净化及正常供排油的要求。

（5）水力监测系统。水力监视测量系统包括全电站监视和机组段监视；全电站监视项目有上游库区水位、栅后水位、拦污栅压差和尾水水位；机组段监视项目有机组流量，蜗壳进口压力，水轮机顶盖压力，尾水管进口真空压力，各部件轴承及空气冷却器的水压力和水温，水轮机和发电机振动、摆度等。

系统设有变送器，主要监测项目与计算机监控系统连接。

水力监视测量系统安装质量监控主要包括：表计安装位置、仪表盘安装的垂直高程、水平度的质量控制；信号传输和指示值的准确性。

1）水力测量仪表安装的质量控制。水力测量仪表安装质量控制结果见表6-2-156。

表6-2-156　水力测量仪表安装质量控制成果汇总表

检查项目	允许偏差	实测值
仪表设计位置	10mm	3～9mm
仪表盘设计位置	20mm	2～8mm
仪表盘垂直度	3mm/m	1.3～1.8mm/m
仪表盘水平度	3mm/m	1.3～1.8mm/m
仪表盘高程	±5mm	−1～4mm
取压管位置	±10mm	1～5mm

2）系统投入运行的实测成果。水力监视测量系统于20××年12月—20××年6月全部投入运行，全电站监视的项目包括上游库区水位、栅后水位、尾水水位、机组段监视的项目，机组流量、蜗壳进口压力、水轮机和发电机振动、摆度等设有变送器与电站计算机监控系统连接的信号传输正常，各部件指示值显示基本准确。

3）自检结论。水力监视测量系统能满足电站水位、压力、流量、测振及测摆等参数的监测。

（6）通风空调系统。通风空调系统包括：上游副厂房送风设备室布置的1台DEF（DT）NO.47（风量110000m^3/h）离心风机箱，为全厂房送风，同时在上游副厂房发电机层、中间层风机室分别设有1台DEF（DT）NO.15（风量10375m^3/h）离心风机箱加强配电室和空压机室送风。

在下游副厂房排风室布置2台DEF（DT）NO.42（风量80200m^3/h）离心风机箱为全厂排风。

室外新风及室内空气通过各自风道送、排。

油罐室、油处理室及GIS厅形成各自排风系统，同时兼顾事故通风；油罐室、油处理室各自布置2台BT35-11NO.5（风量7655m^3/h）防爆轴流风机，GIS厅布置9台FT35-11NO.5（风量7655m^3/h）防腐轴流风机。

中控室、通讯室、机电保护盘室布置分体空调机，在中控室廊道布置1台DEF（DT）NO.15（风量8040m^3/h）离心风机箱为中控室、通讯室、机电保护盘室送风。通风空调系统于2011年开始安装，并于同年投入运行。

1）离心风机安装质量控制。离心风机安装质量控制结果见表6-2-157。

2）轴流风机安装质量控制。轴流风机安装质量控制结果见表6-2-158。

3）通风空调系统试运行。离心风机、轴流风机经2h运行，风机运行正常，漏风率小于设计风量10%，风流明显，空调机运行正常，温度调控范围符合设备规定值。

表 6-2-157　　　　离心风机安装质量控制成果汇总表

检查项目	允许偏差	实测值
设备平面位置	±10mm	±6mm
高程	+20mm，-10mm	0
轴承座纵、横水平	0.20mm/m	0.04～0.06mm/m
机壳与转子同轴度	2mm	1.6mm
叶轮与机壳轴向间隙	符合设计规定或 $D/100$	0.98～0.12mm
叶轮与机壳径向间隙	符合设计规定或 (1.5～3)$D/100$	20.6～25.8mm
主动轴、从动轴中心	0.05mm	0.02mm
主动轴、从动轴中心倾斜	0.2mm/m	0.09mm/m
皮带轮端面垂直度	0.5mm/m	0.30mm/m
皮带轮端面在同一平面内	0.50mm/m	0.18mm/m
叶轮旋转方向	符合设计规定	方向正确
运行检查	运行平稳、转子与机壳无摩擦声	运行稳定无摩擦声
转子径向振动	转速>750～1000r/min，双振幅≤0.10mm/m	—
	转速>1000～1450r/min，双振幅≤0.08mm/m	0.08mm/m
	转速>1450～3000r/min，双振幅≤0.05mm/m	—
轴承温度	滑动轴承不超过60℃ 滚动轴承不超过80℃	70℃
电动机电流	不超过额定值	37A

表 6-2-158　　　　轴流风机安装质量控制成果汇总表

检查项目	允许偏差	实测值
设备平面位置	±10	横 6mm，纵-4mm
高程	20mm；-10mm	±4mm
机身纵、横向水平度	0.20/m	横：0.08/m，纵 0.06/m
△叶轮与主体风筒间隙或对应两侧间隙差	符合设计要求或 D≤600 时不大于±0.5mm，D≥600～1200 时不大于±1.0mm	平均间隙：5.1mm； 实测间隙：4.9～5.2mm
叶轮旋转方向	运转中无异常振动	运转中无异常振动
运行检查	无异常响声	运行平稳，无异常响声
转子径向振动	>750～1000r/min，≤0.10mm/m	—
	>1000～1450r/min，≤0.08mm/m	0.01
	>1450～3000r/min，≤0.05mm/m	—
轴承温度	滑动轴承不超过60℃； 滚动轴承不超过80℃	54℃
电动机电流	不超过额定值	4A

注　带“△”为主要检查项目。

4）自检结论。通风空调系统能满足厂房送、排风；能满足中控室、通讯室、继电保护盘室温度调控要求。

9. 起重设备安装

主厂房内安装1台125t＋125t/25t＋25t/5t桥式起重机，由太原××股份有限公司供货。起重设备于20××年6月××日开始安装，20××年8月××日正式投入使用。

起重设备安装质量控制主要包括：制动器安装、联轴器安装、桥架和大车行走机构安装；小车行走机构安装及桥机试运行。安装质量均符合设计及规范要求，质量控制成果见表6-2-159～表6-2-163。

（1）制动器安装质量。制动器安装质量实测值见表6-2-159。

表6-2-159 厂房桥式起重机制动器安装质量实测值统计表

检查项目	允许偏差/mm	实测值/mm
制动轮径向跳动	≤200，0.10	—
	＞200～30，0.12	—
	＞300，0.18	0.05～0.15
制动轮端面跳动	≤200，0.15	—
	＞200～300，0.20	—
	＞300，0.25	0.05～0.24
制动轮与制动带的接触面积不小于总面积的比例	75%	80%～85%

（2）联轴器安装质量。联轴器安装质量实测值见表6-2-160。

表6-2-160 厂房桥式起重机联轴器安装质量实测值统计表

检查项目	允许偏差/mm	实测值/mm
径向位移	1.0	0.1～0.4
倾斜度	30	21～24

（3）桥架和大车行走机构安装质量。桥架和大车行走机构安装质量实测值见表6-2-161。

表6-2-161 桥架和大车行走机构安装质量实测值统计表

检查项目		允许偏差/mm	实测值/mm
大车跨度 $L=17$m		±5	－2～1
大车跨度 L_1、L_2 的相对差		5	3
桥架对角线 L_3、L_4 的相对差		5	2.8
大车车轮垂直倾斜 Δh		$h/400$	1.3～1.5
对两根平行基准线每个车轮水平偏斜（同一轴线一对车轮的偏斜方向应相反）$x1-x2$；$x3-x4$；$y1-y2$；$y3-y4$		L/1000	0.3～0.58，方向相反
同一端梁上车轮同位差 $m1=x5-x6$ $m2=y5-y6$		3	上游：0.4～2.4；下游：0.6～1.7
箱型梁小车轨距 T	跨端	1	—
	跨中	1～5	－1～2
同一断面上小车轨道高低差 $T\leqslant 2.5$m，$2.5\text{m}<T\leqslant 4$m		≤3	1.0～3.0
箱型梁小车轨道直线度（带走台时，只许向走台侧弯曲）$L<19.5$m		3	2.5

(4) 小车行走机构。小车行走机构安装质量实测值见表6-2-162。

表6-2-162 小车行走机构安装质量实测值统计表

检查项目	允许偏差/mm	实测值/mm
小车跨度	±2	1～2
小车跨度 T_1、T_2 的相对差	2	1.0
小车轮对角线 L_1、L_2 的相对差	5	1.0
小车轮垂直偏斜 Δh（只许下轮缘向内偏斜）	$h/400$	0.2～0.5；向内
对两根平行基准线每个小车轮水平偏斜	$L/1000$	0.2～0.5
小车主动轮和被动轮同位差	2	0.2～2.0

(5) 桥机试运转质量控制。桥机试运转质量控制实测值见表6-2-163。

表6-2-163 桥机试运转质量控制实测值统计表

试验项目	质量标准	试验结果
电动机	运行平稳，三相电流平衡	运行平稳，三相电流平衡
电气设备	无异常发热现象	无异常发热
限位保护，锁定装置	动作正确，可靠	动作正确可靠
控制器	接头无烧损现象	无烧损
大、小车行走时	滑块滑动平稳无卡阻，跳动及严重冒火花现象	平稳无卡阻，无跳动，严重冒火花现象
机械部件	运转时，无冲击声及异常声响，构件连接处无松动、裂纹和损坏	无异常声响，无松动，无裂纹损坏
轴承和齿轮	润滑良好，机箱无渗油，轴承温度≤60℃	润滑良好，无渗油，轴承温度45℃
运行过程中，制动闸瓦	全部离开制动轮，无任何摩擦	无摩擦
钢丝绳，滑动轮	钢丝绳不碰到定、动滑轮，运转灵活，无卡阻	不碰到，转动灵活无卡阻
升降机构制动器	能制止住1.25倍额定负荷，升降动作平稳可靠	能制止住1.25倍额定负荷，升降平稳可靠
小车停在桥架中间	起吊1.25倍额定负荷，连续3次停留10min，检查桥架变形，主梁实测上拱度应大于0.8L/1000mm	试验后桥架实测上拱度20mm
小车停在桥架中间	起吊额定负荷，测量主梁下挠度不大于L/700mm	主梁下挠度为10mm
升降机制动器	能制止住1.1倍额定负荷的升降，且动作平稳可靠	能制止住1.1倍额定负荷且动作平稳可靠
行走机构制动器	能刹住大车及小车，车轮不打滑不引起振动及冲击	能刹住大车及小车，车轮不打滑，无振动，无冲击

(6) 自检结论。起重设备安装已经质检部门鉴定验收合格，能满足电站吊装设备的要求。

10. 发电电气设备安装

发电电气设备安装主要包括电气一次设备和电气二次设备安装。

(1) 电气一次设备安装。电气一次设备安装主要包括：SF_6 发电机断路器安装、离相封闭母线安装、13.8kV厂用干式变压器安装、10kV厂用干式变压器安装及10kV坝区干式箱变安装、10kV高压开关柜安装、400V低压配电盘及低压电器安装、接地系统安装、电缆线路安装、照明安装及直流系统安装。

1）SF_6发电机断路器。断路器型式：SF_6发电机专用断路器；额定电压13.8kV；额定电流6600A；额定短路开断电流63kA；额定短路时耐受电流63kA；额定短路持续时间3s；额定峰值耐受电流210kA；SF_6断路器为原装进口西门子公司制造，发电机断路器于20××年6月开始安装，1号、2号、3号机断路器分别于20××年12月、20××年5月、20××年6月投入试运行。

SF_6发电机断路器安装质量控制主要包括：设备开箱后的检查，安装质量的监控及电气试验。质量控制结果见表6-2-164。

表6-2-164　SF_6发电机断路器质量控制成果汇总表

检查项目	质量标准	检验结果
一般规定	所有零件应齐全完好，绝缘元件应无变形、受潮、裂纹，绝缘良好，充有SF_6气体和N_2气体的部件其压力值应符合产品说明书的规定，并联电阻、电容及合闸电阻的规格应符合制造厂规定，密度压力表应校验合格	所有部件齐全完好无损伤
基础或支架安装允许偏差/mm	基础中心距及高程（ΔL、ΔH）$\leqslant \pm 10$	±8
断路器支架接地	应牢固、可靠	接地可靠
测量绝缘操作杆的绝缘电阻	≥1200MΩ	
工频耐压试验	出厂试验电压80%	
测量断路器分、合闸时间，主副触头分合的同步性及主副触头配合时间	实测值均应符合产品技术要求	
测量断路器分合闸电磁铁线圈的绝缘电阻及直流电阻	绝缘电阻大于等于10MΩ，直流电阻应符合产品要求	
操作试验	分合闸3次动作应正常	分合闸3次动作正常

注　断路器为整机进口，组装工作已在厂家进行。

2）离相封闭母线安装的质量控制。发电机离相母线型号及参数：

a. 主母线回路。

型号：QLFM-15.75，额定电压15.75kV，额定电流6300A，热稳定电流/时间63kA/2s，动稳定电流（峰值）200kA。

b. 分支回路母线。

型号：QLFM-15.75，额定电压15.75kV，额定电流1000A，热稳定电流/时间100kA/2s，动稳定电流（峰值）250kA。

离相封闭母线由××××电力设备制造厂供货，于20××年7月开始安装，1号水轮发电机、2号水轮发电机、3号水轮发电机离相母线分别于20××年12月、20××年5月、20××年7月安装结束并投入试运行。

离相封闭母线质量控制主要包括：到货设备外观检查，安装位置及安装质量的监控，焊接质量的监控及电气试验。

(a) 离相封闭母线安装质量。离相封闭母线安装质量检验结果见表6-2-165。

表 6-2-165　　离相封闭母线安装质量检验成果汇总表

检查项目		质量标准	检验结果
各段标志及编号		齐全清晰	齐全清晰
外观检查		无损伤，无裂纹，无变形	无损伤，无裂纹，无变形
导体裸接面		光洁，平整，无损伤	光洁，平整，无损伤
绝缘子检查	外观检查	光洁，完整，无裂纹	光洁，完整，无裂纹
	底座密封	完好	完好
	绝缘检查	绝缘良好	绝缘良好
外壳内部检查		清洁无遗留物	清洁无遗留物
电流互感器试验		合格	合格
各段位置		正确	正确
外壳纵向间距分配		均匀	均匀
导体与外壳不同心度		≤5mm	<2mm
对口中心误差		≤0.5mm	<0.5mm
三相母线标高误差		≤5mm	4mm
焊接方式		氩弧焊	氩弧焊
焊接材料		与母材相同且清洁无氧化层	与母材相同，清洁无氧化物
坡口两侧表面 50mm 范围内处理		清洁，无氧化层	清洁无氧化物
焊后弯折度		≤0.2%	<2mm
焊缝加强高度		2～4mm	3～4mm
焊缝质量检查		符合 DL/T 754—2001 规定	无气孔，无裂纹，无夹渣，无咬边
导体裸接处连接螺栓紧固力矩值		28.5～98.1N/m	符合设计规定
导体伸缩节检查		无局部断裂	无局部断裂
短路板安装	安装位置	按设计规定	符合设计规定
	与外壳连接	牢固可靠	氩弧焊，牢固可靠
	接地线规格	按设计规定	符合图纸要求
焊接后整体油漆		均匀，完整	均匀，完整
相色标志		齐全，正确	齐全，正确

(b) 母线电流互感器安装。母线电流互感器安装质量检验结果见表 6-2-166。

表 6-2-166　　母线电流互感器安装质量检验成果汇总表

检验项目	检验标准	检验结果
一次绕组绝缘电阻	不做规定	—
二次绕组绝缘电阻	大于 10MΩ	20000MΩ
交流耐压试验	一次绕组试验电压	33kV 无异常
测量电流互感器的励磁特性曲线	相互比较应无显著差别	无明显差别
检查三相互感器接线组别和单相互感器的极性	必须与铭牌及外壳上的符号相符	与铭牌及外壳上的符号相符
检查变比	应与铭牌相符	与铭牌相符

(c) 离相母线及绝缘子电气试验。离相母线及绝缘子电气试验结果见表 6-2-167。

表 6-2-167　离相母线及绝缘子电气试验成果汇总表

检验项目	检验标准	检验结果
绝缘电阻测量	不应低于 500MΩ	750MΩ
工频耐压试验	42kV	无异常

3) 厂用 13.8kV、10kV 及填压箱变干式变压器安装的质量控制。13.8kV 厂用干式变压器于 20××年开始安装，ST_1、ST_2、ST_3 分别于 20××年 7 月、20××年 2 月、20××年 4 月安装完工，并分别于 20××年 12 月、20××年 5 月、20××年 6 月投入运行。

10kV 厂用变压器于 20××年 6 月开始安装，ST_{11}、ST_{12}、ST_{13} 于 20××年 6 月安装完工，并于 20××年 10 月投入运行。

坝区箱变 ST_{14}、ST_{15}、ST_{16}、ST_{17}、ST_{18}、ST_{19} 于 20××年 8 月开始安装，于 20××年 10 月正式投入运行。

干式变安装质量控制主要包括：设备检查、本体附件安装、接地及电气试验。质量控制成果如下：

a. 13.8kV 厂用干式变压器。

(a) 干式变压器安装质量。干式变压器安装质量检验结果见表 6-2-168。

表 6-2-168　干式变压器安装质量检验成果汇总表

检验项目		检验标准	检验结果
外壳及附件	铭牌及接线用标志	齐全清晰	齐全清晰
	附件清点	齐全	齐全
	绝缘子外观	光滑无裂纹	光滑无裂纹
铁心检查	外观检查	无碰伤变形	无碰伤变形
	铁心紧固件检查	紧固无松动	紧固无松动
	铁心绝缘电阻	绝缘良好	绝缘电阻 40～150MΩ
	铁心接地	1 点	1 点接地牢固
绕组检查	绕组接地检查	牢固正确	牢固正确
	壳面检查	无放电痕迹及裂纹	无放电痕迹及裂纹
	绝缘电阻	绝缘良好	高压侧：1500MΩ；低压侧：2000MΩ
引出线	绝缘层	无损伤，无裂纹	无损伤，无裂纹
引出线	裸露导体外观	无毛刺，无尖角	无毛刺，无尖角
	裸导体相间及对地距离	150mm	152mm
	防松件	齐全，无完好	齐全，无完好
	引线支架	固定牢固，无损伤	牢固，无损伤
本体附件安装	本体牢固	牢固可靠	牢固可靠
	温控装置	动作可靠，指示正确	动作可靠，指示正确
	相色标志	齐全正确	齐全正确

续表

检验项目		检验标准	检验结果
接地	外壳接地	牢固导通良好	牢固导通良好
	本体接地	牢固导通良好	牢固导通良好
	温控器接地	软导线接地，导通良好	软导线接地，导通良好
	开启门接地	软导线接地，导通良好	软导线接地，导通良好

(b) 干式变压器电气试验。干式变压器电气试验结果见表6-2-169。

表6-2-169　　干式变压器电气试验成果汇总表

检验项目	检验标准	检验结果
绕组直流电阻	相间差别小于等于三相平均值的4%，线间差别小于等于三相平均的2%	高压侧：1.133～1.270Ω；低压侧：446.9～447.7mΩ
变比	与铭牌数据相比无明显差别	无明显差别
引出线极性	与铭牌相符	与铭牌相符
绕组绝缘电阻	大于或等于出厂试验值的70%	高压侧：1500MΩ；低压侧：2000 MΩ
绕组交流耐压试验	32kV，1min	正常合格
铁心绝缘电阻	采用2500V兆欧表测量	40～150MΩ
额定电压下的冲击合闸试验	合闸5次间隔5min无异常	无异常

b. 10kV厂用及坝区干式变压器安装。

(a) 干式变压器安装。如表6-2-166所列，裸导体相间及对地距离为125mm。

(b) 电气试验。如表6-2-166所列，表中绕组交流耐压试验电压标准24kV/min，正常合格。

4) 10kV高压开关柜安装。10kV高压开关柜为中置抽出式开关柜，包括1段母线VT测量保护柜（M_1-01），机端厂用变ST_1进线柜（M_1-02），厂用变ST_{11}出线柜（M_1-03），坝区出线柜（M_1-04），Ⅰ母与Ⅱ母联络柜（M_1-05），Ⅱ段母线VT测量保护柜（$M_Ⅱ$-01），机端厂用变ST_2进线柜（$M_Ⅱ$-02），厂用变ST_{12}出线柜（$M_Ⅱ$-03），坝区出线柜（$M_Ⅱ$-04），Ⅱ母与Ⅲ母联络柜（$M_Ⅱ$-05），Ⅲ段母线VT测量保护柜（$M_Ⅲ$-01），机端厂用变$ST_Ⅲ$进线柜（$M_Ⅲ$-02），厂用变$ST_Ⅲ$出线柜（$M_Ⅲ$-03），备用柜（$M_Ⅲ$-04及$M_Ⅲ$-05）。设备由××××开关厂有限公司提供。

10kV高压开关柜于20××年6月开始安装，于20××年6月安装完工，并于20××年10月正式投入运行。

高压开关柜安装质量控制主要包括：开关柜安装质量控制，真空断路器安装质量控制，电压、电流互感器安装质量控制，避雷器安装质量控制及电气试验。

a. 高压开关柜安装质量。高压开关柜安装质量控制结果见表6-2-170。

b. 真空断路器安装质量与试验。真空断路器（型号EYH1-12）安装质量控制结果见表6-2-171。

表 6-2-170 高压开关柜安装质量控制成果汇总表

项次	检查项目	质量标准（允许偏差）	检查结果
1 基础型钢埋设	1.1 允许偏差	直度、水平度 mm/m，全长 5mm	0.5mm/m，全长 4mm
	1.2 型钢接地	接地可靠，顶部应高出抹面 10mm	可靠接地
2 开关柜本体安装	2.1 允许偏差	垂直度 1.5mm/m，水平相邻两相边 1mm、成列柜面 5mm、柜间间隔 2mm	垂直度 0.5mm/m，相邻 1mm，成列 3mm，柜间隔 0.5mm
	2.2 柜体固定	牢固，柜间连接紧密	牢固
	2.3 与建筑物间距离	符合设计要求	符合设计要求
	2.4 隔板	完整牢固，门锁灵活，齐全	完整，门锁灵活
3	柜内电气设备安装	符合规范和 GB 50150 的要求	符合要求
4	接 地	固定牢固、接触面良好，排列整齐，柜门等应采用软铜线接地	接地良好
5 手车式开关柜	5.1 手车位置	工作和试验位置的定位应准确可靠	准确，可靠
	5.2 手车	推拉灵活，接地触头接触良好	灵活，接触良好
	5.3 闭锁装置	动作正确，可靠	动作正确可靠
	5.4 动静触头	中心线一致，触头接触紧密	一致，接触良好
	5.5 触头间隙	推入工作位置后应符合产品技术要求	
	5.6 辅助开关切换接点	接点动作准确，接触可靠	动作准确可靠
	5.7 安全隔板	开放灵活，正确	开放灵活，正确
	5.8 柜内照明	齐全	齐全
6	二次回路	所有二次回路接线应符合设计要求，连接可靠，标志齐全清晰，绝缘电阻大于等于 0.5MΩ	接线正确，连接可靠，标志齐全清晰，绝缘电阻 1.6MΩ

表 6-2-171 真空断路器安装质量控制成果汇总表

检查项目		质量标准	检验结果
外观检查		部件齐全，无损伤	齐全，无损伤
灭弧室外观检查		清洁，干燥，无裂纹，无损伤	无裂纹，无损伤
绝缘部件		无变形，绝缘良好	无变形，绝缘良好
分合闸线圈铁心动作检查		可靠，无卡阻	可靠，无卡阻
熔断器检查		导通良好，接触牢靠	导通良好，接触牢靠
螺栓连接		紧固均匀	紧固均匀
二次插件检查		接触可靠	接触可靠
绝缘隔板		齐备，完好	齐备，完好
弹簧机构	牵引杆下端或凸轮与合闸锁扣	合闸弹簧储能后锁扣可靠	锁扣可靠
	分、合闸闭锁装置动作检查	动作灵活，复位准确，迅速，扣合可靠	动作灵活，复位准确，迅速，扣合可靠
	合闸位置保持程度	可 靠	可 靠
触头外观检查		洁净光滑，镀银层良好	洁净光滑，镀银层良好

续表

检 查 项 目	质 量 标 准	检 验 结 果
触头弹簧外观检查	齐全，无损伤	齐全，无损伤
可挠铜片检查	无断裂，锈蚀，固定牢靠	无断痕，固定牢靠
触头行程	符合厂家技术规定	符合厂家技术规定
触头压缩行程		符合厂家技术规定
三相同期		符合厂家技术规定
辅助开关切换触点外观检查	接触良好，无烧损	接触良好
辅助开关动作检查	准确可靠	准确可靠
手动合闸	灵活轻便	灵活轻便
断路器与操作机构联动	正确可靠	正确可靠
手推拉试验	进出灵活	进出灵活
手车接地	牢固，导通良好	牢固，导通良好
相色标志	正确	正确

真空断路器电气试验结果见表6-2-172。

表6-2-172　　　　真空断路器电气试验成果汇总表

试 验 项 目	使 用 标 准	试验结论
交流耐压试验	24kV；1min	正常合格
测量断路器分合闸时间	符合产品技术条件的规定	符合规定
测量断路器主触头分合闸同期性	符合产品技术条件的规定	符合规定
测量断路器合闸时触头弹跳时间	不应大于2ms	1ms
直流电阻测试	直流电阻值与出厂试验值相比无明显差别	无明显差别
断路器操作机构试验	应按GB 50150附录E进行	符合规定

(a) 断路器电容器试验。断路器电容器试验结果见表6-2-173。

表6-2-173　　　　断路器电容器试验成果汇总表

试 验 项 目	试 验 标准	试验结论
测量绝缘电阻	不规定	400MΩ
交流耐压试验	按产品出厂试验电压75%	42kV无异常

(b) 断路器操作机构的试验（弹簧储能操作机构DC220V）。断路器操作机构试验结果见表6-2-174。

表6-2-174　　　　断路器操作机构试验成果汇总表

试 验 项 目	试 验 标 准	试 验 结 论
合闸操作	交、直流电压在额定电压85%～110%范围内操作机构弹簧合闸线圈应可靠动作	可靠动作
脱扣操作	分闸电磁铁，电压大于65%额定值应能可靠分闸，电压小于额定值30%，不应分闸	143V可靠分闸，66V不分闸

续表

试验项目			试验标准		试验结论
模拟操动试验	就地远控操作		动作正确可靠，联锁及闭锁回路动作符合设计要求		动作正确可靠
	弹簧机构试验	操作类别	操作线圈端钮电压与额定电源电压的比值	次数	
		合分	110	3	动作正常
		合闸	85（80）	3	合闸正常
		分闸	65	3	分闸正常
		合分重合	100	3	重合正常

c. 电压互感器安装质量控制。电压互感器安装质量控制结果见表6-2-175。

表6-2-175　电压互感器安装质量控制成果汇总表

项次	检查项目	质量标准（允许偏差）/mm	检查结论
1　外观检查	外观	清洁完整，无裂纹及损伤	清洁完整，无裂纹及损伤
	套管	无裂纹，无损伤，胶合牢固	无裂纹，胶合牢固
	接地	牢固可靠	牢固可靠
2	二次引线端子	连接正确，连接牢固，绝缘良好，标志正确	连接正确，标志正确
3　测量绕组绝缘电阻	一次绕组	不做规定	—
	二次绕组	不小于10MΩ	400MΩ
4	交流耐压试验	试验电压27kV；1min	合格，无异常
5	检查三相互感器接线组别和单相互感器极性	必须与铭牌及外壳上的符号相符	组别和极性与铭牌符号相符
6	检查变比	应与名牌值相符	与铭牌值相符

e. 避雷器安装质量（型号Y5WS-17/45）。避雷器安装质量检查结果见表6-2-176。

表6-2-176　避雷器安装质量检查成果汇总表

项次	检查项目	质量标准	检查结论
1　外观检查	密封	完好，型号与设计相符	完好，型号与设计相符
	瓷件	无裂纹，无破损，黏合牢固	无裂纹，黏合牢固
	位置	符合设计规定	符合设计规定
2　安装质量检查	连接	连接处的金属表面无氧化膜及油漆	清洁完好
	安装	垂直每一元件中心线与安装点中心垂直偏差小于等于1.5%	符合要求
3	测量绝缘电阻	绝缘电阻大于2500MΩ	符合要求

5）400V低压配电盘及低压电器安装的质量控制。400V低压配电盘为抽屉式配电柜，由A段（A-1P进线柜；A-2P、A-3P、A-4P、A-5P、A-6P、A-7P配电柜；A-8P联络柜）、B段（B-1P进线柜；B-2P、B-3P、B-4P、B-5P、B-6P、B-7P配电柜；B-8P联络柜）、C段（C-1P联络柜；C-2P、C-3P、C-4P、C-5P、C-6P配电柜及C-7P进线柜）组成400V供电网络为全厂各系统用电提供电源，盘柜设备由××集团成

套设备制造有限公司供货。

400V 盘柜于 20××年 6 月开始安装，于 20××年 10 月投入运行；400V 低压配电盘及低压电器安装质量控制主要包括：配电柜安装质量控制、设备检查、硬母线及电缆安装质量控制、低压电器安装质量控制及电气试验。质量控制结果见表 6－2－177。

表 6－2－177　　400V 低压配电盘及低压电器安装质量检验成果汇总表

项次	检查项目	质量标准	检验结论
1　抽屉式配电柜安装	基础安装允许偏差	不直度 1mm/m，水平度 1mm/m，5mm/全长	不直度 1mm/m，水平度 1mm/m，全长分别为 3mm、2mm
	基础接地	可靠	可靠
	柜体安装	垂直 1.5mm/m； 水平度：相邻两柜顶部 2mm，成列顶部 5mm； 不平度：相邻 1mm，成列 5mm； 柜间缝隙 2mm	垂直 0.5mm/m； 水平度：相邻两柜顶部 2mm，成列顶部 4mm； 不平度：相邻 1mm，成列 2mm； 柜间缝隙 0.5～1.5mm
	抽屉推拉	灵活轻便，无卡阻，无碰撞	灵活轻便，无卡阻，无碰撞
	触头	动静触头中心应一致，触头接触紧密	中心一致，触头紧密
	联锁装置	动作正确，可靠	动作正确，可靠
	接地触头	应接触紧密可靠	接触紧密可靠
2	端子板及二次接线	应符合 GB 50171 要求	符合规范要求
3	绝缘电阻测量	绝缘电阻应不小于 1MΩ	20000MΩ
4	交流耐压试验	试验电压标准为 1000V，1min 应无异常	1000V 耐压，1min 无异常
5	相位检查	各相两侧相位应一致	相位一致
6　盘上电器外观检查及安装	电器	外观及玻璃片应无破裂，安装位置正确，便于拆换，固定牢靠	无缺陷，位置正确，固定牢固
	操作开关	把手转动灵活，接点分和准确，弹力充足	转动灵活，接点分和准确，弹力充足
	信号装置	完好，指示色符合设计要求，附加电阻符合规定	完好符合设计规定
	保护装置	整定值符合设计要求，熔断器规格正确	整定值符合设计要求
	仪表	校验合格，安装位置正确，固定牢固，指示正确	已校验指示正确
7　硬母线及电缆安装	排列	整齐，相位排列一致，绝缘良好	整齐，相位排列一致，绝缘良好
	裸母线电气间隙及漏电距离	电气间隙大于等于 12mm，漏电距离大于等于 20mm	电气间隙 20mm； 漏电距离 40mm
	连接	应紧密牢固，用 0.05mm 塞尺检查线接触塞不进，面接触塞入深度不超过 4mm	塞尺检查通不过
	母线漆色	应符合 GB 149 第 2.1.10～2.1.12 条款	符合规范要求
	小母线	直径大于等于 6mm 的铜棒或铜管标志齐全，清晰，正确。	D＝6mm 标志清晰正确
	其他	符合硬母线装置安装工程规定	符合规定

续表

项次		检查项目	质量标准	检验结论
8	低压电器安装	零部件	齐全清晰无锈蚀等缺陷，瓷件无破损	齐全无缺陷，无损伤
		规格	规格型号工作条件等应与现场使用条件相符，铭牌标志齐全	符合设计要求，标志齐全
		排列	整齐，便于操作和维护	符合设计要求
		接地	金属外壳，框架的接零或接地应符合规定	符合规定，接地可靠

6）接地系统安装的质量控制。

电站接地系统为大电流接地系统，其工频接地电阻按《水力发电厂接地设计技术导则》（NB/T 35050—2015）的要求设计，厂区不同电压等级的电气设备共用一个接地装置。主接地网设在基础开挖面，同时充分利用水工建筑钢筋、尽量连接管道闸门门槽等自然接地体，同时引2条接地带与下游××电站大坝接地网连接，进一步提高接地装置可靠性，接地电阻设计小于等于0.5Ω。大坝进水口、溢洪道、防空洞，分别设立独立主接地网，接地电阻按小于等于4Ω设计。

电站接地系统于20××年11月开始施工，于20××年10月全部完工。接地系统安装的质量控制主要包括：接地体和接地线材料规格，接地装置的布置是否符合设计要求，隐蔽部分中间验收，接地体连接的焊接质量，明敷接地线的安装质量及接地电阻测量。接地系统安装质量控制结果见表6-2-178。

表6-2-178　　接地系统安装质量检验成果汇总表

项次	检查项目	质量标准	检验结果
1	一般规定	接地体和接地线规格，接地装置的布置均应符合设计要求，接地工程的隐蔽部分经中间验收。检查、验收记录应完整	规格布置符合设计要求，隐蔽部分经中间验收
2	接地装置敷设	符合设计要求	符合设计要求
3	明敷接地线安装	符合设计规定	符合设计要求
4	接地装置连接	符合设计规定，焊接连接	焊接连接
5	厂区接地装置电阻测量	符合设计要求 $R \leqslant 0.5\Omega$	
6	坝区接地装置电阻测量	符合设计要求 $R \leqslant 4\Omega$	

7）电缆线路安装工程的质量控制。

厂用电缆包括10kV、0.4kV动力电缆及控制电缆，10kV动力电缆采用交联聚乙烯绝缘电缆（YJV）铜芯、阻燃，0.4kV采用FV-10s型电缆，控制电缆分别采用KFFP、DJFPFP、ZR-YJV等型号电缆。

电缆安装工程于20××年6月开工，20××年5月全部完工，电缆安装工程的质量控制主要包括：电缆型号规格检查、防火材料的检查、电缆支架安装质量的控制、电缆管制作的质量控制、电缆敷设的检查、电缆头制作的质量控制及电气试验。

a. 动力电缆的安装。动力电缆的安装质量检查结果见表6-2-179。

表 6-2-179　　动力电缆的安装质量检查成果汇总表

项次	检查项目	质 量 标 准	检查结果
1	一般规定	电缆附件齐全，符合国家标准规定，电缆隐蔽工程应有验收签证，电缆防火设施的安装应符合设计规定	附件齐全，防火设施符合设计要求
2	电缆支架安装	平整牢固，排列整齐、均匀，成排安装的支架高度应一致，允许偏差小于等于 5mm，支架横档至沟顶、楼板、沟底的距离应符合设计要求，支架与电缆沟或建筑物的坡度应相同，托架的制作安装应符合设计要求，支架应涂防腐漆和油漆，涂层完好，按规定可靠接地	平稳牢固，油漆完好，接地可靠
3	电缆管的加工弯制	每根电缆管弯头不超过 3 个，直角弯头不超过 2 个，弯曲半径不应小于所穿电缆的最小弯曲半径，管子弯制作无裂纹，弯曲程度不大于管子外径 10%，管口平齐呈喇叭形，无毛刺	每根弯头 1～2 个，弯曲半径符合要求，管口无毛刺
4	电缆管安装与连接	安装牢固、整齐，裸露的金属应刷防腐漆，连接紧密，出入地沟、隧道、建筑物的管口应密封，管道内无杂物	安装整齐，密封良好，管内无杂物
5	电缆敷设	并列敷设的电缆，相互间净距符合设计要求，并联运行的电缆长度应相等。	净距符合设计要求，长度一致
6	电缆头制作	电缆终端头和接头的制作符合规范要求	符合规范要求
7	电气试验	绝缘胶电阻：绝缘良好，达到敷设前要求，直流耐压试验无异常，试验过程中泄漏电流应稳定无异常	绝缘良好，直流耐压无异常，泄漏电流稳定

b. 控制电缆安装。控制电缆安装质量检查结果见表 6-2-180。

表 6-2-180　　控制电缆的安装质量检查成果汇总表

项次	检查项目	质 量 标 准	检验结果
1	一般规定	电缆附件齐全，符合国家标准规定，电缆隐蔽工程应有验收签证，电缆防火设施的安装应符合设计规定	附件齐全，符合国家标准规定，电缆防火设施的安装符合设计要求
2	电缆支架安装	平整牢固，排列整齐、均匀，成排安装的支架高度应一致，允许偏差小于等于±5mm，支架横档至沟顶、楼板、沟底的距离应符合设计要求，支架与电缆沟或建筑物的坡度应相同，托架的制作安装应符合设计要求，支架应涂防腐漆和油漆，涂层完好，按规定可靠接地	符合设计要求，排列整齐，高度基本一致，油漆完好，接地可靠
3	电缆管的加工弯制	每根电缆管的弯头小于等于 3 个，直角弯小于等于 2 个，管的弯曲半径不应小于所穿电缆的最小弯曲半径，管子弯制后无裂纹，弯扁程度不大于管子外径 10%，管口齐整呈喇叭口，无毛刺	每根电缆管弯头 1～2 个，弯曲半径符合要求，管口无毛刺
4	电缆管安装与连接	安装牢固整齐，裸露的金属应刷防腐漆，连接紧密，出入地沟、隧道、建筑物的管口应密封，管内清洁无杂物	整齐牢固，密封良好，管内无杂物
5	控制电缆敷设前的检查	电缆无扭曲变形，外表无损伤，绝缘层无损伤，电缆绝缘电阻应符合 GB 50168—2018 的要求（不应小于 0.5MΩ）	无扭曲、变形、损伤，绝缘电阻 1MΩ 以上

续表

项次	检查项目	质 量 标 准	检验结果
6	控制电缆的敷设	数量、位置与电缆统计数、图纸相符，厂房内隧道、沟道内敷设排列顺序应符合 GB 50168—2018 的规定，电缆排列整齐，最小弯曲半径大于等于 10 倍电缆外径，标志牌齐全、正确	数量、位置符合设计要求，敷设排列符合规范要求，最小弯曲半径大于 10 倍电缆外径
7	电缆固定	垂直敷设（或超过 45°倾斜敷设）应在每个支架上固定，水平敷设时在电缆首末两端及转弯处固定，各固定支持点间的距离符合设计规范	固定牢靠，符合设计要求

8）照明安装的质量控制。照明系统分为工作照明、事故照明、安全疏散照明 3 部分，供电采用 380/220V 三相四线制，事故照明正常由 400V 厂用电供电，事故时由事故照明切换装置切换至直流供电，主要通道及出口设应急照明及疏散指示照明。

照明系统安装于 20××年 10 月开始 20××年 12 月投入使用。照明安装的质量控制主要包括：照明设备及器材的检查，线管制安的质量控制，配件的质量控制，配线的质量控制，配电箱安装的质量控制，灯器具安装的质量控制及回路通电检查。质量控制成果如下：

a. 照明系统质量控制。照明系统质量控制质量检查结果见表 6-2-181。

表 6-2-181　　照明系统质量控制质量检查成果汇总表

项次	检测项目	质量标准（或允许偏差 mm）	检 查 结 果
1 线管配线检查	线管加工	线管弯曲处无折皱，凹穴和裂缝弯扁成都不大于管径的 10%，配管弯曲半径明配管应大于等于 $6D$，一个弯头的配管应大于等于 $4D$，暗配管大于等于 $10D$	无折皱局部凹穴，无裂缝。弯扁程度为外径 1%～4%，弯曲半径≥$6D$，埋管≥$10D$
	线管敷设	明配管水平、垂直敷设的允许偏差均小于 0.15%，敷设于潮湿场所的线管口，管子连接处应密封埋设与地下的钢管应按规范要求经行防腐处理	管口管子连接处密封，按规定经行涂漆防腐
	线管连接和固定	线管连接应牢靠、严密，排列整齐，管卡与终端或电气器具间的距离允许偏差：固定点间的间距 50，同规格钢管间距 5，固定后钢管的垂直度（垂直敷设在任何 2m 段内）3	牢固、整齐，间距偏差：50mm，水平度 3mm，垂直度 2mm
	线管配线	线芯截面：铜芯 1mm²，铝芯 2.5mm²。管内导线不得有接头和扭接，绝缘应无损伤，管内导线总截面不大于管截面 40%，布置应符合图纸要求，接线紧固，绝缘电阻应大于 0.5MΩ	铜芯线截面不小于 2.5mm²，管内无接头扭曲，绝缘良好，绝缘电阻不小于 1MΩ
2 照明配电箱安装的检查	配电箱安装	位置符合设计要求，安装垂直允许偏差不大于 3mm，安装牢固油漆完整，回路标志正确清晰	位置正确，垂直偏差不大于 3mm 牢固。标志正确清晰
	箱内电器安装	排列整齐安装牢固，裸露载流部分（≤380V）与非金属部分表面间距不小于 20mm，连接牢固接触良好	整齐牢固，载流部分与非金属距离不小于 30mm，连接牢固接触良好
	各相负荷分配	均匀	符合设计要求
	照明电压变化	照明电源电压变化不大于±5%	电压变化不大于±5%
	绝缘电阻	≥0.5MΩ	≥2MΩ

续表

<table>
<tr><th>项次</th><th>检测项目</th><th colspan="3">质量标准（或允许偏差 mm）</th><th>检查结果</th></tr>
<tr><td rowspan="4">3
灯器具</td><td>灯具配件</td><td colspan="3">灯具的配置及品种应符合设计要求，灯具及配件应齐全，无机械损伤、变形、油漆剥落等</td><td>符合设计要求，齐全、无损伤变形</td></tr>
<tr><td>灯具所用导线</td><td colspan="3">线芯截面应符合 GB 50259—96 有关要求</td><td>符合规范要求</td></tr>
<tr><td rowspan="2">灯具及开关</td><td colspan="3">安装应平整牢靠，位置正确，高度符合设计要求</td><td>平整牢靠位置正确，高度一致，开关切断相线，暗开关贴墙面。</td></tr>
<tr><td colspan="3">开关应切断相线暗开关插座应贴墙面，成排灯具开关安装的允许偏差中心不大于 5mm</td><td>成排灯具中心偏差不大于 4mm</td></tr>
<tr><td rowspan="4">4
安装检查</td><td rowspan="4">插座安装</td><td rowspan="3">暗开关</td><td>垂直度</td><td><0.15%</td><td rowspan="3">不大于 0.10%；
最大 2mm；
最大 4mm</td></tr>
<tr><td>相邻高度</td><td><2mm</td></tr>
<tr><td>同室内高低差</td><td><5mm</td></tr>
<tr><td colspan="3">同场所的交直流或不同电压的插座应有明显区别，不能互相插入。灯具吊杆用钢管直径不小于 10mm，日光灯和高压水银灯与其附件的配套规格应一致</td><td>钢管直径 20mm，配套规格一致</td></tr>
<tr><td rowspan="3">5 灯器具安装检查</td><td>顶棚上灯具的安装</td><td colspan="3">应固定在专设的框架上，电源线不应该贴近灯具外壳，矩形灯具边缘应与顶棚面同行，对称安装的灯具纵横中心轴的偏斜度应不大于 5mm，日光灯管组合的灯具，灯管排列整齐，金属间隔线应无弯曲，扭斜</td><td>固定在框架上，电源线不贴近灯具外壳。对称安装灯具中心线偏差不大于 4mm，日光灯组合灯具排列整齐，金属隔线无弯曲、扭斜</td></tr>
<tr><td>室外照明安装</td><td colspan="3">安装高度大于 3m，墙上安装的高度大于 2.5m，应固定牢靠</td><td>安装高程 4.50～8.00m</td></tr>
<tr><td>事故照明灯</td><td colspan="3">应有专门标志，切换应可靠</td><td>有专门标志，切换可靠</td></tr>
</table>

b. 回路检查。配电箱受电检查，一次受电成功，无异常；照明回路受电检查，各回路受电正常，所有灯具工作正常。

(2) 电气二次设备安装。电气二次设备安装主要包括：电气控制和继电保护设备安装，蓄电池（直流系统）设备安装。

控制和保护设备安装于 20××年 7 月开始，于 20××年 10 月安装完工；1 号机 LCU 发变组保护及开关站 LCU、公用 LCU、220kV 母线保护，220kV 线路保护、220kV 系统故障录波装置于 20××年 11 月底开始静动态调试，于 20××年 12 月×日正式投入运行；2 号机 LCU 发变组保护于 20××年 4 月底开始静动态调试，于 20××年 5 月×日正式投入运行；3 号机 LCU 发变组保护于 20××年 6 月中旬开始静动态调试，于 20××年 6 月××日正式投入运行。

控制和保护设备安装质量控制主要包括：基础安装质量控制、盘柜安装质量控制、二次回路检查及接线的质量控制、电气试验、调试、模拟试验。

电气二次设备安装质量检查结果见表 6-2-182。

(3) 直流系统安装。直流系统于 20××年 7 月开始安装 20××年 11 月进行调试，并于 20××年 12 月正式投入运行。

直流系统安装质量控制主要包括：基础安装质量控制，台架安装质量控制，蓄电池安装质量控制及蓄电池充电、放电质量控制。

表 6-2-182　　电气二次设备安装质量检查成果汇总表

项次	检查项目	质量标准（或允许偏差）/mm	检查结果
基础型钢安装	允许偏差	不直度 1mm/m 全长 5mm，不平度 1mm/m 全长 5mm	不直度 0.5mm/m，不平度 1mm/m，全长 4mm
	接地	可靠	接地可靠，符合设计要求
盘柜安装检查	允许偏差	垂直度：1.5mm/m； 水平度：相邻两柜顶位成列盘柜顶部 5mm； 不平度：相邻两盘柜边 1mm、成列盘柜面 5mm； 盘柜间隙：2mm	垂直度：1mm/m;； 水平相邻 2mm； 成列 4mm； 不平度：相邻 1mm、成列 3mm； 盘间隙 1mm
	连接	牢固	牢固
	盘面	应清洗，漆层完好，标志应齐全、正确、清晰	完好标志齐全
	柜门	开关应灵活，周围缝隙小于 1.5mm 门锁应齐全，动作灵活无卡阻	开关灵活，门锁齐全灵活无卡阻
	接地	接地牢固可靠，可动门应用软导线接地，连接可靠	接地完好、软导线接地连接可靠
盘上电气安装	外观	所有电气完好，附件齐全，位置正确，固定牢固	完好、齐全、牢固
	设备及附件检查	符合设计图纸要求	与设计图相符
	电测量仪表	指示正确	指示正确
	信号装置	完好，工作可靠，显示准确	工作可靠，显示准确
	操作切换开关	动作灵活，接触可靠	灵活可靠
	端子	固定牢固，绝缘良好，标志齐全清楚	牢固绝缘良好，标志齐全清楚
	小母线	平直，固定牢固，接触良好与带电体电气间隙大于等于 12mm，绝缘电阻大于等于 10MΩ，交流试验 1000V，耐压 1min 应无异常，涂漆色符合 DL/T 5161.8—2002 要求	平直、牢固，电气间隙 26mm，绝缘电阻 50MΩ，交流 1000V，耐压 1min 无异常，符合 DL/T 5161.8—2002 要求，标志清楚正确
二次回路	连接件	回路接线应用铜芯线。电压回路线芯截面积不小于 $1.5mm^2$，电流回路线芯截面不小于 $2.5mm^2$	铜芯线截面符合要求
	间隙（或带电体与接地间）	带电体间或带电体与接地间空气间隙大于等于 4mm，漏电距离大于等于 6mm	电气间隙大于 5mm，漏电距离大于 8mm
	导线及电缆心线束的排列	整齐美观，横平竖直不交叉，标志齐全，绑扎固定符合 GB 50171—92 要求	整齐美观、标志齐全，绑扎符合规范要求
	配线和接线	应符合设计要求，导线不应有接头，绝缘良好，剥切不伤线芯，导线及电缆线芯标志全、正确、鲜明不脱色且字迹清楚，每个端子板的每侧接线不得超过两根，连接螺钉牢固	无接头、不伤线心，配接线符合设计要求，绝缘良好，标志齐全正确，字迹清楚，每侧接线不超过两根，螺钉连接牢固
	二次回路检查	回路电阻大于等于 1MΩ，潮湿地区允许在 0.5MΩ 以上，交流耐压试验 1000V1min 无异常，回路接线正确无误	绝缘电阻 5MΩ，交流耐压 1000V，1min 无异常回路接线正确
模拟动作试验和试运行	模拟动作试验和试运行	电器元件及电气回路出现的异常情况已处理，未出现影响正常用运行使用的缺陷，电器元件及电气回路均应动作正确	回路模拟试验正确，试运行中回路动作正确、可靠，准确无异常

1）基础安装。基础安装质量检查结果见表6-2-183。

表6-2-183　　基础安装质量检查成果汇总表

检查项目	质量标准（允许偏差）	检查结果
基础型钢安装	不直度≤1mm/m，全长≤5mm 水平度≤1mm/m，全长≤5mm	不直度0.5mm/m，全长3mm 水平度0.5mm/m，全长2mm
位置误差及不平行度	<5mm	3mm
基础接地点	≥2mm点	>3mm点
接地连接	牢固，导通良好	焊接牢固、导通良好

2）蓄电池柜安装。蓄电池柜安装质量检查结果见表6-2-184。

表6-2-184　　蓄电池柜安装质量检查成果汇总表

检查项目	质量标准（允许偏差）	检查结果
外形尺寸	符合制造厂规定	符合制造厂规定
台架油漆	完整无剥落	完好无剥落
安装方式	符合制造厂规定	符合制造厂规定
台架固定	牢固	牢固
台架水平误差	≤±5mm	3mm

3）蓄电池安装。蓄电池装质量检查结果见表6-2-185。

表6-2-185　　蓄电池安装质量检查成果汇总表

检查项目	质量标准	检查结果
外观检查	无损伤裂纹	无损伤裂纹
附件清点	齐全	齐全
正负极端柱的极性	正确	正确
槽盖密封	良好	良好
容器表面清洁度	无尘土油污	清洁无尘无油污
电池连接条及紧固件	完好，齐全	完好，齐全
容器安装	平稳、间距均匀	平稳，间距误差小于1mm
同一排列蓄电池	高低一致，排列齐全	高低误差小于1.5mm，排列齐全
连接条与端子连接	正确，紧固，接触部位涂有电力复合脂	正确、紧固，涂有复合脂
电池编号	齐全，清晰	齐全，清晰
电缆与蓄电池连接	正确，紧固	正确，紧固
电缆引出线极性标志	正确	正确
电缆孔封堵	耐酸材料密封	耐酸材料密封

4）蓄电池充、放电试验。蓄电池充、放电试验结果见表6-2-186。

（4）安全自检结论。电气一次设备，其中SF_6发电机断路器、离相母线、13.8kV厂用干式变及13.8kV母线互感器避雷器，由发电机对其升流升压试验，试验正常；主变冲击试验时离相母线二段，13.8kV厂用干式变同时接受冲击受电正常；10kV厂用变经系统电源冲击试验，10kV高压开关柜、400V厂用供电系统受电试验均一次成功。投运后一直运行

表 6-2-186　　　　　　　　蓄电池充、放电试验成果汇总表

<table>
<tr><th>项次</th><th colspan="2">检　查　项　目</th><th>质　量　标　准</th><th>检验结果</th></tr>
<tr><td rowspan="5">初充电</td><td colspan="2">初充电过程中允许液温</td><td><45℃</td><td>38℃</td></tr>
<tr><td rowspan="2">初充电电流电压值</td><td>恒流交电</td><td>不大于厂家规定最大值</td><td>1A</td></tr>
<tr><td>恒流交电</td><td>不大于厂家规定最大值，单个电池电压不大于 2.4V</td><td>2.2V</td></tr>
<tr><td colspan="2">每阶段的初充电时间</td><td>按制造厂规定</td><td>10h</td></tr>
<tr><td colspan="2">初充电开始必须保证电源连接供电的时间</td><td>≥25h</td><td>30h</td></tr>
<tr><td rowspan="5">初充电完成</td><td colspan="2">充电容量</td><td>达到厂家规定值</td><td>符合要求</td></tr>
<tr><td rowspan="2">恒流充电法</td><td>电池电压</td><td>连续 3h 不变</td><td>符合要求</td></tr>
<tr><td>电解液密度</td><td>连续 3h 不变，产生大量气泡</td><td>无气泡</td></tr>
<tr><td rowspan="2">恒压充电法</td><td>交电电流</td><td>连续 10h 不变</td><td>符合要求</td></tr>
<tr><td>电解液密度</td><td>连续 3h 不变或按制造厂规定</td><td>符合要求</td></tr>
<tr><td rowspan="3">初充电完成</td><td colspan="2">电池电压及密度</td><td>按制造厂规定</td><td>符合规定</td></tr>
<tr><td rowspan="2">再充电</td><td>电池电解液密度及液面</td><td>与初充电开始相同</td><td>相同</td></tr>
<tr><td>再充电时间</td><td>30min</td><td>30min</td></tr>
<tr><td rowspan="7">首次放电检查</td><td colspan="2">放电电流及时间</td><td>按制造厂规定</td><td>43A、10h</td></tr>
<tr><td colspan="2">厂家无规定时的放电电流</td><td>10h 放电率的电流</td><td>49A</td></tr>
<tr><td colspan="2">电池终止电压及密度</td><td>按制造厂规定</td><td>1.8V</td></tr>
<tr><td colspan="2">不合格电池的电压与电池组平均电压的差值</td><td>≤2%</td><td>无不合格电池</td></tr>
<tr><td colspan="2">电压不合标准的电池数</td><td>≤5%</td><td>无</td></tr>
<tr><td colspan="2">电池外形检查</td><td>无弯曲剥落</td><td>无</td></tr>
<tr><td colspan="2">放电完后至再充电搁置时间</td><td>≤10h</td><td>1h</td></tr>
<tr><td rowspan="4">总体检查</td><td colspan="2">5 次充放电循环内放电容量（25℃）</td><td>不小于 10h 放电率容量的 95%或按制造厂规定</td><td>符合规定</td></tr>
<tr><td colspan="2">充放电过程测试记录</td><td>齐全，正确</td><td>齐全，正确</td></tr>
<tr><td colspan="2">充放电特性曲线绘制</td><td>正确</td><td>正确</td></tr>
<tr><td colspan="2">特性曲线检查</td><td>与厂家特性曲线相似</td><td>相似</td></tr>
</table>

正常。逆变装置及其回路检验合格，运行正常。

二次设备控制回路：球阀自动操作回路；机组自动操作与水力机械保护回路；发电机励磁操作回路；发电机断路器操作回路；直流及中央音响信号回路；全厂公用设备操作回路；间期操作回路；备用电源自动投入回路；各高压断路器、隔离开关的自动操作和安全闭锁回路；厂用电设备操作回路。

经模拟试验，试运行试验，各回路动作正准、可靠，程序准确，符合设计要求。

继电保护回路：发电机继电保护与故障录波回路，主变压器继电保护与故障录波回路，高压配电装置继电保护回路，线路继电保护与故障录波回路。厂用电继电保护回路经模拟试验，动作准确、可靠；仪表测量回路，指示计量准确；监控、保护量测功能符合设计要求。

发电电气设备完全能满足电站安全长期运行。

11. 主变压器安装

(1) 主变压器型号及参数。主变压器型号 SSP10－H－KVA；阻抗电阻 13%；额定电压 242±2×2.5%/13.8kV；冷却方式 OFWF；接线组别：YN，d11；主变压器由特变电工××电压器有限公司供货。

(2) 主变压器安装的质量控制。主变压器于20××年7月开始安装，于20××年10月全部安装完工，1号主变压器、2号主变压器、3号主变压器分别于20××年1月中旬、20××年5月初、20××年7月初完成主变升流、升压及冲击试验并正式并入系统运行。

主变压器的质量控制主要包括：本体安装、变压器附件安装、变压器注油及密封试验、变压器的整体检查、电气试验。

1) 变压器主体安装。变压器主体安装质量检查结果见表6－2－187。

6－2－187　　变压器主体安装质量检查成果汇总表

项次	检查项目	质量标准	检查结果
基础安装	预埋件	符合设计规定	符合设计规定
	基础水平误差	<5mm	2.3mm
就位前检查	充气运输气体压力	0.01～0.03MPa	>0.02MPa
	油绝缘性能	标准规定值	符合标准规定
本体就住	套管与封闭母线中心线	一致	一致
	墩与变压器预埋件连接	牢固	牢固
	本体接地	牢固，导通良好	牢固，导通良好
	冲击值和次数	符合制造厂规定	符合制造厂规定纵向最大2.4mm横向最大1.2mm
其他	油箱顶部空位装置	无变形无开裂	无变形无开裂

2) 变压器检查。主变压器检查结果见表6－2－188。

表6－2－188　　主变压器检查成果汇总表

项目	检查项目		质量标准	检查结果
器身外观检查	器身各部位		无移动	无移动
	各部件外观		无烧伤损坏及变形	无烧伤损坏及变形
	各部件绑扎措施		齐全，紧固	齐全紧固无松动
	绝缘螺栓及垫块		齐全，无损坏且防松措施可靠	齐全，无损坏
	绕组及引出线绝缘层		完整包扎牢固紧密	包扎牢固紧密
铁芯	铁心接地		1点连接可靠	1点接地，连接可靠
	铁心绝缘		用兆欧表加压1min不闪络	2500兆欧表加压1min不闪络
其他检查	裸导体	外观	无毛刺尖角，无断股，无断片，无拧弯	无毛刺，无尖角，无断股，无拧弯
		焊接	满焊，无脱焊	满焊，无脱焊
	变压应力锥		完好	完好
	油路		无异物，畅通	无异物，畅通
	线圈固定检查		固定牢靠	固定，摇动无松动
	绕组绝缘		不低于出厂值的70%	7500MΩ

续表

项目	检查项目		质量标准	检查结果
电压切换装置	开关触头	清洁度、弹力	无锈蚀、油污，且弹性良好	光洁，弹性良好
		接触	可靠、塞尺塞不进	0.05mm 塞尺塞不进，可靠
		对应位置	正确，一致	正确，一致
	部件装配		齐全，正确	齐全，正确
	分接开关	操作杆长度	三相一致	三相一致
		转动器	动作灵活，密封良好	灵活，密封良好
其他	各部位清理		无杂物，无污迹，无屑末	无杂物，无污迹，无屑末
	阀门动作		开闭灵活，指示正确	开闭灵活，指示正确

3）变压器附件安装。变压器附件安装质量检查结果见表 6-2-189。

表 6-2-189　变压器附件安装质量检查成果汇总表

项次	检测项目			质量标准	检查结果
变压器套管安装	套管及电流互感器试验			合格	合格
	升高座安装	外观检查	接线端子	牢固无渗漏油	牢固无渗漏油
			放气塞	升变座最高处	最高处
		安装位置		正确	正确
		绝缘筒装配		正确，不影响套管穿入	正确，不影响套管穿入
		法兰连接		齐全，紧固	齐全，紧固
	套管安装	套管检查		清洁，无损伤，油位正常	清洁，无损伤，油位正常
		法兰连接螺栓		连接螺栓紧固，受力均匀	紧固，受力均匀、密封垫固定正确
		引出线安装	穿线	顺直，不扭曲	顺直，不扭曲
			均压球	在均压屏蔽罩内间距 15mm 左右	符合厂家要求螺栓扭矩 6N·m
			引线与套管连接	连接螺栓紧固，密封良好	紧固，扭力 7.7N·m 密封良好，螺栓扭力 2.3N
低压套管安装	套管检查			清洗无损伤	清洁无损伤
	法兰连接			连接螺栓紧固	紧固
电压切换装置安装	无励磁	传动连杆		传动无卡阻	无卡阻
	分接开关	指示器		密封良好	密封良好
储油柜安装	外观检查			表面无撞伤，无变形，无油漆刮伤	无撞伤，无变形，无油漆刮伤
	储油柜芯体检查			芯体处于闭合状态	芯体完全闭合
	磁浮子液位计接线检查			接线正确	接线正确
	油位指示检查			反映真实油位	反映真实油位
吸湿器安装	连通管			无堵塞，无清洁	无堵塞，无清洁
	油封油位			在油面线处	在油面线处
	吸湿剂			颜色正常	颜色正常蓝色

续表

项次	检测项目	质量标准	检查结果
压力释放阀安装	位置	正确	符合设计要求
	阀盖及弹簧	无变动	无变动
	电触点检查	动作准确，绝缘良好	动作准确、绝缘良好
气体电器安装	校验	合格	合格（见校验报告）
	断电器安装	位置正确	位置正确
		无渗漏	无渗漏
	连通管升高坡度	便于气体排向继电器	向继电器方向升高
温度计安装	温度计校验	制造厂已校验	已校验，误差 0～2℃
	测温色毛细导管	无压扁，无死弯，弯曲半径大于 50mm	无压扁，无死弯。弯曲半径大于 50mm
冷却器安装	外观检查	无变形，法兰面端面平整	无变形，法兰面端面平整
	密封性试验	按制造厂规定	0.4MPa、12h 测验油的耐压值合格
	盘式电机油泵	结合面严密	结合面严密
	支座及拉杆调整	法兰面平行，密封垫居中不偏心受压	法兰面平行，密封垫居中受压均匀
	流速差压继电器	按制造厂规定	符合制造厂规定
	阀门动作	操作灵活，开启位置正确	灵活，位置正确
	外接管路	内壁清洗，流向标志正确	清洁，标志正确
其他	耐油绝缘导线	排列整齐，保护措施齐全	排列整齐，保护措施齐全
	接线箱	牢固，密封良好	牢固，密封良好
	控制箱安装	牢 固	牢 固

4）变压器注油及密封试验。变压器注油及密封试验结果见表 6-2-190。

表 6-2-190　　变压器注油及密封试验成果汇总表

项次	检验项目		质量标准	检验结果
变压器注油	绝缘油试验		合格	合格
	油温		高于器身温度	45℃
	器身温度		＞20℃	28℃
	真空度		按制造厂规定（真空值 133Pa 以下，继续抽 12h 以上）	真空值至 133Pa 以下，继续抽 13h
	注油前真空度保持时间		按制造厂规定（12h 以上）	13h
	注油（循环）速度		按制造厂规定不大于 83L/min、6h 以上	60L/min、7h
	注油过程检查		按制造厂规定	
	注油后真空保持时间		不小于 4h	保持 5h
	油位检查	油标指示	正确	正确
		油标指示与油枕油面高度	按制造厂规定	指示为红色

续表

项次	检验项目	质量标准	检验结果
整体密封检查	试验压力	按制造厂规定 20～30kPa	25kPa
	试验时间	按制造厂规定 24h	24h 无漏油

5）变压器整体检查。变压器整体检查结果见表 6－2－191。

表 6－2－191　变压器整体检查成果汇总表

检验项目		质量标准	检验结果
铭牌接线圈标志		齐全，清晰	齐全，清晰
所有附件安装		正确，牢固	正确，牢固
油系统阀门		打开且指示正确	开启，指示正确
变压器外观		清洁，顶盖无遗留物	清洁，无遗留物
分接开关位置及指示		符合运行要求位置，指示正确	根据调度指令，分接开关位置 4
油位		正常	正常
测温装置		指示正确	指示正确
气体继电器		模拟试验良好	模拟试验正确良好
冷却装置		试运良好，联动可靠	试运良好，联动可靠
事故排油消防措施		完好，投运可靠	完好，投运可靠
试验项目		合格，无漏项	合格
整体密封		无渗漏	无渗漏
相色标志		齐全，正确	正确
接地	铁芯和零件接地引出套管	牢固，导通良好	牢固导通良好
	电流互感器备用二次端子	短路后可靠接地	短路后可靠接地
	本体及基础	牢固，导通良好	可靠接地，导通良好
	引线与主接地网连接	牢固，导通良好	牢固，导通良好
孔洞封堵		严密	严密

6）电气试验。

a. 测量绕组连同套管的直流电阻。

b. 检查所有分接头变压比。

c. 三相组别和单相极性测试变压器联结组别为 Ynd11。

d. 绕组连同套管绝缘电阻、吸收比。

e. 绕组连同套管的介质损耗角正切值 $\tan\delta$ 为 0.3%。

f. 绕组连同套管的直流泄漏电流。

g. 绕组连同套管交流耐压试验。

h. 绕组连同套管的局部放电试验。

i. 铁芯接地引出套管对外壳的绝缘电阻。

j. 非纯瓷套管的试验。

k. 绝缘油试验，合格见绝缘油试验报告。

l. 额定电压下的冲击合闸试验共冲击5次，保护正确。

m. 相位正确。

n. 噪声正常。

(3) 安全自检结论。主变安装各项质量指示均符合设计及规范要求，主变经升流升压、冲击试验均无异常，正式并入电网运行，一切正常。

主变已具备满足电站长期运行的条件。

12. 220kV GIS及220kV户外出线设备安装

220kV GIS及220kV户外出线设备于20××年8月开始安装，同年9月安装完毕，电气试验于20××年11月结束，除2号机、3号机220kV、SF_6断路器分别于20××年5月、7月试验并网，GIS设备于20××年1月受电并网运行。

GIS及220kV户外出线设备安装质量控制主要包括：SF_6封闭组合电器安装的质量控制，SF_6断路器安装的质量控制，隔离开关安装的质量控制，互感器安装的质量控制，避雷器安装的质量控制，软母线安装的质量控制。

(1) SF_6封闭组合电器安装。

1) SF_6封闭组合电器基础及支架安装。SF_6封闭组合电器基础及支架安装质量检验结果见表6-2-192。

表6-2-192　　基础及支架安装质量检验成果汇总表

项次	检验项目		质量标准（允许偏差）/mm	检验结果/mm
基础检查	相间标高误差		≤5	1.5
	同相标高误差		≤2	1
	同组间 X、Y 轴线误差		≤1	0.5
	断路离各组中相 X、Y 轴与电气室 X、Y 轴线及其他设备 X、Y 轴线误差		≤5	3
	电器室内与室外设备基本标高误差		≤10	5
	电器室 Y 轴与室内外设备基础 Y 轴误差		≤5	3
	基础表面	相邻基础埋件误差	≤2	1
		全部基础埋件误差	≤5	2
支架安装	外观检查		无机械损伤	无损伤
	固定螺栓		牢固	牢固
	接地		牢固、且导通良好	牢固、导通良好
	防腐层检查		完整	完整

2) SF_6封闭组合电器本体安装。SF_6封闭组合电器本体安装质量检验结果见表6-2-193。

(2) SF_6断路器安装。SF_6断路器安装质量检查结果见表6-2-194。

(3) 隔离开关安装。隔离开关安装质量检查结果合格，见表6-2-195。

(4) 互感器安装。

1) GIS互感器安装。GIS互感器安装质量检验结果见表6-2-196。

表 6-2-193　　SF_6 封闭组合电器本体安装质量检验成果汇总表

项次	检查项目	质量标准	检查结果
1	一般规定	所有零件应齐全完好，瓷件及绝缘件应无变形、无受潮、无裂纹	齐全完好，瓷件绝缘件无变形受潮
2	组合元件装配前的检查	各元件应完整无损，紧固螺栓应齐全紧固，气密封应符合要求，接地体及支架无锈蚀损伤，接地应牢固可靠，密度继电器和压力表应校验合格	装备程序符合产品技术规定，电气闭锁装置可靠，导电回路表面光洁平整，接触紧密，载体表面无毛刺
3	装配与调整	装备程序和编号应符合产品技术规定，元件组装的水平、垂度误差应符合产品技术规定，电气闭锁动作应准确可靠，辅助接点接触良好，动作可靠，接地线应连接可靠，不能构成环路，导电回路应表面平整光洁，接触紧密，载流部分的表面应无凹陷或毛刺	装配程序符合产品技术规定，电气闭锁装置可靠，导电回路表面光洁平整，接触紧密，载体表面无毛刺
4	SF_6 气体检验及充装	新 SF_6 气体充装应抽检，气体质量应符合《SF_6 气体质量标准》充装应符合标准要求	新 SF_6 气体含水量，气室气体含量见检验报告
5	测量主回路导电电阻	电阻值应小于等于 1.2 倍的产品规定值	符合规定
6	主回路工频耐压试验	按产品出厂试验电压的 80%进行试验应无异常	无异常
7	密封性试验	各气室年漏气率应小于 1%	符合要求
8	操作试验	进行操作试验时联锁与闭锁装置动作应准确可靠，电动操作试验应按产品技术条件的规定进行，动作应正常	操作试验动作正常，联锁与闭锁装置动作准确可靠

表 6-2-194　　SF_6 断路器安装质量检查结果汇总表

项次	检查项目	质量标准	检查结果
1	一般规定	所有零件应齐全完好绝缘元件应无变形、受潮、裂纹，绝缘良好，充有 SF_6 气体和 N_2 气体的部件其压力值应符合产品说明书的规定，并联电阻电容器及合闸电阻的规格应符合制造厂规定，密度继电器和压力表应校验合格	零件齐全完好，绝缘元件无变形、受潮裂纹，绝缘良好，密度继电器和压力表校验合格
2	基础或支架安装的允许偏差	基础中心距离误差不大于 10mm；基础高度误差不大于 10mm；预留孔或预埋件中心距离误差不大于 10mm；预埋螺栓中心距离误差不大于 2mm 支架安装：与基础间垫铁不超过 3 片，总厚度不大于 10mm，各片间焊接牢固	基础中心距离误差最大值 6mm；基础高度误差最大值 4mm；预留孔中心距离误差最大值 8mm；预埋螺栓中心距离最大值 2mm
3	断路器的组装	部件编号准确，组装顺序符合产品规定，零部件安装正确，牢固并应符合制造厂的水平垂直要求	位置安装正确牢固
4	导电回路检查	接触面应平整，接触良好，载流部分的可绕连接无折损	厂家不允许拆开检查
5	操作机构安装	操作机构应固定牢固，表面清洁完整，储能柜安装应符合制造厂要求	操作机构牢固表面清洁完整，储能柜安装符合制造厂要求

续表

项次	检查项目	质量标准	检查结果
6	断路器支架接地	应牢固可靠	牢固可靠
7	SF_6 气体检验和充装	新装 SF_6 气体应抽样复检，气体质量应符合《SF_6 气体质量标准》充装应符合标准要求	新 SF_6 气体含水量 ppm；断路器室气体含水量 ppm
8	测量绝缘操作杆的绝缘电阻	符合产品技术要求	500MΩ
9	测量每相导电回路的电阻	应符合产品质量要求	286MΩ
10	工频耐压试验	按产品出厂试验电压80%进行试验应无异常	无异常
11	分、合闸时间，分合闸速度，触头的分合闸通气性及配合时间	应符合 GB 50150 的规定及产品技术文件要求	符合 GB 50150 的规定及产品技术要求
12	测量断路器分合闸电磁铁线圈的绝缘电阻及直流电阻	绝缘电阻大于 10MΩ，直流电阻应符合产品技术要求	绝缘电阻 500MΩ； 直流电阻 216.8MΩ
13	操作试验	按制造厂规定，如无规定按 GB 50150—91 第 12.0.12 条进行，动作应正常	动作正常

表 6-2-195　隔离开关安装质量检查成果汇总表

项次	检查项目		质量标准	检查结果
外观检查	壳体		清洁，无碰伤，油漆完好	清洁平整
	电机驱动装置		无损伤，固定牢固	无损伤，固定牢固
	驱动连接装置		连接件联接可靠牢固	联接可靠牢固
导电部分	触点支座触点固定元件		固定牢固，可靠	厂家为让拆开检查
	触针绝缘杆		完好，绝缘良好，固定牢固	完好绝缘良好固定牢固
	触针表面镀银层		光洁无脱落	光洁无脱落
	屏蔽罩		完好，固定牢固可靠	完好，固定可靠
传动装置	传动部件	部件安装	连接正确固定牢靠	连接正确牢靠
		操作检查	动作准确可靠，位置指示正确	动作正确，指示正确
传动装置	辅助开关检查		动作可靠接触点良好	动作可靠接触点良好
	接地刀与主触头间机械电气闭锁		准确可靠	准确可靠
	限位装置动作检查		在分合闸位置可靠切断电源	分合闸位置可靠切断电源
	机构箱密封垫检查		完整	完整
隔离开关调整	合闸状态		在同一轴线上咬合准确，接触良好	厂家未让拆开检查
	分闸状态触头间净距度		按制造厂规定	厂家未让拆开检查
	触头接触时不同期允许值		按制造厂规定	厂内已装配调整，应驻工地厂家代表意见不做调整检查
	引弧触头与主触头动作顺序		正确	
	隔离开关与操作机构联动试验		动作平稳无卡阻	动作平稳无卡阻
接地	底座接地		牢固，导通良好	牢固，导通良好
	机构向接地		牢固，导通良好	牢固，导通良好
	交流耐压试验		450kV/1min	450kV/1min 无异常
	操动机构试验		符合制造厂规定	动作正常准确，最低操作电压 191～203V

表 6-2-196　　GIS 互感器安装质量检验成果汇总表

项次	检验项目		质量标准	检验结果
本体检查	铭牌标志		完整清晰	完整清晰
	外观		完整无损伤	完整无损伤
	二次接线板	引线端子	连接牢固	连接牢固
		绝缘检查	绝缘良好	绝缘良好，500MΩ
	变比及极性检查		正确	正确
电气试验	测量线圈绝缘电阻		电阻值与出厂值相比无明显差别	无明显差别
	交流耐压试验		符合制造厂规定，无规定时一次线圈试验电压标准见 GB 50150—2016 附录 1，二次线圈试验电压 2000V 试验应无异常	二次绕组，450kV/min，无异常
	测量电压互感器的空载电流		空载电流值与出厂值比较无明显差异	无明显差异
接地	外壳接地		牢固可靠	牢固可靠

2）220kV 出线电容式电压互感器安装。220kV 出线电容式电压互感器安装质量检验结果见表 6-2-197。

表 6-2-197　　220kV 出线电容式电压互感器安装质量检验成果汇总表

项次	检验项目		质量标准	检验结果
本体检查	铭牌标志		完整清晰	完整清晰
	瓷套外观		完整无裂纹	完整无裂纹
	密封检查		无渗漏	无渗漏
	油位		正常	正常
	呼吸孔检查		无阻塞	无阻塞
	二次接线板	引线端子	连接牢固	连接牢固
		绝缘电阻	绝缘良好	绝缘良好，500MΩ
	变比及极性检查		正确	正确
互感器安装	极性方向		三相一致	三相一致
	组件编号		按制造厂规定	符合制造厂规定
	组件间接触面		无氧化层，并涂有电力复合膜	无氧化层，涂复合膜
	所有连接螺栓		齐全，紧固	齐全紧固
接地	外壳接地		牢固可靠	牢固可靠
	电容式电压互感器接地		按制造厂规定，接地可靠	符合规定，接地可靠
	电容式电压互感器末屏及铁芯接地		牢固，导通良好	牢固，导通良好
其他	相色标志		齐全正确	齐全正确
电气试验	测量绝缘电阻		电阻值与出厂值相比无明显差别	50000MΩ
	交流耐压试验		符合制造厂规定，无规定时一次线圈试验电压标准见 GB 50150—2016 附录 1，二次线圈试验电压 2000V 试验应无异常	符合要求，无异常
	测量一次绕组联通套管介损正切值及主绝缘电容值		符合产品技术要求	介损正切值 0.29%，电容值 10.12NF

(5) 避雷器安装。

1) GIS罐式金属氧化物避雷器安装。GIS罐式金属氧化物避雷器安装质量检查结果见表6-2-198。

表6-2-198　GIS罐式金属氧化物避雷器安装质量检查成果汇总表

项次	检查项目	质量标准	检查结果
1	外观检查	外部应完整，无损伤，油漆完好	外部完整，无损伤，油漆完好
2	避雷器安装	固定应牢固，原件安装垂直，与罐体固定牢固可靠，接地应牢固，导电应良好	固定牢固，元件与罐体固定牢固可靠，接地牢固，导电良好
3	测量绝缘电阻	阻值与出厂相比应无明显差异	无明显差异
4	测量电导电流检查组合原件的非线性系数	电导电流值符合产品规定，同一相内串联，组合原件的非线性系数差值小于等于0.04	≤0.04
5	测量持续电流	在运行电压下的持续电流，其阻性电流或总电流值应符合产品技术条件的规定	符合技术规定
6	测量工频参考电压或直流参考电压	对应于工频率参考电流下的工频率参考电压，整支或分节进行的测试值，应符合产品技术条件的规定； 对应于直流参考电流下的直流参考电压，整支或分支进行的测量值，应符合产品技术条件的规定	符合技术规定
7	检查放电记录器动作情况及基座绝缘	动作应可靠，基座绝缘良好	动作可靠，基座绝缘良好

2) 220kV出线避雷器安装。220kV出线避雷器安装质量检查结果见表6-2-199。

表6-2-199　220kV出线避雷器安装质量检查成果汇总表

项次	检查项目	质量标准	检查结果
1	外观检查	外部应完整，无缺陷，封口处密封应完好，法兰连接处应无缝隙，瓷件应无整改破损，瓷套与法兰之间的结合应牢固，组合元件应经试验合格，底座和拉紧绝缘子的绝缘应良好	完整无缺陷，密封良好，连接处无间隙，无整改破损，结合牢固，绝缘良好
2	避雷器安装	固定应牢固、垂直，每个元件的中心线与安装中心线的垂直偏差应小于元件高度的1.5%，拉紧绝缘子串必须紧固，弹簧伸缩自如，同相各绝缘串的拉力应均匀。均压环安装应水平，磁吹阀型避雷器组装的上下节位置应与制造厂产品出厂标志编号相符。放电记录器应密封良好，动作可靠，安装位置一致。避雷器油漆完整，相色正确，接地良好	安装牢固、垂直，元件的中心线与安装中心线的垂直偏差符合要求，拉紧绝缘子串紧固，弹簧伸缩自如，同相各绝缘串的拉力均匀。均压环安装水平，磁吹阀型避雷器组装的上下节位置与制造厂产品出厂标志编号相符。放电记录器密封良好，动作可靠，安装位置一致。避雷器油漆完整，相色正确，接地良好
3	测量绝缘电阻	阻值与出厂相比应无明显差异	符合要求

续表

项次	检查项目	质量标准	检查结果
4	测量电导电流，并检查组合元件的非线性系数	电导电流应符合产品的规定，同一相内串联组合元件的非线性系数差值应小于0.04	
5	测量持续电流	在运行电压下的持续电流，其阻性电流或总电流值应符合产品技术条件的规定	
6	测量工频率参考电压或直流参考电压	（1）对应于工频参考电流下的工频参考电压，整支或分节进行测试值，应符合产品技术条件的规定； （2）对应直流参考电流下的直流参考电流，整支或分节进行的测试值，应符合产品技术条件的规定	
7	检查放电记录器动作情况及基座绝缘	动作应可靠，基座绝缘良好	动作可靠，绝缘良好

（6）软母线安装。软母线安装质量检查结果见表6-2-200。

表6-2-200　软母线安装质量检查成果汇总表

项次	检查项目	质量标准	检查结果
1	软母线外观检查	无扭结、松股、断股、变形锈蚀	无扭结、松股、断股、变形锈蚀
2	金具外观检查	所有金具应符合国家标准要求，零配件齐全，无裂纹、损伤锈蚀、滑扣等	符合要求，零配件齐全，无裂纹、损伤、锈蚀、滑扣
3	绝缘子外观检查	表面无损伤裂纹、缺釉、破损等缺陷，钢帽、钢脚与瓷件黏合牢固，填料无剥落	表面完好、黏合牢固，填料无剥落
4	软母线架设	线夹与金具连接平面接触用0.05mm塞尺检查，塞入深度应小于塞入方向总深度10%，各相引下线弧度允许偏差应小于10%	接触面0.05mm，塞尺塞不进，引下线弧度基本一致
5	悬式绝缘子串的安装	绝缘子串应经交流耐压试验合格，但连接用螺栓、穿钉、弹簧销子等应完整，穿向一致，开口销必须分开	交流耐压试验合格，组合件齐全，螺栓穿向一致，开口销分开

（7）安全自检结论。220kV GIS及220kV户外出线设备，经升流、升压，系统受电及并入系统运行，受电一次成功，运行正常，具备长期安全运行条件，能满足电站运行要求。

13. 通信系统设备安装

（1）通信设备配置及安装。××××电站厂内通信系统配置一套160线数字式程控调度交换机主控部分和电源板卡采用1+1热备份方式运行，保证厂内调度电话系统通信的畅通。同时配备了4线EM中继，2M数字中继等板卡，可以与外部电力调度系统连接。

厂内数字式程控调度交换机的2线环路中继接口与电信公司网络相连接，实行了电站对外通信。

电站配置一套带有PCM智能复接设备的SDH光传输系统来保障坝区值班室，各启闭机室等重要部位与中控室及电站各行政部门的通信联络，数据传输速率为155Mbit/s，设备分别安装在厂内通信室和坝区配电室。

电站主厂房配置两套48V/60A独立高频开关通信电源为通信设备同时供电，由受电设备在本机上自动切换选择和通信电源输出直流48V或交流220V电源回路分别为程控调度交换机，系统及厂内光通信终端设备和系统载波设备提供稳定、可靠电源。同时配置两组48V/200Ah免维护铅酸蓄电池，可在断电情况下保障厂内通信正常运行2h。在坝区配置一套48V/60A通信电源为坝区厂内光传输设备供电，另配置一组48V/100A免维护铅酸蓄电池作为断电故障保障。

通信设备于20××年12月完成安装调试，正式开通与省调、对外及厂内通信，效果良好。

（2）安全自检结论。通信系统已具备了全部通信功能，自投产至今，通信联络畅通，通信质量良好，具备长期安全运行的条件，能满足电站对内、对外通信需求。

14. 消防设施及技术供水

消防设施分水灭火系统，火灾报警系统及灭火器两部分。

（1）水灭火系统及技术供水。

1）消防技术供水。消防技术供水由布置在技术供水室的2台流量$Q=100m^3/h$扬程$H=90m$的立式离心水泵为主供水源，取水口设在尾水渠1235.70m高程，水经DN125mm管路输入消防水池。消防管路系统由厂区室外消防环管、厂内消防环管和机电消防环管组成管网（环管管径DN200）为室外消火栓，室内消火栓为发电机、主变提供灭火水源。管网的水源由消防水池通过2根接入管网的DN200镀锌管提供。

2）水灭火系统。室外设置4个SS100/65-1.6地上室消火栓，主厂房蜗壳层、水轮机层、中间层、发电机层各布置4组SNJ65室内消火栓，下游副厂房水机层、中间层各布置3组SNJ65室内消火栓，上游副厂房中间层、发电机层各布置2组SNJ65室内消火栓，中控室及廊道、安装间GIS厅分别布置4组、2组、4组SNJ65室内消火栓，发电机及主变室各自布置环形喷头分别由发电机消防控制箱和主变雨淋阀控制。

3）系统调试。

a. 消防水泵供水试验，运行正常，供水量满足设计要求。

b. 消防系统管路充水试验，正常无渗漏。

c. 管路冲洗后，水质干净，满足消防要求。

d. 室外消火栓喷射试验、压力、射程均能满足消防要求。

（2）火灾自动报警系统。

1）火灾自动报警和监控。在主厂房发电机层、中间层、水轮机层、蜗壳层及安装间副厂房中控室层，高、低压配电室层，空压机层、油罐室、油处理室及GIS厅，发电机风罩及机坑内，装设火灾探测装置火灾手动报警按钮、声光报警盒等。在中控室设置一面火灾报警控制柜。

在厂内不同场所、部位，根据火灾特性分别设置不同的火灾探测器。火灾自动报警系统采用总线型报警控制系统，由带有编码地址的智能型烟感温感复合探测器、火焰探测器、线型光纤感温探测装置、缆式光纤感温探测装置、吸气式感烟探测装置、手动报警按钮、声光报警器、控制模块、监视模块、隔离模块及火灾报警控制器组成。

火灾发生时需要联动控制的设备附近配置有控制和监视模块，用于这些设备的联动控制。各消防设备的位置和起停状态信号通过监视模块，可在火灾集中报警控制器上显示。

2）火灾报警控制器电源。火灾报警控制器主电源为交流220V，由厂用电供给，控制器本身备有备用蓄电池组，保障在主电源失电后工作1h，控制器同时设有自备的消防24V直流电源，供给控制模块及其他需要直流24V的设备。

（3）灭火器的配置。厂区灭火器的配置见表6-2-201。

表6-2-201 厂区灭火器配置情况汇总表

序号	部 位	名 称	型 号	数量/组
1	主厂房安装场配置	推车式干粉灭火器	1-MFT/ABC-20	1
		推车式泡沫灭火器	1-MPT-20	1
		干粉灭火器	2-MF/ABC-5	2
2	主厂房发电机层	推车式干粉灭火器	1-MFT/ABC-20	2
		干粉灭火器	2-MF/ABC-5	4
3	主厂房中间层	干粉灭火器	2-MF/ABC-5	7
4	主厂房水轮机层	干粉灭火器	2-MF/ABC-5	6
5	蜗壳层	干粉灭火器	2-MF/ABC-5	6
6	GIS厅	干粉灭火器	2-MF/ABC-5	5
7	技术供水室	干粉灭火器	2-MF/ABC-5	3
8	发电机断路器及母线室	干粉灭火器	2-MF/ABC-5	3
9	空压机室	干粉灭火器	2-MF/ABC-5	3
10	高低压配电室	干粉灭火器	2-MF/ABC-5	4
11	副厂房中控室层	干粉灭火器	4-MT-5	3

同时在主变室配置一定数量的砂箱及砂子备用。

（4）安全自检结论。消防设施及技术供水，经水系统充水试验、报警系统模拟试验，各系统运行正常，报警准确，灭火器配置到位，质量符合消防要求，系统已具备处置火灾发生的能力，能满足电站消防的要求。

15. 机电安装工程安全总评价

机电安装工程质量控制严格按照设计及规范执行，安装质量满足设计及规范要求，水轮发电机组、水力机械辅助设备、发电电气设备、主变压器及GIS等主要设备经试运行后并入系统运行，运行稳定、安全可靠。

（十）业主中心试验室检测结果及评价

业主中心试验室于20××年11月在××水电站工地建成投入使用，负责对整个××江梯级电站在建工程使用的原材料、混凝土及大坝填筑堆石料进行抽样检测及质量监控。主要试验项目有水泥物理性能指标检验，钢筋抗拉、抗弯检验，骨料品质（物理）的常规检验，混凝土的抗压、劈裂抗拉，静压弹性模量、抗渗，锚杆拉拔检测，土工的有击实、液塑限、原位密度（灌水法）、原位渗透、坝料颗粒级配检测。

1. 原材料质量评价

（1）水泥。

1）P. O 32.5水泥质量评价。在20××年11月××日—20××年5月××日两年半期间，中心试验室对××××水电站工程中使用的××××科技实业股份有限公司生产的×××牌、××××××水泥建材有限公司生产的××牌、××××水泥股份有限公司生产的××牌等3个厂家出厂的P.O 32.5水泥共抽样检验29次。

检测结果：29次检验的P.O 32.5水泥样品的技术指标满足《通用硅酸盐水泥》（GB 175—1999）标准的要求。

2）P.O 42.5水泥质量评价。在20××年4月××日—20××年10月××日3年半期间，中心试验室对××××水电站工程使用的××××科技实业股份有限公司生产的×××牌、××××××水泥建材有限公司生产的××牌P.O 42.5水泥、××××水泥股份有限公司生产的××牌P.O 42.5水泥共抽检74次。

检测结果：74次检验的P.O 42.5水泥样本的技术指标满足《通用硅酸盐水泥》（GB 175—1999）标准的要求。

（2）粉煤灰质量评价。工程中使用的粉煤灰为×××发电粉煤灰责任有限公司生产的Ⅰ级粉煤灰，主要用于大坝趾板、面板和厂房机墩。在20××年5月××日—20××年5月××日3年期间，对粉煤灰的物理指标，中心试验室抽样检验18次。

检测结果：18次抽样的粉煤灰样本的物理指标符合《用于水泥和混凝土中的粉煤灰》（GB/T 1596—2005）标准的Ⅱ级粉煤灰标准。

（3）钢材质量评价。

1）钢筋母材质量评价。工程中的受力钢筋主要采用HRB335和HRB400两种牌号，20××年11月××日—20××年5月××日3年半期间，中心试验室对××××水电站工程使用的HRB335月牙肋钢筋进行抗拉、抗弯试验的抽样检验100组，HRB400月牙肋钢筋检验5组。

检测结果：100组HRB335、5组HRB400钢筋样本的屈服强度、伸长率、弯曲性能均满足《钢筋混凝土用钢　第2部分：热轧带肋钢筋》（GB 1499.2—2007）标准要求。

2）钢筋接头质量评价。20××年5月××日—20××年5月××日3年期间，中心试验室对××××水电站工程中的HRB335钢筋接头抽样进行抗拉试验检验共计259组，其中：HRB400钢筋单面焊1组，HRB335钢筋套筒接头5组，HRB400钢筋套筒接头2组，其余251组均为HRB335单面焊或双面焊接头，根据检验结果对钢筋接头质量进行评定，评定采用《水工混凝土钢筋施工规范》（DL/T 5169—2002）（以下简称“13水工钢筋规范”），由于国家在2018年实施了《钢筋混凝土用钢　第2部分：热轧带肋钢筋》（GB 1499.2—2007）的新钢筋标准，新标准中将HRB335钢筋和HRB400钢筋的抗拉强度由490MPa、570MPa相应降低到455MPa、540MPa，按“13水工钢筋规范”中的焊接钢筋接头的抗拉强度不低于钢筋母材的抗拉强度的宗旨，在本次评定中亦随之做以下调整：

a. HRB335钢筋和HRB400钢筋单（双）面焊接头的验收抗拉强度相应调整为455MPa、540MPa。

b. HRB335钢筋和HRB400钢筋墩粗直螺纹套筒接头的A级接头验收抗拉强度1.05倍钢筋母材标准强度（$1.05f_{tk}$）相应调整为480MPa、565MPa。

检测结果情况如下：

(a) 251组HRB335钢筋焊接接头的抗拉强度在320～610MPa之间，发现6组接头中均有1个接头的抗拉强度低于480MPa，其部位分别为：①缓流段左边墙（溢0+081～0+111，高程 1573.00～1576.00m)，Φ20 钢筋的 3 个接头的抗拉强度分别为 530MPa、440MPa、590MPa，处理方法为整改后加倍抽样复检合格；②大坝（水平段）趾板（ZP3 0+48.00～ZP3 0+63.00)，Φ22 钢筋的 3 个接头的抗拉强度分别为 335MPa、540MPa、530MPa，处理方法为整改后加倍抽样复检合格；③大坝（斜坡段）趾板（ZP2 0+70.000～ZP2 0+85.091)，Φ22 钢筋的 3 个接头的抗拉强度分别为 536MPa、531MPa、447MPa，处理方法为整改后加倍抽样复检合格；④大坝二期面板 FR_2 的Φ16 钢筋的 3 个接头的抗拉强度分别为 525MPa、525MPa、320MPa，处理方法为按"13 水工钢筋规范"中的绑扎接头方法处理，该仓接头上全部加同种规格钢筋帮条，在接头两端各搭接 40d 进行捆扎；⑤大坝二期面板 FL_1 Φ14 钢筋的 3 个接头的抗拉强度分别为 525MPa、330MPa、490MPa，处理方法同 FR_2；⑥大坝二期面板 FL_1 Φ16 钢筋的 3 个接头的抗拉强度分别为 545MPa、370MPa、545MPa，处理方法同 FR_2。

其余 245 组 HRB335 钢筋焊接接头的抗拉强度在 48～625MPa 之间，达到了抗拉强度大于等于 455MPa 的技术指标要求，钢筋接头试验后均呈延性断裂，符合"13 水工钢筋规范"对 HRB335 钢筋单面焊接头的验收要求。

(b) 1 组 HRB400 钢筋焊接接头的抗拉强度在 600～605MPa 之间，达到了抗拉强度≥540MPa 的技术指标要求，钢筋接头试验后均呈延性断裂，符合"13 水工钢筋规范"对 HRB335 钢筋单面焊接头的验收要求。

(c) 5 组 HRB335 钢筋套筒接头的抗拉强度在 445～625MPa 之间，发现 1 组接头中有 1 个接头的抗拉强度低于 480MPa，其部位为厂房尾水段底板（高程 1226.04～1228.04m，厂横 0+36.20～0+46.14，厂纵 0+43.3～0+06.7)，Φ28 钢筋的 3 个接头的抗拉强度分别为 455MPa、580MPa、610MPa，处理方法为整改后加倍抽样复检合格。

检查结果：经检测和处理后的钢筋接头，符合《水工混凝土钢筋施工规范》(DL/T 5169—2002) 要求。

(4) 骨料评价。

1) 细骨料评价。由于××××水电站所处的地区为花岗岩地区，使用花岗岩生产的人工砂云母含量偏大，对混凝土性能会产生不利影响，故××××水电站主体工程使用人工砂，为下游水电站工程××标生产的石灰岩人工砂，一些次要部位使用××江中的天然砂。

20××年 12 月××日—20××年 6 月××日 3 年半期间，中心试验室在施工现场对石灰岩人工砂抽样检测 88 次（含对下游水电站工程的××标生产的石灰岩人工砂的检测)，天然砂检测 17 次。检测结果如下：

人工砂的细度模数在 2.1～3.6 之间，平均值 2.9，合格率为 38.6%。含石量（大于 5mm 颗粒含量）3.0%～33.4%，平均值 16.2%。石粉含量：小于 0.16mm 颗粒含量在 8.0%～28.6%之间，平均值 19.0%，合格率为 37.1%；小于 0.08mm 颗粒含量在 1.7%～20.1%之间，平均值 12.4%。《水工混凝土施工规范》(DL/T 5144—2001) 对人工砂的要求：细度模数宜在 2.4～2.8，石粉含量应在 6%～18%。所检人工砂的细度模数、石粉含量偏大，合格率较低，对混凝土的工作性有一定的影响，为此，在混凝土拌和前需加强现场人工砂检测，根据人工砂的特性及审批后混凝土配合比，及时合理校正混凝土生产的用材量。另一方面需加强人工砂生产质量控制。

天然砂的细度模数在 2.7～3.67 之间，含泥量在 0.4%～4.3%之间，有超标现象，不符合《水工混凝土施工规范》(DL/T 5144—2001) 对天然砂的品质要求，不能用于大于 C_{90} 30 和有抗冻要求的混凝土。为此，对用于大于 C_{90}30 和有抗冻要求的混凝土细骨料天然砂，已在施工中严格加强检测和控制，检测合格后方可使用。

2) 粗骨料质量评价。××××水电站工程使用的粗骨料主要为中国水利水电××工程局人工碎石生产系统生产的花岗岩人工碎石。

20××年 11 月××日—20××年 5 月××日 4 年半期间，中心试验室人工碎石抽样检测 143 次，其中，单粒级配的小石 57 次、中石 64 次、大石 20 次，细石（喷射混凝土使用，粒径 5～15mm 骨料）检测 16 次。试验采用原孔筛进行，检测结果如下：

小石逊径含量检测 57 次，其中 2 次在现场取样时发现小石逊径过大，当时责令施工方停止生产，将成品仓内的逊径不合格小石用于垫层料生产并取样检测（其逊径含量高达 59%、60%）。其余的 55 次检测：小石超径含量在 1%～29%之间，平均值 8.5%，合格率 62%；小石超径含量在 0～8%之间，平均值 1.4%，合格率 95%；压碎指标检测 5 次，检测值在 13.5%～17.1%之间，平均值 15.5%，合格率 100%；石粉含量检测 2 次，石粉含量分别为 1.5%和 4.7%，平均值 3.1%；针片状含量检测 3 次，检测值在 0～1%之间，平均值 0.7%。根据《水工混凝土施工规范》(DL/T 5144—2001) 对小石的品质要求［超径含量不超过 5%、逊径含量不超过 10%、压碎指标（火成岩）不超过 30%］，对小石品质进行评价，小石的超径含量、压碎指标合格率均为 100%，逊径含量偏大，合格率低，并存在裹粉现象，这对混凝土的工作性有一定的影响，容易因混凝土骨料级配不合理而形成骨料离析，在混凝土拌和，需加强现场原材料检测，及时根据原材料特性和混凝土配合比合理校正混凝土生产的用材量。同时，加强小石的生产质量控制，加强筛网检查和清理，减少筛漏和堵筛现象的发生，对成品料做好冲洗，避免骨料裹粉对混凝土强度产生不利的影响。

中石超径含量检测 61 次，其中 2 次在现场取样时发现中石超径过大，当时责令施工方停止生产，清除成品仓内的超径不合格中石，并取样检测（其超径含量为 41%、45%）。其余的检测：中石超径在 0～29%之间，平均值 9.8%，合格率 20%；中石逊径检测 64 次，逊径含量在 0～37%之间，平均值 12.99%，合格率 45%；石粉含量检测 2 次，石粉含量在为 1.0%～4.7%之间，平均值 2.9%，对裹粉较为严重的中石，已责令施工方只能用于生产垫层料。根据《水工混凝土施工规范》(DL/T 5144—2001) 对中石的技术指标（超径含量不超过 5%、逊径含量不超过 10%）要求，中石生产中，超径含量和逊径含量波动大，合格率较低，对混凝土的工作性有一定的影响，施工时加强了现场原材料检测，及时根据混凝土配合比合理校正混凝土生产的用材量。同时，需加强中石的生产质量控制。

大石超径含量检测 20 次，大石超径在 0～32%之间，平均值 5.7%，合格率 55%；大石逊径含量在 0～28%之间，平均值 8.3%，合格率 55%，石粉含量检测 1 次，石粉含量为 5.3%。根据《水工混凝土施工规范》(DL/T 5144—2001) 对中石的技术指标（超径含量不超过 5%、逊径含量不超过 10%）要求，中石生产中，超径含量和逊径含量波动大，合格率较低，对混凝土的工作性有一定的影响，施工时加强了现场原材料检测，及时根据混凝土配合比合理校正混凝土生产的用材量。同时，需加强中石的生产质量控制。

3) 细石质量评价。20××年 4 月××日—20××年 4 月××日 3 年期间，中心试验室对中国水利水电××工程局人工碎石生产系统生产的 5～15mm 花岗岩细石抽样检测 16 次，检测的目的是为检查其颗粒级配，以便与砂调配出合理级配的喷射混凝土骨料级配，不作质量评定，检测结果：≤15mm粒径含量在0～100%之间，平均值81.3%；10～15mm粒径含量在94%～100%之间，平均值98.9%；5～10mm粒径含量在46%～93%之间，平均值71.4%；2.5～5mm粒径含量在1%～64%之间，平均值2.84%；1.2～2.5mm粒径含量在1%～45%之间，平均值18.8%；0.6～1.2mm粒径含量在1%～37%之间，平均值15.3%；0.3～0.6mm粒径含量在1%～21%之间，平均值10.6%；0.15～0.3mm粒径含量在1%～16%之间，平均值7.4%；小于0.15～0.15mm粒径含量在0～10%之间，平均值5.2%。

2. 混凝土质量评价

(1) C15混凝土质量评价。20××年12月××日—20××年2月××日2年2个月期间，中心试验室对××××水电站工程的C15混凝土抗压强度抽样检测207组，其中，7d龄期抗压强度检测100组，28d龄期抗压强度检测107组，28d抗压强度在12.8～54.1MPa之间，平均抗压强度为24.5MPa，标准差为8.0MPa，达到设计强度的百分率为93.5%，强度保证率88.2%。

检查结果：符合《水工混凝土施工规范》(DL/T 5144—2001) 对C15混凝土抗压强度验收指标［平均值大于等于16.7MPa ($m_{fcu} \geqslant f_{cu,k} + Kt\sigma_0$)，最小值大于等于12.8MPa ($0.85f_{cu,k}$)］的要求。

(2) C20混凝土质量评价。

1) C20混凝土质量评价。20××年12月××日—20××年10月××日近4年期间，中心试验室对××××水电站工程C20混凝土抗压强度抽样检测496组，其中，7d龄期抗压强度检测231组，28d龄期劈裂抗拉强度检测14组，90d龄期抗压强度检测10组，28d龄期抗压强度检测241组。混凝土28d抗压强度在17.0～52.0MPa之间，平均抗压强度为29.6MPa，强度标准差为7.2MPa，达到设计强度百分率为91.8%，强度保证率90.1%。

检测结果：符合《水工混凝土施工规范》(DL/T 5144—2001) 对C20混凝土抗压强度验收指标［平均值大于等于22.4MPa ($m_{fcu} \geqslant f_{cu,k} + Kt\sigma_0$)，最小值大于等于17.0MPa ($0.85f_{cu,k}$)］的要求。

2) C20喷射混凝土质量评价。20××年12月××日—20××年6月××日1年半期间，中心试验室对××××水电站工程开挖支护的C20喷射混凝土抽样检测15组。28d龄期抗压强度在19.1～53.0MPa之间，平均抗压强度为30.7MPa，合格率为83.3%。

检测结果：符合《水利水电工程施工质量检验与评定规范》(SL 176—2007) 对临时性C20喷射混凝土抗压强度验收指标［平均值大于等于20MPa ($f'_{ck} \geqslant f_c$)，最小值大于等于17MPa ($f'_{ckmin} \geqslant 0.85f_c$)］的要求。

(3) C25混凝土质量评价。

1) C25混凝土质量评价。20××年11月××日—20××年11月××日4年期间，中心试验室对××××水电站工程C25混凝土抽样检测2402组，其中，7d龄期抗压强度检测1104组，28d龄期劈裂抗拉强度检测107组，90d龄期抗压强度检测54组，28d龄期抗压强度检测1137组。28d龄期抗压强度在22.5～64.1MPa之间，平均抗压强度为38.1MPa，强度标准差为7.6MPa，达到设计强度的百分率为97.0%，强度保证率95.8%。

检测结果：符合《水工混凝土施工规范》(DL/T 5144—2015) 对C25混凝土抗压强度验收指标［平均值大于等于27.5MPa ($m_{fcu} \geqslant f_{cu,k} + Kt\sigma_0$)，最小值大于等于22.5MPa ($0.90f_{cu,k}$)］的要求。

2）C25喷射混凝土质量评价。20××年2月××日—20××年4月××日1年2个月期间，中心试验室对××××水电站工程引水隧洞的C25喷射混凝土抽样检测57组。3d龄期抗压强度检测4组，7d龄期抗压强度检测27组，28d龄期抗压强度检测26组。28d龄期抗压强度在25.1～41.1MPa之间，平均抗压强度为32.8MPa，标准差4.4MPa，合格率为100%，强度保证率96.1%。

检测结果：符合《水利水电工程施工质量检验与评定规范》（SL 176—2007）对永久C25喷射混凝土抗压强度验收指标［平均值大于等于29.6MPa（$f'_{ck}-K_1S_n\geqslant 0.9f_c$），最小值大于等于21.3MPa（$f'_{ckmin}\geqslant K_2f_c$）］的要求。

（4）C30混凝土质量评价。20××年4月××日—20××年12月××日1年8个月期间，中心试验室对××××水电站工程C30混凝土抽样检测159组，其中，7d龄期抗压强度检测78组，28d龄期劈裂抗拉强度检测2组，90d龄期抗压强度检测2组，28d龄期抗压强度检测77组。28d龄期抗压强度在28.0～59.4MPa之间，平均抗压强度为44.0MPa，标准差为6.5MPa，达到设计强度标准值的百分率为97.4%，强度保证率98.5%。

检测结果：符合《水工混凝土施工规范》（DL/T 5144—2001）对C30混凝土抗压强度验收指标［平均值大于等于32.2MPa（$m_{fcu}\geqslant f_{cu,k}+Kt\sigma_0$），最小值大于等于27.0MPa（$0.9f_{cu,k}$）］的要求。

（5）C35混凝土质量评价。20××年5月××日—20××年2月××日2年9个月期间，中心试验室对C35混凝土抽样检测12组，其中，7d龄期抗压强度检测5组，28d龄期劈裂抗拉强度检测2组，28d龄期抗压强度检测5组。28d龄期抗压强度在35.2～49.6MPa之间，均达到C35混凝土设计强度要求，平均抗压强度为41.1MPa，达到设计强度的117%，满足设计强度要求。

（6）C40混凝土质量评价。20××年2月××日，中心试验室对放空洞事故闸门井交通桥桥面C40混凝土抽样检测2组，其中，7d龄期抗压强度检测1组，28d龄期抗压强度检测1组。28d龄期抗压强度为54.7MPa，达到设计强度的137%，满足设计强度要求。

（7）C45混凝土质量评价。2009年10月××日—2010年4月××日6个月期间，中心试验室对××××水电站工程C45混凝土抽样检测40组，其中，7d龄期抗压强度检测19组，90d龄期抗压强度检测2组，28d龄期抗压强度检测19组。28d龄期抗压强度在43.1～66.5MPa之间，平均抗压强度为56.8MPa，标准差为6.7MPa，达到设计强度标准值的百分率为95%，强度保证率96.1%。

检测结果：符合《水工混凝土施工规范》（DL/T 5144—2015）对C45混凝土抗压强度验收指标［平均值大于等于47.5MPa（$m_{fcu}\geqslant f_{cu,k}+Kt\sigma_0$），最小值大于等于40.5MPa（$0.9f_{cu,k}$）］的要求。

（8）大坝挤压边墙干性混凝土质量评价。20××年1月1日—20××年12月31日1年间，中心试验室对大坝挤压边墙小于C5干性混凝土抽样检测4组，其中：7d龄期抗压强度检测1组，28d龄期抗压强度检测3组。28d龄期抗压强度在2.4～4.2MPa之间，平均抗压强度为3.1MPa，均满足干性混凝土小于C5的设计要求；28d龄期混凝土静压弹性模量检测1组，静压弹性模量为4020MPa，满足干性混凝土静压弹性模量在3000～8000MPa的设计要求。

3. 锚杆拉拔质量评价

20××年1月1日—20××年12月31日1年间，中心试验室对大坝趾板锚杆进行拉拔试验检测2组、引水隧洞锚喷支护锚杆进行拉拔试验检测1组。3组锚杆的拉拔力值分别为102kN、109kN和111kN，平均值107kN，满足锚杆拉拔力值在80～120kPa的设计要求。

4. 大坝填筑质量评价

（1）垫层料（ⅡA）。

1）料源检测成果。××××水电站工程大坝使用的垫层料为中国水利水电××工程局人工碎石（ⅡA垫层料）生产系统生产，在20××年4月××日—20××年7月××日2年3个月期间，中心试验对其生产的垫层料（ⅡA）抽样检测颗粒级配44次，其中，20××年4月××日在料场的一次取样时，发现生产的垫层料级配明显不合理，当即要求施工方对该批垫层料进行重新调配颗粒含量比例，并取样检测（试样编号为Sj－C10－Z－ⅡA－018），检测数据未参与评定统计，其余23次检测结果显示生产的ⅡA垫层料级配不稳定，主要表现在：1～40mm粒径的颗粒含量部分偏多，超出下包线次数占总体百分比在29.5%～34.1%之间；2～10mm粒径的颗粒含量部分偏少，超出上包线次数占总体百分比为27.3%；1～40mm粒径范围内，各粒级的小于某粒径质量累计百分数标准差在4.94%～10.63%之间，合格率在47.8%～78.3%之间；小于5mm粒径质量累计百分数在18.9%～74.7%之间，平均值43.85%，标准差为13.65%，合格率38.6%，超出上包线百分比为27.3%，超下包线百分比为34.1%，61.4%的ⅡA料小于5mm颗粒含量未能满足设计指标35%～53%的要求；小于0.075mm粒径质量累计百分数在0.37%～11.02%之间，平均值6.36%，标准差为2.68%，合格率为36.4%，超出上包线次数占总体百分比为45.5%，部分含泥量偏大，未能满足设计指标含泥量不超过8%的要求。各级小于某粒径质量累计百分数平均值的颗粒级配曲线在设计包络线范围内。

2）现场压实检测成果。20××年12月××日—20××年6月××日1年半期间，中心试验室对大坝填筑的垫层料（ⅡA）采用挖坑灌水法检测干密度109次，检测结果：孔隙率在12%～17%之间，平均值15%，标准差1.30%，合格率100%；干密度在2.21～2.364g/cm³之间，平均值2.27g/cm³，标准差0.03g/cm³，合格率100%，干密度保证率93.6%。孔隙率符合设计指标不超过17%的要求；干密度符合《混凝土面板堆石坝施工规范》（DL/T 5128—2001）对堆石料干密度要求指标：平均值不小于设计值2.22g/cm³，标准差不大于0.1g/cm³，合格率不大于90%，不合格干密度不得小于设计干密度的95%，即不小于2.21g/cm³的要求，垫层料填筑的干密度、孔隙率合格。

3）现场挖坑检验颗粒级配成果。20××年12月××日—20××年6月××日两年半期间，中心试验室对大坝填筑的垫层料（ⅡA）进行挖坑检测颗粒级配109次，检测结果显示：ⅡA垫层料级配在22～45mm粒径的颗粒含量部分偏多，超出下包线次数占总体百分比在22.9%～45.0%之间；部分粒径的颗粒含量偏少，在2～5mm粒径范围内，超出上包线次数占总体百分比在33.9%～39.4%之间，在0.25～0.5mm粒径范围内，超出上包线次数占总体百分比在17.4%～24.8%之间；各粒级的小于某粒径质量累计百分数标准差在2.6%～13.48%之间，合格率在17.4%～84.4%之间；小于5mm粒径质量累计百分数在31.5%～75.9%之间，平均值50.7%，标准差6.43%，合格率59.6%，超出上包线百分比为 33.9%，无超下包线百分比为 1.8%，35.8%的ⅡA料小于5mm颗粒含量未能满足设计指标35%～53%的要求；小于0.075mm粒径质量累计百分数在3.06%～16.68%之间，平均值9.09%，标准差2.6%，合格率17.4%，超出上包线次数占总体百分比为80.7%，多数含泥量偏大，未能满足设计指标小于等于8%的要求。0.25～60mm粒径的小于某粒径质量累计百分数平均值的颗粒级配曲线在设计包络线范围内，在0.075mm粒径处的平均值颗粒级配曲线超出上包线1.09%。

4）现场渗透检测结果。20××年5月××日中心试验室对大坝填筑的垫层料（ⅡA）进行垂直渗透检测1次，共3个点。检测结果：渗透系数在 5.12×10^{-4}～9.81×10^{-4}cm/s之间，平均值 8.22×10^{-3}cm/s，满足渗透系数为 10^{-4}～10^{-3}cm/s 量级的设计要求。

（2）特殊垫层料（ⅡB）。

1）现场压实检测成果。20××年2月××日—20××年5月××日3个月期间，中心试验室对大坝填筑的特殊垫层料（ⅡB）采用挖坑灌水法检测干密度3次，检测结果：孔隙率在14%～17%之间，平均值15%，合格率100%；干密度在2.23～2.30g/cm^{3}之间，平均值2.27g/cm^3，合格率100%。孔隙率符合设计指标小于等于17%的要求；干密度符合《混凝土面板堆石坝施工规范》（DL/T 5128—2001）对堆石料干密度要求指标：平均值不小于设计值2.22g/cm^3，标准差小于等于0.1g/cm^3，合格率大于等于90%，不合格干密度不得小于设计干密度的95%，即不小于2.22g/cm^{3}的要求，垫层料填筑的干密度、孔隙率合格。

2）现场挖坑检验颗粒级配成果。20××年2月××日—20××年5月××日3个月期间，中心试验室对大坝填筑的特殊垫层料（ⅡB）进行挖坑检测颗粒级配3次，检测结果显示：ⅡB特殊垫层料级配良好，基本都在包络线内。各粒级的小于某粒径质量累计百分数合格率在33.3%～100%之间；小于5mm粒径质量累计百分数在52.51%～63.15%之间，平均值56.7%，合格率100%，ⅡB料小于5mm颗粒含量满足设计指标47%～65.5%的要求；小于0.075mm粒径质量累计百分数在6.20%～11.84%之间，平均值8.38%，合格率33.3%，超出上包线次数占总体百分比为0.84%，基本满足设计指标小于等于8%的要求。

（3）过渡料（ⅢA）。

1）现场压实检测成果。20××年6月××日—20××年6月××日2年期间，中心试验室对大坝填筑的过渡料（ⅢA）采用挖坑灌水法检测干密度55次，检测结果：孔隙率在11%～19%之间，平均值14%，标准差1.95%，合格率100%；干密度在2.174～2.385g/cm^{3}之间，平均值2.385g/cm^3，标准差0.05g/cm^3，合格率100%，干密度保证率99.4%。孔隙率符合设计指标小于等于19%的要求；干密度符合《混凝土面板堆石坝施工规范》（DL/T 5128—2001）对堆石料干密度要求指标：平均值不小于设计值2.17g/cm^3，标准差小于等于0.1g/cm^3，合格率大于等于90%，不合格干密度不得小于设计干密度的95%，即不小于2.06g/cm^{3}的要求，过渡料填筑的干密度、孔隙率合格。

2）现场挖坑检验颗粒级配成果。20××年5月××日—20××年5月××日2年期间，中心试验室对大坝填筑的过渡料（ⅢA）进行挖坑检测颗粒级配55次，检测结果显示：过渡料（ⅢA）级配总体偏细，各粒级的小于某粒径质量累计百分数标准差在3.72%～8.79%之间，合格率在17.9%～99%之间；小于5mm粒径质量累计百分数在6.14%～38.14%之间，平均值15.66%，标准差5.99%，合格率33.9%；小于0.075mm粒径质量累计百分数在2.46%～19.92%之间，平均值10.31%，标准差3.72%，合格率23.2%，超出上包线次数占总体百分比为76.8%，多数含泥量偏大，未能满足设计指标小于等于8%的要求。60～200mm粒径的小于某粒径质量累计百分数平均值的颗粒级配曲线贴近设计上包络线，在1～40mm粒径的平均值颗粒级配曲线超出上包线，最大超出量在2mm粒径处为3.66%。

（4）主堆石料（ⅢB）。

1）现场压实检测成果。20××年12月××日—20××年6月××日1年半期间，中心试验室对大坝填筑的主堆石料（ⅢB）采用挖坑灌水法检测干密度25次，其中20××年9月17日挖坑检测出的干密度为2.004g/cm^3，未能满足设计指标，中心试验室及时通知监理及业主，对该部位进行补碾，20××年9月18日复检测合格，20××年9月17日的检测数据未参与质量评定，其余的24次检测结果：孔隙率在14%～25%之间，平均值17%，标准差2.2%，合格率100%；干密度在2.161～2.299g/cm^{3}之间，平均值2.226g/cm^3，标准差0.04g/cm^3，合格率100%，干密度保证率98.5%。孔隙率符合设计指标小于等于20%的要求；干密度符合《混凝土面板堆石坝施工规范》（DL/T 5128—2001）对堆石料干密度要求指标：平均值不小于设计值2.14g/cm^3，标准差小于等于0.1g/cm^3，合格率大于等于90%，不合格干密度不得小于设计干密度的95%，即不小于2.06g/cm^{3}的要求，主堆石料填筑的干密度、孔隙率合格。

2）现场挖坑检验颗粒级配成果。20××年12月××日—20××年6月××日1年半期间，中心试验室对大坝填筑的主堆石料（ⅢB）进行挖坑检测颗粒级配24次，检测结果显示：主堆石料（ⅢB）级配总体偏细，超出上包线次数占总体百分比在20.8%～95.8%之间；各粒级的小于某粒径质量累计百分数标准差在2.09%～7.66%之间，合格率在33.3%～79.2%之间；小于5mm粒径质量累计百分数在3.98%～23.91%之间，平均值13.82%，标准差3.98%，合格率41.7%，超出上包线百分比为58.3%，无超下包线现象，66.7%的ⅢB料小于5mm颗粒含量未能满足设计指标小于等于15%的要求；小于0.075mm粒径质量累计百分数在3.49%～12.02%之间，平均值7.13%，标准差2.09%，合格率45.8%，超出上包线次数占总体百分比为54.2%，半数含泥量偏大，未能满足设计指标小于等于5%的要求。各粒级的小于某粒径质量累计百分数平均值颗粒级配曲线：10～800mm粒径的平均值颗粒级配曲线在设计包络线范围内，2～5mm粒径的平均值颗粒级配曲线超出上包线，最大超出量0.82%。

（5）次堆石料（ⅢC）。

1）现场压实检测成果。20××年7月××日和20××年7月××日，中心试验室对大坝填筑的次堆石料（ⅢC）采用挖坑灌水法检测干密度2次，2次检测结果：孔隙率均为17%，合格率100%；干密度分别为2.17g/cm^{3}和2.18g/cm^3，平均值2.175g/cm^3，合格率100%。孔隙率符合设计指标小于等于20%的要求；干密度符合《混凝土面板堆石坝施工规范》（DL/T 5128—2001）对堆石料干密度要求指标（平均值不小于设计值2.10g/cm^3），达到设计干密度，次堆石料填筑的干密度、孔隙率合格。

2）现场挖坑检验颗粒级配成果。

20××年7月××日和20××年7月××日，中心试验室对大坝填筑的次堆石料（ⅢC）进行挖坑检测颗粒级配2次，检测结果显示：主堆石料（ⅢB）级配总体偏细，超出上包线次数占总体百分比在20.8%～95.8%之间；各粒级的小于某粒径质量累计百分数标准差在2.09%～7.66%之间，合格率在33.3%～79.2%之间；小于5mm粒径质量累计百分数在3.98%～23.91%之间，平均值13.82%，标准差3.98%，合格率41.7%，超出上包线百分比为58.3%，无超下包线现象，66.7%的ⅢB料小于5mm颗粒含量未能满足设计指标小于等于15%的要求；小于0.075mm粒径质量累计百分数在3.49%～12.02%之间，平均值7.13%，标准差2.09%，合格率45.8%，超出上包线次数占总体百分比为54.2%，半数含泥量偏大，未能满足设计指标小于等于5%的要求。各粒级的小于某粒径质量累计百分数平均值颗粒级配曲线：10～800mm粒径的平均值颗粒级配曲线在设计包络线范围内，2～5mm粒径的平均值颗粒级配曲线超出上包线，最大超出量0.82%。

5. 各标段检测成果

各标段检测成果详见《××××水电站试验检测报告》，在此不赘述。

（十一）安全监测单位监测成果

安全监测单位：××水电××集团××勘测设计研究院科学研究分院

安全监测单位项目部于20××年4月进场开展××××水电站安全监测工作，到目前为止，共计完成各类监测仪器的安装埋设309台套，占设计工程量（669套）的46.2%。仪器安装成活率为98.75%。

自20××年4月项目部进场工作以来，监测工作实施紧跟大坝、引水系统及边坡施工进度，严格按规范和技术要求已安装埋设了水管式沉降仪、水平位移计、脱空观测仪、多点位移计、锚杆应力计、渗压计、钢筋计、土压力计、锚索测力计以及表面变形监测点等仪器400台套，所有已埋设的仪器采用北京×××工程科技有限公司系列产品，严格按有关技术要求和规程规范标准对所有仪器进行了检验、率定、安装埋设、数据采集和资料整编分析工作，现仪器工作正常，并取得了大量施工期监测成果资料，详见《××××水电站枢纽建筑物安全监测工程报告》，报告结论如下：

（1）大坝安全监测工程所有已埋设的仪器采用国内外知名厂家的仪器，在仪器安装前，对所有仪器进行严格检验、率定和耐高水压试验，以满足在水库蓄水后仪器正常工作并保证成果可靠性。

（2）安全监测工程实施紧跟大坝、引水系统及边坡施工进度，严格按规范和技术要求安装埋设了水管式沉降仪、水平位移计、脱空观测仪、多点位移计、锚杆应力计、渗压计、钢筋计、土压力计、锚索测力计以及表面变形监测点等仪器523台套，现仪器工作正常，为全方位监测大坝安全运行奠定了基础。

（3）严格按技术和规范要求，对大坝、引水系统及边坡进行了数据采集，特别是在一期面板浇筑前对坝体沉降和水平变形进行了长期加密监测（1次/d），取得了可靠的坝体沉降监测成果资料，及时以监测日报、监测周报、监测月报及专题报告等形式反馈有关各方，为确定××××水电站一期面板浇筑时机提供了重要科学依据。

（4）1495.00m高程坝纵0+218.60条带目前变化速率0～0.12cm/d；1528.50m高程坝纵0+131.899条带目前变化速率为0～0.23cm/d；1528.50m高程坝纵0+225.600条带目前变化速率为0～0.15cm/d；1561.50m高程坝纵0+131.899条带目前变化速率为0～0.21cm/d；1561.50m高程坝纵0+225.600条带目前变化速率为0～0.27cm/d；1561.50m高程坝纵0+331.072条带目前变化速率为0～0.25cm/d。

（5）坝基渗透压力测点DB-A-P-01～DB-A-P-03近期渗透压力出现突然增加，

这和目前大坝蓄水有关，其余测点渗透压力变化不大。

（6）大坝面板绝大部分钢筋计应力不大，测点DB-R-17当月应力为-202.18MPa；渗压计渗透压力变化不大；温度计目前温度处于15.10～16.50℃；脱空计监测成果最大脱空位移为3.63mm，最大剪切位移为24.17mm（测点DB-TS-06，位于大坝面板1560m高程坝纵0+237.605处，位于面板中部）。测点DB-TS-03和DB-TS-06（桩号均为坝纵0+237.605）近期监测成果偏大，DB-TS-03（高程1472.00m）测点处大坝相对面板向里面收缩，DB-TS-06（高程1560.00m）测点处大坝相对面板向外面鼓出，其变化趋势有待观察。

（7）引水压力钢管道钢板应力，*A*-*A*观测断面（0+142.5）钢管道沿环向的应力范围为53.14～72.07MPa，*B*-*B*观测断面（0+368.00）钢管沿环向的应力范围为55.76～106.21MPa；主岔管道钢板应力范围为79.76～325.14MPa。观测成果表明引水压力钢管道应力均在允许应力范围内。

（8）引水压力钢管道外水渗压情况：*A*-*A*观测断面（0+142.5）外水渗压范围为58.43～491.98kPa，*B*-*B*观测断面（0+368.00）外水渗压范围为76.23～91.25kPa。观测数据表明引水压力钢管到充水后外水压力有一定的变化。

（9）引水压力钢管道与回填混凝土之间接缝变化情况：*A*-*A*观测断面（0+142.5）接缝变化范围为－0.43～0.05mm，*B*-*B*观测断面（0+368.00）接缝变化范围为－2.00～0.11mm。观测数据表明引水压力钢管充水后有一定膨胀，使得钢管道外壁与回填混凝土之间的间隙变小，同时平段压力钢管道*B*-*B*断面压力钢管道顶部接缝变化较大达2mm。

（10）引水压力钢管道围岩钻孔多点位移变化情况：*A*-*A*观测断面（0+142.5）围岩锚杆应力范围为－35.36～－1.12mm，B-B观测断面（0+368.00）围岩锚杆应力范围为－10.34～－2.25mm。观测数据表明引水压力钢管充水后有一定膨胀，使得钢管道围岩具有一定的压缩变形。

（11）引水压力钢管道围岩钻孔锚杆应力计变化情况：*A*-*A*观测断面（0+142.5）围岩变形范围为－0.59～－0.1mm，B-B观测断面（0+368.00）围岩变形范围为－1.85～－0.2mm。观测数据表明引水压力钢管充水后有一定膨胀，使得钢管道围岩锚杆具有一定的压应力变化。

（12）引水隧洞衬砌外水渗压变化情况：*A*-*A*观测断面（引0+086.500）、衬砌外水渗压范围为99.27～230.44kPa；*B*-*B*观测断面（引867.500）、衬砌外水渗压范围为442.12～442.39kPa；*C*-*C*观测断面（引5+189.000）、衬砌外水渗压范围为385.20～588.53kPa。观测数据表明引水隧洞充水后衬砌外水渗压有一定的变化。

（13）引水隧洞衬砌结构钢筋应力变化范围为16.42～22.77MPa。观测数据表明引水隧洞引充水后衬砌钢筋应力变化不大，钢筋衬砌混凝土处于稳定状态。

（14）引水隧洞围岩钻孔多点位移变化情况，*A*-*A*观测断面（引0+086.500）、围岩变形范围为－0.72～－0.06mm；*B*-*B*观测断面（引867.500）、围岩变形范围为－9.15～－3.19mm；*C*-*C*观测断面（引5+189.000）、围岩变形范围为－4.25～4.25mm。观测数据表明引水隧洞充水围岩具有一定的变形。

（15）引水隧洞围岩钻孔锚杆应力计变化情况：*A*-*A*观测断面（引0+086.500）、围岩钻孔锚杆应力变形范围为－15.53～6.46MPa；*B*-*B*观测断面（引867.500）、围岩钻孔锚杆应力变形范围为－9.15～－3.19MPa；*C*-*C*观测断面（引5+189.000）、围岩钻孔锚杆应力变形范围为－8.28～21.34MPa。观测数据表明引水隧洞充水后锚杆应力变化不大，围岩锚固力处于稳定状态。

（16）调压井衬砌结构钢筋计变化情况：A－A观测断面（高程1595.08m）、B－B观测断面（高程1574.93m）、C－C观测断面（高程1524.20m），结构钢筋应力变化范围为－5.57～15.22MPa。观测数据表明引水隧洞引充水后调压井衬砌钢筋应力变化不大，钢筋衬砌混凝土处于稳定状态。

（17）调压井衬砌外水渗压变化情况：A－A观测断面（高程1595.077m）衬砌外水渗压变化范围为1.22～23.17kPa；B－B观测断面（高程1574.93m）衬砌外水渗压变化范围为0.85～27.39kPa；C－C观测断面（高程1524.20m）衬砌外水渗压变化范围为194.38～380.85kPa；1－1观测断面（高程1540.00m）衬砌外水渗压变化范围为415.89～524.43kPa。观测数据表明引水隧洞引充水后调压井衬砌外水渗压有一定的变化。

（18）调压井衬砌围岩钻孔多点位移计衬砌变化情况：A－A观测断面（高程1595.08m）围岩变形范围为－0.77～0.28mm；B－B观测断面（高程1574.93m）围岩变形范围为0.61～0.52mm；C－C观测断面（高程1524.20m）围岩变形范围为－0.51～0.36mm；1－1观测断面（高程1540.00m）衬砌外水渗压变化范围为－0.29～0.23mm。观测数据表明引水隧洞引充水后调压井围岩具有一定的变化。

（19）调压井衬砌围岩钻孔锚杆应力计变化情况：A－A观测断面（高程1595.08m）围岩钻孔锚杆应力变形范围为－5.52～3.20MPa；B－B观测断面（高程1574.93m）围岩钻孔锚杆应力变形范围为－2.06～3.32MPa；C－C观测断面（高程1524.20m）围岩钻孔锚杆应力变形范围为－5.44～18.28MPa；1－1观测断面（高程1540.00m）围岩钻孔锚杆应力变形范围为－19.32～17.13MPa。观测数据表明引水隧洞引充水后调压井围岩锚杆应力变化不大，围岩锚固定处于稳定状态。

（20）目前导流洞进出口边坡、坝肩边坡、放空洞边坡、进水口边坡、溢洪道边坡均处于稳定状态。

（十二）单位工程外观质量检测评定结果

单位工程完工后，项目法人按照《水利水电工程施工质量检验与评定规程》（SL 176—2007）要求，组织工程设计、监理、施工、运行管理单位对7个主体单位工程外观质量进行检测评定，评定结果详见表6－2－202。

表6－2－202 单位工程外观质量检测评定结果统计表

序号	单位工程名称	应得分	实得分	得分率/%	质量等级
1	混凝土面板堆石坝	118	109.2	92.5	优良
2	溢洪道	98	82.3	83.9	合格
3	泄洪隧洞（放空洞）	75	68.1	90.1	优良
4	引水隧道及压力管道	108	99	91.7	优良
5	发电厂房	121	112.5	92.9	优良
6	机电安装	81	76.8	94.8	优良
7	导流隧洞	75	58	77.3	合格

六、工程质量核备与核定

（一）工程质量评定、核验与核定依据

（1）《水利水电工程施工质量检验与评定规程》（SL 176—2007）。

（2）《水利水电工程施工质量评定表填表说明与示例（试行）》（办建管〔2002〕182号）。

（3）《水利水电基本建设工程单元工程质量等级评定标准》（SDJ 249—88）。

（4）工程承发包合同中约定的技术标准。

（5）工程施工期及运行期的试验和观测分析成果。

（6）项目法人提供的施工质量检验与评定资料。

（二）单位工程施工质量核备结果

××××水电站工程共划分为混凝土面板堆石坝、溢洪道、放空洞、引水隧洞及压力管道、厂房土建、机电安装工程、房屋建筑工程、导流隧洞工程、交通工程、环保水保工程、小江平坝料场剥离工程等11个单位工程，其中交通工程、环保水保工程、料场剥离工程不属于主体工程，不参与本项目的工程质量评定，其他8个单位工程施工质量经施工单位自评、监理单位复核、项目法人认定、省质监中心站核备与核定，质量等级如下。

1. 混凝土面板堆石坝单位工程

（1）分部工程质量核备结果。混凝土面板堆石坝单位工程共划分为15个分部工程，经施工单位自评、监理单位复核、项目法人认定、质量监督中心站核备，质量等级见表6-2-203。

表6-2-203　　混凝土面板堆石坝各分部工程质量核备汇总表

分部工程			单元工程评定结果			
序号	名称	质量等级	数量/个	合格数/个	优良数/个	优良率/%
1	坝基、趾板开挖与处理	优良	189	189	5	97.3
2	△左岸坝基开挖及支护（高程1480.00m以上）	优良	140	140	136	97.0
3	△右岸坝基开挖及支护	优良	128	128	124	96.9
4	左岸灌浆洞	合格	27	27	15	55.6
5	右岸灌浆洞	合格	22	22	10	44.5
6	△趾板及地基防渗	优良	155	155	155	100
7	△混凝土面板及接缝止水	优良	233	233	233	100
8	大坝填筑Ⅰ（高程1529.00m以下）	优良	1333	1333	1292	96.9
9	大坝填筑Ⅱ（高程1529.00～1576.00m坝前经济断面）	优良	759	759	740	97.5
10	大坝填筑Ⅲ（高程1529.00～1576.00m坝后部分）	优良	126	126	119	94.4
11	大坝填筑Ⅳ（高程1576.00～1592.00m坝后部分）	优良	222	222	213	96.0
12	大坝填筑Ⅴ（高程1592.00～1595.00m坝后部分）	优良	28	28	28	100
13	观测设施（含原型观测）	优良	200	200	200	100
14	防浪墙及公路	优良	193	193	193	100
15	坝前铺盖	优良	323	323	319	98.8
合计			4078	4078	3782	92.7
外观质量检测评定结果：应得118分，实得109.2分，得分率92.5%，达到优良标准						

注　加“△”符号者为主要分部工程。

（2）单位工程质量等级核备结果。混凝土面板堆石坝单位工程共划分为15个分部工程，质量全部合格，其中优良分部工程13个，分部工程优良率86.7%，施工中未发生过质量事故，单位工程外观质量优良，单位工程施工质量检验与评定资料齐全，工程施工期单位工程观测资料分析结果符合国家和行业技术标准及合同约定的标准要求。

根据《水利水电工程施工质量检验与评定规程》（SL 176—2007）的规定，同意混凝土面板堆石坝施工质量等级评定为优良。

2. 溢洪道单位工程

（1）分部工程质量等级核备结果。溢洪道单位工程共划分为12个分部工程，经施工单位自评、监理单位复核、项目法人认定、质量监督中心站核备，质量等级见表6-2-204。

表6-2-204　溢洪道各分部工程质量核备汇总表

分部工程			单元工程评定结果			
序号	名称	质量等级	数量/个	合格数/个	优良数/个	优良率/%
1	* 场内临时交通	—	—	—	—	—
2	△地基防渗及排水	优良	46	46	42	91.3
3	溢洪道边坡开挖及支护（溢洪道以上边坡）	合格	50	50	40	80.0
4	溢洪道边坡开挖及支护（溢洪道以下边坡）	合格	53	53	44	83.0
5	溢洪道引渠段（溢0—007～溢0-062）	合格	55	55	47	85.5
6	△溢洪道闸室段（溢0—007～溢0+036）	优良	115	115	102	88.7
7	溢洪道缓流段（溢0+036～溢0+240）	合格	188	188	156	83.0
8	溢洪道泄槽段（溢0+240以后段）	合格	245	245	197	80.4
9	闸门及启闭机械安装	优良	6	6	6	100
10	左坝肩开挖及支护	合格	78	78	57	73.1
11	河道护岸	合格	88	88	44	50.0
12	原型观测	优良	10	10	10	100
合计			934	934	745	79.8
外观质量检测评定结果：应得98分，实得82.3分，得分率83.9%，达到合格标准						

注 1. 场内临时交通为非主体工程，不参与质量评定。
2. 加"△"符号者为主要分部工程。

（2）单位工程质量等级核备结果。溢洪道单位工程共划分为12个分部工程，"场内临时交通"为非主体分部工程，不参与质量评定，其余11个分部工程质量全部合格，其中优良分部工程4个，分部工程优良率36.4%，施工中未发生过质量事故，单位工程外观质量合格，单位工程施工质量检验与评定资料齐全，工程施工期单位工程观测资料分析结果符合国家和行业技术标准及合同约定的标准要求。

根据《水利水电工程施工质量检验与评定规程》（SL 176—2007）的规定，同意溢洪道单位工程施工质量等级评定为合格。

3. 泄洪隧洞（放空洞）单位工程

（1）分部工程质量等级核备结果。泄洪隧洞（放空洞）单位工程共划分为8个分部工程，经施工单位自评、监理单位复核、项目法人认定、质量监督中心站核备，质量等级见表6-2-205。

表6-2-205　　泄洪隧洞（放空洞）各分部工程质量核备汇总表

分部工程			单元工程评定结果			
序号	名　称	质量等级	数量/个	合格数/个	优良数/个	优良率/%
1	△通风洞及工作闸室	优良	61	61	56	91.8
2	进口边坡	优良	72	72	60	83.3
3	出口边坡	优良	84	84	71	84.5
4	△事故闸门井（包括交通桥）	优良	148	148	127	85.8
5	有压段	优良	94	94	80	85.1
6	无压段	优良	87	87	77	88.5
7	闸门及启闭机安装	优良	6	6	5	83.3
8	原型观测	优良	16	16	16	100
合　计		优良	568	568	492	86.6
外观质量检测评定结果：应得75分，实得68.1分，得分率90.1%，达到优良标准						

注　加“△”符号者为主要分部工程。

(2) 单位工程质量等级核备结果。泄洪隧洞（放空洞）单位工程共划分为8个分部工程，质量全部优良，分部工程优良率100%，施工中未发生过质量事故，单位工程外观质量优良，单位工程施工质量检验与评定资料齐全，工程施工期单位工程观测资料分析结果符合国家和行业技术标准及合同约定的标准要求。

根据《水利水电工程施工质量检验与评定规程》（SL 176—2007）的规定，同意泄洪隧洞（放空洞）单位工程施工质量等级评定为优良。

4. 引水系统单位工程

引水系统单位工程由引水隧洞和压力管道组成，共划分为22个分部工程，其中7个支洞为临时工程，不参与单位工程质量评定。

(1) 分部工程质量等级核备结果。引水系统单位工程参与质量评定的分部工程共15个，经施工单位自评、监理单位复核、项目法人认定、质量监督中心站核备，质量等级见表6-2-206。

表6-2-206　　引水系统各分部工程质量核备汇总表

分部工程			单元工程评定结果			
序号	名　称	质量等级	数量/个	合格数/个	优良数/个	优良率/%
1	进水口边坡	优良	99	99	90	90.9
2	△进水塔（包括交通桥）	优良	131	131	121	92.4
3	引水隧洞Ⅰ（引0+000～引0+800）	优良	137	137	125	91.2
4	引水隧洞Ⅱ（引0+800～引1+600）	优良	113	113	102	90.2
5	引水隧洞Ⅲ（引1+600～引3+688）	优良	317	317	297	93.7

续表

分部工程			单元工程评定结果			
序号	名　　称	质量等级	数量/个	合格数/个	优良数/个	优良率/%
6	引水隧洞Ⅳ（引3+688～引5+474.33）	优良	266	266	245	92.1
7	引水隧洞Ⅴ（引5+474.33以后段）	优良	14	14	14	100
8	*1号支洞开挖及封堵	—	—	—	—	—
9	*2号支洞开挖及封堵	—	—	—	—	—
10	*3号支洞开挖及封堵	—	—	—	—	—
11	*4号支洞开挖及封堵	—	—	—	—	—
12	*5号支洞开挖及封堵	—	—	—	—	—
13	*6号支洞开挖及封堵	—	—	—	—	—
14	*7号支洞开挖及封堵	—	—	—	—	—
15	闸门及启闭机械安装Ⅰ	优良	4	4	4	100
16	闸门及启闭机械安装Ⅱ	优良	1	1	1	100
17	△钢管道平段及斜井	合格	106	106	69	65.1
18	排水孔	优良	22	22	22	100
19	调压室	优良	188	188	167	88.8
20	△压力钢管制作	优良	63	63	61	96.8
21	△压力钢管安装	优良	44	44	31	70.5
22	原型观测	合格	48	48	48	100
合　　计			1553	1553	1397	90.0
外观质量检测评定结果：应得108分，实得99分，得分率91.7%，达到优良标准						

注　加“△”符号者为主要分部工程；加“*”符号者为临时工程，不参与单位工程质量评定。

（2）单位工程质量等级核备结果。引水系统单位工程共划分为15个主体分部工程，质量全部合格，其中优良分部工程13个，分部工程优良率86.7%，施工中未发生过质量事故，单位工程外观质量优良，单位工程施工质量检验与评定资料齐全，工程施工期单位工程观测资料分析结果符合国家和行业技术标准及合同约定的标准要求。

根据《水利水电工程施工质量检验与评定规程》（SL 176—2007）的规定，同意引水系统单位工程施工质量等级为优良。

5. 厂房土建单位工程

厂房土建单位工程原划分为16个分部工程，后根据工程实际取消了“给排水分部工程”，实际完成15个分部工程。

（1）分部工程质量等级核备结果。厂房土建单位工程参与质量评定的分部工程共14个，经施工单位自评、监理单位复核、项目法人认定、质量监督中心站核备，质量等级见表6-2-207。

（2）单位工程质量等级核备结果。厂房土建单位工程共划分为15个分部工程，其中“围堰分部工程”系临时工程，不参与主体工程质量评定，其余14个分部工程质量全部合格，其中优良分部工程10个，分部工程优良率71.4%，施工中未发生过质量事故，单位工程外观质量优良，单位工程施工质量检验与评定资料齐全，工程施工期单位工程观测资料分析结果符合国家和行业技术标准及合同约定的标准要求。

表 6-2-207　　厂房土建单位工程质量评定汇总表

分部工程			单元工程评定结果			
序号	名　　称	质量等级	数量/个	合格数/个	优良数/个	优良率/%
1	高程 1249.11m 以上开挖及支护	优良	22	22	21	95.5
2	高程 1249.11m 以下开挖及支护	优良	255	255	223	87.5
3	△主厂房	优良	144	144	131	91.0
4	上游副厂房	优良	33	33	30	90.9
5	安装间	优良	14	14	13	92.0
6	下游副厂房	优良	32	32	29	90.6
7	尾水段	优良	66	66	60	90.9
8	尾水渠	合格	11	11	5	45.5
9	闸门及启闭机械安装	合格	8	8	5	62.5
10	厂区地坪及给排水工程	优良	13	13	12	92.3
11	屋面工程	优良	17	17	17	100
12	冲沟治理	优良	79	79	64	81.1
13	原型观测	合格	24	24	24	100
14	河道扩挖	优良	47	47	35	74.5
15	*围堰	合格	22	22	18	81.8
合　　计		优良	787	787	687	87.3
外观质量检测评定结果：应得 121 分，实得 112.5 分，得分率 92.5%，达到优良标准						

注　加“△”符号者为主要分部工程；加“*”符号者为临时工程，不参与单位工程质量评定。

根据《水利水电工程施工质量检验与评定规程》(SL 176—2007) 的规定，同意厂房土建单位工程施工质量等级评定为优良。

6. 机电安装单位工程

机电安装单位工程划分为 10 个分部工程，施工质量等级核备结果如下。

(1) 分部工程质量等级核备结果。机电安装单位工程共划分为 14 个分部工程，经施工单位自评、监理单位复核、项目法人认定、质量监督中心站核备，质量等级见表 6-2-208。

表 6-2-208　　机电安装各分部工程质量核备汇总表

分部工程			单元工程评定结果			
序号	名　　称	质量等级	数量/个	合格数/个	优良数/个	优良率/%
1	△1 号水轮发电机组安装	优良	27	27	24	88.9
2	△2 号水轮发电机组安装	优良	27	27	24	88.9
3	△3 号水轮发电机组安装	优良	27	27	24	88.9
4	水力机械辅助设备安装	合格	12	12	9	75
5	起重设备安装	合格	9	9	2	22.2
6	发电电气设备安装	优良	111	111	102	91.9
7	△主变压器安装	优良	12	12	11	91.7

续表

分部工程			单元工程评定结果			
序号	名　称	质量等级	数量/个	合格数/个	优良数/个	优良率/%
8	GIS及附属设备	优良	26	26	25	96.2
9	通信设备安装	优良	3	3	3	100
10	消防设施及技术供水	优良	16	16	14	87.5
合　计			270	270	238	88.1
外观质量检测评定结果：应得81分，实得76.8分，得分率94.8%，达到优良标准						

注　加"△"符号者为主要分部工程。

(2) 单位工程质量等级核备结果。机电安装单位工程共划分为10个分部工程，质量全部合格，其中优良分部工程8个，分部工程优良率80.0%，施工中未发生过质量事故，单位工程外观质量优良，单位工程施工质量检验与评定资料齐全，工程施工期单位工程观测资料分析结果符合国家和行业技术标准及合同约定的标准要求。

根据《水利水电工程施工质量检验与评定规程》(SL 176—2007) 的规定，同意机电安装单位工程施工质量等级评定为优良。

7. 导流隧洞单位工程

导流输水隧洞单位工程划分为10个分部工程，其中"上游围堰""下游围堰""1号施工支洞""2号施工支洞"系临时工程，不参与质量评定，其余分部工程施工质量等级核验结果如下。

(1) 分部工程质量等级核备结果。导流隧洞主体分部工程，经施工单位自评、监理单位复核、项目法人认定、质量监督中心站核备，质量等级见表6-2-209。

表6-2-209　导流隧洞单位工程质量评定汇总表

分部工程			单元工程评定结果			
序号	名　称	质量等级	验收数/个	合格数/个	优良数/个	优良率/%
1	*上游围堰	—	—	—	—	—
2	*下游围堰	—	—	—	—	—
3	*1号施工支洞	—	—	—	—	—
4	*2号施工支洞	—	—	—	—	—
5	进口明渠	优良	37	37	33	89.2
6	△进水塔	优良	22	22	20	90.9
7	导流隧洞	优良	221	221	198	89.6
8	△导流洞堵体段	优良	17	17	17	100
9	出口明渠	优良	18	18	15	83.3
10	闸门及启闭机械安装	合格	3	3	2	66.7
合　计			318	318	285	89.6
外观质量检测评定结果：应得75分，实得58分，得分率77.3%，达到合格标准						

注　加"△"符号者为主要分部工程；加"*"符号者为临时工程，不参与质量评定。

（2）单位工程质量等级核备结果。导流隧洞单位工程共划分为10个分部工程，其中“上游围堰”“下游围堰”“1号施工支洞”“2号施工支洞”系临时工程，不参与主体工程质量评定，其余6个分部工程质量全部合格，其中优良分部工程5个，分部工程优良率83.3%，施工中未发生过质量事故，单位工程外观质量合格，单位工程施工质量检验与评定资料齐全，工程施工期单位工程观测资料分析结果符合国家和行业技术标准及合同约定的标准要求。

根据《水利水电工程施工质量检验与评定规程》（SL 176—2007）的规定，同意导流隧洞单位工程施工质量等级评定为合格。

（三）工程项目施工质量核定等级

××江××××水电站工程项目共划分为：①混凝土面板堆石坝；②溢洪道；③泄洪隧洞（放空洞）；④引水隧洞及压力管道；⑤厂房土建；⑥机电安装工程；⑦房屋建筑工程；⑧交通工程；⑨环保水保工程；⑩导流隧洞工程；⑪料场剥离工程共11个单位工程。其中⑦、⑧、⑨、⑪为非主体单位工程，不参与主体工程质量评定。

主体工程单位工程共7个，质量全部合格，其中优良单位工程5个，单位工程优良率71.4%，主要建筑物单位工程（混凝土面板堆石坝、发电厂房）质量全部优良；工程施工期及试运行期，各单位工程观测资料分析结果符合国家和行业技术标准约定的标准要求。

根据《水利水电工程施工质量检验与评定规程》（SL 176—2007）5.2.5，核定××××水电站工程项目施工质量等级为优良。

七、工程质量事故和缺陷处理

由于业主对质量高度重视，××××电站工程质量总体控制较好。但混凝土浇筑中还是出现了一些质量缺陷：在进水塔施工中出现了3次混凝土低强事故；进水塔交通桥出现一次混凝土低强事故。针对已出现的质量缺陷和质量事故，责任方分别按照有关要求进行了处理。

（一）质量事故

在进水塔施工中出现了3次混凝土低强事故，C25混凝土强度仅达到C20，进水塔交通桥出现一次混凝土低强事故。为确保工程质量，不给工程留下安全隐患，对低强混凝土进行了拆除，又重新浇筑。低强部位的混凝土试验结果列于表6-2-210。

表6-2-210　进水塔低强部位的混凝土试验成果统计表

浇筑部位	桩号/m	高程/m	取样日期/(年-月-日)	取样地点	混凝土种类	设计强度等级	28d抗压强度/MPa
引水隧洞进水塔左、中、右三墩墩头	引0—27.8～引0—21.5	1564.55～1568.15	2008-04-15	仓面	普通	C25	20.4
引水隧洞进水塔上下游墙	0—0.00～0—21.53	1555.25～1557.65	2008-03-17	仓面	普通	C25	20.5
引水隧洞进水塔上下游墙	引0—09.0～引0—00.0	1557.05～1560.65	2008-03-25	仓面	普通	C25	21.6

（二）质量缺陷及其处理

1. 趾板及面板混凝土缺陷处理结果

趾板及面板混凝土高程1592.00m以下经现场4方检测及处理情况如下：未发现肉眼可见裂缝、贯穿裂缝、深层裂缝；局部发现有表面龟裂现象，长度约0.3～1.3m之间，共计17条，该部位不需要进行处理；有一处深约1.0cm、宽约2.0cm小坑，采用砂浆抹平；局部不平整部位已采用打磨处理完成。具体见表6-2-211。

表6-2-211　大坝趾板及面板工程混凝土裂缝检查情况统计汇总表

序号	部位、桩号	高程/m	裂缝特性	质量缺陷	处理结果
			表面龟裂		
1	面板FL4	1467.00	长度约30～40cm		不需要处理
2		1475.00	长度约30～40cm		
3	面板FL2	1485.30	长度约1.0m		不需要处理
4	面板FL10	1586.00	长度约50cm		不予处理
5	面板FL9	1570.00	长度约70cm		不予处理
6	面板FL4	1580.00	长度约50cm		不予处理
7	面板FR1	1575.00	2条长度约50～100cm		不予处理
8	面板FR1	1590.00	长度约150cm		不予处理
9	面板FR3	1570.00	长度约100cm		不予处理
10	面板FR8	1585.00	2条长度约50cm		不予处理
11	面板FR9	1590.00	2条长度约130cm		不予处理
12	面板FR16	1565.00	长度约80cm		不予处理
13	面板FR4	1470.00	长度约30～40cm		不需要处理
14		1475.00	长度约30～40cm		
15		1484.50	长度约0.5m		
16	面板FR5	1485.70	长度约1.0m		不需要处理
17		1486.30	长度约0.5m		
18	面板FR6	1527.00		深约1.0cm、宽约2.0cm小坑	采用砂浆抹平

2. 大坝一期面板裂缝检查与处理

在一期面板表面止水施工前设计、监理、业主、施工4方联合对高程1430.00m以下的面板裂缝进行逐一检查，未发现贯穿性裂缝。检查情况如下：

（1）在FL2块高程1485.00m面板中部发现一条长约1m近似水平、宽度小于0.1mm的表面龟裂浅表性裂纹。

（2）在FL4块高程1468.00m面板中部发现一条长约60cm近似水平、宽度小于0.1mm的表面龟裂浅表性裂纹。

（3）在FR4块高程1468.00m面板中部发现一条长约60cm近似水平、宽度小于0.1mm的表面龟裂浅表性裂纹，高程1484.00m面板中部发现一条长约50cm近似水平、宽度小于0.1mm的表面龟裂浅表性裂纹。

（4）在FR5块高程1485.00m面板中部发现一条长约1m近似水平、宽度小于0.1mm的表面龟裂浅表性裂纹，高程1487.00m面板中部发现一条长约50cm近似水平、宽度小于0.1mm的表面龟裂浅表性裂纹。

由于检查出的裂纹长度较小，裂纹性状属浅表性局部龟裂，设计同意不需处理，采用火山灰铺覆盖即可。

3. 一般混凝土表面缺陷的处理

对混凝土浇筑的错台、蜂窝麻面、裂缝设计出了处理要求通知。各工程部位局部存在错台、麻面现象，但结构混凝土目前未发现裂缝。引水隧洞C4标段采用针梁台车浇筑，混凝土面平整、光滑。引水隧洞C3标段放空洞、调压井、溢洪道工程采用组合模板浇筑，相对钢模台车浇筑的混凝土平整光滑度要差，局部存在不同程度的错台、麻面，有的部位已进行了砂轮机打磨，大部分还未进行消缺处理，应在通水前将缺陷按设计要求进行处理验收。

4. 中心试验室混凝土缺陷处理情况统计表

业主中心试验室对混凝土质量缺陷进行了备案统计，处理情况见表6-2-212。

表6-2-212　混凝土缺陷处理情况统计表

混凝土芯样编号	工程名称/部位	强度等级	施工日期/（年-月-日）	试验龄期/d	芯样抗压强度/MPa	标准试件28d抗压强度/MPa	处理方式
Sj-C2-Z-Co-0346（Sj-C2-Z-Co-0329复核）	缓流段底板 溢：0+111.000～0+123.664 高程1571.34～1572.84m	C25	20××-05-02	9	21.1	13.2	根据龄期与强度发展关系，满28d后能达到强度最小验收值，不做处理
Sj-C2-Z-Co-0348（Sj-C2-Z-Co-0329复核）	缓流段底板 溢：0+111.000～0+123.664 高程1571.34～1572.84m	C25	20××-05-02	10	18.5（6个芯样2组）	13.2	
Sj-C2-Z-Co-0348（Sj-C2-Z-Co-0329复核）	缓流段底板 溢：0+111.000～0+123.664 高程1571.34～1572.84m	C25	20××-05-02	10	19.8（6个芯样2组）	13.2	
Sj-C2-Z-Co-0825	闸室段左边墙 溢：0—07.00～0+36.00 高程1573.00～1575.80m	C25	20××-03-23	9	27.5	—	不做处理
Sj-C2-Z-Co-1108（Sj-C2-Z-Co-1001复核）	闸室段右边墩 溢：0—07.00～0+27.00 高程1587.00～1590.50m	C25	20××-06-25	45	24.1	21.2	不做处理
Sj-C2-Z-Co-1108（Sj-C2-Z-Co-1001复核）	闸室段右边墩 溢：0—07.00～0+27.00 高程1587.00～1590.50m	C25	20××-06-25	45	36.3		
Sj-C2-Z-Co-1108（Sj-C2-Z-Co-1001复核）	闸室段右边墩 溢：0—07.00～0+27.00 高程1587.00～1590.50m	C25	20××-05-02	61	31.9		

续表

混凝土芯样编号	工程名称/部位	强度等级	施工日期/(年-月-日)	试验龄期/d	芯样抗压强度/MPa	标准试件28d抗压强度/MPa	处理方式
Sj-C2-Z-Co-0346（Sj-C2-Z-Co-0329复核）	缓流段底板 溢：0+111.000～0+123.664 高程1571.35～1572.84m	C25	20××-05-02	9	21.1	13.2	不做处理
Sj-C3-Z-Co-0315（Sj-C3-Z-Co-0268复核）	进水塔上下游墙（左侧墙） 引：0—21.513～0+00.000 高程1555.25～1557.65m	C25	20××-03-17	33	22.1（6个芯样2组）	21.0	强度分布不匀，低强部位凿除，并在旁浇帮衬混凝土
Sj-C3-Z-Co-0315（Sj-C3-Z-Co-0268复核）	进水塔上下游墙（右侧墙） 引：0—21.513～0+00.000 高程1555.25～1557.65m	C25	20××-03-17	33	33.5（6个芯样2组）		
Sj-C3-Z-Co-0318（Sj-C3-Z-Co-0268复核）	进水塔上下游墙 引：0—21.513～0+00.000 高程1555.25～1557.65m	C25	20××-03-17	36	25.7		
Sj-C3-Z-Co-0328	进水塔上下游墙 引：0—21.000～0+00.000 高程1550.45～1554.45m	C25	20××-02-16	77	32.8	—	不做处理
Sj-C3-Z-Co-0334	进水塔右墙 引：0-21.000～0+00.000 高程1551.80～1554.45m	C25	20××-02-29	70	39.1		不做处理
Sj-C3-Z-Co-0347（Sj-C3-Z-Co-0190复核）	进水塔底板 引：0—34.00～0-21.00 高程1544.35～1546.85m	C25	20××-01-25	112	30.9	22.7	不做处理
Sj-C3-Z-Co-0349（Sj-C3-Z-Co-0312复核）	进水塔左墩（左侧） 引：0—28.70～0—21.50 高程1564.55～1568.15m	C25	20××-04-15	31	17.8（6个芯样2组）	19.6	凿除重浇
Sj-C3-Z-Co-0351（Sj-C3-Z-Co-0312复核）	进水塔右墩（右侧） 引：0—28.70～0—21.50 高程1564.55～1568.15m	C25	20××-04-15	32	22.2/15.5（6个芯样2组）	19.6	凿除重浇
Sj-C3-Z-Co-0349（Sj-C3-Z-Co-0312复核）	进水塔左墩（左侧） 引：0—28.70～0—21.50 高程1564.55～1568.15m	C25	20××-04-15	32	13.3（6个芯样2组）	19.6	凿除重浇
Sj-C3-Z-Co-0352（Sj-C3-Z-Co-0312复核）	进水塔中墩（左侧） 引：0—28.70～0—21.50 高程1564.55～1568.15m	C25	20××-04-15	33	15.2	19.6	凿除重浇
Sj-C3-Z-Co-0352（Sj-C3-Z-Co-0312复核）	进水塔中墩（右侧） 引：0—28.70～0—21.50 高程1564.55～1568.15m	C25	20××-04-15	33	22.1	19.6	凿除重浇

续表

混凝土芯样编号	工程名称/部位	强度等级	施工日期/(年-月-日)	试验龄期/d	芯样抗压强度/MPa	标准试件28d抗压强度/MPa	处理方式
Sj-C3-Z-Co-0350(Sj-C3-Z-Co-0287复核)	进水塔右边墙 引：0—9.00～0—0.00 高程1557.05～1560.50m	C25	20××-03-25	52	18.3	21.5	凿除重浇
Sj-C3-Z-Co-0315(Sj-C3-Z-Co-0268复核)	进水塔上下游墙（左侧墙） 引：0—21.513～0+00.000 高程1555.25～1557.65m	C25	20××-03-17	33	22.1（6个芯样2组）	21.0	强度分布不匀，低强部位凿除
Sj-C3-Z-Co-0356(Sj-C3-Z-Co-0304复核)	进水塔左边墙 引：0—21.50～0—08.00 高程1560.95～1564.55m	C25	20××-04-12	40	38.8	23.6	不做处理
Sj-C3-Z-Co-0357(Sj-C3-Z-Co-0287复核)	进水塔左边墙 引：0—9.00～0—0.00 高程1557.05～1560.65m	C25	20××-03-25	58	29.1	21.5	不做处理
Sj-C3-Z-Co-0358(Sj-C3-Z-Co-0304复核)	进水塔右边墙 引：0—21.50～0—8.00 高程1560.95～1564.55m	C25	20××-04-12	40	36.8	23.6	不做处理
Sj-C3-Z-Co-0482(Sj-C3-Z-Co-0474复核)	进水塔上下游墙 引：0—8.5～0+00.000 高程1568.65～1571.45m	C25	20××-09-12	9～10	15.0/17.0（6个芯样2组）	21.9	强度分布不匀，低强部位凿除
Sj-C3-Z-Co-0490(Sj-C3-Z-Co-0474复核)	进水塔上下游墙 引：0—8.5～0+00.000 高程1568.65～1571.45m	C25	20××-09-12	13～14	23.9/24.9/21.7（9个芯样3组）		强度分布不匀，低强部位凿除
Sj-C3-Z-Co-0547	引水隧洞进水塔上下游墙 引：0—08.50～0+00.00 高程1568.65～1570.71m	C25	20××-09-12	45～46	21.1		强度分布不匀，低强部位凿除
Sj-C3-Z-Co-0560	引水隧洞进水塔上下游墙 引：0—08.50～0+00.00 高程1568.65～1570.49m	C25	20××-09-12	54～55	31.0		强度分布不匀，低强部位凿除
Sj-C3-Z-Co-0664	引水隧洞进水塔左侧B区贴坡 高程1545.00～1563.00m	C20	20××-12-18	12	18.6		凿除重浇
Sj-C5A-Z-Co-0236(Sj-C5A-Z-Co-0215复核)	调压井上室调0+60～0+76桩号段底板 调：0+60.00～0+76.00	C25	2008-02-22	8	12.3		凿除重浇

续表

混凝土芯样编号	工程名称/部位	强度等级	施工日期/（年-月-日）	试验龄期/d	芯样抗压强度/MPa	标准试件28d抗压强度/MPa	处理方式
Sj－C5A－Z－Co－1116－1（Sj－C5A－Z－Co－1097 复核）	调压井斜井段衬砌 高程 1597.58～1600.18m 调：0＋00.00～0＋05.80	C25	20××－08－04	10	20.5	21.9	监理认为根据部位判断，不影响使用功能，不做处理
Sj－C5A－Z－Co－1116－2（Sj－C5A－Z－Co－1097 复核）	调压井斜井段衬砌 高程 1597.58～1600.18m 调：0＋00.00～0＋05.80	C25	20××－08－04	10	17.1		
Sj－C5A－Z－Co－1153（Sj－C5A－Z－Co－1097 复核）	调压井斜井段衬砌 高程 1597.58～1600.28m 调：0＋00.00～0＋05.80	C25	20××－08－04	30	21.0		
Sj－C6－Z－Co－0060（Sj－C6－Z－Co－0057 复核）	水平段趾板后 20m 垫层第一块	C20	20××－07－03	16.0	24.6	22.8	不做处理
Sj－C3－Z－Co－0058（Sj－C6－Z－Co－0049 复核）	水平段趾板 ZP3 0＋03.00～ZP3 0＋18.00 高程 1465.00～1466.52m	C25	20××－06－19	28	41.3	51.2	浇后下雨，业主要求钻芯，不做处理
Sj－C7－Z－Co－0102（Sj－C7－Zco－0075 的复核）	主厂房检修集水井 高程 1221.00～1223.00m 厂横：0＋00.00～0＋36.20 厂纵：0＋27.40～0＋36.10	C25	20××－10－26	30	28.9	18.3	不做处理
Sj－C7－Z－Co－0218（Sj－C7－Z－Co－0193 的复核）	厂房 1 号机肘管边墙 高程 1225.18～1227.80m 厂横：0＋07.70～0＋25.00 厂纵：0＋04.90～0＋13.90	C25	20××－01－22	33	24.0	18.9	不做处理
Sj－C7－Z－Co－0248（Sj－C7－Z－Co－0092 的复核）	主厂房渗漏集水井 高程 1221.00～1223.00m 厂横：0＋00.00～0＋36.20 厂纵：0＋13.90～0＋22.60	C25	20××－11－20	111	25.4	18.4	低强部位凿除后的钻芯复核
Sj－C7－Z－Co－1155（Sj－C7－Z－Co－1149 的复核）	厂房边墙柱及 5 号、8 号、11 号楼梯间与 2 号、3 号主变室底板 高程 1245.56～1248.20m 厂横：0＋19.00～0＋36.20 厂纵：0＋00.00～0＋50.10	C25	20××－08－27	11	26.7	20.9	不做处理

综上所述，××××水电站工程的混凝土出现了一些低强现象，参建各方针对具体情况，采取了有效的消缺措施，已对低强部位进行了处理，不影响使用功能。

八、工程质量结论意见

××江××××水电站工程建设按照项目法人负责制、招标投标制和建设监理制及合同管理制组织施工并进行管理。各参建单位资质满足工程等级要求。工程的质量管理体系、控制体系、保证体系健全，工程建设处于受控状态。

通过对××江××××水电站工程现场检查和对施工质量检验资料的核验，涉及枢纽工程专项验收的各单位工程已按设计的建设内容建成，施工质量等级达到合格以上，核定工程项目施工质量等级为优良。

综上所述，××江××××水电站工程与枢纽工程专项验收相关项目的形象面貌和施工质量满足设计及规范要求，工程质量优良，同意进行××江××××水电站枢纽工程专项验收。

九、附件

（一）有关该工程项目质量监督人员情况

本项目质量监督人员情况见表6-2-213。

表6-2-213　××水电站工程质量监督人员情况统计表

姓　名	工　作　单　位	职务或职称	本项目任职
×××	××省水利水电建设工程质量与安全监督中心站	正高	项目组长
×××	××省水利水电建设工程质量与安全监督中心站	正高	监督员
×××	××省水利水电建设工程质量与安全监督中心站	高级工程师	监督员
×××	××省水利水电建设工程质量与安全监督中心站	工程师	监督员
×××	××省水利水电建设工程质量与安全监督中心站	工程师	监督员

（二）工程建设过程中质量监督意见（书面材料）汇总

略。

第七章

水利水电工程竣工验收质量监督报告

第一节　水利水电工程竣工验收条件及质量监督报告编写要点

竣工验收是水利水电工程已按批准的设计文件全部建成，并完成竣工阶段所有专项验收后，对水利水电工程进行的总验收。竣工验收应在工程建设项目全部完成并满足一定运行条件后1年内进行。不能按期进行竣工验收的，经竣工验收主持单位同意，可适当延长期限，但最长不应超过6个月。

一、《水利水电建设工程验收规程》（SL 223—2008）竣工验收条件

（1）工程已按批准设计全部完成。

（2）工程重大设计变更已经有审批权的单位批准。

（3）各单位工程能正常运行。

（4）历次验收所发现的问题已处理完毕。

（5）各专项验收已经通过。

（6）工程投资已全部到位。

（7）竣工财务决算已通过竣工审计，审计中提出的问题已整改并提交了整改报告。

（8）运行管理单位已明确，管理养护经费已基本落实。

（9）质量和安全监督工作报告已提交，工程质量达到合格标准。

（10）竣工验收资料已准备就绪。

二、《水电工程验收规程》（NB/T 35048—2015）竣工验收条件

（1）枢纽工程、建设征地移民安置、环境保护、水土保持、消防、劳动安全与工业卫生、工程档案、工程决算等专项验收，已分别按国家有关法律和规定要求进行，并有同意通过验收的明确书面结论意见。

（2）遗留的未能同步验收的特殊单项工程不致对工程和上下游人民生命财产安全造成影响，并已制定该特殊单项工程建设和竣工验收计划。

（3）已妥善处理竣工验收中的遗留问题和完成尾工。

（4）符合其他有关规定。

三、竣工验收工程质量监督报告编写要点

水利水电工程竣工验收阶段验收质量监督机构的工程质量监督报告可按照《水利水电建

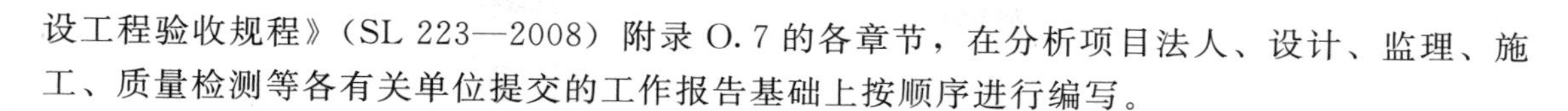

设工程验收规程》(SL 223—2008) 附录 O.7 的各章节，在分析项目法人、设计、监理、施工、质量检测等各有关单位提交的工作报告基础上按顺序进行编写。

第二节 水利水电工程竣工验收质量监督报告示例

示例一：××水库工程竣工验收质量监督报告

一、工程概况

(一) 工程位置、建设任务及规模

×××水库工程位于××江一级支流××江干流上，距××市区约 14.5km。水库控制径流面积 1228km^2，水库防洪标准按 100 年一遇洪水设计，2000 年一遇洪水校核，正常蓄水位 1814m，校核洪水位 1819.84m，总库容 1.08 亿 m^3，兴利库容 5622.9 万 m^3，调洪库容 4227.5 万 m^3，是以灌溉、防洪为主，兼顾城市工业供水等综合利用的大 (2) 型水利工程。

(二) 主要建筑物标准和布置

枢纽建筑物由主坝、副坝、溢洪道、导流泄洪隧洞、输水隧洞、坝后电站、防护堤及橡胶坝工程等组成。枢纽工程等别为Ⅱ等，主坝、副坝、溢洪道、导流泄洪隧洞、输水隧洞进口为 2 级，输水隧洞及次要建筑物为 3 级，临时建筑物级别为 4 级。

地震基本烈度Ⅶ度，主坝、副坝、溢洪道、导流泄洪隧洞、输水隧洞、坝后电站等均按Ⅶ度设防。

主坝坝型为黏土心墙石渣坝，最大坝高 41.5m，坝顶高程 1820.50m，设 1.0m 高防浪墙，坝顶长 449.3m，坝顶宽为 8.0m；上游坝坡坡比为 1∶2.25、1∶2.5，下游坝坡坡比为 1∶2.0、1∶2.25、1∶1.75；黏土心墙最低建基高程 1779.00m。

副坝布置在主坝右坝肩以西的天然垭口处，为黏土均质坝，坝顶长 158.0m (含溢洪道)，坝顶高程 1821.50m，最低建基面高程 1808.60m，最大坝高 12.9m，坝顶宽为 6.0m，上、下游坝坡坡比均为 1∶2.5。

溢洪道布置于主坝右岸垭口、副坝左坝肩，为有闸控制的开敞式溢洪道，下泄洪水归入天然河槽。溢洪道由进口引渠段、控制段、泄槽Ⅰ段、泄槽Ⅱ段、消力池以及出口明渠组成，总长 793.85m。控制段为有坎宽顶堰形式，堰宽 20m，底板高程 1810.00m，设两道 10.0m×7.6m 的弧形工作闸门。溢洪道泄洪能力设计洪水 $P=1\%$时，库水位 1817.06m，下泄流量 388.2 m^3/s；校核洪水 $P=0.05\%$时，库水位 1819.84m，下泄流量 956.0m^3/s。消力池以及出口明渠按 50 年一遇 ($P=2\%$) 设计，设计流量 201.9m^3/s。

泄洪隧洞布置在主坝右岸，由导流隧洞改建而成，同时兼顾水库冲沙、放空功能。泄洪隧洞由进口引渠段、施工闸室段、进口有压洞身段、闸门竖井段、无压洞身段、出口泄槽曲线段及陡坡段、消力池段、调整段、渐变段和出口明渠段组成，进口底板高程 1793.50m，总长 483.0m，其中洞身长段 148.0m。在闸门竖井段设 4.0m×5.0m 的事故检修平板门和 4.0m×4.5m 的工作弧门各一道，其后为 4.5m×6.8m 的门洞型无压洞。泄洪隧洞泄洪能力为设计洪水 $P=1\%$时，库水位 1817.06m，下泄流量 300.8m^3/s；校核洪水 $P=0.05\%$时，库水位 1819.84m，下泄流量 325.3m^3/s。消力池以及出口明渠按 50 年一遇 ($P=2\%$) 设

计，设计流量 299.3m³/s。

输水隧洞布置在主坝右岸、导流泄洪隧洞和溢洪道之间，隧洞出口设置坝后电站，其主要功能为提供工业供水、农业灌溉及发电用水，电站装机容量为 3000kW。隧洞为圆形有压隧洞，洞径 3.5m，设计引水流量 22.55m³/s。输水隧洞包括进口引渠段、拦污栅段、进口洞身段、闸门竖井和洞身段，总长为 213.61m。隧洞末端接压力钢管主管，管径 3.0m，管长 15.826m，其后为电站发电岔管和灌溉及工业供水分水管。发电岔管设计引水流量 21.0m³/s，后接电站主、副厂房、尾水渠和升压站等建筑物。灌溉及工业供水分水管垂直主管布置，管径 2.0m，管长 47.5m，设计引水流量 1.55m³/s，提供城市工业供水及左岸××大沟、右岸××大沟灌溉取水之用；原××大沟前设出口明渠、下穿溢洪道倒虹吸（溢洪道交叉建筑物）与分水管末端相连接。

×××水库河道护堤工程是对×××水库主坝坝脚至溢洪道出口原××江河道进行防护的工程项目，×××水库工程初步设计阶段对导流泄洪隧洞出口与溢洪道出口之间的右岸河道进行了衬砌设计，但未将河道左岸防护工程考虑在内，初设阶段没有专题设计，没有单项计列概算投资。技施设计阶段考虑了河道护堤工程，20××年 11 月设计单位提供了《××州×××水库工程河道护堤布置图》，布置图明确了河道护堤全长 548m（主坝坝脚至溢洪道出口原××江河道的左岸河道；设计变更后，整个河道护堤全长 756.0m，河道护堤墙身高 4.0～5.0m），河道护堤为 M7.5 浆砌石挡土墙，基础必须挖至砂卵砾石，挡土墙从基础至墙顶高 4m，墙顶宽 50cm，迎水面采用 M10 水泥砂浆抹面，河道护堤墙顶设置混凝土柱防护栏杆。在×××水库溢洪道出口的××江河道上设置一橡胶坝，橡胶坝长 25m、高 1.5m。

其他工程包括管理所房建、进库公路及枢纽区道路、水情测报及大坝安全监测系统。管理所房建工程主要包括建筑面积 815m² 的管理所及附属工程；进库公路及枢纽区道路全长 3.149km，为四级公路沥青路面，主要建设内容包括路基、排水、砌筑、路面、挡墙等工程；水情测报及大坝安全监测系统主要建设内容包括 11 个雨量站、2 个水库水位雨量站、2 个河道雨量流量站、2 个河道流量站、1 个水库水位站、4 个出流监测站、1 个自动气象站、12 个浸润线监测点、1 个渗流量监测点、16 个视频监控点、1 个调度中心和 1 个调度分中心。

（三）工程建设情况

1. 工程设计与审批过程

20××年 1 月，受××州水利局委托，××省水利水电勘测设计研究院承担×××水库工程项目建议书及可行性研究报告的编制工作。

20××年××省水利水电勘测设计研究院编制完成了《××省××州×××水库工程项目建议书》上报，分别通过了水利部水利水电规划设计总院和中国国际咨询公司的技术审查和评估。20××年 5 月，国家发展和改革委员会以“××××〔20××〕×××号”文通知工程项目建议书已获国务院批准。

20××年 7 月××省水利水电勘测设计研究院编制完成了《××省××州×××水库工程可行性研究报告》。同年 12 月通过了水利部水利水电规划设计总院的技术审查，水利部以“×××〔20××〕×××号”文向国家发展和改革委员会报送了《关于××省××州×××水库工程可行性研究报告的审查意见函》。20××年 7 月××国际咨询公司对可行性研究报告进行了评估，并以“×××〔20××〕××××号”文通过了《关于××省××州×××水库工程可行性研究报告的评估报告》。20××年10月国家发展和改革委员会以“××××〔20××〕××××号”文批准了《××省××州×××水库工程可行性研究报告》。

20××年1月初步设计报告经水利部、国家发展和改革委员会批准，批准概算总投资×××××万元，建设工期为3年（20××—20××年）。

20××年1月××日，水利部批准了开工报告，2月××日工程正式开工兴建。

2. 主要参建单位

项目法人：××州×××水库工程建设管理局。

设计单位：××省水利水电勘测设计研究。

监理单位：××××建设监理咨询有限公司。

主要施工单位如下：

(1) ××建工水利水电建设有限公司：承建主坝及附属工程、副坝、溢洪道工程。

(2) ××省水利水电工程有限公司：承建导流泄洪隧洞工程。

(3) ××××水电集团有限公司：承建输水隧洞工程。

(4) ××水文水资源技术咨询中心：承建水情测报及大坝安全监测系统工程。

(5) ××××水利机械有限公司：承担闸门制作及金属结构安装。

(6) ××××××建设有限公司：承建管理所综合楼。

(四) 重大设计修改和变更

1. 主坝心墙防渗料土料场设计变更

初设阶段推荐×××土料场为主要开采土料场。该料场位于坝址区西南部××乡×××东侧山地斜坡一带，紧靠××公路和××高速公路，距离坝址约11.6km。料场地形平缓、开阔，有用层为Q^{edl}壤土、粉质壤土、砂壤土夹砂土和K_{1g}全风化层——长石石英砂岩、石英砂岩夹粉砂质泥岩，有用层厚度均匀，料场剥离厚度0.5m。土料质量、储量基本能够满足设计要求。但运距远、施工干扰大、业主征地困难。

技施阶段通过地质勘测详查，推荐××村风化土料场和副坝土料场为心墙防渗料的开采土料场。××村风化土料场位于坝址下游右岸××村西部××冲沟左岸坡地，处在坝址与××石料场之间，距离坝址约2.5km。有用层为Q^{edl}残坡积层与K_{1p}全、强风化层混合料，土质为壤土、粉质壤土、砂壤土与全、强风化泥岩、粉砂质泥岩、泥质粉-细砂岩夹粉-细砂岩岩体，属砾质土，其中粉-细砂岩约占10%～40%。开采底界为强风化下界线，开采深度1.0～8.0m，剥离层厚度0.5m，土料质量满足设计要求。副坝土料场位于坝址右岸垭口副坝位置，距主坝坝址0.4km，有用层主要为Q^{edl}残坡积层，土质主要为壤土、粉质壤土、局部夹砂壤土，开采深度3.0～5.0m，剥离层厚度0.5m，土料质量满足设计要求。

××省水利厅以《关于××州×××水库土料场设计变更的批复》（××××〔20××〕××号）文批复了《××省××州×××水库工程技施设计阶段心墙防渗料土料场设计变更专题报告》。

2. 输水隧洞设计变更

技施阶段为充分利用水能资源，在不改变原输水隧洞功能的前提下，业主提出了在原输水隧洞出口增设坝后电站，利用汛期弃水及大部分灌溉供水来发电，以增加经济效益的设计变更要求。据此输水隧洞设计变更如下：

(1) 输水隧洞出口增设装机容量为3000kW的坝后电站；隧洞洞径由1.8m增大至3.5m，长度由原设计的219.4m减短为182.45m，引渠段由原设计的6.16m增长至31.16m。

(2) 调整竖井断面、高度及闸门设施。竖井井筒截面由原设计的2.8m×3.8m增大至3.4m×6.4m，井筒高度由原设计的26.7m增大至28.7m，闸门由1.8m×1.8m增大至3.5m×3.5m。

(3) 取消原隧洞出口分水池，供水方式由分水池分别供水变更为分水管与电站尾水相结合的供水方式。

20××年9月《××省××州×××水库输水隧洞设计变更报告》通过水规总院审查，并以《关于印发××省××州×××水库输水隧洞设计变更报告审查意见的函》（×××〔20××〕×××号）批复了该报告。该方案总投资××××万元，比单独输水隧洞方案投资增加了971.4万元，电站运行后经济效益显著。

3. 大坝下游河道增设防护河堤、橡胶坝

因大坝河道下游农田保护洪水标准为10年一遇（$P=10\%$），相应河道流量135.4m^3/s，水流流速1.73m/s大于河道允许不冲流速1.0m/s，水流冲刷河道，易造成堤岸坍塌，影响行洪和农田安全；另外水库距州府所在地××市区仅14.5km，可作为××市的旅游观光景区，对增加水库收入、改善生态环境、带动周边经济发展起着积极的作用。因此，业主提出对大坝下游河道左岸河堤进行防护处理，并增设橡胶坝一座，以保护大坝下游河道左岸农田不受冲刷和满足大坝下游水体景观需要是合理可行的。增设防护河堤和橡胶坝的工程投资为×××万元。

××省水利厅以《关于××州×××水库增设防护堤及橡胶坝的批复》（××××〔20××〕××号）文批复了《××州×××水库工程增设防护河堤、橡胶坝专题报告》。

4. 护坡

(1) 上游护坡。初步设计阶段主坝及副坝上游均为干砌块石护坡，并根据风浪计算，护坡厚度为0.28m，取0.30m。

技施设计阶段护坡形式变更如下：主坝高程1801.40m以上至坝顶及副坝上游坡采用尺寸为0.50m×0.30m×0.20m的C15预制混凝土块护坡，其下铺设0.20m厚砂碎石垫层；主坝1801.40m高程以下为0.30m厚干砌毛块石护坡，其下设厚1.00m的超径料保护层。

死水位1800.60m以上护坡布设ϕ50、间排距1.50m的排水孔及岸坡排水沟。

(2) 下游护坡。初步设计阶段主坝及副坝下游均为草皮护坡，施工阶段拟变更为：主坝下游坝坡高程1795.00m以上采用0.25m厚干砌条石护坡，其下设厚0.20m的砂碎石混合料垫层；1795.00m高程以下为排水棱体堆石。

副坝下游护坡为0.30m厚的干砌条石护坡，其下设厚0.20m的砂碎石混合料垫层。

5. 主、副坝护坡等设计变更和完善项目

20××年12月××日××省水利厅以《关于××州×××水库枢纽工程设计变更和完善项目的批复》（××××〔20××〕×××号）文批复了以下项目：

(1) 为确保副坝和溢洪道渗透稳定安全，同意加长帷幕灌浆轴线方案。

(2) 同意将3km枢纽区永久道路由泥结石路面改为沥青路面。

(3) 同意增设地震观测台网。

(4) 同意主副坝内坝坡护坡由干砌石变更为预制混凝土护坡，副坝外坝坡由干砌石变更为草皮护坡。输水和导流泄洪隧洞启闭塔地面以上部分完善外观工程等。

(5) 原则同意主坝外坝坡由干砌石变更为机制石材护坡等。

(五) 工程形象面貌

1. 主坝工程

主坝工程于20××年3月×日开始坝基开挖，20××年1月××日坝体填筑完成。20××年10月×日完工。

2. 副坝工程

副坝工程于20××年12月××日开始坝基开挖，20××年2月××日完成坝体填筑。20××年3月××日完成帷幕灌浆。20××年8月××日完成坝顶工程。

3. 溢洪道工程

溢洪道工程包括土建工程和金属结构及启闭机安装。土建工程于20××年1月××日开工，20××年9月××日完成；金属结构及启闭机安装于20××年5月××日开工，20××年10月××日完工。

4. 导流泄洪隧洞工程

导流泄洪隧洞工程于20××年11月××日开工，20××年11月××日完工。

5. 输水隧洞工程

输水隧洞工程于20××年2月××日开工，20××年6月××日完工。

6. 河道护堤及橡胶坝工程

河道护堤及橡胶坝工程于20××年1月××日开始施工，20××年12月××日完工。

7. 其他工程

管理所房建工程于20××年6月××日开工，20××年7月××日竣工，8月××日通过了分部工程验收。

进库公路及枢纽区道路工程于20××年3月××日正式开工建设，一期工程于20××年7月完工通车，二期工程于20××年6月底全部完成，于20××年10月××日通过了分部工程验收。

水情测报及大坝安全监测系统工程于20××年3月××日开工，20××年10月××日完工，于20××年10月××日通过了分部工程验收。

8. 工程初期运行

20××年1月××日水利部批准了开工报告，20××年2月××日大坝主体工程开工。20××年12月××日大坝截流，20××年4月××日完成度汛坝体填筑，20××年1月××日大坝封顶，20××年6月底通过了水利部水利水电规划设计总院组织的蓄水安全鉴定，20××年7月××日通过了××省水利厅组织的下闸蓄水阶段验收，20××年8月××日正式下闸蓄水。

自20××年8月××日正式下闸蓄水以来，20××年底蓄水1823.78万m^3；截至20××年底，最高水位1814.48m，蓄水库容达6855.76万m^3，累计供水23366.91万m^3，处于良好的运行状态。在下闸蓄水运行基础上，20××年7月××日由××省水利厅组织对7个单位工程进行验收，20××年11月××日通过水利部水利水电规划设计总院专家组组织的竣工验收技术鉴定。20××年12月××日通过了竣工技术预验收。其中：主坝、副坝、输水隧洞、溢洪道、防护堤及橡胶坝共5个单位工程在单位工程投入验收中被评定为优良。单位工程优良率71.4%。

二、质量监督工作

（一）项目质量监督机构设置和人员

根据国家和水利部对水利工程质量监督管理有关规定，×××水库工程建设管理局于20××年1月××日与××省水利水电工程质量监督中心站（以下称“省质监中心站”）办理了质量监督手续。省质监中心站采取与××州水利水电工程质量监督站联合监督的方式对×××水库工程质量进行了监督。20××年2月××日工程正式开工兴建，根据工程进展情况，省质监中心站于20××年10月××日以“××××〔20××〕××号”文组建了××州×××水库工程质量监督项目站（以下简称“项目站”），20××年10月××日在×××水库工程建设工地正式挂牌成立。项目站配置质量监督员12人，常驻工地现场3人。项目站实行站长负责制，设项目站站长1人，副站长1人，现场负责人1人，其中正高级工程师1人，高级工程师8人，工程师3人。

（二）质量监督主要依据

(1)《建设工程质量管理条例》(国务院令第279号)。

(2)《水利工程质量管理规定》(水利部令第7号)。

(3)《水利工程质量监督管理规定》(水建管〔1997〕339号)。

(4)《水利工程质量事故处理暂行规定》(水利部令第9号)。

(5)《水利水电工程施工质量评定规程（试行）》(SL 176—1996)。

(6)《水利水电工程施工质量检验与评定规程》(SL 176—2007)。

(7)《水利水电建设工程验收规程》(SL 223—1999)。

(8)《水利水电建设工程验收规程》(SL 223—2008)。

(9)《水利水电工程施工质量评定表填表说明与示例（试行）》(办建管〔2002〕182号)。

(10)《工程建设标准强制性条文》(水利工程部分2004年版)。

(11)《××省水利工程质量监督实施细则》。

(12)《××省水利厅关于水利工程建设项目验收有关问题的通知》(××建管〔20××〕××号)。

(13) 水利水电建设工程质量监督有关的政策、法规和行业规程、规范、质量标准、已批准的设计文件及已签订的合同文件。

（三）质量监督工作制度

省质监中心站20××年10月××日组建了××州×××水库工程质量监督项目站后，项目站即编制下发了《××州×××水库工程质量监督工作导则》和《××州×××水库工程质量监督实施细则》(含质量监督计划)，并制定了《项目站质量监督管理制度》《项目站质监人员岗位职责》《项目站质量监督检查工作制度》，规范日常工作管理制度，对现场监督活动、工程实体质量检测、阶段质量评定等工作内容做出了安排，使项目站的质量监督工作有序开展。

（四）质量监督工作方式

项目站成立之前，质量监督工作方式采用定期和不定期巡查、抽查，对×××水库工程责任主体及有关机构的质量行为及工程实体质量进行监督，并在现场对参建各方进行了质量与安全管理培训。对于存在的问题及时提出，并填写《工程质量监督巡查整改通知》送各参建单位，指出存在问题并通报施工质量情况。项目站成立前，共进行9次巡查，印发《工程质量监督巡查整改通知》9份。项目站成立后，项目站监督员常驻工地，并以抽查为主，采用随机抽查、定期抽查与重点抽查相结合的方式，对×××水库工程责任主体及有关机构的质量行为及工程实体质量进行监督。对存在问题及时向各参建单位提出，并以《质量监督检查结果通知书》将监督检查结果抄报省水利厅有关处室、省质监中心站，抄送各参建单位。自现场项目站成立后项目站日常检查共发出《质量监督检查结果通知书》13份，在项目站日常监督工作基础上，省、州质量监督站结合××州×××水库工程实际建设情况，不定期进行工程质量监督检查，省质监中心站组织专家巡查后发出《质量监督检查结果通知书》5份。

（五）质量监督的主要范围

依据《×××水库工程质量监督书》有关约定，项目站主要对枢纽工程的主坝、副坝、溢洪道、导流泄洪隧洞、输水隧洞、其他工程6个单位工程施工质量实施政府监督；工程建设后期，受业主委托增加了大坝下游河道增设防护河堤、橡胶坝；共7个单位工程施工质量实施政府质量监督。

（六）质量监督的主要工作

现场质量监督项目站、省质监中心站进行质量监督和巡查是履行政府质量与安全监督职能，不代替建设、设计、监理、施工单位的质量管理工作。建设过程中，监督检查参建各方的质量行为和工程的实体质量，主要工作内容如下：

（1）根据工程施工进度安排，项目站制定了《×××水库工程质量监督实施细则》（含质量监督计划）和《×××水库工程质量监督导则》并制定编写了《项目站质量监督管理制度》《项目站质监人员岗位职责》《项目站质量监督检查工作制度》，对现场监督活动、工程实体质量检测、阶段质量评定等工作内容做出了安排，确保质量监督到位。

（2）对参建各方工程质量责任主体的资质、人员资格以及建设单位质量管理体系、监理单位控制体系、设计单位现场服务体系、施工单位质量保证体系的建立和运行情况进行监督检查，并督促完善业主和参建各方的质量与安全管理制度、质量措施。通过参建各方的共同努力，整个工程的质量和安全管理体系完善，运行良好。整个工程的建设程序、建设管理符合要求，运行良好。

（3）根据《水利水电工程施工质量检验与评定规程》（SL 176—1996）的规定，对×××水库工程项目划分以“××××〔20××〕××号”文进行了确认。对项目划分调整及新增工程项目划分以“××××〔20××〕××号”进行了确认。20××年“××质监〔20××〕××号”文项目划分确认中虽然确定了主要分部工程，但没有明确关键部位单元工程，因此，在20××年7月2—27日项目站对完工的主坝7个分部工程、副坝4个分部工程、溢洪道5个分部工程、导流泄洪隧洞5个分部工程、输水隧洞3个分部工程共24个分部工程验收的质量核定和20××年12月15—17日对剩余分部工程施工质量均按《水利水电工程施工质量检验与评定规程》（SL 176—2007）进行核定。

（4）监督检查各参建单位技术规程、规范、质量标准和强制性标准的贯彻执行情况。根据工程实际情况和评定规程发布实施时间，导流泄洪隧洞于20××年11月16日开工，

20××年11月除启闭机室及闸门安装未完工外，其他工程已完工，故导流泄洪隧洞施工质量按《水利水电工程施工质量检验与评定规程》(SL 176—1996) 进行评定，其余单位工程按《水利水电工程施工质量检验与评定规程》(SL 176—2007) 进行评定。通过对现场监督检查，整个工程的施工质量按规程、规范和设计要求进行施工，工程建设过程中未出现过工程施工质量事故，工程施工质量处于受控状态。

(5) 抽查各种材料出厂合格证以及各种原始记录和检测试验资料。抽查中间设备、关键工序控制质量的试验材料。检查工程使用的设备、检测仪器的率定情况。对试验方法和施工的各个环节实施监督。对主坝各种填筑料取样及试验方法进行了指导。

(6) 对监督检查中发现的问题提出口头和书面检查意见，督促建设单位及时组织整改。

(7) 抽查单元工程、工序质量评定情况。

(8) 参加与工程相关的工程质量会议。管理局组织的技术专题会议以及每周二监理单位主持的工程监理例会。

(9) 参加了以下验收：上游围堰基础开挖与处理和已完大坝心墙河床段和右岸截水槽基础验收以及整个坝基验收；导流泄洪隧洞、输水隧洞、溢洪道开挖验收；参加截流、下闸蓄水阶段验收。对截流、下闸蓄水阶段验收和坝基验收提出施工质量评价意见；列席分部、单位工程验收会议，对主坝、副坝、导流泄洪隧洞、输水隧洞、溢洪道、河道护堤及橡胶坝、其他单位提出施工质量评价意见。

(10) 鉴于主坝左坝脚（原河床）出水的情况，项目站提出了施工期进行渗流观测，大坝封顶后提出在坝顶埋设临时沉降观测点的建议。

(11) 由管理局组织监理、设计、施工单位，并由项目站主持分别对导流泄洪隧洞、输水隧洞、主坝、副坝以及溢洪道外观质量进行了现场检测评定。

(12) 定期或不定期编写项目站工作总结，向省水利水电建设管理站反映监督工作开展情况和工程质量动态。

(13) 建立项目站监督档案，共分类归档现场监督档案20卷。

(七) 监督检查中发现的主要问题及意见

1. 施工现场巡查和检查

(1) 20××年11月××日发现导流泄洪隧洞进口左边墙0+005和右边墙0+006左右出现垂向裂缝，该裂缝处于导流泄洪隧洞有压段。项目站以《质量监督检查结果通知书》(××质监××〔20××〕××号) 要求在过水前对此裂缝进行分析处理，确保过水后隧洞的安全。管理局组织参建各方进行了分析研究，并进行了处理。

(2) 心墙基础混凝土灌浆盖板出现3道横向裂缝。项目站及时与管理局有关人员交换意见和建议，并以《质量监督检查结果通知书》(××质监××〔20××〕××号) 要求对3道横向裂缝处理完成后才能进行大坝回填。

(3) 针对心墙黏土料性质变化较大，干密度为1.59～1.93g/cm^3，采用一个干密度为控制标准，施工中难以控制大坝回填施工质量的实际情况，项目站于20××年2月1日在技术协调会议上，提出采用《碾压式土石坝施工规范》规定的“三点击实试验法”作为标准，来控制压实质量，项目站以《质量监督检查结果通知书》(××质监××〔20××〕××号) 进一步明确了“三点击实试验法”作为控制压实质量的要求。管理局、设计、监理、质检、施工单位都很重视，于2月19日从31层开始采用上述办法对心墙填筑质量控制，又于2月

26日“关于×××水库主坝质量控制专题会议”上，进一步明确心墙黏土料、反滤料、堆石料填筑质量的控制和检测方法，确保工程质量。

（4）20××年3月××日晚项目站监督检查施工单位击实试验现场，试验过程如下：从约40kg湿土中刚筛出来放在橡皮板上的砾石，当时就称了砾石的质量，是7.28kg，占总湿土重18.2%，然后又将7.28kg的砾石击碎过直径20mm的筛，并将筛上2.94kg的砾，占总湿土重7.35%丢掉了，筛下4.34kg的土，占总湿土重10.85%，其中又有2kg的砾已变成小于5mm以下的细粒土加入在试料中，使细粒土增加了5%的含量，而土中的砾就少了2.94+2=4.94kg，占总湿土重的12.35%，由于细粒土的增加，含砾量的减少，这样就改变了土料的性质，因含砾土干密度随砾石含量的增加而增大，当砾石达到某一个含量，砾石起到骨架的作用时，干密度又随砾石含量的增加而降低，所以，对含砾量减少的土，其干密度也随之降低，加之，测定含水率，由于取样数量偏少和偏细代表性不强，使其含水率偏高，会造成击实试验得出干密度偏低的情况，而影响大坝回填土质量控制指标压实度评价的真实性。因此，项目站以《质量监督检查结果通知书》（××质监××〔20××〕××号）通知要求施工单位和质量检测单位立即纠正试验方法，确保大坝回填土施工质量。

项目站建议采用下述方法：将试验用含砾料过20mm粒径的筛，筛下部分备用，筛上部分用20mm以下5mm以上粒径的同样料的砾石等量替代。掺入筛下部分备用土中，经拌和后进行击实试验即可。在取击实含水率时，将击实筒中的土料全部倒出拌和均匀，只少取300g代表性的砾质土，进行含水率测定，试验需进行两次平行测定，允许平行差值2%，取其算数平均值，以此试验方法做调整。

（5）××村风化料中含有部分砾石，施工采用的三点击实法测定全料的最大干密度，只能代表在某个含砾量下的最大干密度，而同层铺填的含砾土各处的含砾量是不相同的，而碾压后砾石破碎含砾量又发生了变化，这样用某个含砾量测定的最大干密度与不同的含砾量测点的压实密度，计算出来的压实度会产生偏高或偏低的结果，难以确定压实度的合理性。因此，为试验检测结果合理、真实，项目站要求采用《土工试验规程》（YS/T 5225—2016）第一分册中“击实试验”一节，所推荐的当粒径大于5mm的颗粒含量小于30%时，按相关公式近似计算校正后的最大干密度和最优含水率，来修正与各测定点同等含砾量下的最大干密度，进行计算压实度。但一直未进行修正。20××年9月××日省质监中心站又下发了“××质监〔20××〕××号”通知，要求在二期大坝心墙填筑过程中必须按《土工试验规程》进行土料碾压后大于5mm砾石含量检测，并按推荐的大于5mm的含砾量的修正公式进行修正。

20××年2月工程建设管理局委托×××××岩土工程质量检测有限公司对××土料场取代表性土样2组，进行不同砾石含量的击实试验，20××年11月××日×××××岩土工程质量检测有限公司对不同砾石含量进行了击实试验，并提交了试验报告，报告中提到强风化软岩的砾石含量存在不稳定性，其对击实指标的影响无规律可循，不能采用规范中对砾质土的校正公式来校正最大干密度。报告结论为：通过这次对比试验及以上几组数据的验证，可以明显地看出，强风化软岩性质的砾石含量与干密度变化的关系有其自身的规律。现在用中型击实，采用全料击实，其指标与现场碾压后的指标吻合，作为对应控制指标是可行的。20××年11月××日，工程建设管理局向项目站报送了《关于×××水库心墙土料试验情况的报告》，其中“根据×××××岩土工程质量检测有限公司试验结果，经现场参建各方于11月××日开会讨论，认为不同砾石含量对最大干密度的影响很小，不需对含砾量进行修正，一期对××料场心墙土料的控制方法是可行的，二期土料填筑可以按照一期的方法进行控制”，项目站未进行回复。因此，之后施工单位、抽检单位在现场均未采用规范中对砾质土的校正公式来校正最大干密度。

(6) 心墙砾质土料填筑42～61层，没有测定土料碾压前和碾压后的含砾量指标的问题。项目站在20××年4月××日工程建设管理局的生产例会上提出后，抽检单位从62层、施工单位从67层开始测定此指标。

(7) 大坝二期填筑碾压过程中：心墙料、Ⅰ反料、Ⅱ反料相互混杂情况比较突出，坝壳料局部碾压不到位，特别是两岸坝肩接合部位、反滤料与坝壳料接合部位存在碾压压实不到位的情况时有发生，经项目站多次口头督促整改，但仍然存在碾压压实不到位的情况。在20××年12月××日的监督检查中，发现大坝上游坝壳料填筑（高程1816.20m，第39层）施工单位违反相关规程、规范及设计要求，采用坝壳料开采剥离的废弃料上坝填筑。项目站现场进行制止，但施工单位不听劝告，还是继续使用该料填筑，严重影响大坝工程施工质量。12月××日经参建各方会议决定，对已碾压好的该层面进行全部返工。该问题的发生，一是造成了不必要的经济损失，二是耽误建设工期，也暴露出施工单位的质量体系不落实。项目站以《质量监督检查结果通知书》（××质监〔20××〕××号）要求：建设单位必须强化工程质量管理工作，认真履行职责，加强现场施工质量检查，发现质量问题应及时组织处理，确保工程施工质量与安全；监理单位必须认真履行合同承诺，配备配齐工程所需的相关专业的监理工程师，认真履行职责，按照施工规程、规范及设计要求，加强现场管理，严格控制工程施工质量，把好施工过程的工程质量关；施工单位必须加强施工质量的管理，施工技术力量、质量管理人员必须配备落实到位，加强职业道德教育，强化业务培训，提高技术业务管理水平，加强现场施工质量管理，确保工程施工质量。

(8) 20××年8月××日在监督检查溢洪道时，发现控制段底板里程0＋10.05～0＋11.65处出现垂直水流向宽0.5mm贯穿性裂缝。项目站以《质量监督检查结果通知书》（××质监〔20××〕××号）要求工程建设管理局组织人员查明原因，提出处理方案意见，报项目站。

(9) 溢洪道0＋223.00～0＋279.0之间左右边墙和左右底板共5个部位有5组混凝土试块抗压强度达不到设计要求。出口明渠段右岸0＋483.3～0＋523.3、防冲河堤0＋656.65～0＋686.65砌筑砂浆试块抗压强度达不到设计要求。省质监中心站印发《质量监督检查结果通知书》（×××质监〔20××〕××号）要求工程建设管理局组织参建各方查明原因，提出处理方案意见，并将处理结果及时报送省质监中心站。

2. 施工质量检验与评定资料的抽查

(1) 在日常的巡查中，项目站抽查了单元工程及工序质量验收手续是否齐备，表格填写、原始记录的及时性、完整性、符合性，质量等级评定是否适合。抽查中发现的问题已要求施工单位及时纠正。

(2) 20××年12月，大坝主体工程、溢洪道主体工程已接近尾声，但资料整理滞后，项目站以《质量监督检查结果通知书》（××质监〔20××〕××号）要求参建各方必须抓紧进行工程资料的整理，对已完工的分部工程，应按评定和验收规程及时组织验收。

(3) 20××年6月××日，工程建设管理局组织参建各方对×××水库工程已经完成的

21个分部工程进行了验收，但未按验收规程将验收质量结论和相关资料报项目站核定，项目站以《关于做好×××水库已完分部工程核定工作的通知》(××质监〔20××〕××号)要求工程建设管理局在竣工验收前30d以书面形式向项目站提出核定申请，并按《水利工程建设项目验收管理规定》(水利部令第30号)第九条规定，承诺对所提供的资料的真实性、完整性负责。

三、参建单位质量管理体系

(一) 抽查内容及方式

抽查主要涉及各参建单位资质、质量管理体系建立与运行、贯彻执行国家法律法规和强制性条文标准等内容，分为日常巡视、集中抽查、结合工程验收检查等方式，以质量体系建立和运行情况为重点的抽查。

(二) 参建单位的资质复核

对设计、监理、施工单位的企业资质进行了复核，监督检查情况如下：

1. 勘察设计单位

××省水利水电勘测设计研究院，甲级资质。现场设立有设计及地质代表组，常驻施工现场，负责现场设计代表工作。资质符合要求。

2. 监理单位

××××建设监理咨询有限公司，甲级水利监理资质，实行了总监理工程师负责制，资质符合要求。

3. 主要施工单位

主坝及附属工程、副坝、溢洪道施工单位为××建工水利水电建设有限公司，资质等级为水利水电施工总承包壹级。现场项目经理的法人委托书、营业执照、资质材料及生产许可证齐全，承建过许多大、中型水利水电工程任务，施工资质符合要求。

导流泄洪隧洞施工单位为××省水利水电工程有限公司，资质等级为水利水电施工总承包壹级。现场项目经理的法人委托书、营业执照、资质材料及生产许可证齐全，承建过许多大、中型水利水电工程任务，施工资质符合要求。

输水隧洞施工单位为××省××水电集团有限公司，资质等级为水利水电施工总承包贰级。现场项目经理的法人委托书、营业执照、资质材料及生产许可证齐全，均承建过许多中型水利水电工程任务，施工资质符合要求。

水情测报及大坝安全监测系统施工单位为××水文水资源技术咨询中心，资质等级为乙级。现场项目经理的法人委托书、营业执照、资质材料齐全。

(三) 质量体系建立及运行情况

项目站在施工期对各参建单位质量行为的主要监督内容为：抽查质量体系文件、质量资料，对内业管理进行检查；对施工现场实体施工质量进行巡查；重点检查工程易出质量问题的部位和工序，对在建工程检查时询问施工人员或具体操作者，了解其技术交底和操作规程、规范的掌握执行情况，对已建成的实体建筑物检查有无质量缺陷。

1. 建设单位

20××年6月经××州机构编制委员会以“××发〔20××〕18号”文批准成立××州×××水库工程建设管理局。管理局内设：局办公室、计划财务处、工程建设管理局、总工办、移民搬迁安置处。并成立了××州×××水库工程质量管理委员会，××州×××水库工程安全生产及文明施工管理委员会，××州×××水库枢纽工程施工现场防汛指挥部，对工程质量安全进行全面管理。各项规章制度健全，先后制定了各项管理制度和办法，体系运行有效。并委托××××水利水电工程质量检测有限责任公司对施工质量进行现场抽检，该公司在现场设立项目部，成立了试验室，对进场原材料、半成品进行检测，对施工质量进行事前、事中控制，从源头上控制工程质量。

(1) 建设单位依照法律规定，根据工程规模和特点，通过资质审查和公开招投标，选择了资质符合要求的施工队伍和主要原材料、机电设备供应商。

(2) 制定了工程施工总计划、年度计划和验收计划，并得到实施。

(3) 积极组织参建单位开展质量安全活动，开展了对施工现场和质量资料抽查、自查、互查活动，对发现的问题以检查通知的方式，要求相关单位进行整改。

(4) 针对重大技术、质量问题聘请专家顾问进行研讨咨询，指导施工。

(5) 组织参建各方对隐蔽单元、分部工程进行验收。

(6) 建设单位重视质量监督意见，积极支持配合质量监督工作。

2. 勘察设计单位

×××水库工程现场设立有代表组，水工及地质设计代表常驻施工现场，能够满足工程建设需要，及时提供设计、地质服务，解决相关问题。

(1) 工程施工前，进行设计技术交底，对施工单位提出的问题以文字形式进行答复。

(2) 参加隐蔽工程验收，进行地质描述，能够常驻工地及时提供设计地质服务。

(3) 能及时参加分部工程等验收工作，对工程质量是否满足设计要求提出了设计意见。

3. 监理单位

×××水库工程实行了总监理工程师负责制，监理部设有坝工组、水道组、综合技术组。监理部配置有总监理工程师1名，副总监理工程师1名；规章制度健全，体系运行有效。

(1) 按照规定编写了监理大纲及相关专业监理实施细则，监理专业设置比较健全。

(2) 监理人员均持证上岗，基本符合监理规范的编制人数，人员配备基本满足工程各专业质量控制的要求。施工期对现场检查及关键部位旁站到位。

(3) 能够执行与工程质量有关的规定、规范、技术标准，对工程质量实施控制。对工序、单元工程基本做到了及时复核验收和签证。

(4) 坚持了周生产例会和监理内部会议制度，会后印发会议纪要并且督促落实。

(5) 坚持填写监理日志。

(6) 定期编写印发了监理月报，内容表述比较全面地反映了工程施工的质量、进度等问题。

(7) 对档案管理工作重视，文件往来分类编码规范，归档有序，档案管理工作细致认真。

(8) 能够及时组织分部工程施工质量评定验收工作。验收后及时印发验收会议纪要，记录验收组提出的问题，进一步进行改进，为单位工程验收打下基础。

4. 施工单位

各施工项目部，执行了项目经理负责制，设总工程师，下设工程部、质量安全部、机电部、物资部、经营和财务等部门，组织机构、质量保证体系及规章制度健全，体系运行有效。

（1）技术负责人基本常驻工地，均设立了专职质检人员，质检工作比较及时有效。

（2）经检查均备有与工程质量有关的规程、规范、技术标准，基本得到落实，金属结构及机电安装项目执行较好。

（3）施工计划、措施及试验方案已经审批。对工人进行了技术交底和质量意识教育。

（4）工程使用的原材料、中间产品的出场合格证等质量资料齐全，质量的检测项目、抽检频次及成果满足设计规范要求。

（5）工程实体质量检测项目、抽检频次、成果满足设计和规范要求，各项检测记录及时齐全，记录、校对、审核签字手续完备。

（6）工序、单元工程质量比较及时地进行了评定，且经监理复核签认，评定表填写的规范性、符合性，经日常的监督检查达到了与规程、规范相一致。

（7）施工现场，技术人员能够坚持在现场进行施工质量控制，现场施工操作人员基本能够按设计技术要求、操作规程进行施工。

（8）隐蔽单元工程施工质量进行了联合验收，地质人员及时地进行了描述。

（9）经监督建议各单位对质量缺陷进行了记录、分析和处理，处理方案经监理审批。

（10）每月按时向监理单位报送了原材料、中间产品质量与单元工程质量评定结果，比较及时地反映了工程施工质量及进展情况。

四、工程项目划分确认

（一）工程项目划分的依据

（1）《水利水电工程施工质量评定规程（试行）》（SL 176—1996）。

（2）《水利水电工程施工质量检验与评定规程》（SL 176—2007）。

（3）《水利水电工程施工质量评定表填表说明与示例（试行）》（办建管〔2002〕182号）。

（4）施工设计文件及施工方案。

（二）项目划分的程序

依据有关规定，结合×××水库枢纽布置及施工特点，由建设单位组织各参建单位讨论，统一了单位工程、分部工程、单元工程名称、编码和划分原则。同时确定主要分部工程，并由建设单位报省质监中心站进行了确认。

（三）项目划分确认

楚雄州×××水库工程建设管理局于20××年5月××日报送了《××州×××水库工程建设管理局关于×××水库工程施工项目划分的报告》（×××〔20××〕60号），省质监中心站以《××州×××水库工程项目划分确认书》（××××〔20××〕××号）进行了确认，确认×××水库工程共划分6个单位工程：导流泄洪隧洞工程、主坝工程、副坝工程、溢洪道工程、输水隧洞工程和其他工程。44个分部工程，其中主要分部工程8个：导流泄洪闸井段、主坝工程地基防渗、主坝工程防渗心墙、副坝左坝段坝体填筑、副坝右坝段坝体填筑、溢洪道闸室段、输水隧洞竖井段、输水隧洞出口闸室段。

工程建设过程中，新增了防护堤及橡胶坝工程、坝后电站工程。输水隧洞单位工程施工过程中输水隧洞方案改变，实施方案设计取消出口闸室，对分部工程进行了调整。×××水库工程建设管理局按要求将项目划分调整及新增工程项目划分方案报项目站，项目站以《××州×××水库项目划分调整及新增工程项目划分确认书》（××××××〔20××〕

××号）文进行了确认。同意将原输水隧洞单位工程划分中的出口闸室段分部工程和输水渠段分部工程合并为一个分部工程：出口段及输水渠。确认新增工程划分为防护堤及橡胶坝工程、坝后电站工程2个单位工程，共11个分部工程。

省质监中心站确认后的×××水库工程项目共划分为8个单位工程，54个分部工程，其中，主要分部工程9个。

坝后电站总装机容量为3000kW（2×1500kW），为小型水电站。资金来源由项目法人采取筹融资方式解决，不纳入×××水库工程竣工验收。根据质量监督管理权限，坝后电站施工质量监督由××州水利水电工程质量监督站负责，本报告不再对该单位工程进行工程施工质量核定。

五、工程质量检测

（一）试验检测机构质量管理体系情况抽查

本工程施工质量检测主要由×××水库工程建设管理局委托有水利检测资质的××××水利水电工程质量检测有限责任公司对施工质量进行现场抽检，该公司在现场设立项目部，成立了试验室，对进场原材料、半成品进行检测，对施工质量进行事前、事中控制，从源头上控制工程质量；其次，承建主坝及附属工程、副坝、溢洪道工程施工的××建工水利水电建设有限公司在施工现场设立了现场检测试验室，对工程实体质量进行现场检测；承建导流泄洪隧洞工程施工的××省水利水电工程有限公司和输水隧洞工程施工的××××水电集团有限公司则送样到有资质的检测单位进行检测；监理单位没有建立现场检测试验室，采取见证取样的方法，掌握工程实体的施工质量情况；质量监督项目站主要靠查阅业主委托单位××××水利水电工程质量检测有限责任公司和施工单位检测资料了解和掌握工程实体的施工质量情况。

（二）导流泄洪隧洞

1. 原材料检测

水泥、钢材、外加剂、止水带进场时，均有出厂证明书和合格证书。材料进场后，施工单位均按规范要求随机取样，进行质量检测。质量检测单位按施工单位取样的30%进行抽检。检测结果见表7-2-1、表7-2-2。

表7-2-1　　导流泄洪隧洞施工单位原材料、中间产品自检统计表

名称	规格	生产厂家	检测组数	检测内容	质量综合评定
水泥	P·O 42.5	××水泥厂	1	细度、安定性、初凝、终凝、抗折强度、抗压强度、标准稠度用水量	合格
	P·O 32.5	××水泥厂			合格
外加剂	QX-Ⅱ型泵送剂	××混凝土外加剂厂	2	含水量、细度、pH值、水泥净浆流动度、减水率	合格
钢筋力学性能	Φ6、Φ8、Φ12、Φ16、Φ18、Φ25、Φ28	××钢铁有限公司	21	屈服应力、拉伸强度、伸长度、冷弯	
钢筋焊接	Φ12、Φ14、Φ16、Φ20、Φ22、Φ25		6	拉伸	合格

续表

名称	规格	生产厂家	检测组数	检测内容	质量综合评定
碎石	5～20mm	××石场	12	表观密度、堆积密度、含泥量、吸水率、孔隙率	合格
	20～40mm				合格
人工砂		××××砂厂	20	表观密度、堆积密度、细度模数、含泥量、孔隙率	合格

表 7-2-2　　导流泄洪隧洞检测单位原材料、中间产品抽检统计表

名称	规　格	生产厂家	检测组数	检测内容	质量综合评定
水泥	P·O 42.5	××水泥厂	3	细度、烧失量、比重、安定性、初凝、终凝、抗折强度、抗压强度	合格
	P·O 32.5	××水泥厂			合格
钢筋	Φ12、Φ20、Φ22、Φ28、Φ25	××钢铁有限公司	5	屈服应力、拉伸强度、弯曲角度	合格
			7	钢筋焊接接头试验	
碎石		××石料场	4	含泥量、级配	合格
人工砂		××砂厂	2	细度模数、含泥量、含水率	合格
		××砂厂	2		合格

2. 混凝土、砂浆

在施工过程中施工、检测单位按规范要求进行了混凝土抗压强度试件取样，结果见表 7-2-3、表 7-2-4。

表 7-2-3　　导流泄洪隧洞施工单位砂浆、混凝土强度自检成果汇总表

分部工程部位	设计等级	组数	28d 抗压强度/MPa			标准差 S_n /MPa	离差系数 C_v	强度保证率 /%	质量结论
			最大值	最小值	平均值				
进口有压洞身段	C15	3	25.6	21.0	22.8	—	—	—	合格
	C25	6	33.9	27.5	29.97	2.14	—	—	合格
闸井段	C20	4	34.5	29.8	31.7				合格
	C25	14	36.4	25.3	30.6	4.9			合格
	C30	6	37.9	33.2	34.9	4.6			合格
无压泄水洞段	C25	17	37.7	25.3	31.51	3.98	—	—	合格
出口消能段	C25	7	36.9	25.6	31.8	4.8	—	—	合格
	C30	43	46.4	28.7	33.31		0.115	73.6	合格
尾水明渠段	C15	52	29.6	15.1	19.55	4.03	0.20	99.9	合格

普通混凝土试块试验数据统计方法：按照《水利水电工程施工质量检验与评定规程》（SL 176—2007）统计。当 $n\geqslant30$ 时，按《水工混凝土施工规范》（SDJ 207—82）进行混凝土强度评定；当 $30>n\geqslant5$ 时，混凝土试块强度应同时满足 $R_n-0.7S_n>R_{标}$，$R_n-1.60S_n\geqslant0.83R_{标}$；当 $5>n$ 时，混凝土试块强度应同时满足 $R_n\geqslant1.15R_{标}$，$R_{min}\geqslant0.95R_{标}$。

砂浆试块试验数据统计方法：$R_n\geqslant R_{标}$，$R_{min}\geqslant0.85R_{标}$。下同

表 7-2-4　　导流泄洪隧洞检测单位砂浆、混凝土强度抽检成果汇总表

分部工程部位	设计等级	组数	28d 抗压强度/MPa			标准差 S_n /MPa	离差系数 C_v	强度保证率 /%	质量结论
			最大值	最小值	平均值				
进口有压洞身段	C25	4	31.1	26.9	28.4	—	—	—	合格
	M7.5	2	14.8	10.1	12.4	2.14	—	—	合格
竖井段	C25	6	36.4	30.0	32.4	2.6	—	—	合格
无压泄水洞段	C25	7	31.0	24.9	27.9	2.49	—	—	合格
出口消能段	C30	15	42.2	27.8	33.9	3.17	—	—	合格
尾水明渠段	C15	7	24.6	15.4	20.1	3.3	—	—	合格
	C25	3	27.0	26.0	26.4	—	—	—	合格
	M7.5	4	15.2	14.1	14.93	—	—	—	合格

3. 回填灌浆和固结灌浆

(1) 回填灌浆。在相应部位灌浆结束 7d 后，根据监理布设的检查孔钻孔注浆检查；注入水灰比为 2∶1 的水泥浆，在规定压力下初始 10min 内注入量不超过 10L 即为合格。导流泄洪洞共布置回填灌浆检查孔 11 个，注入率全部小于 10L/min，符合设计和规范要求。

(2) 固结灌浆。灌浆质量检查以压水试验为主，试验采用单点法。压水试验检查在该部位灌浆结束 3～7d 后进行，检查孔不小于灌浆孔总数的 5%。质量标准为灌浆后围岩透水率不大于 5Lu。合格标准为：85%以上试段的透水率不大于 5Lu，其余试段的透水率不超过设计规定值的 150%（7.5Lu），且分布不集中。导流泄洪洞共布置固结灌浆检查孔 10 个，10 个固结灌浆检查孔的压水试验透水率均小于 5Lu，满足设计要求。

(三) 输水隧洞

1. 原材料检测

水泥、钢材、止水带进场时，均有出厂证明书和合格证书。材料进场后，施工单位均按规范要求随机取样，进行质量检测，取样均有监理人员进行鉴证取样。质量检测单位按施工单位取样的 30%进行抽检。泵送剂采购使用的是××牌外加剂，附有出厂证明书、合格证书。结果见表 7-2-5、表 7-2-6。

表 7-2-5　　输水隧洞施工单位原材料、中间产品自检统计表

名称	规格	生产厂家	检测数量	检测内容	质量综合评定
水泥	P·O 32.5	×××水泥厂	1	标准稠度用水量、凝结时间、细度、抗折强度、抗压强度	合格
钢筋	Φ12、Φ14、Φ16、Φ20、Φ22、Φ25	××钢铁有限公司	力学性能、焊接性能各 6 组	屈服应力、拉伸强度、伸长度、钢筋焊接接头试验	合格
碎石	机碎石	××石料场	1	表观密度、堆积密度、含泥量、吸水率、孔隙率	合格
	瓜子石		1		合格
人工砂		××砂厂	1	表观密度、堆积密度、细度模数、含泥量、孔隙率	合格
		××××砂厂	1		合格

表 7-2-6　　输水隧洞检测单位原材料、中间产品抽检统计表

名称	规格	生产厂家	检测数量	检测内容	质量综合评定
水泥	P·O 32.5	××××水泥厂	1	标准稠度用水量、凝结时间、细度、抗折强度、抗压强度	合格
钢筋	Φ14、Φ18、Φ20、Φ22	××钢铁有限公司	4	拉伸、弯曲	合格
			1	Φ22 钢筋单面搭接焊	
碎石	5～20mm，20～40mm	××石料场	1	含泥量、级配	合格
人工砂		××砂、××砂	2	细度模数、含泥量	合格

2. 混凝土、砂浆

在施工过程中施工、质量检测单位按规范要求进行了混凝土抗压强度试件检测，结果见表 7-2-7。

表 7-2-7　　输水隧洞施工单位砂浆、混凝土强度自检成果汇总表

分部工程部位	设计等级	组数	28d 抗压强度/MPa			标准差 S_n /MPa	离差系数 C_v	强度保证率 /%	质量结论
			最大值	最小值	平均值				
进口明渠及进口洞身段	M10	3	20.2	13.9	18	—	—	—	合格
	C20	17	31.9	20.3	225.5	3.69	—	—	合格
竖井段	M7.5	3	18.3	13.4	15.8		—	—	合格
	C20	10	33.6	21.4	26.0	4.8	—	—	合格
	C30	8	48.4	33.7	39.6	4.46	—	—	合格
井后有压洞身段	C20	14	34.7	20.8	25.8	4.5	—	—	合格
出口段	C20	4	27.6	23.0	25.7		—	—	合格
	C15	4	22.5	18.4	20.3		—	—	合格

3. 回填灌浆和固结灌浆

（1）回填灌浆。在相应部位灌浆结束 7d 后，根据监理布设的检查孔钻孔注浆检查，检查孔不小于灌浆孔总数的 5%；向孔内注入 2∶1 的水泥浆，在规定压力下初始 10min 内注入量不超过 10L 即为合格。共布置回填灌浆检查孔 10 个，规定的压力下 10 个检查孔的注入率在 3～9L，小于 10L/min，符合设计和规范要求。

（2）固结灌浆。隧洞固结灌浆质量检查以压水试验为主，试验采用单点法。压水试验检查在该部位灌浆结束 7d 后进行，检查孔不小于灌浆孔总数的 5%。质量标准为灌浆后围岩透水率不大于 3.0Lu。合格标准为：孔段合格率应在 80% 以上，不合格孔段的透水率值不超过设计值的 150%，且分布不集中。输水洞共布置固结灌浆检查孔 10 个，在规定的压力下 10 个检查孔的透水率在 0.19～1.31Lu，全部小于 3Lu，满足设计要求。

（四）主坝

1. 地基强夯及防渗处理

（1）坝基强夯处理。

1）施工过程的监控情况。地基强夯施工中对点位、锤击数、锤高、收锤标准、施工工序、施工工艺等进行了控制，按照施工及操作规范进行施工，施工质量可靠。

2）强夯资料分析。坝基强夯完成后按设计要求主要进行了夯后重型动力触探、干密度、夯点沉降量及强夯前后的基面高程进行了检测，其结果见表7-2-8、表7-2-9。

表7-2-8　　上游坝基强夯处理检测成果统计表

检测项目	检测数量	最大值	最小值	平均值
夯后重型动力触探/击	20	>50	15	
夯后干密度/(g/cm³)	29	2.45	1.89	2.16
含水量/%	29	15.8	4.9	9.9
夯点沉降量/mm	540	1756	493	1018
强夯面沉降/mm	270			488

表7-2-9　　下游坝基强夯处理检测成果统计表

检测项目	检测数量	最大值	最小值	平均值
夯后重型动力触探/击	26	>50	15	
夯后干密度/(g/cm³)	30	2.59	1.87	2.22
含水量/%	30	12.8	4.4	9.5
夯点沉降量/mm	466	1496	283	790
强夯面沉降/mm	239			405

根据施工检测，坝基砂卵砾石层厚为1.3～11.8m，上游强夯面的平均沉降量为488mm，下游强夯面的平均沉降量为405mm，夯后干密度检测59组，平均干密度为1.87～2.59g/cm³，均比强夯前1.64～1.97g/cm³有所提高（夯后只有2组1.87g/cm³、1.89g/cm³比夯前干密度1.97g/cm³稍小），夯后重型动力触探最小锤击数均大于或等于15击，说明坝基砂卵砾石层通过强夯处理后得到了很好的压实挤密效果。

（2）帷幕灌浆。

1）原材料检测。帷幕灌浆在20××年7月××日前所用的水泥为P·O 32.5，20××年7月××日以后使用的水泥为P·O 42.5。施工单位对P·O 32.5水泥取样12组，P·O 42.5水泥取样4组，经检测水泥各指标均满足《通用硅酸盐水泥》(GB 175—2007）及帷幕灌浆设计要求。检测单位对××××水泥厂生产的P·O 32.5水泥取样1组，××××水泥集团有限公司生产的P·O 32.5、P·O 42.5普通硅酸盐水泥各取样1组，其细度、安定性、抗折、抗压强度合格。

2）帷幕灌浆施工成果及分析。主坝坝基及两岸帷幕灌浆已全部完成，共完成灌浆工程量581孔、25146.63m，占原设计工程量的108.5%。

帷幕灌浆Ⅰ、Ⅱ、Ⅲ序孔的综合单位注入量分别为321.20kg/m、229.00kg/m、116.80kg/m，灌前透水率在0.21～179.48Lu之间；灌后检查孔的平均单位注入量降至13.3kg/m，透水率降至0.08～4.98Lu。灌浆处理后检测试验结果表明：单位注入量C值、透水率q值均呈现出$C_{Ⅰ}>C_{Ⅱ}>C_{Ⅲ}$和$q_{Ⅰ}>q_{Ⅱ}>q_{Ⅲ}$的正常递减规律。

3）帷幕灌浆质量检查。帷幕灌浆检查孔在该部位灌浆结束14d后进行，按自上而下卡塞进行压水试验，试验采用五点法。压水试验压力为该段灌浆时所用压力值的80%，不大于0.8MPa。共布置56个检查孔，压水检查451段，其透水率最大值$q_{max}=4.98$Lu，最小

值 q_{min}＝0.08Lu，其中：透水率在3Lu以内的有374段，占93.9%；透水率 q＝3～5Lu的40段，占8.9%；透水率 q＝1～3Lu的204段，占45.2%；透水率 q＜1Lu的207段，占45.9%。

上述结果表明，经过帷幕灌浆处理，基础进行帷幕灌浆处理后透水率满足设计 $q \leqslant 5$Lu的要求，基础防渗得到加强，灌浆效果良好。

（3）混凝土盖板。

1）施工单位自检。施工单位原材料、中间产品、混凝土抗压强度检测见表7-2-10、表7-2-11。混凝土抗渗检测4组，抗渗值满足设计要求。

表7-2-10　盖板施工单位原材料、中间产品自检统计表

名称	规格	生产厂家	检测组数	检测内容	结论
水泥	P. O 32.5	×××水泥厂	2	安定性、凝结时间、细度、抗折强度、抗压强度	合格
	P. O 42.5		3		合格
碎石瓜子		××砂石料厂	9	表观密度、堆积密度、含泥量、吸水率、针片状含量、有机质含量、压碎指标、颗粒级配	合格
河沙		××江	4	表观密度、堆积密度、含泥量、细度模数、含泥量、吸水率、有机质含量、颗粒剂配	合格

表7-2-11　灌浆盖板施工单位混凝土强度自检成果汇总表

设计等级	检测组数	28d抗压强度/MPa			S_n	C_v	强度保证率/%	结论
		最大值	最小值	平均值				
C15	33	22.3	15.5	17.7	2.14	0.12	85	合格
C25	14	32.3	25.7	27.5	2.0	—	—	合格

2）检测单位抽检。检测单位对砂料取样1组，质量合格。碎石取样2组，质量合格。C15混凝土抗压强度试件取样8组，R_n＝20.6MPa，S_n＝3.2MPa，20.6MPa－0.7×3.2MPa＝18.4MPa＞$R_{标}$（15MPa），20.6MPa－1.60×3.2MPa＝15.5MPa＞0.80$R_{标}$（12.0MPa），满足规范要求。齿槽C25混凝土抗压强度试件取样5组，R_n＝29.2MPa，S_n＝2.1MPa，29.2MPa－0.7×2.1MPa＝27.8MPa＞$R_{标}$（25MPa），29.2MPa－1.60×2.1MPa＝25.8MPa＞0.80$R_{标}$（20MPa），满足合格要求。

（4）固结灌浆。灌浆盖板施工完成后，在坝轴线0＋451.00～0＋467.50段对基岩进行了固结灌浆，施工于20××年12月××日完成，共施工固结灌浆孔24个，总进尺240.00m，耗用水泥90732kg，单位注入量378.05kg/m。使该地段10.00m深度内的破碎基岩得到有效加固，防渗能力得到提高（未要求做灌后检测试验）。

2. 坝体填筑

（1）防渗心墙检测。

1）设计控制指标。防渗心墙设计控制指标见表7-2-12。

2）施工单位自检。主要检测项目为铺料厚度及压实厚度、干密度、含水量、压实度、渗透系数等。检测结果详见表7-2-13～表7-2-15。

表 7-2-12　　主坝坝体填筑质量设计主要控制指标统计表

指标＼料石	防渗土料		主坝高塑性黏土料	坝壳料	反滤料	
					Ⅰ反料	Ⅱ反料
	沙邑村料场	副坝料场	副坝料场			
压实度/%	⩾98%	⩾98%	⩾98%	—	—	—
孔隙率/%	—	—	—	⩽25	—	—
粒径 0.075mm 含量/%	—	—	—	—	⩽5	⩽5
渗透系数/(cm/s)	$\leqslant 1\times10^{-5}$	$\leqslant 1\times10^{-5}$	$\leqslant 1\times10^{-5}$	$\geqslant 1.0\times10^{-3}$	$\geqslant 5.8\times10^{-3}$	$\geqslant 1.0\times10^{-2}$
相对密度	—	—	—	—	⩾0.75	⩾0.75
超径含量/%	>5mm 含量不超过 50%	—	—	—	⩽10	⩽10
碾压合格率/%	—	⩾90	—	⩾90	⩾90	⩾90
颗粒级配	—	—	—	—	级配曲线在设计级配包线内	
含泥量/%	—	—	—	—	<10	<5

注　含泥量规范值小于 5%，设计单位根据现场实际情况发出设计通知，要求含泥量小于 10%。

表 7-2-13　　副坝料场黏性土填筑（4～41 层）检测成果统计表

检测项目	检测组数	最大值	最小值	平均值	备　注
干密度/(g/cm³)	475	1.93	1.41	1.72	
压实度/%	475	106	98	101	
含水量/%	475	38.8	13.7	19.5	
室内渗透系数/(cm/s)	38	6.54×10^{-7}	4.23×10^{-9}	1.23×10^{-7}	4 组 7d 不出水判定小于 1.0×10^{-5}
室外渗透系数/(cm/s)	30	9.14×10^{-6}	4.81×10^{-8}	2.42×10^{-6}	
铺土厚度/cm	38 层	36.0	26.8	33.8	
压实厚度/cm	38 层	31.7	25.8	29.7	

表 7-2-14　　沙邑村料场砾质土填筑（42～156 层）检测成果统计表

检测项目	检测组数	最大值	最小值	平均值	备　注
干密度/(g/cm³)	583	1.92	1.69	1.80	
压实度/%	583	107	98	102	
含水量/%	583	21.8	11.8	16.8	
室内渗透系数/(cm/s)	115	7.67×10^{-7}	4.23×10^{-9}	2.94×10^{-7}	1 组 7d 不出水判定小于 1.0×10^{-5}
室外渗透系数/(cm/s)	234	7.35×10^{-6}	1.42×10^{-8}	9.88×10^{-7}	
砾质含量/%	99	39.6	1.1	25.3	
铺土厚度/cm	115 层	38.4	26.2	32.9	
压实厚度/cm	115 层	32.1	16.1	25.1	

表 7-2-15 室内击实试验成果统计表

检测项目	检测组数	最大值	最小值	平均值	备注
干密度/(g/cm³)	9	1.74	1.30	1.65	副坝土料填筑前料场取样
含水量/%	9	33.3	16.1	20.8	
干密度/(g/cm³)	46	1.84	1.41	1.69	副坝土料铺筑现场取样
含水量/%	46	30.0	15.1	19.6	
干密度/(g/cm³)	11	20.9	14.5	17.4	××村土料填筑前料场取样
含水量/%	11	1.81	1.63	1.74	
干密度/(g/cm³)	117	11.83	1.63	1.76	××村Ⅱ期料铺筑现场取样
含水量/%	117	29.4	14.1	17.8	
干密度/(g/cm³)	112	1.88	1.60	1.78	××村Ⅱ期料铺筑现场取样
含水量/%	112	20.1	14.1	17.3	

3）业主抽检。××水利水电工程质量检测公司受业主委托承担现场抽检工作，与施工检测同步进行，独立测试，其完成的主要工作量为干密度、含水率各414组，渗透试验147组，颗分64组，三点击实167组，原点击实23组。抽检主要结论是：①副坝土料场填筑心墙1～41层，干密度最小值1.39g/cm³，最大值1.84g/cm³，平均值1.73g/cm³；压实度最小值98%，最大值106%，平均值101%；现场试验渗透系数最小值8.85×10⁻⁷cm/s，最大值8.52×10⁻⁶cm/s，平均值2.64×10⁻⁶cm/s；②沙邑村土料场土料填筑42～156层，干密度最小值1.69g/cm³，最大值1.93g/cm³，平均值1.82g/cm³；压实度最小值98%，最大值106%，平均值102%；现场试验渗透系数最小值1.24×10⁻⁷cm/s，最大值1.19×10⁻⁵cm/s，平均值2.92×10⁻⁵cm/s。质检单位认为心墙土料压实质量满足设计要求。

（2）反滤料检测。

1）施工单位自检。主要检测项目为铺料厚度及压实厚度、干密度、含水量、碾压前后含泥量、渗透系数等。检测结果见表7-2-16、表7-2-17。

表 7-2-16 反滤层填筑检测成果统计表

检测项目		检测组数	最大值	最小值	平均值	备注
上游Ⅰ反料（1～61层）	干密度/(g/cm³)	61	2.07	1.81	1.93	
	含水量/%	61	13.7	4.5	8.7	
	渗透系数/(cm/s)	61	5.10×10⁻¹	8.46×10⁻³	1.36×10⁻¹	
	压前含泥量/%	48	5.0	2.4	4.2	
	压后小于0.075mm含/%	61	9.5	3.6	6.2	
	铺土厚度/cm	61层	71.1	47.4	57.6	
	压实厚度/cm	61层	59.7	40.5	52.6	
上游Ⅱ反料（1～61层）	干密度/(g/cm³)	61	2.15	1.72	1.96	
	含水量/%	61	3.7	0.6	1.3	
	<5mm含/%	61	7.8	0	2.3	
	铺土厚度/cm	61层	72.0	42.2	57.5	
	压实厚度/cm	61层	61.3	41.2	52.6	

续表

检测项目		检测组数	最大值	最小值	平均值	备注
下游Ⅰ反料（1～77层）	干密度/(g/cm³)	77	2.26	1.84	1.96	
	含水量/%	77	12.4	5.8	8.6	
	渗透系数/(cm/s)	77	7.13×10^{-1}	1.04×10^{-2}	1.32×10^{-1}	
下游Ⅰ反料（1～77层）	压前含泥量/%	58	5.0	2.4	4.3	
	压后小于0.075mm含/%	77	8.5	4.0	6.3	
	铺土厚度/cm	7层	83.0	74.8	78.6	1784.00m以下
	压实厚度/cm	7层	76.4	51.0	74.1	
	铺土厚度/cm	70层	70.9	44.4	55.6	1784.00m以上
	压实厚度/cm	70层	60.2	37.1	48.6	
下游Ⅱ反料（1～74层）	干密度/(g/cm³)	74	2.23	1.74	1.98	
	含水量/%	74	2.9	0.5	1.4	
	<5mm含/%	74	9.2	0	2.6	
	铺土厚度/cm	7层	81.8	75.1	78.7	1784.00m以下
	压实厚度/cm	7层	77.0	70.9	74.3	
	铺土厚度/cm	67层	71.1	43.3	54.7	1784.00m以上
	压实厚度/cm	67层	60.2	34.6	48.3	

表7-2-17　下游坝壳水平反滤层检测成果统计表

检测项目		检测组数	最大值	最小值	平均值	备注
水平Ⅰ反料填筑	干密度/(g/cm³)	13	2.12	1.95	2.05	
	含水量/%	13	8.8	1.2	6.5	
	渗透系数/(cm/s)	5	6.37×10^{-2}	2.17×10^{-2}	3.55×10^{-2}	
	压前含泥量/%	5	4.4	3.8	4.1	
	压后<0.075mm含/%	9	7.5	5.4	6.3	
水平Ⅱ反料填筑	干密度/(g/cm³)	14	2.31	1.85	2.10	
	含水量/%	14	2.3	0.8	1.4	
	小于5mm含量/%	8	2.1	0.3	1.1	

2）质检单位抽检。质检单位对反滤料进行抽检，共完成干密度、含水率各171组，现场渗透试验81组，颗分133组，含泥量117组等，其结论为Ⅰ反料和Ⅱ反料填筑指标均满足设计要求。

（3）坝壳料石碴料检测。

1）施工单位自检。自检范围包括上游围堰、上游C区料填筑（1～18层）、上游B区料填筑（19～47层），下游E区料填筑（1～11层）、下游D区料填筑（12～27层、28～49层）、下游坝壳料墙培厚填筑等，自检结果见表7-2-18～表7-2-20。

表 7-2-18　　上游围堰填筑检测成果统计表

检测项目	检测组数	最大值	最小值	平均值
干密度/(g/cm³)	55	2.30	1.96	2.11
含水量/%	55	15.8	5.4	8.8
渗透系数/(cm/s)	26	5.81×10^{-2}	5.65×10^{-3}	1.82×10^{-2}
孔隙率/%	55	24.0	14.2	20.7
铺土厚度/cm	13 层	80.0	75.0	78.5
压实厚度/cm	13 层	79.5	65.3	72.7

表 7-2-19　　上游坝体填筑检测成果统计表

检测项目		检测组数	最大值	最小值	平均值
C 区料填筑（1～18 层）	干密度/(g/cm³)	32	2.35	2.00	2.14
	含水量/%	32	10.7	2.1	5.9
	渗透系数/(cm/s)	14	6.91×10^{-1}	3.92×10^{-2}	2.65×10^{-1}
	孔隙率/%	32	24.2	12.6	20.3
	小于 5mm 含量/%	29	27.30	10.12	15.95
	铺土厚度/cm	18 层	91.1	68.7	78.6
	压实厚度/cm	18 层	83.4	64.7	74.3
B 区料填筑（19～47 层）	干密度/(g/cm³)	55	2.23	2.02	2.12
	含水量/%	55	9.7	2.6	5.0
	渗透系数/(cm/s)	32	9.37×10^{-1}	1.76×10^{-3}	2.49×10^{-1}
	孔隙率/%	55	24.4	16.1	20.4
	小于 5mm 含量/%	54	21.33	4.47	13.91
	铺土厚度/cm	29 层	77.4	62.6	68.9
	压实厚度/cm	29 层	69.7	59.7	64.7

表 7-2-20　　下游坝体填筑检测成果统计表

检测项目		检测组数	最大值	最小值	平均值
E 区料填筑（1～11 层）	干密度/(g/cm³)	18	2.25	2.03	2.12
	含水量/%	18	10.2	2.7	5.6
	渗透系数/(cm/s)	9	6.43×10^{-1}	4.83×10^{-2}	3.14×10^{-1}
	孔隙率/%	18	24.5	16.4	21.2
	小于 5mm 含量/%	17	22.60	8.26	14.79
	铺土厚度/cm	11 层	91.0	72.8	78.5
	压实厚度/cm	11 层	79.8	64.8	74.6
D 区料Ⅰ期填筑（12～27 层）	干密度/(g/cm³)	29	2.27	1.98	2.13
	含水量/%	29	8.6	1.8	4.3
	渗透系数/(cm/s)	16	7.1×10^{-1}	6.53×10^{-2}	3.12×10^{-1}
	孔隙率/%	29	24.5	14.9	20.5

续表

检测项目		检测组数	最大值	最小值	平均值
D区料Ⅰ期填筑（12～27层）	小于5mm含量/%	28	35.21	5.00	16.66
	铺土厚度/cm	16层	86.8	60.2	69.1
	压实厚度/cm	16层	76.5	54.8	64.4
D区料Ⅱ期填筑（28～49层）	干密度/(g/cm^3)	43	2.21	2.04	2.12
	含水量/%	43	10.1	3.4	5.7
	渗透系数/(cm/s)	22	8.25×10^{-1}	1.62×10^{-2}	1.96×10^{-1}
	孔隙率/%	43	23.0	16.7	20.0
	小于5mm含量/%	43	23.27	8.80	14.36
	铺土厚度/cm	22层	75.5	61.9	68.4
	压实厚度/cm	22层	71.4	55.9	64.4
下游坝壳料培厚区D区料填筑	干密度/(g/cm^3)	77	2.28	2.02	2.13
	含水量/%	77	8.0	2.7	4.9
	渗透系数/(cm/s)	27	1.21×10^{-1}	2.84×10^{-2}	2.14×10^{-1}
	孔隙率/%	77	24.5	14.0	20.1
	小于5mm含量/%	76	26.09	5.04	13.08
	铺土厚度/cm	27层	81.0	61.5	68.5
	压实厚度/cm	27层	78.1	55.8	65.2

2）质检单位抽检。质量检测单位共抽检556组（其中干密度与含水率各133组，现场渗透试验122组，颗分142组，比重26组），检测结果为：①上游坝壳料填筑47层，干密度2.02～2.22g/cm^3，平均值2.12g/cm^3；渗透系数2.38×10^{-3}～9.9×10^{-1}cm/s，平均值2.30×10^{-1}cm/s；小于5mm颗粒含量10.5%～30.7%，平均值17.9%；孔隙率18%～25%，平均值21.5%；②下游坝壳料干密度1.95～2.23g/cm^3，平均值2.13g/cm^3；孔隙率16%～27%，平均22%；渗透系数1.08×10^{-3}～1.21cm/s，平均2.58×10^{-1}cm/s；小于5mm颗粒含量4.1%～31%，平均值15.8%。抽检结果表明主坝坝壳料填筑质量满足设计要求。

(4) 筑坝材料复核试验。在坝体填筑过程中，×××水库工程建设管理局委托×××××岩土工程质量检测有限公司对筑坝材料进行了复核试验。×××××岩土工程质量检测有限公司对防渗土料做了8组复核试验、对坝壳料做了10组复核试验。试验结论如下：

大坝心墙防渗土料的土质有一定的差异，但从试验测得的压缩系数指标看土料均属于密实状态的指标值，8组心墙复核料的压实度范围值在0.98～1.02之间，作为心墙防渗土料从渗透试验结果来看，其防渗性能满足质量指标及设计要求。

10组坝壳料复核样的干密度大、孔隙率范围满足设计小于等于25%的要求，强度较高，说明坝壳料碾压密实，填筑质量较好。10组料的渗透系数均符合$K_{20}\geqslant1\times10^{-3}$cm/s的规范及设计要求，透水性好。

(五) 副坝

1. 坝体填筑

(1) 设计控制指标。副坝施工质量控制指标如下：①帷幕灌浆后透水率小于等于

5.0Lu；②防渗心墙干密度控制指标按压实度大于等于98%控制；③渗透系数现场小于等于1×10^{-5}cm/s；④大于5mm颗粒含量不大于35%。

（2）施工单位自检结果。施工单位自检结果见表7-2-21～表7-2-24。

表7-2-21　副坝左岸坝段填筑检测成果统计表

检测项目	检测组数	最大值	最小值	平均值	施工参数
干密度/(g/cm³)	110	1.95	1.46	1.73	1.58～1.90
含水量/%	110	31.5	13.2	20.6	(15.2－2)%～(19.4＋3)%
室外渗透系数/(cm/s)	55	3.7×10^{-6}	2.68×10^{-7}	7.26×10^{-7}	$\leqslant1.0\times10^{-5}$
压实度/%	110	107	99	102	≥98

表7-2-22　左岸坝段击实检测成果统计表

检测项目	检测组数	最大值	最小值	平均值	施工参数
干密度/(g/cm³)	186	1.86	1.34	1.64	—
含水量/%	186	31.8	11.7	21.2	—
最优含水率/%	55	30.7	13.1	20.9	—

表7-2-23　副坝右岸坝段填筑检测成果统计表

检测项目	检测组数	最大值	最小值	平均值	施工参数
干密度/(g/cm³)	129	1.97	1.7	1.84	1.58～1.90
含水量/%	129	20.8	11.3	15.3	15.0～19.7
室外渗透系数/(cm/s)	51	7.96×10^{-7}	2.66×10^{-7}	9.12×10^{-7}	$\leqslant1.0\times10^{-5}$
压实度/%	129	110	98	103	≥98

表7-2-24　右岸坝段击实检测成果统计表

检测项目	检测组数	最大值	最小值	平均值	施工参数
干密度/(g/cm³)	161	1.87	1.67	1.76	—
含水量/%	161	22.6	11.4	16.7	—
最优含水率/%	51	21.1	14.1	18.2	—

（3）质检单位抽检结果。质检单位抽检的结果见表7-2-25、表7-2-26。

表7-2-25　副坝左坝段填筑碾压后各项指标检测成果统计表

检测项目	检测组数	最大值	最小值	平均值
干密度/(g/cm³)	22	1.90	1.41	1.73
含水率/%	22	33.5	12.8	18.7
压实度/%	22	106	98	101
现场渗透试验/(cm/s)	2	7.49×10^{-7}	7.89×10^{-8}	4.14×10^{-7}
室内渗透试验/(cm/s)	2	1.82×10^{-7}	1.23×10^{-7}	1.52×10^{-7}

续表

检测项目		检测组数	最大值	最小值	平均值
三点击实试验	最大干密度/(g/cm³)	5	1.83	1.24	1.58
	最优含水量/%	5	20.2	14.7	17.1
大于5mm颗粒含量（碾前）/%		3	41.1	20.9	28.9
大于5mm颗粒含量（碾后）/%		3	20.5	10.1	13.9

表7-2-26　副坝右坝段填筑碾压后各项指标检测成果统计表

检测项目		检测组数	最大值	最小值	平均值
干密度/(g/cm³)		25	1.96	1.74	1.85
含水率/%		25	18.7	11.9	14.6
压实度/%		25	106	99	102
现场渗透试验/(cm/s)		5	1.01×10^{-5}	2.52×10^{-7}	4.37×10^{-6}
室内渗透试验/(cm/s)		2	1.40×10^{-7}	1.05×10^{-7}	1.22×10^{-7}
三点击实试验	最大干密度/(g/cm³)	5	1.89	1.75	1.83
	最优含水量/%	5	18.1	14.0	16.2
大于5mm颗粒含量（碾前）/%		5	31.3	14.6	22.8
大于5mm颗粒含量（碾后）/%		5	18.3	6.6	10.4

检测结果表明：左、右坝段碾压后各项检测指标满足设计要求。

2. 帷幕灌浆

(1) 原材料质量检查。帷幕灌浆用P.O 42.5级水泥，施工现场取样2组，检测结果满足有关规范要求，检测结果详见表7-2-27。

表7-2-27　副坝灌浆水泥品质检测成果统计表

水泥类别	统计值	凝结时间/(h：min)		细度/%	安定性	抗压强度/MPa		抗折强度/MPa	
		初凝	终凝			3d	28d	3d	28d
P.O 42.5	检测次数	2	2	2	2	2	2	2	2
	最大值	2：46	4：55	4.0	合格	21.9	48.7	4.4	8.1
	最小值	2：42	4：36	3.6	合格	19.9	47.7	4.2	7.9
	平均值	2：44	4：42	3.8	合格	20.9	48.2	4.3	8.0
	标准值	≥45 min	≤10h	≤10	合格	≥17.0	≥42.5	≥3.5	≥6.5

(2) 灌浆施工成果与分析。帷幕灌浆分3序孔进行施工，其中Ⅰ序孔单位注浆量为120.3kg/m、Ⅱ序孔单位注浆量为77.2kg/m、Ⅲ序孔单位注浆量为55.8kg/m。从帷幕灌浆Ⅰ、Ⅱ、Ⅲ序孔的注浆量及灌后透水率可以看出，通过灌浆处理均呈现出$C_{Ⅰ}>C_{Ⅱ}>C_{Ⅲ}$的正常递减规律。

(3) 灌浆质量检查情况。在副坝及溢洪道帷幕灌浆的14个检查孔中共进行了110段压水试验检查，检查孔段透水率的最大值为4.67Lu，最小值为0.26Lu，平均值为2.47Lu，全部小于5Lu，满足设计要求的防渗标准。

（六）溢洪道

项目站质量监督工作人员对溢洪道工程施工质量检验与评定资料进行了核验，核验结果如下。

1. 原材料检测

（1）施工单位自检。水泥、钢材、外加剂、止水带进场时，均有出厂证明书和合格证书。材料进场后，施工单位按照规范要求随机取样进行质量检测，检测结果见表 7－2－28。

表 7－2－28　　溢洪道施工单位原材料、中间产品自检成果统计表

名称	规格	生产厂家	检测组数	检测内容	结论
水泥	P·O 32.5	××××水泥厂、××国资水泥厂	9	细度、安定性、初凝、终凝、抗折强度、抗压强度	合格
	P·O 42.5		33		合格
	P·O 52.5	××国资水泥厂	1		合格
粉煤灰		××硅酸盐制品厂	3	需水量、细度、烧失量、水含水量、三氧化硫、碱含量	
泵送剂	LB－5 型	××××建材有限责任公司	1	坍落度增加值、常压泌水率比、含气量、收缩比率、坍落度留值、抗压强度比	合格
钢筋力学性能指标	二级Φ12	××钢铁有限公司、××××钢铁有限公司	10	屈服强度、极限强度、伸长率、冷弯	合格
	二级Φ16		10		
	二级Φ18		10		
	二级Φ20		8		
	二级Φ22		10		
	二级Φ25		2		
钢筋焊接	二级Φ16	××钢铁有限公司、××××钢铁有限公司	2	冷弯、极限强度	合格
	二级Φ18		2		
	二级Φ20		5		
	二级Φ22		2		
	二级Φ25		3		
	二级Φ28		3		
粗骨料		××石场，其中	59	表观密度、松堆密度、针片状含量、含泥量、吸水率、超逊径含量、有机质含量	合格
		×××××石料场	2		合格
细骨料		××××砂厂、××江河沙	53	表观密度、堆积密度、细度模数、含泥量、云母含量、吸水率、有机质含量、坚固性	合格

（2）质量检测单位抽检。质量检测单位按施工单位取样的 30%进行抽检，检测结果见表 7－2－29。

2. 砂浆、混凝土

砂浆、混凝土施工单位及检测单位取样结果见表 7－2－30、表 7－2－31。

混凝土抗渗施工单位取样 6 组，均大于 W6，检测单位取样 3 组，均大于 W6，混凝土抗渗满足设计要求。

表 7-2-29　　溢洪道测单位原材料、中间产品抽检成果统计表

名称	规格	生产厂家	检测组数	检测内容	结论
水泥	P·O 32.5	××国资水泥厂	2	细度、安定性、标准稠度用水量、凝结时间、抗折强度、抗压强度	合格
	P·O 42.5		5		合格
钢筋力学性能指标	二级Φ12	××××钢铁有限公司	2	屈服强度、抗拉强度、伸长率、冷弯	合格
	二级Φ16		2		合格
	二级Φ18		5		合格
	二级Φ20		5		合格
	二级Φ22		4		合格
	二级Φ25		4		合格
	二级Φ28		3		合格
钢筋焊接	二级Φ18	××××钢铁有限公司	2	拉伸、弯曲	合格
	二级Φ20		1		合格
	二级Φ22		2		合格
	二级Φ25		1		合格
	二级Φ28		1		合格
碎　石		××石料场	32	含泥量、级配	合格
细骨料		××××砂厂	12	细度模数、含泥量	合格

表 7-2-30　　溢洪道施工单位砂浆、混凝土强度抽检成果汇总表

分部工程部位	设计等级	检测组数	28d 抗压强度/MPa			标准差 S_n /MPa	离差系数 C_v	强度保证率 /%	结论
			最大值	最小值	平均值				
进口引渠段	M7.5	3		11.3	11.83	—	—	—	合格
	M10	3		15.5	16.47	—	—	—	合格
	C20	92	29.3	23.3	26.1	3.02	0.118	96.5	优良
控制段	C35	10	55.6	43.3	49.8	3.99	—	—	合格
	C20	34	26.5	23.6	25.4	0.61	0.024	99.9	优良
泄槽Ⅰ段	C20	99	27.6	22.6	26.1	0.91	0.04	99.9	优良
泄槽Ⅱ段	C35	74	41.9	34.4	39.7	1.11	0.028	99.9	优良
	M20	5	34.5	30.9	32.62	—	—	—	合格
消力池段	C35	33	40.5	31.8	38.6	3.0	0.077	90.0	合格
	M20	3	24	22.7	23.8	—	—	—	合格
调整段	C20	20	27.2	24.6	25.7	0.8	—	—	合格
调整段交通桥	C40	7	59.4	46	50.2	5.21	—	—	合格
尾水段	M7.5	30		7.8	16.5	0.73	—	—	合格
	M10	15		12.2	15.1		—	—	合格

表 7-2-31　溢洪道检测单位砂浆、混凝土强度抽检成果汇总表

分部工程部位	设计等级	组数	28d 抗压强度/MPa			标准差 S_n /MPa	离差系数 C_v	强度保证率 /%	结论
			最大值	最小值	平均值				
进口引渠段	M7.5	4	17.1	13.1	14.6	—	—	—	合格
	M10	2	12.5	10.2	11.4	—	—	—	合格
	C20	29	44.2	23.2	34.4	5.06	—	—	合格
控制段	C35	4	48.7	35.4	42.8	—	—	—	合格
	C20	20	49.2	25.2	36.4	7.4	—	—	合格
泄槽Ⅰ段	C20	22	38.7	22.1	28.8	5.5	—	—	合格
泄槽Ⅱ段	C35	26	43.3	32.4	37.9	3.1	—	—	合格
	M 20	2	26.8	22.4	24.6	—	—	—	合格
消力池段	C35	13	42.8	33.2	39.4	3.2	—	—	合格
调整段交通桥	C20	6	34.7	17.7	28.28	6.52	—	—	合格
	C40	3	61.4	45.6	53.4	—	—	—	合格
	C15	2	20.5	16.2	18.4	—	—	—	合格
	M7.5	8	10.7	6.5	8.9	—	—	—	合格
	M10	1	14.3			—	—	—	合格
尾水段	C15	7	28.8	17.7	20.4	4.4	—	—	合格
	M7.5	20	14.6	6.8	9.5	—	—	—	合格
	M10	5	34.4	11	19.1	—	—	—	合格

3. 混凝土低强处理

溢洪道泄槽Ⅱ段 0+223.00～0+279.0 之间左右边墙和左右底板共 5 个部位有 5 组 C35 混凝土试块 28d 抗压强度略低于设计强度等级，施工单位的试块最低值达到设计强度等级的 98.3%，抽检单位的试块最低值达到设计强度等级的 92.6%。经过钻芯取样，其构件抗压强度达到 36.6～43.1MPa，达到设计强度等级，满足设计要求。

（七）防护堤及橡胶坝

防护堤及橡胶坝工程核验了水泥、砂石骨料、钢筋及焊接件、砂浆及混凝土检测资料，核验结果如下。

1. 原材料检测

(1) 水泥检测。河道护堤及橡胶坝工程混凝土施工，主要使用××××水泥厂及××水泥厂的 P·O 32.5 水泥和 P·O 42.5 水泥。根据混凝土设计要求及《通用硅酸盐水泥》(GB 175—2007) 的水泥各控制指标的规定，P·O 32.5 水泥抽检 6 组，P·O 42.5 水泥抽检 11 组。检测了水泥初凝时间、终凝时间、细度模数、安定性合格、抗压强度等指标，各项检测指标均满足质量要求。

(2) 砂料检测。根据设计及规范要求，砂抽检 20 组，检测了砂的表观密度、堆密度、含泥量、吸水率、颗粒级配、有机质含量等指标，各项检测指标均满足质量要求。

(3) 碎石检测。根据设计及规范要求，橡胶坝混凝土碎石抽检了 3 组，检测项目表观密度最大值 2640kg/m^3，最小值 2630kg/m^3，平均值 2633kg/m^3；堆密度最大值 1540kg/m^3，

最小值 1520kg/m³，平均值 1528 kg/m³；含泥量最大值 0.8%，最小值 0.4%，平均值 0.6%；吸水率最大值 2%，最小值 1.8%，平均值 1.9%；有机质含量均浅于标准色；针片状含量最大值 13.8%，最小值 11.2%，平均值 12.8%；压碎值指标最大值 14.3%，最小值 14.0%，平均值 14.3%；颗粒级配符合要求。各项检测指标均满足质量要求。

（4）钢筋母材检测。

1）Φ12 一组。屈服强度最大值 305MPa，最小值 305MPa，平均值 305MPa；抗拉强度最大值 475MPa，最小值 475MPa，平均值 475MPa；伸长率最大值 31.0%，最小值 30.0%，平均值 30.5%；冷弯 180°合格。各项检测指标均满足质量要求。

2）Φ18 一组。屈服强度最大值 415MPa，最小值 415MPa，平均值 415MPa；抗拉强度最大值 600MPa，最小值 590MPa，平均值 595MPa；伸长率最大值 24.5%，最小值 22%，平均值 23.25%。各项检测指标均满足质量要求。

3）Φ20 一组。屈服强度最大值 420MPa，最小值 415MPa，平均值 417.5MPa；抗拉强度最大值 575MPa，最小值 575MPa，平均值 575MPa；伸长率最大值 26%，最小值 25%，平均值 25.5%；冷弯 180°合格。各项检测指标均满足质量要求。

（5）钢筋焊接检测。

1）Φ18 一组，极限强度最大值 580MPa，最小值 575MPa，平均值 577.5MPa；冷弯 90°合格，各项检测指标均满足要求。

2）Φ20 一组，极限强度最大值 580 MPa，最小值 575MPa，平均值 576.5MPa；冷弯 90°合格，各项检测指标均满足质量要求。

2. 砂浆及混凝土检测

（1）河道左岸护堤 M7.5 浆砌石砂浆取样 30 组，抗压强度平均值 8.8MPa，标准差为 1.45MPa，离差系数 0.07<0.22，强度保证率为 80.1%>80%，试件质量合格。

（2）河道左岸护堤墙体 M10 抹面砂浆取样 7 组，抗压强度最大值为 12.3MPa，最小值 11.2MPa，平均值 12.0MPa，各组试块的平均强度均大于设计强度值 10.0MPa，任意一组试块强度大于设计强度的 80%。

（3）河道右岸护堤 M7.5 浆砌石砂浆取样 14 组，抗压强度最大值为 9.4MPa，最小值 7.9MPa，平均值 8.4MPa，各组试块的平均强度均大于设计强度值 7.5MPa，任意一组试块强度大于设计强度的 80%。

（4）河道右岸护堤墙体 M10 抹面砂浆取样 4 组，抗压强度最大值为 12.1MPa，最小值 11.7MPa，平均值 11.9MPa，各组试块的平均强度均大于设计强度值 10.0MPa，任意一组试块强度大于设计强度的 80%。

（5）橡胶坝坝袋基础及泵房 C20 混凝土强度共取样 17 组，最大值 26.7MPa，最小值 20.5MPa，平均值 $R_n=23.4$MPa，标准差为 $S_n=2.0$MPa；$R_n-1.6S_n=20.2\text{MPa}>0.83R_{标}$（16.6MPa）；$R_n-0.7S_n=22\text{MPa}>R_{标}$（20MPa）。混凝土抗压试件质量合格。

（6）橡胶坝 M7.5 砌筑砂浆强度取样 1 组，抗压强度值 8.7MPa，满足设计要求。

3. 墙背石渣回填

橡胶坝左右两翼墙背石渣回填取样 5 组，最大值 2.13g/cm³，最小值 1.95g/cm³，平均值 2.00g/cm³，均满足设计要求的 1.90g/cm³。

（八）其他工程

管理所房建工程检测混凝土11组，砌筑砂浆2组，粉刷砂浆3组，全部合格；进库公路及枢纽区道路检测砂浆112组，混凝土32组，路基压实度检测280组，路面压实度检测164组，全部合格；水情测报及大坝安全监测系统水位计检测8组，雨量计检测14组，闸位计检测4组，机房防雷接地检测2组，全部合格。

六、工程安全监测

（一）工程安全监测设计

设计单位对主坝、副坝、溢洪道和导流泄洪隧洞进行了安全监测设计。

1. 主副坝安全监测设计

主副坝监测设计内容分为变形观测、渗流观测和孔隙水压力观测等。

(1) 主副坝表面变形观测设计。坝面标点的位移用视准线法观测，主坝布置有4条视准线，视准线1沿防浪墙上游侧坝纵0－006.25布置，标点高程1819.50m；视准线2沿坝顶路面下游侧坝纵0＋006.0布置，标点高程1819.50m；其余2条布置坝下游坡面，里程分别为坝纵0＋038.13、坝纵0＋058.38，标点高程分别为1804.50m、1795.50m；共有观测标点18个，左右两岸分别布置起测基点、工作基点、校核基点各8个，每个观测标点都通过视准线。副坝为1条视准线沿坝顶上游侧副坝纵0－004.0布置，标点高程1821.10m；溢洪道控制段与副坝共用1条视准线，标点高程1821.50m，布置2个观测标点，左右两岸分别布置工作基点、校核基点各2个。

(2) 浸润线观测。在主坝坝横0＋120.0、0＋160.0、0＋205.0、0＋280.0、0＋340.0、0＋430.0六个断面坝轴线下游侧坝体和坝基分别埋设6×3根测压管（坝纵0＋005.0、0＋034.0、0＋057.25以及对应坝坡面高程分别为1820.00m、1805.50m、1796.0m）和6×3支渗压计（坝纵0＋005.0、0＋034.0、0＋057.23以及对应坝坡面高程分别为1820.00m、1805.50m、1796.00m），在坝横0＋070.0坝轴线下游侧（坝纵0＋005.0，对应坝坡面高程1820.00m）分别埋设1根测压管和1支渗压计；紧靠坝轴线的一排渗压计、测压管观测灌浆帷幕防渗效果、测定心墙内的渗透压力情况，其他2排渗压计、测压管观测下游坝体、坝基渗压情况，绘制坝体浸润线。在副坝坝横0＋093.6最大断面坝轴线下游侧，里程分别为副坝纵0＋003.4、0＋010.6，坝坡面高程分别为1821.37m、1818.50m处设置2根测压管深入至坝基1.0m。测压管和渗压计分别观测坝体和坝基的孔隙水压力，进行不同工况大坝运行安全评价。

主坝两岸坝轴线下游侧分别埋设4根测压管，监测水库蓄水后两坝肩绕坝渗流水位，检验坝肩大坝防渗帷幕的防渗效果，其位置根据实际地形进行埋设。

(3) 渗流量观测。在主坝下游一期高压摆喷灌浆轴线部位河床段设置矩形量水堰，用量水堰监测通过坝体和坝基的渗水流量。

2. 溢洪道安全监测设计

根据溢洪道基础处于全-强风化岩石地层，岩体松软、强度较低、基础抗冲刷能力和左右边墙边坡稳定性差的特点，在控制段-消力池段里程溢0＋011.95、0＋105.80、0＋165.0、0＋257.0、0＋304.84处两侧边墙顶各设2个观测标点，对应观测标点左右两侧岸坡分别布置工作基点、校核基点各2个，通过枢纽区外部变形监测网工作基点监测溢洪道水平和垂直位移。在控制段基础沿水流向（副坝0+052.04对应溢0+025.3、0+032.2、0+039.2）布置3支孔隙水压力计以监测基础扬压力；在控制段-消力池段边墙（溢0−050.0、0+000.0、0+040.5、0+165.5、0+279.0）和控制段（溢0+020.0）底板分别布置6支测缝计，监测接缝开合情况。引渠段-消力池段布置5支钢筋计（溢0−056.4、0+012.0、0+146.4、0+238.6、0+312.6）监测分离式边墙和控制段底板钢筋配置是否满足设计要求。

在控制段前引渠段（溢0−030.0）、泄槽Ⅰ段末端（溢0+165.0）、消力池首末端（溢0+279.6、0+316.6）和出口明渠（溢0+370.0、0+450.0）侧墙设置水尺进行其部位水位观测。水面线测量利用边墙水尺组及坐标网格进行测绘；消能观测是进行水跃长度及其前、后水深，水跃的形式、形态和流速等。

3. 导流泄洪隧洞监测设计

在导流泄洪隧洞竖井段检修平台（泄0+020.0、0+025.5）和出口段两侧边墙顶（泄0+151.0、0+222.4）各设置4个观测标点，并在两岸坡配置对应的8个工作基点、8个校核基点，监测其水平和垂直位移。

在隧洞出口泄槽曲线段首端、消力池首末端和出口明渠侧墙设置水尺进行其部位水位观测。水面线测量利用侧墙水尺组及坐标网格进行测绘；消能观测是进行水跃长度及其前、后水深，水跃的形式、形态和流速等。

（二）安全监测成果分析评价

×××水库已实现了大坝安全监测、大坝安全预警、闸门远程监控、水文监控、库区视频监控、电站工况监视等系统的综合化集成，并于20××年10月投入运行，安全监测仪器和信息管理系统运行状况良好。从现有观测资料看，主坝渗流稳定，主坝、副坝、溢洪道、输水隧洞、导流泄洪洞均能正常工作，各建筑物安全性态正常。

1. 主坝沉降观测分析

设计计算断面选取河床最大断面（0+340）、靠左岸河床断面（0+140）、左右岸坡断面（0+80、0+450）共4个断面。设计计算结果：心墙沉降量河床断面心墙最大总沉降量135.67cm，主要沉降量在施工期完成。经复核计算，坝体最大断面的最终沉降量为125.7cm，其中，施工期竣工沉降量92.8cm，竣工后沉降量32.9cm，比原设计计算值少9.97cm，小于坝高的1%。

20××年1月××日主坝填筑封顶，从20××年8月至20××年12月7年4个月共52次的观测成果表明：主坝最大沉降出现在W5（0+120）、W6（0+120）、W8（0+205），累积沉降最大为11mm。

大坝水平位移出现在W13（0+340）、W14（0+340），累积最大位移量7mm。

大坝未产生较大变形，大坝心墙防渗土料沉降、位移在设计范围内。

2. 主坝渗流观测分析

（1）设计计算值。上游水位为1804.83m时，计算主坝坝体、坝基渗流量为1161.9m^3/d；上游水位为1821.97m时，设计计算主坝坝体、坝基渗流量为2903.68m^3/d。

（2）观测值。

1）20××年12月×日—20××年5月×日，上游水位1793.80～1795.36m，主坝坝体、坝基渗流量为3.4L/s（309.279m^3/d），小于设计计算值。

2）20××年5月××日—20××年1月××日，上游水位1793.66～1804.83m，主坝坝体、坝基渗流量为8.53L/s（736.99m^3/d），小于设计计算值。

3）20××年1月××日—20××年10月××日，上游最高水位为1812.75m，主坝坝体、坝基渗流量最大为11.55L/s（654.79m^3/d），小于设计计算值。

4）20××年1月×日—20××年12月××日，上游水位1804.99～1811.63m，库容2146.95万～5204.65万m^3，主坝坝体、坝基最大渗流量为11.55L/s（997.92m^3/d），小于设计计算值。

5）20××年1月×日—20××年12月××日，上游水位1805.16～1812.97m，库容2217.18万～5980.86万m^3，主坝坝体、坝基最大渗流量为11.55L/s（997.92m^3/d），小于设计计算值。

6）20××年1月×日—20××年12月××日，上游水位1805.36～1812.03m，库容2201.61万～5436.83万m^3，主坝坝体、坝基最大渗流量为11.55L/s（997.92m^3/d），小于设计计算值。

7）20××年1月×日—20××年12月××日，上游水位1805.80～1814.01m，库容2487.35万～6583.47万m^3，主坝坝体、坝基最大渗流量为16.02L/s（1384.13m^3/d），小于设计计算值。

8）20××年1月×日—20××年12月××日，上游水位1809.54～1814.48m，库容4066.15万～6855.76万m^3，主坝坝体、坝基最大渗流量为16.02L/s（1384.13m^3/d），小于设计计算值。

9）20××年1月×日—20××年11月××日，上游水位1807.26～1814.30m，库容3103.07万～6751.47万m^3，主坝坝体、坝基最大渗流量为16.02L/s（1384.13m^3/d），小于设计计算值。

主坝渗流观测成果统计成果见表7-2-32。

表7-2-32　　主坝渗流观测成果统计表

观测日期/(年．月．日)	库水位/m	库容/万m^3	最大观测值/(L/s)	渗流量/(m^3/d)	设计计算值(允许值)/(m^3/d)
20××.01.××—20××.12.××	1793.66～1804.83	89.72～2103.48	8.53	737.00	1161.9
20××.01.××—20××.12.××	1802.67～1812.75	1516.93～5274.17	11.55	997.92	2903.68
20××.01.××—20××.12.××	1804.99～1811.63	2146.95～5204.65	11.55	997.92	2903.68
20××.01.××—20××.12.××	1805.16～1812.97	2217.18～5980.86	11.55	997.92	2903.68
20××.01.××—20××.12.××	1805.36～1812.03	2301.61～5436.83	11.55	997.92	2903.68
20××.01.××—20××.12.××	1805.80～1814.01	2487.35～6583.47	16.02	1384.13	2903.68
20××.01.××—20××.12.××	1809.54～1814.48	4066.15～6855.76	16.02	1384.13	2903.68
20××.01.××—20××.12.××	1807.26～1814.30	3103.67～6751.47	16.02	1384.13	2903.68

综合以上资料分析，坝基最大渗流量都在设计值范围内，满足设计要求。

从大坝所安装埋设的测压管、位移桩、量水堰的观测资料分析成果来看，目前所有仪器测值正常，能反映大坝渗流、沉降的变化规律，符合土石坝施工期渗流、变形的一般规律，大坝防渗效果好。

3. 溢洪道观测、监测资料分析

（1）钢筋应力。监测成果表明，溢洪道钢筋应力最大出现在控制段0+12.3中墩边缘左底板内钢筋，为－31.02MPa，应力值很小。

(2) 接缝。监测成果表明，溢洪道控制段中墩底板、收缩段与泄槽1段左边墙接缝处等部位没有出现裂缝。

溢洪道变形、衬砌钢筋混凝土受力基本正常，符合溢洪道变形、钢筋混凝土受力的一般规律，溢洪道建筑物运行性态正常，各观测仪器都能正常工作。

综上所述，从渗漏量、水平位移、沉降量及其变化规律的初步分析结论可以看出，工程施工总体质量较好，主、副坝、溢洪道等建筑物均处于安全稳定运行状态。

七、工程质量核备与核定

×××水库枢纽工程质量监督书中约定的监督范围为大坝、防渗墙、溢洪道、输水工程共4个单位工程。

(一) 施工质量评定与验收依据

×××水库工程施工期的质量评定与验收依据《水利水电工程施工质量评定规程（试行）》(SL 176—1996)、《水利水电工程施工质量检验与评定规程》(SL 176—2007)、《水利水电工程施工质量评定表填表说明与示例（试行）》（办建管〔2002〕182号)、《水利水电建设工程验收规程》(SL 223—2008) 和经省质监中心站确认的《××州×××水库工程项目划分确认书》(××××〔20××〕××号)、项目站《××州×××水库项目划分调整及新增工程项目划分确认书》(××××〔20××〕××号) 划分方案进行。

(二) 施工质量评定与验收程序

单元（工序）工程质量在施工单位自评合格后，报监理单位复核，由监理工程师核定质量等级并签证认可。

主体建筑物分部工程施工质量评定在施工单位自评合格后，由监理单位复核，由项目法人组织分部工程验收并对其施工质量等级进行认定。验收后分部工程验收的质量结论由建设单位报质量监督项目站核定。

单位工程施工质量评定在施工单位自评合格后，由监理单位复核，项目法人认定。验收后单位工程验收的质量结论由建设单位报质量监督项目站核定。

工程项目施工质量评定在施工单位自评合格后，由监理单位进行统计并评定工程项目质量等级，经项目法人认定后，报质量监督项目站核定。

(三) 分部工程质量核备与核定

1. 监督检查内容

(1) 抽查单元施工质量评定表填写是否符合规定，单元工程划分数量是否与评定表一致。

(2) 抽查原材料、中间产品及机电产品出厂资料是否符合要求。

(3) 抽查原材料及工程实体的检测资料是否满足设计和规范要求。

(4) 检查是否有施工质量缺陷，是否按程序进行了处理。

(5) 检查分部工程施工质量评定表填写内容是否符合要求，签章是否齐全，施工质量等级评定是否符合实际。

2. 分部工程质量核备与核定

工程建设管理局于20××年1月28日组织参建各方对已完工的输水隧洞单位工程进口

明渠及进口洞身段、井后有压洞身段、明渠尾水段3个分部进行了工程验收；于6月2日组织参建各方对以下分部工程进行了验收：①主坝单位工程，地基开挖与处理、地基防渗、防渗心墙、反滤过渡层、上游围堰、上游坝体填筑、下游坝体填筑；②副坝单位工程，地基开挖与处理、左坝段坝体填筑、右坝段坝体填筑、地基防渗；③溢洪道单位工程，进口引水段、闸室段、泄槽Ⅰ段、调整扩散段、明渠尾水段；④导流泄洪隧洞工程，进口有压洞段、无压泄水洞、出口消能段、尾水明渠段、回填灌浆与固结灌浆。

但以上24个分部工程验收后，工程建设管理局未及时将验收质量结论和相关资料报项目站核定，为做好竣工阶段验收准备工作，按验收规程要求，在阶段验收之前提供竣工阶段质量监督报告，项目站于20××年6月18日以《关于做好×××水库已完分部工程核定工作的通知》(××××〔20××〕××号)，要求管理局在竣工验收前30天内对已验收的24个分部工程验收质量结论和相关资料以书面形式上报项目站并提出核定申请，并按《水利工程建设项目验收管理规定》(水利部令第30号)第九条规定，承诺对所提供的资料的真实性、完整性负责。

20××年6月24日工程建设管理局以《关于对×××水库已完分部工程进行核定的申请》将×××水库工程已完工的主坝7个分部工程、副坝4个分部工程、溢洪道5个分部工程、导流泄洪隧洞5个分部工程、输水隧洞3个分部工程共24个分部工程验收的质量结论报项目站核定。7月2日项目站完成了主、副坝、导流泄洪隧洞资料齐备、具备核定条件的17个分部工程的核定工作，并要求管理局尽快补充完善其他7个分部工程的资料，7月16日工程建设管理局补充完善其他7个分部工程的资料，至此，除溢洪道闸室分部工程因单元工程未完工，项目站未核定该分部工程施工质量等级外，其余23个分部工程施工质量等级核定均为合格，其中18个分部工程核定为优良。20××年11月6日工程建设管理局以《关于对×××水库分部工程进行核定的申请》将×××水库工程主坝5个分部工程、副坝3个分部工程、溢洪道4个分部工程、导流泄洪隧洞2个分部工程、输水隧洞3个分部工程、其他工程3个分部工程、防冲护堤及橡胶坝3个共23个分部工程验收的质量结论报项目站核定。项目站于20××年12月15—17日对剩余分部工程施工质量等级进行了核定，核定结果见表7-2-33。说明：

(1) 导流泄洪隧洞单位工程按《水利水电工程施工质量检验与评定规程》(SL 176—1996)进行评定，其余单位工程按《水利水电工程施工质量检验与评定规程》(SL 176—2007)进行评定。

(2) 表7-2-33《×××水库工程施工质量等级核定结果汇总表》中导流泄洪隧洞出口消能段和尾水明渠段2个分部施工单位自评为优良，监理单位复核为优良，监督单位项目站核定提为合格，其原因如下：

工程出口消能段C30混凝土取样检测41组，抗压强度最大值$R_{max}=46.4$MPa，最小值$R_{min}=28.7$MPa，平均值$R_n=32.31$MPa，标准差$S_n=3.704$MPa。检测组数$n>30$，根据《水利水电工程施工质量评定规程》(试行)(SL 176—1996)，采用《水工混凝土施工规范》(SDJ 207—82)对该批混凝土试块进行质量评定，离差系数$C_v=0.115$，混凝土强度保证率为$P=73.2\%$。混凝土强度保证率达不到《水工混凝土施工规范》(SDJ 207—82)的要求，但最小值大于设计强度的85%，故判定该批混凝土基本能满足要求；尾水渠段C15混凝土取样49组，最大值$R_{max}=29.6$MPa，最小值$R_{min}=15.1$MPa，平均值$R_n=19.51$MPa，

表 7-2-33　　×××水库工程施工质量等级核定成果汇总表

单位工程名称	分部工程名称	单元工程数量/个	施工单位自评			监理单位复核			项目法人认定			监督单位核定（核备）			单位工程质量等级
			优良单元工程/个	单元工程优良率/%	分部工程质量等级	优良单元工程/个	单元工程优良率/%	分部工程质量等级	优良单元工程/个	单元工程优良率/%	分部工程质量等级	优良单元工程/个	单元工程优良率/%	分部工程质量等级	
导流泄洪隧洞	进口有压洞段	13	8	61.5	优良	8	61.5	优良	8	61.5	优良	7	53.8	优良	合格
	△闸井段	25	19	76.0	优良	19	76.0	优良	19	76.0	优良	19	76.0	优良	
	无压泄水洞	18	13	72.2	优良	13	72.2	优良	13	72.2	优良	11	61.1	优良	
	出口消能段	33	21	63.6	优良	21	63.6	优良	21	63.6	优良	13	39.4	合格	
	尾水明渠段	20	10	50.0	优良	10	50.0	优良	10	50.0	优良	8	40.0	合格	
	回填灌浆与固结灌浆	12	9	75.0	优良	9	75.0	优良	9	75.0	优良	9	75.0	优良	
	金属结构及启闭机	6	1	16.7	优良	1	16.7	优良	1	16.7	优良	1	16.7	合格	
主坝工程	地基开挖与处理	30	23	76.7	优良	23	76.7	优良	23	76.7	优良	23	76.7	优良	优良
	△地基防渗	76	70	92.1	优良	70	92.1	优良	70	92.1	优良	54	71.1	优良	
	△防渗心墙	156	148	94.9	优良	148	94.9	优良	148	94.9	优良	122	78.2	优良	
	反滤过渡层	74	56	75.7	合格	56	75.7	合格	56	75.7	合格	56	75.7	合格	
	上游围堰	14	12	85.7	优良	12	85.7	优良	12	85.7	优良	12	85.7	优良	
	上游坝体填筑	47	39	83.0	优良	39	83.0	优良	39	83.0	优良	37	78.7	优良	
	下游坝体填筑	76	61	80.3	优良	61	80.3	优良	61	80.3	优良	59	77.6	优良	
	排水	20	17	85.0	优良	17	85.0	优良	17	85.0	优良	17	85.0	优良	
	上游坝面护坡	17	15	88.2	优良	15	88.2	优良	15	88.2	优良	13	76.5	优良	
	下游坝面护坡	16	15	93.8	优良	15	93.8	优良	15	93.8	优良	12	75.0	优良	
	坝顶工程	29	28	96.6	优良	28	96.6	优良	28	96.6	优良	28	96.6	优良	
	观测设施	16	15	93.8	优良	15	93.8	优良	15	93.8				合格	

续表

单位工程名称	分部工程名称	单元工程数量/个	施工单位自评			监理单位复核			项目法人认定			监督单位核定（核备）			单位工程质量等级
			优良单元工程/个	单元工程优良率/%	分部工程质量等级	优良单元工程/个	单元工程优良率/%	分部工程质量等级	优良单元工程/个	单元工程优良率/%	分部工程质量等级	优良单元工程/个	单元工程优良率/%	分部工程质量等级	
副坝工程	地基开挖与处理	4	4	100	优良	4	100	优良	4	100	优良	2	50.0	合格	优良
	△左坝段坝体填筑	18	17	94.4	优良	17	94.4	优良	17	94.4	优良	16	88.9	优良	
	△右坝段坝体填筑	17	16	94.1	优良	16	94.1	优良	16	94.1	优良	14	82.4	优良	
	地基防渗	13	12	92.3	优良	12	92.3	优良	12	92.3	优良	12	92.3	优良	
	左坝段坝面护坡	7	5	71.4	优良	5	71.4	优良	5	71.4	优良	5	71.4	优良	
	右坝段坝面护坡	10	8	80.0	优良	8	80.0	优良	8	80.0	优良	8	80.0	优良	
	坝段与排水	11	9	81.8	优良	9	81.8	优良	9	81.8	优良	9	81.8	优良	
溢洪道	进口引渠段	30	23	76.7	优良	23	76.7	优良	23	76.7	优良	23	76.7	优良	优良
	△闸室段	11	10	90.9	优良	10	90.9	优良	10	90.9	优良	9	81.8	优良	
	泄槽Ⅰ段	36	27	75.0	优良	27	75.0	优良	27	75.0	优良	27	75.0	优良	
	调整、扩散段	9	3	33.3	合格	3	33.3	合格	3	33.3	合格	3	33.3	合格	
	尾水明渠段	46	34	73.9	优良	34	73.9	优良	34	73.9	优良	33	71.7	优良	
	泄槽Ⅱ段	43	31	72.1	优良	31	72.1	优良	31	72.1	优良	31	72.1	优良	
	消力池段	19	15	78.9	优良	15	78.9	优良	15	78.9	优良	15	78.9	优良	
	排水与防渗	6	5	83.3	优良	5	83.3	优良	5	83.3	优良	5	83.3	优良	
	金属结构及启闭机	6	0	0	合格	0	0	合格	0	0	合格	0	0	合格	

续表

单位工程名称	分部工程名称	单元工程数量/个	施工单位自评			监理单位复核			项目法人认定			监督单位核定（核备）			单位工程质量等级
			优良单元工程/个	单元工程优良率/%	分部工程质量等级	优良单元工程/个	单元工程优良率/%	分部工程质量等级	优良单元工程/个	单元工程优良率/%	分部工程质量等级	优良单元工程/个	单元工程优良率/%	分部工程质量等级	
输水隧洞	进口明渠及进口洞身段	11	9	81.8	优良	9	81.8	优良	9	81.8	优良	8	72.7	优良	优良
	△闸井段	23	17	73.9	优良	17	73.9	优良	17	73.9	优良	17	73.9	优良	
	井后有压洞身段	13	10	76.9	优良	10	76.9	优良	10	76.9	优良	10	76.9	优良	
	回填灌浆与固结灌浆	18	18	100	优良	18	100	优良	18	100	优良	16	88.9	优良	
	出口及输水渠	20	15	75	优良	15	75	优良	15	75	优良	15	75	优良	
	金属结构及启闭机	4	0	0	合格	0	0	合格	0	0	合格	0	0	合格	
防护堤及橡胶坝	左岸护堤	79	60	75.9	优良	60	75.9	优良	60	75.9	优良	60	75.9	优良	优良
	右岸护堤	36	31	86.1	优良	31	86.1	优良	31	86.1	优良	31	86.1	优良	
	橡胶坝	7	5	71.4	优良	5	71.4	优良	5	71.4	优良	5	71.4	优良	
其他工程	管理所房建	84	0	0	合格	0	0	合格	0	0	合格	0	0	合格	合格
	进库公路及枢纽区道路	11	0	0	合格	0	0	合格	0	0	合格	0	0	合格	
	水情测报及大坝安全监测系统	13	0	0	合格	0	0	合格	0	0	合格	0	0	合格	

注 加"△"符号者为主要分部工程。

标准差 $S_n=3.937$MPa。检测组数 $n>30$，根据《水利水电工程施工质量评定规程》（试行 SL 176—1996），采用《水工混凝土施工规范》（SDJ 207—82）对该批混凝土试块进行质量评定，$C_v=0.174$，混凝土强度保证率为 $P=87.1\%$。混凝土强度保证率达不到《水工混凝土施工规范》（SDJ 207—82）的要求，但最小值没有低于设计强度的85%，故判定该批混凝土基本能满足要求。

（四）单位工程质量核定

1. 建筑物外观检测

根据已完成工程情况，在建设期间由建设单位组织，项目站主持，设计、监理、检测及相关施工单位组成评定小组，对已完工程建筑物外观质量进行检测评定工作。项目站共主持外观质量评定5次。各单位工程外观质量评定检测情况如下：

主坝：应得分为73分，实得分为67.3分，外观质量得分率为92.2%，达到优良标准。

副坝：应得分为69分，实得分为58.7分，外观质量得分率为85.1%，达到优良标准。

溢洪道：应得分为85分，实得分为76.8分，外观质量得分率为90.4%，达到优良标准。

导流泄洪隧洞：应得分为85分，实得分为58分，外观质量得分率为68.2%，达到合格标准。

输水隧洞：应得分为56分，实得分为54分，外观质量得分率为96.4%，达到优良标准。

防护堤及橡胶坝：得分为82分，实得分为70.4分，外观质量得分率为85.9%，达到优良标准。

2. 单位工程质量核定

主坝单位工程共划分为12个分部工程，571个单元工程，质量全部合格；核定10个分部工程为优良，分部工程优良率为83.3%，两个主要分部工程为优良，主要分部工程优良率为100%；施工中未发生质量事故；原材料、中间产品及混凝土、砂浆试件质量全部合格；施工质量检验与评定资料齐全；外观质量达到优良标准；工程施工期及试运行期，工程观测资料分析结果符合国家和行业技术标准以及合同约定的标准要求，核定主坝单位工程施工质量等级为优良。

副坝单位工程共划分为7个分部工程，80个单元工程，质量全部合格；核定6个分部工程为优良，分部工程优良率为85.7%，两个主要分部工程为优良，主要分部工程优良率为100%；施工中未发生质量事故；施工质量检验与评定资料齐全；外观质量达到优良标准；核定副坝单位工程施工质量等级为优良。

导流泄洪隧洞单位工程共划分为7个分部工程，127个单元工程，质量全部合格；核定4个分部工程为优良，分部工程优良率为57.1%，1个主要分部工程为优良，主要分部工程优良率为100%；施工中未发生质量事故；原材料、中间产品及混凝土、砂浆试件质量全部合格；施工质量检验与评定资料齐全；外观质量达到合格标准；核定导流泄洪隧洞单位工程施工质量等级为合格。

输水隧洞单位工程共划分为6个分部工程，89个单元工程，质量全部合格；核定5个分部工程为优良，分部工程优良率为83.3%，1个主要分部工程为优良，主要分部工程优良率为100%；施工中未发生质量事故；原材料、中间产品及混凝土、砂浆试件质量全部合格；施工质量检验与评定资料齐全；外观质量达到优良标准；核定输水隧洞单位工程施工质量等级为优良。

溢洪道单位工程共划分为9个分部工程，206个单元工程，质量全部合格；核定7个分部工程为优良，分部工程优良率为77.8%，1个主要分部工程为优良，主要分部工程优良率为100%；施工中未发生质量事故；原材料、中间产品及混凝土、砂浆试件质量全部合格；施工质量检验与评定资料齐全；外观质量达到优良标准；核定溢洪道单位工程施工质量等级为优良。

防护堤及橡胶坝单位工程共划分为3个分部工程，122个单元工程，质量全部合格；核定3个分部工程为优良，分部工程优良率为100%；施工中未发生质量事故；原材料、中间产品及混凝土、砂浆试件质量全部合格；施工质量检验与评定资料齐全；外观质量达到优良标准；核定防护堤及橡胶坝单位工程施工质量等级为优良。

其他单位工程共划分为3个分部工程，108个单元工程，质量全部合格；原材料、中间产品及混凝土、砂浆试件质量全部合格；施工质量检验与评定资料基本齐全；核定其他单位工程施工质量等级为合格。

（五）工程项目施工质量等级核定

×××水库工程共划分为7个单位工程，施工质量等级全部合格，其中优良单位工程5个，单位工程优良率71.4%，主要单位工程质量优良；工程施工期及试运行期，各单位工程观测资料分析结果符合国家和行业技术标准以及合同约定的标准要求。核定×××水库工程施工质量等级为优良。

八、工程质量事故和缺陷处理

本工程未发生质量事故。

主坝心墙混凝土盖板、导流泄洪隧洞、溢洪道工程发生一些质量缺陷，主要为混凝土裂缝、混凝土低强。监理单位依据《水利水电工程施工质量检验与评定规程》（SL 176—2007）和《关于贯彻落实〈国务院批转国家计委、财政部、水利部、建设部关于加强公益性水利工程建设管理若干意见的通知〉的实施意见》（水利部水建管〔2001〕74号）中的有关规定，制定了缺陷备案制度，规定了统一的备案表格。出现的质量缺陷施工单位均已进行了认真处理，并经监理单位复核，建设单位认可，不影响工程安全运行。

1. 导流泄洪隧洞工程主要缺陷及处理

(1) 导流泄洪隧洞0+098～0+108段底板混凝土没有按规范进行收浆抹面，导致局部存在脚印、浅坑以及混凝土表面不平整。施工单位已按要求进行凿除并采用高标号砂浆进行抹平处理。

(2) 导流泄洪洞里程0+020、0+038、0+148.88、0+162.74底板处由于隧洞塌方以及其他原因导致橡胶止水带破坏。施工单位已按要求进行凿槽，然后采用环氧树脂砂浆填实抹平。

(3) 导流泄洪洞左边墙0+004.75底板以上18cm出现高3m的裂纹。右边墙0+006底板以上16cm出现高3.9m的裂纹。施工、监理、设计、建设单位对两条裂纹凿槽进行观察并分析原因认为：该裂纹产生非地质、结构设计原因造成，也非灌浆施工造成。而因本段混凝土浇筑施工在7月时逢雨季砂石骨料含水率较平时大、该时段粗骨料粒径偏小且泵送混凝土坍落度较大以及该位置处于混凝土被阳光直射与阴凉洞身段混凝土的分界线温差不一致、洞身混凝土浇筑施工工艺（主要靠外部振捣）等原因造成混凝土浆液、砂粒集中，致使表面水化热过大产生表面龟裂，而非深层贯通裂缝。该裂纹就现在情况分析不对结构安全产生影响，不影响导流泄洪隧洞过水及截流。暂由施工单位采用表面刷环氧树脂进行处理，并定期进行观测，如果裂纹有发展扩大再做研究处理，如无变化则不再进行处理。经观测无变化。

（4）导流泄洪隧洞洞身段出现多处蜂窝。施工单位已按要求进行凿除并采用高标号砂浆进行抹平处理。

2. 主坝工程主要缺陷及处理

在灌浆盖板裂缝K0＋216.43、K0＋244.27、K0＋365.81三处出现裂缝，裂缝宽度小于0.5mm，在灌浆过程中已有水泥浆从裂缝中上溢。

裂缝处理措施是：在裂缝位置上游侧偏移轴线0.8m处，人工凿出长1m、宽0.5m、深度分别为0.84m、0.87m、0.81m，直到基岩面的方形槽，在槽中浇筑加入微鼓胀剂的C25混凝土，使之将渗流通道隔断，在凿槽过程中，发现3处裂缝均为表层裂缝，槽内无裂缝痕迹，说明灌浆时裂缝已被水泥浆充填密实，无渗流通道。

3. 溢洪道工程主要缺陷及处理

（1）进口引渠段里程0－43.5处右侧溢洪道混凝土底板出现横向贯穿性裂纹一条，裂纹宽0.2mm。处理：凿一条宽5cm、深3cm的梯形槽，露出钢筋，刷去松动颗粒，清洗干净，槽内用环氧树脂砂浆进行填补。

（2）闸室段底板里程0＋10.05～0＋11.65处出现垂直水流向宽0.5mm贯穿性裂缝。

裂缝原因：该面板混凝土厚度为2.00m，体积达1300m^3，使用普通硅酸盐水泥，水泥本身水化热较大，又采用泵送混凝土入仓，因此混凝土配合比中水泥用量也较大，由于新浇筑的大体积混凝土内部水化热较大，造成混凝土内部升温较高，并且与表面温度差较大，而形成贯穿性混凝土裂缝。

设计处理措施：首先对底板裂缝按接缝灌浆处理。灌浆水泥采用普通硅酸盐水泥，其强度等级不低于52.5MPa；对水泥细度的要求为通过71μm方孔筛的筛余量不大于2%；浆液水灰比采用2∶1、1∶1、0.6∶1三个比级；灌浆压力不大于0.1 MPa。灌浆孔沿裂缝方向布置，孔距1.50m，孔深2.00m，按二序孔施工。

接缝灌浆完成后，再进行化学灌浆。采用冲击钻钻孔，孔深40～50cm，进行化学灌浆，灌浆压力小于0.1MPa，加压按0.01MPa增压。化学灌浆完成后在底板表面沿裂缝方向凿梯形槽，上口宽度30cm，下口宽度20cm，深度20cm，并露出钢筋，在槽中受力钢筋下侧顺水流方向布置ϕ8mm带弯钩钢筋，间距100mm，长度250mm，并与受力钢筋点焊连接在一起，梯形槽回填C35微膨胀混凝土。

未浇筑混凝土边墙部分顺水流方向分布钢筋间距均由300mm改为250mm，部分钢筋直径由12mm改为20mm。

裂缝处理措施完成以后，均进行钻孔、开槽检查，全部检查孔和检查槽均采用2∶1水泥砂浆回填。

处理后裂缝表面平整、干净。无遗留浆液，水泥防护层硬化后未出现鼓泡、脱落，未发现相关裂缝。裂缝处理资料齐全，记录详细清楚。处理后的面板基本满足设计要求。

(3) 溢洪道泄槽Ⅱ段里程0+239.8处右侧溢洪道混凝土底板出现横向贯穿性裂纹一条，裂纹宽0.2mm。处理：凿一条宽5cm、深3cm的梯形槽，露出钢筋，刷去松动颗粒，清洗干净，槽内用环氧树脂砂浆进行填补。

(4) 溢洪道泄槽Ⅱ段0+223.00～0+279.0之间左右边墙和左右底板共5个部位有5组混凝土试块抗压强度达不到设计要求。经过钻芯取样，基本满足要求，未做处理。

(5) 出口明渠段右岸0+483.3～0+523.3砌筑砂浆设计强度等级为M7.5，检测单位抽检28天龄期试块抗压强度为5.9MPa。施工单位已经返工重做，强度达到要求。

九、竣工验收技术鉴定

20××年11月××—××日，×××水库工程通过水利部水利水电规划设计总院专家组组织的竣工验收技术鉴定。鉴定结论主要为：

(1) ×××水库是××江干流上唯一的大型调节水库，工程任务以防洪、农田灌溉为主，兼顾工业供水等。水库建成后，库堤结合，可使××市城市防洪标准由目前的30年一遇提高到50年一遇；灌溉农田7.88万亩，可有效缓解下游××，尤其是××坝区干旱缺水状况；同时可向××市提供工业用水，为××市中长期发展提供安全可靠的后备水源。目前水库蓄水接近正常蓄水位，并已发挥了较好的初期运用效益。

(2) 水库工程历经各阶段前期工程地质勘察，为工程设计提供了较为准确的地质基础资料，不良工程地质问题已进行了相应工程处理。

(3) 初步设计采用洪水系列至20××年，近年流域内未发生大洪水，经鉴定评价，仍采用初步设计阶段的设计洪水成果是合适的。水工模型试验值比初步设计阶段水力学计算的泄量稍大，泄流能力满足设计要求。水库洪水调度原则基本合理，可满足防洪安全运用要求。

(4) 根据工程规模及主要建筑物形式，确定的工程等别、建筑物级别及设计安全标准符合现行国家、行业有关标准的规定。

(5) 水库枢纽总体布置及主要建筑物结构设计、水力设计合理，大坝稳定、渗流等总体符合现行国家、行业有关规范的规定。

(6) 土建工程施工采用常规施工技术及方法，施工质量总体满足设计要求，符合现行国家、行业有关标准的规定。

(7) 机电及金属结构设备布置、选型合理，制造、安装质量符合设计要求和相关规程规范规定，初期运用正常。

(8) 安全监测成果表明各建筑物目前处于安全稳定状态。

综上所述，×××水库工程已按照初步设计审批内容建成，目前工程形象面貌基本满足验收要求，待有关专项按相关规定验收完成后，工程具备竣工验收条件。

十、工程施工质量结论意见

×××水库工程建设过程中，建设、设计、监理、施工等单位建立健全了质量管理体系，质量管理体系运行正常、有效。设计、监理和施工等单位资质符合要求，各参建单位质量管理行为基本规范，整个工程的质量管理体系完善，运行良好，工程施工质量处于受控状况。整个工程的建设程序、建设管理符合要求，运行良好。

施工过程中所用原材料、机电产品及金属结构制造质量都按规范要求进行了检验；单元工程质量检验实施了控制；施工质量检验资料齐全；隐蔽工程、分部工程、单位工程等验收手续齐全；质量缺陷已经处理，处理后已经过验收；未发生施工质量事故。

施工过程中安全生产管理体系及制度健全，未发生安全生产事故。

根据建设期间检验资料、工程试运行情况及各项观测成果分析，各工程项目技术指标均符合规范和设计要求。试运行期间枢纽各建筑物运行正常，×××水库项目共划分1303个单元工程，质量全部合格，其中优良单元工程878个，单元工程优良率为67.4%；共划分47个分部工程，其中优良分部工程35个，分部工程优良率为74.5%；共划分7个单位工程，其中优良单位工程5个，单位工程优良率为71.4%，主要建筑物主坝单位工程优良，工程施工期及试运行期，工程观测资料分析结果符合国家和行业技术标准以及合同约定的标准要求，按《水利水电工程施工质量检验与评定规程》（SL 176—2007）规定，×××水库枢纽项目工程施工质量等级核定为优良。枢纽项目工程施工质量合格。

十一、附件

××州×××水库工程质量监督人员情况见表7-2-34，质量监督检查意见、文件汇总见表7-2-35。

7-2-34　××州×××水库工程质量监督人员情况表

姓名	单　　位	职　称	本项目任职
×××	××州水利水电工程建设质量与安全监督中心站	正高级工程师	项目站站长
×××	××州水利水电工程建设质量与安全监督中心站	正高级工程师	项目站副站长
×××	××州水利水电工程建设质量与安全监督中心站	教授级高工	监督员
×××	××州水利水电工程建设质量与安全监督中心站	高级工程师	监督员
×××	××州水利水电工程建设质量与安全监督中心站	高级工程师	监督员
×××	××州水利水电工程建设质量与安全监督中心站	高级工程师	监督员
×××	××州水利水电工程质量监督站	高级工程师	监督员
×××	××州水利水电工程质量监督站	高级工程师	监督员
×××	××州水利水电工程质量监督站	高级工程师	监督员
×××	××州水利水电工程质量监督站	高级工程师	监督员

7-2-35　质量监督检查意见、文件汇总表

文件名称	文号	发文日期	主要内容与意见
质量监督巡查意见	××质监〔20××〕01号	20××年4月××日	要求提交施工单位的基本情况和工程质量管理组织机构、管理体系情况报省站和州监督站备案；要求参建各方完善质量与安全管理制度；要求严格执行国家、水利部、省相关规程规范；要求管理局加强对项目经理和监理工程师驻工地天数的考核；尽快完成项目划分；要求监理人员严格履行职责；严格控制好导流泄洪隧洞混凝土浇筑外观质量；编制保证安全生产的安全措施，做好现场安全生产管理

续表

文件名称	文号	发文日期	主要内容与意见
项目划分确认书	××质监〔20××〕11号	20××年6月××日	对工程项目划分进行确认
质量监督检查结果通知书	××质监〔20××〕22号	20××年10月××日	导流洞进口混凝土拌和系统还没有进行率定，必须尽快进行率定；施工单位未经允许，将不合格洞碴料铲入导流洞出口明渠，准备作为渠底垫层料用；水洗的混凝土骨料、反滤料级配较差，要求加强冲洗或停止生产。老百姓道路与施工道路交叉、混合，给施工带来极大不便，造成安全隐患，要求管理局解决。施工单位对料场的开采应进行详细规划，在工艺、方法上下功夫，减少合格料与不合格料的混杂。混凝土抗压强度试块制作、养护、试验必须符合规范要求，试验时必须按规范要求必须使试件达到完全破坏状态
质量监督检查结果通知书	××质监〔20××〕29号	20××年11月××日	主坝开挖安全、心墙基础帷幕灌浆质量控制、导流泄洪隧洞混凝土浇筑中的安全及质量和外观控制、钢筋堆放；截流前需要做的工作；工程资料的整理；要求管理局严格执行监理合同、施工合同和有关规定，加强对项目经理、总监理工程师、监理工程师月驻工地天数的考核
质量监督检查结果通知书	××质监〔20××〕31号	20××年11月××日	截流验收前参建各方的资料整理及须向项目站提交的资料；要求管理局组织各参建单位进行导流、泄洪隧洞截流后受过水影响部分的外观质量检验评定
质量监督检查结果通知书	项目站〔20××〕01号	20××年11月××日	截流前须完成隧洞固结灌浆、进口封堵闸门、进口边坡护脚以及洞身处理和清理、回填灌浆检查孔；尽快完成截流围堰上游袋装粉细砂的码砌，并填筑好截流车辆的回车道；截流前解决好截流壅高水位以下的征地、移民搬迁以及库区清理问题，确保截流工作顺利进行；砂浆、混凝土质量统计评定
质量监督检查结果通知书	项目站〔20××〕02号	20××年12月××日	导流泄洪隧洞进口左边墙0+005和右边墙0+006左右出现垂向裂缝，要求建设单位组织相关单位对裂缝进行评价
质量监督检查结果通知书	项目站〔20××〕03号	20××年12月××日	导流泄洪隧洞过水部分外观检测结果通知
质量监督检查结果通知书	项目站〔2008〕01号	20××年1月××日	主坝帷幕灌浆施工安全；反滤料存在超径、颗粒分离等现象，要求按规范要求堆放反滤料，并控制好颗粒级配；主坝左岸坡清理及上游坝面（围堰）现场控制；主坝左岸桩号0+034.042～0+041.84（高程1820.5～1813.989m）心墙混凝土盖板浇筑成扭曲面，要求进行处理；设计施工图纸的提供；施工单位与检测单位应及时提供检测资料，以便指导施工。设计单位应及时提供施工图纸，以满足工程施工需要；建议业主对主坝帷幕灌浆的施工质量采取第三方检测机构进行复查
质量监督检查结果通知书	项目站〔20××〕02号	20××年1月××日	心墙混凝土灌浆盖板出现3道横向裂缝问题的处理意见，要求处理完成后才能进行大坝回填
质量监督检查结果通知书	项目站〔20××〕03号	20××年3月××日	溢洪道施工安全。主坝黏土心墙填筑质量控制和检测方法
质量监督检查结果通知书	项目站〔20××〕04号	20××年3月××日	心墙填筑料采用沙邑村风化料场砾质土，砾质土取样方法；心墙现场碾压控制

续表

文件名称	文号	发文日期	主要内容与意见
质量监督检查结果通知书	项目站〔20××〕06号	20××年8月××日	实施的分部工程和单元工程与确认书不一致，要求按实际情况进行划分，报项目站备案；完善溢洪道隐蔽工程验收签字手续；××村土料（砾质土），检测中，缺少上坝料大于5mm的砾石含量指标和碾压后每层土料大于5mm砾石含量指标
质量监督检查结果通知书	项目站〔20××〕07号	20××年9月××日	溢洪道控制Ⅰ段产生1条垂直溢洪道轴线的横向裂缝；要求管理局组织查明原因，提出处理方案意见，报监督项目站
质量监督检查结果通知书	项目站〔20××〕08号	20××年11月××日	主坝、副坝、溢洪道施工单位项目经理长时间离开工地；溢洪道泄槽Ⅱ段钢筋绑扎、混凝土外观；要求施工单位对主坝左坝脚（原河床）出水的情况建立观测设施
质量监督检查结果通知书	项目站〔20××〕09号	20××年11月××日	主坝二期填筑碾压中的问题，施工单位采用坝壳料开采剥离的废弃料上坝填筑（高程1816.20m，第39层）。要求建设单位督促参建各方进行认真的整改，并把整改结果及时报项目站
质量监督检查结果通知书	××质监〔20××〕01号	20××年1月××日	溢洪道混凝土、砂浆部分试块抗压强度达不到设计要求，要求建设单位组织参建各方查明原因，提出处理方案意见，并将处理结果及时报项目站
质量监督检查结果通知书	项目站〔20××〕01号	20××年2月××日	溢洪道里程0～42.5处右侧、0+240处右侧裂纹、裂缝；溢洪道里程0+259.2、0+261.3右侧溢洪道混凝边墙斜面与立面结合部出现渗水点；要求建设单位组织参建各方查明原因，并提出处理方案意见
关于做好××水库工程竣工前核备和核定相关工作的函	××质监〔20××〕29号	20××年5月××日	做好蓄水安全专家组成员情况核备、施工质量评定核备和核定相关工作及有关事项
质量监督检查结果通知书	××质监〔20××〕41号	20××年6月××日	输水隧洞和溢洪道工程已完部分的外观质量检测结果通知
关于做好××水库已完分部工程核定工作的通知	项目站〔20××〕02号	20××年6月××日	由工程建设管理局提出书面申请，将已完成验收的21个分部工程验收质量结论和相关资料报项目站核定
项目划分确认书	项目站〔20××〕03号	20××年7月××日	项目划分调整及新增工程项目划分确认
质量监督检查结果通知书	××质监〔20××〕01号	20××年12月××日	分部工程核定情况；防护堤及橡胶坝外观质量检测结果；主坝浸润线自动观测与实际不符。建议采用人工观测进行复核，以便及时校正，确保观测数据的准确性。沉陷、位移观测资料应将施工期观测值、埋设观测设备前后的观测值进行统计、综合分析。大坝渗流量应综合回填前地下水出流情况综合分析。建议管理局将观测资料反馈给设计单位复核，并由管理局编制初期观测资料报告
《云南省水利水电建设管理站关于×××水库质量监督报告审查会议的通知》	××质监〔20××〕02号	20××年1月××日	《××省水利水电工程质量监督中心站质量监督报告审查办法》已于20××年6月1日印发实施，为加强水利建设工程质量监督与管理，提高水利工程质量监督报告编制质量，通过质量监督报告审查，积极推进和提高水利工程质量监督水平，经站务会研究决定，对××州×××大型水库工程质量监督报告进行现场审查。省质监中心站监督人员与抽取的5市3州的质量监督站监督员组成审查专家组，对《×××水库工程竣工验收工程质量监督报告》（初稿）进行审查，见附件3

续表

文件名称	文号	发文日期	主要内容与意见
×××水库工程质量监督报告审查意见	××质监〔20××〕16号	20××年1月××日	20××年1月21—22日，由省质监中心站组织，邀请7个州、市质量监督站专家和省质监中心站质量监督专家共13人组成专家组，对《×××水库工程竣工验收工程质量监督报告》（以下简称《监督报告》）进行了审查，与会专家在认真听取项目建设单位的情况介绍后，按照《云南省水利水电建设管理站质量监督报告审查办法》，认真查阅了建设过程中的相关资料，对《监督报告》的重点内容，认真进行审查，充分发表意见，综合形成了：《监督报告》的编制内容基本符合《水利水电建设工程验收规程》（SL 223—2008）附录O竣工验收主要工作报告内容格式中O.7工程质量监督报告的内容。所依据的参建各方的工作报告齐全，施工质量检测、评定、核备和核定的内容基本完整，相关资料基本符合《水利水电建设工程验收规程》（SL 223—2008）和《水利水电工程施工质量检验与评定规程》（SL 176—2007）等有关规程规范要求等17条意见。见附件4
×××水库竣工验收阶段需修改完善质量评定资料的审查意见	××质监〔20××〕17号	20××年1月××日	20××年1月21—22日，由省质监中心站组织，邀请7个州、市质量监督站专家和省质监中心站质量监督专家共13人组成专家组，对《×××水库工程竣工验收工程质量监督报告》（以下简称《监督报告》）进行了审查，与会专家在认真听取项目建设单位的情况介绍后，按照《云南省水利水电建设管理站质量监督报告审查办法》，认真查阅了建设过程中的相关资料，对《监督报告》的重点内容，认真进行审查，充分发表意见，通过查阅资料，主、副坝的施工质量检测、评定、核备和核定资料情况，对下阶段验收工作中施工质量评定资料需修改完善的资料提出：主坝在回填过程中，反滤料铺料厚度相差较大，同种相差20cm，请相关单位复核等28条意见。见附件5

示例二：××水电站枢纽工程竣工验收质量监督报告

一、工程概况

（一）工程位置及功能

××水电站枢纽工程位于××省××自治州××市境内的××江干流上的下游河段。工程区至省会××市约850km，坝址距州府××市公路里程为70km，经省会××至××的×××国道从工程区附近的××村通过，××村至坝址为13km的县级公路，对外交通方便。

本水电站是以发电和防洪为主，兼顾灌溉的综合性工程，并具有城市供水、养殖及旅游等功能。

（二）工程规模、等别及建筑物级别

主体工程由混凝土双曲拱坝、引水系统、地面式厂房及升压变电站组成，水库总库容12.17亿m^3，电站装机容量240MW，保证出力68.5MW，年利用小时4283h，多年平均发电量10.28亿kW·h。枢纽工程等别为Ⅰ等，水库工程规模为大（1）型，大坝及泄水建筑物为1级建筑物，引水发电系统及消能建筑物为3级建筑物，临时建筑物为4级建筑物，导流洞为4级临时建筑物。

（三）主要建筑物

1. 混凝土双曲拱坝

混凝土双曲拱坝坝顶高程 875.00m，最大坝高 110m，坝顶中心线弧长（包括溢流、重力墩坝段）472.00m，拱冠梁坝底宽度 23.01m，厚高比 0.21。3 个泄洪表孔布置在河床坝段，每孔净宽 12m，堰顶高程 860.00m。两个放水深孔布置在河床表孔中墩部位，进口底板高程 810.00m，出口尺寸为 3.5m×4.5m（宽×高）。泄水坝段下游采用消能塘消能，消能塘长 148.00m、底宽 37.20m、底板高程 769.00m，消能塘尾部二道坝顶高程 779.00m。二道坝下游设 20m 长护坦。

2. 引水发电系统

引水系统布置在左岸山体内，由进水口、引水隧洞及压力管道组成，采用一洞三机的布置方式，进水口位于左岸坝头上游侧约 50m 处，引水隧洞在拱坝 22 号坝段下穿过，洞轴线方位角为 SE124°33′53″，经“卜”形分岔由 3 条压力钢管与蝶阀相连进入厂房。

岸塔式进水口由引水明渠、进口段、闸门井段及闸后渐变段构成。明渠底板高程为 822.00m，进口设有 3 孔 7m×21.5m（宽×高）活动式拦污栅，采用门机启吊。闸门井内设 2 孔 4.5m×11m（宽×高）的事故门，采用固定启闭机启闭。闸门井为矩形结构，宽 16.8m，长 8.5m。拦污栅及事故闸门的检修平台顶高程 875.00m，闸门检修平台与大坝之间设 4.78m 宽的交通桥。渐变段位于闸门井后，长 15m，由 11.8m×11m 的矩形断面渐变为直径 11m 的圆形断面。

闸后渐变段至岔管前为引水隧洞段，全长 104.74m，洞径 11m，采用钢筋混凝土衬砌，厚度 0.8m。

岔管至厂房上游边墙为压力管道，岔管段内径由 11m 渐变为 6m，梳齿形岔管平行分出 3 条内径 6m 的支管，岔管及支管均采用钢板衬砌，岔管外包素混凝土厚 1.1m，支管外包素混凝土厚 0.8m，岔管段长 36.49m，3 条支管长分别为 44.54m、35.14m、37.63m。

3. 发电厂房

发电厂房为地面式发电厂房，位于大坝下游左岸，距坝轴线约 170m，厂内装有 4 台水轮发电机组，装机容量 3×80MW＋60MW。厂区主要由主厂房、副厂房、尾水渠、变电站等组成。

主机间布置在靠河床侧，安装间布置在岸坡侧。厂区地面高程为 803.15m，尾水渠自尾水管出口以 1∶4 反坡向下游延伸约 80m 与主河道连接，尾渠两侧设有尾水挡墙。

主厂房由主机间、安装间组成，主厂房尺寸为 109m×25.4m×50.21m（长×宽×高），水轮机安装高程 786.00m，安装间地面高程 803.30m，发电机地面高程 798.80m。

电站出线电压等级为 220kV，出线 1 回，至潞西 220kV 变电站。发电机与变压器采用机-变组合单元接线方案。

4. 导流洞

导流洞布置在右岸，导流洞全长 837.7m，断面形式为 12m×12m（过水断面尺寸）的方圆形隧洞。有 2 个进水口，在导流洞进口设 2 扇平板滑动闸门，闸门工作性质为动水启闭，采用一门一机的布置方式，导流闸门孔口尺寸为 6.0m×12.0m，相应设计水头为 80m。导流闸门动水提门水位按下闸后 24h 水位 805.04m 设计。

××水电站枢纽工程施工导流采用一次拦断河床导流洞过流的方式导流。设计洪水标准为10年重现期洪水，相应流量为2140m³/s。

（四）重大设计变更

本工程有下述3项重大设计变更：

1. 坝基抬高优化

根据坝基实际开挖揭露的地质情况，河床坝段基础岩石条件能够满足建基要求，为缩短直线工期，节约投资，将河床坝段大坝建基面抬高。河床坝段大坝建基面抬高5m，即由原设计的高程760.00m抬高至765.00m。

2. 左、右坝肩821.00m高程以上地质缺陷处理

左岸坝基开挖过程中，发现821.00～853.80m高程之间坝基岩体中有球状风化、囊状风化、条带状风化等不均匀风化现象。左岸坝肩下游侧边坡及坝基中发现有F_{30}断层和多条软岩带分布。

右岸坝肩岩石风化不均一，重力墩及与其相邻的拱间槽附近，地形向下游倾斜，下游岩体弱风化带顶板下降，对拱坝稳定有不利影响。

由于断层、软岩等构造分布及岩面线、坝基岩体抗剪强度指标的降低，对原设计的建基面岩体综合变模、拱坝应力、坝基变形稳定及坝肩抗滑稳定有一定影响，原设计建基面已达不到拱坝建基要求。为保证左、右岸坝肩821.00m以上高程及重力墩基础的抗滑稳定及变形稳定，满足大坝建基要求，考虑下游拱肩槽已开挖成型，不宜重新削坡，左岸821.00m高程以上拱端力系较小等因素，对两岸821.00m高程以上的拱坝及重力墩基础进行了深槽开挖并回填混凝土处理，同时辅以接缝灌浆、加强固结灌浆、接触灌浆处理，使回填基础与下游岩体形成整体。

3. 开关站基础

受基础地质条件变化的影响，原设计GIS开关站为灌注桩基础。为了加快施工进度，将灌注桩基础修改为混凝土挡墙基础，减少施工难度，缩短了工期，同时节约了投资。

（五）开工日期及发电时间

开工时间：20××年12月××日。

机组启动时间：20××年6月××日（开工后3年半）。

（六）工程参建单位及质量监督单位

建设单位：××××水利枢纽开发有限公司。

设计单位：××××勘测设计研究有限责任公司。

监理单位：××水利水电建设工程咨询××公司（拦河坝），×××集团项目管理有限公司（发电厂房），××机电装备工程有限公司（设备制造），××勘测规划设计有限公司（移民）。

施工单位：中国水利水电第××工程局有限公司（机电安装），中国水利水电第××工程局（拦河坝），中国水利水电第××工程局（发电厂房）。

安全监测单位：××水利科学研究院。

质量检测单位：水利部××水利委员会水利基本建设工程质量检测中心。

水轮发电机组生产厂家：××市××××水电设备有限公司。

质量监督单位：××省水利水电工程质量监督中心站（以下称“省质监中心站”）。

（七）工程形象面貌

截至20××年12月，××水电站枢纽工程竣工验收前，工程已达到的形象面貌如下。

1. 拦河坝工程

20××年1月××日开挖开始，20××年7月×日混凝土全部达到坝顶高程。20××年7月×日表孔弧门开始施工，20××年10月×日表孔弧形闸门安装完毕并通过验收。

2. 引水系统及发电厂房

（1）引水系统工程。隧洞混凝土衬砌、压力钢管制安、压力钢管护管混凝土浇筑、隧洞灌浆（回填灌浆、固结灌浆、帷幕灌浆）、施工支洞封堵等所有施工项目已全部完成，验收合格，所有质量检测数据满足设计和规范要求。

（2）发电厂房工程。厂房土建工程于20××年3月××日开挖开始，20××年6月××日全部结束。

（3）升压变电站工程。220kV变电站已全部完成并已投入试运行。

3. 机电安装工程

机电安装施工队伍于20××年6月××日进场；6月××日机电安装全面开始；20××年6月××日，1号机组安装调试完成；20××年6月××日，2号机组安装调试完成；20××年10月××日，3号机组安装调试完成。

目前，工程已投入试运行两年，运行情况正常。

二、质量监督工作

项目法人在工程开工之初，与省质监中心站办理了质量监督手续，省质监中心站从以下几个方面对××电站枢纽工程开展质量监督工作。

（一）项目质量监督机构设置和人员

根据国家有关规定，××水利枢纽开发有限公司于20××年7月××日与省质监中心站办理了质量监督手续。省质监中心站于20××年7月××日以“××××〔20××〕××号”文组建了“××水电站枢纽工程质量监督项目站”（以下简称“项目站”），项目站配置质量监督员8人，常驻工地现场2～3人，对××水电站枢纽工程进行质量监督。

（二）质量监督主要依据

依据下列所列法规及文件对××水电站枢纽工程进行监督：

（1）《建设工程质量管理条例》（国务院令第279号）。

（2）《水利工程质量管理规定》（水利部令第7号）。

（3）《水利工程质量监督管理规定》（水建〔1997〕339号文）。

（4）《水利工程质量事故处理暂行规定》（水利部令第9号）。

（5）《水利水电建设工程验收规程》（SL 223—2008）。

（6）《水利水电工程施工质量检验与评定规程》（SL 176—2007）。

（7）水利水电建设工程质量监督有关的政策、法规和行业规程、规范、质量标准及工程建设强制性标准。

（8）经批准的设计文件及已签订的合同文件。

（三）质量监督工作方式

针对××水电站枢纽工程的实际情况，项目站的质量监督工作采取随机抽查、定期检查与重点抽查相结合的方式，对××水电站枢纽工程责任主体及有关单位的质量行为及工程实体质量进行监督。检查中发现的问题以《质量监督检查结果通知书》送达业主要求及时整改，并抄报上级有关部门。

（四）质量监督的主要工作

（1）进场伊始即对参建各方进行了质量与安全方面的专题讲座。

（2）根据工程施工进度安排，项目站制定了《××水电站枢纽工程质量监督导则》和《××水电站枢纽工程质量监督实施细则》，对现场监督活动、工程实体质量检查、阶段质量评定等工作内容作出了安排，确保质量监督到位。

（3）对参建各方工程质量责任主体的资质、人员资格以及施工单位质量保证体系、监理单位控制体系、设计单位现场服务体系、建设单位质量管理体系进行监督检查。督促完善参建各方的质量措施、管理制度、安全生产措施。

（4）根据《水利水电工程施工质量检验与评定规程》（SL 176—2007）的规定，对××水电站枢纽工程项目划分以“××〔20××〕××号”文进行了确认。

（5）监督检查各参建单位技术规程、规范、质量标准和强制性标准的贯彻执行情况。

（6）抽查各种材料出厂合格证以及各种原始记录和检测试验资料。检查工程使用的设备、检测仪器的率定情况，对施工的各个环节实施监督。

（7）抽查单元工程、工序质量评定情况，核定主体建筑物分部工程施工质量等级、单位工程以及工程项目施工质量等级。

（8）参加建设单位组织的质量检查活动，参与工程相关的质量会议，了解工程建设情况，宣传贯彻有关法规，将发现的质量问题及时与参建单位沟通，督促参建单位不断完善质量管理。

（9）参加隐蔽工程验收及阶段验收，对阶段验收提出施工质量评价意见或质量监督报告。

三、参建单位质量管理体系

（一）参建单位体系检查内容

为把握工程真实的施工质量，保证对工程质量的事前、事中、事后控制，分为日常巡视、集中抽查、水利水电建设管理站巡查、结合工程验收检查等方式，监督过程中的检查重点为：

（1）对建设、勘察、设计、施工、监理、检测单位各方工程质量责任主体的资质、人员资格进行检查。

（2）对参建单位的质量控制体系、质量保证体系进行监督检查。检查各参建单位对工程质量管理体系的建立和实施情况，督促各参建单位建立健全质量保证体系和质量责任制度。同时，到现场了解参建单位的组织和表现，检查各项规章制度、岗位责任制、“三检制”等质量保证体系和质量责任制度落实情况。

（3）抽查各种原始记录和检测试验资料，对施工的各个环节实施监督。根据需要，到工地随机抽查各种原材料和中间产品是否有合格的检测资料、关键工序控制质量的试验材料、抽查单元工程质量评定表。

（二）参建单位的资质复核

依据国家有关规定，结合本工程的等级和重要性，承担工程的勘察设计、监理、主体工程施工等单位，应分别具备甲级勘察设计、甲级监理和壹级承包的资质。对设计、监理、施工、检测等单位的企业资质进行了复核，监督检查情况如下：

1. 勘察设计单位

中水××勘测设计研究有限责任公司：工程设计证书甲级资质；现场设立有各专业设计代表组，常驻施工现场，负责现场的设计代表工作；资质符合要求。

2. 监理单位

（1）中国水利水电建设工程咨询××公司。为甲级水利监理资质，实行了总监理工程师负责制，资质符合要求。承担导流洞土建施工和金属结构安装、左右坝肩开挖支护、大坝建筑及安装工程的施工监理任务。

（2）×××集团项目管理有限公司。为甲级水利、电力监理资质，实行了总监理工程师负责制，资质符合要求。承担引水洞、厂房工程和机电设备安装工程以及混凝土骨料筛分系统建设及运营工程的施工监理任务。

（3）××勘测规划设计有限公司。为水利工程施工甲级监理资质，承担工程移民监理任务。

（4）××机电装备工程有限公司。为水利水电工程设备甲级监理资质，承担设备制造监理任务。

3. 施工单位

（1）中国水利水电××工程局有限公司。水利工程总承包资质为特级企业资质。项目经理的法人委托书、营业执照、资质材料及生产许可证齐全，均承建过许多大型水利水电工程任务，施工资质符合要求。承担导流洞土建施工和金属结构安装工程、右岸坝肩开挖及支护工程、大坝建筑及安装工程、机电设备安装工程以及混凝土骨料筛分系统建设及运营工程的施工任务。

（2）中国水利水电×××工程局有限公司。水利工程总承包资质为特级企业资质。项目经理的法人委托书、营业执照、资质材料及生产许可证齐全，均承建过许多大型水利水电工程任务，施工资质符合要求。承担引水洞、厂房工程和左坝肩开挖及支护工程施工任务。

（3）××水利科学研究院。拥有工程测量、岩土工程、建筑工程咨询乙级资质、工程勘察（岩土工程）甲级资质，承担枢纽工程大坝、厂房、引水洞安全监测工程施工、安装、观测和水情自动测报系统建设任务。

4. 质量检测单位

水利部××水利委员会水利基本建设工程质量检测中心：壹级检测资质，营业范围为建筑材料、土工试验、混凝土制品等，实行了室主任负责制，试验资质符合要求。代表业主对工程质量进行抽样检测，及时提供准确的质量检测数据，供参建各方对工程质量做出科学、正确的判断。

5. 设备制造单位

××××××水电设备有限公司是××××在全球最大的水电设备制造基地，具备生产和提供世界最大水轮发电机的能力，承担本电站工程水轮发电机及辅助设备制造任务。

6. 设备供货单位

××机电装备工程有限公司：机电及金属结构设备制造监理甲级资质，承担机电部设备的招标、采购、监造、运输、管理工作。

（三）质量管理体系建立与运行情况

在施工期对各参建单位质量行为的监督，项目站采用座谈、抽查质量体系文件、质量资料对内业管理进行检查；定期或不定期到施工现场对实体施工质量进行巡查；省质监中心站到工地进行巡查，全面检查与重点检查相结合，重点检查工程关键部位、易出质量问题的部位和工序，对在建工程检查时询问施工人员或具体操作者，了解其技术交底和操作规程、规范的掌握执行情况，对已建成的实体建筑物检查有无质量缺陷。

1. 建设单位

××××水利枢纽开发有限公司建立了“九部二办一室”（计划经营合同部、大坝工程部、厂房工程部、机电部、安全生产管理部、移民环保部、财务部、项目发展部、电厂筹备部、总工办、电价办、办公室）常设机构外，还成立了招投标领导小组、质量管理领导小组、安全工作领导小组、工程防汛领导小组、工程验收领导小组，组建了质量检测中心试验室。健全各项规章制度，先后制定了各项管理制度和办法，编印了公司管理文件汇编，体系运行有效。

（1）建设单位依照国家法律规定，根据工程规模和特点，通过资质审查和公开招投标，选择了资质符合要求的施工队伍和主要原材料、机电设备供应商。

（2）制定了工程施工总计划、年度计划和验收计划，并得到实施。

（3）积极组织参建单位开展“工程质量活动”和“安全生产知识竞赛”。

（4）针对重大技术、质量问题聘请专家顾问进行研讨咨询，指导施工。

（5）及时组织对重要隐蔽单元工程、分部工程、单位工程进行验收。

（6）建设单位重视质量监督检查意见，积极支持配合质量监督工作。

2. 勘测设计单位

中水××勘测设计研究有限责任公司在施工现场设立有××水电站设计代表处，各专业齐全，常驻施工现场，能够提供设计图纸，解决相关问题，满足工程建设需要。

（1）工程施工前，进行设计技术交底（与监理共同进行，并形成了交底会议纪要），对施工单位提出的问题以文字形式进行答复。

（2）参加隐蔽工程验收，进行地质描述，能够常驻工地及时提供设计地质服务。

（3）能及时参加分部工程、单位工程等验收工作，对工程质量是否满足设计要求提出了设计意见。

3. 监理单位

中国水利水电建设工程咨询××公司实行了总监理工程师负责制，设有总监理工程师“一正两副”，部门“一部七室”，即工程部、合同投资室、档案信息室、地质监理室、测量监测室、试验监理室、环保水保室、安全监督室，负责施工质量控制，规章制度健全，体系运行有效。

×××集团项目管理有限公司实行了总监理工程师负责制，设有总监理工程师“一正四副”，金结机电部、土建工程部、综合部，均设立了专业副总监理工程师，负责施工质量控制，规章制度健全，体系运行有效。

对两个监理单位的体系检查结果如下：

(1) 按照规定编写了监理大纲及相关专业监理实施细则，监理专业设置健全。

(2) 监理人员持证上岗率为90%，经过不断调整，基本符合监理规范的编制人数，人员配备基本满足工程各专业质量控制的要求。施工期对现场检查及关键部位旁站基本到位。

(3) 能够执行与工程质量有关的规定、规范、技术标准，对工程质量实施控制。对工序、单元工程基本做到了及时复核验收和签证。

(4) 坚持了周生产例会和监理内部会议制度，会后印发会议纪要并且督促落实。

(5) 坚持填写监理日志，但对现场施工质量检查数据记录欠缺。

(6) 定期编写印发了监理月报，内容表述基本全面，反映了工程施工的质量、进度等问题。

(7) 对档案管理工作重视，文件往来分类编码规范，归档有序，档案管理工作细致认真。

(8) 设置了试验监理工程师，委托龙江电站检测中心试验室代行检测，满足工程需要。

(9) 能够组织分部工程施工质量评定验收工作，并提出明确结论，为单位工程验收打下基础。

4. 质量检测单位

水利部××水利委员会水利基本建设工程质量检测中心实行了室主任负责制，设置“一正一副”室主任和检测工程师。

(1) 单位资质符合有关规定要求，质量体系健全，制定了检测质量保证措施，档案管理制度，原始资料填写、保管与检查制度，试验检测报告整理、审核和审批制度。

(2) 检测试验人员为4人，均持证上岗。

(3) 取得了省级以上计量认证，检测报告具有有效的“CMA标识与编号”章。

5. 施工单位

中水×局和中水××局项目部，均执行了项目经理负责制，设总工程师，下设技术办、安全办、财务办、经营办、物资办、质量办、生产办、综合办等部门，组织机构、质量保证体系及规章制度健全，体系运行基本正常有效。

(1) 技术负责人基本常驻工地，均设立了专职质检人员，质检工作正常有效。

(2) 经检查均备有与工程质量有关的规程、规范、技术标准，基本得到落实。

(3) 施工计划、措施及试验方案已经审批，对工人进行了技术交底和质量意识教育。

(4) 工程使用的原材料、中间产品的出场合格证等质量资料齐全，质量的检测项目、抽检频次及成果满足设计规范要求。

(5) 工程实体质量检测项目、抽检频次、成果满足设计和规范要求，各项检测记录及时齐全，记录、校对、审核签字手续完备。

(6) 对工序、单元工程质量进行了评定，且经监理复核签认，评定表填写的规范性、符合性，经日常的监督检查有所改进。

(7) 施工现场，技术人员能够坚持在现场进行施工质量控制，现场施工操作人员基本能够按设计技术要求、操作规程进行施工。

(8) 重要隐蔽单元工程施工质量进行了联合验收，地质人员及时地进行了地质描述。

(9) 经监督检查，各单位对混凝土外观质量缺陷记录填写、分析和处理不真实。

(10) 每月按时向监理单位报送了原材料、中间产品质量与单元工程质量评定结果，反映了工程施工质量及进展情况。

(11) 建立了检测试验室，单位资质符合有关规定，人员均持证上岗，设备均已率定，能满足生产需要。

(四) 监督过程中发现的不规范现象

1. 施工现场巡查

对施工点进行监督检查，施工过程中存在的问题先以口头的方式和现场负责人进行交换意见，然后以书面通知《质量监督检查结果通知书》印发建设单位，要求组织各参建单位及时整改，并把整改结果报项目站备案。

2. 质量资料的抽查

(1) 施工单位均存在不同程度的验收与评定资料填写不规范现象。

(2) 工序和单元评定表中，表头未填写"单位工程名称""分部工程名称"和"工程量"等项目名称。

(3) 评定栏中，未进行任何评定和意见，就已评定了质量等级。

(4) 等级评定时，未按评定标准进行评定，在无任何意见下，优良率为92.5%却评定为合格等级。

(5) 未按规定填写设计值，检测项目栏中，有的单元工程未填写实测值，所填写数据与测点的实测值不相一致。

(6) 在一个单元工程中，工序表中的质量等级和单元工程评定表中项目工序的质量等级填写不一致。

(7) 施工单位的工序报审表中，负责人有集中签字现象。

(8) 在单元工程评定资料中，监理单位在施工单位手续不齐全和填写不规范的情况下，有提前签字现象。

3. 对监理单位的监督检查

(1) 监理日志填写内容不完整，如：有些施工部位没记录清部位；日志记录内容缺少现场质量控制内容和抽查数据。

(2) 施工前期，部分监理人员未持证上岗，经多次督促已得到改变。

(3) 施工前期，监理单位未及时或不向质量监督项目站上报监理月报和质量月报，经多次督促，稍有改观。

(4) 监理单位未建立抽检试验不合格台账；不合格试件无处置过程记录，过程不闭合。

(5) 监理单位不认真复核单元工程质量等级，有任意抬高或降低质量等级现象。

以上存在的问题，项目站以书面形式多次下发建设单位和报送上级主管部门，要求建设单位组织相关单位进行整改，确保工程质量管理工作正规、有效。

四、工程项目划分确认

20××年8月××日，××××水利枢纽开发有限公司向项目站报送了《××水电站枢纽工程项目划分表》，依据有关规定，结合××水电站枢纽工程的布置及施工特点和××水电站枢纽工程项目划分方案，项目站组织了有关人员进行了认真研究，以"××水电站枢纽工程质量监督项目站"文件（质监〔20××〕××号）文进行了确认，××水电站枢纽工程共划分4个单位工程，即混凝土双曲拱坝工程、发电引水系统工程、发电厂房工程、升压变电站工程；共计57个分部工程，其中主要分部工程14个，即左岸重力墩、右岸重力墩、溢流坝段、导流洞封堵、进水塔（土建）、压力钢管制作与安装、1号水轮发电机组安装、2号水轮发电机组安装、3号水轮发电机组安装、4号水轮发电机组安装、厂房房建工程、1号主变压器安装、2号主变压器安装、3号主变压器安装。项目划分详见表7-2-36。

表7-2-36 ××水电站枢纽工程项目划分表

单位工程		分部工程		备注
编码	名称	编码	名称	
1	混凝土双曲拱坝	1-01	左岸地基开挖与处理	798m以上
		1-02	右岸地基开挖与处理	798m以上
		1-03	河床地基开挖与处理	798m以下
		1-04	消能塘地基开挖与处理	798m以上
		1-05	△左岸重力墩	24～26坝段
		1-06	△右岸重力墩	1～3坝段
		1-07	左岸非溢流坝段	16～23坝段
		1-08	右岸非溢流坝段	4～11坝段
		1-09	△溢流坝段	12～15坝段
		1-10	消能塘	
		1-11	廊道及坝内交通	含灌浆洞
		1-12	固结灌浆	
		1-13	帷幕灌浆	
		1-14	接缝灌浆	
		1-15	排水设施	
		1-16	放水深孔金属结构及启闭机安装	
		1-17	泄洪表孔金属结构及启闭机安装	
		1-18	安全监测设施	
		1-19	坝顶设施	
		1-20	△导流洞封堵	
		1-21	其他	
2	引水系统	2-01	进水口开挖及支护	
		2-02	△进水塔（土建）	
		2-03	进水口金属结构及启闭机安装	
		2-04	引水隧洞开挖及支护	
		2-05	引水隧洞混凝土	
		2-06	△压力钢管制作与安装	
		2-07	回填灌浆与固结灌浆	
		2-08	安全监测设施	

续表

单位工程		分部工程		备注
编码	名称	编码	名称	
3	发电厂房	3-01	土石方开挖及支护	
		3-02	灌浆工程	
		3-03	主厂房（土建）	
		3-04	安装间	
		3-05	副厂房	
		3-06	尾水渠	
		3-07	△1号水轮发电机组安装	
		3-08	△2号水轮发电机组安装	
		3-09	△3号水轮发电机组安装	
		3-10	△4号水轮发电机组安装	
		3-11	电气一次设备安装工程	
		3-12	电气二次设备安装工程	
		3-13	通信设备安装工程	
		3-14	通风空调设备安装工程	
		3-15	消防系统安装工程	
		3-16	桥机安装	
		3-17	水利机械辅助设备安装	
		3-18	金属结构制作与安装	
		3-19	闸门及启闭机安装	
		3-20	厂房房建工程	
		3-21	附属建筑物及场地工程	
		3-22	安全监测设施	
4	升压变电站	4-01	变电站土建	
		4-02	操作控制室	
		4-03	△1号主变压器安装	
		4-04	△2号主变压器安装	
		4-05	△3号主变压器安装	
		4-06	其他电气、设备安装	

注　带“△”符号者为主要分部工程。

五、工程质量检测

经质量监督项目站日常监督检查，各阶段验收前对拦河坝工程、引水系统工程、发电厂房及升压变电站工程的质量检测资料的核验，参建各方质量检测结果分述如下。

（一）施工单位自检

1. 拦河坝单位工程

（1）水泥。施工单位对××××××水泥有限公司P·MH 42.5水泥进行了251组物理力学性能试验，检测项目主要包括水泥的凝结时间、标准稠度用水量、比表面积、安定性、抗压强度、抗折强度，从检测结果看，水泥的各项指标满足《中热硅酸盐水泥 地热硅酸盐水泥地热矿渣硅酸盐水泥》(GB 200—2003) 的要求，检测结果见表 7-2-37。

表 7-2-37　P·MH 42.5 水泥物理力学性能试验检测成果统计表

水泥品种及强度等级	统计值	比表面积/(m^2/kg)	标准稠度用水量/%	凝结时间/(h:min)		安定性	抗折强度/MPa			抗压强度/MPa		
				初凝	终凝		3d	7d	28d	3d	7d	28d
P·MH 42.5	检测次数	251	251	251	251	251	251	251	251	251	251	251
	最大值	358	27.4	3:45	4:52	合格	6.4	7.9	9.5	27.0	36.0	54.8
	最小值	302	24.0	1:45	3:00	合格	4.1	5.8	8.0	19.0	27.9	44.4
	平均值	326	24.8	2:48	3:55	合格	5.1	6.9	8.8	23.2	32.1	50.4
GB 200—2003	P·MH 42.5	≥250	—	≥1:00	≤12:00	合格	≥3.0	≥4.5	≥6.5	≥12.0	≥22.0	≥42.5

施工单位对××××××水泥有限公司 P·O 42.5 水泥进行了 98 组物理力学性能试验，检测项目主要包括水泥的凝结时间、标准稠度用水量、比表面积、安定性、抗压强度、抗折强度，从检测结果看，水泥的各项指标满足《通用硅酸盐水泥》(GB 175—2007) 的要求，检测结果见表 7-2-38。

表 7-2-38　P·O 42.5 水泥物理力学性能试验检测成果统计表

水泥品种及强度等级	统计值	比表面积/(m^2/kg)	标准稠度用水量/%	凝结时间/(h:min)		安定性	抗折强度/MPa		抗压强度/MPa	
				初凝	终凝		3d	28d	3d	28d
P·O 42.5	检测次数	98	108	108	108	108	108	108	108	108
	最大值	358	27.6	3:45	4:55	合格	6.6	9.4	28.9	53.0
	最小值	302	23.2	1:55	3:04	合格	4.5	7.8	20.0	46.5
	平均值	335	26.0	2:43	3:53	合格	5.3	8.8	24.2	50.5
GB 175—2007	P·O 42.5	≥300	—	≥0:45	≤10:00	合格	≥3.5	≥6.5	≥17.0	≥42.5

(2) 火山灰。对××××厂生产的火山灰，现场取样检测项目包括细度、需水量比、含水量、烧失量、SO_3 等，检测结果表明，所检指标满足质量要求，检测结果见表 7-2-39。

表 7-2-39　火山灰物理性能试验检测成果统计表

统计值	细度/%	细度/%	需水量比/%	含水量/%	烧失量/%	SO_3/%	28d 抗压强度比	火山灰性试验
检测次数	84	122	206	206	206	206	206	15
最大值	19.7	7.0	104.1	0.6	4.20	0.32	76.4	合格
最小值	13.5	5.2	98.6	0.1	1.22	0.07	65.2	合格
平均值	17.0	6.2	101.7	0.3	2.03	0.18	67.7	合格
合格率/%	100	100	100	100	100	100	100	合格
龙江水电站枢纽工程大坝混凝土施工技术要求	0.045mm 筛余量小于等于 20	0.08mm 筛余量 5~7	—	≤1.0	≤10	≤3.5	≥65	合格

（3）外加剂。对××××工贸有限公司生产的缓凝高效减水剂SFG检测24次，对××××新型建材有限公司生产的缓凝高效减水剂EM－8检测10次，对××××化工有限公司生产的缓凝高效减水剂SH－2检测8次，引气剂SH－C检测3次，经检测减水剂的各项指标符合《水工混凝土外加剂技术规程》（DL/T 5100—1999）的要求，检测结果见表7－2－40。

表7－2－40　　外加剂质量检测成果统计表

厂家	名称/掺量	统计内容	减水率/%	含气量/%	泌水率比/%	初凝时间差/min	终凝时间差/min	3d强度比/%	7d强度比/%	28d强度比/%
××××工贸公司	缓凝高效减水剂SFG 0.60%	指标要求	≥15	≤3.0	≤100	>120	>120	≥125	≥125	≥120
		检测次数	24	24	24	24	24	24	24	24
		最大值	21.2	4.0	97.2	1096	1425	185	202	148
		最小值	15.0	2.1	0.0	306	305	126	127	121
		平均值	18.0	2.6	38.4	597	651	147	149	132
		合格率/%	100	100	100	100	100	100	100	100
××××新型建材公司	缓凝高效减水剂EM－8 0.60%	指标要求	≥15	≤3.0	≤100	>120	>120	≥125	≥125	≥120
		检测次数	10	10	10	10	10	10	10	10
		最大值	19.0	3.0	93.1	523	672	166	165	164
		最小值	16.0	1.8	27.9	270	393	138	135	120
		平均值	18.0	2.4	55.2	434	512	150	152	133
		合格率/%	100	100	100	100	100	100	100	100
××××化工有限公司	缓凝高效减水剂SH－2 0.60%	指标要求	≥15	≤3.0	≤100	>120	>120	≥125	≥125	≥120
		检测次数	8	8	8	8	8	8	8	8
		最大值	19.0	2.7	82.2	990	1031	203	205	153
		最小值	11.0	2.2	24.0	263	267	125	132	121
		平均值	16.8	2.5	44.2	739	769	161	163	136
		合格率/%	100	100	100	100	100	100	100	100
××××化工有限公司	引气剂SH－3 0.005%	指标要求	≥6	5±0.5	≤70	－90～120	－90～120	≥90	≥90	≥85
		检测次数	3	3	3	3	3	3	3	3
		最大值	7.8	5.1	50.9	101	109	99	98	94
		最小值	6.1	4.7	48.6	3	22	92	91	91
		平均值	6.8	4.9	49.8	42	33	94	96	92
		合格率/%	100	100	100	100	100	100	100	100

（4）细骨料。施工方在拌合楼对河沙细度模数、含泥量各检测了1240次，含水率检测了3704次。检测结果见表7－2－41。

表 7-2-41　　细骨料检测成果统计表

细骨料品种	检测地点	统计值	细度模数	含水率/%	含泥量/%
河沙	拌合楼	检测次数	1204	3704	1204
		最大值	2.84	10.9	1.9
		最小值	2.01	1.9	0.1
		平均值	2.49	6.2	1.0
		合格率/%	97.8	—	100
××水电站枢纽工程大坝混凝土施工技术要求			2.2～3.0	—	≤3.0

施工期间，施工方在筛分系统对河沙细度模数、含水量、含泥量各检测了588次。细骨料检测结果见表7-2-42。

表 7-2-42　　细骨料检测成果统计表

细骨料品种	检测地点	统计值	细度模数	含水率/%	含泥量/%
河沙	筛分系统	检测次数	588	588	588
		最大值	2.79	10.6	2.9
		最小值	2.07	2.2	0.4
		平均值	2.50	5.8	1.2
		合格率/%	98.5	—	100
××水电站枢纽工程大坝混凝土施工技术要求			2.2～3.0	—	≤3.0

在筛分系统处对细骨料品质取样检测了28次，具体检测统计结果见表7-2-43。

表 7-2-43　　筛分系统细骨料质量品质检测统计表

细骨料品种	统计值	细度模数	含泥量/%	坚固性/%	表观密度/(kg/m³)	硫化物及硫酸盐含量/%	有机质含量	轻物质含量/%	饱和面干吸水率/%
天然河沙	检测次数	28	28	28	28	28	28	28	26
	最大值	2.72	1.7	4.1	2620	0.42	浅于标准色	0.60	0.40
	最小值	2.29	0.2	0.5	2570	0.17	浅于标准色	0.10	0.10
	平均值	2.51	0.8	1.9	2591	0.26	浅于标准色	0.29	0.26
	合格率/%	100	100	100	100	100	100	100	—
设计施工技术要求		2.2～3.0	—	≤10	≥2500	≤1	浅于标准色	≤1	—

(5) 粗骨料。在拌合楼对工地现场用小石共检测2288次，中石共检测2282次，大石共检测2157次，特大石共检测2031次，检测项目包括超径、逊径、含泥量等。检测结果见表7-2-44。

在筛分系统对工地现场用小石、中石各检测了744次，大石检测672次，特大石检测661次，检测项目包括超径、逊径、含泥量等，检测结果见表7-2-45。

对小石的品质检测了30次，中石、大石、特大石的品质各检测了27次，检测结果见表7-2-46。

(6) 钢筋及钢筋接头连接。钢筋的主要检测指标为屈服强度、抗拉强度、延伸率、冷弯等，检测成果均满足规范要求。检测统计结果见表7-2-47。

表 7-2-44　　粗骨料检测成果统计表（拌合楼）

工程名称	检测地点	粒径/mm	统计值	超径/%	逊径/%	含泥量/%
××水电站枢纽工程	拌合楼	5～20	检测次数	2288	2288	2288
			最大值	3.6	6.5	0.9
			最小值	0.0	0.2	0.2
			平均值	1.7	3.1	0.5
			合格率/%	100	100	100
		20～40	检测次数	2282	2282	2282
			最大值	4.2	7.6	0.8
			最小值	0.0	0.8	0.2
			平均值	2.1	3.8	0.4
			合格率/%	100	100	100
		40～80	检测次数	2157	2157	2157
			最大值	4.6	7.7	0.8
			最小值	0.0	0.0	0.1
			平均值	1.0	4.8	0.3
			合格率/%	100	100	99.0
		80～150	检测次数	2031	2031	2031
			最大值	4.9	8.8	0.8
			最小值	0.0	0.0	0.0
			平均值	0.1	4.5	0.2
			合格率/%	100	100	99.5
《水工混凝土施工规范》（DL/T 5144—2001）			天然骨料	＜5	＜10	D20，D40≤1.0 D80≤0.5

表 7-2-45　　粗骨料检测成果统计表

工程名称	检测地点	粒径/mm	统计值	超径/%	逊径/%	含泥量/%
××水电站枢纽工程	筛分系统	5～20	检测次数	744	744	740
			最大值	5.0	13.2	0.9
			最小值	0	0	0
			平均值	1.7	3.7	0.6
			合格率/%	99.9	99.6	100
		20～40	检测次数	744	744	740
			最大值	12.7	24.4	3.3
			最小值	0	0	0
			平均值	2.2	4.8	0.5
			合格率/%	99.7	98.1	99.9
		40～80	检测次数	672	672	668
			最大值	14.0	16.9	0.6

续表

工程名称	检测地点	粒径/mm	统计值	超径/%	逊径/%	含泥量/%
××水电站枢纽工程	筛分系统	40～80	最小值	0	0	0
			平均值	2.2	5.1	0.2
			合格率/%	97.6	98.8	100
		80～150	检测次数	661	661	657
			最大值	11.7	17.2	0.5
			最小值	0	0	0
			平均值	1.2	4.5	0.1
			合格率/%	99.7	98.5	100
《水工混凝土施工规范》(DL/T 5144—2001)			—	<5	<10	D20，D40≤1.0 D80≤0.5

表 7-2-46　粗骨料检测统计成果（筛分系统）统计表

工程名称	粒径/mm	统计值	超径/%	逊径/%	含泥量/%	坚固性/%	硫化物及硫酸盐含量/%	有机质含量	表观密度/(kg/m³)	饱和面干吸水率/%	压碎指标	针片状含量/%
××水电站枢纽工程	5～20	检测次数	30	30	30	30	28	28	30	30	28	30
		最大值	3.3	7.1	0.8	3.22	0.4	浅于标准色	2730	1.36	13.4	7.0
		最小值	0.8	2.0	0.2	0.30	0.2	浅于标准色	2560	0.43	8.2	1.0
		平均值	1.6	4.0	0.5	1.21	0.3	浅于标准色	2655	0.88	9.8	3.3
		合格率/%	100	100	100	100	100	100	100	100	100	100
	20～40	检测次数	27	27	27	27	—	27	27	27	—	27
		最大值	4.1	9.2	0.8	4.13	—	浅于标准色	2720	0.89	—	8.0
		最小值	1.1	3.4	0.1	0.40	—	浅于标准色	2580	0.42	—	1.6
		平均值	2.4	5.4	0.4	1.48	—	浅于标准色	2662	0.65	—	4.8
		合格率/%	100	100	100	100	—	100	100	100	—	100
	40～80	检测次数	27	27	27	27	—	27	27	27	—	27
		最大值	4.4	8.8	0.4	2.75	—	浅于标准色	2730	0.79	—	7.0
		最小值	0.0	1.2	0.0	0.50	—	浅于标准色	2600	0.35	—	2.0
		平均值	1.8	5.5	0.2	1.25	—	浅于标准色	2676	0.54	—	3.2
		合格率/%	100	100	100	100	—	100	100	100	—	100
	80～150	检测次数	27	27	27	27	—	27	27	27	—	27
		最大值	4.4	9.6	0.4	4.04	—	浅于标准色	2750	0.69	—	7.7
		最小值	0	0	0	0.50	—	浅于标准色	2630	0.24	—	0
		平均值	1.1	4.6	0.2	1.48	—	浅于标准色	2694	0.42	—	2.4
		合格率/%	100	100	100	100	—	100	100	100	—	100
《水工混凝土施工规范》(DL/T 5144—2001)		天然骨料	<5	<10	D20，D40≤1.0 D80≤0.5	≤12	≤0.5	浅于标准色	≥2550	≤2.5	≤16	≤15

表 7-2-47　　　　　　　　　　钢筋力学性能检测结果统计表

工程名称	规格	钢筋类别	直径/mm	统计值	屈服强度/MPa	抗拉强度/MPa	伸长率/%	冷弯试验
××水电站枢纽工程	HRB335	螺纹钢	12	检测次数	10	10	10	10
				最小值	400	515	20.0	完好
				最大值	425	565	30.0	完好
				合格率/%	100	100	100	100
			14	检测次数	6	6	6	6
				最小值	415	540	25.5	完好
				最大值	430	600	48.5	完好
				合格率/%	100	100	100	100
			16	检测次数	88	88	88	88
				最小值	285	405	25.0	完好
				最大值	435	565	40.0	完好
				合格率/%	100	100	100	100
			18	检测次数	2	2	2	2
				最小值	405	545	22.0	完好
				最大值	410	550	24.5	完好
				合格率/%	100	100	100	100
			20	检测次数	82	82	82	82
				最小值	355	490	22.0	完好
				最大值	420	590	34.0	完好
				合格率/%	100	100	100	100
			22	检测次数	106	106	96	96
				最小值	375	505	22.0	完好
				最大值	545	590	32.0	完好
				合格率/%	100	100	100	100
			25	检测次数	318	318	308	308
				最小值	355	500	21.5	完好
				最大值	580	595	30.5	完好
				合格率/%	100	100	100	100
			28	检测次数	306	306	296	296
				最小值	350	470	18.5	完好
				最大值	570	580	28.5	完好
				合格率/%	100	100	100	100
			32	检测次数	170	170	160	160
				最小值	350	20	20.0	完好
				最大值	585	605	30.0	完好
				合格率/%	100	100	100	100
			36	检测次数	114	114	104	104
				最小值	370	18	18.0	完好
				最大值	580	620	24.5	完好
				合格率/%	100	100	100	100

续表

工程名称	规格	钢筋类别	直径/mm	统计值	屈服强度/MPa	抗拉强度/MPa	伸长率/%	冷弯试验
××水电站枢纽工程	HPB235	光圆钢	6.5	检测次数	14	14	14	14
				最小值	300	450	30.5	完好
				最大值	360	510	44.5	完好
				合格率/%	100	100	100	100
			8	检测次数	14	14	14	14
				最小值	300	440	30.0	完好
				最大值	360	495	50.0	完好
				合格率/%	100	100	100	100
			14	检测次数	18	18	18	18
				最小值	300	415	25.5	完好
				最大值	310	475	31.5	完好
				合格率/%	100	100	100	100
			16	检测次数	24	24	24	24
				最小值	290	435	28.5	完好
				最大值	330	460	42.5	完好
				合格率/%	100	100	100	100
			20	检测次数	28	28	28	28
				最小值	260	395	29.0	完好
				最大值	300	430	41.0	完好
				合格率/%	100	100	100	100
	Q235A	碳素结构钢	14	检测次数	112	112	112	112
				最小值	285	405	26.5	完好
				最大值	340	470	40.0	完好
				合格率/%	100	100	100	100
			16	检测次数	22	22	22	22
				最小值	280	410	31.0	完好
				最大值	320	455	38.5	完好
				合格率/%	100	100	100	100
			20	检测次数	18	18	18	18
				最小值	275	425	28.0	完好
				最大值	320	625	37.5	完好
				合格率/%	100	100	100	100
			22	检测次数	2	2	2	2
				最小值	285	435	36.5	完好
				最大值	290	440	36.5	完好
				合格率/%	100	100	100	100

续表

工程名称	规格	钢筋类别	直径/mm	统计值	屈服强度/MPa	抗拉强度/MPa	伸长率/%	冷弯试验
××水电站枢纽工程	Q235A	碳素结构钢	25	检测次数	10	10	10	10
				最小值	275	410	26.5	完好
				最大值	290	445	37.5	完好
				合格率/%	100	100	100	100
			32	检测次数	2	2	2	2
				最小值	305	445	26.0	完好
				最大值	310	450	27.0	完好
				合格率/%	100	100	100	100
	Q235	圆盘条	6.5	检测次数	44	44	44	44
				最小值	285	420	27.5	完好
				最大值	310	480	37.0	完好
				合格率/%	100	100	100	100
			8	检测次数	10	10	10	10
				最小值	300	465	30.0	完好
				最大值	330	495	31.0	完好
				合格率/%	100	100	100	100
			12	检测次数	16	16	16	16
				最小值	300	460	25.0	完好
				最大值	355	495	34.5	完好
				合格率/%	100	100	100	100
《低碳钢热轧圆盘条》(GB/T 701—2008) 规范要求				Q235	≥235	≥410	≥23	—
《碳素结构钢》(GB/T 700—2006) 规范要求	直径≤16mm			Q235	≥235	370～500	—	—
	16mm<直径≤40mm			Q235	≥225	370～500	—	—
《钢筋混凝土用钢　第1部分：热轧光圆钢筋》(GB 1499.1—2008) 规范要求				HPB235	≥235	≥370	≥25	—
《钢筋混凝土用钢　第2部分：热轧带肋钢筋》(GB 1499.2—2007) 规范要求				HRB335	≥335	≥455	≥17	—

对钢筋接头连接进行了抗拉强度检测，检测成果均满足规范要求。检测结果见表7-2-48。

表7-2-48　　钢筋接头连接检测成果统计表

工程名称	钢筋类别	规格	接头形式	直径/mm	统计值	抗拉强度/MPa
××水电站枢纽工程	螺纹钢	HRB335	单面搭接焊	16	检测次数	324
					最小值	460
					最大值	565
					合格率/%	100

续表

工程名称	钢筋类别	规格	接头形式	直径/mm	统计值	抗拉强度/MPa
××水电站枢纽工程	螺纹钢	HRB335	单面搭接焊	20	检测次数	210
					最小值	510
					最大值	560
					合格率/%	100
				22	检测次数	102
					最小值	495
					最大值	580
					合格率/%	100
				25	检测次数	603
					最小值	505
					最大值	575
					合格率/%	100
			双面帮条焊	28	检测次数	204
					最小值	535
					最大值	615
					合格率/%	100
				32	检测次数	30
					最小值	550
					最大值	600
					合格率/%	100
				36	检测次数	168
					最小值	550
					最大值	625
					合格率/%	100
			剥肋滚轧直螺纹	20	检测次数	6
					最小值	520
					最大值	540
					合格率/%	100
				22	检测次数	12
					最小值	515
					最大值	570
					合格率/%	100
				25	检测次数	33
					最小值	530
					最大值	575
					合格率/%	100

续表

工程名称	钢筋类别	规格	接头形式	直径/mm	统计值	抗拉强度/MPa
××水电站枢纽工程	螺纹钢	HRB335	剥肋滚轧直螺纹	28	检测次数	57
					最小值	525
					最大值	585
					合格率/%	100
				32	检测次数	15
					最小值	545
					最大值	595
					合格率/%	100
				36	检测次数	99
					最小值	560
					最大值	625
					合格率/%	100
			双面搭接焊	25	检测次数	3
					最小值	520
					最大值	535
					合格率/%	100
	光圆钢	HPB235	单面搭接焊	16	检测次数	69
					最小值	425
					最大值	495
					合格率/%	100
				20	检测次数	69
					最小值	415
					最大值	490
					合格率/%	100
《钢筋焊接接头试验方法标准》(JGJ/T 18—2003) 规范要求					HRB335	≥455
					HPB235	≥370
《钢筋机械连接通用技术规程》(JGJ 107—2003) 规范要求					HRB335	≥455

(7) 铜止水。对××××铜业有限公司生产的T2铜止水的抗拉强度、伸长率、弯曲度等指标进行了检测，检测结果均满足规范要求。检测结果见表7-2-49。

表7-2-49　铜止水检测成果统计表

生产厂家	牌号	状态	规格/mm	统计值	抗拉强度/MPa	伸长率/%	弯曲(180°)
××××铜业有限公司	T2	M	734×1.2	检测次数	15	15	15
				最大值	252	34.8	完好
				最小值	230	34.2	完好
				合格率/%	100	100	100

续表

生产厂家	牌号	状态	规格/mm	统计值	抗拉强度/MPa	伸长率/%	弯曲(180°)
××××铜业有限公司	T2	M	574.2×1.0	检测次数	8	8	8
				最大值	253	34.5	完好
				最小值	234	33.6	完好
				合格率/%	100	100	100
《铜及铜合金带》(GB/T 2059—2017)	T2、T3	—	—	—	≥195	≥33	—

(8) 混凝土强度检测。截至20××年5月××日，主坝混凝土共取样检测4107组，砂浆共取样检测116组，检测结果见表7-2-50。

表7-2-50　混凝土强度检测成果统计表

取样地点	工程部位	混凝土设计指标	试验项目	试验龄期	试验组数	试验结果/MPa 最大值	最小值	平均值	标准差σ/MPa	离差系数C_v	不低于设计强度百分率/%	设计强度应不低于/MPa	强度保证率/%
机口	主坝	C_{90}30W8F50	抗压	7d	31	26.9	10.5	17.2	—	—	—	—	—
				28d	780	38.9	22.6	30.1	2.74	0.09	—	—	—
				90d	769	43.8	30.1	38.2	2.95	0.08	100	30.0	98.8
			劈拉	28d	163	3.8	1.75	2.34	0.30	0.13	—	—	—
				90d	262	30.0	2.00	3.19	1.70	0.53	—	—	—
			抗压	7d	28	23.9	12.3	16.1	—	—	—	—	—
				28d	397	34.8	19.9	24.9	2.49	0.10	—	—	—
				90d	387	42.3	26.0	31.9	2.90	0.09	100	25.0	99.3
			劈拉	28d	89	2.63	1.47	1.94	0.21	0.11	—	—	—
				90d	115	3.65	1.84	2.61	0.32	0.12	—	—	—
		C30W8	抗压	7d	2	27.5	22.7	25.1	—	—	—	—	—
				28d	20	38.0	32.1	34.4	—	—	100	30.0	—
			劈拉	28d	2	2.52	2.34	2.43	—	—	—	—	—
		C25F50	抗压	28d	3	32.7	28.8	30.8	—	—	100	25.0	—
			劈拉	28d	2	2.67	1.91	2.29	—	—	—	—	—
		C30W8F50	抗压	28d	5	40.7	30.5	34.2	—	—	100	30.0	—
			劈拉	28d	3	3.26	2.55	2.86	—	—	—	—	—
		C35W8F50	抗压	28d	22	40.7	30.5	34.2	—	—	100	35.0	—
	消能塘	C20	抗压	28d	15	26.1	20.5	23.6	1.68	0.07	100	20.0	98.1
				28d	113	29.1	20.5	24.5	2.25	0.09	100	20.0	97.7
		C25F50	抗压	28d	89	34.9	25.5	29.9	2.11	0.07	100	25.0	98.7
			劈拉	28d	45	2.82	1.87	2.39	—	—	—	—	—
		C35W8F250	抗压	28d	162	43.7	27.1	39.5	—	—	100	35.0	—
			劈拉	28d	49	2.82	2.50	3.23	—	—	—	—	—

续表

取样地点	工程部位	混凝土设计指标	试验项目	试验龄期	试验组数	试验结果/MPa			标准差 σ/MPa	离差系数 C_v	不低于设计强度百分率/%	设计强度应不低于/MPa	强度保证率/%
						最大值	最小值	平均值					
机口	进水口	C20	抗压	7d	7	25.0	10.2	18.3	—	—	—	—	—
				28d	76	39.8	23.1	29.3	—	—	100	20.0	—
			劈拉	28d	35	3.05	1.71	2.42	—	—	—	—	—
		C30	抗压	28d	13	39.3	30.9	36.1	—	—	100	30.0	—
			劈拉	28d	4	3.59	2.48	3.08	—	—	—	—	—
		C25F50	抗压	28d	2	30.9	29.4	30.2	—	—	100	25.0	—
	灌浆平洞	C20W8	抗压	7d	3	16.4	14.3	15.2	—	—	—	—	—
				28d	41	28.7	21.6	24.0	1.67	0.07	100	20.0	98.6
			劈拉	28d	10	2.60	1.58	1.96	—	—	—	—	—
现场	主坝	C_{90}30W8F50	抗压	7d	3	20.7	16.5	18.5	—	—	—	—	—
				28d	38	31.7	25.0	28.3	1.78	0.06	—	—	—
				90d	25	39.2	31.6	34.9	—	—	100	30.0	—
		C_{90}25W8F50	抗压	7d	1	15.3	15.3	15.3	—	—	—	—	—
				28d	24	27.0	21.2	24.0	—	—	—	—	—
				90d	22	38.1	28.2	30.8	—	—	100	25.0	—
	消能塘	C25F50	抗压	28d	11	35.8	26.8	31.3	—	—	100	25.0	—
		C35W8F50	抗压	28d	16	44.3	36.2	41.5	—	—	100	35.0	—
	进水口	C20	抗压	7d	1	18.3	18.3	18.3	—	—	—	—	—
				28d	17	36.2	24.2	29.2	—	—	100	20.0	—
		C30	抗压	7d	3	34.1	32.9	33.5	—	—	—	—	—
				28d	1	36.5	36.5	36.5	—	—	100	30.0	—
	灌浆平洞	C20W8	抗压	28d	2	25.6	23.3	24.5	—	—	100	20.0	—
机口	主坝	M_{90}30W8F50	抗压	7d	3	17.3	15.6	16.3	—	—	—	—	—
				28d	31	33.5	24.7	28.6	—	—	—	—	—
				90d	31	41.8	30.5	37.0	—	—	100	30.0	—
		M_{90}25W8F50	抗压	7d	3	16.6	13.4	14.8	—	—	—	—	—
				28d	21	28.5	21.2	24.2	—	—	—	—	—
				90d	20	38.2	26.7	31.2	—	—	100	25.0	—
	进水口	M20	抗压	7d	2	23.4	16.0	19.7	—	—	—	—	—
				28d	3	30.1	26.8	28.5	—	—	100	20.0	—
	灌浆平洞	M20W8	抗压	7d	1	14.6	14.6	14.6	—	—	—	—	—
				28d	1	26.3	26.3	26.3	—	—	100	20.0	—

大坝施工期间，施工单位对大坝混凝土的变形性能及耐久性能的各项指标检测了123组，检测结果见表7-2-51。

表7-2-51　**大坝混凝土变形性能及耐久性能检测成果统计表**

编号	设计指标	检测项目	龄期/d	技术要求	检测次数	最大值	最小值	平均值	合格率/%
1	C_{90}30W8F50	抗冻	28	>50	4	>50	>50	>50	100
2		抗渗	28	>8	2	>8	>8	>8	100
3		抗冻	90	>50	7	>50	>50	>50	100
4		抗渗	90	>8	7	>8	>8	>8	100
5		极限拉伸/($\times10^{-4}$)	28	≥0.85	14	1.19	0.96	1.11	100
6		轴拉强度/MPa	28	—	14	3.44	2.79	3.09	—
7		极限拉伸/($\times10^{-4}$)	90	—	2	1.22	1.22	1.22	100
8		轴拉强度/MPa	90	—	2	3.25	3.24	3.24	—
9		极限拉伸/($\times10^{-4}$)	180	—	1	1.39	1.39	1.39	100
10		轴拉强度/MPa	180	—	1	3.63	3.63	3.63	—
11	C_{90}30W8F50	抗压弹模/GPa	28	—	7	35.2	32.3	3.38	—
12		抗压弹模/GPa	90	—	8	47.2	33.2	39.6	—
13		抗压弹模/GPa	180	—	1	48.3	48.3	48.3	—
14	C_{90}25W8F50	抗冻	90	>50	7	>50	>50	>50	100
15		抗渗	90	>8	7	>8	>8	>8	100
16		极限拉伸/($\times10^{-4}$)	28	≥0.85	10	0.98	0.92	0.95	100
17		轴拉强度/MPa	28	—	10	3.38	2.69	2.85	—
18		极限拉伸/($\times10^{-4}$)	90	—	2	1.18	1.16	1.17	100
19		轴拉强度/MPa	90	—	2	3.15	3.12	3.13	—
20		抗压弹模/GPa	28	—	4	36.0	28.8	32.9	—
21		抗压弹模/GPa	90	—	8	39.2	31.1	34.7	—
22	C35W8F50	极限拉伸/($\times10^{-4}$)	28	≥0.85	1	1.20	1.20	1.20	100
23		轴拉强度/MPa	28	—	1	3.07	3.07	3.07	—
24		抗压弹模/GPa	28	—	1	35.6	35.6	35.6	—

(9) 基础固结灌浆。

1) 钻孔压水检查。钻孔压水检查时间分别于3～7d后进行，固结灌浆检查孔的数量为灌浆孔总数的5%。检查孔岩芯获得率达到90%以上，灌后压水检查采用单点法，压水压力为灌浆压力的80%，并不大于1MPa，其压入流量稳定标准：在稳定的压力下，每5min测读一次压入流量，连续4次读数中最大值与最小值之差小于1L/min时，本段压水即可结束，取最后的流量作为计算流量，其成果以Lu表示。

质量评定标准：一般压水试验透水率标准不大于5Lu，最外边孔不大于7Lu，合格标准为孔段合格率在85%以上，不合格孔段的透水率值不超过设计规定值的150%，且不集中。

各坝段固结灌浆后压水试验检查均满足设计要求，已完各坝段固结灌浆检查结果见表7-2-52。

表7-2-52　　坝段固结灌浆压水检查成果一览表

坝段	孔号	段次	压水段/m			透水率/Lu	压力/MPa
			自	至	段长		
1号坝段	1-J-1	1	5.5	7.5	2	4.00	0.50
		2	7.5	14.5	7	0.88	1.20
	1-J-2	1	5.5	7.5	2	3.47	0.49
		2	7.5	14.5	7	0.26	1.20
	1-J-3	1	5.5	7.5	2	5.12	0.25
		2	7.5	10.5	3	1.13	0.53
		3	10.5	14.5	4	0.43	0.98
	1-J-4	1	5.5	7.5	2	2.35	0.34
		2	7.5	10.5	3	0.58	0.48
		3	10.5	14.5	4	0.29	0.97
2号坝段	2-J1-W4	1	3.9	5.9	2	3.85	4.60
		2	5.9	12.9	7	2.78	0.80
	2-J2-W5	1	6	8	2	4.32	0.60
		2	8	15	7	3.36	0.79
	2-J3-W6	1	2.4	4.4	2	4.04	0.59
		2	4.4	11.4	7	2.97	0.80
3号坝段	3-J1-4	1	6.5	8.5	2	2.96	0.48
		2	8.5	15.5	7	0.83	0.65
	3-J2-5	1	8	10	2	2.35	0.47
		2	10	17	7	0.93	0.64
	3-J3-6	1	8	10	2	3.67	0.49
		2	10	17	7	1.54	0.65
4号坝段	4-J1-W4	1	6	8	2	3.36	0.60
		2	8	15	7	2.98	0.79
	4-J2-W5	1	8.3	10.3	2	4.48	0.60
		2	10.3	17.3	7	3.53	0.79
	4-J3-W6	1	4	6	2	3.85	0.59
		2	6	13	7	3.22	0.80
5号坝段	5-J1-4	1	8.5	10.5	2	2.46	0.60
		2	10.5	17.5	7	2.45	0.80
	5-J2-5	1	3	5	2	1.61	0.60
		2	5	12	7	2.31	0.80
	5-J3-6	1	6.3	8.3	2	1.88	0.59
		2	8.3	15.3	7	3.01	0.81

续表

坝段	孔号	段次	压水段/m			透水率/Lu	压力/MPa
			自	至	段长		
6号坝段	6-J1-W4	1	9.1	11.1	2	1.79	0.60
		2	11.1	18.1	7	2.89	0.79
	6-J2-W5	1	6.2	8.2	2	2.54	0.60
		2	8.2	15.2	7	2.65	0.80
	6-J3-W6	1	13.5	15.5	2	3.29	0.60
		2	15.5	22.5	7	2.73	0.80
7号坝段	7-J-1	1	9.6	11.6	2	1.70	0.60
		2	11.6	18.6	7	0.93	0.82
	7-J-2	1	12.6	14.6	2	2.99	0.59
		2	14.6	21.6	7	1.18	0.80
	7-J-3	1	9.7	11.7	2	2.99	0.60
		2	11.7	18.7	7	0.98	0.79
8号坝段	8-W-4	1	7	9	2	2.396	0.48
		2	9	14	5	4.585	0.64
		3	14	19	5	4.771	0.96
	8-W-5	1	6	8	2	2.5	0.48
		2	8	13	5	3.645	0.64
		3	13	18	5	4.295	0.96
	8-W-6	1	9	11	2	3.617	0.48
		2	11	16	5	4.508	0.64
		3	16	21	5	4.674	0.96
9号坝段	9-W-4	1	23	25	2	5	0.48
		2	25	30	5	4.55	0.64
		3	30	35	5	4.896	0.96
	9-W-5	1	23	25	2	4.574	0.48
		2	25	30	5	4.38	0.64
		3	30	35	5	4.787	0.96
	9-W-6	1	15	17	2	4.583	0.48
		2	17	22	5	4.636	0.64
		3	22	27	5	3.895	0.96
10号坝段	10-J1	1	8.4	10.4	2	2.44	0.47
		2	10.4	15.4	5	1.12	0.63
		3	15.4	20.4	5	6.67	0.80
	10-J2	1	5.8	7.8	2	2.87	0.48
		2	7.8	12.8	5	1.12	0.63
		3	12.8	17.8	5	1.06	0.79

续表

坝段	孔号	段次	压水段/m			透水率/Lu	压力/MPa
			自	至	段长		
10号坝段	10-J3	1	9	11	2	2.623	0.60
		2	11	16	5	1.40	0.80
		3	16	21	5	1.13	0.99
11号坝段	11-W4-J1	1	19	21	2	3.68	0.59
		2	21	26	5	2.48	0.80
		3	26	31	5	1.52	1.07
	11-W5-J2	1	20.2	22.2	2	1.14	0.60
		2	22.2	27.2	5	2.07	0.80
		3	27.2	32.2	5	2.34	1.05
	11-W6-J3	1	21.6	23.6	2	2.65	0.60
		2	23.6	28.6	5	2.55	0.79
		3	28.6	33.6	5	1.20	0.99
12号坝段	12-J3-W5	1	7.5	9.5	2	2.21	0.48
		2	9.5	14.5	5.0	1.32	0.64
		3	14.5	19.5	5	0.96	0.96
	12-J4-W6	1	7.5	9.5	2	2.653	0.49
		2	9.5	14.5	5	0.50	0.64
		3	14.5	19.5	5	0.65	0.95
13号坝段	13-J1-W4	1	4.5	6.5	2	4.83	0.32
		2	6.5	11.5	5	1.28	0.48
		3	11.5	16.5	5	0.66	0.96
	13-J2-W5	1	4.5	6.5	2	3.77	0.31
		2	6.5	12.5	6.0	1.12	0.48
		3	12.5	19.5	7	0.76	0.96
	13-J3-W6	1	4.5	6.5	2	4.73	0.32
		2	6.5	12.5	6	1.05	0.48
		3	12.5	19.5	7	0.74	0.95
14号坝段	14-J3-W6	1	4.5	6.5	2	2.29	0.35
		2	6.5	12.5	6	1.15	0.48
		3	12.5	19.5	7	0.46	0.96
	14-J2-W5	1	4.5	6.5	2	2.21	0.34
		2	6.5	12.5	6	0.76	0.50
		3	12.5	19.5	7	0.25	0.96
	14-J1-W4	1	4.5	6.5	2	1.52	0.33
		2	6.5	12.5	6	0.95	0.64
		3	12.5	19.5	7	0.29	0.97

续表

坝段	孔号	段次	压水段/m			透水率/Lu	压力/MPa
			自	至	段长		
15号坝段	15－J3－W5	1	7	9	2	4.38	0.61
		2	9	14	5.0	2.17	0.80
		3	14	19	5	0.89	1.02
	15－J4－W6	1	6	8	2	3.8	0.62
		2	8	13	5	0.80	1.89
		3	13	18	5	0.68	1.05
16号坝段	16－J2－W5	1	6.5	8.5	2	3.11	0.49
		2	8.5	13.5	5	0.79	0.64
		3	13.5	18.5	5	0.44	1.22
	16－J1－W4	1	6	8	2	3.8	0.46
		2	8	13	5	1.89	0.80
		3	13	18	5	0.68	1.05
	16－J3－W6	1	13	15	2	2.54	0.48
		2	15	20	5	0.60	0.64
		3	20	25	5	0.40	0.96
17号坝段	17－J－1	1	3	5	2	0.86	0.48
		2	5	10	5	1.13	0.64
		3	10	15	5	0.90	1.00
	17－J－2	1	22	24	2	2.49	0.46
		2	22	27	5	0.31	0.61
		3	29	34	5	1.52	0.98
	17－J－3	1	17	19	2	2.32	0.47
		2	19	24	5	1.17	0.63
		3	24	29	5	0.16	1.03
18号坝段	18－W－4	1	17	19	2	4.49	0.48
		2	19	24	5	4.86	0.64
		3	24	29	5	4.23	0.96
	18－W－5	1	9.5	11.5	2	3.57	0.48
		2	11.5	16.5	5	4.75	0.64
		3	16.5	21.5	5	3.39	0.96
	18－W－6	1	17	19	2	4.62	0.48
		2	19	24	5	4.34	0.64
		3	24	29	5	5	0.96

续表

坝段	孔号	段次	压水段/m			透水率/Lu	压力/MPa
			自	至	段长		
19号坝段	19-J-1	1	5	7	2	2.82	0.47
		2	7	12	5	0.99	0.65
		3	12	17	5	1.08	0.97
	19-J-2	1	9	11	2	3.13	0.49
		2	11	16	5	1.96	0.64
		3	16	21	5	0.23	0.95
	19-J-3	1	8	10	5	3.76	0.47
		2	10	15	5	1.68	0.63
		3	15	20	5	0.46	0.96
20号坝段	20-W-4	1	5.0	7.0	2	4.231	0.48
		2	7.0	12.0	5	3.091	0.64
		3	12.0	17.0	5	2.198	0.96
	20-W-5	1	6.0	8.0	2	3.868	0.48
		2	8.0	13.0	5	3.569	0.64
		3	13.0	18.0	5	2.417	0.96
	20-W-6	1	4.0	6.0	2	3.396	0.48
		2	6.0	11.0	5	3.219	0.64
		3	11.0	16.0	5	2.118	0.96
21号坝段	21-W-4	1	4.0	6.0	2	3.333	0.48
		2	6.0	11.0	5	2.232	0.64
		3	11.0	16.0	5	3.091	0.96
		4	16.0	22.0	6	1.952	0.96
	21-W-5	1	6.5	8.5	2	4.462	0.48
		2	8.5	15.5	7	2.15	0.96
	21-W-6	1	6.5	8.5	2	1.622	0.48
		2	8.5	15.5	7	3.636	0.96
22号坝段	22-J-1	1	8.5	10.5	2	3.776	0.48
		2	10.5	16.5	6	2.96	0.64
		3	16.5	23.5	7	3.176	0.96
	22-J-2	1	13.0	15.0	2	4.39	0.48
		2	15.0	21.0	6	3.949	0.64
		3	21.0	28.0	7	4.286	0.96
	22-J-3	1	8.5	10.5	2	4.286	0.48
		2	10.5	16.5	6	3.384	0.64
		3	16.5	23.5	7	2.949	0.96

续表

坝段	孔号	段次	压水段/m			透水率/Lu	压力/MPa
			自	至	段长		
23号坝段	23-J-1	1	4.0	6.0	2	2.604	0.48
		2	6.0	12.0	6	3.915	0.64
		3	12.0	19.0	7	3.988	0.96
	23-J-2	1	3.5	5.5	2	3.723	0.48
		2	5.5	11.5	6	4.846	0.64
		3	11.5	18.5	7	3.609	0.96
	23-J-3	1	9.0	11.0	2	2.604	0.48
		2	11.0	17.0	6	4.872	0.64
		3	17.0	24.0	7	3.617	0.96
24号坝段	24-JC-1	1	5.0	7.0	2	3.62	0.48
		2	7.0	13.0	6	2.64	0.64
		3	13.0	20.0	7	2.01	0.96
	24-JC-2	1	7.0	9.0	2	3.85	0.48
		2	9.0	15.0	6	3.12	0.64
		3	15.0	22.0	7	2.2	0.96
25号坝段	25-W-1	1	5	17	12	1.20	0.96
		2	12	17	5	1.25	0.97
	25-W-2	1	5	17	12	1.06	0.96
		2	12	17	5	0.10	0.96
	25-W-3	1	5	17	12	0.72	0.98
		2	12	17	5	0.30	0.96
	25-W-4	1	5	17	12	0.20	0.97
		2	12	17	5	0.36	0.98
	25-W-5	1	5	17	12	1.28	0.98
		2	12	17	5	1.34	0.98
	25-J-1	1	5	7	2	0.78	0.53
		2	7	12	5	1.88	0.64
		3	12	17	5	0.19	0.95
26号坝段	26-J-1	1	5	7	2	3.25	0.48
		2	7	12	5	3.416	0.64
		3	12	17	5	1.764	1.00
	26-J-2	1	5	7	2	3.334	0.48
		2	7	12	5	2.164	0.64
		3	12	17	5	2.025	1.00

续表

坝段	孔号	段次	压水段/m			透水率/Lu	压力/MPa
			自	至	段长		
26号坝段	26-J-3	1	5	7	2	2.761	0.48
		2	7	12	5	2.114	0.64
		3	12	17	5	1.835	1.00
	26-J-4	1	5	7	2	3.028	0.48
		2	7	12	5	2.337	0.64
		3	12	17	5	2.138	1.00
	26-J-5	1	5	7	2	2.776	0.48
		2	7	12	5	2.329	0.64
		3	12	17	5	2.167	1.00

2）岩体波速检查。波速测试检查孔纵向平均波速满足要求时，灌浆质量认定为合格。固结灌浆质量评定标准见表7-2-53。

表7-2-53　　坝基岩石固结灌浆质量评定标准统计表

坝　段	纵波波速/(km/s)	备　注
左岸24～26号坝段	≥3.15	重力墩基础
左岸23号坝段	≥3.68	深挖齿槽槽地
左岸20～22号坝段	≥4.20	回填基础底部
河床8～19号坝段	≥4.20	原建基面
右岸5～7号坝段	≥4.20	回填基础底部
右岸4号坝段	≥3.68	回填基础底部
右岸1～3号坝段	≥3.15	重力墩基础

中水××勘测设计研究有限责任公司物探公司，对××水电站大坝基础灌浆灌前与灌后，按设计技术要求进行了单孔声波和跨孔地震波物探检测，检测结果符合设计要求，单孔声波检测结果、跨孔地震波检测结果见表7-2-54。

表7-2-54　　各坝段孔深分段波速 V_p、平均波速值检测成果统计表

坝段	孔号	灌浆前/(m/s)	灌浆后/(m/s)	波速提高/%
1号坝段	G1-1	4674	5004	7.0
	G1-2	4348	5083	16.89
	G1-3	4605	4895	6.29
	G1-4	4547	5023	9.99
	G1-5	5071	5237	3.28
	G1-6	3997	4575	14.48
	G1-7	4842	5320	9.87
	G1-8	3648	4105	12.53

续表

坝段	孔号	灌浆前/(m/s)	灌浆后/(m/s)	波速提高/%
2号坝段	G2－1	4620	5250	13.64
	G2－2	4606	4854	5.39
	G2－3	4157	4578	10.13
	G2－4		4917	
	G2－5		4524	
	G2－6		4738	
3号坝段	G3－1	4635	4911	5.94
	G3－2	5122	5444	6.29
	G3－3	4963	5126	3.29
	G3－4		5181	
	G3－5		4725	
	G3－6		4772	
4号坝段	G4－1	4715	4988	5.79
	G4－2	4846	5250	8.34
	G4－3	4209	4593	9.11
	G4－4		4908	
	G4－5		4395	
	G4－6		5163	
5号坝段	G5－1	4235	4563	7.74
	G5－2	4504	4653	3.30
	G5－3	4209	4627	7.07
	G5－4		4648	
	G5－5		4452	
	G5－6		4257	
6号坝段	G6－1	4931	5341	8.31
	G6－2	4624	5108	10.47
	G6－3	5075	5397	6.35
	G6－4		5024	
	G6－5		5091	
	G6－6		4998	
7号坝段	G7－1	5125	5338	4.16
	G7－2	4853	5057	4.21
	G7－3	5102	5368	5.22
	G7－4		4855	
	G7－5		5333	
	G7－6		4954	

续表

坝段	孔号	灌浆前/(m/s)	灌浆后/(m/s)	波速提高/%
8号坝段	G8－1	5161	5446	5.52
	G8－2	5257	5645	7.37
	G8－3	4794	5015	4.60
	G8－4		5459	
	G8－5		5271	
	G8－6		5294	
9号坝段	G9－1	4627	5189	12.14
	G9－2	4999	5256	5.14
	G9－3	5175	5408	4.49
	G9－4		4994	
	G9－5		4926	
	G9－6		5315	
10号坝段	G10－1	4979	5300	6.46
	G10－2	5292	5491	3.75
	G10－3	5276	5460	3.49
	G10－4		5373	
	G10－5		5316	
	G10－6		5165	
11号坝段	G11－1	5281	5524	4.61
	G11－2	5203	5476	5.24
	G11－3	5009	5377	7.34
	G11－4		5229	
	G11－5		4999	
	G11－6		5243	
12号坝段	G12－1	5008	5557	10.97
	G12－2	5059	5481	8.33
	G12－3	5060	5513	8.94
	G12－4		5588	
	G12－5		4822	
	G12－6		4558	
13号坝段	G13－1	5148	5343	3.79
	G13－2	4920	5049	2.63
	G13－3	5026	5178	3.02
	G13－4		5311	
	G13－5		5158	
	G13－6		5032	

续表

坝段	孔号	灌浆前/(m/s)	灌浆后/(m/s)	波速提高/%
14 号坝段	G14-1	4518	4804	6.33
	G14-2	5028	5359	6.58
	G14-3	4626	5127	10.84
	G14-4		4880	
	G14-5		5180	
	G14-6		5277	
15 号坝段	G15-1	4827	5079	5.22
	G15-2	4790	5062	6.34
	G15-3	4769	5330	11.76
	G15-4		5109	
	G15-5		5485	
	G15-6		5081	
16 号坝段	G16-1	5350	5480	2.44
	G16-2	5141	5522	7.42
	G16-3	4863	5391	10.86
	G16-4		5138	
	G16-5		5293	
	G16-6		5084	
17 号坝段	G17-1	5302	5442	2.64
	G17-2	5937	5165	4.62
	G17-3	4953	5172	4.42
	G17-4		5046	
	G17-5		5149	
	G17-6		5002	
18 号坝段	G18-1	4978	5205	4.55
	G18-2	5043	5376	6.61
	G18-3	4851	5233	7.88
	G18-4		5193	
	G18-5		5019	
	G18-6		5159	
19 号坝段	G19-1	4953	5111	3.18
	G19-2	4907	5262	7.23
	G19-3	4852	5257	8.35
	G19-5		5011	
	G19-6		4851	

续表

坝段	孔号	灌浆前/(m/s)	灌浆后/(m/s)	波速提高/%
20 号坝段	G20－1	4945	5112	3.38
	G20－2	4618	4830	4.59
	G20－3	4848	5154	6.31
	G20－4		4909	
	G20－5		4940	
	G20－6		5081	
21 号坝段	G21－1	4541	4828	6.31
	G21－2	5282	5322	0.77
	G21－3	4814	5172	7.44
	G21－4		5244	
	G21－5		4952	
	G21－6		5054	
22 号坝段	G22－1	4503	4993	10.89
	G22－2	4049	4431	9.42
	G22－3	4644	4923	6.01
	G22－4		4977	
	G22－5		4949	
	G22－6		4835	
23 号坝段	G23－1	4853	5214	7.44
	G23－2	4431	4927	11.20
	G23－3	5119	5403	5.54
	G23－4		4539	
	G23－5		4767	
	G23－6		5205	
24 号坝段	G24－1	4556	4961	8.16
	G24－2	4683	4816	2.84
	G24－3		4666	
	G24－4		4850	
	G24－5		4927	
	G24－6		4973	
25 号坝段	G25－1	4532	4860	7.25
	G25－2	4535	5059	11.56
	G25－3	4391	4946	12.65
	G25－4		4802	
	G25－5		5140	

续表

坝段	孔号	灌浆前/(m/s)	灌浆后/(m/s)	波速提高/%
26 号坝段	G26－1	4698	4924	4.81
	G26－2	4453	5251	17.92
	G26－3	4342	5290	20.68
	G26－4		5240	
	G26－5		4945	
	G26－6		4605	

物探公司对大坝基础灌浆灌前与灌后，按设计技术要求进行了跨孔地震波物探检测，检测结果符合设计要求，跨孔地震波检测结果见表 7－2－55。

表 7－2－55　各坝段固结灌浆灌前、灌后跨孔弹性波检测成果对比表

坝段	岩面线至孔底平均波速/(m/s)			岩面线至 4m 孔段平均波速/(m/s)			4m 至孔底段平均波速/(m/s)		
	灌浆前	灌浆后	波速提高/%	灌浆前	灌浆后	波速提高/%	灌浆前	灌浆后	波速提高/%
1 号坝段	4674	5004	7.06	4203	4860	15.63	5001	5101	2.00
	4343	5083	17.04	3485	4885	40.17	5075	5237	3.19
	4605	4895	6.30	3888	4321	11.14	5236	5394	3.02
	4567	5023	9.98	4061	4671	15.02	5005	5319	6.27
	5071	5237	3.27	5074	5170	1.89	5089	5313	4.40
	3994	4575	14.55	3413	4207	23.26	4416	4852	9.87
	4842	5320	9.87	4379	5206	18.89	5205	5435	4.42
	3648	4105	12.53	3111	3719	19.54	3987	4339	8.83
2 号坝段	4013	4251	5.93	4182	4508	7.80	4114	4405	7.07
	3723	3922	5.35	4108	4597	11.90	3954	4327	9.43
	4126	4423	7.20	4377	4179	4.52	4276	4276	0.00
3 号坝段	4532	4729	4.35	4471	4907	9.75	4501	4838	7.49
	4362	4581	5.02	4386	4698	7.11	4376	4646	6.17
	4497	4527	0.67	4639	4694	1.19	4582	4627	0.98
4 号坝段	4319	4450	3.03	4127	4509	9.26	4197	4487	6.91
	3725	4437	19.11	4204	4473	6.40	4044	4461	10.31
	3903	4308	10.38	3816	4398	15.25	3848	4366	13.46
5 号坝段	3941	4185	6.19	4172	4376	4.89	4069	4291	5.46
	4302	4604	7.02	4426	4570	3.25	4371	4585	4.90
	4407	4493	1.95	4380	4534	3.52	4392	4516	2.82
6 号坝段	4353	4600	5.67	4630	4922	6.31	4529	4805	6.09
	4247	4465	5.13	4671	4905	5.01	4517	4744	5.03
	4354	4566	4.87	4633	4870	5.12	4522	4748	5.00

续表

坝段	岩面线至孔底平均波速/(m/s)			岩面线至4m孔段平均波速/(m/s)			4m至孔底段平均波速/(m/s)		
	灌浆前	灌浆后	波速提高/%	灌浆前	灌浆后	波速提高/%	灌浆前	灌浆后	波速提高/%
7号坝段	4605	4832	4.93	4757	4989	4.88	4696	4926	4.90
	4525	4751	4.99	4682	4925	5.19	4619	4856	5.13
	4556	4770	4.70	4745	4970	4.74	4669	4890	4.73
8号坝段	4698	4868	3.62	4872	5055	3.76	4814	4993	3.72
	4685	4904	4.67	4814	5046	4.82	4771	4999	4.78
	4657	4860	4.36	4814	5032	4.53	4762	4914	3.19
9号坝段	4742	4906	3.46	4912	5078	3.38	4860	5025	3.40
	4376	4914	12.29	4863	5051	3.87	4824	5009	3.83
	4727	4865	2.92	4963	5115	3.06	4890	5038	3.03
10号坝段	4574	4784	4.59	4744	4970	4.76	4688	4908	4.69
	4530	4729	4.39	4747	4966	4.61	4675	4887	4.53
	4519	4732	4.71	4753	4989	4.97	4675	4903	4.88
11号坝段	4474	4670	4.38	4605	4813	4.52	4562	4765	4.45
	4472	4724	5.64	4699	4988	6.15	4623	4900	5.99
	4481	4687	4.60	4669	4906	5.08	4606	4933	7.10
12号坝段	4562	5248	15.04	4831	5596	15.84	4741	5480	15.59
	4846	5059	4.40	4851	5090	4.93	4849	5080	4.76
	4720	4858	2.92	4802	4926	2.58	4775	4903	2.68
13号坝段	4117	4547	10.44	4727	4956	4.84	4524	4820	6.54
	4635	4829	4.19	4775	4986	4.42	4732	4937	4.33
	4471	4541	1.57	4510	4745	5.21	4498	4682	4.09
14号坝段	3907	4434	13.49	4403	4731	7.45	4238	4599	8.52
	4320	4384	1.48	4465	4532	1.50	4429	4495	1.49
	4028	4258	5.71	4826	4883	1.18	4627	4727	2.16
15号坝段	4113	4297	4.47	4417	4618	4.55	4315	4511	4.54
	4161	4314	3.68	4577	5010	9.46	4473	4836	8.12
	4232	4504	6.43	4434	4865	9.72	4384	4775	8.92
16号坝段	4472	4714	5.41	4628	4850	4.80	4571	4801	5.03
	4538	4758	4.85	4641	4848	4.46	4604	4815	4.58
	4648	4811	3.51	4727	4854	2.69	4698	4838	2.98
17号坝段	4598	4756	3.44	4764	4949	3.88	4709	4885	3.74
	4579	4727	3.23	4813	4944	2.72	4735	4872	2.89
	4566	4714	3.24	4771	4932	3.37	4703	4859	3.32

续表

坝段	岩面线至孔底平均波速/(m/s)			岩面线至4m孔段平均波速/(m/s)			4m至孔底段平均波速/(m/s)		
	灌浆前	灌浆后	波速提高/%	灌浆前	灌浆后	波速提高/%	灌浆前	灌浆后	波速提高/%
18号坝段	4498	4818	7.11	4638	4949	6.71	4591	4925	7.28
	4428	4808	8.58	4650	5041	8.41	4576	4963	8.46
	4420	4748	7.42	4615	4974	7.78	4550	4898	7.65
19号坝段	4280	4450	3.97	4405	4585	4.09	4363	4540	4.06
	4227	4410	4.33	4424	4625	4.54	4359	4553	4.45
	4203	4379	4.19	4399	4593	4.41	4334	4522	4.34
20号坝段	4172	4702	12.70	4390	4777	8.82	4317	4752	10.08
	4272	4509	5.55	4441	4466	0.56	4393	4478	1.93
	4144	4465	7.75	4401	4729	7.45	4322	4648	7.54
21号坝段	4239	4589	8.26	4047	4523	11.76	4117	4611	12.00
	4202	4715	12.21	4350	4770	9.66	4296	4750	10.57
	4391	4598	4.71	4078	4552	11.62	4192	4569	8.99
22号坝段	4011	4315	7.58	4100	4376	6.73	4076	4360	6.97
	3918	4164	6.28	4104	4396	7.12	4054	4334	6.91
	3958	4220	6.62	4153	4441	6.93	4101	4382	6.85
23号坝段	4106	4500	9.60	4246	4626	8.95	4209	4593	9.12
	4114	4442	9.79	4315	4673	8.30	4262	4611	8.19
	4087	4444	8.74	4299	4685	8.98	4243	4621	8.91
24号坝段	4088	4442	8.66	3892	4210	8.17	4160	4526	8.80
	4062	4360	7.34	3928	4118	4.84	3988	4449	11.56
	4056	4411	8.75	3878	4270	10.11	4023	4462	10.91
25号坝段	4175	4426	6.01	3838	4326	12.71	3950	4359	10.35
	4023	4137	2.83	4066	4290	5.51	4053	4243	4.69
	4369	4297	-1.65	4103	4366	6.41	4185	4345	3.82
26号坝段	3860	4004	3.73	3505	4227	20.60	3624	4152	14.57
	3843	4034	4.97	3977	4438	11.59	3936	4313	9.58
	3554	4012	12.89	3403	4243	20.68	3449	4172	20.96

承建方委托中水××勘测设计研究院物探公司，按设计要求进行了灌浆前后单孔声波和跨孔地震波物探检测，检测成果表明均满足设计要求。灌后波速均有提高；各坝段灌后压水试验检查孔透水率均低于设计规定值。坝基固结灌浆施工质量满足设计要求。

（10）坝基帷幕灌浆。

1）各坝段帷幕灌浆灌后压水检查。各坝段单元工程帷幕灌浆完成后，压水试验检查结果合格，检查结果见表7-2-56。

表 7-2-56　各坝段帷幕灌浆灌后压水试验检查成果统计表

序号	单元编号	段次	孔深/m			每段透水率平均值/Lu	合格段数	不合格段数	合格率/%	最大透水率/Lu	最小透水率/Lu	透水率平均值/Lu	设计防渗标准/Lu
			自	至	段长								
1	23-L835-FW-JC1	1	1.22	3.22	2	1.72	7	0	100	1.72	0.42	0.86	<3
		2	3.22	8.22	5	0.65							
		3	8.22	13.22	5	1.06							
		4	13.2	18.22	5	0.57							
		5	18.2	23.22	5	0.70							
		6	23.2	28.22	5	0.89							
		7	28.2	33.12	4.9	0.42							
2	23-L835-ZW-JC	1	1.22	3.22	2	2.83	7	0	100	2.83	0.43	0.88	<3
		2	3.22	8.22	5	0.66							
		3	8.22	13.22	5	0.80							
		4	13.2	18.22	5	0.45							
		5	18.2	23.22	5	0.46							
		6	23.2	28.22	5	0.43							
		7	28.2	33.12	4.9	0.53							
3	22-L835-ZW-JC	1	6.3	8.3	2	0.59	16	0	100	1.25	0.24	0.58	<3
		2	8.3	13.3	5	0.58							
		3	13.3	18.3	5	0.51							
		4	18.3	23.3	5	0.84							
		5	23.3	28.3	5	1.25							
		6	28.3	33.3	5	0.71							
		7	33.3	38.3	5	1.07							
		8	38.3	43.3	5	0.33							
		9	43.3	48.3	5	0.28							
		10	48.3	53.3	5	0.31							
		11	53.3	58.3	5	0.66							
		12	58.3	63.3	5	0.37							
		13	63.3	68.3	5	0.77							
		14	68.3	73.3	5	0.24							
		15	73.3	79.1	5.8	0.4							
		16	79.1	87.1	8	0.37							
4	9-FW-JC1	1	6.6	8.6	2	0.74	2	0	100	0.74	0.5	0.62	<3
		2	8.6	13.6	5	0.50							
5	9-ZW-JC1	1	6.6	8.6	2	0.77	4	0	100	0.85	0.29	0.64	<3
		2	8.6	13.6	5	0.29							
		3	13.6	18.6	5	0.85							
		4	18.6	24.7	6.1	0.66							

续表

序号	单元编号	段次	孔深/m			每段透水率平均值/Lu	合格段数	不合格段数	合格率/%	最大透水率/Lu	最小透水率/Lu	透水率平均值/Lu	设计防渗标准/Lu
			自	至	段长								
6	10-ZW-JC1	1	6.6	8.6	2	0.80	4	0	100	0.85	0.48	0.68	<1
		2	8.6	13.6	5	0.85							
		3	13.6	19	5.4	0.60							
		4	19	27.4	8.4	0.48							
7	10-FW-JC1	1	7.6	9.6	2	0.77	8	1	89	1.06	0.25	0.66	<1
		2	9.6	14.6	5	0.25							
		3	14.6	19.6	5	0.31							
		4	19.6	24.6	5	0.82							
		5	24.6	29.6	5	0.85							
		6	29.6	34.6	5	0.37							
		7	34.6	39.6	5	0.77							
		8	39.6	44.8	5.2	1.06							
		9	44.8	51.8	7	0.71							
8	11-FW-JC1	1	6.75	8.75	2	0.80	9	0	100	0.80	0.26	0.47	<1
		2	8.75	13.75	5	0.52							
		3	13.8	18.75	5	0.76							
		4	18.8	23.75	5	0.29							
		5	23.8	28.75	5	0.40							
		6	28.8	33.75	5	0.29							
		7	33.8	38.75	5	0.57							
		8	38.8	44.1	5.35	0.32							
		9	44.1	51.1	7	0.26							
9	11-ZW-JC1	1	7.4	9.4	2	0.80	14	0	100	0.92	0.09	0.71	<1
		2	9.4	14.4	5	0.85							
		3	14.4	19.4	5	0.85							
		4	19.4	24.4	5	0.82							
		5	24.4	29.4	5	0.87							
		6	29.4	34.4	5	0.84							
		7	34.4	39.4	5	0.51							
		8	39.4	44.4	5	0.81							
		9	44.4	49.4	5	0.09							
		10	49.4	54.4	5	0.88							
		11	54.4	59.4	5	0.14							
		12	59.4	64.4	5	0.83							
		13	64.4	69.4	5	0.78							
		14	69.4	73.8	4.4	0.92							

2）灌浆平洞帷幕灌后压水检查。灌浆平洞帷幕灌单元工程浆灌完成后，压水试验检查结果全部达到合格，检查结果见表7-2-57。

表7-2-57　　　灌浆平洞帷幕灌浆灌后压水试验检查成果统计表

序号	单元编号	段次	孔深/m			每段透水率平均值/Lu	合格段数	不合格段数	合格率/%	最大透水率/Lu	最小透水率/Lu	透水率平均值/Lu	设计防渗标准/Lu
			自	至	段长								
1	R791-5-J	1	0.5	2.5	2	0.15	4	0	100	0.26	0.06	0.17	<1
		2	2.5	7.5	5	0.21							
		3	7.5	12.5	5	0.06							
		4	12.5	16.9	4.4	0.26							
2	R791-6-J	1	0.5	2.5	2	0.15	4	0	100	0.26	0.06	0.17	<1
		2	2.5	7.5	5	0.09							
		3	7.5	12.5	5	0.37							
		4	12.5	17.5	5	0.06							
		5	17.5	22.5	5	0.23							
		6	22.5	29.5	7	0.05							
3	R791-7-J1	1	0.5	2.5	2	0.32	9	0	100	0.32	0.13	0.23	<1
		2	2.5	7.5	5	0.20							
		3	7.5	12.5	5	0.21							
		4	12.5	17.5	5	0.23							
		5	17.5	22.5	5	0.22							
		6	22.5	27.5	5	0.30							
		7	27.5	32.5	5	0.22							
		8	32.5	37.5	5	0.25							
		9	37.5	42.7	5.2	0.13							
4	R791-7-J2	1	0.5	2.5	2	0.43	4	0	100	0.43	0.08	0.20	<1
		2	2.5	7.5	5	0.09							
		3	7.5	13.1	5.6	0.19							
		4	13.1	20.1	7	0.08							
5	R791-8-J1	1	0.5	2.5	2	0.74	10	0	100	0.74	0.05	0.22	<1
		2	2.5	7.5	5	0.05							
		3	7.5	12.5	5	0.07							
		4	12.5	17.5	5	0.36							
		5	17.5	22.5	5	0.13							
		6	22.5	27.5	5	0.25							
		7	27.5	32.5	5	0.17							
		8	32.5	37.5	5	0.14							
		9	37.5	43.2	5.7	0.16							
		10	43.2	49.2	6	0.14							

续表

序号	单元编号	段次	孔深/m			每段透水率平均值/Lu	合格段数	不合格段数	合格率/%	最大透水率/Lu	最小透水率/Lu	透水率平均值/Lu	设计防渗标准/Lu
			自	至	段长								
6	R791-8-J2	1	0.5	2.5	2	0.16	7	0	100	0.51	0.06	0.19	<1
		2	2.5	7.5	5	0.51							
		3	7.5	12.5	5	0.27							
		4	12.5	17.5	5	0.06							
		5	17.5	22.5	5	0.17							
		6	22.5	27.5	5	0.07							
		7	27.5	30.1	2.6	0.11							
7	9-ZW-J1	1	0.5	2.5	2	0.46	14	0	100	0.77	0.5	0.63	<1
		2	2.5	7.5	5	0.77							
		3	7.5	12.5	5	0.73							
		4	12.5	17.5	5	0.73							
		5	17.5	22.5	5	0.73							
		6	22.5	27.5	5	0.66							
		7	27.5	32.5	5	0.71							
		8	32.5	37.5	5	0.66							
		9	37.5	42.5	5	0.56							
		10	42.5	47.5	5	0.6							
		11	47.5	52.5	5	0.58							
		12	52.5	57.5	5	0.58							
		13	57.5	63.5	6	0.61							
		14	63.5	71.5	8	0.5							
8	9-FW-J2	1	0.5	2.5	2	0.66	7	0	100	0.86	0.62	0.69	<1
		2	2.5	7.5	5	0.75							
		3	7.5	12.5	5	0.86							
		4	12.5	17.5	5	0.68							
		5	17.5	22.5	5	0.66							
		6	22.5	27.5	5	0.66							
		7	27.5	34.1	6.6	0.62							
9	10-ZW-J1	1	0.5	2.5	2	0.93	15	0	100	0.93	0.55	0.69	<1
		2	2.5	7.5	5	0.69							
		3	7.5	12.5	5	0.77							
		4	12.5	17.5	5	0.64							
		5	17.5	22.5	5	0.68							
		6	22.5	27.5	5	0.66							
		7	27.5	32.5	5	0.71							

续表

序号	单元编号	段次	孔深/m			每段透水率平均值/Lu	合格段数	不合格段数	合格率/%	最大透水率/Lu	最小透水率/Lu	透水率平均值/Lu	设计防渗标准/Lu
			自	至	段长								
9	10-ZW-J1	8	32.5	37.5	5	0.64	15	0	100	0.93	0.55	0.69	<1
		9	37.5	42.5	5	0.64							
		10	42.5	47.5	5	0.71							
		11	47.5	52.5	5	0.71							
		12	52.5	57.5	5	0.73							
		13	57.5	62.5	5	0.66							
		14	62.5	68.1	5.6	0.73							
		15	68.1	75.1	7	0.55							
10	17-J-1（左高程791平洞）	1	0.5	2.5	2	0.23	13	0	100	0.38	0.10	0.23	<1
		2	2.5	7.5	5	0.10							
		3	7.5	12.5	5	0.12							
		4	12.5	17.5	5	0.24							
		5	17.5	22.5	5	0.13							
		6	22.5	27.5	5	0.38							
		7	27.5	32.5	5	0.13							
		8	32.5	37.5	5	0.27							
		9	37.5	42.5	5	0.34							
		10	42.5	47.5	5	0.14							
		11	47.5	52.5	5	0.13							
		12	52.5	57.5	5	0.51							
		13	57.5	60.5	3	0.23							
11	18-ZW-J1（左高程791平洞）	1	0.5	2.5	2	0.22	11	0	100	0.51	0.10	0.26	<1
		2	2.5	7.5	5	0.18							
		3	7.5	12.5	5	0.51							
		4	12.5	17.5	5	0.42							
		5	17.5	22.5	5	0.14							
		6	22.5	27.5	5	0.45							
		7	27.5	32.5	5	0.13							
		8	32.5	37.5	5	0.34							
		9	37.5	42.5	5	0.15							
		10	42.5	47.5	5	0.10							
		11	47.5	54.6	7.1	0.20							
12	18-FW-J2（左高程791平洞）	1	0.5	2.5	2	0.25	8	0	100	0.32	0.09	0.17	<1
		2	2.5	7.5	5	0.32							
		3	7.5	12.5	5	0.09							

续表

序号	单元编号	段次	孔深/m			每段透水率平均值/Lu	合格段数	不合格段数	合格率/%	最大透水率/Lu	最小透水率/Lu	透水率平均值/Lu	设计防渗标准/Lu
			自	至	段长								
12	18－FW－J2（左高程791平洞）	4	12.5	17.5	5	0.24	8	0	100	0.32	0.09	0.17	<1
		5	17.5	22.5	5	0.09							
		6	22.5	27.5	5	0.09							
		7	27.5	32.5	5	0.17							
13	19－ZW－J1（左高程791平洞）	1	0.5	2.5	2	0.23	11	0	100	0.58	0.11	0.26	<1
		2	2.5	7.5	5	0.11							
		3	7.5	12.5	5	0.15							
		4	12.5	17.5	5	0.19							
		5	17.5	22.5	5	0.14							
		6	22.5	27.5	5	0.16							
		7	27.5	32.5	5	0.56							
		8	32.5	37.5	5	0.11							
		9	37.5	42.5	5	0.58							
		10	42.5	47.5	5	0.47							
		11	47.5	53	5.5	0.12							
14	19－FW－J2（左高程791平洞）	1	0.5	2.5	2	0.22	5	0	100	0.22	0.10	0.15	<1
		2	2.5	7.5	5	0.18							
		3	7.5	12.5	5	0.13							
		4	12.5	17.5	5	0.13							
		5	17.5	25.3	7.8	0.10							
15	20－ZW－J1（左高程791平洞）	1	0.5	2.5	2	0.22	9	0	100	0.56	0.10	0.27	<1
		2	2.5	7.5	5	0.10							
		3	7.5	12.5	5	0.12							
		4	12.5	17.5	5	0.16							
		5	17.5	22.5	5	0.55							
		6	22.5	27.5	5	0.27							
		7	27.5	32.5	5	0.56							
		8	32.5	37.5	5	0.34							
		9	37.5	43.2	5.7	0.11							
16	20－FW－J2（左高程791平洞）	1	0.5	2.5	2	0.13	4	0	100	0.13	0.09	0.10	<1
		2	2.5	7.5	5	0.09							
		3	7.5	12.5	5	0.10							
		4	12.5	15.5	3	0.09							

续表

序号	单元编号	段次	孔深/m			每段透水率平均值/Lu	合格段数	不合格段数	合格率/%	最大透水率/Lu	最小透水率/Lu	透水率平均值/Lu	设计防渗标准/Lu
			自	至	段长								
17	21－ZW－J1（左高程791平洞）	1	0.5	2.5	2	0.12	9	0	100	0.58	0.12	0.26	<1
		2	2.5	7.5	5	0.12							
		3	7.5	12.5	5	0.58							
		4	12.5	17.5	5	0.47							
		5	17.5	22.5	5	0.14							
		6	22.5	27.5	5	0.34							
		7	27.5	32.5	5	0.12							
		8	32.5	37.5	5	0.13							
		9	37.5	42.5	5	0.33							
18	20－L835－ZW－J1	1	8.9	10.9	2	0.92	8	0	100	0.92	0.39	0.55	<3
		2	10.9	15.9	5	0.42							
		3	15.9	20.9	5	0.61							
		4	20.9	25.9	5	0.55							
		5	25.9	30.9	5	0.42							
		6	30.9	35.9	5	0.61							
		7	35.9	40.9	5	0.5							
		8	40.9	45.2	4.3	0.39							
19	20－L835－ZW－J2	1	10.6	12.6	2	0.75	8	0	100	0.75	0.18	0.40	<3
		2	12.6	17.6	5	0.45							
		3	17.6	22.6	5	0.38							
		4	22.6	27.6	5	0.39							
		5	27.6	32.6	5	0.23							
		6	32.6	37.6	5	0.18							
		7	37.6	42.9	5.3	0.42							
		8	42.9	47.8	4.85	0.43							
20	21－L835－ZW－J2	1	10.5	12.5	2	1.46	8	0	100	1.46	0.27	0.58	<3
		2	12.5	17.5	5	0.5							
		3	17.5	22.5	5	0.46							
		4	22.5	27.5	5	0.27							
		5	27.5	32.5	5	0.8							
		6	32.5	37.5	5	0.33							
		7	37.5	42.9	5.4	0.37							
		8	42.9	49.9	7	0.48							

续表

序号	单元编号	段次	孔深/m			每段透水率平均值/Lu	合格段数	不合格段数	合格率/%	最大透水率/Lu	最小透水率/Lu	透水率平均值/Lu	设计防渗标准/Lu
			自	至	段长								
21	21-L835-ZW-J1	1	8.8	10.8	2	0.79	16	0	100	0.79	0.18	0.53	<3
		2	10.8	15.8	5	0.4							
		3	15.8	20.8	5	0.44							
		4	20.8	25.8	5	0.56							
		5	25.8	30.8	5	0.66							
		6	30.8	35.8	5	0.53							
		7	35.8	40.8	5	0.43							
		8	40.8	45.8	5	0.51							
		9	45.8	50.8	5	0.18							
		10	50.8	55.8	5	0.69							
		11	55.8	60.8	5	0.65							
		12	60.8	65.8	5	0.34							
		13	65.8	70.8	5	0.68							
		14	70.8	75.8	5	0.53							
		15	75.8	81	5.2	0.64							
		16	81	86.1	5.1	0.47							
22	22-L835-ZW-JC1	1	6.3	8.3	2	0.59	16	0	100	1.25	0.24	0.58	<3
		2	8.3	13.3	5	0.58							
		3	13.3	18.3	5	0.51							
		4	18.3	23.3	5	0.84							
		5	23.3	28.3	5	1.25							
		6	28.3	33.3	5	0.71							
		7	33.3	38.3	5	1.07							
		8	38.3	43.3	5	0.33							
		9	43.3	48.3	5	0.28							
		10	48.3	53.3	5	0.31							
		11	53.3	58.3	5	0.66							
		12	58.3	63.3	5	0.37							
		13	63.3	68.3	5	0.77							
		14	68.3	73.3	5	0.24							
		15	73.3	79.1	5.8	0.4							
		16	79.1	87.1	8	0.37							
23	23-L835-FW-JC2	1	1.22	3.22	2	1.72	7	0	100	1.72	0.42	0.86	<3
		2	3.22	8.22	5	0.65							
		3	8.22	13.22	5	1.06							

续表

序号	单元编号	段次	孔深/m			每段透水率平均值/Lu	合格段数	不合格段数	合格率/%	最大透水率/Lu	最小透水率/Lu	透水率平均值/Lu	设计防渗标准/Lu
			自	至	段长								
23	23 - L835 - FW - JC2	4	13.22	18.22	5	0.57	7	0	100	1.72	0.42	0.86	<3
		5	18.22	23.22	5	0.70							
		6	23.22	28.22	5	0.89							
		7	28.22	33.12	4.9	0.42							
24	23 - L835 - ZW - JC1	1	1.22	3.22	2	2.83	7	0	100	2.83	0.43	0.88	<3
		2	3.22	8.22	5	0.66							
		3	8.22	13.22	5	0.80							
		4	13.22	18.22	5	0.45							
		5	18.22	23.22	5	0.46							
		6	23.22	28.22	5	0.43							
		7	28.22	33.12	4.9	0.53							
25	24 - L835 - ZW - J1	1	0.5	2.5	2	1.24	16	0	100	1.24	0.15	0.58	<3
		2	2.5	7.5	5	0.52							
		3	7.5	12.5	5	0.44							
		4	12.5	17.5	5	0.61							
		5	17.5	22.5	5	0.4							
		6	22.5	27.5	5	0.69							
		7	27.5	32.5	5	0.4							
		8	32.5	37.5	5	0.25							
		9	37.5	42.5	5	0.27							
		10	42.5	47.5	5	0.29							
		11	47.5	52.5	5	0.73							
		12	52.5	57.5	5	0.2							
		13	57.5	62.5	5	0.15							
		14	62.5	67.5	5	0.19							
		15	67.5	72.5	5	0.61							
		16	72.5	78.2	5.7	0.2							
26	24 - L835 - ZW - J2	1	0.5	2.5	2	0.6	13	0	100	0.79	0.14	0.34	<3
		2	2.5	7.5	5	0.33							
		3	7.5	12.5	5	0.79							
		4	12.5	17.5	5	0.17							
		5	17.5	22.5	5	0.33							
		6	22.5	27.5	5	0.4							
		7	27.5	32.5	5	0.25							
		8	32.5	37.5	5	0.27							

续表

序号	单元编号	段次	孔深/m			每段透水率平均值/Lu	合格段数	不合格段数	合格率/%	最大透水率/Lu	最小透水率/Lu	透水率平均值/Lu	设计防渗标准/Lu
			自	至	段长								
26	24－L835－ZW－J2	9	37.5	42.5	5	0.41	13	0	100	0.79	0.14	0.34	<3
		10	42.5	47.5	5	0.47							
		11	47.5	52.5	5	0.51							
		12	52.5	58.8	6.3	0.14							
		13	58.8	66.8	8	0.24							
27	25－835－J1	1	0.5	2.5	2	0.73	15	0	100	0.73	0.23	0.37	<3
		2	2.5	7.5	5	0.24							
		3	7.5	12.5	5	0.37							
		4	12.5	17.5	5	0.33							
		5	17.5	22.5	5	0.36							
		6	22.5	27.5	5	0.31							
		7	27.5	32.5	5	0.33							
		8	32.5	37.5	5	0.37							
		9	37.5	42.5	5	0.45							
		10	42.5	47.5	5	0.4							
		11	47.5	52.5	5	0.33							
		12	52.5	57.5	5	0.46							
		13	57.5	62.5	5	0.37							
		14	62.5	67.5	5	0.36							
		15	67.5	75.5	8	0.23							
28	26－835－J1	1	0.5	2.5	2	0.73	13	0	100	0.73	0.14	0.4	<3
		2	2.5	7.5	5	0.14							
		3	7.5	12.5	5	0.18							
		4	12.5	17.5	5	0.43							
		5	17.5	22.5	5	0.45							
		6	22.5	27.5	5	0.33							
		7	27.5	32.5	5	0.54							
		8	32.5	37.5	5	0.46							
		9	37.5	42.5	5	0.25							
		10	42.5	47.5	5	0.45							
		11	47.5	52.5	5	0.44							
		12	52.5	57.7	5	0.21							
		13	57.7	61.7	5	0.21							
29	ZB1－J1	1	0.5	2.5	0.3	0.53	11	0	100	0.53	0.25	0.37	<3
		2	2.5	7.5	5	0.25							

续表

序号	单元编号	段次	孔深/m			每段透水率平均值/Lu	合格段数	不合格段数	合格率/%	最大透水率/Lu	最小透水率/Lu	透水率平均值/Lu	设计防渗标准/Lu
			自	至	段长								
29	ZB1 - J1	3	7.5	12.5	5	0.31	11	0	100	0.53	0.25	0.37	<3
		4	12.5	17.5	5	0.39							
		5	17.5	22.5	5	0.39							
		6	22.5	27.5	5	0.34							
		7	27.5	32.5	5	0.49							
		8	32.5	37.5	5	0.33							
		9	37.5	42.5	5	0.37							
		10	42.5	47.8	5.3	0.4							
		11	47.8	52.8	5	0.32							
30	ZB2 - J1	1	0.5	2.5	2	0.73	8	0	100	0.73	0.31	0.47	<3
		2	2.5	7.5	5	0.44							
		3	7.5	12.5	5	0.43							
		4	12.5	17.5	5	0.4							
		5	17.5	22.5	5	0.54							
		6	22.5	27.5	5	0.53							
		7	27.5	32.1	4.6	0.48							
		8	32.1	39.1	7	0.31							

（11）大坝接缝灌浆工程。大坝接缝灌浆是在大坝冷却到稳定温度后，对坝体横缝进行接缝灌浆。××水电站枢纽工程大坝为混凝土双曲拱坝，拱顶中心线长 475.58m，坝顶高程 875.00m，最大坝高 110m，大坝沿顶拱中心线设 25 条横缝分为 26 个坝段，大坝坝体共计 133 个灌区，接缝灌浆总量为 21816m^2，接缝灌浆检查孔岩芯描述统计结果见表 7-2-58。

表 7-2-58　接缝灌浆检查孔岩芯描述统计表

灌区标号	灌区高程	灌区面积/m^2	灌浆时间		
			日期/(年-月-日)	起始/(h：min)	终止/(h：min)
14号-1	765.00～777.00	223.66	20××-11-××	17：10	18：30

岩芯描述：保留岩芯长 28cm，13 号坝段侧岩芯长 8cm，14 号坝段侧岩芯长 20cm，岩芯缝面可见水泥结石，厚处约 0.6mm

灌区标号	灌区高程	灌区面积/m^2	灌浆时间		
			日期/(年-月-日)	起始/(h：min)	终止/(h：min)
11号-2	坝基～783.00	264.29	20××-12-××	9：05	10：15

岩芯描述：保留岩芯长 43cm，11 号坝段侧岩芯长 20cm，12 号坝段侧岩芯长 23cm，11 号坝段岩芯碎掉一块，碎块上接缝面可见水泥结石，其余岩芯缝面亦可见水泥结石附着，水泥结石厚约 1mm

续表

灌区标号	灌区高程	灌区面积/m²	灌浆时间		
			日期/(年-月-日)	起始/(h：min)	终止/(h：min)
11号-3	783.00～795.00	238.86	20××-12-××	10：30	11：45

岩芯描述：保留岩芯长27cm，11号坝段侧岩芯长8cm，12号坝段侧岩芯长19cm，岩芯缝面可见水泥结石，厚处约0.9mm

灌区标号	灌区高程	灌区面积/m²	灌浆时间		
			日期/(年-月-日)	起始/(h：min)	终止/(h：min)
14号-3	783.00～795.00	230.16	20××-12-××	16：21	19：00

岩芯描述：保留岩芯长34cm，14号坝段侧岩芯长22cm，15号坝段侧岩芯长12cm，岩芯缝面可见水泥结石附着

灌区标号	灌区高程	灌区面积/m²	灌浆时间		
			日期/(年-月-日)	起始/(h：min)	终止/(h：min)
13号-4	795.00～807.00	204.07	20××-12-××	13：10	15：45

岩芯描述：保留岩芯长18cm，13号坝段侧岩芯长10cm，14号坝段侧岩芯长8cm，岩芯缝面可见水泥结石附着

灌区标号	灌区高程	灌区面积/m²	灌浆时间		
			日期/(年-月-日)	起始/(h：min)	终止/(h：min)
9号-5	807.00～819.00	229.84	20××-01-××	23：41	2：21

岩芯描述：保留岩芯长24cm，9号坝段侧岩芯长10cm，10号坝段侧岩芯长14cm，10号坝段岩芯碎掉一块，碎块上有水泥结石，其余岩芯缝面亦可见水泥结石附着。3cm接缝

灌区标号	灌区高程	灌区面积/m²	灌浆时间		
			日期/(年-月-日)	起始/(h：min)	终止/(h：min)
13号-5	807.00～819.00	200.31	20××-01-××	13：00	16：30

岩芯描述：保留岩芯长22cm，13号坝段侧岩芯长13cm，14号坝段侧岩芯长9cm，岩芯缝面可见水泥结石附着，厚处0.3mm

灌区标号	灌区高程	灌区面积/m²	灌浆时间		
			日期/(年-月-日)	起始/(h：min)	终止/(h：min)
7号-6	820.56～831.00	203.35	20××-01-××	19：01	21：41

岩芯描述：保留岩芯长22cm，7号坝段侧岩芯长5cm，8号坝段侧岩芯长17cm，岩芯缝面可见水泥结石附着，厚处0.7mm

灌区标号	灌区高程	灌区面积/m²	灌浆时间		
			日期/(年-月-日)	起始/(h：min)	终止/(h：min)
14号-6	819.00～831.00	184.33	20××-01-××	21：50	0：15

岩芯描述：保留岩芯长25cm，14号坝段侧岩芯长9cm，15号坝段侧岩芯长16cm，岩芯缝面可见水泥结石附着，厚处0.8mm。

灌区标号	灌区高程	灌区面积/m²	灌浆时间		
			日期/(年-月-日)	起始/(h：min)	终止/(h：min)
23号-7	坝基～853.80	346.29	20××-03-××	22：00	23：40

岩芯描述：保留岩芯长17cm，24号坝段侧岩芯长6cm，23号坝段侧岩芯长11cm，23号、24号坝段混凝土岩芯90%结合紧密，坝缝水泥结石100%完整，水泥结石厚约2mm

续表

灌区标号	灌区高程	灌区面积/m²	灌浆时间		
			日期/(年-月-日)	起始/(h：min)	终止/(h：min)
7号-7	831.00～846.00	224.03	20××-03-××	23：15	1：00
岩芯描述：保留岩芯长20.5cm，7号坝段侧岩芯长11cm，8号坝段侧岩芯长9.5cm，混凝土岩芯缝面有水泥附着，水泥结石厚约0.2mm					

灌区标号	灌区高程	灌区面积/m²	灌浆时间		
			日期/(年-月-日)	起始/(h：min)	终止/(h：min)
14号-7	831.00～846.00	191.38	20××-03-××	9：42	11：18
岩芯描述：保留岩芯长8cm，14号坝段侧岩芯长5cm，23号坝段侧岩芯长3cm，混凝土岩芯缝面有水泥附着，水泥结石厚约0.15mm					

灌区标号	灌区高程	灌区面积/m²	灌浆时间		
			日期/(年-月-日)	起始/(h：min)	终止/(h：min)
8号-8	846.00～860.00	158.61	20××-05-××	22：45	23：55
岩芯描述：保留岩芯长8.5cm，8号坝段侧岩芯长3.5cm，9号坝段侧岩芯长5cm，混凝土岩芯缝面有水泥附着，水泥结石厚约0.3mm					

灌区标号	灌区高程	灌区面积/m²	灌浆时间		
			日期/(年-月-日)	起始/(h：min)	终止/(h：min)
15号-8	846.00～860.00	151.75	20××-05-××	21：25	22：45
岩芯描述：保留岩芯长13cm，15号坝段侧岩芯长7cm，16号坝段侧岩芯长6cm，混凝土岩芯面上有水泥附着，水泥结石厚约0.25mm					

灌区标号	灌区高程	灌区面积/m²	灌浆时间		
			日期/(年-月-日)	起始/(h：min)	终止/(h：min)
20号-8	846.00～860.00	170.82	20××-05-××	17：16	18：36
岩芯描述：保留岩芯长14.5cm，20号坝段侧岩芯长8cm，21号坝段侧岩芯长6.5cm，20号、21号坝段混凝土岩芯95%结合紧密，坝缝水泥结石100%完整，水泥结石厚约2.5mm					

灌区标号	灌区高程	灌区面积/m²	灌浆时间		
			日期/(年-月-日)	起始/(h：min)	终止/(h：min)
21号-9	860.00～875.00	116.29	20××-09-××	22：05	0：10
岩芯描述：保留岩芯长15cm，21号坝段侧岩芯长8cm，22号坝段侧岩芯长7cm，21号、22号坝段混凝土岩芯98%结合紧密，坝缝水泥结石100%完整，水泥结石厚约1.5mm					

（12）大坝接触灌浆质量检查结果。本工程接触灌浆在两岸坝头部位，基础深挖处理形成的陡槽及其上部3m坝址回填混凝土的下游侧进行。坝后接触灌浆孔排距均为2.0m（边缘灌浆孔间距为1.5m），深入基岩0.5m。1～3号坝段、20～24号坝段的开孔角度倾向下游与水平面成25°的顶角，4～8号坝段开孔角度倾向下游与水平面成20°的顶角。坝后接触灌浆孔灌浆顺序：先灌边缘灌浆孔，后灌其他部位的孔。

接触灌浆工程质量以分析灌浆施工记录和成果资料为主，结合钻孔取芯、压水等测试资料综合进行评定，检查时间在灌区灌浆结束28d后进行，具体检查部位有设计和监理现场确定。其中，两岸坝头接触灌浆根据灌浆资料分析，当坝块温度达到设计规定、排气管均有浆液排出，排浆密度达到1.5g/cm³以上，排气管压力已达到设计灌浆压力的50%以上，其他方面基本符合要求，灌浆质量合格。达不到上述合格标准的，按监理工程师批准的措施进行处理。大坝接触灌浆灌后检查孔压水试验统计结果见表7-2-59。

表7-2-59 大坝接触灌浆灌后检查孔统计表

序号	注水孔	出水孔	角度/(°)	混凝土厚度/m	入岩深度/m	压力/MPa	透水率/Lu	压水时间/min	开始时间/(h：min)	结束时间/(h：min)	有、无串水
1	4-J2	4-J1	20	5.82	0.5	0.53	0.18	12	16：10	16：22	J1无串水
2	6-J2	6-J1	20	5.82	0.5	0.56	0.5	12	15：51	16：03	J1无串水
3	8-J2	8-J1	20	5.82	0.5	0.57	0.62	12	16：30	16：42	J1无串水
4	20-J1	20-J2	20	1.05	0.5	0.29	1.1	15	9：17	9：32	J2无串水
5	21-J2	21-J1	25	3.31	0.5	0.29	0.43	15	10：01	10：16	J1无串水
6	21-J3	21-J4	25	3.31	0.5	0.49	0.37	15	9：41	9：56	J4无串水
7	22-J1	22-J2	20	1.05	0.5	0.3	1.39	10	10：52	11：02	J2无串水
8	22-J3	22-J4	25	3.31	0.5	0.51	0.43	20	10：27	10：47	J4无串水
9	23-J1	23-J2	20	1.05	0.5	0.26	0.97	15	11：39	11：54	J2无串水
10	23-J3	23-J4	25	5.52	0.5	0.47	0.36	20	11：10	11：30	J4无串水
11	24-J2	24-J1	25	6.62	0.5	0.28	0.31	15	15：19	15：34	J1无串水
12	24-J4	24-J3	25	8.83	0.5	0.54	0.25	20	14：52	15：12	J3无串水
	合计			51.51	6						

（13）导流洞封堵段固结灌浆质量检查结果

导流洞封堵段检查孔压水透水率符合设计要求，满足质量验收标准，检查孔压水试验结果详见表7-2-60。

表7-2-60 导流洞封堵段固结灌浆检查孔压水试验成果统计表

孔号	孔径/mm	段次	压水段/m			压力/MPa	透水率/Lu	纯压/min
			自	至	段长			
J-1	75.00	1	6.79	12.51	5.72	1.02	0.46	20
J-2	75.00	1	3.83	8.83	5	1.05	0.85	20
J-3	75.00	1	5.76	11.48	5.72	1.02	0.75	20
J-4	75.00	1	5.2	10.2	5	1.03	0.86	20
J-5	75.00	1	5.72	11.09	5.37	1.03	0.32	20
J-6	75.00	1	5.81	11.99	6.18	1.00	0.12	20

（14）导流洞封堵段帷幕灌浆质量检查结果。导流洞封堵段帷幕灌浆质量检查孔共布置了4孔，经检查透水率值均小于3Lu，孔段最大透水率值2.06Lu，孔段透水率最小值0.29Lu，符合设计防渗标准，满足质量验收标准，导流洞封堵段检查孔压水试验结果见表7-2-61。

表 7-2-61 导流洞封堵段帷幕灌浆检查孔压水试验成果统计表

序号	孔号	段次	段长/m	每段透水率平均值/Lu	合格段数	不合格段数	合格率/%	最大透水率/Lu	最小透水率/Lu	透水率平均值/Lu	设计防渗标准/Lu
1	J-1	1	2	1.19	3	0	100	1.26	0.89	1.11	<3
		2	4	1.26							
		3	4.89	0.89							
2	J-2	1	2	1.05	3	0	100	1.21	1.05	1.13	<3
		2	4	1.21							
		3	4	1.14							
3	J-3	1	2	2.06	3	0	100	2.06	1.03	1.51	<3
		2	4	1.46							
		3	7.67	1.03							
4	J-4	1	2	1.01	3	0	100	1.76	0.29	1.02	<3
		2	4	1.76							
		3	6.69	0.29							

2. 引水系统及发电厂房工程

(1) 水泥。进场水泥检验情况：××水电站枢纽工程所用水泥为业主所提供，水泥为××水泥有限公司生产的××牌普通硅酸盐 P·O 32.5 水泥和 P·O 42.5 水泥，现场抽样检验成果表明，水泥各种性能符合国家标准。

××牌 P·O 32.5 水泥共进场 1423.6t，施工方取样检测 16 次，平均每 89t 检测一次，检测结果见表 7-2-62。

表 7-2-62 ××牌 P·O 32.5 水泥检测成果统计表

项目	检测结果								
	细度/%	标准稠度/%	安定性	凝结时间/(h：min)		抗折强度/MPa		抗压强度/MPa	
				初凝	终凝	3d	28d	3d	28d
变化区间	0.8～2.9	26.0～28.0	合格	2：03～3：52	3：26～4：26	3.6～5.9	6.1～9.0	13.2～25.2	34.6～43.9
国家标准	≤10	—	合格	≥45min	≤10h	≥2.5	≥5.5	≥11.0	≥32.5
检测次数	16	16	16	15	16	16	16	16	16
合格次数	16	16	16	15	16	16	16	16	16
合格率/%	100	100	100	100	100	100	100	100	100

引水系统及发电厂房工程施工期间，××牌 P·O 42.5 水泥共进场 27050.4t，取样检测 91 次，平均每 297.3t 检测 1 次，检测结果质量合格，检测结果见表 7-2-63。

(2) 火山灰。火山灰为项目部自购，共进场 6116t，检测 49 次，平均每 125t 检测一次，经检验所有批次性能均符合国家标准。检测结果见表 7-2-64。

(3) 钢筋。进场钢筋检验：所用钢筋为业主提供，热轧圆钢共进厂 507.3t，检测 86 次，平均每 5.9t 检测 1 次，检测结果见表 7-2-65。

表 7-2-63 ××牌 P·O 42.5 检测成果统计表

项目	检测结果								
	细度/%	标准稠度/%	安定性	凝结时间/(h：min)		抗折强度/MPa		抗压强度/MPa	
				初凝	终凝	3d	28d	3d	28d
变化区间	0.3～5.7	25.0～27.6	合格	1：12～3：15	2：28～4：52	4.2～7.5	7.5～9.8	19.4～35.6	46.0～55.3
国家标准	≤10	—	合格	≥45min	≤10h	≥3.5	≥6.5	≥16.0	≥42.5
检测次数	91	91	91	91	91	91	91	91	91
合格次数	91	91	91	91	91	91	91	91	91
合格率/%	100	100	100	100	100	100	100	100	100

表 7-2-64 火山灰检测成果统计表

检测项目	含水率/%	细度/%	需水量比/%	抗压强度比/%
变化区间	0.1～0.7	3.2～6.4	94～105	68.3～93.3
国家标准	≤1	—	—	≥65
检测次数	49	49	49	49
合格次数	49	49	49	49
合格率/%	100	100	100	100

表 7-2-65 钢筋（圆钢）检测成果统计表

检测项目	屈服强度/MPa	抗拉强度/MPa	伸长率/%	冷弯（180°）
变化区间	255～475	425～585	23～42	完好
国家标准	≥235	≥410	≥23	完好
检测组数	86	86	86	86
合格组数	86	86	86	86
合格率/%	100	100	100	100

热轧带肋钢筋共进厂 3935.8t，检测 416 次，平均每 9.46t 检测 1 次。经检验所有批次、不同型号规格钢筋物理性能均符合国家标准。检测结果见表 7-2-66。

表 7-2-66 钢筋（热轧带肋）检测成果统计表

检测项目	屈服强度/MPa	抗拉强度/MPa	伸长率/%	冷弯（180°）
变化区间	345～535	460～630	19～35	完好
国家标准	≥335	≥455	≥17	完好
检测组数	416	416	416	416
合格组数	416	416	416	416
合格率/%	100	100	100	100

钢筋焊接试验现场共抽检112组，套筒连接共检测148组，所测各项性能均符合国家标准。检测结果见表7-2-67。

表7-2-67　　钢筋（热轧带肋）连接检测成果统计表

连接型式	最小抗拉强度/MPa	最大抗拉强度/MPa	检测组数	合格组数	合格率/%
焊接	460	595	112	112	100
套筒	465	610	148	148	100

（4）细骨料。细骨料为中国水利水电第××工程局砂石料场生产的×江河沙，共进厂59179m^3，检测168次，平均每352 m^3检测1次，检测结果见表7-2-68。

表7-2-68　　细骨料检测成果统计表

检测项目	含水率/%	含泥量/%	泥团含量	细度模数	表观密度/(kg/m^3)	堆积密度/(kg/m^3)	云母含量/%	坚固性/%
变化区间	2.1～6.5	0.2～2.6	无	2.28～3.0	2580～2690	1400～1640	0.3～0.9	3～6.1
国家标准	—	≤3	无	2.2～3.0	≥2500	—	≤2	≤10
检测次数	168	168	168	168	37	47	37	14
合格次数	168	168	168	168	37	47	37	14
合格率	100	100	100	100	100	100	100	100

灌浆用砂为户拉河沙，共进厂890m^3，检测6次，平均每148m^3检测1次，检测结果见表7-2-69。

表7-2-69　　灌浆用砂检测成果统计表

检测项目	含水率/%	含泥量/%	泥团含量	细度模数
变化区间	4.2～5.1	0.4～1.8	无	1.92～2.06
国家标准	—	≤3	无	≤2.0
检测次数	6	6	6	6
合格次数	6	6	6	6
合格率	100	100	100	—

（5）粗骨料。粗骨料为中国水利水电××工程局砂石料加工系统生产的卵石、碎石以及××石场的碎石（小石），共进工地现场85689m^3，检测224次，平均每383m^3检测1次，检测结果见表7-2-70。

表7-2-70　　粗骨料检测成果统计表

检测项目	超径/%	逊径/%	针片状/%	表观密度/(kg/m^3)	含泥量/%	压碎值/%	坚固性/%
变化区间	0～4.8	0.2～9.6	1～14	2640～2860	0.2～1	4.8～12.8	1～9
国家标准	圆孔筛<5；标准筛为0	圆孔筛<10；标准筛<2	≤15	≥2550	≤1	≤16	≤12
检测组数	224	224	211	72	201	35	30
合格次数	224	224	211	72	201	35	30
合格率/%	100	100	100	100	100	100	100

（6）外加剂。外加剂检验：共进减水剂8批次，共检测8次，累计进货160.5t。平均每20.1t检验1次，所测各项指标均满足《水工混凝土外加剂技术规程》（DL/T 5100—1999），检测结果见表7-2-71。

表7-2-71　JM-2型缓凝高效减水剂检测成果统计表

检测项目	减水率/%	泌水率/%	含气量/%	初凝时间/min	终凝时间/min	抗压强度比/%		
						3d	7d	28d
变化区间	16～19	49.4～98	1.6～1.9	125～223	218～232	128～140	125～133	121～125
国家标准	≥15	≤100	<3.0	120～240	120～240	≥125	≥125	≥120
次 数	8	8	8	8	8	8	8	8
合格次数	8	8	8	8	8	8	8	8

速凝剂2批次，共检测2次，累计进货35t。平均每17.5t检验1次，所测各项指标均满足《水工混凝土外加剂技术规程》（DL/T 5100—1999），检测结果见表7-2-72。

表7-2-72　速凝剂检测成果表统计表

生产厂家	代表批量/t	检测项目					
		细度/%	含水率/%	净浆凝结时间/min		1d抗压强度/MPa	28d抗压强度比/%
				初凝	终凝		
云南山峰	20	13.2	1.5	2′54″	8′58″	8.8	76.1
云南山峰	15	12.8	1.5	2′56″	9′04″	8.6	76.4
国家标准	—	≤15	≤2.0	≤3	≤10	≥7	≥75

（7）砂浆及混凝土抗压强度。厂房砂浆强度等级为M7.5、M20，水泥浆强度等级为M35，检测结果见表7-2-73。

表7-2-73　厂房砂浆（水泥浆）强度检测成果统计表

设计强度等级	检测组数	最大值	最小值	平均值	结论
M7.5	4	11.6	8.6	10.2	合格
M20	12	26.1	22.1	23.4	合格
M35	11	52.2	42.5	48.0	合格

厂房混凝土强度等级为C15、C20、C25、C30，检测结果见表7-2-74。

表7-2-74　厂房混凝土强度检测成果统计表

工程部位	设计强度等级	检测组数	抗压强度破坏值/MPa			标准差 S_n /MPa	离差系数 C_v	概率度系数 t	强度保证率/%
			最大值	最小值	平均值				
引水洞衬砌	C20	29	35.5	21.4	25.7	3.46	0.13	1.64	95.0
压力钢管	C20	39	30.6	22.5	26.6	2.02	0.08	3.26	99.0
安装间	C20	24	31.1	21.1	25.8	2.38	0.09	2.46	99.3
	C25	30	39.5	26.5	32.1	3.25	0.10	2.18	98.5
	C30	12	49.1	37.8	41.5	—	—	—	—

续表

工程部位	设计强度等级	检测组数	抗压强度破坏值/MPa			标准差 S_n /MPa	离差系数 C_v	概率度系数 t	强度保证率 /%
			最大值	最小值	平均值				
1号机组	C20	53	33.3	21.5	25.9	2.70	0.10	2.18	98.5
	C20（掺纤维）	9	24.2	20.9	22.6	—	—	—	—
	C25	43	37.2	26.1	30.6	3.24	0.11	1.72	96.0
	C30	3	32.9	32.4	32.6	—	—	—	—
2号机组	C20	38	34.6	21.0	26.8	3.05	0.11	2.23	98.6
	C20（掺纤维）	13	25.8	20.4	23.1	1.51	—	—	—
	C25	41	37.1	25.6	30.0	2.67	0.09	1.87	97.0
	C30	2	—	—	33.0	—	—	—	—
3号机组	C15	3	21.6	18.3	20.3	—	—	—	—
	C20	35	33.3	21.2	25.5	3.12	0.12	1.76	96.1
	C20（掺纤维）	10	32.3	21.0	26.4	3.62	—	—	—
	C25	28	37.0	25.7	29.4	2.93	—	—	—
	C30	5	38.2	32.1	34.2	—	—	—	—
4号机组	C20	32	32.0	20.5	25.0	2.99	0.12	1.67	95.3
	C20（掺纤维）	6	32.9	27.8	30.1	1.75	—	—	—
	C25	26	36.2	25.9	30.0	3.19	—	—	—
	C30	6	36.8	33.1	34.9	1.20	—	—	—
尾水渠	C15	11	22.1	16.2	19.2	1.84	—	—	—
	C20（Ⅱ）	118	33.4	20.4	25.8	2.92	0.11	1.98	97.6
	C20（Ⅲ）	85	31.8	20.4	24.5	2.71	0.11	1.65	95.1
	C25	20	35.7	25.6	29.6	3.1	—	—	—
	C30	8	43.1	33.1	38.8	3.65	—	—	—
开关站	C15（垫层）	4	20.1	16.5	17.5	—	—	—	—
	C25	62	35.4	25.5	29.2	2.58	0.09	1.64	95
母线廊道	C20	9	29.3	20.6	23.9	—	—	—	—
厂房边坡	C20	233	34.3	20.5	25.7	2.45	0.10	2.31	99
	C20喷	13	28.7	20.5	23.4	—	—	—	—

3. 机电设备安装

（1）水轮机安装。

1）尾水管安装。1号水轮发电机组尾水管于20××年8月中旬开始安装，20××年10月××日安装完成并验收合格；2号水轮发电机组尾水管20××年9月中旬开始安装，11月××日安装完成并验收合格；3号水轮发电机组尾水管20××年1月×日开始安装，1月××日安装完成并验收合格。检测结果见表7-2-75。

表 7-2-75 尾水管里衬安装记录表

序号	项　目	允许偏差/mm	实　测　值		
			1号水轮发电机	2号水轮发电机	3号水轮发电机
1	肘管上管口中心及方位	6	X：-4mm；Y：+5mm	X：-3mm；Y：+1.5mm	X：-2mm；Y：-2mm
2	肘管上管口高程（设计：780.257m）	+12；0	780.258m，780.259m；780.260m，780.259m	780.267m，780.264m；780.263m，780.261m	780.268m，780.258m；780.261m，780.262m
3	锥管上管口中心及方位	6	X：-3.5mm；Y：+1mm	X：-3.5mm；Y：+1mm	X：-2mm；Y：-2mm
4	锥管上管口高程（设计：780.257m）	+12；0	783.812m，783.813m；783.810m，783.812m	783.810m，783.811m；783.809m，783.810m	783.812m，783.813m；783.808m，783.811m

2）座环安装。尾水管座环安装测量记录见表7-2-76。

表 7-2-76 尾水管座环安装记录表

序号	项　目	允许偏差/mm	实　测　值		
			1号水轮发电机	2号水轮发电机	3号水轮发电机
1	中心及方位	±3.0	X：-1.2mm；Y：-1mm	X：-0.5mm；Y：-1.5mm	X：-1.8mm；Y：+1.6mm
2	高程（设计：786.0m）	±3.0	785.999m	786.001m	785.998m
3	水平	径向0.6	径向最大0.2mm；周向最大0.4mm	径向最大0.1mm；周向最大0.3mm	径向最大0.2mm；周向最大0.2mm

3）蜗壳安装。部分蜗壳为管节供货，部分为瓦片供货，瓦片在后方拼装场地进行拼装并验收合格。窝壳现场组焊完成，对蜗壳焊缝进行100%UT、100%MT、100%VT探伤。检测结果见表7-2-77。

表 7-2-77 1～3号水轮发电机蜗壳安装记录表

序号	项　目	允许偏差/mm	实　测　值		
			1号水轮发电机	2号水轮发电机	3号水轮发电机
1	直管段中心与Y轴线距离（设计：5100m）	±15.0	5091mm	5104mm	5098mm
2	直管段高程（设计：786.0m）	±5.0	786.003m	786.002m	786.005m
3	最远点高程（设计：786.0m）	±15.0	785.995～786.004m	785.996～786.003m	785.993～786.006m

4）导水机构安装。导水机构安装调试合格，检测记录见表7-2-78。

表 7-2-78 1～3号水轮发电机导水机构安装调试记录表

序号	项　目	允许偏差/mm	实　测　值		
			1号水轮发电机	2号水轮发电机	3号水轮发电机
1	导叶端面间隙（设计：0.40～0.75mm）	0.40～0.75	0.75～0.68mm	0.695～0.745mm	0.75～0.68mm
2	导叶立面间隙	0.13	小于0.05mm	小于0.05mm	小于0.05mm

5）转轮连轴。1号水轮发电机转轮于20××年11月××日完成连轴安装；2号水轮发电机组20××年5月×日完成连轴安装；3号水轮发电机组20××年8月××日完成连轴安装。转轮安装高程及间隙检查记录见表7-2-79。

表7-2-79 转轮安装高程及间隙检查记录表

序号	项　目	允许偏差	实　测　值		
			1号水轮发电机	2号水轮发电机	2号水轮发电机
1	转轮径向间隙	20%设计间隙（2.2mm）	2.0～2.4mm	2.1～2.3mm	1.8～2.2mm
2	主轴法兰间隙	≤0.03mm	0.02mm 塞尺通不过	0.02mm 塞尺通不过	0.03mm 塞尺通不过
3	联接螺栓伸长值	设计值≥0.524mm	0.53～0.54mm	0.53～0.56mm	0.54～0.55mm

（2）发电机安装。发电机型号SF86-36/8570立式半伞式。上机架和定子为斜元件结构，发电机有3部轴承，分别为上导轴承、下导轴承、推力轴承，下导轴承在推力轴承上方，下导瓦抱在推力头上。定子、转子均为散件供货，现场组装。定子安装调试记录见表7-2-80。

表7-2-80 发电机定子安装调试记录表

序号	项　目	允许偏差/mm	实　测　值		
			1号水轮发电机	2号水轮发电机	3号水轮发电机
1	各环板内圆半径	1.5～2.5	0.03～0.20m	0～0.20m	1.7m
2	定位筋内圆半径	21.5	0.07～0.10m	0～0.40m	0～0.20m
3	定位筋弦距	±0.3	用弦距样板检查符合制造厂要求	用弦距样板检查符合制造厂要求	用弦距样板检查符合制造厂要求
4	铁心内圆半径	±4%空气间隙 设计值：3900	3899.98～3900.68m	3899.72～3900.31m	3899.80～3900.50m
5	铁心高度	0～4.0 设计值：1330	0～2.5m	0～2m	0～3m

发电机定子电气试验记录见表7-2-81。

表7-2-81 发电机定子电气试验记录表

序号	项　目	质量标准	实　测　值		
			1号水轮发电机	2号水轮发电机	3号水轮发电机
1	定子绕组的绝缘电阻/MΩ	（1）用2500V及以上兆欧表测得的电阻值换算至100℃时不应低于公式的数值：$R=U_n/(1000+S_n/100)$(MΩ)； （2）各相绝缘电阻不平衡系数不大于2	A相：38MΩ； B相：36MΩ； C相：40MΩ	A相：80MΩ； B相：80MΩ； C相：100MΩ	A相：75MΩ； B相：75MΩ； C相：75MΩ
2	绝缘电阻吸收比R_{60}/R_{15}	（1）对沥青云母绝缘不小于1.3； （2）对环氧粉云母绝缘不小于1.6	A相：1.81； B相：1.80； C相：1.74	A相：2.67； B相：2.00； C相：2.00	A相：3.00； B相：3.00； C相：3.00

续表

序号	项　目	质 量 标 准	实　测　值		
			1号水轮发电机	2号水轮发电机	3号水轮发电机
3	定子绕阻的直流电阻/MΩ	（1）各相、各分支的电阻值校正引线误差后相互差别不应大于最小值的2%；（2）与产品出厂时的测量数值相对变化不大于2%	A相：8.3mΩ；B相：8.3mΩ；C相：8.2mΩ	A相：5.171MΩ；B相：5.172MΩ；C相：5.169MΩ	A相：8.3MΩ；B相：8.3MΩ；C相：8.2MΩ
4	定子绕阻直流耐压试验及测量泄漏电流/μA	（1）试验电压为3倍额定电压；（2）泄漏电流不随时间延长而增大	A相：6015μA；B相：6023μA；C相：6082μA	A相：2705μA；B相：2865μA；C相：2575μA	A相：2161μA；B相：2250μA；C相：2201μA
5	定子绕阻交流耐压试验	试验电压为出厂试验电压的2/5	交流耐压30.6kV，1min无异常		

发电机转子电气试验记录见表7-2-82。

表7-2-82　**发电机转子电气试验记录表**

序号	项　目	质 量 标 准	实　测　值		
			1号水轮发电机	2号水轮发电机	3号水轮发电机
1	测量转子绕组的绝缘电阻	一般不小于0.5MΩ	>5MΩ	>5MΩ	>5MΩ
2	测量单个磁极的直流电阻	相互比较，其差别不超过2%	≤2%	≤2%	≤2%
3	测量转子绕组的直流电阻	与制造厂出厂时测量值比较，相对变化不超过2%	≤2%	≤2%	≤2%
4	测量单个磁极线圈的交流阻抗	相互比较不应有显著差别	无明显区别	无明显区别	无明显区别
5	转子绕组交流耐压试验	整体到货的转子，试验电压为额定励磁电压的8倍，且不低于1.2kV	1700kV，1min通过	1700kV，1min通过	1700kV，1min通过

发电机组上、下机架安装记录见表7-2-83。

表7-2-83　**发电机上、下机架安装记录表**

序号	项　目		允许偏差/mm	实 测 偏 差 值		
				1号水轮发电机	2号水轮发电机	3号水轮发电机
1	下机架	Δ机架中心	1.0	0.085mm	0.105mm	0.14mm
2		Δ机架水平	每米不超过0.10	0.02mm/m	0.02mm/m	0.01mm/m
3		机架高程	±1.5	0～+0.2mm	+0.5mm	+0.6mm
1	上机架	Δ机架中心	1.0	0.25mm	0.25mm	0.25mm
2		Δ机架水平	每米不超过0.10	0.03mm/m	0.03mm/m	0.02mm/m
3		机架高程	±1.5	+0.9mm	+0.7mm	+1.0mm

注　加“Δ”符号者为主要项目。

发电机组轴线调整结果满足质量要求，调整记录见表7-2-84。

（3）电气一次设备安装。

1）全厂接地系统。电站接地系统由人工接地体和自然接地体组成，接地系统包括主厂房接地、副厂房接地、导流洞接地、尾水渠水下接地、引水洞接地线、大坝接地、开关站接

表 7-2-84 发电机组轴线调整记录表

序号	项目		允许偏差	实测值偏差		
				1号水轮发电机	2号水轮发电机	3号水轮发电机
1	各部位摆动	上、下导及法兰相对摆度	0.03mm/m	上导：0.014mm/m；下导：0.027mm/m；法兰：0.029mm/m	上导：0.010mm/m；下导：0.026mm/m；法兰：0.25mm/m	上导：0.01mm/m；下导：0.03mm/m；法兰：0.03mm/m
		水导相对摆度	0.05mm/m	0.019mm/m	0.008mm/m	0.03mm/m
2	轴向摆度	镜板边缘镜板直径2400mm	0.15mm	0.13mm/m	0.06mm/m	0.02mm/m

地等，目前电站接地系统已全部施工完成，接地电阻实测为：交流0.66Ω，直流0.44Ω（设计值小于等于0.68Ω）。

2）电力变压器安装。

a. 在220kV升压变电系统安装过程中严格按照厂家工艺，依据规程规范进行施工，并编制报批了安装方案，设备安装前进行严格的技术交底，确保安装人员掌握安装工序。所有安装、调试工序均在厂家指导下完成，每道工序完工后，由安装人员填报安装记录，重要的接口部位，由厂家专业人员操作，安装质量控制良好。

b. 220kV升压变压器安装过程中，均按照厂家技术文件和国家标准要求进行了相关电气试验，试验结果符合国家标准要求。主要的电气试验包括变压器耐压和局放试验、变压器绕组直流电阻测试、变压器变比测试、变压器绕组直流泄漏电流测试、变压器油样送检等。

c. 局放试验中，三相放电量分别为137.2pC、138.1pC、137.5pC，均小于国家标准150pC的要求。

3）GIS系统安装。

a. 220kV GIS、出线场设备，所有安装、调试工序均在厂家指导下完成，每道工序完工后，由安装人员填报安装记录，重要的接口部位，由厂家专业人员操作，安装质量控制良好。

b. 220kV系统所有电气设备安装过程中，均按照厂家技术文件和国家标准要求进行了相关电气试验，试验结果符合国家标准要求。主要的电气试验包括GIS耐压试验（365kV耐压1min无闪络击穿现象）、GIS母线回路电阻测试、GIS断路器分合闸试验和同期性能测试、GIS连锁试验等。

c. GIS系统经过1号机组试运行前，倒送电冲击试验，具备运行条件，1号水轮发电机组72h试运行后移交电厂投入运行。

（4）电气二次设备安装。

1）全厂直流系统。

a. 全厂直流系统安装调试完成，现运行情况良好。

b. 所有安装、调试工序均在厂家指导下完成。安装过程中，按照厂家技术文件和国家标准要求进行了相关电气试验，试验结果符合国家标准要求。直流系统设备安装包括盘柜安装及蓄电池安装，盘柜安装符合规范要求。将蓄电池按照设计要求安装在蓄电池支架上，用螺栓、螺母将电池端子与连接导体连接。进行设备的检查和试验：绝缘耐压试验、充电装置特性试验、蓄电池充放电试验、蓄电池性能参数检查、直流接地检测装置性能试验等。

2）继电保护系统。保护系统，按照厂家技术文件和国家标准要求进行了相关试验，试验结果符合国家标准和设计要求。主要试验包括：保护本体调试，保护传动试验，CT极性、变比、伏安特性试验等。

3）计算机监控系统安装。

a. 电站监控系统主体网络连接完成，主控级设备软件调试正在进行。1号水轮发电机组现地控制单元（LCU1）、220kV系统现地控制单元（LCU4）等设备的单体调试及系统联调均测试成功。计划××年6月××日与×方电网进行通信（四遥功能）测试。

b. 计算机监控系统设备布置在电站的各个部位，涵盖面广，安装周期较长，尤其涉及公用系统设备的现地控制单元，电缆敷设及二次配线工艺很难控制，由于计算机监控系统施工图纸始终不够完整，一直处于边施工边修改的状态，从而给施工造成了很大困难。为了满足工期要求，安装单位加大施工力度，增加资源配置，严格按照厂家技术要求施工，执行工序转接质量控制程序，每道工序均在外方督导的指导下进行。盘柜安装各项技术指标符合规范要求，接地良好、可靠，符合设计要求。

4. 金属结构及启闭机安装

金属结构及启闭机安装工程量有：

（1）混凝土双曲拱坝的2套深孔弧形工作闸门、2套深孔事故闸门、3套表孔弧门的安装与调试，以及与之对应的启闭机的安装与调试。

（2）引水系统进水口的2套事故闸门、3套拦污栅的安装与调试，以及与之对应的启闭机的安装与调试；压力钢管主管与岔管的制作与安装。

（3）发电厂房4套尾水闸门及启闭机的安装。

上述各类闸门及启闭机在安装过程中及完工后按照相关技术要求分别进行了各项检查和试验，主要有弧形闸门管路系统耐压试验、空载运行试验、无水启闭试验、静水启闭试验、动水启闭试验、自动操作试验。

压力钢管无损检测人员均通过国家专业部门考试并取得无损检测资格证书，评定焊缝质量均由Ⅱ级以上的无损检测人员担任。一类焊缝经超声波探伤后，还采用射线探伤复验，复验长度符合设计要求。

（二）监理单位抽检

截至20××年6月××日，监理单位所抽检的原材料及中间产品均委托水利部××水利委员会水利基本建设工程质量检测中心××××水电站工程试验室进行检测。

1. 拦河坝工程

（1）水泥。对拦河坝工程所用水泥，××××××水泥股份有限公司生产的P·MH 42.5（中热）水泥、P·O 42.5水泥和P·O 32.5水泥，分别进行物理力学性能试验。检测项目主要包括水泥的凝结时间、标准稠度用水量、比表面积、安定性、抗压强度、抗折强度等。抽检结果表明，进场水泥均为合格产品。

P·MH 42.5（中热）水泥检测结果见表7-2-85。

P·O 42.5水泥检测结果见表7-2-86。

P·O 32.5水泥检测结果见表7-2-87。

（2）火山灰。火山灰检测项目包括细度、需水量比、含水量、烧失量及火山灰性，从检测结果看，火山灰的各项指标均满足规范要求。火山灰具体检测结果见表7-2-88。

表 7-2-85　　P·MH 42.5（中热）水泥检测成果统计表

水泥品种	统计值	比表面积/(m^2/kg)	细度/%	标准稠度用水量/%	初凝时间/(h：min)	终凝时间/(h：min)	安定性	抗折强度/MPa			抗压强度/MPa		
								3d	7d	28d	3d	7d	28d
P·MH 42.5	检测次数	15	25	45	45	45	45	45	45	45	45	45	45
	最大值	338	2.06	25.0	3：59	5：03	合格	8.0	9.1	10.4	38.2	42.5	53.3
	最小值	319	0.48	24.4	2：01	3：03	合格	4.7	6.4	8.4	22.7	30.3	49.4
	平均值	329.0	1.61	24.66	2：36	4：54	合格	5.87	7.22	9.37	26.33	34.93	51.9
GB 200—2003	标准	≥250	—	—	≥60min	≤12h	合格	≥3.0	≥4.5	≥6.5	≥12.0	≥22.0	≥42.5

表 7-2-86　　P·O 42.5 普硅水泥检测成果统计表

水泥品种	统计值	比表面积/(m^2/kg)	细度/%	标准稠度用水量/%	初凝时间/(h：min)	终凝时间/(h：min)	安定性	抗折强度/MPa		抗压强度/MPa	
								3d	28d	3d	28d
P·MH 42.5	检测次数	8	24	28	28	28	28	28	26	28	22
	最大值	358	2.0	28.4	2：44	4：18	合格	7.4	10.2	36.9	56
	最小值	312	0.5	26.4	1：36	2：41	合格	4.7	8.9	23.2	45.4
	平均值	354	1.02	27.4	2：22	3：43	合格	5.93	9.31	24.06	52.19
GB 175—2007	标准	≥300	≤10.0	—	≥45min	≤10h	合格	≥3.5	≥6.5	≥17.0	≥42.5

表 7-2-87　　P·O 32.5 普硅水泥检测成果统计表

水泥品种	统计值	细度/%	标准稠度用水量/%	初凝时间/(h：min)	终凝时间/(h：min)	安定性	抗折强度/MPa		抗压强度/MPa	
							3d	28d	3d	28d
P·O 32.5	检测次数	15	15	15	15	15	15	15	15	15
	最大值	5.0	27.2	3：17	5：07	合格	5	8.2	23.1	45.3
	最小值	0.8	26	1：33	2：45	合格	3.5	6.53	13.6	37.2
	平均值	1.75	26.55	2：20	3：37	合格	4.37	7.41	18.23	39.12
GB 175—1999	标准	≤10.0	—	≥45min	≤10h	合格	≥2.5	≥5.5	≥11.0	≥32.5

表 7-2-88　　火山灰物理性能试验检测成果统计表

统计值	比表面积/(m^2/kg)	细度/%	需水量比/%	含水率/%	烧失量/%	SO_3/%	28d 抗压强度比/%	火山灰性
检测次数	5	33	22	28	28	29	25	15
最大值	501.5	17.9	102.8	1.7	3.0	3.5	76	—
最小值	478	3.2	100.7	0.1	1.06	0.08	60	—
平均值	486.07	7.86	101.9	0.76	1.73	0.16	67.4	合格
标准	≥400	—	—	<1	≤10	≤3.5	≥65	合格

(3) 外加剂。外加剂共使用 3 个生产厂家的产品，监理共抽检 9 次，各项指标均符合《水工混凝土外加剂技术规程》(DL/T 5100—1999) 的要求。

对××××工贸有限公司生产的缓凝高效减水剂 SFG 抽检 6 次，检测结果见表 7-2-89。

表 7-2-89　　××××工贸公司 SFG 缓凝高效减水剂检测成果统计表

检测次数	统计值	减水率/%	含气量/%	凝结时间差/min		泌水率比/%	抗压强度比/%		
				初凝	终凝		3d	7d	28d
6 次	最大值	19	2.7	955	948	97.2	180	176	135
	最小值	15	1.7	197	207	7	137	127	123
	平均值	17.7	2.5	392.3	406.8	35.8	145.5	144.8	127.8
标准		≥15	<3.0	>120	>120	≤100	≥125	≥125	≥120

对××××新型建材有限公司生产的缓凝高效减水剂 EM-8 抽检 1 次，检测结果见表 7-2-90。

表 7-2-90　　××××新型建材公司 EM-8 缓凝高效减水剂检测成果统计表

检测项目	减水率/%	含气量/%	凝结时间差/min		泌水率比/%	抗压强度比/%		
			初凝	终凝		3d	7d	28d
检测值	16	1.9	220	240	10	130	135	128
标　准	≥15	<3.0	120～240	120～240	≤100	≥125	≥125	≥120

对××××化工有限公司生产的缓凝高效减水剂 SH-C 抽检 2 次，检测结果见表 7-2-91。

表 7-2-91　　××××化工有限公司 SH-C 引气剂检测成果统计表

检测次数	统计值	减水率/%	含气量/%	凝结时间差/min		泌水率比/%	抗压强度比/%		
				初凝	终凝		3d	7d	28d
2 次	最大值	8.0	5.0	70	60	10	99	97	92
	最小值	6.5	4.7	22	-22	10	95	97	88
	平均值	7.25	4.85	46	19	10	97	97	90
标准		≥6	4.5～5.5	-90～120	-90～120	≤70	≥90	≥90	≥85

(4) 细骨料。监理在拌合楼成品料仓对河沙细度模数、含泥量、含水率抽检了 78 次。所检指标满足规范要求。检测结果见表 7-2-92。

表 7-2-92　　细骨料检测成果统计表

细骨料品种	统计值	细度模数	含泥量/%	含水率/%	有机物	云母含量/%	堆积密度/(kg/m³)	紧密密度/(kg/m³)	表观密度/(kg/m³)
河沙	检测次数	78	78	61	25	25	12	12	4
	最大值	2.84	2.8	9.4	浅于标准色	0.2	1560	1740	2630
	最小值	2.12	0.4	1.7	浅于标准色	0.1	1420	1624	2620
	平均值	2.59	1.1	4.61	浅于标准色	0.15	1500	1681	2627
	合格率/%	99	100	85	100	100	100	100	100
《水工混凝土施工规范》(DL/T 5144—2001)		2.2-3.0	≤3.0	≤6.0	浅于标准色	≤2.0	—	—	≥2500

(5) 粗骨料。在拌合楼成品料仓对小石共检测 21 次，中石共检测 21 次，大石共检测 11 次，特大石共检测 11 次，检测项目包括超径、逊径、含泥量、粗骨料等，所检指标满足规范要求。检测结果见表 7-2-93。

表 7-2-93　　　　粗骨料监理抽检成果统计表

产品名称	粒径/mm	统计值	超径/%	逊径/%	含泥量/%	压碎指标/%	针、片状/%	紧密密度/(kg/m³)
×江天然粗骨料	5～20	检测次数	21	21	17	1	5	1
		最大值	4.0	13.6	1.3	8.6	11.5	2685
		最小值	1.4	2.8	0.5	8.6	7.8	2685
		平均值	2.16	5.16	0.42	8.6	9.6	2685
		合格率/%	100	94.7	93.0	—	100	—
	20～40	检测次数	21	21	21	—	—	—
		最大值	2.8	2.6	1.4	—	—	—
		最小值	1.6	2.0	0.1	—	—	—
		平均值	3.7	7.9	0.63	—	—	—
		合格率/%	94	89	78	—	—	—
	40～80	检测次数	8	11	11	—	—	—
		最大值	2.2	12.5	0.5	—	—	—
		最小值	1.6	3.0	0.2	—	—	—
		平均值	1.2	6.3	0.28	—	—	—
		合格率/%	100	80	100	—	—	—
	80～120	检测次数	—	11	11	—	—	—
		最大值	—	5.4	0.2	—	—	—
		最小值	—	3.0	0.1	—	—	—
		平均值	—	4.7	0.17	—	—	—
		合格率/%	—	100	100	—	—	—
××料场人工骨料	40～80	检测次数	—	—	24	—	1	—
		最大值	—	—	1.2	—	10	—
		最小值	—	—	0.2	—	10	—
		平均值	—	—	0.4	—	10	—
		合格率/%	—	—	73.3	—	100	—
	80～120	检测次数	—	—	21	—	—	—
		最大值	—	—	0.4	—	—	—
		最小值	—	—	0.1	—	—	—
		平均值	—	—	0.2	—	—	—
		合格率/%	—	—	100	—	—	—
《水工混凝土施工规范》(DL/T 5144—2001)			<5	<10	D20，D40≤1.0 D80≤0.5	≤16	≤15	≥2550

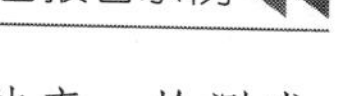

（6）钢材力学性能检验。钢筋的主要检测指标为屈服强度、抗拉强度、延伸率。检测成果均满足规范要求，检测结果见表7-2-94。

表7-2-94　　钢筋力学性能检测成果统计表

工程名称	规格	钢筋类别	直径/mm	统计值	屈服强度/MPa	抗拉强度/MPa	伸长率/%
××水电站枢纽工程	HRB335	螺纹钢	12	检测次数	2	2	1
				最小值	335	495	26.5
				最大值	355	505	26.5
				合格率/%	100	100	100
			14	检测次数	3	3	2
				最小值	450	500	28.5
				最大值	455	560	30
				合格率/%	100	100	100
			16	检测次数	7	7	7
				最小值	360	495	21
				最大值	440	560	36.5
				合格率/%	100	100	100
			20	检测次数	4	4	4
				最小值	375	495	27.5
				最大值	395	575	33
				合格率/%	100	100	100
			22	检测次数	8	8	8
				最小值	350	500	20.5
				最大值	410	560	34.5
				合格率/%	100	100	100
			25	检测次数	16	16	16
				最小值	335	510	24
				最大值	415	590	33.5
				合格率/%	100	100	100
			28	检测次数	16	16	16
				最小值	345	490	19
				最大值	425	570	33.5
				合格率/%	100	100	100
			32	检测次数	8	8	8
				最小值	375	495	21
				最大值	430	605	30
				合格率/%	100	100	100

续表

工程名称	规格	钢筋类别	直径/mm	统计值	屈服强度/MPa	抗拉强度/MPa	伸长率/%
××水电站枢纽工程	HRB335	螺纹钢	36	检测次数	5	5	5
				最小值	365	565	20
				最大值	390	605	34.5
				合格率/%	100	100	100
	HPB235	光圆钢	6.5	检测次数	3	3	3
				最小值	240	375	26
				最大值	345	495	47.5
				合格率/%	100	100	100
			8	检测次数	1	1	1
				最小值	310	460	30
				最大值	310	460	30
				合格率/%	100	100	100
			14	检测次数	2	2	2
				最小值	300	430	36
				最大值	310	440	43
				合格率/%	100	100	100
			16	检测次数	3	3	3
				最小值	280	410	28.5
				最大值	305	450	44
				合格率/%	100	100	100
			20	检测次数	2	2	2
				最小值	285	420	38
				最大值	300	425	41.0
				合格率/%	100	100	100
	Q235A	碳素结构钢	14	检测次数	1	1	1
				最小值	290	405	34.5
				最大值	290	405	34.5
				合格率/%	100	100	100
			16	检测次数	2	2	2
				最小值	280	440	31.0
				最大值	320	455	36.5
				合格率/%	100	100	100
			20	检测次数	1	1	1
				最小值	255	380	41
				最大值	255	380	41
				合格率/%	100	100	100

续表

工程名称	规格	钢筋类别	直径/mm	统计值	屈服强度/MPa	抗拉强度/MPa	伸长率/%
××水电站枢纽工程	Q235	圆盘条	6.5	检测次数	3	3	3
				最小值	315	390	32.5
				最大值	330	485	47.5
				合格率/%	100	100	100
			12	检测次数	8	8	8
				最小值	245	380	25
				最大值	310	470	40
				合格率/%	100	100	100
《碳素结构钢》(GB/T 700—2006)			直径≤16mm	Q235	≥235	370～500	≥26
			16mm<直径≤40mm	Q235	≥225	370～500	≥26
《水工混凝土钢筋施工规范》(DL/T 5169—2002)				HPB235	≥235	≥370	≥25
				HRB335	≥335	≥490	≥16

（7）钢筋接头连接检测。对钢筋接头连接的抗拉强度进行了检测，对检测成果不合格的接头均要求重新补焊或更换焊条重新焊接后再进行检测。检测结果见表7-2-95。

表7-2-95　　钢筋接头检测成果统计表

工程名称	钢筋类别	规格	接头形式	直径/mm	统计值	抗拉强度/MPa	合格率/%
××水电站枢纽工程	螺纹钢	HRB335	单面搭接焊	16	检测次数	53	98.1
					最小值	440	
					最大值	510	
				20	检测次数	7	100
					最小值	475	
					最大值	520	
				22	检测次数	16	100
					最小值	480	
					最大值	540	
				25	检测次数	45	100
					最小值	470	
					最大值	565	
			双面帮条焊	28	检测次数	34	100
					最小值	505	
					最大值	585	
				32	检测次数	9	100
					最小值	515	
					最大值	575	

续表

工程名称	钢筋类别	规格	接头形式	直径/mm	统计值	抗拉强度/MPa	合格率/%
××水电站枢纽工程	螺纹钢	HRB335	双面帮条焊	36	检测次数	21	95.2
					最小值	445	
					最大值	570	
			剥肋滚轧直螺纹	20	检测次数	1	100
					检测值	480	
				25	检测次数	9	100
					最小值	510	
					最大值	555	
				28	检测次数	12	100
					最小值	515	
					最大值	595	
				32	检测次数	2	100
					最小值	525	
					最大值	570	
				36	检测次数	17	100
					最小值	540	
					最大值	595	
	光圆钢	HPB235	单面搭接焊	16	检测次数	21	100
					最小值	410	
					最大值	465	
				18	检测次数	18	100
					最小值	420	
					最大值	470	
				20	检测次数	18	100
					最小值	385	
					最大值	470	
《钢筋焊接接头试验方法标准》(JGJ/T 18—2003) 规范要求					HRB335	≥455	
					HPB235	≥370	
《钢筋机械连接通用技术规程》(JGJ 107—2003) 规范要求					HRB335	≥455	

(8) 铜止水。对××铜业有限公司生产的T2铜止水的抗拉强度、伸长率、弯曲度等指标进行了检测，检测结果均满足规范要求。检测结果见表7-2-96。

(9) 橡胶止水带。对进场的橡胶止水带按批次进行了抽检，对硬度（邵尔A)、抗拉强度、拉断伸长率、撕裂强度、脆性温度、热空气老化及压缩永久变形指标进行了检测，检测结果均满足规范要求。检测结果见表7-2-97。

表 7-2-96　　**铜止水检测成果统计表**

生产厂家	牌号	状态	规格	统计值	抗拉强度/MPa	伸长率/%	弯曲180°	合格率/%
××铜业有限公司	T2	M	734×1.2	检测次数	8	8	8	100
				最大值	232	35.5	完好	
				最小值	213	33.2	完好	
			574.2×1.0	检测次数	3	3	3	100
				最大值	252	36.3	完好	
				最小值	208	33.4	完好	
《铜及铜合金带材》(GB/T 2059—2008)	T2、T3	—	—	—	≥195	≥33	—	—

(10) 混凝土强度检测。截至20××年6月××日，监理部针对大坝标段混凝土共检测459组，检测结果见表7-2-98。

表 7-2-97　　**橡胶止水检测成果统计表**

统计值	硬度(邵尔A)/度	拉伸强度/MPa	拉断伸长率/%	撕裂强度/(kN/m)	脆性温度/℃	热空气老化70℃×168h			压缩永久变形	
						硬度变化(邵A)/度	拉伸强度/MPa	扯断伸长率/%	70℃×24h/%	23℃×168h/%
检测次数	5	5	5	5	4	2	2	2	2	2
最大值	63	28	1075	82	−45.0	4.6	16.5	1050.0	35.0	14.0
最小值	60.5	26	429	43	−56.0	1.0	16.0	368.0	32.0	10.0
平均值	62.1	26.8	475	62.0	−51.0	2.8	16.3	709.0	33.5	12.0
DL/T 5215—2005	60±5	≥15	≥380	≥30	≤−40	≤8	≥12	≥300	≤35	≤20

表 7-2-98　　**混凝土强度检测成果统计表**

工程部位	混凝土设计指标	试验项目	试验		试验结果/MPa			标准差 S_n/MPa	离差系数 C_v	强度保证率 P/%
			龄期	组数	最大值	最小值	平均值			
主坝	C_{90}30W8F50	抗压	7d	21	33	13.8	21.5	5.57	0.26	—
			28d	99	50.0	21.6	30.5	5.64	0.18	—
			90d	76	51.9	25.5	36.3	6.22	0.17	84.4
		劈拉	28d	2	2.01	1.87	1.94	—	—	—
			90d	12	3.40	2.24	2.88	0.40	0.14	—
	C_{90}25W8F50	抗压	7d	17	29.3	12.7	18.2	4.9	0.27	—
			28d	70	48.5	18.6	27.7	6.24	0.23	—
			90d	44	39.5	24.0	32.0	3.77	0.12	96.7
			90d	4	2.71	—	2.71	—	—	—
	C35W8F50	抗压	28d	1	39.4	—	39.4	—	—	—
		劈拉	28d	1	2.71	—	2.71	—	—	—

续表

工程部位	混凝土设计指标	试验项目	试验		试验结果/MPa			标准差 S_n/MPa	离差系数 C_v	强度保证率 P/%
			龄期	组数	最大值	最小值	平均值			
消能塘	C20	抗压	28d	21	43.9	13.1	30.8	8.48	0.27	90.0
	C25F50	抗压	28d	6	39.7	25.0	31.9	5.54	—	—
	C35W8F50	抗压	7d	1	22.9	22.9	22.9	—	—	—
			28d	15	49.1	33.5	41.0	6.42	0.16	87.5
进水口	C20	抗压	28d	12	40.7	21.0	27.8	5.81	0.21	92.0
	C30	抗压	28d	2	26.4	18.1	22.5	3.47	—	—
				6	32.1	30.4	31.3	3.47	0.15	—
	C25F50	抗压	28d	1	42.3	—	42.3	—	—	—
	C35F50	抗压	28d	3	45.9	36.2	39.9	—	—	—
		劈拉	28d	1	2.71	2.71	2.71	—	—	—
灌浆平洞	C20W8	抗压	28d	3	23.0	19.1	21.1	1.95	—	—
	M20W8	抗压	28d	2	26.3	23.9	25.1	—	—	—
坝体灌浆	M_{90}30W8F50	抗压	28d	13	33.5	25.8	29.4	2.77	—	—
	M_{90}30W8F50	抗压	90d	7	39.5	28.5	35.6	4.21	—	—
	M_{90}25W8F50	抗压	90d	4	32.6	29.7	31.1	1.14	—	—
	M_{90}25W8F50	抗压	28d	2	23.5	22.3	22.9	0.6	—	—
	M35WF50	抗压	28d	2	42.5	39.6	42.5	—	—	—

2. 引水系统及发电厂房工程

××水电站枢纽工程的主要建筑材料（钢筋、水泥）由业主单位统供。原材料质量控制采取监理单位随机抽检、监理旁站见证施工单位自检两种方式进行，经监理取样的试件由工地中心试验室检测，确保了试验资料的可靠性、真实性。施工中采用的水泥、钢筋等，必须有生产厂家出示的质保单，每批材料必须进行检测，合格后方可使用。

(1) 水泥。××水电站枢纽工程使用的水泥为××水泥有限公司生产的××牌 P·O 32.5 水泥和 P·O 42.5 水泥。截至 20××年 6 月××日止，P·O 32.5 水泥累计进货 1423.6t，抽检 3 次，平均每 474t 检测 1 次。抽检成果表明，各种性能符合国家标准，检测结果见表 7-2-99。

表 7-2-99　××牌 P·O 32.5 水泥主要物理力学性能检测成果统计表

项目	检测结果								
	细度/%	标准稠度/%	安定性	凝结时间/(h：min)		抗折强度/MPa		抗压强度/MPa	
				初凝	终凝	3d	28d	3d	28d
变化区间	0.88～1.44	26.6～27	合格	2：03～2：45	4：08～4：51	5.2～6.0	8.7～9.0	22.9～28.1	36.9～45.1
国家标准	≤10	—	合格	≥45min	≤10h	≥2.5	≥5.5	≥11.0	≥32.5
检测次数	3	3	3	3	3	3	3	3	3
合格次数	3	3	3	3	3	3	3	3	3
合格率/%	100	100	100	100	100	100	100	100	100

P·O 42.5 水泥累计进货 27050.4t，抽检 13 次，平均每 2080t 检测 1 次，检测结果见表 7-2-100。

表 7-2-100　××牌 P·O 42.5 水泥主要物理力学性能检测成果统计表

项目	检测结果								
	细度/%	标准稠度/%	安定性	凝结时间/(h：min)		抗折强度/MPa		抗压强度/MPa	
				初凝	终凝	3d	28d	3d	28d
变化区间	0.24～0.9	26.6～28	合格	1：45～2：55	3：00～4：15	6.3～7.8	9.2～10.2	29.2～34.4	46.8～60.4
国家标准	≤10	—	合格	≥45min	≤10h	≥3.5	≥6.5	≥16.0	≥42.5
检测次数	12	13	13	13	13	13	12	13	12
合格次数	12	13	13	13	13	13	12	13	12
合格率/%	100	100	100	100	100	100	100	100	100

（2）火山灰。××水电站厂房工程混凝土中掺用的火山灰由施工承包商自购，通过散装水泥罐车运至工地，厂房标共进场 6116t，抽检 4 次，平均每 1529t 检测 1 次，检测结果见表 7-2-101。

表 7-2-101　火山灰检测成果统计表

检测项目	含水率/%	细度/%	需水量比/%	抗压强度比/%
变化区间	0.4～1.7	1.8～3.88	94～105	66～68
国家标准	≤1	—	—	≥65
检测次数	3	3	1	4
合格次数	3	3	1	4
合格率/%	100	100	100	100

（3）钢材。钢材由业主单位供应。监理部要求除要有出厂检验报告及出厂合格证外，每批钢筋都按照规定的取样频率由施工单位自检，监理也随即抽样送工地中心试验室检测。

钢筋（圆钢）共抽检 14 组，质量合格，检测结果见表 7-2-102。

表 7-2-102　光圆钢筋检测成果统计表

检测项目	屈服强度/MPa	抗拉强度/MPa	伸长率/%	冷弯（180°）
变化区间	255～335	415～470	26.5～44	完好
国家标准	≥235	≥410	≥23	完好
检测组数	14	14	14	14
合格组数	14	14	14	14
合格率/%	100	100	100	100

热轧带肋钢筋抽检 105 组，质量合格，检测结果见表 7-2-103。

（4）骨料。厂房工程使用的粗细骨料为中国水利水电集团××工程局砂石场生产的天然河沙、卵石、碎石以及畹町石场的碎石，共供应 85689m³，检测 41 次，平均每 2090m³ 检测 1 次，监理现场抽检结果合格，检测结果见表 7-2-104、表 7-2-105。

表 7-2-103　　热轧带肋钢筋检测成果统计表

检测项目	屈服强度/MPa	抗拉强度/MPa	伸长率/%	冷弯（180°）
变化区间	330～455	485～580	23～38	完好
国家标准	≥335	≥455	≥17	完好
检测组数	105	105	105	105
合格组数	105	105	105	105
合格率/%	100	100	100	100

表 7-2-104　　细骨料抽检检测成果统计表

检测项目	含水率/%	含泥量/%	泥团含量/%	细度模数/%	表观密度/(kg/m³)	堆积密度/(kg/m³)	云母含量/%
变化区间	1.7～2.2	0.4～3	无	2.16～3.25	2580～2630	1446～1792	0.1～1.0
国家标准	—	≤3	无	2.2～3.0	≥2500	—	≤2
检测次数	3	16	15	16	7	8	3
合格次数	3	16	15	16	7	8	3
合格率/%	100	100	100	100	100	100	100

表 7-2-105　　粗骨料抽检检测成果统计表

检测项目	超径/%	逊径/%	针片状/%	表观密度/(kg/m³)	含泥量/(kg/m³)	压碎值
变化区间	0～6	0～10	3～11	2710～27800	0.3～0.6	7.0～11.6
国家标准	＜5	＜10	≤15	≥2550	≤1	≤16
次数	41	41	7	6	41	14
合格次数	37	35	7	6	38	14
合格率/%	90.2	85.4	100	100	92.7	100

（5）混凝土强度检测。引水系统及发电厂房混凝土抽样采取随机抽样的方式，取样地点在拌合楼出机口及施工仓面，C20 混凝土抗压强度检测结果见表 7-2-106。

表 7-2-106　　引水发电洞及护管混凝土强度检测成果统计表

抽检部位	强度等级	检测项目	龄期/d	检测组数	最大值/MPa	最小值/MPa	平均值/MPa	标准差/MPa	强度保证率/%
隧洞衬砌混凝土	C20	抗压强度	28	7	31.3	20.1	26.0	3.83	94.2
钢管护管混凝土	C20	抗压强度	28	4	30.4	22.5	27.3	2.93	98.8

发电厂房及开关站混凝土强度等级有 C20、C25，检测结果见表 7-2-107。

表 7-2-107　　发电厂房及开关站混凝土强度检测成果统计表

部　位	强度等级	检测项目	龄期/d	检测组数	最大值/MPa	最小值/MPa	平均值/MPa	标准差/MPa	强度保证率/%
1 号水轮发电机下部结构	C20	抗压强度	28	12	32.9	24.3	27.7	3.30	97.9
1 号水轮发电机上部结构	C25	抗压强度	28	8	36.5	25.2	30.1	3.93	92.2

续表

部　位	强度等级	检测项目	龄期/d	检测组数	最大值/MPa	最小值/MPa	平均值/MPa	标准差/MPa	强度保证率/%
2号水轮发电机下部结构	C20	抗压强度	28	5	29.7	19.2	23.9	4.86	78.7
2号水轮发电机上部结构	C25	抗压强度	28	4	35.5	26.2	31.0	4.04	93.1
3号水轮发电机下部结构	C20	抗压强度	28	5	34.7	20.8	25.4	5.06	85.6
3号水轮发电机上部结构	C25	抗压强度	28	2	32.2	24.5	28.4	3.85	—
副厂房下部结构	C20	抗压强度	28	6	34.9	18.5	26.0	4.85	89.1
副厂房上部结构	C25	抗压强度	28	5	34.5	26.2	29.9	3.20	93.9
安装间上部结构	C25	抗压强度	28	6	34.8	29.6	32.4	1.97	99.9
安装间下部结构	C20	抗压强度	28	7	33.5	19.6	26.4	4.62	91.7
GIS开关站结构	C25	抗压强度	28	6	38.2	24.1	32.2	4.99	92.5
尾水墙结构	C20	抗压强度	28	5	34.7	18.7	26.6	5.41	88.8
厂房边坡护坡	C20	抗压强度	28	13	39.6	19.0	29.2	7.52	88.9

（三）检测单位抽检

受项目法人委托，水利部××水利委员会水利基本建设工程质量检测中心在工地现场成立了××水电站中心试验室，对工程所用原材料如水泥、火山灰、砂石骨料、钢筋以及大坝混凝土质量进行了抽样检测，结果如下。

1. 大坝、消能塘、进水口、导流洞工程

（1）原材料质量检测。

1）水泥。××水电站枢纽工程所用水泥为P·MH 42.5中热硅酸盐水泥、P·O 42.5普硅硅酸盐水泥和P·O 32.5普硅硅酸盐水泥，生产厂家分别为××××××水泥股份有限公司、××××××水泥股份有限公司、××××××水泥股份有限责任公司。

20××—20××年3年期间，共抽检用于大坝、消能塘、右岸（消能塘）边坡支护、进水口、导流洞所用的普通硅酸盐P·O 32.5水泥7组、普通硅酸盐P·O 42.5水泥49组、中热硅酸盐P·MH 42.5水泥61组。其物理力学性能试验检测统计结果满足国家标准要求，合格率100%。

2）火山灰。施工期间，共抽检用于大坝、消能塘、进水口、导流洞所用的由××××火山灰开发有限责任公司生产的火山灰38组，其中烧失量检测20组、火山灰性检测20组、三氧化硫检验19组；含水率、细度及抗压强度比检测38组。检测结果满足国家标准要求，合格率100%。

3）外加剂。施工期间，共抽检用于大坝、消能塘、进水口、导流洞所用的外加剂15组，其中××××化工有限公司生产的SH-2缓凝高效减水剂2组、××××工贸有限公司生产的SFG缓凝高效减水剂7组，××××新型建材有限公司EM-8缓凝高效减水剂3组，××××化工有限公司生产的SH-C引气剂3组。检测结果均符合《水工混凝土外加剂技术规程》（DL/T 5100—2014）要求，合格率100%。

4）细骨料。20××—20××年施工期间，共抽检用于大坝、消能塘、进水口、导流洞所用的天然砂158组，主要对细度模数、含泥量、表观密度和有机质等项指标进行了检测。检测结果表明，除砂的细度模数有5.7%不在2.2%～3.0%范围内，其余检测结果符合《水工混凝土施工规范》(DL/T 5144—2001)的技术要求。

5)粗骨料。共检测小石(5～20mm)130组(其中碎石91组、卵石39组)、中石(20～40mm)130组(其中碎石91组、卵石39组)、大石(40～80mm)68组(其中碎石51组、卵石17组)、特大石(80～120mm)52组(其中碎石35组、卵石17组)。从检测结果看,所检各项性能指标均满足《水工混凝土施工规范》(DL/T 5144—2001)的要求,合格率均达100%。

6)钢筋及钢筋连接件检测。20××—20××年3年期间,共检测用于大坝、消能塘、进水口、导流洞所用热轧带肋钢筋共计100组,光圆钢筋64组,钢筋焊接接头试样31组,套筒连接接头试样16组,检测结果符合相应标准要求,合格率100%。

7)锚杆拉拔抽样检测。依据《水利水电工程喷锚支护施工规范》(DL/T 5181—2003)对缆机边坡、厂房后边坡、右岸消能塘边坡等部位的锚杆进行了现场拉拔抽样检测,检测组数33组,检测结果均符合设计要求,合格率100%。

8)铜止水和橡胶止水材料检测。施工期间共检测5组橡胶止水带、4组铜止水带,检测结果均满足相应规范要求。

(2)混凝土、水泥砂浆质量检测。20××—20××年4年期间,共检测大坝、消能塘、进水口、导流洞及其他部位混凝土抗压强度共计616组,劈裂抗拉98组、喷混凝土抗压强度12组、水泥砂浆抗压强度37组,抽检大坝混凝土抗渗、抗冻试件各14组、极限拉伸8组,除个别组件混凝土28d抗压强度低于C20设计要求,但仍能同时满足《水工混凝土施工规范》(DL/T 5144—2015)中对抗压强度平均值$mf_{cu} \geqslant f_{cu,k}+Kt\sigma_0$及最小值$f_{cu,min} \geqslant 0.85f_{cu,k}$的要求,因此,混凝土28d抗压强度合格率为100%;同样有个别组件混凝土90d抗压强度低于设计C30技术要求,但仍能同时满足《水工混凝土施工规范》(DL/T 5144—2015)中对抗压强度平均值$mf_{cu} \geqslant f_{cu,k}+Kt\sigma_0$及最小值$f_{cu,min} \geqslant 0.90f_{cu,k}$要求,因此,混凝土90d抗压强度合格率为100%。

2. 厂房及左岸边坡工程

(1)原材料质量检测。

1)水泥。××水电站枢纽工程厂房、引水系统及左边坡支护工程所用水泥为××××××水泥有限公司生产的P·C 32.5水泥和××××牌P·O 42.5水泥,施工期间抽检了10组P·C 32.5水泥、45组P·O 42.5水泥,其物理力学性能试验检测结果满足国家标准要求,合格率100%。

2)火山灰。厂房、引水系统及左边坡支护工程所用火山灰为××××××石材有限公司生产的火山灰。施工期间共对13组火山灰进行了检测,检测结果均满足国家标准要求,合格率100%。

3)外加剂。厂房、引水系统及左边坡支护工程所用外加剂为××××新材料有限公司生产的JM—2高效缓凝减水剂和××××新型化工有限公司生产的HJAE引气剂,其中抽检了4组JM—2高效缓凝、2组HJAE引气剂,检测结果均符合《水工混凝土外加剂技术规程》(DL/T 5100—1999)要求,合格率100%。

4)细骨料。施工期间共抽检厂房、引水系统及左边坡支护工程所用的天然砂68组,主要对细度模数、含泥量、表观密度和有机质等项指标进行了检测,检测结果表明,除砂的细度模数有1.5%不在2.2%～3.0%范围内,其余检测结果均符合满足《水工混凝土施工规范》(DL/T 5144—2001) 的技术要求，合格率100%。

5) 粗骨料。共对厂房、引水系统及左岸边坡支护所用小石（5～20mm）抽检51组（其中碎石47组、卵石4组），中石（20～40mm）抽检46组（其中碎石39组、卵石7组），大石（40～80mm）抽检14组（其中碎石10组、卵石4组），主要对骨料的超逊径、含泥、压碎指标、针片状含量等项指标进行了检测，各项检测结果均满足《水工混凝土施工规范》(DL/T 5144—2001) 的要求，合格率100%。

6) 钢筋及钢筋连接件检测。共检测热轧带肋钢筋共计70组，光圆钢筋13组，钢筋焊接接头试样32组，套筒连接接头试样45组，检测结果均符合相应标准要求，合格率100%。

7) 铜止水和橡胶止水材料检测。施工期间共检测2组橡胶止水带、6组铜止水带。检测结果均满足《水工建筑物止水带技术规范》(DL/T 5215—2005)、《铜及铜合金带材》(GB/T 2059—2000) 要求。

8) 锚杆拉拔抽样检测。检测依据《水利水电工程喷锚支护施工规范》(DL/T 5181—2003)，对厂房边坡、引水隧洞的锚杆进行了现场拉拔抽样检测，检测结果均符合设计要求，合格率100%。

(2) 混凝土、水泥砂浆质量检测。施工期间，对厂房、引水系统及左岸边坡支护等混凝土共抽检192组，其中抗压强度172组、劈裂抗拉10组、喷混凝土10组，抽检水泥砂浆14组，对厂房安装间、引水洞及1～3号机组混凝土抗冻、抗渗性能进行了抽检，检测组数各7组，除个别组件混凝土28d抗压强度低于C20设计要求，但仍能同时满足《水工混凝土施工规范》(DL/T 5144—2015) 中对抗压强度平均值 $mf_{cu} \geq f_{cu,k} + Kt\sigma_0$ 及最小值 $f_{cu,min} \geq 0.85 f_{cu,k}$ 要求。

(四) 安全监测单位监测成果

安全监测单位××水利科学研究院监测资料表明，由于测点众多，测次较多，所取得的大量数据，具有较好的连续性，做到了同步、及时而准确地反映出各部位在施工过程中的变化情况。各项观测成果均能相互印证，结论一致，进一步证实了资料的可靠性。

安装于大坝、厂房、近坝边坡及其他相关建筑物的众多监测仪器自始测日至今均工作正常，且各测点监测数据序列的时间跨度较长，已有监测资料可较为准确地反映各仪器安装位置边坡的真实性态。

(1) 大坝右岸边坡多点位移计测值仍有一定发展趋势，地下水位长期维持较高水平，对坝坡稳定不利，应继续加强相关监测工作，发现异常应及时处理，防止边坡失稳。

(2) 厂房边坡局部有一定位移和渗透压力增长趋势，但厂房边坡于××××年经过锚索等加固处理，将有效提高边坡的稳定性。

(3) 根据埋设于大坝内部的监测仪器成果分析，大坝安全性态基本正常，各内观监测仪器测值变幅较小，大坝重要观测部位仍需继续加强相关监测工作，以保证大坝安全稳定。

(4) 左岸绕坝渗流变化受库水位变化与降雨的综合影响，右岸靠近库区测值变化受库水位与右岸山体的共同作用，与左右岸近岸坝坡岩质条件、裂隙发育等地质因素有关；扬压力孔观测结果表明，在主帷幕后布置扬压力孔测点水头均不高，帷幕前的扬压力增长较快，帷幕后的扬压力均较小，大坝运行期扬压力测点整体变化规律正常；大坝渗漏量超出已安装量水堰最大量程，左右岸平洞内渗漏量相对较小。

(5) 综合考虑各因素影响，截至目前引水隧洞及相关设施工作性态基本正常，对钢板计在充水过程及发电初期的测值变化进行了建模分析，结果表明采用阶跃函数模型进行了较好的模拟，模型精度优于传统模型，较好地反映了施工期与发电初期的现场工况，与实际工况形成了有机结合。

(6) 消能塘总体工作性态正常，但个别测点接缝开合度、渗透压力较大，保证消能塘整体稳定。

(7) 大坝强震动安全监测台阵进入正常运行状态，满足规范设计要求，可以有效监测大坝及相关附属建筑物的地震响应情况。

(五) 质量监督单位抽检

质量监督项目站在工程建设过程中根据工程实际情况，对导流洞工程所用混凝土卵石、电站1号水轮发电机蜗壳材质（Q345B）进行了取样抽检。

1. *砂石材料*

20××年9月××日，××水电站枢纽工程质量监督项目站对导流洞工程所用混凝土卵石抽检取样2组，送××省水利水电勘测设计研究院试验检测中心进行检测，试验结果见表7-2-108、表7-2-109。

表7-2-108　质量监督抽检粗骨料超、逊径颗粒成果统计表

编号	颗粒组成/%		
	>20	5.0～20	<5.0
1	37.5	61.3	1.2
2	7.8	85.4	6.8

表7-2-109　质量监督抽检混凝土粗骨料质量指标检验成果统计表

编号	表观密度/(kg/m³)		堆积密度/(kg/m³)		空隙率/%		吸水率/%	含泥量/%	泥团/%	软弱颗粒含量/%	针片状颗粒含量/%	有机质含量	压碎指标/%	SO_3含量/%
	饱和面干	干燥	紧密	干松	紧密	干松								
1	2910	2960	1620	1430	45	52	0.96	0.2	0	0.99	1.8	合格	13.6	0.13
2	2620	2680	1760	1540	34	43	1.29	0.2	0	1.09	2.1	合格	12.5	0.12

卵石大于20mm超径颗粒较多，占37.5%和7.8%，不符合规定的质量标准要求，已要求使用时进行调整；卵石中均含有大小不一的木质碎块，密度较低，属于轻物质类，拌入混凝土中会对混凝土强度、抗渗性、抗冻性及耐久性能产生不良影响，已要求施工过程中将这些木质碎块剔除后才能使用。

2. 钢材材质

20××年5月××日项目站与业主联合对电站1号机蜗壳材质（Q345B）取样送××省电力特种设备检验中心进行检验，检验项目有钢板的化学元素、拉伸和冲击，执行标准见表7-2-110，检验结果各项指标均达到合格要求。

试验结论：试样JS-X-200905040的元素成分与《低合金高强度结构钢》(GB/T 1591—94）中对Q345B的元素规定相符；试样的抗拉强度、伸长率符合《低合金高强度结构钢》(GB/T 1591—94）中对Q345要求，无明显屈服现象；冲击功A_{kv}（J）最大值156.86J，最小值136.70J，平均值143.43J，冲击试验后缺口部位未见表面宏观缺陷；质量合格。

表 7-2-110　　**Q345B 钢的化学成分及抗拉强度检验成果统计表**

牌号	质量等级	化学成分/%									伸长率不小于/%	抗拉强度 σ_b/MPa	厚度为 16～35mm 钢板的试验屈服点 σ_s/MPa
		C≤	Mn	Si≤	P≤	S≤	V	Nb	Ti	≥Al			
Q345	A	0.2	1.00～1.60	0.55	0.045	0.045	0.02～0.15	0.015～0.060	0.02～0.20	—	21	470～630	325
	B	0.2	1.00～1.60	0.55	0.040	0.040	0.02～0.15	0.015～0.060	0.02～0.20	—	21	470～630	325
	C	0.2	1.00～1.60	0.55	0.035	0.035	0.02～0.15	0.015～0.060	0.02～0.20	0.015	22	470～630	325
	D	0.18	1.00～1.60	0.55	0.030	0.030	0.02～0.15	0.015～0.060	0.02～0.20	0.015	22	470～630	325
	E	0.18	1.00～1.60	0.55	0.025	0.025	0.02～0.15	0.015～0.060	0.02～0.20	0.015	22	470～630	325

3. 混凝土质量抽检

为了进一步了解工程实体的施工质量，项目站对拦河坝工程关键部位 13 号和 14 号坝段预留中孔两侧（高程 791.00～792.00m）混凝土强度（C25）做无损检测（回弹），最大值 34.4MPa，最小值 31.1MPa，平均值 32.4MPa，经检测，混凝土强度符合设计要求。

通过对施工单位的质量数据进行统计分析，再结合监理单位和中心试验室的抽检结果，已完成的项目做到了从原材料进场到成品完成，均符合规范标准和设计要求。

（六）工程质量检测评价

承担混凝土双曲拱坝、引水系统、发电厂房和升压变电站的施工、监理及检测单位能按照设计及规范要求，对工程所用的原材料、中间产品进行取样检测，检测频率满足规范要求；各类试验结果符合质量标准，工程实体质量处于受控状态。

消能塘 C20 和进水口 C30 不合格混凝土试块均为 1 组，不合格的原因是试块未及时进入养护室养护，且组中试块试验数据分散，不符合规范要求。

消能塘 C20 和进水口 C30 各 1 组不合格混凝土试块的处理按照规范要求不作为判定依据。监理部按照规范要求对上述两组数据予以剔除，并重新进行抽检。但在编写《××水电站枢纽工程 1 号机组启动阶段验收质量报告》时，监理部试验监理工程师正进行人员更换，由于交接不清楚，在统计时将全部数据统计进去，从而造成失误。

六、工程质量核备与核定

（一）工程质量评定与核定依据

（1）国家及相关行业技术标准。

（2）《单元工程质量评定标准》。

（3）经批准的设计文件、施工图纸、金属结构设计图样与技术条件、设计修改通知书、厂家提供的设备安装说明书及有关技术文件。

（4）工程承发包合同中约定的技术标准。

（5）工程施工期及运行期的试验和观测分析成果。

(6) 项目法人提供的施工质量检验与评定资料。

(二) 单位工程施工质量等级核备结果

××水电站枢纽工程项目共划分为混凝土双曲拱坝、引水系统、发电厂房及升压变电站共4个单位工程，经施工单位自评、监理单位复核、项目法人认定、项目站核备与核定，单位工程质量等级达到合格以上，工程项目施工质量等级达到合格，分叙于下。

1. 混凝土双曲拱坝单位工程

混凝土双曲拱坝共划分为21个分部工程，其中左岸重力墩、右岸重力墩、溢流坝段、导流洞封堵为主要分部工程，施工质量等级核备如下。

(1) 分部工程质量核备结果。混凝土双曲拱坝各分部工程经施工单位自评、监理单位复核、项目法人认定、项目站核备，质量等级见表7-2-111。

表7-2-111　混凝土双曲拱坝各分部工程核备成果统计表

单位工程		分部工程			单元工程			
编码	名称	编码	名称	质量等级	总数/个	完成数/个	优良数/个	优良率/%
1	混凝土双曲拱坝	1-1	左岸地基开挖与处理	优良	143	143	127	88.8
		1-2	右岸地基开挖与处理	优良	244	244	220	90.2
		1-3	大坝河床地基开挖与处理	优良	9	9	9	100
		1-4	消能塘地基开挖与处理	合格	535	535	419	78.3
		1-5	△左岸重力墩混凝土	优良	46	46	41	89.1
		1-6	△右岸重力墩混凝土	优良	37	37	32	86.5
		1-7	左岸非溢流坝段	优良	243	243	232	95.5
		1-8	右岸非溢流坝段	优良	250	250	237	94.8
		1-9	△溢流坝段	优良	232	232	227	97.8
		1-10	消能塘	优良	293	293	286	97.6
		1-11	廊道及坝内交通（含灌浆洞）	优良	100	100	92	92.0
		1-12	固结灌浆	优良	35	35	32	91.4
		1-13	帷幕灌浆	优良	108	108	98	90.7
		1-14	接缝灌浆	优良	150	150	142	94.7
		1-15	排水设施	优良	2	2	2	100
		1-16	放水深孔金属结构及启闭机安装	优良	12	12	12	100
		1-17	泄洪表孔金属结构及启闭机安装	优良	9	9	9	100
		1-18	安全监测设施	合格	267	267	260	97.4
		1-19	坝顶设施	合格	69	69	55	79.7
		1-20	△导流洞封堵	优良	35	35	32	91.4
		1-21	其他	合格	58	58	49	84.5
		合 计：23个分部工程						
外观质量检测评定结果：应得96.0分，实得85.1分，得分率88.7%，达到优良标准								

注　加“△”符号者为主要分部工程。

（2）单位工程质量等级核定结果。混凝土双曲拱坝单位工程共划分为21个分部工程，质量全部合格，其中优良分部工程17个，分部工程优良率81.0%，施工中未发生过质量事故，工程外观质量优良，单位工程施工质量检验与评定资料齐全，工程施工期单位工程观测资料分析结果符合国家和行业技术标准及合同约定的标准要求。

根据《水利水电工程施工质量检验与评定规程》（SL 176—2007）的规定，核定混凝土双曲拱坝单位工程施工质量等级为优良。

2. 引水系统单位工程

引水系统单位工程原划分为9个分部工程，根据工程实际情况增加了引水洞支洞封堵分部工程（2-10），共计10个分部工程，其中进水塔（土建）（2-2）、压力钢管制作与安装（2-6）、引水洞支洞封堵分部工程（2-10）为主要分部工程。

（1）分部工程质量核备结果。引水系统各分部工程经施工单位自评、监理单位复核、项目法人认定、项目站核备，质量等级见表7-2-112。

表7-2-112 引水系统各分部工程核备成果统计表

单位工程		分部工程			单元工程			
编码	名称	编码	名称	质量等级	总数/个	完成数/个	优良数/个	优良率/%
2	引水系统	2-1	进水口开挖与支护	优良	21	21	19	90.5
		2-2	△进水塔（土建）	优良	106	106	103	97.2
		2-3	进水口金属结构及启闭机安装	优良	13	13	13	100
		2-4	引水隧洞开挖与支护	合格	36	36	31	86.1
		2-5	引水隧洞混凝土	优良	16	16	15	93.8
		2-6	△压力钢管制作与安装	优良	14	14	14	100
		2-7	回填灌浆与固结灌浆	优良	26	26	24	92.3
		2-8	安全监测设施	合格	50	50	49	98.0
		2-9	压力钢管护管混凝土	优良	14	14	13	92.8
		2-10	△引水洞支洞封堵	优良	24	24	20	83.3
外观质量检测评定结果：应得79分，实得67.4分，得分率85.3%，达到优良标准								

注 加“△”符号者为主要分部工程。

（2）单位工程质量等级核备结果。引水系统单位工程共划分为10个分部工程，质量全部合格，其中优良分部工程8个，分部工程优良率80.0%，施工中未发生过质量事故，工程外观质量优良，单位工程施工质量检验与评定资料齐全，工程施工期单位工程观测资料分析结果符合国家和行业技术标准及合同约定的标准要求。

根据《水利水电工程施工质量检验与评定规程》（SL 176—2007）的规定，核定引水系统单位工程施工质量等级为优良。

3. 发电厂房单位工程

发电厂房单位工程原划分为23个分部工程，根据工程实际情况取消了4号水轮发电机组安装分部工程（3-10）、金属结构制作与安装（3-10）2个分部工程，实际实施20个分部工程，其中1号水轮发电机组安装（3-7）、2号水轮发电机组安装（3-8）、3号水轮发电机组安装（3-9）为主要分部工程。

（1）分部工程质量核备结果。发电厂房各分部工程经施工单位自评、监理单位复核、项目法人认定、项目站核备，质量等级见表7－2－113。

表7－2－113　　发电厂房各分部工程质量核备统计表

单位工程		分部工程			单元工程			
编码	名称	编码	名称	质量等级	总数/个	合格数/个	优良数/个	优良率/%
3	发电厂房	3－1	土石方开挖与支护	合格	404	404	316	78.2
		3－2	灌浆工程	优良	2	2	2	100
		3－3	主厂房（土建）	优良	215	215	201	93.5
		3－4	安装间	优良	44	44	38	86.4
		3－5	副厂房	优良	42	42	36	85.7
		3－6	尾水渠	优良	290	290	262	90.3
		3－7	△1号水轮发电机组安装	优良	53	53	52	98.1
		3－8	△2号水轮发电机组安装	优良	52	52	51	98.1
		3－9	△3号水轮发电机组安装	优良	53	53	52	98.1
		3－10	△4号水轮发电机组安装	待核准				
		3－11	电气一次设备安装工程	优良	25	25	24	96.0
		3－12	电气二次设备安装工程	优良	16	16	16	100
		3－13	通信设备安装工程	优良	5	5	5	100
		3－14	通风空调设备安装	优良	9	9	9	100
		3－15	消防系统安装工程	优良	12	12	12	100
		3－16	桥机安装	优良	8	8	8	100
		3－17	水力机械辅助设备安装	优良	12	12	12	100
		3－18	金属结构制作与安装	取消				
		3－19	尾水闸门与启闭机安装	优良	11	11	10	90.9
		3－20	厂房房建工程	合格	237	237	—	—
		3－21	附属建筑物及场地工程	合格	48	48	36	75.0
		3－22	安全监测设施	合格	23	23	23	100
		3－23	厂房后坡加固	优良	45	45	41	91.1
		合计：实际实施21个分部工程			1606	1606	1206	75.1
外观质量检测评定结果：应得126分，实得110分，得分率87.3%，达到优良标准								

注　加“△”符号者为主要分部工程。

（2）单位工程质量核定结果。发电厂房单位工程共实施21个分部工程，质量全部合格，其中优良分部工程17个，且主要分部工程优良，分部工程优良率81.0%，施工中未发生过质量事故，工程外观质量优良，单位工程施工质量检验与评定资料齐全，工程施工期单位工程观测资料分析结果符合国家和行业技术标准及合同约定的标准要求。

根据《水利水电工程施工质量检验与评定规程》（SL 176—2007）的规定，核定发电厂房单位工程施工质量等级评定为优良。

4. 升压变电站单位工程

升压变电站单位工程原划分为6个分部工程，根据工程实际情况取消了操作控制室分部工程（4－2），实际实施5个分部工程，其中1号主变压器安装（4－3）、2号主变压器安装（4－4）、3号主变压器安装（4－5）为主要分部工程。

（1）分部工程质量核备结果。升压变电站各分部工程经施工单位自评、监理单位复核、项目法人认定、项目站核备，质量等级见表7－2－114。

表7－2－114　升压变电站各分部工程质量评定核定统计表

单位工程		分部工程			单元工程			
编码	名称	编码	名称	质量等级	总数/个	合格数/个	优良数/个	优良率/%
4	升压变电站	4－1	变电站土建	优良	54	54	51	94.4
		4－2	操作控制室		取消			
		4－3	△1号主变压器安装	优良	5	5	5	100
		4－4	△2号主变压器安装	优良	5	5	5	100
		4－5	△3号主变压器安装	优良	5	5	5	100
		4－6	其他电气、设备安装	优良	15	15	15	100
		合计：实际实施5个分部工程			30	30	30	100
外观质量检测评定结果：应得101分，实得86.2分，得分率85.3%，达到优良标准								

注　加"△"符号者为主要分部工程。

（2）单位工程质量核定结果。升压变电站单位工程共实施5个分部工程，质量全部合格，其中优良分部工程5个，分部工程优良率100%，施工中未发生过质量事故，工程外观质量优良，单位工程施工质量检验与评定资料齐全，工程施工期单位工程观测资料分析结果符合国家和行业技术标准及合同约定的标准要求。

根据《水利水电工程施工质量检验与评定规程》（SL 176—2007）的规定，同意升压变电站单位工程施工质量等级评定为优良。

（三）工程项目质量等级核定

××水电站枢纽工程共划分为混凝土双曲拱坝、引水系统、发电厂房、升压变电站共4个单位工程，质量全部优良，单位工程优良率为100%，工程施工期及试运行期，各单位工程观测资料分析结果均符合国家和行业技术标准以及合同约定的标准要求。

根据《水利水电工程施工质量检验与评定规程》（SL 176—2007）的规定，核定××水电站枢纽工程项目施工质量等级为优良。

七、工程质量事故和缺陷处理

（一）质量事故

由于参建各方较好地执行了规程规范和质量标准，本工程未发生过质量事故。

（二）质量缺陷处理情况

1. 混凝土表面缺陷

拦河坝混凝土表面缺陷主要表现在外露拉杆头和管件、混凝土表面不平整、蜂窝、麻面、错台、挂帘等，经各参建单位认真分析研究，做出处理方案，并严格按照已确定的方案处理完毕，并通过监理工程师验收合格。

2. 混凝土裂缝

1号坝段高程858.00m出现1条约4.7m长、0.7mm宽、3～4mm深的裂缝。经设计、监理、业主、施工单位几方现场勘察确定处理方案，采取沿裂缝两侧凿槽20cm宽、10cm深的一个倒三角形状，并在其槽上部布置两层钢筋网，在裂缝端头处打一孔，防止裂缝继续延伸。清洗后用预缩砂浆进行回填处理。

1号坝段高程862.00m距上游面22m，距下游面11.5m处，出现1条约13m长、0.5mm宽、1.5m深的裂缝。经设计、监理、业主、施工单位几方现场勘察确定处理方案，采取布设限裂钢筋网，裂缝部位造孔进行水泥灌浆处理。

2号坝段高程863.50高程距下游面8.7m，贯穿2号坝段，1号、2号坝段横缝延伸1号坝段高程865.50向右5.8m，出现1条约21.8m长、0.2mm宽的裂缝，经设计、监理、业主、施工单位几方现场勘察确定处理方案，在裂缝表层增设抗裂钢筋，采用化学灌浆和防串漏措施，靠横缝部位打孔封闭裂缝，孔内回填高一等级的细石混凝土，防止跑浆。

15号坝段坝前高程772.50～785.80m，距14号、15号坝段横缝6.2m，距15号、16号坝段横缝5.0m处，竖向各出现1条约13.3m长、0.2mm宽的裂缝。20××年12月×日委托××××勘测设计研究有限责任公司物探公司采用声波法对该2条裂缝进行深度检测，检测结果表明为浅表性裂缝，缝深与凿槽深度相同，不超过3cm。

以上混凝土裂缝经处理后的施工质量缺陷和隐患部位经评定均达到合格标准。

3. 地质缺陷

左岸坝基开挖过程中，发现高程821.00～853.80m之间坝基岩体中有球状风化、囊状风化、条带状风化等不均匀风化现象。左岸坝肩下游侧边坡及坝基中发现有F_{30}断层和多条软岩带分布。右岸坝肩岩石风化不均一，重力墩及与其相邻的拱间槽附近，地形向下游倾斜，下游岩体弱风化带顶板下降，对拱坝稳定有不利影响。

处理措施：对两岸821.00m高程以上的拱坝及重力墩基础进行了深槽开挖并回填混凝土处理，同时辅以接缝灌浆、加强固结灌浆、接触灌浆处理，使回填基础与下游岩体形成整体。

4. 设备缺陷及处理情况

(1) 1号机座环质量缺陷及处理。

1) 座环圆度严重超标，上环板圆度最大偏差22mm，下环板最大偏差7mm。

2) 座环下游组合面焊缝坡口存有加钢板堆焊现象，质量不合格。

设备处理方案简述：

1) 座环严重超标已按××××××水电设备有限公司《1#座环/蜗壳修复方案》进行修复。

2) 对座环下游组合面焊缝坡口存有加钢板堆焊的缺陷已按××××××水电设备有限公司《1#座环环板1组合缝处焊缝处理方案》进行处理。

(2) 1号机组蜗壳质量缺陷及处理。

1) 蜗壳与过渡板间隙超标，最大间隙65mm。

2) 部分蜗壳环缝坡口不标准（有凸凹现象），导致环缝组合缝间隙局部超标，最大间隙28mm。

3）设计要求蜗壳中心线以上外表面涂漆，但实际到货的蜗壳外表面全部是水泥浆。

4）根据××××水利枢纽开发有限公司会议纪要第十八期要求，对蜗壳纵缝进行100%UT检测，发现V8、V16、V0′存在焊接缺陷。

缺陷处理：

1）蜗壳与碟边间隙整体超过30mm的采取局部换板处理方案（换板部位有：V0、V2、V3、V4、V5下碟边，V6、V19上碟边），小于30mm的采取堆焊方法；对蜗壳环缝间隙过大的也采取堆焊方法；蜗壳中心线以上外表面采取清除水泥浆后再刷漆。详见《1#蜗壳与过渡板间隙超差处理方案》。

2）对厂家V8、V16、V0′纵缝焊接缺陷，根据厂家技术指导人员要求，采取返修处理。

（3）1号机组蜗壳拼装缺陷及处理。

1）坡口很不规范，存在大量点状缺陷，甚至有线状缺陷。

2）现场对管节周长测量，发现部分瓦片外侧周长比设计值小，并与出厂记录不符。

3）厂内拼装蜗壳瓦片变形较为严重，各检查尺寸严重超标。

缺陷处理：

1）焊缝坡口缺陷已按“×××××〔20××〕第××号”（SD－LJ－005）1号蜗壳缺陷处理方案进行处理。

2）在拼装蜗壳瓦片纵缝间隙允许的情况下，采取加大纵缝间隙进行周长调整。

3）对蜗壳瓦片变形，进行校正加固处理。

（4）1号机组上机架缺陷及处理。

1号机组上机架到货后，发现支臂存在堆焊现象，经打磨PT检查发现有一条支臂（G3）存在表面夹渣、气孔缺陷。组装（焊接前）后发现中心体与支臂间的立缝、上、下环缝间隙较大。

根据“××××××SD－LJ－011《关于1号上机架支臂堆焊、组合缝间隙过大》备忘录”进行处理：①对支臂（G3）堆焊部位进行打磨处理，并做PT检查；②对于组合缝间隙过大，首先进行堆焊，堆焊到合格间隙后，打磨处理并做PT探伤检查。

（5）1号机定子机座缺陷及处理。1号机定子机座各瓣的下壁板组合缝处没开焊接坡口。业主与厂家代表及监理协商后，安装单位用角磨机对下壁板组合缝处磨出V形焊接坡口。

（6）1号机组定子铁芯缺陷及处理。1号机组定子铁芯第一小段叠装完成后发现安装的绝缘挡块（整个铁芯共安装1512个）比通风槽片高出1mm左右，致使后续铁芯叠装工作无法进行。业主与厂家代表及监理协商后，将所有绝缘挡块（共1512个）加工处理使其高度比原始高度低1～1.2mm。

（7）2号机定子机座缺陷及处理。2号机定子分瓣机座的下壁板组合缝处没开V形焊接坡口。业主与厂家代表及监理协商后，要求安装单位先用割枪割出V形坡口，再用角磨机进行打磨并做PT检查。

（8）3号机组底环与接力器基础中心错位。3号机组水轮机进行接力器基础与底环中心测量复测核对时，发现接力器基础板中心向$+X$方向偏移16mm，厂家对座环分点及低环方位进行校核确定偏差原因是座环出厂时厂家未进行方位标记点，座环调整时，厂家现场代表按照图纸标注进行计算分点，在安装基坑里衬时从座环方位点取基准控制，最终导致接力器基础的方位偏差。

处理方案：① 将基础板与接力器把合螺丝孔用丝堵旋入到底焊牢并磨平（不得高于基础板）；② 将原螺孔分布到圆中心向一X方向移动到正确位置；③ 按新分布圆中心划新螺孔线，但新螺孔线应在元螺孔位置旋转15°（即两孔之间）；④ 按线重新钻攻螺丝（注意此次螺孔应与X线垂直）；⑤ 将接力器后缸盖与调整板按地脚螺栓干涉位置镗半圆孔深度不得大于50mm。

(9) 3号机组转子磁极绝缘处理。3号机组转子磁极开箱检查时，发现36个磁极绝缘均不符合挂装要求。后经厂家代表、监理、机电部商议，同意改用外加热进行干燥处理，将磁极下部垫高、双层叠摞、搭设保温棚，在磁极两侧布置6片10kW履带式加热板，棚内对称布置两台轴流风机，热风循环进行加热，加热过程中控制磁极表面温度不超过65℃。通过此方法转子整体耐压通过，已满足设计要求。

(10) 厂房桥机轨道地脚螺栓偏移。厂房桥机轨道预安装时，上、下游轨道混凝土预制梁跨距偏小，导致桥机轨道无法满足跨距要求，经讨论协商决定处理轨道梁预埋地脚螺栓。

处理方法：①以下游预埋轨道地脚螺栓中心线作为下游轨道安装中心线；②按照轨道跨距在上游预制梁上表面，测放轨道安装中心线；③根据所测的上游轨道安装中心线和轨道托板安装高程，割除预埋螺栓；④加工制作偏移/上引轨道地脚螺栓。

八、工程质量结论意见

××水电站枢纽工程建设按照项目法人负责制、招标投标制和建设监理制及合同管理制组织施工并进行管理。各参建单位资质满足工程等级要求，质量管理体系、控制体系、保证体系健全。施工过程在各质量体系的保证和控制下，工程建设处于受控状态。

通过对××水电站枢纽工程现场检查和对施工质量检验资料的核验，混凝土双曲拱坝、引水系统、发电厂房、升压变电站已按设计的建设内容全部建成，单位工程质量等级全部优良，工程项目施工质量达到优良等级。

综上所述，××水电站枢纽工程与竣工验收相关项目的形象面貌和施工质量满足设计及规范要求，电站已投入试运行近3年半，运行情况正常，同意进行工程竣工验收。

九、附件

(1) ××水电站工程质量监督人员情况见表7-2-115。

表7-2-115 ××水电站工程质量监督人员情况统计表

姓名	单 位	职务或职称	本项目任职
×××	××省水利水电工程质量监督中心站	正高级工程师	项目站站长
×××	××省水利水电工程质量监督中心站	高级工程师	监督员
×××	××省水利水电工程质量监督中心站	高级工程师	监督员
×××	××省水利水电工程质量监督中心站	工程师	监督员
×××	××省水利水电工程质量监督中心站	工程师	监督员

(2) 工程建设过程中质量监督意见汇总（略）。